KB050639

전쟁의 다른 얼굴

새로운 테러리즘

이만종 저

박영사

들어가는 글

　이 책은 테러리즘과 국가안보를 다룬 이론서입니다. 그래서 테러리즘과 국가 안보의 기초적이고 전반적인 내용을 학습할 수 있도록 구성했습니다. 사실 눈만 뜨면 지구촌 곳곳에서 발생하는 테러는 일상화되고 있습니다. 그 원인과 방법도 다양합니다. 어떻게 보면 테러는 정치적 현상이지만. 그러나 테러를 단순히 정치적 현상으로만 파악하려 든다면, 테러의 원인을 분석하기에는 한계가 있습니다.

　이슬람 사회와 무슬림 전통을 유럽 문명과 비교해 열등하다고 전제하면서, 폭력적 테러와 모든 악의 근원은 이슬람이라고 주장하는 것은 서방의 대체적 입장입니다. 반면에, 냉전 이후 반세기 동안 서구와 미국이 만들어 놓은 경제적 착취구조와 이중잣대, 종교적 가치와 자긍심에 대한 혐오와 유린이 급진 테러조직들에게 명분과 이데올로기의 배경이 된 원인이라는 것은 중동의 입장입니다. 이처럼 비단 중동의 테러뿐만 아니라 오늘날 다른 형태의 테러의 원인도 살펴보면 서로 다른 양자의 대립적 입장에서 주장되고 있습니다.

　역사적 측면에서도 사실 이슬람교도의 미국에 대한 증오는 9·11테러의 뿌리가 되었으나, 미국이 9·11을 '테러 확산을 방지 한다'는 명분으로 오히려 패권주의 확산을 위한 도구로 사용함으로써 테러가 더욱 더 기승을 부리게 되었다는 게 일반적인 평가입니다. 실제로 테러조직은 9·11 직전까지만 해도 대중적 지지 기반을 갖지 못했고, 그 영향력은 급격히 쇠퇴하였습니다. 더구나 테러가 급진적 이슬람 단체의 일반적인 대응 형식도 아니었습니다.

　그러나 9·11테러는 주적을 잃고 헤매던 테러조직들에 미국과 서방이라는 분명하고 확실한 공격 목표를 심어주게 된 계기가 된 것입니다. 이로 인해 세계는 폭력적 극단주의 테러조직에 공분하고 이들에 대한 적극적인 대응을 모색하고 있는 것입니다. 그래서 서방과 중동간 양 진영의 서로에 대한 불신과 증오는 평화를 불러올 가능성을 오히려 희박하게 하고, 이러한 정서적 대립은 가장 넘기 힘든 전선일지도 모른다는 우려가 깊어집니다.

한국이라는 우리 사회는 어떠한가 살펴봅니다. 세계적으로 확산되고 있는 반인륜적 테러나 '외로운 늑대'의 테러가 비켜갈 수 있을까요? 우리의 실상은 여전히 많은 부분에서 미성숙함을 보여줍니다. 사회 저변에서 벌어지고 있는 지역갈등, 신분 격차, 경제적 불평등, 정치 양극화, 약자에 대한 차별과 무시, 일상에서의 '억압'과 '혐오'는 많고도 흔합니다. 더구나 '혐오'는 인터넷 공간을 넘어 실생활에서도 점차 커지고 있습니다.

나와 다른 입장과 처지에 있는 사람들에 대한 차별과 무시, 조롱과 위협이 궁극에는 나 자신을 향할 수도 있음을 자각해야 합니다. 폭력적 극단주의로부터 인간의 존엄성을 유지하고 생명을 보호하려는 노력은 결국 우리 모두의 책임입니다. 9·11테러가 발생한 지도 벌써 17년이 되었습니다. 당시 폐허가 되었던 세계무역센터 부지 '그라운드제로'에는 박물관과 추모연못으로 구성된 메모리얼파크가 들어섰습니다. 메모리얼파크 정문에는 '절대 잊지 말자'란 슬로건이 걸려 있습니다.

서로 다른 양자의 대립적 입장만 주장하고 태도를 바꾸지 않는 한, 테러는 결코 사라지지 않을 것입니다. 이 악의 고리를 어디에서 끊어야 할 것인가. 꿈을 실현하지 못한 좌절한 젊은이들이 전사가 되기 위해 국경을 서성거리고 있는 한, '부르키니'를 착용한 무슬림 여성들이 해변에서 쫓겨나는 사태, 상처받은 이민자 여성들의 응어리가 풀리지 않는 한, 증오와 보복의 악순환은 끊이지 않을 것입니다.

더구나 안보적 측면에서도 테러리즘의 위협은 오늘날 국제사회가 직면한 가장 심각한 안보문제 중 하나가 되었습니다. 그래서 총괄안보, 통합안보의 시대라 말하고 있습니다. 이는 정부도, 군(軍)도, 학자도 많은 안보기능요소에 총체적으로 대처해야 한다는 것을 의미합니다. 앞으로 우리가 직면하게 될 현실적인 안보위기는 전면전이나 북한 핵보다는 오히려 크고 작은 테러에 의한 공격방식이 사용될 것이라 생각됩니다.

　따라서 테러리즘에 대한 연구와 토론은 어느 학문분야보다도 이론과 실제가 연결될 수 있고 구체적으로 적용이 가능한 국가의 존망과 관련되는 연구 분야라고 할 수 있습니다. 그러나 아직 완전한 학문체계화가 미흡한 실정입니다. 테러리스트들의 어떤 도발과 테러가 가능할지 다양한 시나리오를 사전에 만들고 대비하여야 합니다.

　이런 의미에서 이 책의 내용은 테러리즘을 이해하는 데 매우 유익한 자료로 활용되리라 생각합니다. 특히 본서는 저자가 그동안 주장하고 다루었던 논문의 내용들을 기초로 하여 발간된 책자입니다. 일부내용은 저자의 이전 책자의 내용을 보완하여 포함시키기도 하였습니다. 이 책을 통해 극단적인 대립과 증오가 불러일으키는 테러의 실상과 폭력의 참담한 결과를 다시 한 번 되새기면서, 나와 다른 생각, 다른 가치를 서로 존중하면서, 공존하며 평화롭게 살 수 있는 지혜를 재삼 기대합니다.

　더불어 지적인 조언과 격려를 아끼지 않은 한국테러학회 및 한국대테러산업협회, 대테러안보연구원 회원 및 동료들, 준우와 연우, 의진이 등 사랑하는 가족들에게도 감사드리며, 부족한 내용임에도 불구하고 본서의 출간을 맡아주신 박영사의 임직원 여러분들에게도 이 자리를 빌려 고마움을 전합니다.

2019년 새해 아침에
지은이　이만종

차 례

Chapter 1

테러리즘이 전쟁의 대체수단으로 진화한다

Chapter 2

핵과 미사일보다 더 무서운 생화학무기

Chapter 3

미국의 대테러 전략의 전개: 9·11테러 이전과 직후

Chapter 4

테러방지법 필요한가? 대테러 정책 발전방향

Chapter 5

인권과 안보의 연계: 난민과 테러에 대한 시각

Chapter 6

인공지능을 악용한 미래의 테러 가능성

Chapter 7

테러단체의 거점이동과 동남아 확산

Chapter 8

국제테러의 환경 변화 예측과 미래전략

Chapter 9

희망이 없는 좌절은 테러의 토양 - 한국에서의 자생테러의 위협

Chapter 1

테러리즘이 전쟁의
대체수단으로 진화한다

테러리즘의 위협

테러리즘(terrorism)의 위협은 오늘날 국제사회가 직면하고 있는 가장 심각한 안보문제 중의 하나이다. 미국의 미시간주립대학 지리학과 교수 하름 데 블레이(Harm de Blij)는 그가 쓴 『왜 지리학이 중요한가: 미국이 직면한 세 가지 도전: 기후 변화, 중국의 도전, 그리고 글로벌 테러리즘』(Why Geography Matters: Three Challenges Facing America: Climate Change, The Rise of China, and Global Terrorism)이라는 책 속에서 미국의 관점에서 '기후 변화, 중국의 부상, 국제 테러리즘'이라는 세 가지 도전을 21세기를 이해하는 키워드로 삼고 있다.[1] 이와 관련해서 "미국의 힘, 중국의 도전, 테러리즘 세 가지를 알면 21세기가 보인다."는 말도 나오고 있다.[2]

1. 초국가적, 비군사적 위협증대가 뉴 테러리즘의 형태

오늘날 세계 안보환경의 두드러진 특징은 국가 간 전면전의 가능성은 줄었으나 테러, 대량살상무기 확산 등 초국가적·비군사적 위협이 증대되었고, 과거 잠재되었던 갈등요인들이 표면화되면서 국가안보에 대한 위협의 성격이 다양하고 복잡하게 되었다는 점이다.[3]

지난 2001년 미국에서 발생한 9·11테러는 일개 테러조직에 의해 미국과 같은 초강대국도 전쟁에 버금가는 재산 및 인명의 손실을 입을 수 있고 정신적 공황에 가까운 충격과 위기감에 휩싸일 수 있음을 보여 주었다. 이를 통해 국가 이외의 조직이나 세력에 의한 예측 불가능한 테러의 위협이 국가안보의 중요한 영역으로 인식되었다.

이처럼 새로운 형태의 테러리즘(new terrorism)은 그 세력이 영토나 국경을 초월하여 범세계적으로 네트워크로 연결되어 있어 실체를 찾기 어렵고 시기와 장소도 예측할 수 없다는 특징을 보여주고 있다. 따라서 세계 도처에 산재해 있는 초국가적 테러 위협은 전통적인 적과 위협의 개념, 그리고 위협에 대한 대비개념을 근본적으로 바꾸어 놓았다.[4]

2. 테러와 대량살상무기(wmd)의 비확산 노력

9·11테러로 미국 주도하에서 테러와의 전쟁이 시작되었고 지난 2002년에는 아프가니스탄 전쟁에 의해 탈레반 정권이 무너지고, 2003년에는 이라크 전쟁에서 사담 후세인이 축출됨으로써, 조지 W. 부시(George W. Bush) 당시 미국 대통령은 2003년 5월 1일 이라크 전쟁에서 승리했다고 선언한 바 있다. 그러나 미국은 사담 후세인과 전쟁에서 승리했지만 이슬람테러리스트들과 새로운 전쟁을 하지 않을 수 없게 되었고, 지금도 세계 도처에서 테러사건들이 발생하고 있다.[5]

더욱이 9·11테러를 자행한 '알 카에다(Al-Qaeda)'와 2006년에 결성된 이슬람 수니파 무장단체인 IS(이슬람국가)가 국제적 네트워크를 가진 이슬람극단주의 테러집단이라고 알려지면서, 테러와 대량살상무기(WMD) 확산방지 문제는 일부국가에 국한된 것이 아니라 전 세계 차원의 문제이므로 국가 간 공조가 필수적이라는 인식이 대두되지 않을 수 없게 되었다.[6] 따라서 9·11테러 이후 국제사회의 안정과 평화에 심각한 위협으로 인식되고 있는 테러와 대량살상무기의 확산 및 연계를 예방하기 위해 유엔을 중심으로 테러와 대량살상무기의 비확산 노력이 지속적으로 강구되고 있다.

3. 테러의 안전지대는 없다.

오늘날 테러리즘은 더 이상 중동과 유럽의 몇몇 국가에 국한된 문제가 아니고, 테러리즘의 안전지대는 존재하지 않을 정도로 전 세계의 모든 국가들이 직면하고 있는 심각한 문제이다. 9·11테러 참사로 세계 안전의 상징이었던 미국, 그것도 미국의 심장부를 공격함으로써 더 이상 테러의 안전지대는 사라졌다고 할 수 있다.[7] 이제 세계 어느 나라도 테러의 위협으로부터 자유로운 국가는 존재하지 않으며 한국의 경우도 예외는 아니다. 지난 2007년 아프가니스탄 선교봉사단 피랍과 소말리아 해상 '마부노'호 피랍사건, 2011년 아덴만에서의 소말리아해적의 삼호주얼리호 피락사건, 2018년 리비아 한국인 피랍사건 등의 사례에서 보듯이 국내외에서 우리 국민을 대상으로 한 테러발생 가능성도 계속 증가하고 있다.[8]

4. 철저한 대비책 강구 필요

테러리즘과 관련해서는 한국은 특수한 상황에 처해 있다. 최근 남북간 평화분위기로 비록 북한에 의한 테러 가능성은 감소되었으나 전략·전술적인 측면에서 세계 최고 수준의 다양한 테러리즘 능력을 갖추고 있는 북한과 상시 대처하고 있는 상황은 결코 간과할 수 없는 것이다. 북한은 그동안 청와대 기습사건, 미얀마 랑구운사건, 대한항공 858기사건 등 여러 차례에 걸쳐 대남 테러리즘을 자행한 바 있어 남북관계가 악화될 경우에는 언제든지 북한에 의한 테러리즘의 가능성을 전혀 배제할 수는 없는 상황이기 때문이다. 따라서 국제테러리즘 및 북한의 테러리즘과 관련해서 사전적으로 철저하게 대비책을 강구할 필요가 있다.

5. 테러의 개념은 다의성·포괄성·이념성을 가지고 있다.

테러리즘(Terrorism)은 특정 목적 달성을 위해 행해진 테러행위를 총칭하는 말로써 테러(terror)보다 이념성·포괄성을 함축하고 있는 개념이다. 우리나라에서는 테러리즘과 테러를 구분하지 않고 같은 의미로 혼용하고 있다. 또한 외국의 경우 주로 공식문서에는 테러리즘(terrorism)을, 비공식 문서에는 테러(terror)를 사용하는 경향이 있고, 미국이나 영국의 대테러 관련법, 조직명칭, 보고서 등에는 반드시 테러리즘(terrorism)이란 표현을 사용하고 있지만, 반면에 시사잡지나 신문

등에서는 테러리즘(terrorism)과 테러(terror)를 일반적으로 혼용(混用)하고 있다.[9]

그래서 사실 전혀 상반된 입장을 취하는 이해 당사자 모두가 동의할 수 있는 테러의 명확한 정의를 내린다는 것은 결코 쉬운 일이 아니다. 더구나 테러리즘은 포괄성과 이념성을 지닌 용어이다 보니 정의를 내리는 것조차도 간단하지 않다. 즉 동일한 사건을 관점에 따라 어떤 경우에는 테러리즘으로 규정하기도 하고, 다른 경우에는 단순한 일반범죄로 취급하기도 하며, 또 다른 시각에서는 애국적인 행위로 평가하기도 한다.

한 예로 영국정부는 아일랜드공화국군(IRA: Irish Republican Army)의 모든 공격을 테러리즘으로, 그리고 IRA요원들을 테러리스트로 규정하고 있다. 반면에 IRA를 추종하는 사람들이나 리비아 등 IRA를 직접 혹은 간접적인 방법으로 지원하고 있는 국가들은 IRA의 행위를 민족주의해방운동(national liberation movement)으로 그리고 IRA요원들을 자유투사(自由鬪士, freedom fighter)로 각자 다르게 규정하고 있는 실정이다. 미국의 경우도 중앙정보국(CIA: Central Intelligency Agency), 연방수사국(FBI: Federal Bureau of Investigation), 국무부, 법무부 그리고 국방부가 각각 다른 테러리즘 정의를 채택하고 있는 실정이다.[10]

그러나 분명한 것은 테러는 사회 전체를 공포상태에 몰아넣는 행위로서 민간정부에게 정치적 요구를 관철하기 위해 비무장 민간대중을 공격하는 행위이다. 또한 테러인가 아닌가를 결정하는 데 있어서 사용된 무기의 종류는 묻지 않는다. 단지 테러의 표적(target)이 누구인가, 그 동기는 무엇인가가 테러를 정의하는 결정요소라 할 수 있다. 더구나 테러의 표적은 무고한 시민이고 그 동기는 정치적이어서 해당 정권의 특정 행동을 요구하기도 한다. 하지만 개인적 목적을 위해 무차별 대중을 공격하는 행위는 테러가 아니라 범죄일 따름이고 군사시설에 대한 공격은 테러가 아니라 전쟁이라 할 수 있다.

이처럼 테러리즘은 오늘날 국제사회가 당면한 가장 복잡하고 심각한 문제 중의 하나임에도 불구하고 지금까지 '테러리즘이 무엇인가'에 대한 보편적인 정의(定義, definition)가 존재하지 않는다. 이는 테러리즘 개념 자체가 난제임을 반증하는 것이다. 즉 테러리즘의 동기, 대상, 범위, 주체, 이념 등의 포함 여부 그리고 학자들과 테러리즘 전문가들의 시각에 따라 테러리즘이 달리 정의됨으로써 테러리즘의 정의와 성격규정에 대한 연구와 논쟁은 앞으로도 끊임없이 계속되어질 것이다.

6. 테러의 어원은 라틴어에서 테러리즘의 유래는 프랑스혁명 공포정치에서

원래 테러(terror)란 '커다란 공포,' '떠는 상태,' '겁주다'를 의미하는 라틴어 'terrere'에서 나왔다. 그러나 테러(terror)나 테러리즘(terrorism)이라는 용어가 처음으로 등장한 것은 프랑스 혁명 이후의 공포정치(Reign of terror) 시대였다. 또한 테러 및 테러리즘이라는 용어가 유럽에서 널리 사용되게 된 것은 1789년 프랑스혁명 당시 혁명정부의 주역들이 집권정부의 혁명을 순조롭게 진행시키기 위해 왕권 복귀를 꾀하던 왕당파들을 무자비하게 암살·고문·처형하는 등 공포정치를 자행하였던 것에서 유래한다. 즉 1789년 프랑스혁명 당시 혁명정부의 주역이었던 J.마라(Jean-Paul, Marat) G.J.당통(Georges-Jacquesm, Danton), 로베스피에르(Maximilien-Francois-Marie-Isadore de Robespierre) 등이 공화파 집권정부의 혁명과업 수행을 위해 왕권복귀를 꾀하던 왕당파(王黨派)를 무자비하게 암살·고문·처형하는 등 공포정치를 자행하였던 공포정치시기에 널리 사용되게 된 것이다.

다시 말하면 테러리즘이라는 용어는 프랑스 혁명 발발 후 공포정치시기(1793. 6~1794. 7)의 테러의 지배(reign of terror)로부터 파생되었다. 당시 로베스피에르(Maximillien Robespierre)가 이끄는 공공안전위원회(Committee of Public Safety)는 자신들을 반대하는 사람들을 위협하고 협박하기 위해 대규모의 처형을 시행하여 반대의견을 봉쇄하려고 노력하였다. 역사적 기록은 당시 1년 사이에 무려 30만명이 체포되었고, 1만7,000명 이상이 처형당하였다.[11] 이러한 시대를 산 영국의 보수주의 정치가 버크(Edmund Burke, 1729~1797)는 '테러(terror)', '테러리즘(terrorism)' 그리고 '테러리스트(terrorist)'라는 말을 처음 사용하였고, 사전(辭典)에 처음 등재된 것은 1798년 프랑스 한림원(Academia de France)이 발간한 사전에서이다.[12] 이곳에서 발간한 아카데미 프랑세즈(Academie Francaise) 사전은 테러리즘을 "조직적 폭력의 사용"으로 표현했다. 그리고 공포정치(reign of terror) 자체를 테러리즘으로 부르기도 했다.[13]

그래서 프랑스 혁명기(1788~1794) 당시에는 테러리즘은 단순한 개인적인 암살이라든지 사적 단체에 의한 파괴 등이 아니고, 권력 자체에 의한 철저한 강력지배, 혹은 혁명단체에 의한 대규모의 반혁명에 대한 금압 등을 일컫는 말이었다. 또한 테러를 자신들의 의견을 관철시키려 하거나 또는 정치권력을 장악하기 위해 조직적인 폭력을 사용하는 자칭 혁명가들을 표현하는 말로도 사용하기도 했다. 이처럼 초기에는 정부의 공적인 권력행위만을 의미하는 것으로 이해되었으나, 오늘날은 다시 그 관념이 확대되어, 정치적인 목적을 달성하기 위해 공포를 조성하는 주의 또는 정책을 지칭하게 된것이다.

7. 혁명, 반혁명의 과정에서 발생하는 정치현상과 관련해서 발전된 개념

프랑스 혁명 당시 자코뱅당의 공포정치(강압지배), 즉 혁명을 추진하기 위한 강권정치는 적색 테러리즘이라고 부르는데 프랑스 혁명의 경우처럼 혁명을 추진하기 위한 강권정치, 반동파에 대한 탄압 등은 1917년의 러시아혁명에서도 자행되었다. 이에 반해 자코뱅당(Jacobins)의 공포정치에 반대한 1794년 이후의 테르미도르 반동(Thermidorian Reaction), 1815년 혁명 후의 루이 왕조(Louis 王朝)에 의한 보나파르트파(Bonapartist)에 대한 탄압, 1871년 파리 코뮌(Paris Commune, 세계최초의 사회주의 자치정부)의 패배 후 파리코뮌 주도세력들에게 가해진 베르사유파에 의한 대량학살 등은 대표적인 백색 테러리즘의 사례이다. 그리고 히틀러와 무솔리니의 지배확립의 과정, 독재정권 수립 후의 공산주의자 또는 유대인 등에 가해진 잔인한 박해 역시 테러리즘의 예이다. 따라서 이와 같이 테러리즘은 혁명·반혁명의 과정에서 발생하는 정치현상과 관련해서 발전된 개념임을 알 수 있다.[14]

테러리즘의 정의

1. 국어사전적 의미

먼저 테러(terror)의 국어사전의 의미를 보면, 테러란 "온갖 폭력을 써서 남을 위협하거나 공포에 빠트리게 하는 행위"로 그리고 테러리즘은 "어떤 정치적 목적을 달성하기 위하여 암살이나 폭행·숙청 따위의 직접적인 공포수단을 이용하는 주의나 정책"이라고 설명하고 있으며[15] 최근에 나온 영어사전의 의미를 보면 the violent action or the threat of violent action that is intended to cause fear, usually for political purposes(대개 정치적 목적을 위해 두려움을 주기 위한 폭력 행위 또는 그러한 위협)로 정의하고 있다.[16]

여기서 테러는 단순한 폭력행위가 아니라 ① 미리 계획된 고의적인 폭력행위 ② 정치적 동기에서 유발된 폭력행위 ③ 민간인을 공격목표로 하는 폭력행위 ④ 국가의 정규군대가 아닌 조직이나 단체에 의해 수행되는 폭력행위라 할 수 있을 것이다.[17]

굳이 테러와 구별된 테러리즘의 의미를 본다면 테러리즘(terrorism)이란 "폭력으로 반대파를 눌러 자기들의 주장을 관철하려는 정치상의 주의(主義, ism), 즉 폭력주의"라 할 수 있다.[18] 그리고 테러리스트(terrorist)란 테러리즘을 신봉하는 사람 즉 폭력주의자라고 할 수 있다. 그런데 전술한 테러(terror)라는 말은 테러리즘(terrorism)의 약어(略語) 또는 동의어(同義語)로 그리고 테러리스트(terrorist)의 약어로도 사용됨으로써 사실상 테러는 테러리즘 및 테러리스트와 혼용되고 있기 때문에 여기서 테러와 테러리즘의 엄밀한 구별은 특별한 경우를 제외하고는 무의미하다고 할 수 있다.

2. 정치학대사전적 의미

한국에서 발간한 『정치학대사전』(박영사, 1980)을 보면, 정치학에 있어서 테

러리즘(terrorism)은 폭력주의(暴力主義)에 입각한 공포정치(reign of terror) 또는 암흑
정치(dark politics)라고도 불린다. 단순한 폭력이나 강제와는 달리 정부 또는 소위
혁명단체에 의해 조직적·집단적으로 행해지는 공포수단을 말한다. 즉 정치적 위
기에 처한 권력담당자가 비밀경찰·헌병 기타의 직접적 권력을 가지고 정치적 반
대파를 탄압하며 강행하는 정치적 행동주의를 말한다.[19]

3. 백과사전적 의미

『브리태니커세계대백과사전』(Britannica World Encyclopaedia)은 "테러리즘이
란 정치적 목적을 달성하기 위해 정부나 대중 또는 개인에게 위해를 가하거나
예측할 수 없는 폭력을 사용하는 조직적 행위(the systematic use of violence to create
a general climate of fear in a population and thereby to bring about a particular political
objective)"라고 규정하고 있다.[20]

4. UN 안보위원회 결의

UN 안보위원회 결의 1373호(2001.9.28)에서는 "테러리즘이란 민간인을 상대
로 하여 사망 혹은 중상을 입히거나 인질로 잡는 등의 위해를 가하여 대중 혹은
어떤 집단의 사람 혹은 어떤 특정한 사람의 공포를 야기 시킴으로서 어떤 사람,
대중, 정부, 국제 조직등으로 하여금 특정 행위를 강요하거나 혹은 하지 못하도록
막고자 하는 의도를 가진 범죄행위"라고 규정하고 있다.

5. 아레긴-토프트(Ivan Arreguin-Toft): 소수의 극단주의자의 수단
으로 설명

미국의 정치학자 아레긴-토프트(Ivan Arreguin-Toft)에 따르면 "테러는 대중적
기반이 없는 소수의 극단주의자들이 자신들의 목적을 비정상적인 방법을 통해
획득하기 위해 유괴, 암살, 폭파, 공중납치, 해상납치 등 명백하고도 비합법적인

폭력을 통해 군사적으로 압도적인 우위에 있는 적으로부터 그들의 목적을 달성하고자 하는 정당하지 못한 수단"이라고 하였다.[21]

6. 해커(Fredrich J. Hacker): 폭력 및 공격과 연계하여 설명

테러리즘 심리학자인 '프레데딕 해커'(Fredrich J. Hacker)는 테러를 폭력 및 공격과 연계하여 설명해주고 있다. 모든 폭력이 공격적이지만 모든 공격이 다 폭력적인 것은 아니다. 불가피하게 공격적인 속성을 가지는 것에는 언어에 의한 공격, 즉 논쟁, 서로간의 경쟁, 어떤 분야에 있어서의 공격적인 탐구 등 수많은 형태가 있다. 그러나 이들을 모두 폭력이라고 하기보다는 오히려 개별적으로나 집단적으로 볼 때 창조적·생산적 성격을 갖는 경우도 있다는 것이다. 또 모든 폭력적 행동이 다 테러의 성격을 갖는 것은 아니다. 테러리즘은 대중의 행동, 사상, 감정 등을 테러리스트(terrorist) 자신들의 행동, 사상, 감정과 일치하는 방향으로 변화시키려는 것을 목적으로 하는 최후수단이라고 정의하였다.[22]

7. 윌킨슨(Paul Wilkinson): 테러집단의 정치적 목적 달성 위한 행위로 정의

테러리즘 연구의 세계적인 권위기관인 영국의 '국제분쟁·테러리즘연구소(RISCT: Research Institute for the Study of Conflict and Terrorism)'의 폴 윌킨슨(Paul Wilkinson)은, 테러리즘을 "조직적인 살해 및 파괴 그리고 살해와 파괴에 대한 협박을 함으로써 개인, 단체, 특정공동체 혹은 정부를 공포의 분위기로 몰아넣어 테러집단의 정치적 목적을 달성하려고 하는 행위"라고 정의하고 다.[23] 이는 테러리즘의 개념을 국가안보적 시각에서 규정한 성격이 강하다.

8. 미국 연방수사국(FBI), 중앙정보국(CIA)의 정의

테러리즘은 학자나 연구기관은 물론 국가기관에 따라서도 다양하게 정의되고 있다. 테러리즘과 관련해서 보편적 정의를 찾아보기 어렵다. 심지어는 미국의 경우 중앙정보국(CIA: Central Intelligency Agency), 연방수사국(FBI: Federal Bureau of Investigation), 국무부, 법무부 그리고 국방부가 각각 다른 테러리즘 정의를 채택하고 있는 실정이다.[24] 미국 연방수사국(FBI)은 테러리즘을 '정치·사회적 목적에서 정부나 시민들을 협박 및 강요하기 위해 사람이나 재산에 가하는 불법적인 폭력의 사용'으로 규정하고 있다. 반면에 미 중앙정보국(CIA)은 "테러리즘은 개인 혹은 단체가 기존의 정부에 대항하거나 혹은 대항하기 위해서 직접적인 희생자들보다 더욱 광범위한 대중들에게 심리적 충격 혹은 위협을 가함으로써 정치적 목적을 달성하기 위해 폭력을 사용하거나 폭력 사용에 대한 협박을 하는 것이다"라고 정의하고 있다.[25]

9. 미국 국방부의 정의

미국의 국방부는 1983년과 1986년에 각기 다른 테러리즘에 관한 정의를 내린 바 있다. 1983년 정의에 의하면 "테러리즘은 혁명기구가 정치적 혹은 이데올로기적 목표달성을 위해 정부 혹은 사회를 위압하거나 협박하는 수단으로 개인과 재산에 대한 비합법적인 폭력을 사용하거나 폭력사용에 대한 협박을 하는 것이다."라고 정의하고 있고, 1986년 정의에 의하면 "테러리즘은 정치, 종교, 이데올로기적 목적 달성을 위해 정부 혹은 사회에 대한 위압 혹은 협박의 수단으로 개인 혹은 재산에 대해 비합법적인 힘 혹은 폭력을 사용하거나 비합법적인 힘 혹은 폭력사용에 대한 협박을 하는 것이다."라고 보완하여 규정하고 있다.[26]

10. 미국무부의 정의

미국무부가 2008년 4월에 낸 연례보고서인 『2008 테러리즘 국가보고서』 (Country Report on Terrorism 2008)는 국제테러리즘, 테러리즘, 테러리스트 집단과 관련해서 다음과 같이 정의하고 있다. 먼저 국제테러리즘(international terrorism)이란 용어는 "2개국 이상의 시민 또는 영토를 포함하는 테러리즘(terrorism involving citizen or the territory of more than one country)"을 의미한다고 규정하고, 다음으로 테러리즘(terrorism)이란 "준국가단체 혹은 국가의 비밀요원이 다수의 대중에게 영향력을 행사하기 위해 비전투원을 공격대상으로 하는 사전에 치밀하게 준비된 정치적 폭력(premeditated, politically motivated violence perpetrated against noncombatant targets by subnational groups or clandestine agents)"을 의미한다고 규정하였으며, 테러리스트집단(terrorist group)은 "국제테러리즘을 실행하거나 실행하는 주요 하위집단을 가진 모든 집단(any group practicing, or which has significant subgroups which practice, international terrorism)을 의미한다고 규정했다.[27]

11. 영국의 「테러리즘법(Terrorism Act)」의 정의

2000년에 제정된 영국의 「테러리즘법(Terrorism Act)」에서는 테러리즘이란 "정부에 영향을 주거나 일반대중 또는 공공부문을 협박하려는 행동 또는 위협, 그리고 정치적, 종교적, 또는 이념적 목적을 얻어내려는 폭력행동 또는 그 위협(use or threat of action designed to influence the government or to intimidate the public or a section of the public, and the use or threat is made for the purpose of advancing political, religious or ideological cause)이라고 규정하고 있다.[28]

12. 100개 이상의 테러리즘에 대한 정의

이처럼 한 국가 내에서도 테러리즘에 대한 정의에 관한 합의(consensus)를 기대하기 힘들고, 시대에 따라 미비한 테러리즘의 정의를 보완하는 점을 인정한다고 하더라도 한 부서 내에서조차 서로 다른 정의를 사용하고 있음을 알 수 있다. 또한 학자들은 각자의 주장이나 이론에 따라 서로 다른 테러리즘의 정의를 내리고 있다. 한 연구결과에 의하면 지금까지 100개 이상의 테러리즘에 대한 정의가 학자들과 각 국가 및 국제기구 등에 의해 제시되어온 것으로 조사된 바 있다.[29]

결국 테러리즘은 학자나 연구기관에 따라서 다양하게 정의하고 있으나, 그 내용을 종합하여 보면 주권국가 혹은 특정 단체가 정치, 사회, 종교, 민족주의적인 목표달성을 위해 조직적이고 지속적인 폭력의 사용 혹은 폭력의 사용에 대한 협박으로 광범위한 공포분위기를 조성함으로써 특정 개인, 단체, 공동체 사회, 그리고 정부의 인식변화와 정책의 변화를 유도하는 상징적·심리적 폭력행위의 총칭이라고 할 수 있다.[30]

13. 테러리즘의 진행과정

테러리즘의 진행과정은 다음과 같이 요약해 볼 수 있다. ① 테러리스트들이 그들의 정치·경제·사회·문화 및 사상(이념) 문제 등 목적을 관철하기 위해 테러의 능력을 과시하거나 위협을 경고하게 되고, ② 특정인 혹은 일반대중은 테러에 의한 물리적 파괴와 심리적 충격으로 정치외교적·경제적·사회심리적·군사적 위협과 불안으로 확대되며, ③ 그 결과로 적대관계에 있는 지도자나 대상집단들의 기존인식의 변화 및 기존정책을 변경시키는 특징을 갖게 되는 것과 같은 과정이다.[31]

테러리즘의 유형

테러리즘의 유형은 참으로 다양하다. 고전적 테러리즘에 대비하여 새로운 형태의 테러리즘으로 뉴 테러리즘(new terrorism)이라는 용어도 널리 사용되고 있고, 최대한 많은 인명을 살해함으로써 사회를 공포와 충격으로 몰아넣은 최근의 테러리즘의 경향을 의미하는 메가테러리즘(megaterrorism)이나 특정 인물이나 계층을 상대로 벌이는 테러와는 달리 불특정 다수를 향한 테러리즘을 일컫는 슈퍼테러리즘(superterrorism)[32]이란 용어도 널리 사용되고 있다.

이는 테러리즘의 역사적·사회적·경제적 배경과 테러조직의 형태 및 그 구성원들의 특성, 테러활동의 다양한 양상으로 인해 어려움이 더욱 가중되고 있는 까닭에 테러리즘에 대한 유형분류가 쉽지 않기 때문이다. 그래서 단순한 기준으로 분류하는 것보다는 다양한 시각 또는 관점을 포함하는 복합적 기준으로 분류하는 것이 보다 더 적절할 것으로 생각된다. 따라서 여기서는 정치적 성향, 국가개입 여부, 사용주체, 테러동기 등에 따른 유형을 각각 살펴보기로 한다.

1. 정치적 성향에 따른 분류: 적색, 백색, 흑색테러

1) 적색테러리즘(red terrorism)

정치적 성향에 따른 테러리즘은 ① 적색테러리즘, ② 백색테러리즘, ③ 흑색테러리즘으로 분류가 가능하다. 첫째는 적색테러리즘(red terrorism)이다. 이것은 프랑스 혁명 당시 혁명파가 주도한 테러리즘을 지칭했으나 냉전기 이후로는 좌익(또는 좌파)이나 소외계층에 의한 테러리즘을 말한다. 즉 1789년 프랑스 혁명당시 J.마라(Jean-Paul, Marat), G.J.당통(Georges-Jacquesm, Danton), 로베스피에르(Maximilien-Francois-Marie-Isadore de Robespierre) 등과 같은 개혁을 주장하던 혁명파가 주도한 테러를 '적색테러'라고 했으며, 반면에 개혁을 반대하는 반혁명파의 보복행위를 '백색테러'라고 불렀다. 이러한 백색테러와 적색테러는 냉전기를 거치면서 그 의미가 변하여, 백색테러는 우익에 의한 테러 행위를, 적색테러는 좌익에 의한 테러 행위를 의미하고 있다. 대표적인 적색테러로는, 볼셰비키가 이끄는 러시아에서 당시 지도자였던 블라디미르 레닌(Vladimir Lenin)의 암살기도 사건 후, 볼셰비키 공산당에 의해 자행된 테러로 사상자가 1만여 명에 이르렀다.[33]

2) 백색테러리즘(white terrorism)

백색테러리즘(white terrorism)은 극우파가 정치적 목적달성을 위해 벌이는 암살, 파괴 등의 테러리즘을 가리킨다. 다시 말해서 이것은 기득권세력 자신의 기득권과 이익(국익)을 지켜내고, 더 나아가 적색테러리즘을 종식시키기 위해 암살과 억압, 침략과 전쟁도 일삼는 기득권 세력에 의한 반(反)테러리즘을 말한다.[34] 발생적으로는 적색테러리즘이 기본형태인데 프랑스혁명 중에 백색테러리즘이 나타난 것이다.[35] 즉 1795년 프랑스 혁명 중에 일어난 혁명파에 대한 왕당파의 보복

(Terreur blanche dans le Midi)이 백색테러리즘의 시원(始源)으로 꼽히기도 한다. 또 다른 대표적인 백색테러리즘으로 장개석 총통이 이끈 국민당이 대만으로 이주하면서 공산당 성향을 지닌 사람들에 대한 무차별적인 탄압사건을 지목하기도 하는데, 2주 동안 2만 8천명이 사망해서 228사건이라고도 한다.[36] 또 다른 예를 든다면 미국의 인종차별단체인 KKK단(KuKluxKlan) 및 남아메리카의 극우 암살단도 백색테러단체라 할 수 있다.[37]

3) 흑색테러리즘(black terrorism)

흑색테러리즘은 독일 나치 및 친위대 잔당세력의 대유태인공격 행위를 말한다.[38] 좌우이념 대립의 시기에는 공산주의자에 의한 테러를 적색테러, 기득권력층에 의한 테러를 백색테러, 무정부주의자에 의한 테러를 흑색테러라고 구분하기도 하였다.[39] 타민족이나 타종교인에 가하는 흑색테러리즘이 있다고 한다면 선진국이라 할지라도 시급히 해결되어야 하는 사회문제이다.

2. 국가의 개입 여부에 따른 분류

이것은 특정국가가 테러에 개입되었는지 여부, 그리고 1개국 이상의 국민이나 영토가 테러에 관련되었는지 여부에 따른 분류로서 크게 ① 국내테러리즘(domestic terrorism), ② 국가테러리즘(state terrorism), ③ 국가 간 테러리즘(interstate terrorism), ④ 초국가적 테러리즘(transnational terrorism) 등 4가지로 구분된다.[40]

1) 국내테러리즘(domestic terrorism)

첫째는 국내테러리즘이다. 이것은 어떤 국가의 국민으로 구성된 반국가적·반정부적 단체가 자국 내에서 자행하는 테러행위를 말한다. 다시 말해서 1개 국가의 국민과 영토 내에서 이루어지는 테러행위로서 북아일랜드의 아일랜드공화국군(IRA: Irish Republican Army) 등을 들 수 있다. 미국의 경우 국제테러리즘은 미국의 법이 적용되지 않는 영역에서 미국 민간인 혹은 정부를 목표로 하는 폭력적 행위로 하는 반면 국내테러리즘은 미국의 사법권이 미치는 영역에서 발생하는 테러로 규정하고 있다.

2) 국가테러리즘(state terrorism)

둘째는 국가테러리즘이다. 이것은 한 국가의 정부가 정권의 유지를 위해 반정부세력이나 개인에게 가하는 강제적 테러리즘을 말하며 관제테러리즘이라고도 한다. 1930년대 소련의 숙청과 경찰국가들의 고문 등이 여기에 해당된다고 할 수 있다.

3) 국가 간 테러리즘(interstate terrorism)

셋째는 국가 간 테러리즘이다. 이것은 타국의 국민이나 영토와 관련되고 어느 주권국가의 정부당국에 의해 지휘나 통제를 받는 개인이나 집단에 의해 행해지는 테러리즘을 말한다. 예컨대 이스라엘 정부당국의 지휘 통제에 따라 이스라엘 특공대원 등이 팔레스타인 해방기구(PLO) 간부들이 식사하고 있는 식당을 습격·공격하는 것 등이 국가 간 테러리즘의 예라고 할 수 있다.[41]

4) 초국가적 테러리즘(transnational terrorism)

넷째는 초국가적 테러리즘이다. 이것은 국제법상 주권국가로 승인받지 못한 단체들이 테러리즘의 주체가 되어 그 단체 및 그 단체에 소속된 개인에 의해 행해지는 테러리즘을 말한다. 이는 테러리즘의 발생에 대해서 호의적인 정부로부터의 정신적·물리적 지원 여부와는 관계없이 비국가적 독립된 행위자에 의해 행해지는 외국의 국민이나 영토와 관련된 테러리즘을 말한다. 팔레스타인 해방기구(Palestine Liberation Organization) 산하에서 창설·활동 중인 각종 테러리즘 조직에 의한 외교관 납치, 선박 습격, 하이재킹, 대사관 점거, 인질 납치사건 등이 대표적인 사례라고 할 수 있다.[42]

3. 사용주체에 따른 분류: 위로부터의 테러와 아래로부터의 테러

테러리즘의 시대로도 불리는 현대에 있어서 테러는 위로부터의 테러와 아래로부터의 테러는 물론 좌·우익 가릴 것 없이 테러가 자행되고 있다.[43] 사용주체에 따른 분류란 테러행위의 주체가 지배계층이냐 아니면 피지배계층이냐에 따른 분류로서 위로부터의 테러리즘과 아래로부터의 테러리즘이 바로 그것이다. 이 분류는 해커(Frederich J. Hacker) 등이 제시한 것으로 지배계층에 의한 테러가 위로부터의 테러이고 피지배계층에 의한 테러가 아래로부터의 테러이다. 그에 따르면 위로부터의 테러는 언제나 조직적이고, 아래로부터의 테러는 단독적으로 이루어질 수도 있고 다양한 집단의 협조하에 이루어지기도 한다는 것이다.[44]

4. 테러 동기에 따른 분류: 광인형·범죄형·순교형

　해커(Frederich J. Hacker)는 전술한 바와 같이, 먼저 테러리즘이 권력자에 의한 테러리즘이냐 피지배층에 의한 테러리즘이냐에 따라 위로부터의 테러리즘과 아래로부터의 테러리즘이라고 분류한데 이어서 테러동기에 따라 광인형·범죄형·순교형(가장 전형적이고도 다양한 변화 가능성을 지니고 있음)으로 분류한 후 두 부류를 연결 지어 설명하기도 했다.

　먼저 광인형은 마치 정서적으로 이상이 있는 사람이 다른 사람들이 볼 때는 도저히 상식적으로 이해하기 힘든 그 자신만의 목적을 가지고 행동하듯 완전한 정신병자나 다름없이 행동하는 유형이라 할 수 있다. 반면에 범죄형은 자신의 사적 이익을 취할 목적으로 불법적인 수단을 사용하는 경우이다. 범죄형 테러리스트들은 다른 보통사람들이 원하는 것과 똑같은 것을 구하지만, 그들이 자신의 목표를 사회적으로 도저히 용납할 수 없는 수단으로 추구하는 것이 다른 점이다. 순교형의 경우 이상주의적 동기를 갖고서 개인적 이익보다도 집단적 목표를 위해 위세와 권력을 추구하면서 보다 높은 대의(大義)를 위해 헌신한다고 믿고 있다. 하지만 순수한 이상형을 실제로 가려내기는 좀처럼 어려운 점이 있다. 테러리스트의 광인형·범죄형·순교형으로의 분류는 어느 정도 유용하고 때에 따라서는 필수적인 것이다. 그 이유는 이러한 구분은 테러리스트들의 도전에 대응함에 있어서 여러 종류의 행동방식을 결정해주기 때문이다.[45]

　전술한 광인형 테러리스트들은 거의가 단독행동을 잘하며, 범죄형은 기업과

같은 조직을 가지며, 순교형은 일반적으로 군대식 조직을 갖는 경향이 있다.[46]

또한 대부분 테러리스트들은 항상 그들의 행동에 대해 철저하게 정당성을 가진다고 확신하고 있으며 테러리스트들이 제기하는 갈등의 근원은 대개 애매하고, 인위적으로 상대방의 특정한 공격적 행동을 선택하여 거기에다 모든 원인을 돌리려고 하는 것이 일반적인 사례이다.

테러의 희생자들은 무차별적으로 피해를 당하기도 하지만 대개의 경우 죄가 있든 없든 상관없이 희생자의 사회적 명성이나 교환가치에 기준해서 신중하게 선택되기도 한다. 희생자들은 협박과 공포의 조성 및 이득을 얻어내기 위한 도구로 쓰여진다. 또한 당장의 희생자들보다도 희생자들을 이용해서 얻어내고자 하는 궁극적 목적이 테러리스트들이 진정으로 노리는 과녁이다.[47]

5. 테러의 공격형태

테러의 공격유형은 테러의 수단과 방법을 기준으로 하여 구분해 볼 때, ① 요인 암살테러, ② 인질 납치테러, ③ 자살폭탄 및 폭파테러, ④ 항공기납치 및 폭파테러, ⑤ 해상선박납치 및 폭파테러, ⑥ 사이버테러, ⑦ 대량살상무기테러 등이 있다.[48]

1) 요인 암살(assassination)

요인 암살은 역사적으로 가장 오래된 테러의 한 형태로 특정인물을 은밀한 방법으로 살해하는 행위에서 시작하여 근래에는 공공연하게 특정인물은 물론 특정 민간인들에 대해서도 무자비한 공격을 가하는 데까지 이르렀다. 제2차 세계대전 직후 인도의 간디(M.K. Gandhi)가 암살된 후 1986년 스웨덴의 팔메(S.O.J. Palme) 수상이 암살되기까지 수많은 국가지도자 및 주요 정치지도자들이 희생됨으로써 요인 암살은 테러리즘의 주요 형태가 되었다.[49]

요인 암살은 특정국가의 집권자나 정치지도자를 암살하여 그 사회의 구성원들에게 공포심과 불안감을 조성함으로써 구성원간의 상호 단결의 와해, 그리고 정권의 붕괴를 낳게 하려는데 그 목적이 있다. 요인 암살의 주요수단으로는 총기류와 폭탄이 가장 널리 사용되고 있다. 특히 폭탄공격은 19세기초 러시아의 카파르치라는 화학자가 암살용으로 폭탄을 발명했을 때만 해도 신뢰도가 극히 낮고 성능도 원시적인 단계에서 벗어나지 못했지만, 현대의 폭탄은 폭파기술의 발달과 원격조정장치의 개발로 가히 가공할만한 성능을 가지게 되었다. 최근에는 전통적인 금속탐지기로는 발견해 낼 수 없는 셈텍스(semtex)와 같은 프라스틱 폭탄이 등장하여 이에 대한 대처방안이 더욱 어려워지고 있는 실정이다.[50]

2) 인질 납치(hostage taking)

인질 납치는 남미의 혁명분자들이 1960년대 초에 주로 사용했던 방법으로 현재는 테러리스트들이 항공기 납치만큼 즐겨 쓰는 방법이다. 작전에 참여했다가 체포되어 수감되어 있는 동료 테러리스트의 석방을 위한 방편으로 사용하거나 혹은 인질을 볼모로 하여 정치적 혹은 물질적인 양보를 얻어내기 위해 사용하는 전술이다.

인질 납치는 위험부담이 아주 적으면서 정치적 선전효과는 상대적으로 높아 1960년대 후반부터 급증해 1980년대에는 전세계적으로 커다란 문제가 되었다. 1976년과 1986년 사이에 전세계적으로 약 2,500여 차례의 인질 납치사건이 발생했으며, 이 중 정치적 목적달성을 위한 목적으로 저질러진 사건은 10% 정도인 230여 차례나 발생했다.[51] 1990년대에 들어서는 이슬람 원리주의 단체 등이 인질 납치를 선호하지 않아 대폭 감소하였으나, 최근 테러와의 전쟁의 무대인 아프가니스탄과 이라크 등에서 IS 등 테러단체의 인질 납치가 다시 증가하고 있다.

3) 자살폭탄 및 폭파 테러

이것은 최근 테러의 전형(典型)으로 인식되고 있는 것으로서 지상에서 차량이나 사람의 몸에 폭탄을 장착하고 목표지점에서 자폭하는 자살폭탄테러와 국가통치시설, 정보산업시설, 전력교통설비, 국방시설, 댐시설, 대형건물 등 국가의 중요시설과 자원을 폭파(혹은 방화)하는 폭파 테러를 말한다.[52] 특히 중동지역 테러의 경우 폭약을 가득 실은 트럭이나 자동차를 이용하거나 혹은 자신의 몸에 폭탄을 지닌 채 목표물에 돌진하는 자폭공격은 가장 자주 쓰이는 방식임을 알

수 있다.[53]

이처럼 자살폭탄 및 방화테러는 테러리스트들이 시간과 장소를 용이하게 선택할 수 있어서 사전에 경계 및 방어가 극히 어렵다는 특성이 있다. 또한 폭탄의 살상도와 파괴력이 급격히 확대되고 있어 테러로 인한 피해규모도 증가하고 있다. 더구나 최근에는 폭발물을 장착하지 않고 차량을 이용해 사람들을 공격하는 차량돌진테러가 증가하고 있어, 세계 각국은 행인들을 보호하는 차단용 방어벽 설치에 힘쓰고 있다.

4) 항공테러리즘(aviation terrorism)

항공기에 대한 테러리즘은 크게 항공기납치(aircraft hijacking), 공중폭파 (sabotage bombing of airborne aircraft) 그리고 공항시설과 항공기 이용객에 대한 공격(attacks against airline facilities and their users) 등이 주로 자행되어 왔다.[54] 최근에는 테러의 수법이 대형화되면서 항공기납치가 테러에서 많이 사용되는 추세이다. 특히 2001년 9·11테러는 납치된 항공기 자체를 무기로 이용하여 또 다른 목표를 공격함으로써 전쟁수준의 엄청난 참사를 가져올 수 있음을 보여준 항공테러리즘의 새로운 형태라고 할 수 있다.

초창기에 항공 테러리즘은 동구 공산권 국가에서 서방자유국가로 탈출하여 정치적 망명을 하기 위한 수단으로 사용되었는데, 최근에는 특정세력의 목적 달성을 위한 수단으로 확산되고 있다. 제2차 세계대전 이후 동서진영으로 나누어져 공산권국가들과 심각한 이데올로기대결을 벌였던 서방국가들은 자유민주주의체제의 우월성을 과시하기 위해 공산주의 국가에게 서방자유진영국가로 항공기를 납치하는 하이제커(hijacker)에 대해 대부분 아무런 처벌없이 정치적 망명을 허락하거나 심지어는 이들 하이제커들을 영웅시하는 경향을 보이기도 했다.[55] 바로 이러한 경향은 항공기납치를 촉진시키는 요소로 작용하기도 하였다.

이로 인해 1960년 중반 이후 점차 테러리스트들이 항공기납치를 통해 그들의 정치적 목적을 달성하기 위한 수단으로 이용함으로써 항공기납치는 심각한 문제로 등장하게 되었다. 1968년과 1972년 사이에 절정을 이룬 항공기납치는 1969년 한 해만해도 85건이 발생하여 일주일에 약 2회 정도 발생했었다. 항공기

테러가 증가하는 이유는 테러리스트들이 적은 인력과 비용으로 짧은 시간에 최대한의 효과를 발휘할 수 있는 방법이 항공기납치임을 알고 있기 때문이다.[56]

특히 국제교류 증대로 인해 항공기 이용객은 다양한 국적의 국민들이어서 항공기납치가 발생만 하면 국제적인 이목을 모을 수 있고, 통신체계 발달로 전세계 구석구석까지 TV를 통해 테러리스트들은 그들의 정치적 목적을 손쉽게 알릴 수 있다는 점을 이용하고 있다. 또한 항공기 이용객을 인질로 삼아 공격목표 대상국가를 위협할 수 있다는 것도 항공기납치 증가의 원인이기도 하다.

테러리즘을 가장 전형적인 심리전 전술이라고 한다면, 실제로 테러리스트들은 민간인 한명을 살해하여 수많은 사람을 공포로 몰아가는 것을 목표로 삼고 있다.[57] 예를 들어 PAN Am 103기와 KAL 858기 사건처럼 많은 인명을 살상함으로써 위협이 위협만으로 끝나지 않음을 보여주기도 하지만 그들은 많은 수의 사람을 살상하는 것보다는 많은 수의 사람들이 목격(目擊)하기를 더 바라고 있다. 이러한 목적달성을 위해 항공기납치 보도매체를 교묘하게 이용하고 있으며[58] 9·11테러가 보여주었듯이, 최근 항공테러리즘은 대상국의 많은 사람들의 인적·물적 피해를 최대한 가중시키는 양상으로 새롭게 변하고 있음을 알 수 있다.

5) 해상테러리즘

이것은 해상의 선박을 납치 및 폭파하거나 선박시설을 파괴하여 테러목적을 달성하는 것으로 선박의 납치과정에서 선장 및 선원을 살해하기도 하고, 정박 중인 선박이나 항구를 폭파하기도 한다. 해상선박테러 등과 같은 해상테러리즘은 항공기 납치 등과 같은 항공테러리즘에 비해 성공률이 낮고 선전효과도 적어 1980년대 이후 급격히 감소하다가 2000년대에 접어들면서 소말리아 인근 해적들에 의한 해상테러리즘이 다시 증가하는 추세이다.[59] '2017년 전세계 해적사고 발생동향'에 따르면 2016년 한해 해적습격건수는 180건으로 이 중 아프리카에서 45건이 발생하였다.

해적의 출현이 많은 아덴만은 과거 해상테러리즘 사건이 많았던 지역으로 2000년 10월 예멘 아덴항에 정박 중이던 미국의 신형구축함 콜(Cole)호가 자살폭탄 탑재 소형선박에 의해 공격을 받아 승무원 17명이 사망한 바 있으며, 2002년

10월에도 프랑스 대형유조선 랭부르(Limburg)호가 자살폭탄공격을 받아 원유유출과 더불어 승무원 3명이 사망하는 사건이 일어난 바 있다. 우리나라 선박 '삼호주얼리호'도 2011년 소말리아 인근의 아덴만 해상에서 해적에게 피랍되었다가 우리 해군 청해부대에 의해 구출되었으며, 최근(2018년 3월)에는 아프리카 가나 주변 해역에서 조업 중이던 마린 711호가 나이지리아 해적에게 납치되었다 구조되었다. 더구나 최근 소말리아 인근의 예멘에서 테러사태가 빈번히 발생하고 있으며 IS와 같은 국제테러단체는 서방세계에 대한 경제전쟁의 일환으로 범세계적 해운망의 파괴를 공공연히 시사하고 있어 국제 해상교통의 요충지이자 테러단체의 본거지와 인접한 아덴만에서 국제 테러조직과 해적들이 상호 연계될 수 있는 가능성은 항상 존재한다고 볼 수 있다.[60]

6) 사이버테러리즘

현대인류는 첨단기술의 발달로 지식정보화세계에서 살아가고 있다. 사이버테러리즘(cyber terrorism, 약칭 사이버테러)이란 첨단정보통신기술을 이용하여 가상세계로 전환되어 있는 공간을 무차별적으로 공격하는 행위를 말한다. 이것은 인터넷을 이용해 시스템에 침입하여 데이터를 파괴하는 등 해당 국가의 네트워크 기능을 마비시키는 신종 테러 행위라 할 수 있다. 즉 상대방 컴퓨터나 정보기술을 해킹하거나 악성프로그램을 의도적으로 깔아놓는 등 컴퓨터 시스템과 정보통신망을 무력화하는 새로운 형태의 테러리즘이다.[61] 사이버 테러는 시간과 공간을 활용하고, 그 대상의 폭이 엄청나게 방대하다는 점이 가장 큰 특징이다. 개인이나 기업의 컴퓨터 시스템은 물론 국가의 기간산업 및 행정시스템, 국방관련시스템, 금융시스템, 항공운항시스템, 교통통제시스템 등 국가운영에 치명적인 위기를 초래할 수 있는 것이다.[62]

이처럼 정보화시대가 가져온 폐해의 하나로, 해킹을 비롯한 사이버테러는 수법이 날로 교묘해지고 파괴력 또한 갈수록 커지고 있다. 즉 정보통신산업 기술의 발달을 이용하여 군사·행정·금융 등 한 국가의 주요 정보를 파괴하는 사이버테러는 21세기로 들어서면서 갈수록 심각해질 것으로 예상되고 있다. 사이버테러 수법에는 강한 전자기를 발생시켜 국가통신시스템, 전력, 물류, 에너지 등의 사회

기반시설을 일순간에 무력화시키는 전자기 폭탄, 데이터량이 큰 메일 수백만 통을 동시에 보내 대형 컴퓨터 시스템을 다운시키는 온라인 폭탄, 세계 유명 금융기관이나 증권거래소에 침입, 보안망을 뚫고 거액을 훔쳐내는 사이버 갱 등이 있다.

이러한 사이버테러의 특징은 시간이나 공간을 초월하여 세계 곳곳에서 동시다발적으로 진행될 수 있다는 점에서 그 규모가 가공할 만하게 커질 수 있고, 우회적인 경로를 사용하기 때문에 범죄자를 적발하기 어렵다는 것이다. 따라서 세계 각국은 새로운 국가 위협 요소로 떠오르고 있는 사이버테러에 대한 대응책 마련에 부심하고 있다. 미국에서는 많은 예산을 들여 1995년부터 사이버 해킹 전담반을 구성해 사이버테러에 대비하고 있고, 한국에서도 컴퓨터 해킹 대응팀을 구성하여 운영하고 있다.[63]

7) 대량살상무기테러리즘

9·11테러를 시발로 하여 인해 국제사회가 '테러시대'로 접어든 이후 나타난 국제정치적 특징 가운데 가장 두드러진 것은 테러와 대량살상무기(WMD)문제의 상호연계성이 심화되었다는 점이다. 9·11테러사태는 첨단기술이 아닌 재래식 수단을 이용한 테러였음에도 불구하고 다수의 사상자를 냈다는 측면에서 향후 핵·생화학무기와 같은 대량살상무기를 사용한 테러(WMD terror)가 행해질 경우 9·11테러사태의 수백배 이상의 사상자를 내는 대재앙적 사태가 발생할 수 있다는 우려를 더욱 증폭시켰다. 따라서 대량살상무기테러에 대한 철저한 대비책은 매우 중요한 사항이라고 할 수 있다.[64]

일반적으로 대량살상무기는 일반적으로 핵(방사능)무기·화학무기·생물학무기와 그 운반수단인 미사일 등으로 구분한다. 특히 생화학무기와 같은 대량살상무기는 크기도 작고 비용도 싸지만 무차별적 살상력을 가지고 있기 때문에 테러에 사용되면 가장 치명적인 피해를 줄 수 있다. 더구나 국제사회에서 대량살상무기를 만들 수 있는 기술이 일반화되고 크기가 소형화되어 은밀성·이동성이 용이함에 따라 테러분자 및 테러집단들이 테러무기로 사용할 수 있고, 또 그 사용 위협만으로도 국제사회 및 대상국가를 해치는 효과가 큰 테러이다. 따라서 이에 대한 국제사회의 철저한 대응책 마련을 긴급히 요구된다고 할 수 있다.

또한 핵테러에는 두 가지 방법이 시도된다. 하나는 재래식 무기로 핵발전소나 핵물질 보관소를 공격하는 방법이고, 다른 하나는 핵무기로 특정 목표를 파괴하는 방법이다. 두 경우 모두 방사능 물질에 의해 대규모의 인명 피해는 물론 환경오염의 재앙을 피할 길이 없다. 테러에 사용 가능한 핵무기는 소형 핵폭탄, 더티 밤(Dirty Bomb), 원자폭탄 등 세 가지이다. 소형 핵폭탄은 서류가방 크기의 휴대용 폭탄으로 터널이나 발전소 등 기간시설 파괴에 사용되며 더티 밤은 재래식 폭탄에 방사능 물질을 결합하여 쉽게 제조할 수 있고, 반경 수 km까지 방사능이 오염된다.

원자폭탄은 소형의 경우 TNT 1만 5천톤의 폭발력을 지닌다. 이는 1945년 일본 히로시마에 투하된 폭탄에 맞먹는 파괴력이다. 2001년 9월 11일 뉴욕의 110층 짜리 세계무역센터 쌍둥이 빌딩을 붕괴시킨 자살폭탄용 민간항공기의 파괴력이 TNT 1천톤 정도이다. 핵폭발 시는 물론 핵폭발 후 방사능오염으로 인한 사상자까지 고려해보면 원자폭탄이 테러에 사용될 경우 피해 규모는 어림짐작이 간다.

그리고 생화학테러에는 화학무기와 생물무기가 사용된다. 테러에 사용이 가능한 화학무기는 파라티온(살충제), 겨자탄(독가스), 사린가스, VX가스, 독성 산업용 화학물질(TIC) 등 20여 가지에 이른다. 신경가스인 사린은 1995년 일본의 신흥종교집단인 옴진리교가 도쿄 지하철에 살포해 5천여 명이 병원에 실려 가고 12명이 목숨을 잃은 사건으로 유명해졌다. 사린가스 1톤을 7.8㎢ 지역에 뿌리면 최고 23만명을 살상할 수 있다. 사린보다 100배나 강한 VX는 뇌의 기능을 파괴하는 맹독성 가스로서 노출되면 수초 만에 죽게 된다.[65] 특히 2017년 2월 13일 말레시아의 쿠알라룸프로 국제공항에서 발생한 김정남암살사건에 북한이 개입한 것으로 지목된데다, 신경작용제 VX가 사용되었다는 북한은 2017년 미국에 의해 테러지원국에 재지정되었다.

이상과 같은 테러공격형태 이외에도 원자력 발전소에 사람을 침투시킨다든가, 방대한 지역을 유해 방사선으로 오염시킬 우라늄으로 포장된 장치를 폭발시켜 정신적 공항을 불러일으키거나, 수도관에 독극물을 풀어 넣거나 하는 방법 등도 들 수 있다.[66]

6. 테러리즘의 전개과정

앞에서 설명한 것처럼 학문적인 견지에서 테러리즘이 널리 사용되게 된 유래는 1793년부터 1794년까지의 프랑스 혁명기간에서 찾을 수 있고 테러리즘은 '조직적인 폭력의 사용' 또는 공포정치(reign of terror)와 동의어로 사용되었음을 알 수 있다. 프랑스 혁명시기의 테러리즘은 국가가 정치적 억압과 사회의 통제를 위해 사용한 수단으로 합법적인 권력을 가진 지배층에 의해 자행되는 관제테러리즘(state terrorism)의 성격을 지니고 있었다. 많은 전문가들이 테러리즘의 기원도 프랑스 혁명에서 찾지만 '조직적인 폭력의 사용'으로 정의되는 고전적 의미의 테러리즘은 기원전부터 있어왔다고 할 수 있다.

1) 아벨을 죽인 카인

테러리즘은 역사적으로 인류의 기원까지 거슬러 올라가기도 한다. 구약성서 '창세기' 제4장에 나오는 아벨을 죽인 카인을 최초의 살인자이며 테러리스트로 보는 견해도 있다.[67] 따라서 테러리즘은 전세계에서 역사 전체를 통해 줄곧 행해져왔다고 볼 수 있다. BC 8~7세기 중앙 아시아에서 러시아 남부지방으로 이주했던 유목민족인 고대 스키타이인들 경우 그들에게 저항하는 부족들을 차단하고 사망자의 피를 마시고 뼈를 갈아 바름으로써 공포를 조장했다고 한다.[68]

2) 줄리어스 시저의 암살사건

서양에 있어서 역사적으로 가장 오래된 테러사건으로는 BC 44년 3월 14일 발생한 가이우스 율리우스 카이사르(Gaius Julius Caesar, 줄리어스 시저, BC 100~44)의 암살사건을 들 수 있다.[69] 그는 갈리아(현재의 프랑스)를 정복했으며(BC 58~50), BC 49년 갈리아에서 로마로 복귀하라는 원로원의 명령을 무시하고 휘하의 군대를 지휘하여 루비콘강을 건너 로마로 진군하여 폼페이우스를 축출함으로써 내전에서 승리하여 딕타토르(Dictator, 독재관)가 되었다. 그러나 5년 동안 일련의 정치적·사회적 개혁을 추진하다가 귀족들에게 BC 44년 암살당했다. 그 후 로마 황제 티베리우스(Tiberius: 14~37 재위)나 칼리굴라(Caligula: 37~41 재위)는 정적의 기세를

꺾어 자신들의 지배에 복종시키는 수단으로 추방 및 재산몰수, 처형 등의 방법을 사용하기도 했다.[70]

3) 십자군 지도자 암살

서기 1세기경 팔레스타인들은 '시카리(Sicarii)'라는 테러단체를 결성해 로마에 협력하는 유대인들을 공격했다. 또한 11~13세기의 페르시아 이슬람 과격단체들은 암살자를 고용하여 기독교 지도자를 살해하기도 했다.[71] 중세 때의 스페인 종교재판소는 종교적 이단으로 간주된 사람을 처벌하기 위해 임의적인 체포, 고문, 처형을 일삼기도 했다. 또한 중세의 이슬람 과격단체들은 전력이 월등한 십자군에 맞서기 위해 테러에 의존했다. 당시 십자군 지도자를 암살하던 비밀결사단은 암살을 거행하기 전에 대마초를 농축해 환각성을 강화시킨 물질인 해시시(hashish)를 마셨는데, 여기서 암살자(assassin)란 말이 유래한 것으로 알려지고 있다.[72]

4) 자코뱅당의 테러 사용

하지만 전술한 바와 같이, 인류가 테러리즘이라는 용어를 보편적으로 사용하기 시작한 것은 1789년에 일어난 프랑스 혁명 직후부터이며, 자코뱅당의 지도자인 로베스피에르는 프랑스 혁명기 동안 왕정복고를 꾀하는 왕당파에 대한 자코뱅당의 테러사용을 공공연히 지지하여 수많은 사람들을 단두대에서 처형하였다. 그래서 그의 통치기간을 공포정치시대(1793~94)라고 부른다.

5) 무정부주의자들의 테러

19세기말 러시아의 무정부주의자(아나키스트: anakchist)들은 '테러'란 국가가 선발한 당국자들이 사람들을 칼로 찌르거나 목을 조르거나 총으로 쏴죽이는 것이라고 득의양양하게 진술하였다.[73] 당시 19세기에는 무정부주의자들의 폭파와 아르메니아인이나 터키인들과 같은 민족주의 집단에 의한 살인·방화 등이 대표적인 테러활동이었다. 19세기 이후에는 '블랙 사이언스' 등 기독교 이단세력을 포함하여 다양한 테러단체들이 생겨났다. 무정부주의자들의 테러는 19세기 후반에는 중동과 같은 특정지역에서 서유럽과 러시아, 미국 등으로 확산되어 여러 나라에서 정치변화를 이끌어내기 위해 권력의 핵심에 있는 요인들을 암살하는 일이 빈번하게 발생하기도 했다. 이처럼 무정부주의자들은 '혁명'이나 '테러'를 전략적 방법으로 중시하였다.

6) 테러를 국가정책 수단으로 채택

20세기에 들어 테러리즘은 이념 대립이 심화되면서 극우에서 극좌에 이르는 수많은 정치운동에서 공통으로 나타나는 하나의 특징이 되었다. 1917년 러시아 혁명 때도 혁명 수행을 위해 적색테러리즘과 반동파의 백색테러리즘이 난무했다. 또한 전세계적인 민족해방운동의 전개에 따라 민족주의를 배경으로 하는 테러조직도 무수히 결성되었으며, 이념과 민족 문제가 다양한 관계로 얽혀 테러 문제는 점점 더 복합적인 양상을 띠게 되었다. 더구나 히틀러 치하의 나치독일이나 스탈린 치하의 소련과 같은 전체주의 국가에서는 테러를 국가정책 수단으로 채택하여 적법한 절차를 거치지 않은 체포·구금·고문·처형 등을 당연시하기도 하였다.[74]

7) 팔레스타인 해방기구(PLO: Palestine Liberation Organization)의 테러

현대적 의미의 테러리즘(특히 국제테러리즘)의 태동기는 1960년대라고 할 수 있다. 1964년 팔레스타인 해방기구(PLO: Palestine Liberation Organization)의 등장은 국제사회에 현대적 테러리즘의 발생을 가져왔다.[75] 1967년 6일전쟁에서 이스라엘에게 패하자, 아랍인들은 물리적인 군사력으로는 팔레스타인의 정치적 목적 달성이 불가능하다고 인식하기 시작했다. 즉 전면적인 무력투쟁으로는 이스라엘에 대항할 수 없기 때문에, 세계에 팔레스타인 문제를 알리고 정치적 목적을 달성하는 유일한 방법은 테러리즘이라는 결론에 도달했던 것이다. 이에 따라 팔레스타인 사람들을 주축으로 테러단체들이 조직되기 시작했고, 테러리즘을 통해 이스라엘에 대항하기 시작했다.

특히 팔레스타인 테러리스트단체들은 가장 효과적이고도 극적인 방법으로 항공기 납치를 자행하기 시작했다. 1968년 7월 조지 하바시(George Habasi)가 이끄는 팔레스타인 해방인민전선(PFLP) 소속의 테러리스트들이 이스라엘 항공기(EI

Al-Israel)를 공중 납치한 이래 1968년 한 해 동안 무려 35건의 항공기 납치를 단행했다.[76] 이로써 팔레스타인 해방기구의 새로운 항공테러리즘이 등장하였고, 비무장의 무고한 민간인들이 주로 희생되는 참극이 연출되었다.

1970년대는 테러리즘이 전세계적으로 확산된 시기였다. 이는 팔레스타인 테러리스트 단체들에 의한 테러리즘이 중동지역을 중심으로 확산되면서 이들의 투쟁에 동조하는 테러리스트 단체 간에 상호 지원이 이루어지기 시작하면서 테러리즘이 전세계적으로 확대되기 시작한 시기였기 때문이다. 1972년 5월 이스라엘 텔아이브의 로드공항 학살사건, 1973년 7월 싱가포르 셀 석유저장고 습격사건, 1975년 12월 빈에서의 석유수출국기구(OPEC) 회의장 점거사건 등은 팔레스타인 해방인민전선(PFLF)과 일본적군(Red Army), 서독의 바더 마인호프(Baader-Meinhof) 조직 등 국제테러리스트 단체들 간의 유기적인 합동작전에 의해 자행된 대표적인 사건들이다.

8) 테러리즘의 대응책 강화

테러리즘이 점차 전세계적으로 확대되자, 공격목표가 되었던 서독, 이스라엘, 미국 등은 1976년을 고비로 대응책을 강화하고, 테러리즘 관련 정보교환 등의 노력을 강화하기 시작했다. 미국의 델타포스(Delta Force), 서독의 GSG-9 등 대테러리스트 특공대가 창설되어 테러리즘에 대응하기 시작한 것도 이때부터이다. 또한 미국에서는 국제테러리즘 사건의 특징과 속성에 대한 분석을 통해 테러리즘에 체계적으로 대응하기 위해 컴퓨터를 이용한 분석프로그램을 개발하여 활용하기 시작했다.[77]

9) 1980년대 테러리즘의 특징

1980년대 테러리즘의 가장 큰 특징은 테러리즘의 발생건수가 증가하면서 규모도 보다 대형화되기 시작했다는 점이다. 동시에 국가 지원 테러리즘이 두드러지게 나타났다. 먼저 중동지역 회교지하드(Al al Islam)는 이란 회교정부의 지원을 받는 시아파(Shiah派) 과격단체로서 1983년 4월 18일 베이루트 주재 미국 대사관을 폭탄트럭으로 공격하여 미국인을 포함한 63명을 살해하면서 알려지기 시작했다. 이들은 1983년 10월 23일 레바논에 주둔하고 있는 미해병대 사령부와 프랑스 군사령부를 자살폭탄트럭으로 각각 동시에 공격하여 299명의 사상자가 나게 한 다음, 1984년 9월 19일 새로 옮긴 동베이루트의 미대사관에 자살폭탄트럭으로 돌진하여, 12명이 사망하고 60명이 부상하는 등 72명의 사상자를 발생시켜 위협 적인 테러그룹이 되었다.[78]

10) 1990년대 테러리즘

1990년대에 들어서면서 테러리즘의 발생건수는 점진적으로 줄어들었다. 그 러나 그 규모에 있어서 더욱 대형화되고, 무차별적인 양상을 보이기 시작했다. 아울러 불특정다수를 공격대상으로 하여 대량살상의 결과를 초래하는 새로운 유 형의 테러리즘(new terrorism)이 등장하기 시작했다. 그 대표적인 사례가 1995년 도쿄에서 발생한 옴진리교의 사린가스 공격사건이다. 이 사건으로 13명이 사망하 고 5,000명이 부상을 당했다.[79]

11) 2000년대 미국에 대한 테러 공격

2000년대 들어서도 미국에 대한 테러 공격은 그치지 않았다. 2000년대로 들 어가면서 대이라크전의 여파로 테러리즘의 발생건수가 폭발적으로 증가하기 시 작했다. 2000년에는 수단의 예멘 항에 정박해 있던 미국 군함 USS 콜(Cole)이 자살폭탄 테러를 당해 17명의 승무원이 사망했다. 급기야 2001년에는 지금껏 유 례가 없던 9·11테러라는 사상 최악의 테러가 발생했다.

2001년 9월 11일 4대의 민간 항공기가 테러리스트에 의해 납치되어 이 중 2대가 뉴욕 시에 있는 세계무역센터 쌍둥이 빌딩을 각각 들이받으며 폭발해 건물 이 붕괴되었고, 1대는 워싱턴에 있는 미국 국방부 건물로 돌진, 건물 남서쪽 부분이 크게 파손되었다. 나머지 1대는 펜실베이니아(Pennsylvania) 주 피츠버그(Pittsburgh) 시 인근에 추락했다. 이 테러로 항공기에 타고 있던 승객 266명을 포함해 건물과 그 인근에 있던 사람 3,025명이 사망했다.[80] 진주만 기습공격의 피해 2,400명의 사망자를 능가한 전쟁급의 엄청난 테러사건이었다. 이처럼 알카에다와 IS에 의한 테러는 지구촌을 공포에 떨게한 대표적 테러사건들이다.

12) 테러가 전쟁의 대체수단으로 진화

전대미문(前代未聞)의 2001년 9·11테러사건은 전쟁으로 인한 희생자보다 더 많은 희생자가 발생하여 테러가 전쟁의 대체수단으로 진화하고 있다는 평가를 받았다. 한마디로 2001년 미국에서 있었던 오사마 빈 라덴에 의한 알카에다 (Al-Qaeda) 조직에 의해 자행된 9·11테러는 21세기의 새로운 전쟁형태로서 등장했고, 현대의 테러리즘은 테러의 성격과 규모면에서 점차 국제화·대형화되어 국가에까지 새로운 위협과 위기로 다가서고 있는 것이다.[81]

이처럼 오늘날 테러는 동기, 대상, 범위, 주체, 이념 등에 따라 매우 다양하게 자행되고 있기 때문에 이제 테러리즘은 더 이상 중동과 유럽의 몇몇 국가에 국한된 문제가 아니고 테러리즘의 안전지대(free zone of terrorism)는 존재하지 않을 정도로 전세계 모든 국가들이 직면하고 있는 심각한 문제이다.

그러나 2001년 9·11테러 이후 미국이 전개하였던 테러와의 전쟁에도 불구하고 2004년 4월 28일 일본공안조사청이 발표한 2003년도 세계테러현황에 따르면 총 3,213건 테러가 발생했고, 이 과정에서 7,476명이 숨졌다. 이런 발생건수는 1991년 공안조사청이 테러통계를 내기 시작한 이래 최대규모였다.[82] 최근에도 국제싱크탱크인 경제평화연구소(IEP)의 '세계테러리즘지수 2017' 보고서에 따르면 2017년 전세계에서 발생한 테러로 모두 2만 5,621명 목숨을 잃은 것으로 집계됐다. 유럽을 포함한 선진국에서는 사망자가 크게 늘고 있으며, 테러의 영향권에 들어가는 나라도 점차 증가하고 있다.

뉴 테러리즘과 대테러전쟁

1. 시대에 따라 끊임없이 변화

테러리즘은 시대에 따라 끊임없이 변화하고 있다. 1990년대 탈냉전 이후의 테러리즘은 형태에 있어서 그 이전의 테러리즘과는 다른 면을 보여주고 있다.

즉 테러리즘의 주체가 좌파단체에서 이슬람 극단주의자들의 단체로 바뀌었고 테러의 목적이 이데올로기에서 종교적·민족적 갈등에 의한 맹목적이고 잔인한 파괴주의로 변화된 것이 바로 그것이다. 특히 2001년 9·11테러는 자살폭탄공격의 변형된 형태로서 대량살상을 시도했고 대형화·국제화되었고 생물학 테러까지 병행하여 발생한 새로운 형태의 테러리즘의 공포를 전세계에 확산시켰다.[83]

미국은 역사상 하와이 진주만 기습에 이어 두 번째로 2001년 9월 11일 번영의 상징인 세계무역센터 빌딩과 힘의 중심인 국방부 건물이 테러에 의해 참담한 피해를 입었다.[84] 미국의 시각에서 볼 때, 대테러전은 사실상 단순한 테러응징이나 보복전쟁이 아닌 미국 역사상 또 하나의 새로운 '명백한 운명'(manifested destiny)으로 인식되고 있다.[85] 전술한 바와 같이, 미국은 2001년 9·11테러 직후 '테러와의 전쟁'을 선포하고 먼저 테러사태의 배후세력의 조직의 거점인 아프가니스탄 전쟁을 수행했고, 다음으로 대테러전의 연장선상에서 국제테러조직과의 연계와 대량살상무기의 개발 의혹을 받고 있는 사담 후세인을 제거하기 위해 이라크 전쟁을 승리를 선언했지만 아직도 세계각지에서 발생하는 테러와의 전쟁은 마무리되지 않고 있다.[86]

2. 뉴 테러리즘의 특성

9·11테러 이후에도 이라크 전쟁의 참전국인 스페인의 수도 마드리드에서의 지난 2004년 3월 11일 열차 연쇄 폭탄사건, 이듬해인 2005년 7월 7일 런던에서의 지하철 연쇄 폭탄폭발에 의한 자살테러 등 알카에다 조직은 파병국가들을 주로 상대로 한 전략적인 테러공격을 자행한 바 있다. 그런데 이러한 사건들은 과거의 전통적인 테러리즘의 성격과는 다른 새로운 형태의 테러리즘(new terrorism)의 양상을 보이고 있다(<표 1> 참조).[87] 뉴 테러리즘의 특성은 다음과 같이 요약·정리해 볼 수 있을 것이다.

〈표 1〉 전통적 테러리즘과 뉴 테러리즘의 비교

구분	전통적 테러리즘	뉴 테러리즘
주체	테러주체 명확	테러주체 불명확
테러목표	상징성을 구체적으로 공격	불특정 다수를 추상적 공격
테러조직	수직적 조직체계	그물망 조직체계
대응시간	협상시간 등 대처시간 충분	대처시간 절대부족
사용무기	총기, 폭발물 등	대량살상무기
공포 확산 정도	보통 확산	빠르게 확산
정치적 부담 여부	테러의 소형화로 부담 약함	테러의 대형화로 부담 증대
테러리스트 교육수준	보통교육 수준	중산층 지식층 수준
조직와해 가능 여부	최고지도자 제거시 가능	최고지도자 제거해도 다른 조직·인물이 그 기능대체
피해 정도	피해범위가 소규모	피해범위가 대규모

출처: 이선기, "뉴 테러리즘 위협에 대한 정책적 대응방안,"『한국스포츠리서치』, 제18권 4호, 통권
　　　제103호, p.126.

첫째, 전통적 테러는 테러 목적이 정치적 이유[88]에 주로 바탕을 두었지만,
탈냉전 이후에는 탈이데올로기 현상이 나오면서 테러목적이 이념적·민족적·인
종적·환경적 이유 등으로 다양화되어 가고 있다. 특히 이슬람 과격단체로 대비되
는 종교적 극단주의에 근거한 테러가 빈번히 발생하고 있다.

둘째, 뉴 테러리즘에 있어서는 테러의 목적이나 테러의 주체가 불분명한 양
상을 보이기도 한다. 마치 대량살상 그 자체가 목적인 것으로 판단될 정도이다.
극단주의자들은 서방이나 미국에 대한 적대감 등 추상적인 이유를 내세워 테러를
감행하고, 공격주체를 보호하고 공포효과를 극대화하기 위해 아무것도 밝히지 않
는 경우가 많다. 이는 과거의 테러리즘 주체들이 자신들의 행동임을 천명하던
것과는 큰 차이가 있다.

셋째, 테러대상도 전통적 테러리즘에서는 주로 특정 인물, 특정 건물 또는
항공기 등이었으나, 뉴 테러리즘에서는 모든 민간인 혹은 기간산업으로 그 대상
이 확대되어 가고 있다.[89] 전통적 테러리즘에서 테러리스트들은 어떤 윤리적 제한

범위 내에서 정교하지 않은 무기를 제한된 방법으로 비교적 적은 피해를 주기 위해 사용하였기 때문에 테러리즘은 단순한 살인사건이 아니라 적은 수의 사람을 죽임으로써 나머지 살아있는 사람들에게 어떤 믿음을 주기 위한 심리전의 한 형태라고 할 수 있었다. 즉 폭력의 사용을 통해 평판이나 선전을 획득하려는 욕구가 가장 컸다고 할 수 있다. 그러나 이후 이러한 패턴은 큰 변화가 생겼다.

넷째, 테러수단에 있어서 전통적 테러리즘은 인질, 납치 암살, 폭탄테러 등 소규모 폭력성을 보여주었지만, 뉴 테러리즘은 이러한 테러대상에 대한 무차별적인 대량살상 및 대량파괴를 자행함으로써 과거에 지니고 있던 최소한의 도덕적 정당성마저도 포기하고 있다. 더구나 뉴 테러리즘은 규모면에서 과거 테러리즘과는 비교가 안될 정도로 거대해지기도 했다. 대상에 있어서도 주로 불특정 다수의 일반대중을 목표로 하고 있으며 대량살상을 기도하고 있다. 이처럼 무차별적인 인명살상을 통해 최대한의 타격을 가하려고 하기 때문에 그 피해는 엄청나다. 실제 최근에 발생한 테러사건의 양상을 보더라도 국제테러리즘은 그 대상이나 규모에 있어서 불특정 다수에 대한 무차별적인 테러가 급증하고 있다, 또한 1970~80년대의 테러리즘은 건물이나 항공기를 폭파시켜 주로 수백명씩 살해하는 형태였음에 비해, 뉴 테러리즘은 그 수법도 더욱 과격하고 다양하게 발전하고 있다. 물론 민간인에 대한 무차별적인 공격은 이미 이전부터 존재했지만, 뉴 테러리즘에 있어서 무차별성은 테러대상에 대한 손쉬운 확보와 파괴기술의 급격한 발달로부터 기인한다. 슈퍼테러리즘(super terrorism)은 규모면에서 이전과 비교가 안될 정도로 거대해졌고, 그 목적이나 주체가 불분명한 상태에서 대상에 있어서도 불특정 다수의 일반대중을 목표로 대량살상을 기도하고 있다.[90]

그러나 오늘날 이라크 등 중동지역에 많은 테러사건이 집중되어 있어 전체적인 테러사건의 숫자가 증가했을 것을 감안할 때 이 지역을 제외한다면 테러사건의 숫자는 감소했다고 볼 수도 있다. 하지만 살상 잠재력은 크게 증가하는 현상을 보여주고 있는 것이 사실이다. 또한 테러의 수단 및 규모에 있어서 변화는 기술적 진보에 의한 결과라 할 수 있다. 즉 기술의 발달이 테러의 파괴성을 더욱 강화시킨 것이다. 이것이 테러리즘의 본질을 변화시키고 있는 것이다.

다섯째, 뉴 테러리즘은 사이버 공간을 이용한 사이버 테러리즘과 극단적 자살테러라는 새로운 유형을 보여주고 있으며, 대량살상무기를 포함한 가능한 모든 테러수단을 활용하려 하고 있다. 특히 최근 가장 우려되는 사이버테러는 첨단 통신기술을 이용해 물리적 세계가 가상의 세계로 전환되어 있는 공간을 무차별적으로 공격하는 행위가 증가하고 있다. 이는 군사·항공기·철도 등 국가 기간산업의 통제시스템들을 동시다발적으로 공격하여 국가 전반을 일시에 혼란에 빠뜨릴 수 있다는 점에서 21세기형 테러리즘의 전형이라 할 수 있다. 현재 테러리즘에 있어서 변하지 않은 것은 테러리스트나 테러집단의 테러에 대한 실행의지라 할 수 있는데 테러리스트들은 이러한 의지로 극단적 자살테러를 자행하고 있는 것이다. 결국 현대의 고도로 발달된 교통·통신수단은 국제테러리즘 발전에 큰 힘이 되었고, 무기체계의 구조적 변화는 테러분자들에 의한 협박의 효과를 높여주는 매체로서 작용하고 있다.[91] 향후 과학기술의 발달과 급속한 확산은 화생무기·핵무기·방사능물질들의 테러와의 결합을 증가시킬 것으로 우려되고 있다. 많은 학자들은 대량살상무기가 테러의 수단으로 이용되는 슈퍼테러리즘(supper terrorism)의 가능성을 가장 우려하면서 과거보다는 훨씬 쉽게 대량살상무기를 확보할 수 있는 현대의 테러집단들이 국가안보에 큰 위협으로 다가오고 있음을 강조하고 있다.[92]

하지만 핵무기와 같은 대량살상무기를 갖춘 테러조직들이 갑자기 대거 등장할 것으로는 보이지는 않는다. 그동안 미국을 위시한 국제사회는 테러리스트들의 수중에 대량살상무기가 들어가게 될 위험성에 대해 경고하고 대비해왔으며, 아직까지 핵무기와 같은 대량살상무기를 획득한 테러조직은 확인되지 않고 있지만 그렇게 될 위험성은 여전히 남아 있다. 더구나 최근 테러조직의 특징인 무정형적 조직에서는 정확한 정보의 수집이 어렵고 그들의 목표나 목적이 명확히 드러나지 않는 어려움이 있다. 과거 전통적 테러리즘과 마찬가지로 오늘날의 테러집단들이 살상만을 목적으로 하지 않는다는 가정(假定)도 점차 의문시되고 있는 실정이다.[93]

요컨대 뉴 테러리즘은, 2001년 9·11테러에서 볼 수 있었던 것처럼, 전통적 테러리즘과는 달리 요구조건과 공격 주체를 밝히지 않고, 전쟁수준의 무차별 공격으로 피해가 상상을 초월하며, 테러조직이 그물망 조직으로 운영되고, 지능화되어 무력화가 곤란한데다 생물무기(탄저균)등 인명피해 극대화를 위한 신종 대량살상무기가 테러에 이용되는 등의 특징을 보여주는 테러리즘이라 할 수 있다.[94]

따라서 오늘날 한국은 물론 국제사회는 전통적 테러리즘에 더하여 뉴 테러리즘으로 인한 심각한 안보위협에 대한 슬기로운 대응책이 요구된다고 할 수 있다.

전망과 대응

1. 국가 간의 분쟁과 대리전쟁의 형태로 나타나게 된다.

테러리즘은 실로 오랜 역사를 통해 자행되어 왔다. 하지만 오늘날 국제테러리즘은 이전과는 여러 가지 면에서 다른 새로운 양상을 보이고 있다. 전통적 테러리즘은 소규모의 폭력성을 가지고 자신들의 정치적 목적을 달성하려는 시도였다. 그러나 최근의 새로운 테러리즘은 대규모의 폭력성을 갖고, 무차별의 대량살상을 시도하는 비이성적 행태를 보여주고 있다.

그래서 오늘날 테러리즘은 국제분쟁의 한 형태로 취급되고 있으며, 테러리즘의 성격은 그 대상이 한 개인이나 사회가 아니라 국가적 대상까지 포함하여 다양한 형태로 나타나고 있다는 데에 문제의 심각성이 있다. 이러한 현상은 테러리즘이 개인이나 사회의 범주를 넘어 국가 간의 분쟁과 대리전쟁의 형태로 나타나고 있음을 증명하는 것이다.

또한 노암 촘스키(Avram Noam Chomsky)도 지적하는 바와 같이, 테러리즘은 원래 18세기 말부터 사용되어 대중의 복종을 확고히 강제할 목적으로 행해지는 정부의 폭력행위를 일컫는 말이었으나 이후 개인이나 집단에 의해서도 행해지는 것으로 변하였다.[95] 일반적으로 테러활동은 외교나 전쟁에서의 승리와 비교하여 정치적 승리는 별로 기록하지 못하고 있다. 그럼에도 불구하고, 테러지원국이나 테러집단들이 테러라는 공격방법을 사용하는 것은 적은 비용과 저수준의 기술로도 실행될 수 있기 때문이다. 앞으로도 테러는 인류애적 양심과는 상관없이 분쟁과 전쟁의 방법으로 더 많이 자행될 것이다.[96]

2. 개인적인 테러리스트의 등장 가능성(외로운 늑대 형: loan wolf), 대량 살상무기를 이용한 공격

향후 국제테러조직은 알 카에다와 IS를 비롯한 이슬람 과격세력이 세력을 다시 결집하면서 현재 대테러전을 주도해서 수행하고 있는 미국 및 그 동맹국을 표적대상으로 하게 될 것이다. 또한 재정마련을 위해 마약조직과 연계해 나가면서 조직을 끊임없이 변화시켜 나갈 것으로 보인다. 뉴 테러리즘의 특징은 국가와 국가 간의 전면적 전쟁이 아닌 국가를 상대로 한 조직의 일방적인 전면적 투쟁이다. 이러한 특성에 기인하여 기존 테러조직과 상호의존하지 않는 개인적인 테러리스트의 등장가능성도 배제할 수 없다. 이는 정보통신 발달로 인한 정보수집과 테러를 자행하기 위한 무기의 접근성이 가능해졌기 때문이다. 아울러 전통적인 테러공격의 수법과 대량살상무기를 이용한 공격도 동시적으로 지속해 나갈 것다.[97]

3. 한국의 경우도 예외가 아니다.

이제 테러리즘에서 자유로울 수 있는 국가는 지구촌에는 존재하지 않으며, 한국의 경우도 예외가 아니다. 1990년대까지만 해도 한국에 대한 테러는 주로 북한에 의해 가해졌으며, 테러는 북한의 대남도발의 한 형태로서 간주되었다. 그러나 이른바 탈냉전의 움직임이 가시화되기 시작한 1990년대 중반 이후 한국은 북한 이외의 행위자로부터 가해지는 테러로부터도 더 이상 자유롭지 못한 입장에 놓이게 되었다. 한국 사회의 발전과 세계화(globalization)의 진행, 그리고 2000년대에 들어 가시화된 국제적 대(對)테러 연대의 출현 속에서 한국 역시 국제테러리즘의 현재적·잠재적 피해자가 되었기 때문이다. 한국은 1983년 아웅산 테러, 1987년 KAL 858기 폭파사건 등과 같은 전통적인 테러를 거쳐, 2004년 고(故) 김선일씨 피랍·살해사건, 2007년 8월 한민족복지재단 소속 선교단원 집단피랍사건 등을 거치면서 국제테러리즘이 주는 피해를 여실히 절감해왔다.[98]

4. 평화를 원하거든 전쟁에 대비하라(Si vis pacem para bellum: If you wish peace, prepare for war).

오늘날 세계 각국은 테러리즘 정책의 일환으로 외교 및 국제협력, 건설적인 경제제재와 보안·정보기능의 강화와 함께 국내외적으로 테러방지를 위한 제도적 대비책 마련에 부심하고 있다. 하지만 테러리즘은 비정규전으로서 적도, 전선도, 전장도 없는바 해결책도 제도적·군사적인 것만으로는 한계가 있을 수밖에 없다. 중·장기적인 견지에서는 무엇이 테러리스트에게 분노와 좌절을 안겨주는지를 진단하여 근원적인 해법도 함께 모색해 나가야 할 것이다.

뉴 테러리즘 또는 슈퍼테러리즘이라 불리는 오늘날의 국제테러리즘의 성격과 내용으로 볼 때 국제협조를 통한 공동대응은 불가피하며, 대량살상무기에 의한 전쟁 수준의 무차별 공격에 대응하기 위해서는 국가적·지역적·범세계적 공동대응이 가장 효과적인 방안이다.

아울러 과거와 비교할 수 없을 만큼 다양화된 테러위협에 대처해 나가기 위해서는 한국의 테러대응체제 역시 견고성과 융통성을 동시에 구비해 나가야 할 것이다. 2016년 테러방지법 제정으로 인한 국가급 대테러센터의 창설과 같은 법적·제도적 장치는 마련되었지만 각 부처 간의 원활한 역할분담을 보장할 수 있는 운용의 묘가 필요하며, 국내 및 국제적 차원의 정보공유 역시 향후 지속적인 관심을 기울여 나가야 할 사항이다. 또한 테러리즘의 예방이나 피해의 최소화, 신속한 사후처리 등을 위해 대내외적인 철저한 대응책의 강구 및 이행 그리고 이를 주도해 나갈 전문가 양성에도 최선의 노력을 다해야 할 것이다.

진정한 평화는 언제나 용기 있게 준비하는 자의 몫이다. 일찍이 로마의 전략가 베게티우스(Flavius Vegetius Renatus)는 "평화를 원하거든 전쟁에 대비하라(Si vis pacem para bellum: If you wish peace, prepare for war)"는 명언을 남긴 바 있다. 우리도 이제는 평화를 원하거든 테러에 대비하라는 새로운 세부준칙도 만들어 철저히 실천해야 할 때가 되었다고 할 수 있다. 테러리즘에 대한 적절한 원인진단·해법모색·대응노력이 부족할 경우, 테러분자들은 보이지 않기 때문에 근절되기 어려울 것이고, 테러와의 전쟁도 영원히 끝나지 않을 것이다.

<참고 문헌>

강창국, "북한의 대남전략 테러리즘 전개와 대응책," 한국군사학회, 『군사논단』, 통권 제60호, 2009년 겨울호.

강창국, "북한의 대남 테러리즘 전개와 대응책 모색"(한국국제정치학회 연례학술회의 발표논문, 2009.12. 11~12).

곽영길, "뉴 테러리즘의 실태와 대응전략," 한국테러학회, 『한국테러학회보』, 제2권 제1호, 2009년 봄호.

권만학 외 7인 옮김, 『현대정치학』(서울: 을유문화사, 1994).

권정훈, "국제테러리즘의 분석을 통한 전망에 대한 합의," 한국테러학회, 『한국테러학회보』, 2009년 봄호.

길병옥, "미국의 한반도전략과 북핵위기 대응책, " 한국동북아학회, 『한국동북아논총』, 제27집, 2003.6.

김강녕, 『지구촌시대 남북한의 외교안보통일론』(경주: 신지서원, 2010.2).

김강녕, 『한반도 통일안보론』(부산: 신지서원, 2004.8).

김두현, 『현대테러리즘론』(서울: 백산출판사, 2006.9).

김성한, "21세기 한미관계: 포괄적 인간안보동맹으로 발전시켜야," 한국자유총연맹, 『자유공론』, 2004년 9월호.

김순규 『현대국제정치학』(서울: 박영사, 1997.4).

노시중, "신문고: 김선일씨 죽음과 테러리스트," 『호주동아닷컴』, 2004년 7월 9일자.

대한민국 국방부, 『2008 국방백서』, 2009.1.19.

대한민국 국방부, 『2006 국방백서』, 2006.1.29.

대한민국 국방부, 『2004 국방백서』, 2005.1.26, p.18.

서원식, "테러리즘과 북한의 테러전력," 21세기군사연구소, 『월간 군사세계』, 2001년 12월호.

송재형, "고전적 테러리즘과 비교분석을 통한 뉴 테러리즘 양상에 관한 연구," 대전대학교 군사연구원, 『군사학연구』, 통권 제1호, 2003.12.15.

운평어문연구소, 『국어사전』(서울: 금성교과서, 1994.1).

유재식, "분수대: 테러리즘," 『중앙일보』, 2001년 9월 13일자.

윤우주, "한국의 대테러 대비태세와 발전방향," 「테러리즘과 문명공존」(한국국방연구테러관련 학술회의 보고서, 2002).

이광수 역, Jonathan Barker 저, 『테러리즘 폭력인가 저항인가』(서울: 이후, 2007).

이대우, "한반도 테러위협의 특성과 현실적 대응방안," 국무총리비상기획위원회, 『비상기획보』, 2005년 1월호, 통권 제71호.

이만종, "A Study of the Prevention of Hijacking Related Crimes," 한국테러학회, 『한국테러학회보』, 제2권 제1호, 2009.3.

이만종, 『경찰수사각론』(서울: 청목출판사, 2003.3).

이서항, "해적문제의 국제정치: 소말리아 해적의 국제적 영향과 대응 동향," 해군대학, 『신국제안보환경과 해군력 발전』(해군대학-해로연구원-연세대 동서연구원 공동학술세미나 발표논문집), 2009.4.27.

이선기, "뉴 테러리즘 위협에 대한 정책적 대응방안," 『한국스포츠리서치』, 제18권 4호, 통권 제103호.

이훈범, "테러," 『중앙일보』, 2005년 7월 11일자.

정인흥·김성희·강주진 편, 『정치학대사전』(서울: 박영사, 1980).

조성권, "불법 NGO의 변화하는 속성: 국제테러 및 국제범죄를 중심으로," 한국정치학회 편, 『21세기 국제관계연구 쟁점과 과제』(서울: 박영사, 2000).

조순구, 『국제관계론』(서울: 법문사, 2009.3).

조순구, 『국제문제의 이해: 지구촌의 쟁점들』(서울: 범문사, 2007.3).

조순구, 『국제관계와 한국』(서울: 법문사, 2002.8).

조영갑, "테러가 군사전략에 미친 영향," 합동참모본부, 『합참』, 제24호, 2005.1.1.

조영갑, 『테러와 전쟁』(서울: 북코리아, 2004).

차두현, "한국의 테러리즘 대응방안"(한국국제정치학회 2008국방안보학술회의 발표논문집, 2008.4).

채재병, "국제테러리즘의 변화와 지속성: 역사적 분석," 한국정치외교사학회, 『한국정치외교사논총』, 제28집 2호,, 2006.

최병조, "테러리즘의 고찰과 대응방안," 육군본부, 『군사연구』, 제118집, 2002.10.

최진태, "국제테러리즘의 발생현황과 한국의 대응전략," 한국군사학회, 『군사논단』, 통권 제29호, 2001년 겨울호.

최진태, 『테러, 테러리스트 & 테러리즘』(서울: 대영문화사, 1997).

최진태, "북한의 테러리즘에 관한 고찰," 『국방논집』, 제29호, 1995년 봄호.

프리드리히 J. 해커(Friedrich T. Hacker), 『우리시대의 테러리즘』(『월간 중앙』, 1977년 6월호, 별책부록, 1977).

홍중조, "테러의 양면성," 『경남도민일보』, 2001년 11월 10일자.

Blij, Harm de, Why Geography Matters: Three Challenges Facing America: Climate Change, The Rise of China, and Global Terrorism(Oxford: Oxford University Press, 2005).

Choi, Jin Tai, Aviation Terrorism(London: Macmillan, 1994).

Clutterbuck, Richard, Kidnap, Hijacking and Extortion(London: Macmillan, 1987).

Kegly Jr., Charles W. & Eugene R. Wittkopf, World Politics, 9th. ed.(Belmont. CA: Wadsworth Publishers, 2004).

Ranney, Austin, Governing: An Introduction to Political Science, 6th edition(Englewood Cliffs, New Jersey: Prentice-Hall, 1993).

Schmid, Allex P. and Albert J. Jongaman, Political Terrorism: A New Guide to Actors, Authors, Concepts, Data Bases, Theories and Literature(Amsterdam: AWIDOC, 1988).

Toft, Ivan Arreguin, "How the Weak Win Wars: A Theory of Asymmetric Conflict," International Security, Vol. 26, No.1(2001 Summer).

United States Department of State(Office of the Coordinator for Counterterrorism), Country Reports on Terrorism 2008, April 2008.

U.S. Central Intelligence Agency, Patterns of International Terrorism, 1980.

Wehmeier, Sally (ed.), Oxford Advanced Learner's Dictionary(Oxord: Oxford University, 2000).

Wilkinson, Paul, Terrorism and the Liberal State, 2nd edition(London: Macmillian Press Ltd., 1987).

이인식, "대량살상무기와 테러," http://www.chosun.com/premium/news/200410/200410 160060.html(검색일: 2010.2.15).

『Daum 백과사전』, "테러리즘."

『Encyber 두산백과사전』, "테러리즘."

Encyclopedia Britanna Online Korea, http://preview.britannica.co.kr/bol/topic.asp?art icle_id=b22t2556a(검색일: 2010.1.10), "테러리즘"

국가정보원 대테러종합정보센터, "테러상식: 테러리즘," http://service3.nis.go.kr/service/ data/etc.do(검색일: 2010.2.12).

Council on Foreign Relations, "Loose Nukes," in http://cfrterrorism.org/weapons/loo senukes.html(검색일: 2004.12.1).

"다다월즈 테러리즘," http://encyc.usci.kr/wiki/%EB%8B%A4%EB%8B%A4%EC%9B%94%EC%A6%88_% ED%85%8C%EB%9F%AC%EB%A6%AC%EC%A6%98(검색일: 2010.2.15).

"백색 테러(White terror)," http://opentory.joins.com/index.php?title=%EB%B0%B1%EC%83%89_%ED% 85%8C%EB%9F%AC&printable=yes(검색일: 2010.2.15).

"백색테러(white terror)와 적색테러(red terror)," http://e4u.ybmsisa.com/EngPlaza/hotWord.asp?idx=163(검색일: 2010.2.15).

"사이버 테러리즘," 『Daum 백과사전』, http://enc.daum.net/dic100/contents.do?query1=rkb03b305(검색일: 2020.2.15).

"사이버테러리즘," 『위키백과』, http://ko.wikipedia.org/wiki/%EC%82%AC%EC%9D%B4%EB%B2%84_% ED%85%8C%EB%9F%AC(검색일: 2010.2.15).

이춘근, "미국의 힘, 중국의 도전, 테러리즘 세 가지를 알면 21세기가 보인다," http://blog.daum.net/mongolboy/4278029?srchid=BR1http%3A%2F%2Fblog.daum.net%2Fmongolboy%2F4278029(검색일: 2010.2.12).

"슈퍼테러리즘," http://www.x-file21.com/ref/new_data_view.asp?branch=51&m_num=282&page=3(검색일: 2010.2.15).

"시오니즘과 백색테러 그리고 전황," http://healthcity.co.kr/constitution/column_content.asp?gotopage=1& id=33&tb_name=Column_board(검색일: 2012.16).

"테러의 역사," http://k.daum.net/qna/view.html?category_id=QFD&qid=0D1AD&q=%C5%D7%B7%AF%C0%C7+%BF%AA%BB%E7&srchid=NKS0D1AD(검색일: 2010.2.15).
http://inreality.tistory.com/14?srchid=BR1http%3A%2F%2Finreality.tistory.com%2F14(검색일: 2010.2.12).

Chapter 1 주석

1) Harm de Blij, Why Geography Matters: Three Challenges Facing America: Climate Change, The Rise of China, and Global Terrorism(Oxford: Oxford University Press, 2005).
2) 이춘근, "미국의 힘, 중국의 도전, 테러리즘 세 가지를 알면 21세기가 보인다," http://blog. daum.net/mongol boy/4278029?srchid=BR1http%3A%2F%2Fblog.daum.net%2Fmongolboy%2F4278 029(검색일: 2010.2.12.).
3) 대한민국 국방부, 『2006 국방백서』, 2006.12.29, p.3.
4) 대한민국 국방부, 『2004 국방백서』, 2005.1.26, p.18.
5) 조영갑, "테러가 군사전략에 미친 영향," 합동참모본부, 『합참』, 제24호, 2005.1.1, p.106.
6) 대한민국 국방부(2006.12.29), p.5.
7) 조순구, 『국제관계와 한국』(서울: 법문사, 2002.8), p.83.
8) 대한민국 국방부, 『2008 국방백서』, 2009.1.19, p.52.
9) 국가정보원 대테러종합정보센터, "테러상식: 테러리즘," http://service3.nis.go.kr/service/data/etc.do (검색일: 2010.2.12.). http://service3.nis.go.kr/service/data/etc.do
10) Allex P. Schmid and Albert J. Jongaman, Political Terrorism: A New Guide to Actors, Authors, Concepts, Data Bases, Theories and Literature(Amsterdam: AWIDOC, 1988), pp.32~33 참조.
11) Austin Ranney, Governing: An Introduction to Political Science, 6th edition(Englewood Cliffs, New Jersey: Prentice-Hall, 1993); 권만학 외 7인 옮김, 『현대정치학』(서울: 을유문화사, 1994), pp.607~ 608.
12) 조순구, 『국제관계론』(서울: 법문사, 2009.3), p.218.
13) 유재식, "분수대: 테러리즘," 『중앙일보』, 2001년 9월 13일자.
14) 『Encyber 두산백과사전』, "테러리즘" 참조.
15) 『국어사전』(서울: 두산동아, 1994.1), p.1421.
16) Sally Wehmeier(ed.), Oxford Advanced Learner's Dictionary(Oxord: Oxford University, 2000), p.1342.
17) "테러의 역사," http://k.daum.net/qna/view.html?category_id=QFD&qid=0D1AD&q=%C5%D7%B7% AF% C0%C7+%BF%AA%BB%E7&srchid=NKS0D1AD(검색일: 2010.2.15).
18) 운평어문연구소(1994.1), p.1421.
19) 정인흥·김성희·강주진 편, 『정치학대사전』(서울: 박영사, 1980), p.1584 "테러리즘" 참조.
20) Encyclopedia Britanna Online Korea, http://preview.britannica.co.kr/bol/topic.asp?article_id=b22t2556 a(검색일: 2010.1.10), "테러리즘" 참조.
21) Ivan Arreguin Toft, "How the Weak Win Wars: A Theory of Asymmetric Conflict," International Security, Vol. 26, No.1(2001 Summer), p.93.
22) 프리드리히 J. 해커(Friedrich T. Hacker), 『우리시대의 테러리즘』(『월간 중앙』, 1977년 6월호, 별 책부록, 1977), pp.18~24.
23) Paul Wilkinson, Terrorism and the Liberal State, 2nd edition(London: Macmillian Press Ltd., 1987): 김순규, 『현대국제정치학』(서울: 박영사, 1997.4), p.431.
24) Allex P. Schmid and Albert J. Jongaman(1988), pp.32~33 참조.
25) U.S. Central Intelligence Agency, Patterns of International Terrorism, 1980, p.ii.
26) 최진태, "국제테러리즘의 발생현황과 한국의 대응전략," 한국군사학회, 『군사논단』, 통권 제29 호, 2001년 겨울호, p.102.
27) United States Department of State(Office of the Coordinator for Counterterrorism), Country Reports on Terrorism 2008, April 2008.
28) http://inreality.tistory.com/14?srchid=BR1http%3A%2F%2Finreality.tistory.com%2F14(검색일: 2010.2. 12)

29) Alex P. Schmid and Albert Jongman(1988), pp.1~59; 최진태(2001), pp.102~103 참조.

30) 최진태, 『테러, 테러리스트 & 테러리즘』(서울: 대영문화사, 1997), pp.29~30.

31) 조영갑(2005.1.1), p.105.

32) 일본의 지하철 사린(Sarin) 독가스살포사건, 미국의 오클라호마 연방청사 폭파사건 등이 슈퍼 테러리즘의 대표적인 사례라고 할 수 있다. "슈퍼테러리즘," http://www.x-file21.com/ref/new_ data_view.asp?branch=51 &m_num=282&page=3(검색일: 2010.2.15).

33) "백색테러(white terror)와 적색테러(red terror)," http://e4u.ybmsisa.com/EngPlaza/hotWord.asp? idx=163(검색일: 2010.2.15).

34) "시오니즘과 백색테러 그리고 전황," http://healthcity.co.kr/constitution/column_content.asp?goto page=1&id=33&tb_name=Column_board(검색일: 2010.2.16).

35) 노시중, "신문고: 김선일씨 죽음과 테러리스트," 『호주동아닷컴』, 2004년 7월 9일자.

36) "백색테러(white terror)와 적색테러(red terror)," 앞의 글.

37) "백색테러(White terror)," http://opentory.joins.com/index.php?title=%EB%B0%B1%EC%83%89_ %ED% 85%8C%EB%9F%AC&printable=yes(검색일: 2010.2.15).

38) 김두현, 『현대테러리즘론』(서울: 백산출판사, 2006.9), p.58.

39) "다다월즈 테러리즘," http://encyc.usci.kr/wiki/%EB%8B%A4%EB%8B%A4%EC%9B%94%EC% A6%88_% ED%85%8C%EB%9F%AC%EB%A6%AC%EC%A6%98(검색일: 2010.2.15).

40) 김두현(2006.9), p.58.

41) 최병조, "테러리즘의 고찰과 대응방안," 육군본부, 『군사연구』, 제118집, 2002.10, p.77.

42) 곽영길, "뉴 테러리즘의 실태와 대응전략," 한국테러학회, 『한국테러학회보』, 제2권 제1호, 2009년 봄호, p.42.

43) 홍중조, "테러의 양면성," 『경남도민일보』, 2001년 11월 10일자.

44) 프리드리히 J. 해커(1977), pp.18~38 참조.

45) 김순규(1997.4), p.433.

46) 프리드리히 J. 해커(1977), p.28.

47) 김순규(1997.4), p.433.

48) 조영갑(2005.1.1), p.105.

49) 최진태, "북한의 테러리즘에 관한 고찰," 『국방논집』, 제29호, 1995년 봄호, p.196.

50) 김순규(1997.4), p.440.

51) Richard Clutterbuck, Kidnap, Hijacking and Extortion(London: Macmillan, 1987), pp.14~24.

52) 강창국, "북한의 대남 테러리즘 전개와 대응책 모색"(한국국제정치학회 연례학술회의 발표논 문, 2009.12.11~12), p.9.

53) 조순구, 『국제문제의 이해: 지구촌의 쟁점들』(서울: 범문사, 2007.3), p.272.

54) Jin Tai Choi, Aviation Terrorism(London: Macmillan, 1994), p.3; 이만종, "A Study of the Prevention of Hijacking Related Crimes," 한국테러학회, 『한국테러학회보』, 제2권 제1호, 2009.3; 이만종, 『경찰수사각론』(서울: 청목출판사, 2003.3), 제13장 참조.

55) Jin Tae, Choi,(1994), p.12.

56) 김순규(1997.4), p.441.

57) Richard Clutterbuck(1987), pp.6~7.

58) 김순규(1997.4), pp.441~442.

59) 조순구(2007.3), p.272; 강창국(2009), p.10.

60) 이서항, "해적문제의 국제정치: 소말리아 해적의 국제적 영향과 대응 동향," 해군대학, 『신국제 안보환경과 해군력 발전』(해군대학-해로연구원-연세대 동서연구원 공동학술세미나 발표논문 집), 2009.4.27, pp.9~10; 김강녕, 『지구촌시대 남북한의 외교-안보-통일론』(경주: 신지서원, 2010.2), p.172.

61) "사이버테러리즘," 『위키백과』, http://ko.wikipedia.org/wiki/%EC%82%AC%EC%9D%B4%EB%B2 %84_% ED%85%8C%EB%9F%AC(검색일: 2010.2.15.).

62) 강창국(2009.12), p.10.

63) "사이버 테러리즘,"『Daum 백과사전』, http://enc.daum.net/dic100/contents.do?query1=rkb03b305(검색일: 2018.2.15).

64) 김성한, "21세기 한미관계: 포괄적 인간안보동맹으로 발전시켜야," 한국자유총연맹,『자유공론』, 2004년 9월호, p.72.

65) 이인식, "대량살상무기와 테러," http://www.chosun.com/premium/news/200410/200410160060.html (검색일: 2010.2.15).

66) Charles W. Kegly Jr., & Eugene R. Wittkopf, World Politics, 9th. ed.(Belmont. CA: Wadsworth Publishers, 2004), p.511.

67)『Encyber 두산백과사전』, "테러리즘" 참조,

68) 조순구(2007.3), p.273.

69) 강창국, "북한의 대남전략 테러리즘 전개와 대응책," 한국군사학회,『군사논단』, 통권 제60호, 2009년 겨울호, p.47.

70)『Daum 백과사전』, "테러리즘," http://enc.daum.net/dic100/contents.do?query1=b22t2556a(검색일: 2010. 2. 10) 참조.

71) 이훈범, "테러,"『중앙일보』, 2005년 7월 11일자, 31면.

72) 유재식(2009.9.13).

73) 이광수 역, Jonathan Barker 저,『테러리즘 폭력인가 저항인가』(서울: 이후, 2007), p.23.

74) 조순구(2009. 3), pp.223~224.

75) 조영갑,『테러와 전쟁』(서울: 북코리아, 2004), p.19.

76) 최진태(2006), p.34.

77) Jin-Tai Choi,(1994), pp.34~35.

78) 채재병, "국제테러리즘의 변화와 지속성: 역사적 분석," 한국정치외교사학회,『한국정치외교사논총』, 제28집 2호, 2006, p.263.

79) 최진태(2006), p.38.

80)『Daum 백과사전』, "테러리즘," 앞의 글.

81) 채재병(2006), p.264.

82) 조영갑(2005.1.1), p.105.

83) 송재형, "고전적 테러리즘과 비교분석을 통한 뉴 테러리즘 양상에 관한 연구," 대전대학교 군사연구원,『군사학연구』, 통권 제1호, 2003.12.15, p.123.

84) 서원식, "테러리즘과 북한의 테러전력," 21세기군사연구소,『월간 군사세계』, 2001년 12월호, p. 12.

85) 길병옥, "미국의 한반도전략과 북핵위기 대응책, " 한국동북아학회,『한국동북아논총』, 제27집, 2003.6, p.6.

86) 김강녕,『한반도 통일안보론』(부산: 신지서원, 2004.8), pp.32~33.

87) 이선기, "뉴 테러리즘 위협에 대한 정책적 대응방안,"『한국스포츠리서치』, 제18권 4호, 통권 제103호, p.124.

88) 정치적 테러는 정치적 현상(political status quo)을 타파하고 어떠한 선거에 영향을 미친다거나 정책의 변경을 목표로 자행된다. 예를 들면 신나치그룹(Neo-Nazi Group), 일본의 적군(Red Army), 이탈리아의 붉은 여단(Red Brigades) 등을 들 수 있다. 이대우, "한반도 테러위협의 특성과 현실적 대응방안," 국무총리비상기획위원회,『비상기획보』, 2005년 1월호, 통권 제71호, p.23.

89) 조성권, "불법 NGO의 변화하는 속성: 국제테러 및 국제범죄를 중심으로," 한국정치학회 편,『21세기 국제관계연구 쟁점과 과제』(서울: 박영사, 2000), pp.339~346.

90) 채배병(2006), p.276.

91) 채재병(2006), pp.267~268.

92) 국제원자력기구에 의하면 구소련 붕괴 후인 1993년 이래 핵 밀매사건이 175건이 발생했으며,

그 중에서도 고성능의 우라늄이 포함된 사건은 8건이나 발생했다. Council on Foreign Relations, "Loose Nukes," in http://cfrterrorism.org/weapons/loosenukes.html(검색일: 2004.12.1); 이대우(2005.1), p.24.

93) 채재병(2006), pp.269~270.
94) 윤우주, "한국의 대테러 대비태세와 발전방향,"「테러리즘과 문명공존」(한국국방연구테러관련 학술회의 보고서, 2002), pp.78~79.
95) "다다월즈 테러리즘," 앞의 글.
96) 김순규(1997.4), p.433.
97) 권정훈, "국제테러리즘의 분석을 통한 전망에 대한 합의," 한국테러학회, 『한국테러학회보』, 2009년 봄호, pp.133~136 참조.
98) 차두헌, "한국의 테러리즘 대응방안"(한국국제정치학회 2008국방안보학술회의 발표논문집, 2008.4), pp.173~194 참조.

Chapter 2

핵과 미사일보다 더 무서운
생화학무기

가난한 자의 무기, 독소테러리즘

최근 들어 가장 경계하고 주의해야 할 테러 수단 중 하나가 바로 병원균이나 화학물질을 이용한 독소무기의 사용이라 할 수 있다. 우리 역사를 보아도 조선시대 임금 27명 중 무려 8명이 독극물에 의해 독살되었다는 설이 있다. 보통 독살의 방법은 궁녀를 시켜 임금 수라의 반찬에 독약을 투입하는 것이었다. 이처럼 독소를 이용한 공격은 비록 여자나 노인 등 신체적 약자일지라도 상대를 손쉽게 무력화 시킬 수 있는 좋은 방법이기 때문에 과거 많은 정쟁과 전쟁 속에서도 사용되었었다. 9·11테러 직후에 발생한 탄저균 우편테러와 1995년 일본 옴진리교에 의한 도쿄 지하철 사린가스 살포 사건 등은 가장 대표적인 독소테러리즘 사례라 할 수 있다. 이러한 독소테러가 발생하게 되면 사회에 미치는 정신적 충격과 혼란 및 공포는 상상하기 힘들다. 더구나 생물, 화학무기에 의한 독소테러리즘은 생산비가 저렴하고 생산시설 위장이 용이하며 탐지가 어려워 전략적 가치를 극대화할 수 있고 강력한 효과를 발휘할 수 있는 특징이 있어 테러리스트들 입장에서는 매우 매력적인 테러수단으로서 관심이 증대되고 있는 실정이기 때문에 국가안보적 측면에서도 절대 간과할 수 없는 사항이다.

더구나 우려되는 것은 북한의 가공할 화학전 능력이다. 화학무기는 독가스를 무기화한 것으로, 제조비용이 적은데다 적은 양으로도 많은 인명을 살상할 수 있어 '가난한 자의 무기'로 통한다. 북한은 1980년대 이후 비대칭 전력 차원에서 이 분야를 집중 육성해 현재 2,500~5,000톤의 화학무기를 보유하고 있는 것으로 추정된다. 특히 북한이 휴전선 인근에 배치한 장사정포와 방사포의 포탄 절반가량이 화학탄이어서 개전 초기단계에서 이로 인한 인명피해는 상상을 초월할 수 있다. 더욱이 북한은 화학무기금지협약(CWC)에 가입하지 않아 국제사회의 통제가 이뤄지지 않고 있는 실정이다(강영숙, 2010).

　　최근 들어 더 큰 문제는 시리아의 화학무기 개발 배후가 북한이라는 점이다. 북한은 90년대 중반 이후 시리아에 화학무기 기술자를 파견하고 폭탄 제조기술을 전수하고 나아가 시리아의 핵 개발에도 관여했다는 의심을 받고 있다. 실제 2009년 9월과 11월 부산항과 그리스 피레우스항에서 시리아로 향하던 북한 선박이 각각 적발됐는데 그 안에는 화생방 방호복 2만여 벌 등 화학무기 관련 물자가 실려 있었다. 또한 2014년 4월에는 이스탄불 항에 정박 중인 북한발 화물선에서 소총과 탄환, 화학방호용 마스크가 대량 발견되기도 했다. 유엔 등 국제사회는 이 같은 사례를 북한-시리아 간 화학무기 커넥션의 명백한 증거로 보고 있다. 더구나 최근에는 참수 영상으로 세계를 경악하게 한 이슬람 무장단체 IS 소속 과학자의 노트북에서 세균무기 교본이 발견되어 이들이 장차 생화학 테러를 준비 중이란 정황이 드러나기도 하였는데 IS(이슬람국가)의 조직원이 갖고 있었던 문서 내용에는 "수류탄에 바이러스를 담아 지하철과 극장, 스포츠 경기장 등 폐쇄된 장소에서 터뜨려라"라는 글이 적혀있었으며, 시리아에서 압수된 19페이지짜리 문서엔 생화학 무기 제조법과 사용법이 들어 있었다. 더욱 놀라운 것은 쥐를 이용해 페스트를 퍼뜨리는 방법까지 적혀 있었다.

　　이로 인해 최근 전 세계를 긴장시켰던 에볼라 환자로부터 바이러스를 추출해 대도시에 뿌리는 일도 시도 할 수 있을지 모른다는 분석도 나오고 있다. 이처럼 국제테러단체가 생화학테러를 기도할 수 있다는 우려가 점차 커지고 있는 게 최근 상황이다.[1]

　　한국도 2014년 개최된 인천아시안게임과 2018년 개최된 평창올림픽 준비단계에서 화생방테러리즘에 대비하기 위한 훈련으로 테러범이 아시아경기대회 기간에 시민들이 자주 이용하는 지하철역에 독성 화학물질인 포스겐(살충제 또는 제초제 등으로 사용되는 기체로 부식성 및 독성가스를 생성)을 살포하는 상황을 가정해 훈련을 실시한 바도 있다. 포스겐의 영향으로 다수의 인명피해가 발생하고, 화학물질이 주변 아파트 등 민가로 확산되는 긴급한 혼란 상황을 가정한 훈련이었다.

이처럼 독소테러리즘 발생 가능성에 대한 우려와 대비는 어느 정도 인식하고 준비하고 있지만 북한에 정통한 전문가들은 한결같이 북한이 보유하고 있는 핵과 미사일보다 생화학무기가 더 위협적이라고 지적한다.

따라서 북한이 남한을 기습 공격할 경우 핵이나 미사일보다 생화학무기를 먼저 꺼내들어 전쟁의 주도권을 확보할 것이라는 관측도 제기되고 있다. 그러나 정작 한국의 독소테러리즘에 대한 대응상태는 실제적으로는 매우 미흡한 실정이다.[2] 특히 과거 국내에서 발생된 테러리즘이 대부분 소수의 특정인물을 대상으로 했고 그 규모도 작았으며, 생화학무기를 이용한 테러리즘 사례가 없었을 뿐만 아니라 생화학테러리즘에 대한 깊이 있는 연구도 부진하여 국가재난 수준의 생화학 테러리즘이 발생할 경우 관계기관들의 효율적인 초기대응이 제한적인 상황이다. 따라서 이에 대한 획기적인 대비가 요구된다고 할 수 있다.

결국 독소테러리즘의 효율적 대응을 위해서는 포괄적인 반테러리즘 국제법규, 독소테러리즘 억제를 위한 국제협약의 마련과 함께 국제기구 및 지역적 기구, 또한 이에 참여하고 있는 국가 상호 간의 원활하고 긴밀한 협력이 무엇보다도 중요하며 정부와 국민, 그리고 군이 화생방테러와 같은 독소테러리즘에 대응하기 위해 국가차원에서 복합적이고 종합적인 국가안보전략을 수립하여 대응하여야 할 것이다.

독소테러리즘(Toxin Terrorism)의 개념 및 특성

독소테러리즘의 발생 가능성은 인류의 생존과 환경에 큰 위협이 되고 있다. 세상에서 가장 치명적인 독(毒)들을 인명 살상용으로 재생산한 것이 바로 생화학무기라고 할 수 있는데 이런 생화학무기는 물질이 본래 가지고 있는 독한 성질을 추출, 극대화시켜 제조한 것으로, 이를 접촉하거나 호흡하는 사람은 짧은 시간 안에 접촉한 피부가 썩어 들어가거나 신경이 마비되면서 사망에 이르게 될 수 있는 대량살상무기이다. 독소테러리즘의 개념은 우리나라에서는 아직 명확하지 않으나 미국진보정책연구소의 개념을 기준으로 하면 "잠재적으로 사회 붕괴를 의도하고 특정집단의 이익이나 이념성취를 목적으로 바이러스, 세균, 곰팡이, 독소 등을 사용하여 직접적으로는 인간 또는 동·식물에 사망, 사고, 질병 또는 일시적 무능화 및 영구적 상해를 유발하며 간접적으로는 사회전체에 공포를 유발하는 것"으로 정의하고 있다(국립환경과학원, 2011).

이 중에서 "식물, 동물, 미생물이 생성하는 천연독소를 사용한 생물독소무기와 자연적인 환경에서 인류에게 질병을 일으키는 자연병원균을 사용하는 세균무기", 또는 "인위적으로 그 독성을 항진시킨 병원체나 독소를 사용하는 인공독소형 생물무기" 등 세균(bacteria), 곰팡이(filametousfungi), 바이러스(viruses), 리케치아(Rickettsia)와 같은 살아있는 미생물 균제와 이들이 생성한 독소(toxin) 종류에 의한 무기는 생물무기로 분류하고 있으며, 화학무기란 화학약품을 사용하여 인원을 살상하거나 초목을 말려 죽이고, 또는 소이효과(燒夷效果)나 발연효과(發煙效果)를 내게 되어 있는 모든 무기를 가리킨다.

즉, 넓은 의미로는 화염방사제, 연막, 소이제, 독가스, 발광발색제(發光發色劑), 조명용 약품 등 화학반응을 직접 전투에 이용하는 모든 군용기재를 포함하나, 좁은 의미로는 애덤자이트, 이페리트, 포스겐 등과 같은 독가스만을 가리킨다. 유독 화학제에는 신경제, 교란제, 혈액제, 질식제 등이 있다.[3] 2013년에는 시리아 정권이 화학무기 '사린'을 사용했다는 의혹이 제기되면서 사린의 독성과 과거사용 사례에 국제사회의 관심이 모아진 바 있었다. 무색, 무취, 무미의 특성을 가진 사린은 호흡이나 피부 접촉 등을 통해 중추 신경을 손상시키는 치명적인 신경가스로서 0.5mg 이상의 소량으로도 사람을 사망에 이르게 하며 그 독성은 시안화물(청산가리)의 500배 이상이다. 따라서 사린에 노출되면 곧바로 구토와 경련 등의 증상이 나타나며, 시계 제한과 침·콧물 흘리기, 질식, 의식불명 등을 거쳐 몇 분 안에 죽음에 이르게 된다(국립환경연구원, 2004).

비록 죽지 않더라도 소량만 흡입해도 폐와 눈, 중추 신경계에 영구적인 손상을 가져온다. 또한 사린은 휘발성이 강하지만 공기보다 무거워 날씨에 따라 수 시간 동안 살포 현장에 머무를 수 있다. 시리아는 중동에서 가장 많은 양의 사린을 보유한 것으로 알려졌으며 전 세계적으로는 네 번째로 보유량이 많은 것으로 추정된다.[4] 당시 시리아가 반출한 물질에는 겨자가스와 사린 신경가스용 원료 등이 포함되었으나 시리아 정권이 신고하지 않은 독가스를 숨기고 있다거나 화학무기로 분류되지 않은 염소가스를 이용해 반군을 공격했는지를 둘러싼 의혹은 여전히 남아있는 상태이다.

1. 독소무기의 조건

테러의 수단으로 독소무기가 될 수 있는 조건을 몇 가지 살펴보면 우선 살포하기 쉽고 적은 양으로도 사람들에게 확실하게 감염시킬 수 있어야 하며, 급성으로 사망 혹은 무능력을 유발할 수 있는 능력이 있어야 한다. 또한 생물무기로서 생산, 저장, 사용의 과정 동안 그 능력을 유지할 수 있어야 하며, 감염에서 발병까지는 잠복기간이 짧아야 한다. 아울러 전염 시에는 의학적인 해결수단이 없거나 공중위생상 대응준비가 요구되어야 한다. 이외에 생산비용이 경제적이어야 하며, 생물무기로 독소테러리즘을 행하는 자신들의 안전을 지킬 수 있어야 하며, 사람들에게 공황(panic)을 일으키거나 사회 붕괴를 초래할 염려가 있는 것 등의 조건을 갖춘 병원균 및 독소이다. 특히 탄저균, 천연두, 페스트, 콜레라, 이질, 장티푸스, 발진티푸스, 야토 병균, 에볼라 바이러스, 말 부르그병, 라싸 바이러스, 유행성 출혈 열, 황우 독소 등의 세균과 바이러스 30여 종과 리신, 보툴리눔 독소 등이 가장 위협적이라 할 수 있다(국방부, 2007).

최근에는 이슬람 극단주의 수니파 무장세력인 이슬람국가(IS)가 이라크와의 전투 현장에서 화학무기를 사용한 것으로 알려지면서 국제적 파장과 우려가 많아진바 있다. 이라크 국방부가 성명을 통해 2014년 9월 이라크 수도 바그다드 북부 둘루이야 마을 공격에서 IS가 염소가스 무기를 사용했음을 밝혔었는데 IS와 전투를 벌였던 이라크 경찰 11명이 어지럼증과 구토, 호흡곤란 등으로 입원해 염소가스 중독 진단을 받기도 하였었다. 이처럼 화학무기를 테러리즘에 사용했을 때에 나타나는 효과는 매우 치명적이다. 극미량의 화학 작용제에도 생물체의 목숨은 위태롭게 되며 살상효과와 동시에 이 무기의 사용에 대한 공포감으로 사용된 물질의 종류와 양에 관계없이 급격한 사회혼란을 가져올 수 있다.[5]

더구나 최근 미국 국방정보국 선임 정보 분석관을 지낸 브루스 벡톨 미국
안 젤로 주립대 교수는 "북한은 시리아의 화학무기와 관련해 '요람에서 무덤까
지' 지원했다"고 주장 한 바 있다. 북한이 2012년 이후 시리아 정부군을 상대로
화학무기 판매를 크게 늘렸으며, 특히 북한 군사고문관들을 반군과 교전 중인
전투부대에 배치해 기술 조언과 훈련지도까지 하였으며 화학무기와 관련해서 부
품 판매는 물론이고, 시설을 건설하고 군사고문관들을 파견해 필요한 기술과 훈
련 지원을 하는 등 '애프터서비스'까지 제공하여 반군과 민간인들에게 사용한 시
리아의 화학무기 프로그램 개발에서 북한이 결정적 역할을 했다고 주장한 바 있다.

2. 독소무기 사용 시 효과 및 반응

앞에서 언급한 바와 같이 최근 들어 가장경계가 되고 있는 테러수단 중 하나
가 바로 독소테러리즘이다. 바이러스, 세균, 곰팡이, 독소 등을 사용하여 살상을
하거나, 사람, 동물 혹은 식물에 질병을 일으키는 등, 화학무기나 병원균을 이용한
독소무기의 사용은 과거 수많은 전쟁 속에서도 사용되었다. 또한 전쟁의 사례는
아니더라도 2001년 9·11테러 직후에 발생한 탄저균 우편테러와 1975년 The
Alphabet Bomber 테러사건, 1993년 World Trade Center Bomber 테러사건, 1995
년 일본 도쿄에서 발생 하였던 일본 옴진리교 집단이 실행한 지하철 사린(Sarin)독
소테러사건 등은 대표적 독소테러리즘 사례라 할 수 있다.[6] 이러한 사례들은 생
물, 화학병원체 및 독소가 테러무기로서 어떻게 사용되고 치명적인지를 극명하게
보여주는 사건들이다.

역사적으로도 제1차 세계대전에서는 화학무기 사용으로 인해 많은 사람들이
목숨을 잃었고, 제2차 세계대전 과정에서의 독일의 유태인 학살사건과 일본제국
주의의 731부대에 의한 생체실험이 있었다. 이에 따라 세계인들은 독성화학무기
에 대한 공포심을 갖게 되었었고, 만약 독성화학무기를 사용하여 테러리즘이 발
생하게 된다면 엄청난 혼란이 유발될 수 있다는 것을 이미 체득하고 있다. 더구나
생산비가 저렴하고, 생산시설 위장이 용이하며, 탐지가 어려워 전략적 가치를 극
대화할 수 있을 뿐만 아니라 강력한 효과를 발휘할 수 있는 게 독소무기의 특징

이라고 할 수 있어 테러수단으로서 관심이 점차 증대되고 있는 실정이다.

더구나 과거에는 국가가 독점하였던 생화학 제조기술이 지금은 일반적으로 보편화되었고, 생명유전공학의 첨단기술로 인한 생물무기가 발전하였으며, 독소 관련 정보(물질 및 기술)가 국제적으로 확산되어 테러집단들도 이제는 비교적 손쉽 게 독소물질을 구하고 테러리즘을 실행할 능력이 증가한 것이 독소테러리즘의 위협 증가 원인이 되고 있다. 따라서 뉴욕테러 참사 이후 대부분의 테러리즘 전문 가들은 향후 후속 테러가 발생한다면 이는 생화학테러가 될 것이라고 이미 우려 한 바 있어 과거 어느 때 보다 독소테러리즘에 대한 주의와 대비가 필요하다고 할 수 있다(은종화, 2009).

특히 투자대비 효과 측면에서도 생화학무기 제조공장을 보유하는데 그리 많 은 비용이 들지 않기 때문에 테러리스트들 입장에서는 매우 매력적인 사항이라 판단할 수 있다. 즉, 생화학무기 공장 설립에 드는 비용은 약 1만 5천 달러(약 2천만 원) 정도면 충분하고 생물무기 경우는 간단한 발효장치와 세균 배양기만 갖추면 제조할 수 있다. 생물무기용으로 제조되는 세균과 바이러스들은 원래 기 본적으로 치사 가능한 독성과 전염성을 가지고 있는데 군사용으로 제조되는 과정 에서 치사량을 극대화시키고 증식력을 배가시켜 치명적인 괴물로 재생산하기 때 문이다. 생물무기가 공기 중에 살포된다면 세균 하나, 바이러스 하나가 바로 가공 할 살상력을 지닌 폭탄이 되는 것이다.

이처럼 생물무기는 부피가 적고 이동이 간편하며 소량으로도 대형 인명 살상 이 가능한 특성상 소규모 테러 집단에 의해서도 일어날 가능성이 있으며 이들에 의한 생물테러는 대량살상, 경제적 손실 등으로 인한 국가기능을 마비시키고 사 회를 큰 혼란과 공포에 빠뜨릴 수 있다. 일례로 생물테러가 발생할 경우를 가상한 모의시나리오에 따르면 천연두가 생물테러의 수단으로 사용되고 적절한 통제가 되지 않을 경우 2달 이내에 미국에서만 300만 명이 감염되어 이 중 100만 명이 사망할 것으로 예측하였다. 또한, 이러한 상황은 의도된 생물테러가 아니라 부주 의나 사고를 통해서도 발생할 수 있으며 1979년 소련 소베드들로프스크의 생물무 기 공장에서 실수로 탄저균이 외부로 유출되어 68명이 사망하는 사건이 발생한 경우도 있었다.

더구나 사람, 동물, 식물에 유해한 미생물과 독소로 질병을 유발시키거나 신경을 마비시키는 가스를 흘려 전투 병력 및 민간인을 살상하거나 무력화시키는 생화학무기는 인류 역사상 가장 잔인한 무기체계이다. 또한 생물테러가 가능한 병원체로는 탄저 이외에도 Q열, 천연두, 보툴리늄, 리신 등이 있으며 이들 병원체는 치료하지 않을 경우 높은 치사율을 가진다. 2013년에는 척 헤이글 전 미 국방장관이 "북한은 엄청난 양의 화학무기를 보유하고 있다"며 핵무기 외에 북한의 생화학무기의 확산위협에 대해 경고한 바도 있었다(김원기, 2011).

당시 미 국방부 측은 "북한과 시리아가 화학무기 관련 정보에 대해 논의하거나 공유하고 있을 가능성을 배제할 수 없다"는 입장도 밝혔다. 아울러 2014년 4월 발표된 유엔 대북제재위원회 전문가 패널의 보고서도 북한이 우간다, 에티오피아, 탄자니아, 이란 등과 불법 무기를 거래했을 가능성이 높은 것으로 판단하였다. 최근에도 북한은 팔레스타인 지역의 이슬람 무장정파인 하마스의 땅굴 건설을 지원했다는 의혹도 받고 있다. 이처럼 북한은 1990년대부터 탄도미사일과 재래식 무기를 비롯해 다양한 무기프로그램을 시리아 등 중동지역에 수출하였으며 그 중에서도 가장 위험하고 강력한 것은 화학무기 수출이었다.

3. 독소테러리즘의 역학적 단서

생물테러 등 독소테러리즘은 그 은밀성으로 인하여 미처 독소에 의한 공격을 파악하지 못할 수 있다. 이로 인해 테러리스트의 발견이 용이치 않아 적절한 대응이 이루어질 수 없다. 특히 생물학적 병원체를 테러무기로 사용할 경우 그 위험성은 매우 크기 때문에 반드시 역학적 단서를 규명 하여야 한다. 역학적 단서 규명 시행 시에는 다음과 같은 사항을 기준으로 하여 그 여부를 판단할 필요가 있다.

첫 번째는 평상적이지 않은 발생 양상을 살펴야 한다. 이는 한마디로 상식적으로 이해할 수 없는 이상 현상이 나타날 경우 이를 독소테러리즘으로 의심하여야한다는 것이다. 구체적 증상으로는 ① 비슷한 임상증세의 급성환자가 대규모로 발생하였으나 시간이나 유형별로 특이성이 없으며 명확히도 설명되지 않는 유행병 ② 의심스런 전파 양상, 원인을 알 수 없는 지리적, 계절적 혹은 환자의 분포

(예; 여름철의 인플루엔자 발생, 비토착화 지역에서의 툴라레미아의 발생) 또한 해당 질환
이 발생 지역에서는 드문 질환이거나 정상적인 유행시기가 아니거나 정상적 숙주
가 없는 상태에서는 전파가 안 되는 상태일 때 ③ 병원체의 유전적, 분자양상이
기존 병원체와 다를 경우 ④ 사람에게서 질병이 발생 혹은 사망이 나타나기 전에
설명되지 않은 동물 사망이 관찰되는 경우 ⑤ 통상적이 아닌 전파경로를 통해
발병 ⑥ 의심되는 매개 물질 노출과 환자 발생에 연관성이 관찰될 때가 여기에
해당되는 사항이다.

두 번째로는 시간적 측면에서 관찰하여야 한다. ① 단 기간 내에 증가와 감소
를 보이는 유행곡선을 보이는 경우 ② 건강하였던 사람이 사전증상도 없었는데
수 시간 내지는 수 일 내에 갑자기 심각한 증상의 질병이 발생하는 경우, 또는
여러 다른 질환들의 동시다발적 유행 등이 여기에 해당된다.

세 번째로는 지역적 측면에서 분석할 필요가 있다. ① 단일장소에서 환자
발생이 밀집되는 경우 ② 기대 이상의 대규모 유행발생(특히 고립된 인구들에서)
③ 동시에 여러 곳에서 유행이 발생할 경우 ④ 야외에 있던 사람에 비해서, 공기
정화기나 밀폐된 환기시설이 있는 실내에 있던 사람들의 발병률이 낮은 경우 ⑤
원인체가 실내에 살포되었을 경우 노출된 지역에서 높은 발병률이 나타나거나,
야외에 살포되었을 경우 밀폐된 건물 내에서 발병률이 낮은 경우 ⑥ 대상 지역에
서 존재하지 않는 이례적인 유기체의 변형(strain)이나 변종, 항균성내성 유형으로
분류될 때 ⑦ 평상시에 발생하지 않던 지역에서 비슷한 질병이 집적되어 나타날
때 ⑧ 서로 다른 지역 그리고 다른 시간에 비슷한 분자생물학적 특성을 가지는
병원체가 동시에 발견될 때 이는 독소테러리즘이 아닌가 의심하여야 한다.

다음으로는 증상의 특징을 살펴야 한다. ① 처치를 요하는 사람들 중 특히
고열, 호흡기계, 소화기계 불편을 호소하는 사람들의 특이적 증가 ② 비교적 드물
고 생물무기 가능 질환(pulmonary anthrax, tularemia, plague)을 보이는 환자 ③ 같은
환자가 여러 질병을 갖는 경우 ④ 임상적 증세가 다를 경우 ⑤ 평상시에는 발견되
지 않는 임상 증상 혹은 질병이 나타나는 경우 ⑥ 평상시 보다 대상 질병의 중증
도가 높이 나타나는 경우를 관찰하여야 한다. 아울러 질병의 중증도를 분석하여
야한다. ① 치사율로 볼 때 이례적으로 더 위중한 환자가 많고 호흡기증상을 가지

고 치료에도 효과가 없는 경우 ② 대규모의 급격히 치명적인 환자 발생 ③ 주어진 병원체로 야기될만한 증상 이상의 중증도를 보이는 경우가 해당된다.

마지막으로 테러에 대한 간접적인 증거도 살펴야 한다. ① 생물테러 행동의 직접적 증거 ② 테러수행자나 정보기관에 의한 선언 ③ 테러리스트들의 생물학적 병원체 살포의 공언 ④ 사용된 기기의 증거나 개봉 흔적 등이 분명해서 병원체 유포에의 직접적 증거가 있는 경우 등에 대해 반드시 역학적 분석을 하여야 한다.

4. 독소테러리즘 발생 사례

2014년 10월 터키 국경과 맞닿은 시리아 북부 쿠르드족 도시 코바니에서 이슬람 수니파 무장단체 '이슬람국가(IS)'가 쿠르드 민병대와의 전투에서 화학무기를 사용했다고 이스라엘 일간 더 타임즈 오브 이스라엘이 현지 보건당국의 보고를 인용, 보도한 바 있다.

이처럼 최근 들어 가장 경계가 되고 있는 테러수단 중 하나가 바로 독소테러리즘이다. 바이러스, 세균, 곰팡이, 독소 등을 사용하여 살상을 하거나, 사람, 동물 혹은 식물에 질병을 일으키는 등, 화학무기나 병원균을 이용한 독소무기의 사용은 과거 수많은 전쟁 속에서도 사용되었다. 역사적으로도 독소테러리즘 발생 사례를 보면 생물무기를 이용한 전쟁은 새로운 것이 아니다. 고대 전쟁 시 전염병으로 죽어가는 사람을 적의 성벽 위로 던져 병이 옮아가게 하였으며, 중세에는 천연두 환자가 사용하던 수건과 담요를 적대국에 제공하여 많은 수의 천연두 환자가 발생된 적도 있다. 그 후 전염병의 원인이 미생물이라는 것을 알고 난 후부터 생물학 무기로서의 계속적인 발전으로 오늘날에는 인위적으로 많은 생물학 작용제를 생산하고 있는 단계에 이르렀다.

또한 1754~63년 영불 전쟁 시 북미 대륙에서는 영국군이 인디언에게 천연두 세균에 오염된 모포를 제공하여 인디언 부족에게 천연두를 만연시켰으며, 제1차 세계대전 중에는 독일군 첩자에 의해 유럽 및 미국의 가축에 비저균(Burkholdera mallei)을 접종시켜 유럽에 비저균이 만연되기도 하였었다. 아울러 제2차 세계대전 중에는 독일, 러시아, 영국, 미국에서 생물무기에 대한 연구가 활발하였고,

1931~45년 일본 731부대가 포로를 대상으로 생체 실험을 실시하고 페스트, 장티 푸스, 콜레라, 비져균 등의 세균을 대량생산하였다. 1979년 구소련은 아프가니스 탄을 침공하면서 황우(Yellow Rain)를 살포하기도 하였다. 이외에 구소련은 베트 남의 화학전 부대에 각종 곰팡이 독소, 세균을 공급하여 라오스, 캄보디아에 120 회 이상 살포하여 수천 명을 살상시켰었다. 생물무기의 위협이 과장된 것이 아니 라는 것은 바로 이처럼 생물무기가 테러리즘에 이미 이용된 바 있다는 것에서 증명될 수 있다.

또 다른 사례로 구소련의 경우 스탈린이 유고의 티토 대통령을 암살하기 위 해 자국 정부의 지원 하에 폭력 조직을 이용하여 생물무기로 리셉션 장에서 페스 트 박테리아를 살포하여 암살을 계획한 바도 있다. 그리고 1978년 9월 영국에 망명 중인 불가리아의 반체제 인사 조르지 마코프(Georgi Markov)를 불가리아 비 밀경찰이 KGB가 제공한 리신(Ricin)이라는 독소를 특수 제작한 우산대에 장착하 여 공격을 하였고, 마코프는 4일 만에 런던의 한 병원에서 사망한 사실이 있다.

실제 화학 물질이 전쟁의 수단으로 사용된 것은 오랜 역사를 가지고 있다. 고대 아프리카의 '피그미'족과 아마존 강 유역의 원시인이 독창과 독화살을 사용 하였었다. 펠로포네시아 전쟁에서는 '스파르타'군이 '아테네'군 공격 시 송진과 유황을 태워서 발생되는 질식 연기를 적진으로 날려 보내 '아테네'군을 질식시켰 으며, 프랑스군이 알제리 정벌 시 '펠리시어' 장군이 '레무기야' 동굴 내에 숨어 있는 아프리카 토족에게 생나무를 태운 연기를 들여보내 질식시키기도 하였다. 이와 같이 고대부터 19세기까지는 독성 물질을 전쟁에 사용하거나 물질을 태워 발생되는 질식성의 연기를 사용하였었다. 그러나 현대적 의미의 화학무기가 최초 로 사용된 것은 제1차 세계대전 때이다. 1915년 4월 22일 독일군이 벨기에 국경 의 '이쁠' 전투에서 염소 가스를 사용하여 1만 5천명의 사상자가 발생했으며, 1916년에는 독일군이 동부전선에서 소련군에게 질식가스를 사용 5천명이 사망하 였다.

1917년에는 독일군이 영국군에게 수포가스를 사용해 1만여 명 이상의 사상 자가 발생하였으며, 1918년에는 미국이 수포 작용제 루이사이트를 개발해 제한적 으로 사용하였다. 제1차 세계대전 기간 중에 200여 회의 화학무기 사용이 있었으며, 이로 인한 사망자는 피해자는 1백 30만명(사망: 91, 200)에 이른다. 또한 제1차 세계대전에서 화학무기 사용으로 인해 많은 사람들이 목숨을 잃었고, 제2차 세계 대전 과정에서도 독일의 유태인 학살사건과 일본제국의 731부대에 의한 생체실 험이 있었다. 제1차 세계대전시 화학 무기 사용의 참상을 겪은 각 국에서는 1925 년 독성 물질과 기타 가스, 세균전 등을 금지하는 제네바 의정서를 채택하였으나, 1935~36년에 이탈리아가 독립 전쟁 시 화학 무기를 사용했고, 1937~42년에 일본 이 중일 전쟁 시 중국군에게 수포 가스를 사용하였으며, 연합군은 화학 작용제를 생산 비축하였지만 사용하지 않았다. 그 후에도 계속적으로 연구 및 기술 개발이 이루어졌으며, 화학무기를 생산 비축해 두었다.

그러나 서로 간의 보복이 두려워 화학무기는 사용되지 않았다. 제2차 세계 대전 이후에도 화학무기가 사용된 예는 많다. 1979년 1월 구 소련군이 아프가니 스탄을 침공하기 위해 6개월 전부터 회교 반군에게 화학 무기로 공격을 감행하기 시작하여, 1979년부터 1981년 말까지 총 47회를 침공하여 3천여 명이 사망하였 다. 가장 최근의 예로는 1980년부터 8년간 지속된 이란-이라크 전쟁에서 이라크 군이 이란 군에게 사용하여 5만여 명이 사망했다.[7] 이에 따라 세계인들은 독성화 학무기에 대한 공포심을 갖게 되었고, 독성화학무기 사용에 의한 테러리즘이 발 생할 경우 엄청난 혼란이 유발될 수 있다는 것을 체득하고 있다.

특히 9·11테러 참사 이후에는 대부분의 테러리즘 전문가들은 후속 테러가 생화학테러가 될 것이라고 이미 우려한 바 있어 과거 어느 때 보다 독소테러리즘 의 위협은 극대화되고 있다 할 수 있다. 독소테러리즘이 발생된 이후 사건의 확대 를 방지하고 조기에 수습하며, 테러리스트의 신속한 검거를 위해서는 상황 파악 과 신속한 전파가 무엇보다도 중요하다. 특히, 민간의 다중이용시설에 대한 독성 화학무기 테러리즘의 경우 전술한 바와 같이 오염이 넓은 지역으로 확산되고 피 해가 폭증할 가능성이 있어 신속한 상황 전파와 이에 대한 대처가 최우선적으로 요구된다.

5. 북한의 독소테러리즘 위협요인 증가

남북간의 종전선언과 평화분위기 조성은 상호간의 안보위협을 감소시킬 수 있지만, 현존하는 북한에 의한 위협은 살펴보아야 한다.

지금까지 북한의 무기체계는 동구형의 대병주의 사상에 기초하여 체계적으로 발전시켜왔다. 특히 1980년대 이후에는 무기체계의 특성에 있어 그들의 전략적인 선제기습, 정규전과 비정규전의 배합, 속전속결, 총력전을 구현하기 위해 화생방무기와 핵무기 개발에 의한 대량살상무기체계 개발에 주력하고 있다. 대부분의 북한 군사 전문가들은 북한이 평시 연간 4천 500톤, 전시 연간 1만 2천 톤의 화학무기를 생산할 수 있을 것으로 분석하고 있다. 북한은 18개 시설에서 20가지 다양한 화학 작용 제를 생산할 수 있는데 주로 설파머스터드, 염소, 포스겐 그리고 사린 등의 생산에 주력하고 있다면서 화학무기를 탑재한 미사일 탄두 150기도 북한이 보유하고 있을 것으로 추정되고 있으며 최근 망명한 시리아 군 장교의 증언에 근거하여 북한이 1990년대 이후부터는 이집트와 이란, 리비아, 시리아에 화학무기와 관련 기술을 제공해왔다며 화학무기 확산에 대해 우려하고 있다.

또한 영국의 북한전문가들은 북한군 출신 탈북자들의 증언에 따라, 북한은 "간헐적이지만 수용소 내 정치범들을 대상으로 화학무기 실험을 실시했다"고 주장하기도 했다. "정치범들을 유리가스실에 수용한 뒤 독가스를 주입했다"는 주장이었다. 생체실험의 진위 여부를 떠나 북한의 화학무기는 핵무기 못지않게 위협적 수준으로 평가 받고 있는 것이다. 그래서 정보당국과 국제연구기관들은 북한의 화학전 능력을 러시아, 미국에 이은 세계 3위권으로 추정한다. 이처럼 북한의 독소무기 능력은 "전략적 무기체계인 핵무기와 달리 기습 공격과 상대방 병력의 이동을 제한하는 전술적 효과가 크다"고 평가할 수 있다.

이는 핵무기가 탄두 소형화 및 미사일 탑재기술 축적에 시간이 좀 더 필요한 반면, 화학무기는 유사시 언제라도 사용이 가능해 전쟁 초기 주도권을 장악하는 데 용이하기 때문이다. 현재 북한이 실제 보유한 화학무기는 2,500~5,000톤의 각종 화학 작용제(질식성, 신경성, 수포성, 혈액성 등 15종 이상) 정도이며, 그 투발수단도 SCUD-B/C, 노동1호 및 대포동 등 장거리 로켓트와 170mm자주포, 240mm방사포와 같은 장거리포 등 다양한 발사 수단을 통해 활용 가능한 능력이 있다는 분석이다. 이 정도의 북한의 화학무기는 평균적으로 1kg이 약 1,000m²에 대해 50% 이상의 살상효과를 가질 것으로 여겨지며, 북한이 1천 톤의 화학 작용제를 사용할 경우 50%이상의 살상효과를 갖는데, 그 직접적인 피해면적은 약 1억 2천만평에 이를 것으로 추정된다. 이들 화학 작용 제는 휴전선일대에 근접 배치된 170mm 자주포나 240mm방사포가 한국의 수도권을 그 사정권에 두고 있다는 점에서 매우 위협적이다. 즉, 화학작용제 5,000톤은 대략 서울시 면적(605㎢)의 4배에 해당하는 2,500㎢를 초토화시킬 수 있는 엄청난 양이다.

더구나 북한은 6.25전쟁 직후부터 중국과 소련의 기술지원에 힘입어 화학무기 개발에 매달려 왔다. 특히 김일성 전 주석이 1961년 12월 인민군 당위원회 전원회의에서 "인민군대를 기계화, 자동화, 화학화하는 방향으로 이끌겠다"며 화학전 정책선언을 한 이후 1970~80년대 걸쳐 자체 기술을 확보한 것으로 전해졌다. 최근에는 북한이 자국민에 대한 화학무기 사용 의혹을 받고 있는 시리아에 제조기술을 이전한 주체였다는 주장이 계속되고 있다.

북한의 경우 화학무기 생산과 개발, 수출을 전담하는 조직은 노동당 기계공업부 산하 제2경제(군사경제)위원회이다. 2013년 북한 군사문제 전문가인 조지프 버뮤데스는 북한이 장기간에 걸쳐 정치범수용수에서 낮은 수준의 화학무기작용제 실험을 하고 있는 것으로 추정된다고 하면서 전국 18개 시설에서 20가지의 다양한 화학부제작용제를 생산할 수 있으며, 특히 설파바스타드, 염소, 포스겐, 사린, v계열작용제와 이원화 화학무기(상호 분리된 비독성 호학물질이 서로 합성돼 치명적인 독성화학물질로 바뀌도록 하는 무기)도 일부 생산중이라고 주장한 바 있다. 또한 화학작용제와 해독제 등 관련 장비의 생산은 주로 평원 279공장에서, 연구개발은 평원 398연구소에서 이뤄지고 있는데, 이들 기관이 바로 제2경제위 5총국 소속이다. 북한의 생화학무기 역량은 1968년 일본에서 기술과 배양균을 들여와서 1970년대부터 본격적인 개발과 생산을 하였다. 이중 특히 탄저균 등 생물학 작용제 균체 13종은 실제 무기화가 가능한 수준으로 연구되어있다. 이외에도 유전자 변형, 돌연변이나 유전공학기술을 이용한 신종균을 북한은 지속적으로 개발하고 있다. 그러나 북한이 1997년 발효된 화학무기금지협약(CWC)에 가입돼 있지 않아 정확한 실태 파악은 불가능한 실정이다. 북한의 화학무기는 당장 사용 가능한 대량살상무기라는 점에서 국제사회가 비핵화와 같은 수준의 강도와 의지를 가지고 해결책 마련에 힘을 쏟아야 한다.

그러나 북한의 위협 이외에도 이처럼 생화학무기에 의한 독소테러리즘은 세계적으로도 과학 및 생명유전공학 등의 발달에 따라 그 위협 요인이 증가하고 있는 것은 매우 심각한 사항이라 할 수 있다. 새로운 병균과 맹독소가 출연하고 있기 때문에, 과거의 독소무기에 의한 대응과는 다른 각도에서 대응방안이 검토되어야 한다. 즉 종래의 생물무기와는 비교가 되지 않을 정도로 효과, 제조능력, 무기화기술, 살포 방법 측면에서 발전하였다는 점을 인식하고 대응하여야 한다.

더구나 세계 각국이 생물무기를 개발하고 보유를 함에 따른 위협요인에도 철저한 대비가 필요하다. 그동안 생물학 무기의 확산을 통제하기 위해서 '제네바의정서'와 '생물학무기금지협약' 등이 발효되었으나 아직까지 효과적인 검증체제가 결여되어 무기의 비확산에 실질적인 기여를 하지 못하고 있는 게 현 실정이다. 독소테러리즘은 생물무기금지협약 같은 국제협약으로도 막기가 쉽지 않다. 따라서 오늘날 많은 국가들이 생물무기를 타 분야의 연구로 위장하여 개발하고 있으며, 이 무기가 가지고 있는 장점 때문에 향후에도 많은 보유국이 나올 것으로 보여진다. 실제로 미국, 러시아, 중국, 이라크, 시리아, 북한 등이 이미 생물 무기를 보유하고 있고 리비아 등 15개 국가도 생물무기를 개발하고 있는 실정이다.

또한 전염병에 취약한 현대사회 환경도 독소테러리즘이 발생하게 되면 취약한 요인이라 할 수 있다. 즉, 높은 도시화와 인구밀집, 물, 공기, 식품 등의 집중관리 시스템, 대형국제행사, 군중밀집은 의도적인 생물테러의 타켓이 될 위험이 항상 존재한다. 이외에도 전염병 발생에 대한 예방 및 대응능력의 부족이라든지 자유무역으로 인한 식품류의 수입은 병원체를 전염시킬 수 있고 신종플루, 에볼라와 같은 기존 백신으로 예방되지 않는 내성이 강한 신종 전염병도 취약요소가 될 수 있다.

더구나 생물무기는 연구목적을 위한 합법적인 사용과 테러리즘을 위한 목적으로 사용되는 것과의 구별이 어렵기 때문에 국제적 확산 방지와 규제 노력에도 불구하고 계속해서 확산되고 있다는 것이 전문가들의 지배적인 견해이다. 특히,

생물무기의 개발을 추진하고 있는 대부분의 국가가 중동 및 동남아 지역에 치중되고 있다는 것이 우려할만한 점이다.[8]

반면에 공격 대상이 되는 사람에게 직접적으로 작용하도록 만들어진 화학무기는 치명적인 것과 일시적, 지속적, 혹은 어느 정도의 시간이 흐른 뒤에서야 비로소 유해한 효과를 나타내는 비(非)치명적인 것으로 구분된다. 그러나 이 두 가지 유형이 서로 명확히 구별되는 것은 아니다. 그 작용이 치명적이거나 그렇지 않은 것의 여부는 투입된 화학무기의 양, 작용기간, 그리고 공격을 받은 사람의 신체적 상태에 달려 있다.

치명적으로 작용하는 독소는 기본적으로 그것이 신체에 어떠한 작용을 하는가에 따라 다양하게 분류되어진다. 즉, 신경계통에 손상을 주는 신경작용제, 혈액을 오염시키는 혈액작용제, 질식현상을 일으키는 폐작용제 혹은 기관지작용제, 그리고 피부에 수포를 발생시키는 피부작용제 등이 그것이다. 또한 간접적 화학무기는 인간 생존의 기반이 되는 자연환경의 변형을 야기한다. 인간의 식량이 되는 곡식을 파괴하는 무기나 제초제와 같이 식물계의 파괴에 초점을 두는 형태의 화학무기는 그것이 직접적으로 인간의 신체에 해를 주는 것이 아니지만 곡식이나 야채의 훼손을 통하여 간접적으로 인류에게 피해를 입힌다. 예를 들어 고엽제는 다양한 화학적 잡초제거제 중 하나이다. 그것은 식물의 신진대사에 영향을 미쳐 식물을 파괴한다. 토지가 민감한 열대지역에서 화학적으로 잎을 말려 떨어지게 하거나 이미 거의 반 황폐화된 지역에서 식물들을 파괴하게 되면 베트남에서의 전쟁의 체험이 보여주듯이 광범위한 범위에서의 토양침식을 유발하고 생태계에 장기적인 손상을 일으키게 된다(은종화, 2009).

이와 같이 대량살상을 가능케 하는 화학무기의 사용과 보유는 그 위험성 때문에 국제적 차원에서 엄격히 통제하고 있어 각 나라는 보유 실상을 공개하지 않고 이를 극비로 하고 있다. 그러나 미국, 소련, 이라크만이 자국이 화학무기를 보유하고 있음을 인정하고 있으며, 다른 나라는 보유 자체를 부인하고 있으나 북한, 리비아, 아프가니스탄, 베트남, 이란 등을 포함하여 최소한 14개국이 보유하고 있는 것으로 추정되고 있다. 이 중 리비아는 명백히 화학무기의 생산설비를 보유하고 있으며, 이란은 자국이 화학무기의 보유를 원한다고 공식적으로 밝혔다. 이집트와 시리아 역시 유사시에 화학무기를 생산할 수 있는 능력을 보유한 국가들이지만, 실제 생산이 이루어졌는가는 확인되지 않고 있다. 터키와 걸프만의 아랍 국가들은 그들의 화학 산업의 수준을 고려해 볼 때 최소한 몇 가지의 화학무기를 생산할 능력을 보유하고 있는 것으로 전문가들은 진단하고 있다.

6. 독소테러리즘 대응상의 문제점

2001년 9·11테러 이후에 미국을 비롯한 선진국과 많은 국가들이 독소테러리즘에 대한 정책 및 제도 정비를 확립하고 있지만, 사실 일부 개발국가는 물론 선진국들도 막상 독소테러리즘에 의한 대량 환자 발생 시 응급대처능력에는 많은 문제점이 상존하고 있다.

또한 효율적인 백신 이용이 불가능하거나 이용 가능한 백신의 공급이 제한적이라는 점, 현재의 의사들은 경험해 보지도 못한 최근의 에볼라와 같은 신종 전염병이나 근절된 전염병에 대한 판단이 늦는 것도 취약한 문제라 할 수 있다. 특히 전염병 발생이 자연적인 것인지 테러리스트에 의한 인위적인 것인지 알아내기가 어려우며, 전염병의 원인을 밝혀내기까지는 역학적 조사가 이루어지더라도 병원균의 잠복기 등으로 인해 시간이 걸리므로 그 피해는 점점 커질 수밖에 없다는 게 큰 문제점이다. 일례로 9·11 직후 우체국에서 감염되어 폐 탄저병으로 사망한 2명의 환자가 처음에는 감기로 진단되었었다는 것은 교훈 삼아야 할 사항이다. 또한 테러집단의 조직구조, 이념 및 능력 등에서의 변화로 인해 독소테러를 예방 및 대응하기 어려운 점이 있다. 즉, 과거에는 알카에다, IS 등과 같은 중앙집권식 테러단체가 주류였다면, 최근의 테러단체는 점차 독립채산형 형태, 외로운 늑대형 테러형태로 변화되고 있어 통제가 어려운 세포조직원들의 독자적인 테러 가능성이 상존할 뿐만 아니라 예측이 불가능하기 때문에 실제 테러행위가 발생되기 전까지는 어느 누구도 사전에 통제가 어렵다는 점이 독소테러리즘 대응상 문제점이 되고 있다.

또한 테러리스트들이 이념적인 측면에서는 오히려 독소테러리즘과 같은 대량의 무차별 살상을 용인한다는 점이 대응을 어렵게 하고 있는 또 다른 요인이 된다고 할 수 있다. 즉 종교적 이념에 지배되는 테러리스트의 경우 가치관은 일반적 가치관과는 다르기 때문에 치명적인 독소를 테러무기로 사용할 가능성이 많아 매우 위험하다고 할 수 있다.

얼마전 에볼라 바이러스가 전세계를 공포의 도가니로 몰아넣었던 것처럼 치료제나 백신이 없는 신종 전염병은 어떤 무기보다도 큰 피해를 줄 수 있다. 아울러 앞에서 언급한 것처럼 생물테러는 세균이나 바이러스 등 인체에 질병을 유발하는 미생물을 고의적으로 살포하는 테러를 말하는데, 우리나라의 경우 아직 효과적인 예방백신과 치료제가 부족한 것이 큰 취약점이라 할 수 있다. 물론 2028년까지 전 국민 80% 해당하는 4천만 명의 백신을 생산할 계획이지만 유사시에는 군인, 경찰, 의료 종사직에게 우선적 보급하게 되어있어 일반인은 무방비상태이다. 효율적인 백신이용이 불가능하거나 이용 가능한 백신의 공급이 제한적이라는 점은 심각한 문제이다(이강문·이민형, 2010).

7. 국내에서 독소테러리즘이 발생 가능한 상황 및 전망

만약 남북관계가 나빠져 북한이 유사시 테러리즘을 자행한다면, 그 공격 유형은 과연 어떤 형태로 나타날 것인가? 국내외 많은 전문가들은 생화학무기를 이용한 테러리즘 가능성을 결코 배제할 수 없다고 진단하고 있다. 생화학무기를 이용한 무차별적 공격을 통해 전면전에 버금가는 희생자를 발생케 하여 우리 국민들을 공포의 도가니로 몰아넣어 국론 분열 분위기를 조성하고자 할 수도 있다. 더구나 생물 무기의 획득을 감시하는 것은 매우 어렵기 때문에 생물무기가 사용된다면 수많은 인명은 물론이고 전 국가의 일생 생활과 생산 활동이 파괴된다는 가능성 때문에 생물 무기가 테러리스트 단체에 의해 사용될 수 있을 것이라는 것은 의심의 여지가 없다.

탄저병 같은 경우를 예로 들면 탄저병 박테리아가 소나 양 등 동물을 통해 인체에 감염될 수도 있으나 누군가 고의로 병균을 살포하지 않는 한 우연히 이 병에 걸릴 확률은 거의 없기 때문에 범인을 알아 내기는 결코 쉽지 않은 것이다. 이에 따라 비록 사망자가 발생하더라도 탄저병 발생을 테러리즘과는 무관한 별개의 사건으로 간주하기 쉽고 추가 감염자가 발생할 경우에만 세균 살포에 의한 테러리즘의 가능성이 크다고 잘못 판단할 수 있다. 2001년에 발생하였던 9·11테러는 테러리스트들에게 도덕적 한계는 없다는 것을 보여준 대표적 사례였다. 또한 1995년 발생한 일본의 옴 진리교에 의해 자행된 사린가스 살포 사건은 생화학무기에 의한 테러리즘의 위협이 현실적으로 등장한 대표적 사건이었다. 동경 중심부의 지하철에서 발생한 이 사건으로 12명이 사망하고 5,500여 명이 부상을 당했다. 이 사건은 옴 진리교의 교주인 아사하라 쇼코가 자신의 교단에 비판적인 인사들에 대한 공격과 탈퇴하는 신자들의 납치 및 살해에 대한 경찰의 수사망이 좁혀져 오자 공권력에 대항하기 위해 자행한 것으로 밝혀졌으며, 관련자들은 체포되어 재판에 회부되어 2018년 7월 사형이 집행되었다. 이들은 1993년에 동경 거리에 탄저균을 살포한 사실을 자백했으며, 보트리늄 독소를 생산하는 박테리아가 증거물로 확보되어 생물무기의 제조에 관여한 것으로 확인되었다. 이처럼 옴 진리교 사건은 테러리스트 단체가 마음만 먹으면 손쉽게 화학무기를 생산할 수 있다는 것을 여실히 보여주었다. 최근에는 이러한 능력을 갖추지 못한 단체들이라도 화학무기로 무장할 수 있는 방법은 다양하게 진화되고 있다. 실험실에서 작용제를 탈취하거나, 상업적으로 가용한 독소를 획득하거나, 군사적 이용을 위한 무기를 탈취할 수도 있다. 뿐만 아니라 알카에다나 IS 조직처럼 충분한 자금력을 갖춘 경우 암시장이나 테러리즘 지원국으로부터 기성 생화학무기를 구입하는 것도 가능하다.

또한 생화학무기는 대량살상무기이기 때문에 공격 목표물이 무엇이든지 간에 상상을 초월하는 피해를 야기시킬 수 있다. 그 피해는 좁은 의미에서의 공격지역에 국한되지 않으며 희생자도 사람에게만 머물지 않고, 주변지역의 자연환경 파괴로까지 이어질 수 있다. 당연히 전시는 물론 평화 시에도 그 실험, 보유에 의한 위험이 따른다. 그래서 생화학무기의 존재 자체가 바로 생화학 전쟁이라 할 수 있어 철저한 통제가 필요한 무기라 할 수 있다. 미국의 경우 9·11테러 사건 발생 이후 국가 안보 및 공중 보건 전문가들 사이에서는 미국이 9·11테러 당시보다 훨씬 많은 희생자를 낼 수도 있는 생화학무기를 보복 테러리즘의 수단으로 이용하지 않을까 하는 우려의 목소리를 내기도 하였었다.[9]

만약 테러리스트들이 생물무기를 보유하고 있고 최후의 수단으로 막가파식의 공격을 자행한다면 그 결과는 끔직한 일이다. 이처럼 '빈자의 원자폭탄'이라고도 불리는 생화학무기는 소규모 시설을 통해서 값싸고 쉽게 제조할 수 있기 때문에 경제적으로 어려운 제3세계 국가로까지 널리 확산될 뿐만 아니라 동경 사린가스 공격에서 경험한 것처럼 테러리스트 단체에 의해서도 무분별하게 사용될 수 있다는 것을 알 수 있다.

다음은 국내에서 발생 가능한 화학테러 상황을 가상해서 설정해 보았다. 만약에 맑은 밤 서울 30km² 지역에 탄저균을 10kg을 살포하게 되면 최대 서울 시민 90만 명이 사망하게 되고, 사린가스 1통을 7.8km² 지역에 뿌릴 경우 23만 명의 사망자가 발생한다는 연구보고가 있다. 북한의 경우는 핵폭탄 제조비용의 1/100만 가지고도 제작이 가능하고 위력은 핵무기의 420배라는 사실 때문에 생화학무기 사용을 할 것으로 보아야 한다.

따라서 전쟁이 발발 시 전쟁 시작 3일 동안 전방에 740여 톤의 생물학무기를 사용하리라는게 전문가들의 일반적인 예상이다. 그렇게 되면 전쟁 한 달 만에 약 219만 명의 피해를 예측하고 있으나 국내 백신이 미흡한 게 현실적인 문제이다. 그럼 좀 더 구체적으로 테러리스트들은 과연 어느 날짜, 어느 시간, 어디를 대상으로 할까 상상해 보자. 2004년의 스페인 마드리드 열차테러, 2005년 영국 런던의 지하철테러, 1995년 일본 옴진리교에 의한 지하철사린테러 사례와 같은 여러 요소와 변수들을 종합·분석해서 가장 가능성이 높은 월요일 아침 출근시간대, 서울의 여의도와 같은 금융 중심가의 지하철 등 지하철 역 수개를 대상으로 생화학물질을 담은 배낭을 멘 3~5명의 테러리스트들에 의해 생화학물질을 사용한 테러리즘이 동시 다발적으로 감행되리라 가상해 보았다. 즉 폭발물 대신 생화학물질을 활용한 가상상황을 구성해 보았다. 범인들은 지하철 선반 위에 독소물질 가방을 놓아두고, 다음 역에서 하차하여 종적을 감추게 될 것이다. 사전에 발견된다면 천만다행이지만, 만약 정해진 시간에 물질이 유출되도록 작동된다면 출근하는 시민들은 아무 영문도 모른 채 사상자가 발생할 것이다. 시민들의 혼란과 공포, 대량사상자 발생 등 한마디로 아비규환의 모습일 것이다(류동관·이필중, 2014).

이에 그치지 않고, 그 뒤에 따르는 국론분열과 정부에 대한 불신과 혼란은 국가의 존망과도 연결될 수 있는 심각한 상황을 발생시킬 것이다.

독소테러리즘 대응 방안

과거의 테러리즘(Old Terrorism)이 극단적 수단을 동원한 의사소통 행위 측면이 강했다 한다면 뉴 테러리즘(New Terrorism)은 전쟁의 한 형태로 자행되고 있다는 게 하나의 특징이라 할 수 있다. 이는 전쟁에서는 적의 궤멸이 목적이므로 승리 이외에 다른 요구 조건이 있을 수 없으며, 상대방에게 최대의 타격을 입히는 것이 최종 목표이기 때문에 적은 비용으로 어마어마한 인명 손실을 가져올 수 있는 생화학무기 사용은 가장 가능성이 높은 공격방법이라 할 수 있다.

따라서 우리가 테러리스트들에게 도덕적 한계를 기대하는 것은 너무 순진한 생각일 뿐이다. 특히 생화학무기는 그 위협이 치명적이기도 하지만 사용 범위와 피해 상황을 제대로 파악하기가 어렵다는 것도 큰 문제이다. 즉 폭탄은 눈에 보이지만 생화학무기는 보이지 않기 때문이다. 일상에서 방독면을 아예 쓰고 살지 않는 한 생화학 테러 앞에서는 사실상 무용지물이다. 생물무기 경우도 누군가가 감염된 다음에야 무기가 사용됐는지 확인할 수 있고 그때쯤이면 이미 그를 통해 많은 사람들이 병에 전염된 후일 것이기 때문이다. 사실 생물무기를 이용한 테러는 그동안 공상과학소설이나, 영화에 등장하거나 도덕적으로 상상할 수 없는 일로 일축되어온 점이 없지 않다. 하지만 한국을 대상으로 한 독소테러리즘의 위협과 양상을 분석하고 이에 대한 대비방안을 선제적으로 제시하는 것은 매우 필요한 사항이다.

1. 법적·제도적인 정비와 해외 기관들과의 공조

정보화 시대를 맞이하여 인명 살상용 독극물과 세균무기 등에 관한 정보를 쉽게 얻을 수 있을 뿐만 아니라 우리 생활 주변에는 염소, 암모니아 등이 대량 생산, 유통되고 있는 등 생화학테러리즘 발생 여건이 과거보다 높은 환경적 요건을 갖추고 있다. 따라서 의도적 테러리즘에 의한 재난 발생 가능성은 전시 및 평시를 불문하고 상존하고 있다. 앞에서 말한 것처럼 생화학무기는 눈에 보이지도 않고 추적을 하기가 거의 불가능한 국제사회의 고민이다. 더구나 독소테러리즘에 의한 피해는 그 어떤 경우라도 국가적 재난 수준을 피할 수 없기 때문에 정부자체의 법적·제도적인 정비와 해외 기관들과의 공조, 국가 모든 기관의 체계적인 협조와 일사불란한 대응, 국민들 스스로 안전의식에 대한 고취와 정부에 대한 신뢰 등이 필요하다. 결론적으로 독소테러리즘은 공격주체가 명확하지 않아 추적이 곤란하고, 대량살상을 위한 무차별적 공격으로 인해 피해규모가 엄청나며, 테러조직 역시 단일화된 조직이 아니라 여러 국가와 지역에 걸쳐 그물망조직으로 연결되었을 뿐만 아니라, 독소테러가 발생 시 미리 대처할 시간이 부족하고 지능화, 사건 대형화로 인한 정치적 부담 증가와 언론매체에 의한 공포의 확산과 같은 상황이 발생할 수 있어 기존의 대응체계와 수단으로는 대처하기 어렵기 때문에 사전적으로 대응하기 위한 법과 제도를 정비하고 기관들과의 유기적 협조가 긴밀히 이루어져야 한다. 또한 테러리즘 발생 현장에서의 지휘 통제 체계 확립이 될 수 있도록 이에 합당한 조직과 전문가를 선별, 임명하는 법적인 체계도 요구된다.

2. 군 및 민간 방호 수준 제고와 체계 구축

9·11테러사건 이후 미국은 생화학무기를 사용한 공격과 대량살상무기의 위협에 대처할 특수부대를 창설하여 워싱턴 등 10개 지역에 배치하였다. 또한 생화학무기에 의한 테러리즘 위협에 따라 예산을 추가 배정하고, 탐지 장비를 보완하는 등 일련의 대비책을 마련한 바 있다.

이에 비해 우리 한국의 경우는 생화학테러리즘의 심각성은 인식하고 있지만 대응체계는 매우 허술한 실정이다. 우리 군의 경우는 2002년 국군화생방 방어사령부로 기존의 화생방부대를 승격하였지만 조직체계상의 문제와 대응 장비의 절대적인 부족으로 신속하고 효과적인 임무 수행이 어려운 상황이다. 그러나 군은 조기경보만 제대로 되면 크게 피해를 입지 않고 전쟁 수행 능력을 보장할 수 있지만 민간방호 능력은 군의 방어수준에 비해 뒤떨어진게 더 큰 문제이다.

스위스나 이스라엘의 경우, 관공서와 같은 대피시설은 화학가스 방호가 가능하도록 설계돼 있다. 방독면도 국민 지급품이다. 이에 비해 우리나라는 민수용 방독면이 군용보다 방호 성능도 많이 떨어지고, 더욱이 개별적으로 구매해야 한다. 따라서 앞으로 민간 부분에 대한 대비가 요구된다. 현재 수준에서는 민간인 피해가 상당할 수밖에 없다.

더구나 앞에서 설명한 것처럼 북한의 화학무기 수준은 세계적이다. 북한은 1500~5000t의 화학무기를 보유하고 있는 것으로 예상된다. 이는 세계 3위 수준으로 우리에게는 상당한 위협이 되는 것이다. 얼마 전까지 미국도 화학무기의 90%를 폐기했기 때문에 실제적으로 지금은 북한이 미국보다 화학무기를 더 많이 보유하고 있는 실정이다. 세균전을 위한 생물무기 역시 매우 취약한 실정이다. 이에 대비하여 주한미군이 북한발 전염병의 무차별 확산을 방지하기 위해 전염병뿐 아니라 화학·생물학 무기에 대한 조기대응 방안을 포함한 대비책을 마련[10] 중이지만 이 대비책은 고작 사실상 붕괴된 북한의 공중보건체계 때문에 조류인플루엔자(AI) 같이 알려진 전염병이 한국 등 주변지역으로 번지는 상황에 주안점을 둔 게 특징일 뿐이다.

따라서 우리 군과 민간의 화학 및 생물학 테러 대응능력을 향상시킬 수 있는 장비와 운영요원의 확보 등 방호수준을 실제적으로 향상시킬 수 있는 체계 구축이 필요하다. 현행 법령이 지정한 전문기관 또는 팀이 상기한 컨트롤타워의 능력을 구비하였는지에 대해서도 심도 깊은 검토와 논의가 필요하다.

3. 위기관리를 위한 통합적 기구 설립

화생방무기에 대한 최선의 대책은 사전 준비와 대응이다. 제1차 세계대전이나 이란·이라크전(1980년), 최근의 시리아 사태까지 화학무기나 생물무기는 사전 철저하게 대비되지 않은 곳에서만 사용됐다. 이는 제1차 세계대전 때 화학무기가 처음 사용되어 사전 대비 없이 많은 피해를 당하고 나서 제2차 세계대전 때는 각 나라가 이를 교훈삼아 방독면으로 대비가 되면서 화학무기의 효과가 거의 없었던 것에서 알 수 있다. 다시 말해, 사전 철저히 방호가 된 곳에서는 화학무기가 효력이 없다고 보면 된다.

따라서 아무리 위협과 공격이 있다 하더라도 우리 군의 방호 능력뿐만 아니라 민간 방호 능력까지 사전에 철저하게 대비가 된다면 화학무기는 큰 위협이 되지 않을 것이다. 우리 군은 생물 화학전에 대비한 훈련을 강화하면서 방어 기술 연구개발에 힘쓰기 위해 2002년 국군 화생방 방호사령부를 창설하였으며, 그동안 월드컵과 아세안 정상회의, G20정상회의, 핵 안보 정상회의, 여수세계박람회, 평창동계올림픽 등에서 이미 화생방 작전을 성공적으로 수행해온 바 있다.[11] 그러나 생물무기 탐지장비와 백신 확보는 미흡한 실정이다. 지금부터라도 정부 차원의 체계적인 지원이 이루어져 필요한 장비와 인력을 대거 보충하고 효과적인 위기관리를 위해 통합적인 기구 설립이 이루어져야 할 것이다. 이를 위해서는 테러대응 체제의 기능적 통합을 구축해야 한다. 이는 테러유형에 따라 각각의 특수한 테러 대응체제를 구축하는 것보다는 통합적인 테러대응체제를 구축하는 것이 경제적으로 효율적임과 동시에 효과적이다. 향후 연구검토해야 할 부분이다.

특히 테러는 그 속성상 발생원인이 복잡, 다양하기 때문에 테러대응체제는 테러대응관계기관의 복합적이고 총제적인 노력을 기울이는 과정이 요구된다. 현재 분권화된 우리나라의 비상대비체제를 효율적으로 일원화하기 위해서는 비상사태별 대비 업무를 분석하여 중복되는 유사업무는 최대한 통합하고, 각 분야별 전문성이 요구되는 분야는 유지시키면서 유기적인 공조를 이룰 수 있는 방향으로 개선되어져야 한다.

4. 전문적 대테러 인력 양성과 체계적 정보관리

대테러 전담조직을 운용할 수 있는 전문적인 인력을 양성해야하는 것은 국가 위기관리차원에서 중요한 사항이다. 특히 최근에 발생하고 있는 화생방 테러, 하이테크 테러, 환경 테러, 사이버 테러 등 신종 테러 수법에 대하여 효율적으로 대처할 수 있는 전담조직과 전문인력 확보에 더욱 더 관심을 기울여야 한다.

특히 화학테러리즘 현장에서의 구조 및 구호활동은 일련의 절차가 단계별로 구분되고 체계적으로 연계되어야 한다. 이는 화학테러리즘의 특성상 환자의 응급처치에 오염물질의 제독이라는 조치가 추가됨으로써 나타나는 현상으로 환자의 진단 및 치료뿐만 아니라 이 과정에 참여하는 인력들의 안전을 확보하는데 필수적이기 때문이다. 사건의 현장조사와 미상물질의 식별 및 분석에 관한 일련의 절차 정립과 유기적인 훈련의 중요성을 들 수 있다. 독성 화학물질이 살포된 사건 현장에서 상황조치의 애로점은 사건의 원점에 대한 조사와 오염원(源)의 제거 또는 제독이 상충된다는 것이다. 이를 원만히 처리하기 위해서는 합동조사반에 포함된 구성원들 간의 사전 해박한 지식과 체크리스트, 잘 훈련된 행동이 필수적으로 요구된다고 할 수 있다. 또한 원점에 투입되는 화학물질 탐지 및 식별의 전문기관은 다종의 장비를 구입하고, 2개 기관 이상의 교차분석이 가능하도록 시료를 복수로 수집하며, 현장에서 빠른 시간 내에 물질의 정체를 알 수 있도록 탐지장비의 물질데이터의 확보와 숙련된 전문가의 참여가 요구된다고 할 수 있다.

그러나 지금까지 한국 내에서 화학, 생물학 또는 핵 및 방사능 테러리즘의 발생 사례가 없었고, 이에 대한 필요성도 절실하지 않아 상기의 절차가 미흡하고, 이에 참여하는 인력들의 숙련도가 높다고 할 수는 없다. 따라서 미래의 화학테러리즘에 대비하기 위해서는 이에 대한 보완이 선행되어야 한다. 또한, 대테러 관련 정보를 체계적으로 관리할 수 있어야 한다. 무엇보다 대테러 활동에 관해서는 정보 수집과 정보 공유가 중요시 되고, 정보기관과 수사기관을 비롯하여 각각의 기관 간 협조의 필요성이 절실히 요청되었다.

따라서 조직 속성이 명확하지 않는 테러리스트를 특정하고 테러의 미연 방지를 도모하기 위해서는 대테러와 관련한 방대한 데이터를 처리하고 분석하여 어떠한 형태의 단서라도 발견하고 피내사자를 압축할 수 있는 체계를 갖추어야 한다. 이를 위해서는 수사기관은 국내의 수사역량을 발휘할 수 있도록 준비되고, 정보기관 역시 국내외에서의 정보수집역량에 집중할 필요가 있다. 그러한 점에서 종래와 달리 정보기관과 수사기관 간의 역할 정립과 협조 관계 등의 설정은 바람직한 테러 대책을 위한 기본적인 전제가 되어야 한다.

5. 민·관 협력 체제 확대 및 국제공조체제구축

민·관 협력 체제 확대 역시 중요하다. 현행 테러대응체제는 국가의 능력으로 인하여 경비를 도맡기에는 한계를 지니고 있기 때문에 국가 주요 기반시설에 민간경비시스템을 도입하여 활용해야 한다. 또한, 테러 대응은 정부의 노력만으로는 한계가 있어 민간기업 및 시설 등이 최소한의 자체적 테러대응체제를 갖추도록 유도해야 한다. 아울러 독소테러리즘 예방을 위하여 국내외를 불문하고 대응조직 간의 유기적인 국제공조수사 공조체제를 구축해야 한다. 이는 국제테러리즘의 특징은 테러 조직의 근거지, 활동 지역, 지원 지역이 다원화되어, 여러 국가가 개입될 수 있기 때문에 국제적인 협력의 기반이 없이는 국제테러조직에 대응할 수 없기 때문이다.

6. 사례별 매뉴얼 점검 및 적극적 대응책 강구

2001년 미국의 9·11테러 이후에 '탄저균 테러' 공포가 확산되자 국내에서도 생화학무기를 사용한 테러 발생 가능성에 대비하여 정부가 비상대책반을 가동하고 테러훈련을 강화하는 등 적극적인 대응에 나선 바 있었다. 당시 정부 기관별 조치사항을 살펴보면, 유사상황 발생 시 어떠한 조치가 필요한지를 알 수 있다. 그 당시 사례별 구체적 대응사항을 요약해보면 보건복지부는 세균 테러 발생 상황에 대비해 차관을 단장으로 하여 세균 테러가 발생할 경우 관련 부처들이 즉각 유기적인 공조체제에 들어갈 수 있도록 역학조사·방역·탐지 등 기능별로 보건분야 실무 팀을 구성하는 한편 환자 대량 발생에 대비한 응급의료 대응체계 등을 세밀히 점검하였었다. 국립보건원은 의사협회와 병원협회를 통해 탄저·천연두·페스트·보툴리누스·유행성출혈열 등 테러에 악용될 가능성이 큰 세균성 질병의 검진지침을 전국 의료기관에 통보하고 유사 환자 검진 시 즉각 신고토록 조치하기도 하였으며 탄저병과 페스트 등을 치료할 수 있는 항생제와 천연두 백신, 관련 장비 등을 신속히 확충하기 위해 20억 원의 긴급예산 지원을 관계 부처에 요청한 바 있었다.

또한 안전행정부는 지하철과 백화점 등 사람이 많이 모이는 장소에서의 테러 대비 태세를 강화하도록 전국 시·도에 긴급 지시하고 우선 지하철과 백화점 등 취약시설이 소재한 시·군·구는 민방위대 화생방기동대를 편성, 사고발생시 바로 현장에 출동할 수 있도록 하고 지하철역별로 민·관·군 합동으로 독가스테러 대비훈련을 실시하도록 하였으며, 취약시설 직원용 방독면 부족분을 읍·면·동 단위로 통합 보관 중인 방독면을 유사시 취약시설에 긴급 지원할 수 있도록 조치하였다. 또한 취약시설에 근무하는 직원들에 대해 방독면 사용법과 사고발생시 대처요령에 대한 특별교육을 실시하였었다. 아울러 경찰청은 전문 테러범의 입국이나 국제 우편물을 통해 생화학 테러가 발생할 가능성에 대비, 전국 공항과 항만에 전문가를 배치하고 출입국자들의 짐 검사와 우편물 검색을 대폭 강화하였으며 지하철과 백화점, 경기장 등 다중 이용 대형건물과 시설에 대한 화학물질 살포 테러 가능성에 대비해 순찰 강화, 사고 대처와 제독 요령에 대한 특별교육을 실시, 유독 화학물질과 세균 등을 차단할 수 있는 보호 장비와 제독용구를 추가지급, 시민들의 신고에 신속히 출동하도록 조치하기도 하였었다. 이 외에 우정사업본부는 미 탄저병 관련 사건에 우편물이 이용됐을 것으로 추정됨에 따라 '위해 우편물 식별 및 처리요령'을 발표하고 주의를 당부하였으며, 군 당국도 북한의 생화학전 위협에 대비, 최신 생물학 탐지장비를 한·미 연합 군부대에 배치하고 유사시 미국 화생방부대의 한반도 조기 전개 등 생화학전에 대비한 한·미 연합계획을 협의, 추진한 바 있다. 이처럼 독소 테러리즘에 대한 피해를 최소화하기 위해서는 무엇보다도 사례별로 매뉴얼을 점검, 업그레이드 하는 등 적극적인 대응책 마련이 필요하다.

7. 독소테러리즘 탐지시스템 구축 및 보건의료 측면의 대응 강화

우리나라 독소테러리즘 대응의 문제점으로는 정부 정책, 보건의료 대응 측면에서 미흡한 점이 많다는 것이 지적되고 있다. 미국의 경우 최근 미 플로리다주에서 직장 동료 2명이 생물무기로 사용되는 탄저병에 잇달아 감염된 사건이 발생하자 미 정부가 생화학테러의 가능성을 규명하기 위한 조사에 착수하여 미

보건당국은 한 주간지 발행업체의 직원이 폐렴 증세로 병원에 입원하여 검사를 받던 중에 탄저병으로 판명되었다고 공식적으로 발표하였으며 이에 앞서 같은 회사 직원이 탄저병으로 사망하자 사망자의 컴퓨터 키보드에서 탄저병 박테리아가 검출된 사실을 확인 한 후에 이 회사 건물 전체에 대한 출입을 봉쇄하는 한편 직원 400여명 전원을 상대로 탄저병 감염 확인 검사를 신속하게 실시하였다. 이처럼 미국은 독소테러리즘의 탐지와 대응에 철저하다 할 수 있다. 반면에 한국군의 경우 탐지시스템 구축 및 보건의료 측면에서의 대응은 아직도 초보적이다. 일례로 한국군은 생물학 무기 중 가장 파괴력이 큰 두창(천연두)에 대해서도 사실상 무방비 상태이다. 두창은 역대 바이러스 가운데 가장 많은 사상자를 낸 가공할 무기로서 북한군이 두창 바이러스 무기를 보유하고 있을 가능성이 큰 것으로 파악되고 있으나 우리 군은 평시 접종은 하지 않고 있다. 반면에 주한미군의 경우는 생물무기가 확산됐을 때를 대비해 평시에 접종을 실시하고 있으며, 대기 탐지 시스템도 구축하고 있는 상태다.[12]

두창 바이러스는 1980년 전 세계적으로 박멸이 선언됐지만 일부 국가에서 생물학 무기용으로 확보하고 있다는 의혹이 끊이지 않고 있다. 7~17일의 잠복기를 거치며 감염된 사람 중 10~30%가 사망할 정도로 치사율이 매우 높다. 따라서 이미 선진국 각국에서는 3세대 두창 백신을 개발하거나 확보하는 데 주력하고 있다. 미국은 원천기술을 보유한 덴마크의 한 백신 회사에 17억 달러(약 1조 8,538억 원)를 투자해 3세대 백신 2,800만 도스를 확보했으며 일본은 자체적으로 3세대 두창 백신을 개발했다. 한국도 현재 질병관리본부 산하 국립보건연구원을 통해 3세대 두창 백신을 개발 중이지만 임상시험을 거쳐 2022년에나 완료될 전망이다. 향후 과정에 따라 완료 시점은 늦어질 수 있다. 두창을 비롯한 생물학 무기 탐지 시스템이 구축돼 있지 않은 것도 큰 문제점으로 지적되고 있다. 두창 등 생물학 무기는 드론 등 무인기나 사람을 통해서 쉽게 퍼뜨릴 수 있다. 심지어 에어 스프레이 형태로 공기 중으로 유포시키는 것도 가능한 것으로 알려졌다. 그러나 천문학적인 비용으로 생물무기 병원체를 조기 검진해 내는 기술과 기기 개발, 예방 백신 생산과 치료제 개발 이전에 국가나 테러리스트들이 생물무기를 사용하려는 동기와 목적을 해소하는 길이 생물무기 전쟁이나 바이오 테러리즘을 예방하는 지름길임을 명심하여야 한다.

핵무기 다음가는 대량살상무기

독소테러리즘은 잠재적으로 사회 붕괴를 의도하고 바이러스, 세균, 곰팡이, 독소 등을 사용하여 살상을 하거나, 사람, 동물 혹은 식물에 질병을 일으키는 것을 목적으로 하는 테러행위이다. 세상에서 가장 치명적인 독(毒)들을 인명 살상용으로 재생산한 것이 바로 생화학무기고 화학무기는 본래의 악하고 독한 성질을 극대화시켜 제조한 것으로, 이를 접촉하거나 호흡하는 사람은 짧은 시간 안에 살이 썩어 들어가고 신경이 마비되며 심하면 죽게 된다.

이처럼 생화학무기는 그 위력면에서 어떠한 무기보다 가공할 수준이지만 저렴한 비용으로 제조가 가능하기 때문에, 핵무기 다음 가는 대량살상무기이다. 9 · 11테러 이후 대부분의 테러리즘 전문가들은 후속 테러가 생화학테러가 될 것이라고 이미 우려한 바 있다.

생화학무기 제조공장을 보유하는 데에도 그리 많은 비용이 들지 않는다. 공장 설립에 드는 비용은 약 1만 5천 달러(약 2천만 원) 정도면 충분하다. 생물무기는 발효장치와 세균 배양기만 갖추면 제조할 수 있다. 생물무기용으로 제조되는 세균과 바이러스들은 원래 기본적인 치사 가능한 독성과 전염성을 가지고 있는데 군사용으로 제조되는 과정에서 치사량을 극대화시키고 증식력을 배가시켜 치명적인 괴물로 재생산된다. 생물무기가 공기 중에 살포된다면 세균 하나, 바이러스 하나가 바로 가공할 살상력을 지닌 폭탄이 되는 것이다.

더구나 생물무기는 부피가 적고 이동이 간편하며 소량으로도 대량 인명 살상이 가능한 특성상 소규모 테러 집단에 의해서도 일어날 가능성이 있으며 이들에 의한 생물테러는 사회를 큰 혼란에 빠뜨릴 수 있다. 생물테러가 발생할 경우를 가상한 모의시나리오에 따르면 천연두가 생물테러의 수단으로 사용되고 적절한 통제가 되지 않을 경우 2달 이내에 미국에서만 300만 명이 감염되어 이 중 100만

명이 사망할 것으로 예측하였다. 또한, 이러한 상황은 의도된 생물테러가 아니라 부주의나 사고를 통해서도 발생할 수 있으며 1979년 소련·소베드들로프스크에 있는 생물무기 공장에서 실수로 탄저균이 외부로 유출되어 68명이 사망하는 사건이 발생한 경우도 있었다.

또한 독성화학 작용제에 의한 테러의 대표적 사례는 앞에서 언급한 것처럼 1995년 '사린(GB)을 이용한 옴진리교에 의한 일본의 도쿄 지하철 테러리즘이다. 사린가스는 제2차 세계대전 기간 나치가 대량 살상을 위해 개발한 화학무기로, 수 분 내에 목숨까지 앗아갈 정도로 치명적이다.

이것은 2001년 미국의 탄저균 우편물 테러와 함께 대표적인 화생방 테러리즘의 하나로 인식되어 왔다. 국제법으로 금지된 화학무기 사용이 최근 다시 논란이 된 것은 시리아 내전의 최대 이슈였다. 2013년 12월부터 시리아에서는 정부군 거점도시였던 홈스와 알레포, 수도 다마스쿠스 부근에서 3차례 화학무기 공격이 벌어졌는데, 정부군과 반군은 서로 상대편 짓이라 비난했다. 정부군은 화학무기를 갖고 있지 않다며 러시아 조사단의 조사를 요구했다. 반면 반군은 정부군 소행이라며 유엔 조사를 요청한 바 있다. 독소무기는 이처럼 은밀하고 기습적으로 사용됨으로써 대량 피해와 아울러 공포에 의한 사회적 혼란을 야기한 전형적인 뉴 테러리즘의 형태를 보여주었다. 이와 같이 사람, 동물, 식물에 유해한 미생물과 독소로 질병을 유발시키거나 신경을 마비시키는 가스를 흘려 전투 병력 및 민간인을 살상하거나 무력화시키는 생화학무기는 인류 역사상 가장 잔인한 무기체계이다.

2000년 들어 한국을 대상으로 하는 화학테러리즘의 발생 가능성은 높아졌다고 할 수 있다. 현대사회의 발전 추세가 지구화(Globalization)가 되면서 각계각층의 다양한 이익과 욕구가 얽혀 있고, 때와 장소를 달리하여 상호 간 충돌현상이 다반사로 일어나고 있음과 상관하여 볼 때 테러리즘의 주체세력도 다변화되고 있음이 하나의 요인이라 할 수 있다. 즉, 외국인의 입국, 한국 내 불법체류, 북한 이탈주민과 국제 결혼자 수의 증가 등으로 국내 자생세력이 활성화될 가능성이 높아졌고, 한국의 국제활동 영역이 확장됨으로써 이와 연관된 국제테러단체가 한국을 테러리즘의 표적으로 위협하고 있으며, 북한 또한 과거와는 달리 다양한 세력을 활용한 대남테러리즘을 자행할 수 있는 능력이 향상되었다는 것이다.

이에 추가하여 국내에서도 독성 화학물질 사용 건수의 증가 대비 관계기관에 의한 해당물질의 관리 및 감독의 취약점이 내재되어 있는 현상을 볼 때 향후 한국에 대한 화학테러리즘의 발생 가능성은 더욱 고조되고 있다고 할 수 있다.

따라서 이러한 독소테러로부터 대응하는 방법 중 하나로 제안하고 싶은 것은 9·11 이후 미국에서 제정하였던 바이오테러방지법을 우리나라도 제정하자는 것이다. 음식물 재료에 독극물을 투입하거나 가축사료에 병균을 주입하고 대중식량 주방에 병균을 살포하는 행위와 같은 테러집단이 수백·수천 명을 노리는 '음식물 테러' 가능성은 그 어느 때보다 증대하고 있는 게 현실이다. 미국은 2001년 탄저 균가루가 미 의회에 배달된 이후 이 '바이오테러 방지법'을 제정하였다.

실제 미국에서는 1984년 광신도 단체가 식당에 살모넬라균을 뿌려 750명을 감염시킨 사례도 있었다. 이런 이유로 생물학적 무기를 사용할 가능성이 있는 대상자에 대해 감시를 강화하는 정책을 실시하고 있다. 흉악범, 정신이상자, 취약 지역 국가에서 입국한 사람에 대해서는 특정 바이러스나 독소, 미생물 소지를 금지시키고 있고, 식품업자도 식품 구입 시에는 구입처와 판매처를 기록하여 당국에 제출하는 제도도 만들었다. 따라서 현재로서는 독소테러리즘이 발생하지 않았지만 잠재적 위험성이 가장 높은 이와 같은 테러유형을 원천적으로 봉쇄할 수 있도록 현재의 대응태세를 점검하고, 취약점으로 나타나고 있는 법령의 보완, 지휘통제체계의 통합 및 일원화 등의 조치가 절실히 필요하다고 할 수 있다. 독소테러리즘 방지에 관한 법률 제정은 물론 통합적 테러대응시스템의 구축, 국내외를 불문하고 대응조직 간의 유기적인 협력 체계가 이루어지는 토대가 마련되어야 한다.

<참고문헌>

가. 국내문헌

경찰청(1999), 「대테러국제협약집」, 서울: 경찰청.

강영숙(2010), "바이오테러리즘(Biological Terrorism)의 위협과 대응방안." 『2010년도 한국테러학회 제6회 정기학술세미나 논문집』

국립환경과학원(2011), 『화학물질 사고·테러 현장조치 행동매뉴얼』인천: 국립환경과학원.

국립환경연구원(2004), "화학테러 실무편람." 중앙119구조대(편), 『119 화생방테러 실무편람』서울: 반기획.

고영미(2010), "한국의 PSI참여와 국내 이행방안에 관한 연구", 「석사학위논문」, 고려대학교 대학원.

곽성우·장성순·이정훈·유호식(2009), "핵테러/방사능테러 탐지 기술현황 및 국내 탐지체계 구축방안에 관한 연구", 「방사선방어학회지」 34(3): 115~120.

국방부(2007), 「대량살상무기에 대한 이해」, 서울: 국방부.

김원기(2011), "한국 생물테러리즘 대응의 문제점과 개선방안에 관한 연구", 「한국치안행정논집」 7(4).

김종수(2011), "북한 핵 테러리즘 가능성 분석과 대응전략에 관한 연구", 「석사학위논문」, 한성대학교 대학원.

김종오·이대성(2010), "국제범죄 색출을 위한 국제공조모델에 관한 연구", 동국대학교, 「사회과학연구」 7(4).

김원기(2007), "대량살상무기확산방지구상(PSI)에 관한 국제법적 고찰", 「석사학위논문」, 연세대학교 대학원.

류동관·이필중(2014), "독성화학 작용제의 테러리즘 특성과 대응체계분석연구", 「국방연구」 57(3).

송재형(2007), "대량살상무기(WMD)테러리즘의 확산가능성과 대응의 한계", 「한남대학교 대학원 박사학위논문」.

소방방재청 중앙119구조대(2013), "생화학테러대응/화생방테러 위기대응실무."

이광열(2010), "생물테러리즘의 위기관리방안", 「박사과정 학위논문」, 경기대학교 대학원.

이강문·이민형(2010), "생화학테러 대응체제 구축방안", 「한국치안행정논집」 7(2).

이태윤(2009), "초국가적 위협 국제테러리즘에 관한 연구", 「국가위기관리연구」 3(2).

은종화(2009), "국내 화학테러 초기대응체제의 발전방향: 한·미 화학테러 초기대응체제 비교를 중심으로."『한국재난정보학회논문집』제5권, 제2호(2).

정민정(2009), "대량살상무기확산방지구상(PSI)의 현황과 쟁점: 국제법적 관점에서의 검토", 「국회입법조사처 현안보고서」 27: 1~42.

나. 국외문헌

Charles, D. Ferguson and William, C. Potter. (2006), Improvised Nuclear Devices and Nuclear Terrorism, Vol. 2, The Weapons of Mass Destruction Commission.

Gavin, Cameron. (2002), Nuclear Terrorism: Weapons for Sale or Theft?. Foreign Policy Agenda Vol. 10 Michael O`Hanlon, et al., Protecting the American Homeland: A Preliminary Analysis, Washington, D.C.: Brookings Institution Press.

IAEA. (2011), IAEA Illicit Trafficking Database(ITDB), ITDB Factssheet, 1~6.

Mickolus, Edward F. (1978) "An Events Data Base for Analysis of Transnational Terrorism." in Richard J. Heurer Jr.(ed.), Quantitative Approaches to Political Intelligence: The CIA Experience. Boulder Colorado: Westview Press.

U.S Department of State. (2005), Foreign Policy Agenda, Vol. 10, Washington, D.C.

USACMLS. Potential Military Chemical / Biological Agents and2 Compounds, 2005. http://www.us.army.mil(검색일: 2014. 11. 25).

板倉 周一郞·中込良廣. (2008), 核防護措置における相互監視規則の有效性の評価に関する考察, 日本原子力学会 7(1): 21~31.

다. 기타

NTI(http://www.ntiindex.org).

매일경제신문(http://www.imaeil.com).

Chapter 2 주석

1) 시리아에선 이미 2013년에 화학무기를 사용한 전례가 있기 때문에 미국 등 서방국가들은 이번 노트북 내용을 심각한 위협으로 간주하고 있으며 이를 뒷받침하듯 IS는 과학 전공자들을 조직원으로 대거 끌어들이고 있다. 미국에 체포된 화학무기 전문가, 일명 레이디 알카에다와 미국인 인질과의 맞교환을 요구하기도 했습니다. 이런 가운데 영국 정부는 테러위험 수준을 '심각'단계로 격상하였다.

2) 훈련 과정은 테러범의 화학테러 살포를 시작으로 ① 사고 상황 전파 및 보고 ② 신속한 인명 구조 및 대피·화학물질 탐지 ③ 피해확산 평가 및 제독 ④ 잔류오염도 조사 및 제거·테러범 체포 등 4단계로 구분해 실시하였다.

3) 순수한 상태에서 사린은 무색·무취하며 물과 접촉하면 가수분해가 되고, 금속성분을 산화 또는 부식시키는 특성을 갖고 있다. 자연 상태에서는 찾아볼 수 없고 인공적으로 유기인 화합물과 나트륨 및 알코올계 물질을 반응시켜 제조할 수 있는 것으로 알려져 있다. 제2차 세계대전 중 독일에서 개발되었으나 그 당시에는 사용되지 않았다. 독성 화학작용제의 일종인 '신경작용제(nerve agent) GB'로도 불리며, 화학무기금지협약(CWC)에 의해 제1목록물질로 지정되어 연구개발, 생산, 저장 및 사용에 엄격한 규제가 적용되고 있다.

4) 시리아는 수백 톤의 사린을 보유한 것으로 보이며 최고 1천 톤을 넘을 수도 있다고 분석되고 있다. 1990년대 중반에도 스커드-B/C 미사일용으로 100~200개에 달하는 사린 탄두를 개발한 것으로 파악된다고 영국 국제 전략문제 연구소(IISS)는 평가하였다. 사린이 실제로 사용된 예는 일본과 이라크에서 발생했다. 1995년 3월 옴진리교 신도들이 도쿄 지하철에서 이 가스를 살포해 11명이 죽고 5천500명 이상이 다쳤다. 이라크에서는 사담 후세인 정권이 1988년 3월 이라크 북부 할라브자 마을에 사린가스와 겨자 가스, 신경가스인 VX 등 화학무기를 사용해 쿠르드족 5천여 명을 학살한 바 있다.

5) 화학무기는 통상 은밀하게 살포되기 때문에 생물체의 생체반응에 의해 나타나는 현상을 가지고 판단할 수밖에 없기 때문에 이를 인지한 시점에는 이미 다수의 인원이 오염 또는 감염된 결과를 가져오게 된다. 또한 지형과 기상에 따라 피해범위가 확산됨으로써 행위자에 의해 사전 계산된 테러리즘의 충격효과보다 훨씬 초과하여 나타날 수 있다. 더구나 테러리즘에 사용된 독성화학물질은 제독하지 않는다면 소멸될 때까지 장시간 지속될 수 있어 그 위험성은 치명적이다.

6) 일본 도쿄지하철의 '사린(GB)' 테러리즘은 옴진리교(Aum Shinrikyo) 신자들이 1995년 3월 20일 08:00 어간에 도쿄 지하철 3개 노선 5대의 전동차에 액체 사린을 동시다발로 살포하여 12명이 사망하고 5,510여명이 중독된 사건이다.

7) 북한은 1990년대부터 탄도미사일과 재래식 무기를 비롯해 다양한 무기프로그램을 시리아에 수출했지만 그 중에서도 가장 강력한 것은 화학무기였으며, 북한은 화학무기와 관련 부품 판매는 물론 시설을 건설하고 군사고문관들을 파견해 필요한 기술과 훈련을 지원을 하는 등 '애프터서비스'를 제공하였다는게 국제적 분석이다.

8) 생물무기를 이용하는 것은 비인도적으로 국제협약에 따라 금지되어 있지만, 제조과정의 용이, 제조비용이 저렴하다는 이유로 인해 확산될 가능성이 높다. 미국, 러시아, 중국, 이라크, 시리아, 북한 등이 생물무기를 보유하고 있거나 보유 능력이 있는 것으로 추정되며, 리비아, 이란, 인도, 이집트, 이스라엘, 베트남, 파키스탄, 라오스 등 15개 국가가 생물무기를 개발하고 있는 것으로 알려져 있다.

9) 당시 미국의 아프간 공격에 대한 보복 테러리즘 자행을 선언한 오 사마 빈 라덴의 알 카에다가 생화학 무기를 보유하고 있는지에 대한 정확한 정보는 없었지만 보유 가능성이 높다는 것이 지배적인 견해이었다. 영국 해외정보국(MI6)은 미국 테러공격의 배후에 있는 테러조직들이 이미 생화학무기를 보유하고 있다고 경고한 바도 있어 이를 뒷받침하고 있다.

이외에도 백화점, 극장 등 수개의 다중이용시설을 대상으로 시간차를 두고 동시다발적 공격을 자행하여 "최악의 혼돈 상태를 발생"시킬 시나리오도 가상으로 설정해 보았다. 런던 지하철테러 사례 등 과거 발생하였던 테러의 특징과 교훈을 보면 우리에게도 독소테러리즘은 더 이상 남의 일일 수 없으며, 대형 테러가 얼마나 쉽게 일어날 수 있는가를 알 수 있다. 마음만 먹으면 어느 국가에서나 가능한 일이다.

10) 미 육군에 따르면 주한미군은 '통합 위험인식포털'(JUPITR)이라는 이름의 생물학적 위험 대응계획을 수립, 시행 중이다. 미 육군의 화생방합동관리국(JPEO-CBD)이 주도하는 이 계획의 목표는 "한반도에서의 신종 생물 감시 능력에 대한 요구 충족"이다. 이 대응계획은 발병 정보 수집망 구축과 주한미군의 자체 병원균 분석능력 배양, 한국군 당국과의 연계 강화, 그리고 신속한 청정지역 구성 등 4개 부문으로 구성됐다. 미 육군은 이를 위해 최근 병원균 시료의 분석 시간을 약 2일에서 5~6시간으로 단축시킬 수 있는 첨단 검사 장비를 주한미군에 배치했다. 유사시에 분석 작업을 위해 시료를 미국으로 보내는데 걸리는 시간을 단축해 더 빠른 대응에 나서기 위한 목적이다.
또 JPEO-CBO의 전문 인력을 한국에 파견해 주한미군을 상대로 생물학 위험 대응 요령을 교육하기도 하였다. JUIPTR 계획을 소개하는 자료에서 미 육군은 "지역경계가 없는 전 세계적인 유행병은 화학물질이나 방사능만큼 국가 안보에 위협적"이라고 설명했다. 미 육군은 2015년까지 이 계획을 완료할 계획이며, 이후 국방부가 이 계획을 확대할지 검토할 예정이다. 한국 역시 2014년 10월 방위사업청이 생물학무기의 공격 여부를 실시간으로 감시하는 '생물독소감시기' 1호기 출고식을 한 바 있다. 이 장비는 캐나다, 미국, 영국에 이어 세계 네 번째로 개발된 것으로 국가·군사 주요시설 등에 고정 배치돼 24시간 감시할 수 있다는 것으로 적이 생물학 무기를 살포하면 자동으로 이를 감지해 중앙통제소를 통해 유선 또는 무선으로 실시간 경보를 발령해 우리 군의 생물학 대응능력을 향상시킬 수 있는 장비이다.

11) 전문성을 갖춘 40여 명의 인력이 작용제 식별을 비롯해 작용제 합성, 독성 평가 연구, 장비 점검 등의 일을 하고 있다. 33종의 화학 장비로 17종의 화학물질을 4시간 안에 분석할 수 있다. 이 외에도 화생방 장비와 물자 시설에 대한 성능 시험과 군사지역의 토양 오염 조사, 환경 방사능 측정, 군내 방사능 작업 종사자에 대한 피폭선량 판독 지원을 하고 있다.

12) 한국군은 두창 백신 본격 접종을 하지 않고 있다. 미국이 2000년대 초반 이후 해외 파병 장병에 대해 두창 백신을 접종하고 있는 것과는 대조적이다. 한국은 지난해까지 질병관리본부에서만 일반 국민용 두창 백신을 비축(비축량 전 국민의 30% 미만 수준)했고, 2014년부터 군에서도 비축을 시작했다. 그러나 2014년 생화학무기 대비 예산 1289억 원 중 두창 백신 관련 예산은 고작 3억2500만 원(약 10만 명분)에 불과하다. 특히 현재 비축되는 백신은 부작용이 상대적으로 큰 2세대 백신이다. 부작용이 발생할 경우 심하면 사망에도 이를 수 있다.

Chapter 3

미국의 대테러 전략의 전개:

9·11테러 이전과 직후

자주적이며 국제사회와의 공조하는 포괄적 접근이 필요

본장은 미국의 대테러 전략의 전개와 전망을 분석하기 위한 것이다. 이를 위해 테러리즘의 개념과 이슬람 폭력적 극단주의단체 IS의 출현, 9·11테러 이전과 직후 미국의 대테러 전략의 전개, 오바마 행정부의 대테러 전략, 향후 트럼프 행정부 미국의 대테러전의 전망과 대응을 살펴보았다. 미국의 대테러 전략은 명확히 구분할 수 없지만, 테러 양상의 변화와 함께 변해왔다. 제2차 세계대전 이후 1945년 출범한 트루먼 행정부에서 오바마 행정부에 이르기까지 미국의 대테러 전략은 ① 대게릴라 전략(counter-insurgency)의 추진기(1945~1968), ② 테러행위의 국제문제로의 인식과 대테러 전략 강화기(1969~1980), ③ 대테러전의 개시기(1981~1989), ④ 미 본토에 대한 테러 대응시기(1989~2001), ⑤ 대테러전의 강화기(2001~2009), ⑥ 오사마 빈라덴 사살과 IS격멸 추진기(2011~현재) 등으로 요약해 볼 수 있을 것이다.

미국의 오바마 정부는 대공황 이후 최악의 경제위기 및 이라크와 아프가니스탄에서의 전쟁이란 유제(遺題)를 안고 출범하여 미국패권의 과업은 줄이면서도 리더십은 유지하려는 패권의 '재건축'을 시도해왔다. 이러한 노력은 특히 새로운 대테러 정책과 아프가니스탄 정책 등에서 두드러지게 나타나고 있다. 9·11테러 이후 미국의 아프가니스탄과 이라크를 대상으로 한 대테러 전쟁과 관련해서 한국 정부는 지지와 파병을 결정했다. 현재 한국은 국외에서 이슬람 테러조직 등에 의한 피해가 속출하고 있으며, 또한 국내에서도 북한 또는 이슬람 테러조직 등에 의한 테러범죄 위협이 존재하고 있다고 볼 수 있다. 우리나라에서는 북한이나

테러단체에 의한 테러에는 대비를 잘 해나가고 있으나 외로운 늑대 테러에 대해
서는 아직 그 대비가 미흡한 형편이어서 대책 보완이 요구되고 있다. 우리정부는
자주적이면서도 국제사회(특히 미국)와 공조하는 포괄적인 접근이 필요하다.

증오와 복수의 악순환으로 치닫고 있는 지구촌

그동안 탈 냉전기 세계사적 흐름에 대해서는 역사종말론, 문명충돌론, 다쟁
점 체계로의 변화, 단 다극체계, 다극체계 등 다양한 예측들이 학자들에 의해 제
기되었었다. 즉 1991년에 발생한 걸프전은 탈냉전으로 가는 길목에서 발생한 대
규모 전쟁이었다. 새로운 밀레니엄시대로 진입한 이후 중동에서, 또는 중동과 관
련하여 발생한 주요사건들로는 9·11슈퍼테러사건(2001), 미국-이라크 전쟁(2003),
이스라엘-레바논(헤즈볼라)전쟁(2006), 아랍의 봄(Arab Spring)으로 더 잘 알려지고
있는 민주화 시위(2011년 이후), 팔레스타인 자치정부(PA)의 유엔 비회원 옵서버국
가로의 승인(2012), 이란 핵협상 타결(2015), 유가의 급상승과 급락, 그리고 이슬람
국가(IS: Islamic State)의 출현과 확산 및 폭력의 일상화 등을 들 수 있다.[1]

오늘날 테러리즘의 위협은 국제사회가 직면한 가장 심각한 안보문제의 하나
로 부상하고 있다. 테러리즘은 최근에 새롭게 등장한 개념은 아니며,[2] 미국의 경우도
9·11테러 이전에도 테러가 발생했으며, 그러나 레이건 행정부는 대테러·반테러
전쟁을 최초로 선포한 바도 있다. 특히, 미국 본토를 직접 공격하여 3,547명이라는
최대의 1일 사망자수를 기록한 미국 역사상 초유의 9·11테러사건 이후 전 세계는
테러(terror)에 대한 중대한 위협을 느끼고 미국을 중심으로 초국가적 대응책을 더
욱 모색·시행해 나가고 있는 것이다. 이처럼 9·11테러는 전 세계로 하여금 테러
리즘에 관심을 집중시키게 한 사건이었다.

미국의 현대사는 9·11테러의 이전과 이후로 구분된다고 해도 지나친 말이
아니다. 9·11테러는 미국사회에 큰 충격이었기 때문에 9·11 이후 미국은 테러와
의 전쟁을 명분으로 인권과 민주주의의 가치를 일부 훼손하기도 했고, 무슬림

(Muslim)에 대한 증오범죄가 잇따르기도 했다. 또한 종교의 이름으로 폭력을 행사하는 것이 문제이지, 종교적 신념의 차이 자체는 존중해야 한다는 깨달음을 얻기도 했다.

9·11테러가 발생된 직후 부시(George W. Bush) 대통령은 즉각 테러와의 전쟁을 선포했고, 알카에다(Al-Qaeda)의 활동 근거지인 아프가니스탄 침공을 단행했다. 만일 9·11테러가 없었다면 미국의 이라크 침공도 없었을 개연성이 크다.[3]

그러나 9·11테러 이후 미국이 주도해온 '테러와의 전쟁(War on Terror, Counter-terrorism)'은 알카에다(Al-Qaeda) 조직 해체와 오사마 빈라덴(Osama Bin Laden) 등 지도부 제거에 집중되었고, 목표로 설정한 소기의 성과를 달성한 것은 사실이나, 극단주의 테러리즘은 성격을 달리하며 잔존했고, 급기야 2014년에는 테러집단의 변형(metamorphose transformation)을 통해 IS(Islamic State)라는 단체의 새로운 버전(version)의 이슬람 극단주의 테러리즘이 발현되었다.[4] 이로 인해 미국은 막대한 자원과 인명피해를 감수하고 테러와의 전쟁을 수행하였으며,[5] IS의 중동거점은 위축, 쇠퇴하게 되었다. 그러나 테러거점의 이전에 따른 풍선효과로 세계 테러 정세는 여전히 불안해지고 있는 현상이다.

중동은 물론이고 세계적 수준에서 알카에다 대신 이슬람국가(IS)라는 테러단체가 국제관계의 주요행위자로 등장한 것은 지구촌에서는 새롭고 큰 공포였다.[6] IS의 태동은 2011년 5월 9·11테러 주모자이며 그동안 알카에다를 이끌었던 빈라덴이 사살된 이후 알카에다의 영향력이 급격히 약화되면서 국제테러가 감소하는 듯했으나, 2014년 이라크의 극단주의 무장단체(수니파 무장조직) 이라크-레반트 이슬람국가(ISIL: Islamic State of Iraq and the Levant)가 이슬람국가(IS)라는 이름으로 국가설립을 선언한 이후 무차별적이고 무자비한 테러가 중동과 유럽에서 본격화되었다. 특히 IS의 테러는 2015년에 집중되는 모습을 보였다. 102명의 사망자를 낸 터키의 수도 앙카라 테러(10. 10), 이집트 상공에서 224명의 희생자를 낸 러시아 민항기 내부폭발테러(10. 31), 43명의 사망자를 발생시킨 레바논 베이루트 연쇄자살폭탄테러(11. 12), 그리고 11월 13일 130명의 사망자를 낸 파리 연쇄테러가 모두 IS의 소행이었다.[7]

따라서 2014년 9월 이후 미국·유럽 연합군이 시리아 내 이슬람국가(IS) 소탕

작전을 펼쳐왔고 러시아까지 합세, 그 세력은 약화되었으나 동남아 등 세계 다른 지역에서 지역토착 반란 세력들이 IS라는 브랜드와 이데올로기를 채택한 뒤 더욱 파괴력을 갖는 세력으로 변형되거나 온라인 선전도구들을 활용해 테러전선을 확산시키고 있다. 2014년 11월 17일 호주 경제평화연구소가 발표한 「세계 테러리즘 보고서」에 따르면 2014년 테러로 목숨을 잃은 사람은 3만 3658명으로 2013년보다 80%나 급증했고, 1999년에 비해 10배나 증가했다. 2014년 세계가 테러에 대응하기 위해 치른 비용은 529억 달러로 역대 최대였다. 9·11테러가 일어났던 2001년 515억 달러보다도 많았다. 또 미국 메릴랜드대 국제테러연구기관 테러연구컨소시엄(START)은 100명 이상 사망자를 낸 대규모 테러가 2015년 상반기에만 11차례 발생했고, 2014년에는 26차례 일어나 1978~2013년 연간 평균치인 4.2회를 크게 웃돌았다고 밝힌 바 있다.[8]

이처럼 서방세계와 이슬람세계의 문명 충돌은 여전히 증오와 복수의 악순환으로 치닫고 있다. 최근까지 알카에다(Al-Qaeda) 보다 더 큰 주도권을 장악한 극단주의 무장단체인 이슬람국가(IS)의 만행은 반 세력에 대한 단순한 테러리즘에 그치지 않고 인류문명에 대한 일종의 도전적 선언으로 받아들이지 않을 수 없을 정도로 마지막 갈 데까지 진행됐었다.[9] 지금까지도 이로 인해 지구촌을 떠도는 난민들은 급증하고 있다.[10]

따라서 최근 IS 관련 변화된 정세는 '테러와의 전쟁'에 투입된 자원을 중동에서 철수시키고, 장기적으로 중국의 부상이 초래할 아시아 지역의 지정학적 불안정성을 관리하려는 미국의 '아시아 재균형(Asia Rebalancing)' 전략에도 일정 부분 영향을 미칠 수 있는 사안이 되었다. 이는 우리의 안보 등 한반도 정세와도 밀접한 상관성이 있는바 향후 IS의 정세 및 이에 대한 미국의 IS 대응전략을 예의주시할 필요가 있다.[11]

이를 위해 테러리즘의 개념과 폭력적 극단주의단체 IS의 출현, 9·11테러 이전과 직후 미국의 대테러 전략의 전개, 향후 미국의 대테러전의 전망과 대응을 살펴볼 필요가 있다.

폭력적 극단주의단체 IS의 출현

전술한 것처럼 미국은 9·11테러 이후 '테러와의 전쟁(war on terror; counter-terrorism)'을 주도하여 알카에다(Al-Qaeda) 조직 해체와 빈라덴(Osama Bin Laden) 등 지도부를 제거하였으나, 뒤이어 IS라는 새로운 버전(version)의 이슬람 극단주의 테러단체가 출연하였었다.[12]

이뿐만 아니라 여기에 이슬람국가(IS)와 같은 해외 테러조직이 직접 지시를 내리지 않더라도 이념적 영향을 받은 '외로운 늑대'형 추종자들이 미국 내에서 언제, 어디서든지 대형 테러를 저지를 가능성이 있음이 확인되고 있다. 이른바 인터넷 웹사이트나 소셜미디어를 통해 이슬람 과격단체의 영향을 받은 자생적 테러리스트, 이른바 '외로운 늑대(lone wolf)'가 국제사회의 새로운 위협이 되고 있는 상황이다.[13]

비록 지금은 그 세력이 위축되었지만, 그동안 IS는 특정국가와의 연대 및 협력을 추구하지 않으며 전 세계에 흩어진 잠재적 지하디스트, 이른바 '외로운 늑대(lone wolves)'들을 포섭, 시리아 내전 등 전장에 참가시키면서 국제사회에 공포감을 조성하는 전략을 전개하였다. 미국의 대테러 전략의 전개와 전망을 알아보기 위해서는 먼저 이슬람국가(IS)의 극단주의 테러리즘을 살펴볼 필요가 있다.

1. 이슬람국가(IS)의 출현과 그 실체

2011년 5월 9·11테러의 주모자이며 알카에다를 이끌었던 빈라덴이 사살된 이후 알카에다의 영향력이 급격히 약화되면서 국제테러가 감소하는 듯했다. 하지만 2014년 이라크와 시리아 수니파 무슬림이 주축을 이루고 있는 극단주의 지하드 무장조직 즉 간단히 이슬람국가(IS)로도 불리는 이라크·레반트 이슬람국가(ISIL, Islamic State of Iraq and the Levant)는 무차별적이고 무자비한 테러를 중동과 유럽에서 자행해왔다.[14]

이슬람국가(IS)는 다른 명칭으로 1999년 출현하여 여러 차례 개명했으며 2011년 미군 철군 이후 2012년 시리아의 내전 속에서 빠르게 확산되어 왔다. 이슬람국가(IS)의 첫 전신이라 할 수 있는 '유일신과 성전그룹'은 1999년에 창설되었고 지금의 IS가 그의 이념과 목표를 거의 그대로 수용하고 있다. '유일신과 성전그룹'(JTJ, 1999~2004. 10)은 '알카에다 메소포타미아 지부'(일명 '이라크 알-카에다, AQI: Al-Qaeda in Iraq 2004. 10~2006. 1), '이라크 지하드 자문위원회'(2006. 1~2006. 10), '이라크 이슬람국가'(ISI: Islamic State of Iraq, 2006. 11~2013. 4), '이라크-샴 이슬람국가'(IS: Islamic State in Iraq and Sham/ ISIL: Islamic State of Iraq and the Levant, 2013. 4~2014. 6. 29.), '이슬람국가'(IS: Islamic State, 2014. 6. 29.~2016)로 명칭이 변경되어 왔다. 2010년 5월부터 현재까지 아부 바크르 알 바그다디(Abu Bakr Al-Baghdadi)가 ISI, ISIS, IS의 지도자로 있다.[15] 그는 한때 사망설에 휩싸였지만 최근에도 계속 적과 싸우라는 육성이 공개되기도 하였다.

폭력적 극단주의의 전형으로 자리 잡은 IS의 근원은 요르단 출신의 알카에다 간부였던 아부 무사브알-자르카위(Abu Musab al-Zarqawi)가 이라크전 직후인 2003년 조직했던 '유일신과 성전(Al Tawhid al-Jihad)'이다. 젊은 시절 알코올 중독에 잡범 수준밖에 되지 않는 인물이었던 자르카위는 살라피즘(Salafism, 초기 이슬람의 정신으로 돌아가자는 복고주의적 이슬람 개혁운동) 이슬람 사상가이자 지하디스트[16]인 알 마크디시(Abu Muhammad Asim Al-Maqdisi)를 만나면서부터 극단적인 살라피즘 지하디스트가 되었다. 마크디시의 극단적인 살라피스트 지하디즘(SJ: Salafist Jihadism)은 자르카위에게 영향을 미쳤고, 현 IS의 극단주의 이념이 되었으며, 여러 가지 형태의 극단적 폭력의 정당성을 여기에 두고 있다. 참수, 화형, 돌로 쳐 죽이는 형, 높은 건물에서 떨어뜨리는 형, 탱크로 깔아 죽이는 형, 물에 처박아 죽이는 형, 이교도 여성의 노예화 등 인간이 할 수 있는 가장 잔악한 방식으로 처형하는 행위의 근거를 살라피스트 지하디즘(SJ)에 두고 있다. 원래 순수한 종교적 행위로서의 살라피즘은 진지한 무슬림들에게는 당연한 것으로 받아들여지는 것이지만, IS의 지도자들은 이를 왜곡하여 스스로 인류 공분을 일으키는 폭력적 극단주의자가 되었다.[17]

'유일신과 성전(Al Tawhid Al-Jihad)'이라는 단체는 2004년 김선일 참수사건 등 잔악한 폭력 선동을 일삼아 온 극단조직이기도 하다. 이라크전에서 안정화 작전을 추진하던 미군과의 싸움을 통해 '유일신과 성전'은 지명도를 높이며 조직을 키웠다. 자르카위는 이후 '이라크 알카에다(AQI: Al-Qaeda in Iraq)'로 조직의 이름을 바꾸고 과거 사담 후세인(Saddam Hussein)의 잔당 중 불만세력을 규합했다. 2006년경에는 시아파가 이끄는 이라크 중앙정부에 대항하는 이라크 내 최대 반정부 조직으로 성장했으며, 2006년 자르카위가 미군에 의해 피살된 이후 '이라크 알-카에다(AQI)는 별다른 존재감을 드러내지 못하고 소규모의 반정부 투쟁을 지속해왔다. 그러나 오바마 행정부가 들어서고 2011년 미군 철군이 가시화되자 상황은 반전되었다. 2012년부터 시리아 내전이 격화되기 시작하자 시리아 반군진영에 가담하고 영역을 확장하여 '이라크-시리아(샴, 또는 레반트) 이슬람 국가(IS)'로 재편했다. 이와 동시에 시리아 내 반군 장악지역에서 이슬람 성법(샤리아)을 구현한다는 명분하에 현지 주민들에 대한 강압적이고 잔학한 통치이념을 전파하기 시작했다.[18] 그 후 2014년 6월 29일 IS는 시리아 중북부 및 이라크 동부지역에서 중세 신정국가를 의미하는 칼리프제 국가수립을 선언했다.

IS는 자신들의 목표를 설정하고 이를 성취하기 위한 전략을 명백하게 제시했으며, 『다비끄(Dabiq)』는 선전잡지를 통해 21세기 지하디스트 그룹들이 사용한 ① 손상 ② 만행 ③ 합병이라는 모택동의 3단계 게릴라전 구조를 모방하여 '자르카위가 2000년 초에 이라크에 구축하려고 했던 칼리파 건설 5단계' 로드맵, 즉 ① IS로의 이주 ② 합류와 공동체 형성 ③ 우상 파괴 및 폭군의 불안정화 ④ 영토합병 ⑤ 칼리프제 국가건설 및 새 지역으로 칼리프제 확장을 발표했다.[19] 또한 IS는 이라크 알카에다가 '이라크 이슬람국가(ISI)를 구축했다'고 주장하고, 빈라덴의 알카에다는 '손상공격 국면에서 동사된 것'이라고 비판하고 있다. 이에 반해 IS는 현대 칼리프제 국가 건설을 위한 모델로서 필요조건을 갖추었다고 주장했던 것이다. 이후 2014년 6월 29일 드디어 IS 설립을 선포하고, 정부구성, 행정 및 세금제도 구축, 사법부 설립, 화폐제조 등 근대국민국가 형태를 구축했던 것이다.[20]

국가 수립을 선언한 이후 IS(Islamic State, 이슬람국가)는 국제사회에 자신들의 존재감을 드러내기 위해 폭력적 극단성을 드러내기 시작했다. 2014년 8월 19일

IS는 미국인 종군기자 제임스 폴리(James Foley)를 잔인하게 참수했고, 2주만인 9월 2일 미국인 종군기자인 스티븐 소틀로프(Steven Sotloff), 그리고 역시 2주만에 영국인 NGO 활동가 데이비드 헤인스(David Haynes)를 역시 같은 방법으로 각각 살해했다. 참수라는 극단적 형태의 잔악한 행위에 미국과 국제사회는 큰 충격을 받았다. 이후에도 외국인에 대한 참수는 계속되었다. 이처럼 IS는 주로 서구 국가들의 인질들을 참수함으로써 미국과 영국 등 대테러 전쟁을 주도하는 국가들을 심리전 타깃으로 삼았다. 그리고 미국 및 국제사회가 자신들의 거점타격 공습을 지속할 경우 보복처형을 지속할 것임을 천명했었다.[21]

특히 지난 2015년 11월 13일, 파리 시내에서 동시다발적으로 발생한 테러로 세계는 큰 충격에 빠졌다. 이 테러 공격으로 무고한 민간인 130명이 사망하고 350여 명이 부상했다. 사건 직후 IS는 이번 테러가 그들의 소행임을 밝혔다. 프랑스 국민들뿐만 아니라 전세계는 이 무모하고 비인간적인 공격에 공분했다. 9·11테러 이후 아프가니스탄, 이라크를 포함한 대대적인 대테러전쟁으로 위축되어 가던 알카에다가 이슬람국가라는 이름으로 다시 테러의 불씨를 되살렸던 것이다.[22]

이라크와 시리아 지방(Sham/Levant) 지역에서 이슬람 칼리프제 국가 수립을 선포한 IS는 궁극적인 영토복속의 목표를 동쪽으로는 이란, 남쪽으로는 이라크 전역, 서쪽으로는 레바논 지중해 연안을 잇는 거대한 지역으로 천명한 바 있다.[23] 전성기의 IS는 시리아 동·북부와 이라크 서부 상당 지역을 장악하고 대략 280만~530만 인구를 지배하였다. 영토를 잃고 쇠락하였지만 현재까지도 IS 추종자들은 리비아와 나이지리아, 아프가니스탄 일부, 그리고 북아프리카와 서남아시아 일부에서도 활동하고 있는 것으로 알려져 있다.[24] IS는 잔악한 테러와 민간인 살상 등으로 국제사회의 공적(公賊)이 된 지 오래다.[25] IS는 알카에다를 비롯한 기존의 테러조직과는 매우 다른 면모를 보여주었다. 비록 소멸되어 가는 상태이지만 IS의 실체는 다음과 같이 정리해볼 수 있다.[26]

첫째, IS는 느슨한 형태의 국가조직을 운용하면서 전세계적으로 이슬람 봉기(테러)를 유도하였다. 전술한 바와 같이, 수니파 무장조직이었던 IS는 2012년까지 알카에다의 이라크 하부조직으로 활동하였으나, 2013년 조직의 이름을 ISIL로 명명하면서 알카에다에서 분리되었다. ISIL은 미군철수로 인하여 힘의 공백상태였던 이라크에서 세력을 정비하고, 내전을 겪고 있는 시리아 북부 락까지역과 이라크 제2의 도시 모술을 장악한 후, 2014년 6월 29일 라마단 첫날 칼리프가 통치하는 이슬람국가(IS) 수립을 선포하고 2020년까지 완전한 국가를 건설할 것임을 천명했다. 이후 IS는 이라크 및 시리아 점령지에서 자체적으로 사법·교육·행정체계를 갖추고 화폐도 통용시키는 등 국가로서의 기능을 수행하였다.

　　IS조직은 1971년생 아부 바크르 알-바그다디(Abu Bakr al-Baghdadi) 일인 지도체제로 스스로를 칼리프(Caliph, 이슬람 공동체의 통치권자, 권력을 알라(allah)로부터 수임)로 자임하며 휘하에 샤리아(Shari'a, 이슬람법 통치), 슈라(Shura, 조언·협의·입법 기능), 군사 및 치안 등 4개 영역의 위원회를 설치했다.[27] 이처럼 IS는 주변국들의 정규군 못지않은 군사조직도 보유하고 있었다. 게다가 IS지도부는 무차별 약탈과 인질 납치, 석유밀매 등 각종 범죄로 하루 평균 400만 달러를 벌어들이는 것으로 추정되었으며, 이중 상당부분을 테러자금으로 활용하면서 세력을 확장해 나갈 수 있었다.[28]

　　둘째, IS는 온라인 공간을 통해 여타 이슬람 극단주의 테러단체들과 공조를 벌이면서 범세계적으로 테러대원을 모집하고 폭발물 제조방법 등을 전수하면서 기존의 테러조직과는 다른 전략으로 해외테러를 독려해왔다. 그 결과 중동과 북아프리카의 많은 테러조직들이 IS의 지부임을 자처하고 나섰고, 2011년 이후 무슬림 극단주의 단체에 가담하기 위해 시리아와 이라크로 들어간 외국인이 100여 개국 3만 명에 이르며, 이들은 대부분 IS에 가담한 것으로 추정하고 있다. 2015년 1월 IS는 이들에게 본국으로 돌아가 테러공격을 전개할 것을 지시하기도 했다. 이는 IS가 훈련시킨 해외테러대원(FTF: Foreign Terrorist Fighter)을 출신국으로 보내 자생테러(Homegrown terrorism)를 가하겠다는 전략이다. 미국과 유럽의 정보기관들은 IS 해외테러대원 100명 중 2명은 본국으로 돌아가 테러를 준비하고 있는 것으로 분석하였었다. 파리 연쇄테러의 경우 용의자 8명 중 3명은 시리아를 다녀온 프랑스 국적의 20대 남성들로 인터넷과 소셜미디어(social media)를 통해 IS에 포섭되어 급진적 사고방식으로 무장되고 시리아로 들어가 지하디스트로 양성되어 본국으로 돌아가 테러를 자행한 것으로 알려지고 있다. 결과적으로 100여 개국이 IS의 테러대상이 되었다고 할 수 있다.[29]

셋째, IS는 해외테러를 전담하는 특수조직을 신설하여 각국에 흩어져 있는 IS 테러리스트들을 기동력을 갖춘 소수의 경무장 조직인 울프팩(Wolf Pack)으로 전환시켰다. 울프팩은 소규모 그룹에 독립성을 부여해 자율적이고 기동력 있는 전투수행을 가능케 했던 독일의 잠수함 전술에서 유래한 것이다. 이처럼 파리 연쇄테러에서 보여주었듯이 IS는 10명 이내의 소규모 테러리스트 조직을 통해 게릴라전과 유사한 도심연쇄테러를 감행하는 새로운 테러전술을 도입했던 것이다.

더구나 IS는 그 어느 테러집단보다 잔인한 테러를 자행하는 것을 그들의 전략으로 삼았다. IS는 건국 이후 인질들을 참혹하게 참수하는 동영상을 인터넷에 유포하여 존재감을 과시하는 등 공포전략을 구사하였으며, 학살에 가까운 무차별 총기난사와 자살폭탄테러를 감행하여 2015년만 해도 800여명을 살해했다.[30] IS의 부상은 기존의 초국가적 이슬람 테러리즘이 새로운 단계로 전화(轉化)했음을 의미하며, 기존의 '알카에다 3.0'을 갈음하는 '테러리즘 제4세대'의 도래를 상징하며 테러위험도는 한층 더 높아졌던 것이다.[31]

요컨대 제4세대 IS 테러리즘은 이제 위계 구도와 단순네트워크 확산시스템을 벗어나서, 뉴미디어를 통해 충원된 지하디스트들을 실제로 터키 육로 국경을 거쳐 시리아 및 이라크로 진입시키는 강력한 동원력을 보여주었으며, 주권국가 단위의 국제사회에서 초국경, 초국가 단위의 특이한 '이슬람국가' 형태를 발현시키고 있다.[32]

2. 이슬람국가(IS)의 확산 배경

오바마 행정부가 들어서고 2011년 미군 철군이 가시화되고 2012년부터 시리아 내전이 격화되기 시작하자 '이라크-시리아(샴, 또는 레반트) 이슬람 국가(IS 또는 ISISL)'는 시리아 반군진영에 가담하여 영역을 확장·재편해왔다. 이처럼 IS가 2011년 이후 급격하게 확대 및 확산될 수 있었던 배경은 다음과 같이 정리해 볼 수 있다.[33]

첫째, 이라크전 이후 이라크 시아파 정권이 주로 수니파로 구성되어 있던 후세인 정권 시기의 군인, 경찰, 일반 공무원, 지식인들을 소외시킴으로써 국민

통합에 실패하면서 혼란이 지속되었고, '아랍의 봄'의 영향을 받은 시리아에서도 시아파 정권인 바샤르 알 아사드(Bashar al-Assad) 정권이 국민을 적으로 간주하고 지나친 폭력을 휘두르면서 국민 통합에 실패했기 때문이다. 이라크와 시리아를 포함하여 대부분 아랍국가들의 내부에는 국가 간, 종파 간, 부족 간, 지역 간, 빈부 간, 커다란 단층선이 형성되어 있었다. 과거 서구 식민주의 세력은 사실 이러한 단층선을 이용하여 중동지역을 분할 점령했을 뿐만 아니라, 식민통치국가 내부를 다시 분열시켜 통치를 했다. 식민통치에서 벗어난 이후에도 선진강대국들은 이해에 따라 아랍국가들을 분열시켜 왔다. 즉 중동에서 발생하고 있는 다양하고 심각한 갈등들은 이러한 '정체성의 위기,' '이해의 충돌'을 반영하고 있는 것이다. IS는 '아랍의 봄'으로 촉발된 이라크와 시리아 지역에서 발생한 심각한 혼란 및 국민 통합 실패의 틈을 비집고 들어와서 매우 빠른 속도로 영토를 확보한 후인 2014년 6월 29일 칼리프제 국가, 즉 현대적 용어로 이슬람국가(Islamic state, Is)인 자칭 IS라고 하는 국가의 수립을 선포할 수 있었다.[34]

둘째, IS는 자신들이 싸우는 명분을 명확히 제시했기 때문이다. IS가 출판하는 선전용 잡비 『다비끄』에 따르면, IS는 미국 부시정부의 '내 편 아니면 적'이라는 이분법적 세계관과 같은 논리를 펴고 있다. 이슬람에서는 초기부터 '다르 알이슬람(이슬람의 집)'과 '다르 알하르브(전쟁의 집)'라는 이분법적 세계관을 제시했으며, 이에 근거하여 IS도 세계를 두 캠프, 즉 '이슬람과 믿음의 캠프'와 '불신과 위선의 캠프'로 분리하고, 유대인과 유대인을 따르는 모든 자, 기독교인, 십자군과 그 동맹국들, 시아파 무슬림을 후자로 분류했다. IS는 1916년 영국과 프랑스가 중동 지역을 분할 점령하기로 한 사이크스-피코협정(Sykes-Picot Agreement)의 파기를 선언하고 새로운 국경선을 그어 나갔던 것이다. 중동 무슬림들(이슬람교도들)에게 사이크스-피코협정은 서구에 의한 굴욕적 식민통치를 상징한다. 또한 오스만제국이 해체되면서 1924년에 폐지된 칼리프제의 복원을 선언했다. 『다비끄』에는 '칼리프제의 회복,' '칼리프제가 선언되었다,' '히즈라에로의 요청,' '이슬람은 칼의 종교,' '위선으로부터 배교까지: 회색지대의 절멸,' '실패한 십자군,' '탐킨(합병),' '타구트(우상)', '다와(이슬람으로의 개종자),' '타크피르(불신자),' '바이야(충성맹세),' '타아(복종)' 등 이분법적 세계관을 합리화시키는 많은 이슬람 용어들이 반복적으로 사용되고 있다. 『다비끄』 제4호의 표지에는 로마의 성 베드로 성당 사진과 높은 기둥 위에서 마치 승자의 깃발처럼 바람에 휘날리는 IS의 깃발 사진을 합성하여 게재하고 '실패한 십자군'이라는 표제어를 달았다. 이는 '종말론적 종교전쟁'을 상징하는 다비끄(시리아 북서 지역의 작은 도시)와 기독교의 중심지인 성 베드로 성당을 상징 조작하여 기독교권과 이슬람권 간의 종말론적 전쟁을 부추기기 위한 것이다. 이러한 단순논리는 위기와 혼란 시에 큰 위력을 발휘하고 있는 것이다.[35]

셋째, IS가 급격히 확대된 또 다른 이유는 제4세대 테러리스트 그룹이라고 할 정도로 인터넷과 SNS(Social Network Service, 온라인상에서 여러 사람들과 관계를 맺을 수 있는 서비스), 동영상 촬영기법을 잘 활용하고 있었기 때문이다. 영화 '다이하드 4.0(Die Hard 4.0)'이 이동차량에 설치된 최첨단기기를 이용하여 국가 기간망(backbone network)을 테러하듯이 매우 고도화된 현대적 첨단기기를 잘 활용하여 세계 곳곳에 흩어져 있는 '외로운 늑대들'을 포섭하고, IS 최고지도자에 충성맹세를 하게 하여, 이들을 전사로 만들었다. 한 발 더 나아가 파리 테러에서와 같이 '외로운 늑대들'을 '자생적 테러리스트'로 활용하기도 했다.[36]

넷째, 상상할 수 없는 폭력이 아이러니컬하게도 IS의 매력으로 선전되었다. 온라인 게임에 빠져 있는 젊은이들을 현실세계로 끌어들여서 폭력을 휘두를 수 있는 정당성을 부여해주었다. '육체를 컴퓨터 스크린 뒤에 숨겨 놓고서 네트워크 상의 공동체를 형성했던 젊은이들'을 현실세계로 끌어들여 그들에게 폭력사용을 허용했다. 폭력의 정당성에 동의하는 세계 모든 이슬람교도의 1%만 히즈라(Hijrah: 622년에 무함마드가 신도와 함께 메카에서 메디나로 이주한 것으로 새로운 곳으로의 희망을 나타내는 개념) 즉 IS에게로 합류한다고 해도 하나의 국가를 건설할 수 있는 수의 국민이 형성될 수 있는 것이다. 물론 그들에게는 폭력 외에도 1924년 해체된 무슬림들의 이상국가인 '칼리프제 국가' 건설에 참여한다는 명분도 큰 동기가 되었다.[37]

다섯째, 살라피스(salafis: 이슬람교의 원리주의 신봉자로 '무자헤딘'을 말함)에 경도되어 있는 '메디나 무슬림'[38]인 IS가 지금은 이라크와 시리아지역 일부에 '칼리프제 국가'라는 깃발을 꽂았지만 이는 시작에 불과함을 여러 상징 조작을 통해 지속적으로 전파하였다. 이는 단일 칼리프가 통치하는 '올바로 인도되는 칼리프 시대' 즉 이슬람 대제국을 건설했던 정통 칼리프 시대의 영토 회복이라는 희망을 제시함으로써 무슬림들에게 서구 식민통치에 대한 울분, 복수심을 부추기고, 자신들의 공동체적 연대감을 조성함으로써 자국 정부에 불만을 가진 젊은이들을 불러 모을 수 있었던 것이다.[39]

요컨대 IS가 급격하게 확산될 수 있었던 것은 시리아와 이라크 정부의 국민 통합 실패, 명확한 전쟁 명분 제시, 현대적 첨단 기기를 활용한 홍보, 사이버상의 폭력을 현실세계로 끌어들이고 명분을 제시, 단일 칼리프가 통치하는 '올바로 인도되는 칼리프 시대'의 이슬람 대제국 건설이라는 희망을 제시했기 때문이라 할 수 있다.

미국의 대테러 전략의 전개: 9·11테러 이전과 직후

1. 9·11테러의 의미·특징·파장

2001년 9월 11일 오전 8시 45분부터 10시 26분까지 100여분 동안 미국은 그들의 본토에서 '모욕의 날(Day of Infancy: 진주만이 기습당한 1941년 12월 7일)'[40] 보다 훨씬 충격적인 역사상 최악의 테러를 경험했다. 알카에다(Al-Qaeda) 테러리스트 네트워크에 속한 19명의 항공기 납치범이 4대의 미국 여객기를 납치하여 미국의 최대 중심지인 뉴욕에 있는 자본주의 경제번영의 상징인 '세계무역센터 빌딩'과 수도 워싱턴에 있는 최강의 군사력을 상징하는 '펜타곤(Pentagon)'에 자살 테러리즘 공격을 감행하여 총 220억 달러의 재산피해와 함께 78개국의 3,547명의 무고한 시민을 숨지게 했다.[41]

이 사건은 미국 및 전 세계에 걸쳐 모든 부문에 영향을 미치게 되었다. 국제 정치사는 30년전쟁 이후 웨스트팔리아체제(1648~1792), 나폴레옹전쟁 이후 비엔나체제(1815~1870), 독일통일전쟁 이후 비스마르크체제(1871~1914), 제1차 세계 대전 이후 베르사유체제(1919~1939), 제2차 세계대전 이후 냉전체제(Cold War

System, 1945~1981), 소련 붕괴 이후 탈냉전체제(Post-cold War System, 1991~현재)
가 각각 형성되었음을 보여주고 있다. 길핀(Robert Gilpin)도 지적한 바와 같이, '전
쟁'은 국제체제의 가장 중요한 변화요소로 작용했다. 그러나 9·11테러는 비록
전쟁은 아니었지만 엄청난 충격을 통해 국제정치체계를 탈탈냉전시대(Post-Post
Cold War Era)로 변화시켰다.[42]

이러한 9·11테러의 특징은 다음과 같이 정리해 볼 수 있다. 첫째, 9·11테러
는 "21세기 첫 전쟁이자 새로운 전쟁(a different kind of war)"[43]으로서 통상적인
테러리즘의 개념을 넘는 무차별적 양상의 전쟁행위로 인식·대응하는 계기로 작
용했다. 그 이전의 테러를 개인이나 조직이 특정 정치적 목적을 달성하기 위한
전쟁범죄로 간주했다면, 9·11테러는 대규모의 인명 살상 및 파괴 때문에 그 자체
를 전쟁행위로 취급하지 않을 수 없게 된 것이다. 이러한 인식에 따라 아프가니스
탄전, 이라크전에서 볼 수 있듯이 테러에 대해 전쟁수준의 응징과 보복을 가했
다.[44]

둘째, 과거 국제분쟁과 국제정치의 행위자가 주로 주권국가였다면, 9·11테
러를 통해 비국가행위자(non-state actor)인 국제테러조직이 당사자로 등장하는 계
기가 되었다.

셋째, 주체의 변화 이외에도, 테러리즘의 목표와 방법도 크게 달라졌다. 즉
과거의 테러리즘이 제3국으로의 도피 보장 또는 동료 조직원의 석방 등 협상의
여지가 있는 사건이었다면, 9·11테러는 그 주체나 요구사항도 밝히지 않았고 그
방법 또한 자신들의 무기 대신 민간항공기를 사용했다. 특히 가장 안전하다고
인식되었던 미국 본토에 대한 공격으로 미국인들이 본토의 안전에 대한 인식을
완전히 변화시켰다.[45]

넷째, 국가안보적 차원에서 과거 전통적 군사력의 위협보다 국제테러리즘,
국제범죄, 대량살상무기 확산 등 '예측불능의 초국가적 위협'이 더욱 중요시되는
계기가 되었다. 국제화를 통해 테러단체들은 영토나 국경을 초월한 범세계적인
네트워크를 이용하여 전혀 예측할 수 없는 시기와 장소에서 다양한 수단으로 전
쟁규모의 대참사를 일으킬 수 있음을 시사해줌으로써 비대칭적 위협(asymmetric
threat)을 더욱 부각시켰다. 끝으로 전쟁의 패러다임의 변화를 가져왔다. 즉 기존의

전쟁 원인이 주로 국가 간의 이익에 따른 대립에 기인했다고 한다면, 앞으로의 전쟁은 국가이익에 따른 대립에 더하여 종교, 문명, 민족, 이념 등의 정체성에 근거한 전쟁양상이 될 것임을 시사해준 사건이었다.[46]

또한 9·11테러는 미국의 대테러 개념을 근본적으로 바꾼 사건이었다. 9·11 테러공격의 충격을 경험한 미국인들에게 테러리즘은 더 이상 상상 속의 위험이 아니라 실재하는 가장 위험한 위협이 되었다. 부시 행정부는 즉각적으로 테러와의 전쟁을 선포하고 이를 중심으로 국가안보전략을 재구성하기 시작했다. 부시 대통령은 테러와의 전쟁에 있어서 회색지대란 있을 수 없으며 다른 국가들에 대해서도 미국과 함께 하든지 아니면 테러리즘의 편에서라고 압박했다.[47]

아울러 9·11테러 이후 미국은 기존의 전통적 전쟁 외에 테러조직이라는 무형의 네트워크와의 새로운 전쟁에 돌입했다. 2001년 10월 7일 미국은 아프가니스탄을 공격했다. 9·11테러의 배후로 지목된 알카에다와 오사마 빈라덴이 아프가니스탄에서 탈레반정권의 비호를 받으며 국제적 테러 네트워크를 키워오고 있었기 때문이었다. 미국의 군사공격으로 탈레반정권은 붕괴하고 카르자이가 이끄는 새로운 정부가 수립되었다. 부시 행정부는 아프가니스탄 공격에 그치지 않고 2003년 3월 20일 이라크에 대한 군사공격을 감행했다. 이 역시도 대테러전쟁의 일환으로 실행되었다. 이라크의 사담 후세인 정권이 국제사회의 반대를 무릅쓰고 핵무기 등 대량살상무기를 개발하고 있으며 알카에다와도 연계되어 있을 가능성이 있다는 의혹이 이라크 공격의 배경을 이루었다.[48]

또한 미국은 이라크 침공 후 얼마 지나지 않아 사담 후세인 정권의 축출에 성공했다. 그러나 사담 후세인이 핵무기를 개발하고 있었다는 의심을 입증할 증거를 찾을 수는 없었다. 사담 후세인 정권과 알카에다의 연계에 대한 미국의 의심 역시 그 근거가 희박한 것이었다. 더욱이 사담 후세인정권 축출 이후 이라크의 정치적·사회적 불안은 쉽게 가라앉지 않았으며 이라크는 오히려 테러공격의 온상이 되었다. 미군은 이라크에서 끝 모를 전쟁의 수렁에 빠졌으며, 설상가상으로 아프가니스탄에서도 정권으로부터 축출되었던 탈레반의 반격이 다시 거세졌다.[49] 이라크전과 아프가니스탄전에서 미국과 테러와의 전쟁을 벌인 세력들 일부가 특히 시리아내전을 계기로 IS로 새롭게 무장·발호함으로써 이슬람극단주의 테러리즘을 자행하는 악순환을 거듭하여 경각심을 늦출 수 없는 상황이 지속되었다.

한마디로 9·11테러는 국제정치에서 탈냉전시대를 탈탈냉전시대(Post-Post Cold War Era)로 변화시켰다는 평가를 받을 정도로 큰 사건이었다. 다음은 9·11테러 이전과 이후로 구분하여 미국의 대테러 정책 및 전략을 살펴보자.

2. 9·11테러 이전의 미국의 대테러 정책 및 전략

제2차 세계대전 이래 9·11테러까지 미국의 대테러 정책은 국제적으로 중요한 테러사건이나 혹은 테러리즘의 경향에 따라 한 단계씩 발전하는 양상을 보여주었다. 예를 들어 1960년대에는 농촌게릴라 활동에 따른 대(對)게릴라전략을 전개하였고 1970년대에는 항공기 납치 및 인질 억류와 같은 도시테러의 유형에 대처하기 위해 인질 구출을 위한 특수부대를 창설하였다. 또한 1980년대에는 국가지원 테러리즘에 대항하기 위해 테러지원국들에 대한 보복 군사공격의 공식화가 이루어졌다. 그리고 1990년대에는 구소련에서의 핵무기 및 핵물질 유출과 밀매로 인한 슈퍼테러리즘 가능성과 과학혁명의 발전에 따른 사이버 테러리즘의 가능성이 급증함에 따라 미국은 이러한 새로운 유형의 테러리즘을 뉴 테러리즘으로 규정하고 이에 대응하기 위해 클린턴 행정부에서 대테러 관련 수많은 조치를 단행하였다. 그럼에도 불구하고 발생한 9·11테러는 1990년대 미국의 각종 반(反)테러 및 대(對)테러 정책의 조치들이 큰 성과를 거두지 못했음을 보여준 사건이었다.[50]

이처럼 미국은 1960년대 이후부터 테러리스트들의 주된 공격대상이 되어왔으며 이러한 추세는 시간이 갈수록 증대하고 있는 상황이다. 하지만 미국은 2001년 세계무역센터와 국방부를 동시 겨냥한 9·11자살테러공격을 당하기 전까지는 미국 내에서 대규모의 테러리즘이 발생하지 않아 국제 테러리즘에 대한 적절한 대책을 마련하지 않았다. 이는 곧 테러리즘의 발생이 미국과 직접적인 연관이 없다는 생각에서 비롯되었으며 대재앙을 낳은 테러를 직접 겪은 이후에는 이러한 인식은 확연히 변화했다.[51]

시기적으로 1970년대 닉슨 행정부는 테러리즘의 심각성을 인지하기 시작했으며 그 뒤를 이은 포드 행정부, 카터 행정부는 테러리즘에 대처하기 위한 조치를 모색하기 시작했다. 그러나 이들 행정부의 반테러 조치는 적극성을 보이지 못했다. 그러다가 레이건 행정부가 들어섰고 그 이후 소련, 동유럽국가, 리비아가 국제 테러리스트들에게 훈련을 지원한 사실을 안 뒤 테러리즘 방지 관련 법안을 마련하는 등 테러리즘 대처에 적극성을 가지게 되었다. 나아가 인질 석방을 위해 금전적 대가를 지급하거나 복역 중인 테러범의 석방요구를 받아들이지 않는다는 태도를 대외적으로 공표하면서 테러리즘에 대한 강경노선을 분명히 했다. 이러한 노선은 테러리스트에 양보한다는 그 자체가 테러리즘을 더 유발시킬 수 있다고 비춰질 수 있기 때문에 이를 저지하기 위해서라도 테러리스트들에게 결코 양보해서는 안 된다는 점을 분명히 하고 있다.[52]

그러나 이러한 기준에도 불구하고 레이건 행정부는 1984년 이란-콘트라 사태 해결을 위해 이란과 뒷거래를 한 적이 있었다. 당시 레이건 대통령은 타협 불가의 원칙을 강력히 고수했으나 이를 지키지 못했다. 결과적으로 레이건 행정부의 행동은 테러조직과 타협하는 것을 금기하고 있는 미국의 외교정책을 지키지 못한 셈이다. 이는 결국 미국민들을 격분하게 하였으며, 이를 깊이 뉘우치면서 미국은 테러조직과 어떠한 타협도 하지 않는다는 의지를 다시 한 번 확고히 한 계기가 되었다. 지금까지도 미국은 테러지원국에 대한 제재를 강화하고 우방국의 대테러 정책을 지원하고 있다. 이는 테러리스트들을 퇴치하기 위한 일환에서 취해진 것이다.[53]

클린턴 행정부 역시 테러리즘에 대한 강경노선을 굳건히 해왔다. 기본적으로 세 가지의 원칙 즉 ① 테러리스트와 협상 불가 ② 테러리스트에 대한 엄격한 법적용과 처벌 ③ 테러지원국에 대한 강력한 제재를 적용시켜 테러리즘에 대처해왔다. 그럼에도 1998년 케냐와 탄자니아 미대사관을 대상으로 한 폭탄테러가 발생하자 클린턴 대통령은 대테러 전면전을 선언하고 대테러 강경태세를 취했다.[54]

이처럼 미국의 대테러 전략은 명확히 구분할 수 없지만, 테러 양상의 변화와 함께 변해왔다고 할 수 있다. 다시 정리하면 제2차 세계대전 이후 1945년 출범한 트루먼 행정부에서 기원한 9·11테러 이전까지 미국의 대테러 전략은 테러의 양상에 따라 크게 4개의 시기로 구분해 볼 수 있다.[55]

첫째는 대게릴라 전략(counter-insurgency)의 추진기(1945~1968)이다. 트루먼 행

정부 시기(1945~1952)의 대테러 전략은 1946년 조지 케넌(George F Kennan) 주소
(住蘇) 미 대사의 '장문의 전보(long telegram)'로 시작된 미·소의 대립과 냉전의
상황을 반영하여 상위의 반공정책에 종속된 대게릴라 전략으로 구현화되었다. 그
핵심은 CIA의 비밀공작(covert action)을 통한 무기 밀매가 주류를 이루었는데 이는
1947~1949년 동안 중국에서 내전에 따라 공산당에 대항하는 국민당을 지원하는
것이었다. 이러한 전략은 다음 정부인 아이젠하워 행정부(1953~1960)에서 공산화
의 '도미노 현상'에 대한 우려로 월남, 인도차이나 3국 중의 하나인 라오스 등에
친서방정부의 건설을 지원하는 등 다소 강화되었다.[56] 그 이후 케네디 행정부
(1961~1960)도 이러한 전략의 일환으로 중남미에 대한 경제 및 군사원조를 해주
었다. 하지만 케네디 대통령의 암살 이후 출범한 존슨 행정부(1963~1965)는 중남
미에 대한 경제원조는 거의 폐기하고 군사원조에 정책의 초점을 맞추었다.[57]

둘째는 테러행위의 국제문제로의 인식과 대테러 전략 강화기(1969~1980)이
다. 1960년대 말부터 1970년대까지의 전 세계적 테러는 1970년 팔레스타인 해방
인민전선(PFLP)[58]의 무장단체인 '검은 9월단(Black September)'에 의한 이스라엘 선
수단 습격사건 등에서 볼 수 있듯이, 도시 게릴라 형태로 미국, 서유럽, 일본 등
선진국은 물론 중남미와 아시아에서도 빈번하게 발생했다. 민족 및 해방전쟁에서
이러한 테러행위의 목적 달성은 테러리즘을 국제적으로 더욱 확산시키고 국제화
및 국제협력체계를 구축하는 계기가 되었다.

존슨 행정부에 이어 닉슨 행정부(1969~1974)에서는 이러한 테러 양상에 따
라 국무장관 직속의 반테러위원회(Anti-terroristic Council)를 설치하고 이를 통해 테
러 관련 국제문제를 인식하고 미국의 협력을 통한 테러리즘 대응방책을 모색했
다. 이어서 카터 행정부(1977~1980)에서는 당시의 테러리즘의 주요수단이었던 공
중납치와 인질사건에 대한 대응책으로 대테러부대인 '델타포스(Delta Force)'를 창
설하고 테러조직들과 국제기구로 하여금 테러지원국 사이의 연계를 차단할 목적
으로 '테러지원국 명단'을 발표하고 그에 대한 각종 군사 및 경제적 제재조치를
취했다.[59]

셋째는 대테러전의 개시기(1981~1989)이다. 1983년 10월 미군 241명의 사망
자를 낸 베이루트 미해병대 사령부에 대한 헤즈볼라(Hezbollah: 레바논의 이슬람교

시아파 교전단체이자 정당조직)의 자살폭탄 공격, 1984년 9월 동(東)베이루트 미대사관 차량폭탄 공격 등에서처럼 이 시기의 테러리즘의 특징은 과거에 비해 무차별적이고 대형화되었다는 것이다. 1983~1985년에는 민간항공기 공중납치 및 인질사건 등에 대한 테러의 급증으로 동 기간 중 1,000여 명의 미국인 희생자가 발생했다.

이러한 테러 양상에 대한 대응으로 레이건 행정부는 '국가안보결정지시(NSDD-138)'를 발동하고 테러에 대한 군사적인 '반(反)테러·대(對)테러 전쟁'을 선언·집행하였으며, 국가안전보장회의(NSC)에서 부통령을 책임자로 하는 '반테러 특별위원회'를 구성해 운영했다.[60] 또한 이 시기에 최초로 테러리즘에 의해 희생된 미국인에 대한 군사적 보복공격을 공식화했다.[61]

레이건 행정부는 당시 무차별적이며 대형화된 테러리즘 양상에 대해 강력히 대응했다. 특히 좌파 군사쿠데타 등의 공산주의 확산에 대응하여 제3세계에 대한 소련의 영향력을 감소시키기 위해, 분쟁지역의 반소세력을 적극적으로 지원하겠다는 '레이건 독트린(Reagan Doctrine)'을 대외정책으로 내세웠다.[62] 이러한 반공우선주의 외교정책은 대테러 정책에도 반영되어 대테러 정책이 상위의 반공정책에 종속되어 정치적 성격으로 변질되었다.[63]

1988년 미국의 「국가안보전략서(National Security Strategy)」를 보면, 미국의 국익에 대한 가장 중요한 위협을 '소련의 군사력과 전통적인 외교활동'으로 보고 지역적 분쟁과 저강도 분쟁, 핵무기 확산의 잠재적 위협, 국제테러리즘, 마약 밀수, 급진적인 정치적·종교적 운동과 중요우방과 동맹관계에 있는 나라의 불안정과 정치계승 및 경제발전 문제 등을 기타위협으로 보았음을 알 수 있다.[64] 미국의 국가안보의 가장 큰 위협은 소련이고, 테러리즘은 기타위협으로서 '저강도분쟁(low-intensity conflict)' 중의 하나로서 잠재적인 위협으로 판단했다.[65] 이처럼 이 시기에 테러리즘은 빈번한 발생에도 불구하고 그 중요도가 전통적인 소련의 군사적 위협보다 낮았다.[66]

넷째는 미 본토에 대한 테러 대응시기(1989~2001)이다. 1993년 2월 미국 내에서 최초로 발생한 테러사건인 오클라호마시티(연방청사) 폭탄테러사건(Oklahoma City bombing) 등에서 볼 수 있듯이, 탈냉전시대의 유일한 초강대국으로 등장하여 세계경찰의 역할을 수행하는 미국의 개입주의는 극단적 이슬람 원리주의자들의 눈에 이것이 '이슬람 친미정권의 공고화'로 비쳐졌고, 이로 인해 상대적으로 미국 및 미 본토에 대한 테러의 빈도와 강도가 증가하게 되었다.

이러한 테러리즘에 대항해 클린턴 행정부(1993~2000)는 레이건 행정부와 마찬가지로 강력한 보복공격을 실시했으며, 반년마다 국무장관과 재무부의 해외자산통제국(Office of Foreign Assets Council)에 의해 해외테러조직 및 테러리스트의 명단을 제정하고 이에 대한 직·간접의 지원을 금지하는 조치를 취했다. 또한 1975년 이래 카터 대통령에 의해 금지되었던 정보기관(CIA)의 암살금지령을 합법화하여 테러리스트를 암살하는 직접 전략을 취하였고 G-8정상회담에서 모든 국가들로 하여금 기존 테러관련 국제협약에 대한 가입을 촉구하는 등 반테러 관련 다국적 협력을 중시했다.[67]

이러한 테러리즘이 국제적 위협으로 본격적으로 인식되기 시작한 것은 냉전 종식 직후의 일이다. 소련이 붕괴하고 지구상에서 공산주의의 위협이 대체로 사라진 1990년대에 걸쳐 테러리즘은 조금씩 그 위험성을 나타내기 시작했다. 빈라덴이 1992년 조직한 알카에다가 아프리카 케냐의 미국대사관에 폭탄테러공격을 가해 224명의 사망자가 발생한 것은 대표적인 사건이었다. 또한 이 시기에 들어서서 핵테러에 대한 우려가 제기되고 확대되었다. 구소련의 핵무기 기술과 물질이 테러조직에 확산될 경우의 위협이 인식되게 된 것이다. 소위 불량국가를 통한 핵확산 및 핵테러의 위협도 심각하게 인식되기 시작했다.[68]

그러나 2001년 미국의 심장부를 강타한 9·11테러공격 이전까지만 하더라도 국제테러리즘에 대한 미국의 대응은 미흡했다. 알카에다의 테러공격을 암시하는 정보는 여러 경로로 입수되었으나 결과적으로 미국정부는 그 가공할 위험을 충분히 인지하고 대처하지 못했던 것이다.[69]

부시 행정부의 대테러 전략의 변화

9·11테러와 같은 뉴 테러리즘의 양상은 무차별적인 인명 살상과 대량파괴

자체를 그 목적으로 하고 다양한 수단과 대중매체를 이용하여 다양하고 복잡한
목적을 극대화하는 새로운 형태로 변했다. 이러한 테러리즘의 양상 변화는 냉전
시대의 양극체제에서 탈냉전시대의 초강대국 미국이 주도하는 단극체제라는 새
로운 국제체제의 변화와 결합되어 대테러 정책의 전면적인 변화를 가져왔다.[70]

　　2001년 취임 후 9·11테러사건 이전까지 부시 행정부의 주요정책 현안들은
교육, 경제, 기회 그리고 안보였다. 다시 말해서 정치적으로 해외문제에 대한 외국
의 개입을 축소하고 경제적으로 미국의 국익을 극대화하는데 초점을 맞추었다.
부시 행정부는 클린턴 행정부의 적극적 개입주의에 반대하면서 상호주의를 강화
하는 방향에서 시작했고 중동평화과정에도 유보적 제스처를 표명했다. 그러나 9·11
테러 후 부시 행정부는 기존의 국내이슈에서 테러와의 전쟁이라는 이름하에 아프
가니스탄전과 이라크전 등 주로 해외문제에 초점을 맞추고, 테러리스트를 관용하
는 국가나 단체들을 잠재적 표적으로 삼는다는 부시독트린(대테러독트린)을 발표
하기에 이르렀다.[71]

　　테러 대 반테러연합으로 요약할 수 있는 부시 독트린은 2001년 11월 대테러
바르샤바회의(the Warsaw Conference on Combating Terrorism)에서 "어느 국가도 테
러와의 전쟁에서 중립일 수 없다(You're either with us, or you're with the terrorists)."
라는 부시 대통령의 표현에서 잘 나타나고 있다. 아프가니스탄전을 수행하면서
2002년 1월 연두교서를 거쳐 7월 미국 역사상 처음으로 「국토안보전략」을 발표
했다. 그리고 이를 토대로 부시 독트린은 2002년 9월 「미국가안보전략(the National
Security for the United States of America)」으로 발표되었고, 2003년 2월 다시 「대테러
국가안보(National Security for Combating Terrorism)」로 구체화되었다. 이를 통해 부
시 행정부는 '국가안보,' '국토안보,' '경제안보'라는 3대 안보정책의 우선순위를
확립했다.[72]

　　결국 탈냉전 이후 전 세계 유일의 초강대국인 미국의 위상에 엄청난 흠집을
내놓은 9·11테러는 탈냉전 이후 국방정책 면에서 구체적인 방향을 잡지 못한
미국으로 하여금 명확한 안보전략과 대테러 전략을 설정하도록 하는 계기를 마련
해 주었다. 이러한 변화는 2001년 9월 발행한 「QDR(Quadrennial Defence Review:
4년 주기 국방검토보고서)」과 2002년 1월 미 의회에 보고된 「핵태세 검토서(NNR)」,

그리고 2002년 9월 발표된 「국가안보전략서」에서 확인할 수 있다.[73] 미국의 대테러 전략의 변화는 다음과 같이 정리해 볼 수 있다.

첫째, 9·11테러는 미국의 안보위협에 대한 우선순위와 안보의 개념을 변화시키는 계기가 되었다. 즉 테러리즘에 대한 국가안보위협의 우선순위가 높아졌고, 특히 테러집단에게 탈냉전이후 통제체제가 약화된 대량살상무기(WMD)가 넘어갈 것을 치명적인 위협으로 여기게 되었다.

둘째, 9·11테러 이후 테러위협에 대한 인식 변화에 따라 미국의 국가안보전략이 클린턴 행정부의 '참여와 확대(engagement and enlargement)'에서 '예방적 선제공격(preemptive strike)'에 중심을 둔 전략으로 변화했다.[74] 이에 따라 대테러 국제연대 강화, 힘의 우위에 바탕을 둔 세계유일 초강대국의 위상 유지, 미국적 국제주의에 입각한 대외정책의 지속적 추진, 자유민주주의체제와 민주주의의 가치 확산 등을 신안보전략 및 정책의 추진 전략으로 삼았다. 특히 테러조직과 불량국가들의 WMD(Weapons of Mass Destruction, 대량살상무기)위협에 대처하기 위해서 그 이전까지 미국이 취하던 '억제 및 봉쇄전략' 대신 테러조직뿐만 아니라 그것을 옹호하고 지원하는 국가 또한 격멸하겠다는 '선제공격전략'을 채택하고 필요시 미국 단독의 선제행동도 불사하겠다고 천명했다. 즉 테러조직이 미국을 공격하기 전에 테러조직 및 테러지원국가의 격멸을 위해 선제공격으로 자위권을 행사하겠다는 전략이다.

셋째, 선제공격전략은 새로운 안보환경에 따라 과거 '위협에 기초한 전략(threat-based planning)'에서 '능력에 기초한 전략(capability-based planning)'에 기초하고 있다. 즉 냉전시대의 위협이 명확한 상황에서 국제테러리즘이나 WMD 확산과 같은 비대칭적 위협으로 변화함에 따라 전력증강의 기준으로 삼을 수 있는 명백한 위협이 존재하지 않기 때문에, 어떠한 위협이 존재하더라도 효과적으로 대처할 수 있는 능력을 확보하는데 중점을 둔다는 전략이다.[75]

넷째, 냉전시대부터 적용되어온 2개의 주요전구(MTW: Major Theater of War) 전략을 폐기하고 '1-4-2-1'이란 새로운 전략을 수립했다. 즉 국토안보라는 1개의 큰 전역에서는 확실한 방어태세를 구비하고, 4개의 지역(서남아, 동북아, 동남아, 유럽)에서 전진배치전력을 유지하면서 2개의 주요전투작전을 수행할 수 있는 능력을 구비하고, 그 중 1개의 주요전역에서는 체제전복(regime-change)을 포함한 결정적인 승리를 달성할 수 있는 능력을 구비한다는 것이다.[76]

끝으로 '1-4-2-1'전략에 따라 핵 사용전략 또한 과거의 전쟁억제수단으로서의 '수동적 핵전략'에서 공격과 방어를 혼합한 '능동적 핵전략'으로 선제공격개념이 도입되었다. 즉 과거의 핵전략이 핵보유국간의 '공포의 균형(balance of terror)'을 유지하는 전략핵무기에 의한 전통적 억제전략이었다면 새로운 핵전략은 테러조직이나 테러지원국가 또는 WMD 확산국가에까지도 비핵타격능력을 보유한다는 것이다.[77]

앞에서도 언급한 바 있는 미국의 대(對)테러전략(Combatting terrorism strategy)[78]은 2003년 2월 14일 조지 W. 부시 행정부에 의해 9·11테러 이후 처음으로 발표되었다. 이런 성격의 문서가 대체로 그렇듯이 부시 행정부의 대테러 전략 문건은 구체적인 내용까지 적시하지는 않았으나, 몇 가지 주목할 부분들이 있었다. 동(同)전략은 ① 테러조직 '척결'(to defeat terrorist organizations) ② 테러조직에 대한 지원 '봉쇄'(to deny sponsorship and support) ③ 테러리즘으로 이어질 수 있는 상황의 '차단'(to diminish conditions leading to terrorism) ④ 테러공격에 대한 '방어'(defend against terrorist attacks) 등 다각적 시도(a multi-component effort)의 필요성을 제기했다.[79]

오바마 행정부의 대테러 전략

미국의 오바마 행정부는 대공황 이후 최악의 경제위기 및 이라크와 아프가니스탄에서의 전쟁이란 유제(遺題)를 안고 출범했다. 2001년 9·11 이후 약 10년에 걸친 노력 끝에 미국은 빈라덴 제거에 성공했다. 오바마 행정부의 대테러 전략 발표 직전인 2011년 5월 1일 오바마 대통령은 미군이 특수작전을 통해 오사마 빈라덴을 사살하였다고 공표했다. 상황실에서 참모들과 함께 군사작전의 진행을 팽팽한 긴장 속에서 지켜보던 오바마 대통령은 성공적 작전수행 이후 발표한 성명에서 "빈라덴의 죽음은 알카에다를 궤멸시키기 위한 미국의 노력에 있어서 가장 중요한 성과"라고 지적했다. 빈라덴 사망에 대한 대통령의 발표에 미국인들은 환호했다.[80]

실로 빈라덴 사망은 미국이 치러온 대테러전쟁에 있어서 중요한 성과임에 틀림없다. 미국에 대한 무자비한 테러공격을 계획하고 주도해온 빈라덴은 국제테러리즘의 상징적인 인물이었기 때문이다. 또한 알카에다 테러조직의 리더로서 9·11테러공격을 직접 주동한 빈라덴을 사살함으로써 미국은 테러전쟁에 임하는 굳은 결의를 보여준 것이기도 했다. 오바마 대통령은 빈라덴 사살에 대한 성명에서 자신이 취임 직후 레온파네타 CIA 국장에게 "빈라덴의 생포나 사살을 알카에다와의 전쟁에 있어서 최우선적 과제로 추진할 것을 지시했다."고 밝혔다. 그리고 "오늘의 성과는 미국의 위대함과 미국인들의 결의를 보여주는 증거"라고 강조했다.[81]

이처럼 국제테러리즘의 위협에 대한 대처는 부시 행정부 이후 오바마 행정부에 들어와서도 미국안보정책의 최우선적 과제로 다루어져 왔다. 물론 다소의 강조점에 있어서 변화는 있었다. 첫째, 부시 행정부에서 널리 사용되었던 "테러와의 전쟁"이라든지 "급진적 이슬람주의" 그리고 "지하드"라는 표현은 "폭력적 극단주의"나 "이슬람 테러리즘"과 같은 말로 바뀌어 사용되어 왔다.[82] 이러한 표현의 변화는 대테러전의 대상을 알카에다와 같은 특정조직 및 네트워크로 구체화함으로써 이슬람권과의 전반적인 관계개선을 도모하려는 의도를 내포한 것이라 할 수 있다. 둘째, 오바마 행정부는 부시 행정부가 시작했던 이라크전쟁을 '필요에 의한 전쟁(war of necessity)'이라기보다는 '선택에 의한 전쟁(war ofchoice)'이라고 평가하면서 이라크로부터의 미군 철수를 시작했다. 대신 보다 중요한 전장으로 떠오른 아프가니스탄에 대한 병력 투입을 증가시켰다. 셋째 오바마 행정부는 부시 행정부의 일방주의적 대외정책을 비판하면서 국제적 협력을 강조하고 있는바 이러한 접근법은 테러리즘에 대한 대응에 있어서도 동일하게 적용되고 있다. 넷째, 부시 행정부의 접근법이 군사적 수단에 크게 의존하는 것이었다면, 오바마 행정부는 보다 다양한 수단의 활용을 시도하고 있다. 군사적 수단 이외에 외교 및 개발협력의 중요성이 대외정책의 수단으로서 강조되고 있음을 볼 수 있다.[83]

하지만 이러한 강조점에 있어서의 차이에도 불구하고 테러리즘 위협 자체에 대한 오바마 행정부의 인식은 부시 행정부의 그것과 크게 다르지 않다는 점에 유의할 필요가 있다. 지난 2010년 5월 오바마 행정부가 발표한 미국 「국가안보전략서」는 이점을 분명히 보여주고 있다. 동보고서는 "폭력적 극단주의자들에 의한 핵무기 획득시도와 다른 국가들로의 확산," 즉 핵테러의 가능성이 미국이 직면한 최대의 위협이라고 적시하고 있다.[84]

2010년 「국가안보전략서」는 미국이 "증오와 폭력의 광범위한 네트워크와 싸우고 있다."면서 특히 알카에다 및 그 연계조직들을 분쇄하기 위해 포괄적 전략을 취하고 있다고 밝히고 있다. 포괄적 전략에는 ① 국토안전 강화를 통한 테러공격 방지 ② 항공안보의 강화 ③ 테러조직의 대량살상무기 획득 방지 ④ 알카에다 및 연계조직의 활동무력화 ⑤ 테러의 온상이 되고 있는 아프가니스탄 및 파키스탄에서의 집중적 노력과 현지정부의 대테러능력 강화 ⑥ 알카에다에 대한 대응네트워크를 강화하여 테러조직이 발붙일 수 있는 피신처를 없애는 일 ⑦ 테러 관련 용의자의 구금심문 및 기소와 관련하여 공정하고 효과적인 법률적 접근 ⑧ 공포와 과도한 대응의 경계 ⑨ 알카에다의 파괴적 의도와 대비되는 건설적 비전의 제시 등을 포함하고 있다.[85]

좀 더 구체적으로 오바마 행정부는 장기적 및 단기적 차원의 대테러 전략을 추진해왔다. 우선 장기적 차원에서 다른 국가들과의 적극적 관여(engagement)를 추구하고, 테러리즘의 근본원인을 제공하는 취약국가들의 조건을 개선하기 위해 사회적·정치적 및 경제적 캠페인을 전개하는 것이다. 그러나 보다 단기적으로 오바마 행정부는 알카에다와 기타 테러조직의 분쇄를 위한 군사 및 정보작전을 전개해왔다. 이러한 작전은 "그림자전쟁(shadow war)"이라고 불릴만한 것이다.[86]

미국은 그림자전쟁을 수행하기 위해 정보기관과 군의 특수합동작전능력을 향상시켰으며 테러조직의 은신처를 추적하여 파악된 은신처를 무인항공기(drone)나 순항미사일 등 정밀유도무기를 이용해 공격하는 작전을 계속해왔다. 오사마 빈라덴의 사살도 이러한 작전을 통해 이루어졌음은 물론이다. 미국은 2010년 8월부터 빈라덴의 은신처를 추적하여 파악한 뒤 최종적인 작전에 돌입했던 것이다.[87]

그 후 2011년 6월에 백악관이 발표한 「대테러 전략보고서(National Strategy

for Counter-terrorism)」는 알카에다와의 무한한 투쟁을 설명하기 위해 의도적으로 '전쟁(war)'이라는 단어를 사용한다고 밝히면서 그 대상이 알카에다 연대세력과 추종자들이라고 지적했다. 개인과 단체를 불문하고 미국의 가치와 삶의 방식을 위협하는 테러에 대해 준엄하고 단호한 투쟁을 지속하겠다는 것이 미국의 기본태세이다. 보고서에 의하면 미국의 궁극적 목적은 알카에다를 비롯한 테러세력을 근본부터 와해시키고 분쇄하여 발본색원하는 것이다. 테러세력을 대하는 미국의 자세는 '전쟁'과 다르지 않으며, 광범위하고 지속적이면서 통합적이고 무관용의 태세로 미국이 가진 모든 힘의 원천을 활용하는 것이다. 그만큼 테러와의 전쟁은 위중하고 미국의 안보에 치명적인 위협을 가할 잠재력이 있다는 것이 미국정부의 시각이다.[88]

오바마 행정부의 대(對)테러전략(Counter-terrorism strategy)은 오사마 빈라덴 사살 발표가 있는지 59일 후인 2011년 6월 28일에 발표되었다. 2011년 발표된 미국의 대테러 전략은 4개의 원칙으로 이루어져 있다. 즉 ① 미국의 핵심가치 고수(adhering to US core values) ② 안보 동반자관계 구축(building security partnerships) ③ 대(對)테러리즘 수단과 역량의 적절한 적용(applying CT tools and capabilities appropriately) ④ 위기상황에 대한 탄력성을 갖춘 문화구축(building a culture of resilience)이 바로 그것이다.[89]

오사마 빈라덴이 사살된 이후에는 IS(이슬람국가)가 가장 위협적인 폭력적 극단주의 테러조직이 되었다.[90] 9·11테러 이후 테러와의 전쟁을 주도해서 수행해온 미국은 IS의 등장과 발호로 인해 미국 기자 2명을 참수(2014. 8. 19&2014. 9. 2)하는 등 만행으로 미국을 곤혹스런 상황으로 몰고 갔다.

오바마 행정부의 중동정책은 개입을 최소화하고 '비폭력적 다원주의(non-violent pluralism)' 기조하에 테러리즘과 대량살상무기(WMD)만을 통제한다는 입장이었으나 IS 등장으로 인한 뜻하지 않은 상황 악화로 말미암아 정책기조를 요구하는 목소리가 강경파를 중심으로 높아졌다. 그래서 2014년 8월 26일 노스캐롤라이나 샬럿에서 열린 재향군인회연설에서 오바마는 IS를 '암(cancer)'으로 비유하며 쉽지 않은 대응과정이 될 것임("Rooting out a cancer like ISIL won't be easy, and it won't be quick.")을 언급함과 동시에 수술요법, 전이 방지를 위한 항암치료 및 협진 추진과 같은 복합처방을 암시하기도 했다. 동시에 10개국을 중심으로 반IS연합을 결성하여 IS를 무력화시키고 종국에는 해체시키겠다고 선언하면서 NATO를 중심으로 일단 IS '선제대응군(Spearhead force)' 결성 가능성을 시사했다.[91]

그 후 2014년 9월 11일 미 백악관은 IS 대응 관련 미국의 종합전략을 발표했다. 하지만 이날 백악관 연설에서 밝혔듯, 실질적으로 과거 2003년 이라크전과 같은 전면전 또는 지상군 전면투입 가능성은 거의 없었으며, 오바마 대통령은 국제공조를 강조하며 동맹군(다국적군) 형태의 공동작전을 추구하는 방향성을 천명했다. 오바마 대통령은 IS에 관해 단호한 어조로 "이슬람도 아니고, 국가도 아님"을 선언하며 이들은 광기어린 테러리스트에 불과함을 강조하고 반드시 궤멸시킬 것임을 다짐했었다.[92]

오바마 대통령은 9·11 백악관 연설을 통해서도 ① 시리아 지역까지 IS거점 공습확대 ② 이라크 보안군 및 시리아 온건반군에 대한 지원 ③ 국내 대테러대책 정비 및 역량 강화 ④ 난민촌 등에 대한 인도주의적 지원 확대 등 IS 관련 4대 대응책을 천명하기도 했다. 이 연설을 통해 미국은 강경한 어조로 거듭 IS 격퇴를 강조했으나, 결론은 지상군 투입을 배제하고 현지 이라크 보안군과 시리아반군을 중심으로 작전을 전개한다는 점에서, 오바마의 표현대로 '약화(degrade)'는 일정부분 가능하겠지만, 과연 단기간 내에 공습만으로 '궁극적인 격멸(ultimately destroy)'을 달성할 수 있을지에 관해서는 당시 회의적인 시각이 많았었다.[93]

사실 현지 지형지물에 익숙하고 수니파 밀집지역에서 민간인들과 혼재되어 있는 IS를 공습으로 궤멸시키기는 힘들며, 표적확인에 따르는 특수부대 투입 후 정밀타격 등을 추진해도 IS 대응작전은 장기전으로 갈 가능성이 높았기 때문이다. 단호한 어조에도 불구하고 여전히 오바마 행정부는 '최소개입주의(minimal interventionsim)' 및 '다자접근(multilateral approach)' 기조를 고수하고 있는 것으로 비추어졌다. 그러나 이후 IS의 도발적 행태와 미국 내 여론의 변화 등 정세변화에 따라 점차 개입의 정도는 높아졌다.[94]

따라서 2014년 9·11 백악관 연설 후 지난 2015년 12월 6일에도 오바마 대통령은 백악관 집무실에서 대국민 연설에 나서 IS 격퇴를 다시 강조했다. 집무실 연설은 2009년 취임 후 세 번째로 그만큼 테러사안이 엄중함을 보여준 것이다.

오바마 대통령은 IS 격퇴를 위한 전략으로 대규모 지상군 파병이 없는 4대 전략을 재차 강조했다. 즉 ① 미국 주도의 국제연합군의 공습 ② 이라크·시리아의 현지 병력의 육성 ③ IS의 자금줄과 인력 충원의 차단 ④ 시리아 내전의 정치적 해결과 휴전의 추진이 바로 그것이다. 그는 "장기화되면서 비용을 치르는 지상전에 끌려 들어가선 안 된다."며 "이는 IS가 원하는 것"이라고 단언했다. 대신 "특수부대를 추가로 파견하는 방안이 열려 있다."고 밝혔다.

이에 대해 공화당에서는 오바마 대통령의 연설을 비판했다. 폴 라이언 하원 의장은 "한마디로 실망스럽다. 새로운 계획은 없고 단지 실패한 정책을 옹호하려는 성의 없는 시도만 있을 뿐"이라고 평했다. 오바마 대통령은 2016년 쿠바와의 국교 정상화, 이란핵 합의타결, 환태평양경제동반자협정(TPP) 협상타결, 대법원의 동성결혼 합법화 판결 등으로 국내외 현안에서 연달아 대어를 낚았다. 하지만 2015년 12월 13일 130명이 숨진 IS의 파리 테러 이후 미국에서 확산되는 테러 불안감과 IS 격퇴를 요구하는 민심을 다독이지 못하며 여론지표가 악화되었으며, 미국사회 내에서는 오바마식 대테러 전략이 실효를 거두기 어렵다는 인식이 확산되었던 것이다.[95]

결론적으로 미국은 9·11 이후 대외정책의 핵심 캐치프레이즈(catch phrase)를 테러와의 전쟁으로 설정하고 알카에다 궤멸 및 테러분자들 색출 그리고 테러지원국가로 분류된 이라크와 아프가니스탄에서 전쟁을 수행하며 막대한 예산과 인명 피해를 감수해왔다. 그러나 지난 이러한 노력에도 불구하고 알카에다보다 더 폭력적이고 잔인한 IS가 단순히 집단이 아니라 '국가'를 세우겠다고 나섰었고, 이에 대한 대응책 마련이 쉽지 않았다는 점에서 미국을 당혹스런 상황으로 만들었었다. 더욱이 2011년 초부터 국민 20만명 가까이를 학살하고, 대량파괴무기인 화학탄까지 사용한 아사드 정부와 함께 IS소탕에 나서야 하는 역설적인 상황에 노출되면서 오바마 정부의 무능과 미국의 대중동전략에 대한 비판이 쇄도하였던 것이다.[96]

트럼프정부 이후 미국의 대테러 전망과 대응

1. IS·알카에다와의 테러전 전망 및 대응과제

미국은 2001년 9·11테러를 주도한 알카에다의 지도자 오사마 빈라덴을 끈질긴 추적 끝에 2011년 5월 1일 파키스탄에서 발견하여 사살, 미군 철수의 명분을 얻었고 2014년 12월 28일에 전쟁 종결을 선언, 철군을 가속화했다. 그러나 오바마 행정부가 들어서면서 2011년부터 미군 철군이 가시화되고 2012년부터는 시리아 내전이 격화되기 시작하자 이슬람 국가(IS)는 시리아 반군진영에 가담하여 영역을 확장·재편해왔으며 미국인 종군기자와 영국인 NGO 활동가 등을 잔인하게 참수함으로써 미국 및 전세계에 큰 충격을 주었다.

더구나 시리아 반군세력의 일부인 IS의 이와 같은 발호와 잔인무도한 행보는 바샤르 알 아사드(Bashar al-Assad)에 대한 미국과 유럽 등 국제사회의 정권교체 공동노력을 무력화시키고 오히려 아사드 정권의 입지를 강화시켜주었다. 이처럼 아랍 정치 변동의 파장이 시리아에서 정체된 사이, IS라는 돌발변수의 등장으로 인해 권위주의 해체경로는 혼돈국면으로 전환되었고, 향후 중동 내외역학관계를 예측불가능하게 하였다.[97]

그래서 IS의 등장을 단순히 이슬람 이념을 신봉하는 극단주의자들의 일탈적 준동으로만 설명하기 어려우며, 이들은 국가운영의 주체를 자임하면서 나름의 목적, 이념, 전략, 전술을 가지고 움직였기 때문에 이들의 행보는 중동지역의 정세에 영향을 미치는 주요변수가 되었다.[98]

빈라덴이 사살된 이후 가장 위협적인 테러조직인 IS(이슬람국가)는 2015년 7월부터 1년 동안 NATO(북대서양조약기구, North Atlantic Treaty Organization) 회원국 중 3개 국가에서 테러를 일으켰다. IS의 대원 모집전략은 성공적인 군사활동에 의해 탄력을 받았으며, 자신들이 장악한 영토의 유지에 성공함으로써 신규가담자들을 받아들였다. 그렇기 때문에 지역 장악력을 붕괴시키는 것이 매우 중요하며 국제사회는 IS 격퇴를 계속해서 우선과제로 삼지 않을 수 없었다.[99]

하지만 IS는 알카에다와는 다르다. 알카에다는 음지에서 자유로이 활동하며 압박을 당하였을 때는 영토에 집착하지 않고 현지 주민 속으로 흡수되는데, 이 모습은 전통적 반군의 행태와 닮았다. 알카에다는 또한 IS에 비해 자신들의 통치를 받는 주민들에게 덜 강압적이었다. 그들은 국제적 지하드 사상을 강요하기보다는 자신들이 이슬람과 샤리아(Shari'ah: 이슬람교의 규범계) 법에 대해 헌신하고 있음을 강조하며 지역주민들의 지지를 이끌어내려 하였다. 그래서 알카에다는 여전히 심각한 피해를 입힐 능력과 대규모 공격을 수행할 역량을 지녔다. 이러한 이유로 알카에다의 위협이 IS보다 더 장기화될 가능성이 있다는게 전문가들의 분석이다.[100]

미국에 의한 빈라덴 제거는 적어도 단기적으로는 알카에다의 약화가 불가피하였지만 미국의 테러와의 전쟁이 결정적 전환점을 맞았다고 보기는 힘들었다. 이는 오사마 빈라덴이 핵심인물이기는 하지만 테러리즘은 기본적으로 중심으로부터 통제되어 움직이는 현상이 아니기 때문이다. 더욱이 최근 들어서는 통신기술의 혁명적 발전에 힘입어 핵심조직과 느슨하게 연결되어 있는 지역 알카에다와 직접적으로 연계되지 않은 주변 추종조직의 활동이 크게 증대되고 있다.[101]

이러한 테러리즘의 위협이 존재하는 한 앞으로도 미국은 알카에다 및 IS 등 기타 테러조직을 상대로 한 그림자전쟁을 계속할 것으로 보인다. 다만 그림자전쟁이 민간인에 대한 군사공격을 전제로 하는 만큼 잘못된 정보나 작전상의 착오로 무고한 민간희생자가 발생할 수 있는 가능성이 있으며 따라서 그림자전쟁의 정당성을 둘러싼 논란은 계속해서 발생할 여지가 있다.[102]

또한 아랍 및 중동지역에서의 국가들이 미국의 대테러작전에 협조적 여론을 형성하는 것도 중요하다. 이는 그림자전쟁을 수행하기 위해서는 현지 정부의 정보 협조가 긴요하기 때문이다. 만약 현지 여론이 미국에 매우 적대적이라면 해당국 정부로서도 미국이 자신의 영토 내에서 대테러작전을 수행할 수 있도록 협조하는 것이 정치적으로 대단히 위험스러워지는 것이다. 한편 튀니지와 이집트에서부터 시작된 '아랍의 봄'같은 사항도 미국의 입장에서는 고려되지 않을 수 없는 변수이다. 즉 중동의 민주화는 그 자체로는 환영할 일이겠으나 호스니 무바라크(Hosni Mubarak)와 같은 친미지도자의 축출은 중동지역에서의 미국의 영향력에 심각한 불확실성을 안겨줄 수 있기 때문이다. 그런 측면에서 미국으로서는 중동에서 미국에 대한 반감을 줄이는 일이 무엇보다도 중요한 것이 아닐 수 없다. 과거 오바마 대통령이 이스라엘과 팔레스타인간의 평화프로세스를 다시 제기하였던 것도 이러한 맥락에서 이해할 수 있다.[103]

따라서 트럼프 행정부에서도 당분간 미국의 외교정책 관심사 최우선 순위는 중동 문제와 강대국 관계에 집중될 것으로 전망된다.[104]

오바마 행정부 시절 IS 대응전략을 모색하는데 미국이 고민했던 사항을 살펴보면 첫째, 국제사회 대응의 조율에서 리더십을 발휘할 수 있을지, 둘째, 미국이 주도하는 다국적군, 특히 지상군 투입 여부, 셋째, 장기적인 IS 퇴치전략 수립 등이었다. 이는 이라크와 아프가니스탄전 이래 미국은 단독으로 군사적 행동을 삼가는 대신 국제적 조율을 통한 우방과 동맹의 협력을 강조하였기 때문이다. 더구나 파리 테러 이후 국제적 공분이 터져 나오는 가운데서도 IS를 상대로 한 다국적군을 일으키기에는 아직 서구사회의 호응이 미흡하였고 미국 스스로도 결정을 내리지 못한 상태였다. 그래서 미국은 이라크와 시리아에 특수부대 중심의 '특수임무원정대'를 파견할 방침이라고 밝혔다. 이처럼 미 지상군 투입은 이라크전 이후 미국 정치의 강한 후폭풍 가운데 매우 어려운 결정이었다. 이로 인해 파리 테러와 같은 대규모 테러가 더 발생해 지상군 파병을 요구하는 지구촌의 목소리가 커지거나, 혹은 미국 내에서 테러가 발생해 여론의 향배가 지상군 파병을 지지하는 쪽으로 변하지 않는 한 오바마 행정부가 지상군 파병을 결정하기는 쉽지 않았던 것이다. 결국 미국은 IS와의 싸움에서 궁극적인 처방으로서 이라크와 시리아의 중앙 및 지방정부의 치안역량을 강화해 자생적인 국가건설로 유도하는 방안을 고려했다. 향후에도 중동문제의 해법이 마련되지 않으면 서구세계로 난민의 유입이 계속될 것이고, 그들과 함께 테러분자들도 난민을 위장해 잠입할 가능성도 커질 전망이다.[105]

IS테러에 대한 제제목소리는 파리 연쇄테러 직후부터 강조되었다. 2015년 11월 15일 터키 안탈리아에서 개최된 제10차 G20 정상회의는 IS테러를 규탄하는 특별공동성명을 통해 앙카라와 파리에서 자행된 극악무도한 테러공격을 강력히 규탄하고 테러에 대응하기 위한 국제사회의 지속적인 단결을 강조했다. 유엔안보리도 2015년 11월 20일 채택된 결의안을 통해 국제사회가 모든 수단을 동원해 국제테러와 싸워야 하며, 회원국들에게 IS에 장악된 시리아와 이라크 지역에서 필요한 조치를 취할 것을 촉구했었다. 결과적으로 국제사회는 공조체제 강화를 통해 9·11테러 이후 14년 만에 테러와의 전쟁에 다시 돌입하게 되었던 것이다.[106]

    하지만 IS 근거지의 일부인 시리아 문제해결에 대한 강대국들의 입장이 서로 달랐기 때문에 완벽한 공조는 이루어지지 않았었다. 즉 미국과 유럽은 시리아의 아사드(Bashar al Assad) 정권을 붕괴시키려고 하는 반면 러시아는 시리아의 자국 해군기지와 기타 공군기지 사용을 허락하는 아사드 정권을 지원하였으며, IS 격퇴를 위한 공조 강화와 자국의 우크라이나 점령을 교환하려는 움직임까지 보였었다. 따라서 북아프리카와 유럽으로 번지고 있는 IS의 테러를 효과적으로 저지하기 위한 국제공조가 완벽하게 이루어지지 않은 것이다. 게다가 IS 격퇴를 위한 대규모 지상군 파견에 대한 합의가 이루어지지 않아 IS 격퇴전은 공습에만 의존하였다. 물론 연합국의 공습은 IS의 자금줄을 차단하는데 큰 역할을 수행하였지만, 빈라덴 사살 이후 알카에다 조직이 붕괴되고 국제테러가 줄어든 것을 상기할 때, IS의 근거지를 탈환하여 IS 국가구조를 와해시키기 위해서는 대규모 지상군 투입은 필수적이었다고 할 수 있다. 하지만 대규모 지상군 파견의 열쇠를 쥐고 있는 미국은 이라크 대테러전에서 깊은 수렁에 빠졌던 경험으로 인하여 대규모 지상군 파병을 쉽게 결정하지 못했던 것이다.[107]

    돌이켜 보면 미국의 IS 대응에서 논란의 핵심은 역시 지상군 파병 여부였다. 그래서 오바마 대통령은 이라크에 미군을 재파병하거나 시리아에 지상군을 파병하지 않을 것임을 반복해서 언급해왔다. 그래서 시리아에는 이미 미 '특수전 병력'이 파견되어 활동하고 있었지만 미 당국은 이를 '지상군(boots on the ground)'으로 부르지 않았을 뿐만 아니라 이라크에도 무려 3,000여명의 병력이 파견되어 있고 전투기들의 폭격이 계속되었지만 이를 '전투(combat)'로 부르지 않는 태도를 취하였다. 임기 말이었던 오바마 행정부로서는 책임지지 못할 지상군 파병 결정으로 인해 차기 행정부에 정치적 부담을 주지 않겠다는 의도가 엿보였던는 대목이었다.[108]

    또한 미국은 온건 반군 지원을 통한 시리아 바샤르 정권의 교체 및 IS 격퇴를 시도하였지만, 시리아에 여러 공군기지와 유일 해외 해군기지를 가지고 있는 러시아는 바샤르 알 아사드정권과의 오랜 우정과 협력을 통해 IS를 격퇴시키는 것이 목표였다. 그 외 주변국들의 시리아, 이라크, IS에 대한 이해도 매우 상이하였다. 이러한 이해의 상이성으로 인해서 IS는 상당 기간 동안 생존할 수 있었던 것이다. 그래서 IS가 완전 격퇴된다 해도 새로운 IS류의 살라피즘 지하디스트 그룹은 계속해서 나타날 것으로 보인다.[109]

또한 전술한 것처럼 9·11테러는 미국의 대테러 개념을 근본적으로 바꾼 사건이었다. 이로 인해 미국은 기존의 전통적 전쟁 외에 테러조직이라는 무형의 네트워크와의 새로운 전쟁에 돌입했다. 미국의 생각은 대테러 전쟁을 무기를 갖고 하는 싸움인 동시에 현지인들의 마음을 사는 전쟁으로 파악했던 것이다. 즉 빈곤과 실패한 정치, 인권유린, 종교와 인종 간 증오가 겹친 복합적 결과가 테러이기 때문에 테러와의 싸움은 한 번의 전쟁이나 한 가지 방식으로는 결코 승리할 수 없다는 것이 그간의 교훈이었다고 할 수 있다.[110]

그러나 테러와의 전쟁에서 최선의 방법은 궁극적으로 테러가 발붙일 수 있는 환경을 없애는 길이다. 그렇기 때문에 효과적인 대테러 전략은 결국 자생적 역량을 갖춘 국가건설(nation-building)과 빈곤 퇴치로 이어지지 않을 수 없게 되는 것이다. 테러가 발생하는 원인은 정치적 소외, 그로 인한 불만 해소를 특정 대상에다 퍼붓는 정치적 선동, 정보 부족으로 인한 음모론적 시각과 불신, 목적을 위해 살상과 파괴를 정당시하는 이념적 왜곡 등으로 이해할 수 있다.[111]

IS가 태동·발호할 수 있었던 것은 중동지역의 오랜 종파와 인종 간 갈등 위에 서구세계에 대한 불만, 자생력을 결여한 시리아 등 중동국가의 정치적 실패가 복합적으로 작용한 결과라 할 수 있다.[112] 이처럼 IS의 출현·발호와 파리 연쇄테러 등은 무슬림 극단주의 테러집단이 끊임없이 진화하고 있음을 여실히 보여주고 있다. 따라서 국제테러 척결을 위해 국제사회는 새로운 대응책을 마련해야 한다는 과제가 있다.[113]

이제 테러와의 전쟁은 미국 혼자만의 힘으로는 승리할 수 없는 사항이다. 서구사회는 전체적으로 빈곤지역과 소외지역, 비기독교권 지역에 대한 그간의 정책을 성찰하고 상생의 전략을 마련할 필요가 있다. 무엇보다 테러에 대한 궁극적 해법은 테러가 자라날 수 있는 환경을 근본적으로 없애는 것이기 때문에 군사적 수단만으로는 한계가 있다. 결코 대규모 지상군 병력 투입만을 통한 전면전으로는 폭력적 극단주의의 고리를 끊어낼 수 없는 것이다. 군사력에만 의존하는 방법도 단기적 승리를 기대할 수는 있을지 몰라도 그림자처럼 퍼져있는 테러 네트워크의 완전한 궤멸은 어렵다고 할 수 있다. 따라서 사실상 궁극적 해법은 테러가 배태되는 사회적 불만 소지 개선과 정치적 타결에 있다. 이라크와 시리아에서 대화와 평화협상을 통한 새로운 정치질서 확립이 필요하다. 유엔의 역할과 국제사회의 공조를 통한 정치적 새 거버넌스가 중동지역에서 확립되지 않으면 폭력적 극단주의의 확산을 막아낼 수 없다는 인식이 확산되어야 한다.[114]

아울러 역사적 측면에서 IS의 부상은 미국 및 서방에서 국내테러 위협 가능성을 증대시켰고, 이는 미국의 주적이었던 이란이 초래하는 위협보다 이들 수니 극단주의자들에 의한 위험도가 훨씬 더 위협적임을 의미하기에 미국은 이들 수니 극단주의를 견제하기 위해 이란과의 협력가능성도 열어둘 필요가 있다.[115] 또한 미국의 입장에서 볼 때 차제에 국제테러단체에 대해서는 IS를 공동의 적으로 상정하고, 그들의 잔인성과 폭압성을 인류의 보편적 위협요소로 규정하면서 중동지역 내뿐만 아니라 러시아와 중국까지 협력하는 구도를 만들어낼 필요가 있다. 이러한 과정을 통해 지역내 협력체제 재편으로 인한 국가간 불편함을 해소할 전기가 마련될 수 있을 것이다.

2. 트럼프정부의 대테러 정책 예상

최근 도널드 트럼프 미국 대통령은 이민자 사상검증 등 냉전시대로의 회귀를 시사하는 내용의 대(對)테러 정책을 발표했다. 이로 인해 대테러 영역에서도 초강경 정책이 예상된다. 트럼프는 테러 원인을 '급진 이슬람 세력'으로 못 박고 무슬림 입국 전면 금지, 테러 관련 국가 출신자의 입국 심사 강화, 시리아 난민 수용 거부 등을 추진하겠다고 했다. 이 같은 기조는 이민 정책으로도 이어진다. 트럼프는 불법 이민자 1,100만 명 추방과 미국 멕시코 국경 사이 이민 장벽 건설 공약을 실천했다. 그러나 이민 정책에 집중된 트럼프의 대테러 정책은 군사적 전략이 결여돼 있으며, 실효성 없는 선언에 불과하다는 전문가의 지적이 제기되기도 했다.

트럼프는 대선후보 시절 정책연설에서 "우리의 가치를 공유하고 미국인을 존중하는 사람들만 이민을 허용해야 한다"며 자신이 대통령이 되면 이민자에 대해 '극한 심사'(extreme vetting)를 실시하겠다고 밝혔었다. 트럼프가 제시한 심사에는 종교적 자유, 성평등, 성소수자 권리 등에 대한 질문이 포함됐다. 이른바 냉전 시대의 사상검증을 이민 정책을 통해 부활시키겠다는 주장이다.

아울러 트럼프는 "테러를 수출한 전력이 있는 가장 위험하고 불안정한 지역 출신의 이민자 유입을 막겠다"며 이민 신청자 사상검증 절차가 온전히 확립되기 전까지 특정 국가 출신의 이민을 일시적으로 제한하겠다고 제안했다. 이는 지하디스트(이슬람 성전주의자) 네트워크를 뿌리 뽑고 미국 청년 과격화를 막기 위해 '급진 이슬람 대통령 특별 위원회'를 발족시켜, 미국인들에게 급진 이슬람의 믿음과 핵심 사상에 대해 설명하겠다는 것이다.

이와 더불어 트럼프는 수니파 급진 무장세력 이슬람국가(IS) 격퇴 등 급진 이슬람의 확산을 막기 위해 북대서양조약기구(NATO·나토)를 비롯한 동맹국과 긴밀히 협력하며 새로운 접근법을 구상할 것이라고 천명하기도 하였었다.

또한 당시에 나토가 테러를 막는데 명확히 실패했다고 주장하기도 하였다. 그러면서 IS를 격퇴하기 위해 러시아와 협력하겠다고 덧붙였었다. 그러나 트럼프의 대테러 정책은 IS에 대한 군사적 격퇴방안이 포함돼 있지 않으며, 이민심사에 대한 실질적인 대책도 마련되지 않은 모호한 제안에 불과해 실효성에 의문이 든다는 지적도 받은 바 있었다.

이는 트럼프가 제시한 '미국적 가치'를 정확히 특정하기 어려우며, 이민자 사상검증이 역으로 미국 최우선가치인 표현의 자유를 위반하고, 중국, 러시아 등 다른 국가와의 대테러 협력을 어렵게 할 여지가 있다는 우려가 제기되었기 때문이다. 트럼프가 제안한 포괄적 심사 자체가 실효성이 없고 수많은 예산 낭비를 초래하는 조치라는 전문가의 지적도 있다.

이에 대해 미 내무부 이민·관세국은 이미 미국에 수많은 이민심사 절차가 진행되고 있으며, 범행 전과, 테러감시명단을 비롯해 다른 국가와 공유한 정보를 통해 잠재적 테러리스트를 걸러내고 있다고 밝혔다. 그러면서 9·11일 이후 '미확인 테러 연루' 가능성을 우려해 모든 아랍·무슬림 출신 이민자를 등록하게 했던 2002년 당시, 8만 5,000여 명이 감시명단에 올랐으나 고작 11명만 실질적인 잠재적 테러감시 대상으로 밝혀지는 등 별다른 성과를 거두지 못했다는 반박도 제기되었었다.

더구나 이민자 사상검증의 안보적 효과가 불분명하다는 비판도 받았다. CNN방송은 미국에서 발생한 테러 대부분이 자생적 테러리스트였다는 점에서 이민자에 집중한 트럼프의 대테러 정책은 핵심을 잘못 짚었다고 반박했었다. IS에 경도된 이슬람 급진주의자들은 이민자에 의해 양성되는 것이 아니라 IS의 온라인 선전물을 통해 형성된다는 지적이다. 결국 논리의 차이는 있지만 향후 트럼프 정부의 대테러 정책 역시 미국이 지금까지 견지해온 '절대적 불양보의 원칙'에서 크게 벗어나지 않는 강력한 정책이 될 것이라 판단된다.

한국에 주는 함의 및 고려사항

9·11테러 이후에 아프가니스탄과 이라크를 대상으로 한 미국의 대테러 전쟁에 대하여 한국정부는 지지를 보내고 파병을 결정·시행했다. 이로 인해 아랍 및 이슬람 테러조직에 의한 한국인 대상 테러범죄가 점진적으로 증감을 반복하기도 하였다. 사실 한국은 국제사회가 테러범죄에 대한 심각한 인식을 하기 이전부터 북한에 의한 국가지원 테러범죄의 직접적인 피해국이기도 하였다. 현재 한국은 국외에서 이슬람 테러조직 등에 의한 피해가 속출하고 있지만 국내에서도 북한 또는 이슬람 테러조직 등에 의한 테러범죄 위협이 병존하고 있다.[116]

이처럼 우리나라도 IS 및 국제테러조직의 공격대상이 되고 있다. 하지만 한국은 북한의 테러에는 익숙한 편이나, IS의 '외로운 늑대' 테러에 대해서는 아직 그 대비가 미흡한 형편이어서 대책보완이 요구된다는 지적도 꾸준히 나오고 있다.[117] 한국에서도 IS의 트위터 선전에 현혹된 10대 김모 군이 2015년 터키를 통해 IS로 합류한 사건이 있었으며, 김 군 외에 IS 가담을 시도하던 내국인 2명이 적발되어 출국이 금지된 사건도 있었다. 또한 사제폭탄을 만들 수 있는 원료를 국내로 밀수하려던 외국인 IS 동조자 5명이 적발되기도 했으며, 국내에서 처음으로 국제 테러조직을 따르는 인도네시아인이 검거되기도 했다. 게다가 IS는 한국을 60개의 테러대상국에 포함시킴으로써 우리나라도 테러 안전지대가 아님이 분명히 하기도 했었다.[118]

중동은 물론이고 세계적 수준에서 IS(이슬람국가, Islamic State)가 국제관계의 주요행위자로 등장함에 따라 당시 IS 관련 정세는 '테러와의 전쟁'에 투입된 자원을 중동에서 철수시키고, 장기적으로 중국의 부상이 초래할 아시아지역의 지정학적 불안정성을 관리하려는 미국의 '아시아재균형(Asia Rebalancing)' 전략에도 일정 부분 영향을 미칠 수 있는 사안이 아닐 수 없었던 것이다.[119]

최근에는 중동 정세 맥락에서 볼 때, 미국이 자국 대외 정책의 중점을 아시아·태평양으로 옮겨 중국 견제에 대비하는 기존전략의 이행속도가 상대적으로 감소할 것으로 판단되며, 오히려 다양한 글로벌 이슈들을 다루어감에 있어서 중국과의 협력 공간이 넓어질 가능성도 기대된다.[120]

한국의 경우 테러리즘과 관련해서 '테러 청정국'으로 알려져 있기 때문에 기우(杞憂)에 가까운 지나친 우려는 오히려 사회불안요인이 되고, 외국인 혐오증 및 테러를 불러일으키게 할 수도 있는바 '정중동' 자세로 테러를 방지하고 중동에서의 우리의 이해를 추구하는 지혜도 필요하다는 신중을 강조하는 주장에 경청할 필요가 있다. 또한 한국 내에서 '테러방지법,' '다문화 사회로의 변화,' '시리아인 및 무슬림들의 국내 난민 이주,' '이슬람포비아' 등 테러와 관련하여 필요한 정책적 대안도 강구할 필요가 있다.[121]

또한 비록 소멸되어 가지만, 지금까지도 IS를 둘러싼 중동 국제관계 구조는 각 행위자들의 이해에 따라 매우 복잡한 양상을 띠고 있으며 한국의 경우 이미 2004년 김선일씨 참수사건, 2007년 아프가니스탄 샘물교회 자원봉사단원 피랍 및 피살사건 등 이슬람극단주의 테러리즘에 여러 차례 노출되었던 경험이 있으므로 향후 유사한 사례 발생을 방지하기 위해서도 심도 있는 정책 논의와 각별한 장치가 필요하다.[122]

이슬람국가(IS)와 같은 극단적 테러리즘의 확산과 미국의 대테러 전략의 전

개와 관련해서 한국이 취한 외교적 고려 사항으로는 다음과 같은 것을 생각해 볼 수 있다.[123]

첫째, 내국인은 물론 테러 위험 지역 교민, 주재원 및 공관 직원 보호 계획 재점검 및 테러 예방 정보수집을 들 수 있다. IS와 같은 국제테러단체는 일반적으로 인터넷망과 뉴미디어를 활용하여 테러이념과 교범을 확산·전파하고 전사들을 충원하는 스마트한 조직으로 한국의 중동 이슬람권 진출 현황과 주요근거지에 관한 정보를 확보하고 있을 것으로 예상할 수 있어 각별한 주의가 필요하다. 2004년과 2007년 국제사회의 이목을 집중시켰던 김선일 참수사건과 샘물교회 자원봉사단 피랍사건 등과 같은 최악의 상황을 항상 염두에 두고 위험지역 교민, 주재원, 직원 보호 계획을 점검하여야 할 것이다.[124] 국내적으로 외국인 근로자들과 무슬림 신자들의 공동체와의 유대관계를 강화하여(민원 청취 및 해결) 테러예방을 위한 정보수집에도 나서야 한다. 또한 점차 증가하고 있는 난민 등 불법체류 외국인의 동향을 파악하는 데도 주력해야 한다.[125]

2014년 9월 UN 안보리 결의 2178호는 폭력적 극단주의 예방(CVE: Countering Violent Extremism)을 위한 노력 강화 및 전략 개발을 촉구한 바 있다. 이러한 국제사회의 폭력적 극단주의 예방에 대한 관심 제고도 필요하다. 우리나라에서도 2015년 1월 IS의 메시지에 영향을 받은 10대 청소년 실종사건이 발생하는 등 폭력적 극단주의 영향의 확산 가능성이 커지고 있다. 대량 살상용 사제폭탄을 만들 수 있는 원료를 국내로 밀수하려던 외국인과 IS 지지·동조 활동을 하던 테러위험 외국인을 적발한 사례도 있었다.[126] 이러한 일련의 사태를 감안할 때, 한국 역시 폭력적 극단주의 문제에서 결코 안전한 지역이 아니기 때문에 이에 대한 방지책이 요구된다.[127]

둘째, 법제 정비를 통한 대테러 활동을 위한 국가 역량을 강화해 나가야 할 것이다. 이는 한국인도 테러의 대상이 될 가능성이 높아진 현시점에서 테러에 대응하기 위한 국가역량 강화는 필수적인 사안이기 때문이다. 한국의 테러대응 관련 최초의 법적근거는 1982년 대통령훈령 '국가대테러활동지침'이었으며, 본 지침에 의거하여 대통령직속국가테러대책회의가 설치되어 있었고 훈령에 기준한 법적 근거를 법률안으로 상향조정해야 한다는 논의가 그동안 꾸준히 제기되어

왔었다. 그러나 인권침해 등 법적 논란으로 인해 법률안으로 제정되지 못하다가 지난 2016년 6월 3일 테러방지법(국민보호와 공공안전을 위한 테러방지법)이 제정되었다. 이러한 테러방지법이 테러 방지에 효율적으로 적용될 수 있도록 지속적인 법제 정비 및 보강이 필요하다. 우리보다 앞서 대테러법을 가진 유럽과 미국의 경우에도 강력한 대테러법이 존재함으로써 한 해에 수백 건의 테러 모의를 적발하여 테러를 사전에 예방하고 있다. 우리는 이들 국가들의 테러 관련 법제와 경험적 사례를 비교연구·발전시켜 테러방지에 최선의 노력을 다해야 한다.

셋째, 대테러법을 근거로 대내외 공조를 강화해 나가야 한다. 테러정보 교환은 물론 IS와 같은 폭력적 극단주의 테러조직 척결을 위해서도 국제공조가 요구되고 있다. 지난 2014년 9월 4~5일 웨일즈에서 개최된 나토정상회담에서 각 정상들은 IS에 단호하게 대응하기로 의견을 모았고, 격퇴에 대한 다양한 국제공조를 논의한 바 있다. 한국은 책임 있는 중견국으로 이러한 대테러 국제공조에 적극적으로 동참하여야 하며, 한발 더 나아가 중견국의 위상과 역할공간을 바탕으로 대테러 및 인간안보 등 신안보·국제안보 거버넌스를 주도하는 비전 설계가 시급하다고 할 수 있다.[128]

2016년 6월 3일 제정된 우리의 「국민보호와 공공안전을 위한 테러방지법」은 군, 경찰, 국정원으로 분산된 대테러업무를 국무총리 산하 '대테러센터'로 집중시킴으로써 새로운 국가안보 위협에 효과적으로 대처하는 것이 목적이다.[129] 따라서 국정원을 비롯한 검찰과 경찰은 테러 예방 및 근절을 위해 노력하고 상호협력해 나가야 할 것이다. 국제사회에서 각 국가가 최첨단 무기로 무장하고, 국방에 힘쓰는 것은 국가의 존립을 위한 우선적 의무라 할 수 있다. 하지만 이러한 것만으로 국제사회에서의 새로운 위협이 되고 있는 테러의 대책이 될 수 있는 것은 아니다. 국제적인 정보 수집과 관련해서는 국정원이 중요한 역할을 하며 각종 정보의 수집과 범인 검거 등 각종 범죄의 대처와 관련해서 경찰이 중요하다고 할 수 있다.[130] 테러와 관련해서 실효성을 발휘할 수 있는 다양화와 역할의 전문화는 물론 기관 간 상호협력이 요구된다고 할 수 있다.

넷째, 이라크·시리아 등 분쟁지역의 난민구호에도 자조적·공조적 참여가 요구된다. 한국은 600만을 상회하는 시리아 난민보호를 위해 2014년 초 520만 달러 지원을 약속하는 등, 지난 2011~2014년까지 3년간 한국의 대시리아 인도적 지원 규모는 모두 1,120만 달러에 이르며 특히 520만 달러 지원약정은 단일국가에 대한 한국의 인도적 지원사상 최대규모이다. 이러한 인도적 지원 확대 기조를 유지함과 동시에, KOICA(한국국제협력단) 주도로 적십자, 국내 NGO 및 각 직능별, 종교별 구호단체 등이 연합, 구호단을 조직하여 요르단, 쿠르드자치정부, 터키 등지에 산개한 시리아 및 이라크 난민촌에 지속적으로 교대 파견할 수 있는 프로그램도 마련한 바 있다. 국제난민 구호기구 현장에 파견, 동참함으로써 직접 구호 선진국의 노하우를 습득하는 과정 운영은 바람직하다고 할 수 있다. 6·25 및 동족상잔, 극도의 빈곤, 절망을 경험하고 이를 극복한 한국의 현대사는 절망적 상태에 있는 시리아와 이라크 난민들에게 위로의 사례가 될 수 있으며, 현금지원 규모는 비록 미, 독, 일, 영 등 주요국가에 못 미치지만, 난민구호에 직접 참여하여 공감과 위로를 전달할 수 있을 것이다.[131]

다섯째, 우리는 국제적 테러 위협과는 별개로 튼튼한 한미공조 속에서 북한의 테러 위협도 철저히 대비해 나가야 할 것이다. 북한과의 평화와 공존은 두말할 나위없이 전쟁과 테러의 위협을 제거할 수 있지만, 지금까지의 북한의 도발행태로 보아 남북간, 북미간 평화협정이 결렬되고, 만일 북한의 요구가 받아들여지지 않을 경우에는 언제든지 군사적 도발 가능성은 재발할 수 있기 때문이다. 북한은 비용이 적게 들고 배후가 잘 드러나지 않아 보복당할 가능성이 적은 대남테러방법을 언제든지 선택할 가능성이 많다. 현재도 북한은 미국의 테러지원국 명단에 포함되어 있다. 특히 북한은 다양한 테러 수단(핵물질, 생화학물질, 잠수함(정)), 특수전 전력, 사이버 전력 등을 보유하고 있으며, 이미 한국 기업에 대해 사이버테러를 가하기도 했다. 게다가 북한의 포섭이나 지령을 받고 한국 내에서 도심테러를 감행할 수 있는 잠재적 테러리스트(위장탈북자, 종북세력, 불법 외국인 근로자, 무슬림)에 대한 대비도 필요하다.[132]

남북간 평화의 약속인 판문점선언에도 불구하고 북한의 경우 체제수립 이후 대남 적화통일노선을 변함없이 유지하고 있으며,이는 북한의 모든 정치, 사회, 대외관계를 규제하는 '바이블'인 노동당규약에도 정확히 명시되어 있다.[133] 대표적인 북한의 대남공작 전문기관으로는 ① 대남 적화전략을 담당한 군 총참모부

정찰총국 ② 대남 통일전략을 담당한 노동당 통일전선사업부 ③ 대남직파간첩을 담당한 225국이 있다. 직파간첩들은 북한에서 남한으로 직접 침투하며, 해외공작 간첩들은 해외국적 세탁 후 대남 우회 침투하고 있다.[134] 또한 대남 공작기관들 역시 그 활동은 감소되었지만, 여전히 한반도의 공산화 완성과 통일, 남한에서의 혁명 완수를 위해 통일전선 구축, 지하당 조직, 심리전 등 다양한 전략과 전술을 구사하고 있으며, 남한사회에 혼란을 조성하고 '결정적 시기'를 앞당기기 위해 각종 테러조직들을 해외, 남한 후방지역에 침투시켜 암살, 파괴활동을 전개하는 무장폭력 전술도 지속하고 있는 상황이다.[135]

역사적으로도 한반도 분단 이후 우리는 121 청와대 기습사건, 아웅산폭파테러, KAL858기 폭파사건, 최은희-신상옥 납치사건, 천안함폭침사건 등 북한이 자행한 무려 2,900여건을 상회하는 반문명적 테러도발을 경험한바 있다. 국내에서 발생한 테러의 90% 이상이 북한에 의해서 자행된 테러라 할 수 있다.[136]

요컨대 한국은 IS와 같은 폭력적 극단주의의 테러 방지를 위한 자주적·공조적 노력은 물론 북한의 테러위협과 관련해서도 튼튼한 한미공조 하에서 철저히 차단하는 한편, 사회적 약자의 테러리스트화를 저지하기 위해 사회 안정망 구축에도 많은 예산과 시간을 투자해 나가야 할 것이다. 테러에 대한 국민적 관심 유도는 물론, 철저한 신고를 위한 대국민 교육도 함께 요구된다. 평화에 대한 방심은 위기대처의 기회를 놓칠 수 있다.[137]

미국의 대테러 정책 전망은 우리에게 시사점을 준다

지난 2001년 9·11테러 후 17년이 지나고 있지만 '테러와의 전쟁'에서 미국은 아직 결정적인 승리도 거두지도 못하고, 발을 빼지도 못하고 있는 상황이다. 사실 미국은 9·11테러 이전인 1960년대 이후부터 테러리스트들의 주된 공격대상이 되어 왔다. 전술한 것처럼 역사적으로도 1970년대 닉슨 행정부는 테러리즘의 심각성을 인지하기 시작했으며 그 뒤를 이은 포드 행정부, 카터 행정부는 테러리즘에 대처하기 위한 조치를 모색하기 시작했다. 레이건 행정부에 들어서는 소련, 동유럽 국가, 리비아가 국제테러리스트들에게 훈련을 지원한 사실을 안 뒤 테러리즘 방지 관련 법안을 마련하는 등 테러리즘 대처에 적극성을 갖게 되었다. 클린턴 행정부와 부시, 오바마 행정부 역시 테러리즘에 대한 강경노선을 굳건히 해왔다.

미국의 대테러 전략도 명확히 구분할 수는 없지만, 테러 양상의 변화와 함께 변해왔다. 제2차 세계대전 이후 1945년 출범한 트루먼 행정부에서 9·11테러 이후 현재까지 미국의 대테러 전략은 ① 대게릴라전략(counter-insurgency)의 추진기(1945~1968), ② 테러행위의 국제문제로의 인식과 대테러 전략 강화기(1969~1980), ③ 대테러전의 개시기(1981~1989), ④ 미 본토에 대한 테러 대응기(1989~2001), ⑤ 대테러전의 강화기(2001~2009), ⑥ 알카에다/IS 격멸 전략의 추진기(2009~현재) 등으로 요약해 볼 수 있을 것이다.

특히 9·11테러 이후 부시 행정부의 대테러 정책은 클린턴 행정부의 대테러 정책을 더욱 강화하는 강경정책을 선택하였으며, 대테러기구의 강화를 위한 노력도 함께 기울여왔다.[138] 더구나 미국의 오바마 정부는 대공황 이후 최악의 경제위기 및 이라크와 아프가니스탄에서의 전쟁이란 유제(遺題)를 안고 출범한 이래 미국패권의 과업은 줄이면서도 리더십은 유지하려는 패권의 '재건축'을 시도해왔다. 이러한 노력은 아프가니스탄 전·이라크 전에 이은 시리아 내전 및 이슬람국가(IS)와 관련된 새로운 대테러 정책 및 전략에서도 두드러지게 나타나고 있다.

최근에는 도널드 트럼프 미국 대통령이 이민자 사상검증 등 냉전시대로의 회귀를 시사하는 내용의 강력한 대(對)테러 정책을 시행하고 있다. 향후 미국의 대테러 영역에서도 초강경 정책이 예상된다. 즉, 트럼프는 테러 원인을 '급진 이슬람 세력'으로 못 박고 무슬림 입국 전면 금지, 테러 관련 국가 출신자의 입국심사 강화, 시리아 난민 수용 거부 등을 추진하고 있는 것이다. 이민 정책에서도 트럼프는 불법 이민자 1,100만 명 추방과 미국 멕시코 국경 사이 이민 장벽 건설 공약을 실천하고 있다.

그러나 이러한 정책에도 불구하고 전 세계는 여전히 테러리즘과 전선 없는 전쟁을 벌이고 있다. 이슬람 과격 테러 세력인 이슬람국가(IS)와 알카에다, 알샤바브(Al-Shabaab) 등이 병원과 학교, 지하철, 나이트클럽, 극장 등 이른바 '소프트타 깃(Soft target)'을 겨냥한 무차별 테러를 벌이고 있다. 서방국가들의 지속적인 공세 로 세력이 약화된 IS 등 테러리즘 세력들이 '외로운 늑대'들의 '자생적 테러'로 전략을 전환하면서 민간인 영역으로 테러전선이 확산되고 있는 것이다.[139]

이처럼 국제테러리즘의 위험수위는 9·11테러 이후 그 어느 때보다 고조되고 있으며, 발생지역도 아프리카와 중동에서 동남아시아 지역으로 확산되는 등 테러 집단은 민주주의와 독재정권을 가리지 않고 각국정부를 위협하고 있다.[140] 이처럼 우리는 오늘날 수많은 갈등과 증오가 무자비한 테러행위로 표출되고 있는 세계에 서 살고 있는 것이다.[141]

더 큰 문제는 세계화 심화 속에서 테러 네트워크들 역시 세계화, 디지털화하 는 초유의 양상을 보이고 있다는 점이다. 즉, 테러리즘이 어느 한 나라나 지역이 감당하기 어려운 본격적 글로벌 안보위협으로 다가오고 있는 것이다.[142] 이제 테 러리즘은 21세기 가장 심대한 비전통 안보위협 중 하나이며 이는 전 세계가 함께 풀어나가야 할 중대한 글로벌 안보과제가 되었다. 자유사회 혹은 특정 국가 사회 혼란을 틈타 민간인들 속에 숨어 국경을 넘나들며 보일 듯, 보이지 않는 테러단체 의 실체를 찾아내어 응징하고 나아가 자금과 무기, 요원의 이동을 사전 차단해야 하는 등 어려운 과제를 수반해야 한다.[143]

도널드 트럼프 백악관의 초대 대통령국가안보회의(NSC) 보좌관이었던 마이 클 플린 전 국방정보국(DIA)은 한미 관계와 관련해 "핵심동맹(vital alliance)인 한미 동맹을 강화하고 북핵 문제를 우선순위로 다뤄 나갈 것"이라고 밝힌 바 있었다. 따라서 한미관계는 가장 가까운 전통적 우방으로서 안보등 대테러 정책과 북한의 비핵화 추진에서도 상호 긴밀한 관계를 유지하여야 한다. 그런 측면에서 미국의 대테러 정책을 살펴보고 전망하는 것은 우리에게 중요한 안보정치적 사항이다.

<참고문헌>

공형준, "레이건 행정부와 부시 행정부의 대테러 전략비교," 한국군사학회, 『군사논단』, 제
　　56호, 2008년 가을호.

국방기술품질원, 『국방과학기술용어사전』, 2011.

국방대학교 안보문제연구소, 『미국의 안전보장전략(National Security Strategy of the
　　United States)』, 1989.

김강녕, 『국제사회와 정치』(경주: 신지서원, 2010).

김광진, "북한의 대남테러조직 및 테러전망," 『새로운 테러위협과 국가안보(Emerging
　　Terrorist Threats and National Security)』(국제안보전략연구원-이스라엘 국제대테러
　　연구소 공동국제학술회의 자료집)』(2016.6.23, 한국프레스센터 국제회의장).

김두현, 『현대테러리즘론』(서울: 백산출판사, 2006).

김아진, "ISIS 급부상과 돌아온 미국의 '대테러전쟁,' 그 배경과 전망," 『기억과 전망』, 통
　　권 제31호, 2014년 겨울호.

김태준, 『테러리즘: 이론과 실제』(서울: 봉명, 2006).

마상윤, "빈라덴 사망 이후 미국의 대테러전쟁," 세종연구소, 『정세와 정책』, 2011년 6월
　　호.

문영일, 『미국의 국가안보전략사상사』(서울: 을지서적, 1999).

박상주, "IS 등 테러세력, '외로운 늑대-소프트 타깃'전법으로 선회," 『뉴시스』, 2016년 6
　　월 13일자.

박성제, "'외로운 늑대' 국제사회 새 위협으로 떠올라," 2014년 10월 28일자.

박준석, 『뉴 테러리즘개론』(서울: 백산출판사, 2006).

박휘락, "기로에 선 미국의 군사변혁," 『u-안보리뷰』, Vol 13(2007.2.25).

서정민, "이슬람국가(IS)의 미디어 전략과 폭력적 극단주의 대응(CVE)," 『중동연구』, 제34
　　권 제3호, 2016.

서정민, "이슬람 국가(IS)와 알-카에다의 이념적 그리고 전략적 차이," 한국이슬람학회, 『한
　　국이슬람학회논총』, 제25권 제2호, 2015.

신현기 외, 『경찰학사전』(파주: 법문사, 2012).

오형식, 「레이건 정부의 소련붕괴전략에 관한 연구」(국방대학교 석사학위논문, 1997).

유동렬, "김정은 정권 대남전략 및 남북관계 전망," 『새로운 테러위협과 국가안보(Emerging
　　Terrorist Threats and National Security)』(국제안보전략연구원-이스라엘 국제대테러

연구소 공동국제학술회의 자료집)』(2016.6.23., 한국프레스센터 국제회의장).

이기훈, "'테러와의 전쟁' 15년… 오히려 테러희생자 10배 늘어," 『조선일보』, 2015년 11월 18일자.

이대성, "경찰관의 대테러 위기관리 인식에 관한 연구," 한국경찰연구학회, 『한국경찰연구』, 제8권 제3호, 2009.9,

이대우, "ISIL의 파리연쇄테러가 한국의 대테러 정책에 주는 함의," 세종연구소, 『정세와 정책』, 2016년 1월호.

이만종, "중동지역 혼란에 따른 테러조직 활동전망과 대응," 한국테러학회, 『한국테러학회보』, 제8권 제2호, 2015.

이만종, "갈 데까지 간 인류의 야만," 『경향신문』, 2015년 9월 13일자.

이상현, "IS테러확산에 대한 미국의 재응과 전망," 세종연구소, 『정세와 정책』, 2016년 1월호.

이춘근, "IS와의 대전쟁 각오해야 한다!: 파리 테러 그 이후," 『미래한국』, 2015년 12월 10일자.

이춘근, "최근 동북아시아 군사·안보환경 변화와 전망," 『국제문제연구』, Vol.3, No.4, 2003년 겨울호.

이태규 편, 『군사용어사전』, 2012.

이헌경, 『미국의 대·반테러 세계전략과 대북전략』, 연구총서 2002~32(서울: 통일연구원, 2002).

이화수, "테러 공포 어떻게 막을까," 『경향신문』, 2014년 10월 12일자.

인남식, "폭력적 극단주의(Violent Extremism) ISIL의 발호 현황과 전망," 국립외교원 외교안보연구소 정책연구과제(2015~2).

인남식, "이라크 '이슬람 국가(IS, Islamic State)' 등장의 함의와 전망," 국립외교원 외교안보연구소, 『주요국제문제분석』, 2014.9.15.

정은숙, "'이슬람 국가'(IS)의 파리시내 테러: 의미와 대응," 세종연구소, 『세종논평』, No.310(2015.11.20).

정지운, 『미국의 국토안보법의 체계에 관한 연구』(용인: 치안정책연구소, 2010).

정상률, "IS의 출현·확산 배경과 목표, 우리의 대응 방안," 세종연구소, 『정세와 정책』, 2016년 1월호(통권 238호).

정욱상, "외로운 늑대 테러의 발생가능성과 경찰의 대응방안," 한국경찰학회, 『한국경찰학회보』, 제16권 제5호, 통권 제42호, 2013.10.

조성권, "9·11테러이후 미국의 대테러 정책의 변화에 대한 분석과 전망," 한국국제정치학회, 『국제정치논총』, 제43집 제2호, 2003.

조영갑, "테러가 군사전략에 미친 영향," 합동참모본부, 『합참』, 제24호, 2005.1.1.

채재병, "국제테러리즘과 군사적 대응," 『국제정치논총』, 제44집 2호, 2004.6.30.

최진태, 『알카에다와 국제테러조직』(서울: 대영문화사, 2006).

하선영, "유럽의 테러공포…난민에 섞여 IS 테러범 유입 우려," 『중앙일보』, 2015년 9월 15일자.

한국전략문제연구소, 『동북아 전략균형, 2002』(서울: 한국전략문제연구소, 2002).

"빈 라덴 사망이 테러와의 전쟁 끝은 아니다(사설)," 『조선일보』, 2011년 5월 3일자, 38면.

Blij, Harm de, Why Geography Matters: Three Challenges Facing America: Climate Change, The Rise of China, and Global Terrorism(Oxford: Oxford University Press, 2005).

Carlucci, Frank C., Secretary of Defence, FY 1889 Annual Report to the Congress(Washington: Department of Defence, 1990).

Simcox, Robin., "Present Status & Future Prospect of International Terrorism," 『새로운 테러위협과 국가안보(Emerging Terrorist Threats and National Security)』(국제안보전략연구원-이스라엘 국제대테러연구소 공동국제학술회의 자료집)』(2016.6.23, 한국프레스센터 국제회의장).

White House(Barack Obama's Administration), National Strategy for Counterterrorism, June 2011.

White House(George W. Bush's Administration), National Strategy for Combatting Terrorism, 2003.

이춘근, "미국의 힘, 중국의 도전, 테러리즘 세 가지를 알면 21세기가 보인다," http://blog.daum.net/mongolboy/4278029?srchid=BR1http%3A%2F%2Fblog.daum.net%2Fmongol boy%2F4278029(검색일: 2010.2.12).

합동참모본부 『군사용어해설: 한글용어사전』, http://www.jcs.mil.kr/user/indexSub.action?cody MenuSeq=71157&siteId=jcs&menuUIType=sub(검색일: 2016.9.25).

"국민보호와 공공안전을 위한 테러방지법," 『위키백과』, https://ko.wikipedia.org/wiki/(검색일: 2016.9.23).

"사이버테러리즘," 『위키백과』, https://ko.wikipedia.org/wiki/(검색일: 2016.9.25.).

"슈퍼테러리즘," http://www.x-file21.com/ref/new_data_view.asp?branch=51&mnum=282&

page=3(검색일: 2010.2.15).

"테러," 『Naver국어사전』, http://krdic.naver.com/detail.nhn?docid=39439700&re=y(검색일: 2010.11.27).

"테러," 『위키백과』, https://ko.wikipedia.org/wiki/%ED%85%8C%EB%9F%AC(검색일: 2016.9.18.).

"테러리즘," 『Naver국어사전』, http://krdic.naver.com/detail.nhn?docid=39440000&re=y(검색일: 2010.11.27).

『연합뉴스』, 2015년 10월 20일자.

Chapter 3 주석

1) 정상률, "IS의 출현·확산 배경과 목표, 우리의 대응 방안," 세종연구소, 『정세와 정책』, 2016년 1월호(통권 제238호), p.1.
2) B.C. 44년 로마에서 일어난 '율리시스 카이사르의 암살사건'과 A.D. 66년 팔레스타인 종교집 단 '시카리(Sicarri)'의 유태인들에 대한 공격 등에서 볼 수 있듯이 고대 그리스와 로마에까지 거슬러 올라간다.
3) "빈 라덴 사망이 테러와의 전쟁 끝은 아니다(사설)," 『조선일보』, 2011년 5월 3일자, 38면.
4) 인남식, "이라크 '이슬람 국가(IS, Islamic State)' 등장의 함의와 전망," 국립외교원 외교안보연 구소, 『주요국제문제분석』, 2014.9.15, p.2.
5) 인남식(2014.9.15), p.2.
6) 정상률(2016.1), p.1.
7) 이대우, "ISIL의 파리연쇄테러가 한국의 대테러 정책에 주는 함의," 세종연구소, 『정세와 정 책』, 2016년 1월호, p.8.
8) 이기훈, "'테러와의 전쟁' 15년⋯ 오히려 테러희생자 10배 늘어," 『조선일보』, 20105년 11월 18 일자.
9) 이만종, "갈 데까지 간 인류의 야만," 『경향신문』, 2015년 9월 13일자; 이만종, "중동지역 혼란 에 따른 테러조직 활동전망과 대응," 한국테러학회, 『한국테러학회보』, 제8권 제2호, 2015, p.7.
10) 유엔난민기구(UNHCR)에 따르면, 지난 2015년 6월 현재 기준으로 시리아에서 발생한 난민 수 만 177만명이다. 총난민수는 399만명이고 총국내실향민은 763만명으로 집계되고 있다. 하선 영, "유럽의 테러공포⋯난민에 섞여 IS 테러범 유입 우려," 『중앙일보』, 2015년 9월 15일자.
11) 인남식(2014.9.15), p.2.
12) 인남식(2014.9.15), p.2.
13) 박성제, "'외로운 늑대' 국제사회 새 위협으로 떠올라," 2014년 10월 28일자.
14) 이대우(2016.1), p.8.
15) 정상률(2016.1), p.2.
16) 지하디스트 지하디스트는 이슬람 극단주의 무장 조직원들이 자신들을 부르는 것으로 지하드 (성전)를 수행하는 사람이라는 뜻이다.
17) 정상률(2016.1), pp.1~2.
18) 인남식, "폭력적 극단주의(Violent Extremism) ISIL의 발호 현황과 전망," 국립외교원 외교안보 연구소 정책연구과제(2015~02) 참조.
19) 정상률(2016.1), p.4.
20) 정상률(2016.1), p.4.
21) 이상현, "IS테러확산에 대한 미국의 재응과 전망," 세종연구소, 『정세와 정책』, 2016년 1월호, p.9.
22) 이상현(2016.1), p.9.
23) 인남식(2014.9.15.), p.8.
24) IS는 한때 이라크 전체 영토의 40%까지 차지했지만 최근 14%까지 줄었다. 2015년에는 한 달 평균 2000여 명에 달했던 외국인 조직원 숫자가 2016년 들어 한 달에 200명 정도로 줄어든 것으로 전해지고 있다. 미 국방부는 현재 시리아와 이라크에서 활동하는 전체 조직원 숫자가 2만5000여 명이라고 추산하고 있다. 미국 정부 관계자는 "IS 점령지가 줄어들어도 (게릴라식 공격으로) 오랫동안 위협이 될 것"이라며 "시리아에서도 비슷한 문제를 일으킬 것으로 예상된 다."고 말했다. 박상주, "IS 등 테러세력, '외로운 늑대-소프트 타깃'전법으로 선회," 『뉴시스』, 2016년 6월 13일자.
25) 이상현(2016.1), p.9.

26) 이대우(2016.1), pp.8~9.
27) 인남식(2014.9.15.), pp.6~7.
28) 이대우(2016.1), pp.8~9.
29) 이대우(2016.1), p.9.
30) 이대우(2016.1), p.9.
31) 인남식(2014.9.15), pp.18~19.
32) 인남식(2014.9.15), p.20.
33) 정상률(2016.1), pp.2~5.
34) 정상률(2016.1), pp.2~3.
35) 정상률(2016.1), p.3.
36) 정상률(2016.1), p.3.
37) 정상률(2016.1), p.3.
38) 아얀 히르시 알리(Ayaan Hirsi Ali)는 무슬림을 종말론적, 광신적 근본주의자인 메디나무슬림, 이슬람의 핵심교리에 충실하지만 폭력을 반대하는 메카무슬림, 이슬람사회에서 이단자나 배교자로 간주되는 반체제무슬림으로 분류하고 있다.
39) 정상률(2016.1) pp.3~4.
40) 이춘근, "최근 동북아시아 군사·안보환경 변화와 전망," 『국제문제연구』, Vol.3, No.4, 2003년 겨울호, p.24.
41) 공형준, "레이건 행정부와 부시 행정부의 대테러 전략비교," 한국군사학회, 『군사논단』, 제56호, 2008년 가을호, pp.263~264.
42) 공형준(2008), p.264.
43) 부시 대통령이 테러발생 직후 라디오 주례방송을 통해 "9·11테러는 21세기 첫 전쟁이자 새로운 전쟁"이라고 언급했다.
44) 공형준(2008), p.264.
45) 공형준(2008), p.264.
46) 공형준(2008), p.266.
47) 마상윤, "빈라덴 사망이후 미국의 대테러전쟁," 세종연구소, 『정세와 정책』, 2011년 6월호, p.18.
48) 마상윤(2011.6), pp.18~19.
49) 마상윤(2011.6) p.19.
50) 조성권, "9·11테러이후 미국의 대테러 정책의 변화에 대한 분석과 전망," 한국국제정치학회, 『국제정치논총』, 제43집 제2호, 2003, pp.313~314.
51) 이헌경, 『미국의 대·반테러 세계전략과 대북전략』, 연구총서 2002~32(서울: 통일연구원, 2002), p.65.
52) 이헌경(2002), p.65.
53) 이헌경(2002), pp.65~66.
54) 이헌경(2002), p.66.
55) 공형준(2008), pp.259~259.
56) 문영일, 『미국의 국가안보전략사상사』(서울: 을지서적, 1999), pp.319~310.
57) 김태준, 『테러리즘: 이론과 실제』(서울: 봉명, 2006), p.384.
58) PFLP(Popular Front for the Liberation of Palestine)는 마르크스-레닌주의를 신봉하는 단체로 1967년 6일전쟁에서 팔레스타인이 이스라엘에 대패한 직후 하바시(Georges Habash)가 군소단체들을 통합하여 조직했다. 1968년 팔레스타인해방기구(PLO)에 합류하여 아라파트가 이끄는 알파타(Al Patah)dp 이어 최대조직으로 부상했다. 최종목표는 팔레스타인 지역에서 이스라엘인을 완전히 몰아내고 팔레스타인 국가를 만드는 것이다. 최진태, 『알카에다와 국제테러조직』(서울: 대영문화사, 2006), pp.141~143.
59) 김태준(2006), pp.384~385.

60) 문영일(1999), p.405.

61) 김태준(2006), p.386.

62) 오형식, 「레이건 정부의 소련붕괴전략에 관한 연구」(국방대학교 석사학위논문, 1997), p.22.

63) 공형준(2008), p.262.

64) 국방대학교 안보문제연구소, 『미국의 안전보장전략(National Security Strategy of the United States)』, 1989, pp.18~21.

66) Frank C. Carlucci, Secretary of Defence, FY 1889 Annual Report to the Congress(Washington: Department of Defence, 1990), pp.29~35.

65) 공형준(2008), p.263.

67) 김태준(2006), pp.386~387.

68) 마상윤(2011.6), p.18.

69) 마상윤(2011.6), p.18.

70) 공형준(2008), p.273.

71) 조성권(2003), p.303.

72) 조성권(2003), p.303.

73) 김태준((2006), p.372.

74) 한국전략문제연구소, 『동북아 전략균형, 2002』(서울: 한국전략문제연구소, 2002), p.67.

75) 박휘락, "기로에 선 미국의 군사변혁," 『u-안보리뷰』, Vol 13(2007.2.25), pp.2~3.

76) 박휘락(2007.2.25), p.3

77) 공형준(2008), pp.269~270.

78) Combatting Terrorism에는 방어적 의미인 Anti-terrorism과 공세적 의미인 Counter-terrorism이 포함된다. 합동참모본부『군사용어해설: 한글용어사전』, http://www.jcs.mil.kr/user/indexSub.action?codyMenuSeq=71157&siteId=jcs&menuUIType=sub(검색일: 2016.9.25.).

79) White House(George W. Bush's Administration), National Strategy for Combatting Terrorism, 2003.

80) 마상윤(2011.6), p.18.

81) 마상윤(2011.6), p.18.

82) 2014년 9월 UN 안보리 결의 2178호는 폭력적 극단주의 예방(CVE: Countering Violent Extremism)을 위한 노력강화 및 전략개발을 촉구한 바 있으며, 이후 국제사회에서 CVE의 전략과 행동의제 개발을 위해 회의가 활발히 전개되기도   다. 이러한 노력과 맥락을 같이하여 오바마 대통령도 지난 2015년 2월 '대테러 정상회담'에서 IS(Islamic State, 이슬람 국가)와 이슬람에 기반을 둔 테러단체의 행동을 '급진적 이슬람(Radical Islam)' 대신 '폭력적 극단주의(Violent Extremism)'이라는 용어로 대체하여 사용할 것을 재차 제언하기도 했다. 서정민, "이슬람국가(IS)의 미디어 전략과 폭력적 극단주의 대응(CVE)," 『중동연구』, 제34권 제3호, 2016, p.3.

83) 마상윤(2011.6), p.19.

84) 마상윤(2011.6), p.19.

85) 마상윤(2011.6), p.19.

86) 마상윤(2011.6), pp.19~20.

87) 마상윤(2011.6), p.20.

88) 이상현(2011.6), p.10.

89) White House(Barack Obama's Administration), National Strategy for Counterterrorism, June 2011 p.4.

90) Robin Simcox, "Present Status & Future Prospect of International Terrorism," 『새로운 테러위협과 국가안보(Emerging Terrorist Threats and National Security)』(국제안보전략연구원-이스라엘 국제대테러연구소 공동국제학술회의 자료집)』(2016.6.23, 한국프레스센터 국제회의장), p.9.

91) 인남식(2014.9.15), p.13.

92) 인남식(2014.9.15), pp.13~14.

93) 인남식(2014.9.15), p.14.
94) 인남식(2014.9.15), p.14.
95) 이상현(2016.1), p.10.
96) 인남식(2014.9.15), pp.12~13.
97) 인남식(2014915), p.1.
98) 인남식(2014915), p.2.
99) Robin Simcox(2016.6.23), p.9.
100) Robin Simcox(2016.6.23), p.9.
101) 마상윤(2011.6), p.20.
102) 마상윤(2011.6), p.20.
103) 마상윤(2011.6), p.20.
104) 이상현(2016.1), pp.10~11.
105) 이상현(2016.1), p.11.
106) 이대우(2016.1), p.9.
107) 이대우(2016.1), p.9.
108) 이상현(2016.1), p.11.
109) 정상률(2016.1), p.4.
110) 이상현(2016.1), p.10.
111) 이상현(2016.1), p.10.
112) 이상현(2016.1), p.10
113) 이대우(2016.1), p.9.
114) 이상현(2016.1), p.11.
115) 인남식(2014.9.15), p.17.
116) 이대성, "경찰관의 대테러 위기관리 인식에 관한 연구," 한국경찰연구학회, 『한국경찰연구』, 제8권 제3호, 2009.9, pp.97~122.
117) 정욱상, "외로운 늑대 테러의 발생가능성과 경찰의 대응방안," 한국경찰학회, 『한국경찰학회보』, 제16권 제5호, 통권 제42호, 2013.10, p.201.
118) 이대우(2016.1), p.18.
119) 인남식(2014.9.15), p.2.
120) 인남식(2014.9.15), p.2.
121) 정상률(2016.1), p.4.
122) 인남식(2014.9.15), p.3.
123) 인남식(2014.9.15), pp.20~22.
124) 인남식(2014.9.15), p.20.
125) 이대우(2016.1), p.10.
126) 『연합뉴스』, 2015년 10월 20일자.
127) 서정민(2016), p.3.
128) 인남식(2014.9.15), p.22.
129) "국민보호와 공공안전을 위한 테러방지법," 『위키백과』, https://ko.wikipedia.org/wiki/(검색일: 2016.9.23).
130) 정지운, 『미국의 국토안보법의 체계에 관한 연구』(용인: 치안정책연구소, 2010), p.87.
133) 인남식(2014.9.15), p.21.
131) 이대우(2016.1), p.10.
132) 김광진, "북한의 대남테러조직 및 테러전망," 『새로운 테러위협과 국가안보(Emerging Terrorist Threats and National Security)』(국제안보전략연구원-이스라엘 국제대테러연구소 공동국제학술회의 자료집)』(2016623, 한국프레스센터 국제회의장), p.76.
134) 김광진(2016.6.23), p.75.

135) 김광진(2016.6.23), p.76.
136) 유동렬(2016.6.23), p.101.
137) 이대우(2016.1), pp.10~11.
138) 정지운(2010), p.67.
139) 박상주(2016.6.13).
140) Robin Simcox(2016.6.23), p.8.
141) 미국 노스플로리다(North Florida) 대학의 파르베즈 아흐마드 교수의 최근 분석에 의하면 2001년 테러와의 전쟁이 시작된 이후 4조3,000억 달러라는 천문학적인 예산이 소모되었으며, 6,800명의 미군이 사망하고, 97만 명의 부상병이 생겨났다. 그러나 중동에서는 민간인 22만 명이 사망하고, 무려 630만 명이 전쟁 난민으로 고통 속에 허덕이고 있다고 보고한 바 있다. 이화수, "테러 공포 어떻게 막을까," 『경향신문』, 2014년 10월 12일자.
142) 정은숙, "'이슬람 국가'(IS)의 파리시내 테러: 의미와 대응," 세종연구소, 『세종논평』, No.310 (2015.11.20), p.1.
143) 정은숙(2015.11.20), p.2.

Chapter 4

테러방지법 필요한가?
대테러 정책 발전방향

법령, 제도 개선과 국제협력 등을 모색

　본 장은 국민보호와 공공안전을 위한 테러방지법(이하 '테러방지법') 제정으로 인한 변화와 향후 테러 정책 발전방향을 분석하기 위한 것이다. 이를 위해 테러리즘의 개념과 지구촌의 잇단 테러리즘, 한국의 테러방지법 제정의 경과·의의와 주요내용·쟁점, 테러방지법 시행령의 주요내용·쟁점, 테러방지법 제정 이후 주요변화와 대테러 정책 발전방향을 살펴본 후 결론을 도출해본 것이다.

　오늘날 테러의 목적과 양상도 갈수록 다양해지고 있다. 테러가 탈냉전 이후 국제사회의 심각한 안전 위협요인이 된 상황에서, 세계 각국은 테러 관련 법령 등을 제정하여 테러 대응에 만전을 기하고 있다. 우리나라는 전 세계 유일한 분단국가로서 북한에 대한 군사적 대비와 전쟁 도발의 예방만을 생각하고 테러에 대해서는 조금은 소극적인 자세를 유지해 왔다고 볼 수 있다.

　그러나 9·11사건을 계기로 우리나라도 테러의 안전국가가 아님을 정부와 모든 국민들이 인식할 수 있는 계기를 만들었다. 따라서 9·11사건 이후, 테러에 대한 다양한 논의들이 이루어졌고 특히, 테러 방지에 대한 입법 제정 논의가 핵심을 이루었다. 이러한 입법 제정에 대한 논의에 따라서 테러방지법 입법안이 발의되었고, 이에 따라 법률 제정을 위한 많은 노력들이 이루어졌다. 그러나 제정법률에 대한 다양한 견해의 차이로 법률을 제정하지 못하고 있었으나 2016년 입법발의안들을 통해 2016년 3월 3일 '국민보호와 공공안전을 위한 테러방지법(이하 테러방지법)'이 제정·공포되어 시행되고 있다.

　그러나 이 법률은 기존의 입법발의안들이 담고 있던 중요사항들을 모두 입법화하지 못해 이에 따른 문제들이 지적되고 있다. 테러 대응 정책에 있어서 가장 중요한 것은, 궁극적으로, 인권과 안전의 두 개의 가치를 얼마나 잘 조화시키고 운영하여야 하는가의 문제이다. 테러방지법은 정보기관에게 권한을 주고 끝내는 법이 아니라, 헌법적 기준에 맞는 절차와 내용을 가지고 있어야 하기 때문이다. 테러방지법은 테러 공격으로부터 국민의 보호를 효율적으로 수행하는 방법만 다루어야 하는 것이 아니라 대테러활동이 만들 수 있는 기본권 침해를 최소화할 수 있는 방법도 반드시 규정되어야 한다. 따라서 우리는 테러방지를 위해 법령·제도 개선과 국제협력 등을 모색하고 테러의 근본원인도 해결하기 위해 노력해 나가야 한다.

헌법의 테두리와 한계에서 시행되어야 한다

테러는 일반 형사범죄와는 달리 잔혹성과 예측불가능성을 통해 국가의 존폐를 결정지을 수도 있는 중대한 범죄이다. 따라서 9·11사건 이후, 테러에 대한 다양한 논의들이 이루어졌고 특히, 테러에 대한 입법제정 논의가 핵심을 이루었다. 이러한 입법 제정에 대한 논의에 따라서 테러방지법 입법안이 발의되었고, 이에 따라 법률 제정을 위한 많은 노력들이 이루어졌다. 그러나 오랫동안 제정 법률에 대한 다양한 견해의 차이로 법률을 제정하지 못했었다.[1]

그러나 지지부진하던 테러방지법 제정은 프랑스 테러사건 이후로 세계 모든 국가들이 이슬람국가(IS)를 위시한 테러단체에 대해 보다 경각심을 갖고 예방책을 마련하고자 하는 움직임을 보임에 따라 우리 역시 테러의 안전지대가 아닌 만큼 조속히 대테러방지 대책이 마련되어야 한다는 일부 여론이 제기되었고, 정부도 "우리나라가 테러를 방지하기 위해 기본적인 법체계조차 갖추지 못하고 있음을 지적하고, 14년째 국회에 계류 중이었던 테러방지법의 조속한 처리를 주문했었다.[2] 이에 따라 19대 국회에서 '국민보호와 공공안전을 위한 테러방지법'이라는 법안이 발의되었고 2016년 3월 3일 법률 제14071호로 신규 제정됨으로써 '테러방지법' 제정 문제가 일단락되었다. 이로써 2016년 3월 3일 「국민보호와 공공안전을 위한 테러방지법」이 제정·공포된데 이어 국무조정실과 국가정보원이 지난 2016년 4월에 입법예고하였던 「국민보호와 공공안전을 위한 테러방지법 시행령도 2016년 6월 4일부터 시행되고 있다.[3]

그동안 논란이 많았던 「테러방지법」의 타결은 ① 대테러 행정의 '법률성' 확보 ② 테러에 대한 직접적이고 통일적으로 규율할 수 있는 관련법의 제정·시행의 측면에서 큰 의미가 있다. 그러나 보완적 측면에서 고민해야 할 사항도 적지 않다. 이는 지난 2016년 3월 3일 공포된 모법 「국민보호와 공공안전을 위한 테러방지법」이 입법과정 중에 필리버스트(의사진행방해) 등 정치적·사회적 논란을 동반하였다는 점에서 향후 법과 시행령의 운영과정에서도 적지 않은 논란이 있을 것으로 예상되고 있다.[4] 제정된 법률도 기존의 입법발의안들이 담고 있던 중요사항들을 모두 입법화하지 못해 이에 따른 입법적 문제들도 지적되고 있다.[5]

더구나 2001년 9·11테러 이후 미국을 비롯한 세계 각국은 테러로부터 국가의 안전을 보호하기 위해 다양한 제도적 조치들을 취해왔다. 유엔도 9·11테러사건 이후 테러 근절을 위한 국제공조를 결의하고 이를 위한 법령 제정을 각국에 권고해 경제개발협력기구(OECD) 국가 대부분이 테러방지를 위한 법률을 제정한 상태이다.[6] 그러나 이러한 제도적 장치는 그 필요성에도 불구하고 자국국민의 인권을 침해하고 기본권을 제한할 가능성이 있다는 점에서 지금까지도 각국마다 많은 부분에서 논란이 되고 있는 상황이다.

우리나라 역시 입법 당시부터 국가안보와 국민안전을 위해 법제정이 필수적이라는 주장과 법 제정 이전에 인권침해 가능성 및 국가정보기관의 권한남용 가능성에 대한 통제방안이 우선적으로 마련되어야 한다는 주장이 대립하면서 '필리버스터' 등을 통한 야당이 표결을 거부한 가운데 테러방지법이 본회의를 통과하였기 때문에 논란은 언제든지 재개될 수 있다.[7]

즉, 「국민보호와 공공안전을 위한 테러방지법」은 이름 그대로 테러를 방지하기 위한 법이고, 실제로 이슬람국가(IS)의 테러 지정 대상에 대한민국이 포함되어 있었기 때문에 이와 같은 법이 필요한 것은 사실이지만 테러방지법이 공포되고 시행령이 입법 예고된 이후에도 이러한 논란은 잦아들었다고 보기 어려우며 현재에도 ① 테러 대응을 명분으로 국정원의 권한이 과도하게 강화되었다는 점 ② 헌법상 국가긴급권 발동에나 가능한 민간에 대한 군사투입 등이 규정되었다는 점 ③ 대테러센터의 권한과 조직 등이 법률뿐만 아니라 시행령에서조차 포괄적이고 불명확하게 정해진 점 등에 대해서 논란이 되고 있다.[8]

특히 우리 헌법은 국민의 기본권 보장을 위해 평상시가 아닌 비상사태에서도 국가권력의 비상적 발동 요건을 엄격히 규정하고 있다. 따라서 모든 법령은 이러한 헌법의 테두리와 한계를 벗어날 수 없으며 현행 테러방지법 및 시행령과 관련한 논란에서도 이러한 원칙이 적용된다고 볼 수 있다.

지구촌의 잇단 테러리즘과 주요국의 테러방지법 제정

1. 테러·테러리즘의 개념 및 유형

테러와 테러리즘의 개념 및 유형을 우선 정리하면 '테러(terror)'는 어원적으로 큰 두려움을 의미하는 terror이라는 라틴어에서 유래한 것으로 알려져 있으며, 통상적으로 '개인이나 집단이 정치적·사회적 목적 달성을 위해 자행하는 직·간접적 방법에 의한 모든 폭력행위'로 이해되고 있다. 그러나 항공기 테러, 외교관보호, 인질 방지 및 핵물질 보호를 위한 영역 외에는, 국제적으로 여전히 합의된 정의는 없다. 전통적으로 테러는 주로 항공기 납치·폭파, 요인 암살 등 특정영역에서 특정인을 대상으로 한 폭력행위 형태로 자행되어 왔다. 우리나라의 경우는 북한과 군사적으로 대치하고 있는 특수한 안보환경에서 그동안 우리가 당한 테러의 90% 이상이 북한에 의한 테러였다.[9]

또한 테러(terror)란 주권국가 또는 특정단체가 정치, 사회, 종교, 민족주의적인 목표를 달성하기 위하여 조직적이고 지속적으로 폭력을 사용하거나 폭력의 사용을 협박함으로써 특정 개인, 단체, 공동체사회, 그리고 정부의 인식 변화와 정책의 변화를 유도하는 상징적·심리적 폭력행위를 총칭하는 말로도 이해되고 있다.[10]

이외에 사전적 의미에서 보면 폭력수단을 사용하여 적이나 상대방을 위협하는 행위로 정의되고 있기도 한다. 아울러 일반적으로는 공포를 뜻하는 사회심리적 용어로 사용되어 왔으며 현재 우리나라에서는 테러리즘(terrorism) 또는 테러리스트(terrorist)의 준말로 사용되고 있다.[11]

또한 테러(terror)와 테러리즘(terrorism)은 흔히 동의어로 사용되고 있으나 엄밀히 말하면 서로 간에 약간의 의미의 차이가 있다. 즉 테러란 '폭력을 써서 적이나 상대편을 위협하거나 공포에 빠뜨리게 하는 행위'[12]임에 비해, 테러리즘은 '정치적인 목적을 위하여 조직적·집단적으로 행하는 폭력 행위 또는 그것을 이용하여 정치적인 목적을 이루려는 사상, 주의 또는 정책을 말한다. 또한 테러(terror)의 유형으로는 정치적·종교적·사상적 목적을 위해 민간인한테까지 무차별로 폭력행사를 하는 테러리즘과 정보통신망에서 무차별적으로 공격하는 사이버테러리즘[13]으로도 구분된다.

이처럼 오늘날 국제사회는 전통적인 안보 분석의 틀로는 설명할 수 없는 테러와 같은 새로운 정치적 현상들이 나타나고 있다. 따라서 이러한 변화 속에서 국제테러리즘은 이제 안보영역에 있어서 하나의 중요한 새로운 축으로 등장하고 있으며, 2015년 11월 파리 테러의 충격처럼 지구촌에서 테러는 일상화가 되고 있다.[14]

그러나 이처럼 테러리즘이 오늘날 국제사회가 당면한 가장 심각한 문제 중의 하나임에도 불구하고 실제적으로는 테러리즘의 본질과 개념정의에 대한 보편적인 규정은 명확하지 않은 실정이다. 국제적 차원에서도 테러리즘의 개념을 정의하기 위해 1937년 국제연맹에서 개최한 '테러리즘 방지와 처벌에 관한 회의'를 개최하였으나, 회의 참가국들의 이해가 엇갈려 정작 합의는 이루어내지 못했다. 다만 '한 국가에 대하여 직접적인 범죄행위를 가하거나, 일반인이나 군중들의 마음속에 공포심을 일으키는 것'을 테러리즘이라 규정하고 국가원수의 배우자에 대한 살상, 공공시설 파괴 등을 테러리즘에 포함시키는데 그쳤다.[15]

결과적으로 이처럼 테러리즘에 관한 정의를 규정하기 위해 1937년 국제연맹(League of Nations)에서 테러리즘의 예방과 처벌을 위한 협약(Convention for Prevention and Punishment of Terrorism)을 통해 최초로 테러리즘에 대한 개념 규명이 시도된

후 지금까지 테러리즘에 많은 시도가 있었으나, 테러리즘의 개념과 정의와 관련해서는 같은 사건을 보면서도 시각과 관점에 따라 테러리즘으로 규정되기도 하고, 또 어떤 경우에는 일반범죄로 취급되기도 하고, 다른 시각이나 특정집단에서는 애국적 행동으로 정의되기도 한다. 이것이 바로 테러리즘에서의 중요한 관점 또는 인식의 비대칭성이며 극단적인 양면성이다. 즉 한쪽에서는 악의 화신이지만 다른 한쪽에서는 영웅적 행동이 된다는 것이다. 따라서 테러리즘에 대한 견해는 일정한 합의를 이루기 어려운 실정이며. 이는 국제적 대테러 공조에 걸림돌로 작용하고 있기도 하다.[16]

다음은 테러리즘의 유형 문제이다. 일반적으로 테러리즘의 유형은 참으로 다양하다. 특정 목적을 가진 개인 또는 단체가 살인, 납치, 유괴, 저격, 약탈 등 다양한 방법의 폭력을 행사하여 사회적 공포상태를 일으키는 테러행위가 있고, 사상적·정치적 목적 달성을 위한 테러와 뚜렷한 목적 없이 불특정 다수와 시민까지 공격하는 맹목적인 테러로 유형이 구분되기도 한다.[17]

사용주체에 따라서는 위로부터의 테러리즘과 아래로부터의 테러리즘으로 하는 분류가 있고, 특정국가가 테러에 개입되었는지 여부 및 1개국 이상의 국민이나 영토가 테러에 관련되었는지 여부에 따라 ① 국내테러리즘(domestic terrorism), ② 국가테러리즘(state terrorism), ③ 국가 간 테러리즘(interstate terrorism), ④ 초국가적 테러리즘(transnational terrorism) 등으로도 구분되기도 한다.[18]

또한 테러의 공격유형으로는 테러의 수단과 방법을 기준으로 ① 요인 암살 테러 ② 인질 납치테러 ③ 자살폭탄 및 폭파테러 ④ 항공기 납치 및 폭파테러 ⑤ 해상선박 납치 및 폭파테러 ⑥ 사이버테러 ⑦ 대량살상무기테러 등으로 분류되기도 한다.[19]

그러나 최근 발생된 테러에서 볼 수 있듯 오늘날의 테러위협은 순식간에 수많은 사람들의 생명과 재산을 앗아가는 대재앙이라 할 수 있으며 테러의 목적과 양상도 갈수록 다양해지고 있다. 독립운동, 분리주의 운동, 민족 간 갈등, 종교문제, 문명 간 갈등에 의한 테러 등 테러의 치명성과 규모는 더욱 대형화 되고 심각한 안보문제가 되고 있는 것이다. 또한 새로운 형태의 테러리즘(new terrorism)은 그 세력이 영토나 국경을 초월하여 범세계적인 네트워크를 형성하고 있기 때문에

테러를 사전에 예방하기 어려우며 예측하기도 힘들다는 특징이 있다.[20]

더욱이 9·11테러 이후에는 고전적 테러리즘에 대비하여 뉴 테러리즘(new terrorism)이라는 용어가 널리 사용되고 있는가 하면, 최대한 많은 인명을 살해함으로써 사회를 공포와 충격으로 몰아넣은 최근의 테러리즘의 경향을 의미하는 메가테러리즘(megaterrorism)이나 특정 인물이나 계층을 상대로 벌이는 테러가 아니고, 불특정 다수를 향한 테러리즘을 일컫는 슈퍼테러리즘(superterrorism)[21]이란 용어도 함께 널리 사용되고 있다. 즉, 뉴 테러리즘이란 네트워크로 연결된 아마추어들이 무차별적으로 저지르는 테러폭력을 가르킨다. 이처럼 테러의 양상은 끊임없이 변화되고 있어 현재의 대책으로는 대처하기가 어려운 상황이다.

특히 뉴 테러리즘의 특징은 9·11테러에서 보았던 것처럼 다음과 같이 정리해볼 수 있다. ① 요구조건의 제시도 없고 정체도 밝히지 않는 소위 '얼굴 없는 테러리즘'의 지향 ② 전쟁의 형태로 나타나 무차별적인 인명 살상을 기도함에 따른 상상을 초월하는 테러리즘의 피해 ③ 여러 국가·지역에 걸쳐 연결된 이념결사체로서 다원화된 조직중심에 기인한 테러조직의 무력화의 어려움 ④ 비행기, 주유소, LPG운반차량 등 테러리즘 사용 장비의 현장 즉각 사용가능성에 따른 대체시간의 절대적 부족 ⑤ 저렴한 비용의 엄청난 효과를 내는 탄저균 테러리즘에서 볼 수 있는 바와 같은 테러리즘에의 화생방무기의 사용 ⑥ 테러리즘 현장의 실시간 전 세계 보도에 따른 테러리스트들이 노리는 공포의 실시간의 확산과 피해국 대처의 정치적 부담 증대 등이 바로 특징이다.[22]

전술한 것처럼 역사적 측면에서도 9·11테러 이후 미국이 주도해온 '테러와의 전쟁(war on terror; counter-terrorism)'은 알카에다(Al-Qaeda) 조직 해체와 오사마 빈라덴(Osama Bin Laden) 등 지도부 제거에 집중되었고, 목표로 설정한 소기의 성과를 달성한 것은 사실이나, 극단주의 테러리즘은 성격을 달리하며 여전히 잔존하고 있고, 최근에는 이러한 테러집단들이 변형(metamorphose transformation)하여 IS테러리즘이라는 새로운 버전(version)의 이슬람 극단주의 테러리즘이 발현되기도 하였다.[23]

이제는 이슬람국가(IS)와 같은 해외 테러조직이 위축, 소멸되고 있어 직접 지시를 내리지 않더라도 이념적 영향을 받은 '외로운 늑대'형 추종자들이 미국과 서방 등 각국의 자국영토에서 언제, 어디서든지 대형 테러를 저지를 가능성이 있음이 확인되고 있다. 이는 인터넷 웹사이트나 소셜 미디어를 통해 이슬람 과격 단체의 영향을 받은 자생적 테러리스트로서, 이른바 '외로운 늑대(lone wolf)'형 테러리스트가 국제사회의 새로운 위협이 되고 있는 상황을 의미하는 것이다.[24]

2. 지구촌의 잇단 테러리즘

2011년 5월 9·11테러의 주모자이며 알카에다를 이끌었던 빈 라덴이 사살된 이후 알카에다의 영향력이 급격히 약화되면서 국제테러가 감소하는 듯했다. 하지만 2014년 이라크와 시리아 수니파 무슬림이 주축을 이루고 있는 극단주의 지하드 무장조직인 이슬람국가(ISIL, Islamic State of Iraq and the Levant: 이슬람국가(IS)로도 불리는 이라크·레반트)는 2011년 미군 철군 이후 2012년 시리아의 내전 속에서 빠르게 확산되면서[25] 무차별적이고 무자비한 테러를 중동과 유럽에서 자행해왔다.[26] 이는 IS(Islamic State, 이슬람국가)가 국가 수립 선언 이후 국제사회에 자신들의 존재감을 드러내기 위해 전략의 일환으로 폭력적 극단 성을 드러내기 시작한 것이다.

대표적으로 2014년 8월 19일 IS는 미국인 종군기자 제임스 폴리(James Foley)를 잔인하게 참수했고, 2주 만인 9월 2일 미국인 종군기자인 스티븐 소틀로프(Steven Sotloff), 그리고 역시 2주 만에 영국인 NGO 활동가 데이비드 헤인스(David Haynes)를 같은 방법으로 각각 살해했다. 참수라는 극단적 형태의 잔악한 행위에 미국과 국제사회는 큰 충격을 받았다. 이후에도 외국인에 대한 참수는 계속되었다. IS는 주로 서구 국가들의 인질들을 참수함으로써 미국과 영국 등 대테러 전쟁을 주도하는 국가들을 심리전 타깃으로 삼았다. 그리고 미국 및 국제사회가 자신들의 거점타격 공습을 지속할 경우 보복처형을 지속할 것임을 천명했었다.[27]

이처럼 전 세계는 테러리즘과 전선 없는 전쟁을 계속해서 벌이고 있는 것이다. 이외에도 IS부상으로 인해 그 세력이 약화되었지만, 이슬람 과격 테러 세력인 알카에다, 알샤바브(Al-Shabaab) 등이 병원과 학교, 지하철, 나이트클럽, 극장 등 이른바 '소프트타깃(Soft target)'을 겨냥한 무차별 테러를 벌이기도 한다. 최근에는 서방국가들의 지속적인 공세로 테러 세력이 약화되었지만, 그 대신 극단적 사상에 경도된 '외로운 늑대'들의 '자생적 테러'로 전략을 전환하면서 민간인 영역으로 테러전선이 확산되고 있는 현상이 나타나고 있다.[28]

우리나라 역시 IS 및 국제테러조직의 공격대상에서 예외가 될 수 없으며, IS 등과 같은 극단주의 무장단체에 의한 테러 발생 가능성은 매우 높아지고 있다. 그간 IS는 한국이 미국 주도하에 연합군에 참여했다는 이유로 끊임없이 한국을 위협해 왔으며 지난 2016년 6월에는 국내 미군 시설과 우리 국민을 한명 지정하고 인터넷에 공개하기도 했다. 2015년에는 온라인 선전지 '다비크'에 국제동맹군 합류 국가를 '십자군 동맹국'으로 지칭하면서 한국을 포함시키고 'IS에 대항하는 세계 동맹국 60개국'에 태극기를 포함시킨 바도 있다.[29]

그러나 전술한 바 처럼 한국은 북한의 테러에는 익숙한 편이나, IS의 '외로운 늑대' 테러에 대해서는 아직 그 대비가 미흡한 형편이어서 대책 보완이 요구되고 있다.[30] 국내 한 고등학생이 IS에 가담한 김군 사건이 있었으며, IS 가담을 시도하던 내국인 2명이 적발되어 출국이 금지된 사건도 있었다. 또한 사제폭탄을 만들 수 있는 원료를 국내로 밀수하려던 외국인 IS 동조자 5명이 적발되기도 했으며, 국내에서 처음으로 국제테러 조직을 따르는 인도네시아인이 검거되기도 하였다. 더구나 얼마전에는 IS가 한국을 62개의 테러대상국에 포함시킴으로써 우리나라도 테러안전지대가 아님이 분명해지고 있다.[31]

특히 지난 2015년 11월 13일, 파리 시내에서 동시다발적으로 발생한 테러로 세계는 큰 충격에 빠졌다. 이 테러 공격으로 무고한 민간인 130명이 사망하고 350여명이 부상했다. 사건 직후 IS는 이번 테러가 그들의 소행임을 밝혔다. 프랑스 국민들뿐만 아니라 전 세계는 이 무모하고 비인간적인 공격에 공분했다. 9·11 테러 이후 아프가니스탄, 이라크를 포함한 대대적인 대테러전쟁으로 위축되어 가던 알카에다가 이슬람국가라는 이름으로 다시 테러의 불씨를 되살렸던 것이다.[32]

파리 테러와 벨기에 테러에 이어 올랜도(Orlando) 테러까지 지구촌에서 발생하는 폭력적 극단주의자들에 의한 연쇄적 테러에 세계가 양분되었고 급기야는 새뮤얼 헌팅턴(Samuel Huntington)이 예고한 대로 종교와 분쟁의 충돌로 가는 것인지 우려되었다. 이처럼 테러는 오늘날 국제사회가 직면한 가장 심각한 안보와 치안의 문제라고 볼 수 있는 현상이다.

더구나 최근 테러 양상은 목적과 형태가 갈수록 다양해지고 있을 뿐만 아니라 소수의 테러리스트가 폭력성을 가지고 순식간에 수많은 사람의 생명과 재산을 앗아가는 비이성적 행태를 보여주고 있다. 9·11테러에는 불과 주범 19명이 동원되었고, 올랜도 테러는 고작 한 명이 100여명의 인명을 무차별 살상했다.[33]

2016년에도 새해 벽두부터 시작된 터키 이스탄불과 인도네시아 자카르타에서의 도심 폭탄테러 등 계속되는 무차별 총성과 살상은 불안한 조짐을 예고하더니 6월 28일 터키 이스탄불 아타투르크공항에서 3건의 자폭 공격 및 총기 난사로 43명이 사망, 230명이 부상했고, 7월 14일 프랑스 니스 해변에서 19t 트럭 군중돌진 테러로 200여명의 사상자가 발생하는 등 총 500여명의 무고한 민간인들이 3주 동안 많은 피해를 입기도 했다.[34]

한국 역시 이제 예외가 될 수 없으며, 예측할 수 없는 위험이 언제든 현실로 나타날 수 있다. 특히 경제적 불평등, 사회적 차별과 소외 등에 의한 자생적 테러 문제는 가장 우리가 관심을 가져야 하는 뇌관이다.[35] 지금까지 테러와 관련해서 '테러 청정국'으로 알려져 있는 한국에서 기우(杞憂)에 가까운 지나친 우려가 오히려 사회불안요인이 되고, 외국인 혐오증 및 테러를 불러일으키게 할 수도 있는바 '정중동'자세로 테러를 방지하고 중동에서의 우리의 이해를 추구하는 지혜가 필요하다는 신중론도 있다. 또한 한국 내에서 '테러방지법,' '다문화 사회로의 변화,' '시리아인 및 무슬림들의 국내 난민 이주,' '이슬람포비아' 등과 관련하여 정책적 대안도 필요하다는 주장들도 그동안 계속 제기되고 있다.[36]

한국의 경우 이미 2004년 김선일씨 참수사건, 2007년 아프가니스탄 샘물교회 자원봉사단원 피랍 및 피살사건 등 이슬람극단주의 테러리즘에 여러 차례 노출되었던 경험이 있으므로 향후 유사한 사례발생을 방지하기 위해 심도 있는 정책 논의와 각별한 장치가 필요하다.[37]

지금까지 한국이 유럽에 비해 테러 가능성이 낮다고 보았던 주요 이유는 세가지이다. 즉 ① 기독교와 이슬람교라는 종교적 대칭선이 존재하는 유럽과 달리 종교적 차이로 인한 차별이 적다는 점 ② 다른 국가를 침략했던 역사적 부채가 없다는 점 ③ 한국의 외국인 노동자들이 알카에다나 IS와 연계되어 있다는 증거

가 적다는 점 때문에 유럽의 상황과는 다르다고 보았었다.[38]

그러나 최근 들어 급속히 변화하는 한국의 안보환경은 오히려 유럽과의 유사성이 많아지고 있는 상황이다. 더욱이 한국은 남·북한이라는 특수한 질서가 작동하고 있다. 얼마 전 한국을 방문한 프랑스 대테러 사령탑인 브뤼기예르 수석판사는 오늘날 테러의 특징을 테러의 세계화로 요약하면서, 테러조직이 한국을 경유할 가능성과 한국에 들어와 있는 외국인 속에 테러분자들이 포함되어 있을 가능성이 있음을 경고한 바 있다.

특히 자생적으로 급진화하는 테러범들은 사전 수사, 정보망으로도 포착하기힘들기 때문에 범인들에 대한 완벽한 대책을 세우기가 쉽지 않다는 점은 자생적테러 대응의 한계이다. 만에 하나 국제테러조직이나 북한의 테러 또는 최근 염려되고 있는 이민 및 난민자, 외국인, 사회적 소외계층 등에 의한 자생적 테러가이 땅에서 발생한다면 대규모 전면전이 아니더라도 그 충격과 피해는 상상할 수없는 국가적 혼란과 대재앙이 될 수밖에 없다.[39]

3. 주요국의 테러방지법의 제정 및 개정

사실 테러방지법의 제정 흐름은 9·11테러 전후 미국만이 아니라 주요국가에서 나타난 하나의 흐름이었다.[40] 2001년 9·11테러 이후 미국을 비롯한 세계 각국은 테러로부터 국가의 안전을 보호하기 위해 다양한 제도적 조치들을 취해왔다. 미국의 9·11테러 발생 2주 후인 2001년 9월 28일 국제연합안전보장이사회에서테러활동 및 집단행동 등의 예방조치 및 무기, 정보, 자금 등의 지원 차단을 위한회원국의 이행사항을 부여한 결의(제1373호)가 채택되었다.[41] 유엔도 9·11테러사건 이후 테러 근절을 위한 국제공조를 결의하고 이를 위한 법령 제정을 각국에권고해 경제개발협력기구(OECD) 국가 대부분이 테러 방지를 위한 법률을 제정하였다.[42]

이에 따라 미국정부는 9·11테러 직후인 2001년 10월 26일 일명 애국법(Patriot Act)을 제정하였다. 애국법의 주요내용은 연방수사국의 감청 권한 확대와유선·전자통신 감청, 정보공개 제한에 대한 예외규정 등이 중심내용이다.[43] 또한

9·11테러 이후 부시 행정부의 대테러 정책은 클린턴 행정부의 대테러 정책을 더욱 강화하는 강경정책을 선택했다. 미국정부는 9·11테러 이후 트럼프 정부에 이르기까지 지속적으로 대테러기구의 강화를 위한 노력도 함께 기울여왔다.[44]

영국에서는 2000년에 기존의 테러법을 통합한 반 테러법(Terrorism Act 2000)이 제정되었다. 동법은 테러조직의 지정, 테러 자금의 구제, 테러 방지를 주요내용으로 하고 있었으나, 9·11테러 이후 반테러법(Anti-Terrorism, Crime and Security Act 2001)을, 런던 폭발사건(2005.7.7)이후에는 좀 더 강화된 테러 법을 제정하였다 (Terrorism Act 2006).

독일은 9·1테러 이후, 2002년에 국제테러대책법을 제정했다. 동법은 테러범의 독일 입국을 저지하는 동시에 국내 과격파의 인지·활동 저지를 목적으로 여권이나 신분증에 사진 및 서명 외에 지문이나 얼굴의 생물학적 특징을 기재할 수 있도록 하였다.[45] 일본도 9·11테러 이후에 2년 기한의 테러대책특별조치법을 제정하였다. 3차례 연장된 동법의 효력이 2007년 11월 1일자로 종료되자, 신 테러특별법이 2008년 1월 11일 중의원의 재의결을 거쳐 시행되었다.[46] 중국의 반테러법은 과도한 권한이라고 해서 외국 대사관들까지도 반발이 있었지만 시행되고 있다.[47] 러시아는 2006년부터 연방대테러법과 대테러법 시행 대통령령을 제정하여 테러에 대응하고 있다. 또한 뉴질랜드, 남아프리카공화국, 키프러스 등도 테러사범이나 공안사범을 포함하는 대테러법제정을 추진하였다.[48]

2001년 9월 이후 유엔 테러방지위원회와 그 외 관계당국에 제출된 보고서에 따르면, 적어도 제3세계의 33개국이 테러방지법을 의회에 제출한 것으로 알려지고 있다.[49] 일부 국가(쿠바·요르단·네팔 등 14개국)들은 최소한의 논쟁을 거쳐, 또 다른 국가(콜롬비아·인도네시아·필리핀 등 13개국)들은 광범한 규모의 토론과 논쟁을 거치고 나서야 테러방지법을 통과시켰다.[50]

최근 케냐(2014.12.19)와 한국(2016.3.2)에서 테러방지법이 통과됨으로써 어떤 이유에서든 이 법안을 통과시킨 국가들의 목록이 증가하고 있는 추세임에는 분명하다. 프랑스 파리 연쇄테러 등을 자행하며 국제사회 내 공공의 적으로 지목받고 있는 테러단체인 IS가 자신들의 보복 대상국을 의미하는 '십자군 동맹 62개국'에 한국을 포함시켰던 것처럼, 우리나라의 국제테러 위험수위도 점차 높아지고 있는 상황이다. 여기에 국내 불순세력에 의한 국가기반시설 파괴 음모 등과 같은 자생적 테러의 가능성도 간과할 수 없는 유형이다.[51] 이처럼 우리는 북한, 국제테러와 자생적 테러 등의 모든 테러위협에 직면하고 있는 상황에서 기존법과 제도로는 부족한 부분이 많았음을 고려해 볼 때 한국의 테러방지법 제정은 안보적 측면에서 불가피한 조치였음을 알 수 있다.

하지만 그와 동시에 이 법의 권력 남용 및 인권 유린 가능성에 대한 우려와 비판 역시 끊임없이 증가해오고 있다. 미국에서는 전 CIA 직원 에드워드 스노든(Edward Joseph Snowden)의 폭로[52]로 미국의 테러방지법인 애국법(Patriot Act)이 자유로운 시민권을 심각하게 침해하고 있다는 경각심이 고조되었다. 결국 무차별 통신기록 수집에 대한 시민들의 우려는 애국법(Patriot Act)을 대체할 「미국자유법(USA Freedom Act)」의 대체 제정으로 나타났다.[53]

「미국자유법」은 테러와 무관한 일반시민에 대한 정보기관들의 무차별 통신기록 수집의 근거가 됐던 「애국법(Patriot Act)」이 만료된 지 이틀만인 2015년 6월 2일 상원을 통과했다. 버락 오바마 미국 대통령이 미 국가안보국(NSA)의 대규모 통신기록 수집을 금지하는 내용을 골자로 한 미국자유법에 서명했다. 오바마 대통령은 법안이 상원 전체회의에서 찬성 67표 반대 32표로 통과된 지 몇 시간 만에 신속히 서명절차를 마무리했으며 이에 따라 법으로서 효력을 갖게 되었다.[54]

미국자유법에 따라 미국시민의 통신기록은 통신회사만 보유하고, 정부는 집단이 아닌 개별 통신기록에만 법원의 영장을 발부받아 접근할 수 있게 된 것이다.[55] 즉 미국자유법은 정부가 집단이 아닌 개별 통신기록에 대해 통신회사에 요청해야만 접근할 수 있고, 통신기록 접근을 위해서는 법원의 영장을 발부받아야 하며, 정보기관이 통신기록을 보존하지 않는다는 내용을 주요골자로 하고 있다. 아울러 미 국가안보국(NSA)은 해외 테러조직과 연계되지 않은 자생적 테러리스트를 뜻하는 '외로운 늑대'를 감시할 수 없게 되었으며, 통신기기를 바꿔가며 활동하는 테러 용의자에 대해 영장을 발부받지 않고도 감청할 수 있도록 허용한 '이동식 도청' 역시 금지되었다. 이와 관련해서 오바마 대통령은 서명에 앞서 "국가안보 전문가들이 나라를 지키기 위해 필요한 필수장치들을 완벽히 갖출 수 있도록 행정부도 신속히 노력하겠다."고 밝힌 바 있다.[56]

이처럼 오바마 대통령은 지난 2015년 미 국가안보국(NSA)의 테러와 무관한 일반시민들의 통신기록 수집과 보존을 금지하고, 이를 위해서는 법원의 영장 발부를 규정한 자유법(USA Freedom Act)에 서명(2015.6.4)함으로써, 오랜 논란의 종지부를 찍었다. 그러나 파리에서의 연쇄테러 이후 프랑스 의회는 집권여당인 사회당이 영장 없이 테러 용의자들의 통화내역 및 통신정보를 요구할 수 있도록 제안하였던 테러방지법을 부결(2016.3.4)시켰다. 이는 미국 연방수사국(FBI)에 정보제공을 거부한 애플사태의 영향을 받은 것으로 해석되며, 테러 방지보다는 시민의 자유권과 인권이 우선한다는 국민적 공감대에 따른 것이라 할 수 있다.[57]

한국의 테러방지법 제정의 경과·의의와 주요내용·쟁점

1. 테러방지법 제정의 경과와 의의

무고한 불특정 다수인을 대상으로, 심지어 순진무구한 어린이들까지 무차별 살상하는 테러는, 장소와 도구에 구애받지 않고 상상을 초월하는 대형 참사를 저질러 전 세계인을 경악과 공포로 떨게 하고 있다. 이러한 테러가 탈냉전 이후 국제사회의 심각한 안전 위협요인이 된 상황에서, 세계 각국은 테러 관련 법령 등을 제정하여 테러 대응에 만전을 기하고 있다. 한국인도 테러의 대상이 될 가능성이 높아진 현시점에서 대테러활동을 위한 국가역량강화는 필수적인 사안이 아닐 수 없다.

우리나라의 경우, 국가적 차원에서 정부가 대테러 대책을 수립하기 시작한 것은 88올림픽 유치를 계기로 북한의 테러와 국제테러단체에 의한 선수단 안전에 대한 위협에 대처하기 위해 1982년 대통령 훈령 제47호로 '국가대테러활동지침'을 제정하면서 부터이다. 이 지침은 그동안 한국의 테러 대응 관련 법적 근거가 되었다. 본 지침에 의거하여 대통령직속국가테러대책회의가 설치되어 있었다. 그러나 훈령은 일종의 행정규칙 성격으로 법규로서 효력 측면에서 대외적으로 구속력이 미흡하고 기존 법령들 역시 사후 대응방식이기 때문에 사전예방이 중요한

다양한 테러사태에 효과적으로 대응할 수 없었다.[58]

따라서 훈령에 기준한 법적 근거를 법률안으로 상향조정해야 한다는 논의가 그동안 꾸준히 제기되어 왔다. 더욱이 행정규칙인 대통령 훈령으로 대테러업무를 규율하는 것은 법치주의의 기본원리에 위배되는 것이기에, 미국에 대한 2001년 9·11테러 이후, 국가와 국민의 안전을 위한 대테러 업무에 관한 법적 근거를 마련해야 할 필요성에 따라 테러방지법에 관한 법안이 만들어지기 시작하였다.[59] 사실 테러사전예방의 핵심은 정보인데, 국가대테러활동지침은 소 잃고 외양간 고치는 테러 발생 이후를 염두에 둔 근거로서만 마련되었다는 지적이 있었다.[60]

이런 논란 끝에 지난 2016년 2월 말 테러방지법 제정에 반대하여 진행한 사상 초유의 9일간 야당의 무제한 토론과정의 진통을 거쳐, 마침내 3월 2일 국회 의장의 직권법안 상정절차를 거쳐 '국민보호와 공공안전을 위한 테러방지법안' (약칭 테러방지법)이 국회 본회의를 통과하여 제정된 것이다.

이 법안의 입법 제정 경위를 살펴보면 이철우 새누리당 의원 등 24인이 2016년 2월 22일 발의·접수했던 「국민보호와 공공안전을 위한 테러방지법안」이 수정안으로 다시 작성되었고, 이 수정안에는 주호영 새누리당 의원 외 156인이 서명했다. 그 후 2016년 3월 2일 「국민보호와 공공안전을 위한 테러방지법안」 수정안 (주호영 의원 외 156인 발의)이 야당의원이 불참한 가운데, 재적 293인, 재석 157인, 반대 1인, 기권 0인으로 통과되었다.[61] 3월 3일 법률 제14071호로 제정된 「국민보호와 공공안전을 위한 테러방지법」이 국민적 관심사로 급부상하게 된 것은 크게 두 가지로 정리해 볼 수 있다.

첫째는 우여곡절 끝에 통과된 이 법안이 무려 15년여의 입법과정을 거쳤다는 점이다. 국민들은 잘 몰랐지만 이 법안이 최초로 국회에 제출된 것은 이명박 정부나 박근혜 정부가 아니라 김대중 정부 시기였다. 미국에서 「애국법」이 제정되자 당시 김대중 정부와 일부 여야 의원들은 매우 기민하게 움직여 비슷한 내용을 담은 테러방지법을 같은 해인 2001년 11월 28일 국회에 발의하였다. 하지만 발의 당시 테러방지법은 인권침해 우려로 인해 본회의에 상정되지는 못했다. 특히 국가인권위원회와 시민단체들이 국가정보원의 비정상적인 권한 강화와 민간인 사찰 가능성 등의 문제를 강력히 제기함으로써 무산되었다.[62]

이처럼 2001년 11월 28일 김대중 정부에서 최초로 테러방지법을 정부입법 발의(제16대 국회)했으며, 17대·18대·19대 국회에서 연이어 발의되었다.[63] 이후 19대 국회 이전까지 의원입법 형태로 여러 차례나 발의되었지만 모두 임기만료로 자동 폐기되었다.[64] 이러한 상황에서 입법의 결정적 계기가 된 것은 2015년 여당 과 정부의 입법의지 표명이었다.[65] 여당이 입법화에 박차를 가하게 되었음은 앞에 서도 언급한 바와 같다.

결국 이듬해인 2016년 2월 22일 새누리당의 이철우 의원은 「국민보호와 공 공안전을 위한 테러방지법안」을 발의하였고, 바로 다음 날 정의화 국회의장이 본 법안을 직권 상정하였다.[66] 2016년 2월 23일 정의화 국회의장이 법안의 심사기 일을 지정하자, 야당은 2012년 제정된 국회법 개정안(국회선진화법)을 근거로 무제 한 토론을 신청했고 9일 뒤인 3월 2일 「국민보호와 공공안전을 위한 테러방지법 안」 수정안(주호영 의원 외 156인 발의)이 국회 본회의를 통과했다.[67] 야당의원들이 퇴장한 가운데 주호영의원의 수정안이 국회 본회의를 통과함으로써 15여년을 끌 어왔던 쟁점법안이 일단락되었다.[68]

둘째는 테러방지법이 대표적 관심 법안이 된 데에는 의회 안에서 다수파의 독주를 막기 위한 합법적 의사진행 방해 행위인 무제한토론(filibuster)때문이었다. 야당은 불과 선거를 50여일 앞두고 필리버스터(議事妨害, filibuster)에 무려 29명의 의원이 장장 9일 동안 참여함으로써 테러방지법을 국민적 이슈로 부상시켰다.[69] 19대 국회에서 9일 총 192시간 25분 동안의 헌정사상 유래 없는 필리버스터의 진통 끝에 최초의 테러방지법이 통과됨으로써 2001년 미국의 9·11테러사건으로 인해, 같은 해 11월 김대중 정부에서 처음 테러방지법을 국회에 제출한 이후 15년 만에 입법이 된 것이다.[70]

그동안 우여곡절이 많았던 「테러방지법」의 타결은 ① 대테러 행정의 '법률 성' 확보 ② 테러에 대한 직접적이고 통일적으로 규율할 수 있는 관련법의 제정·시행 의 측면에서는 큰 의미가 있다.[71] 하지만 이 법안은 여·야의 합의 없이 국회의장 이 '국가비상사태'를 이유로 직권 상정하여 그 절차적 정당성과, 특히 국민의 인 권보장과 관련된 국가정보원의 권한 범위와 관련된 문제는 여전히 뜨거운 감자로 남아 있는 셈이다.[72]

2. 테러방지법의 주요내용 및 쟁점

1) 테러방지법의 주요내용

　테러방지법은 테러의 예방 및 대응활동 등에 관하여 필요한 사항과 테러로 인한 피해 보전 등을 규정함으로써 테러로부터 국민의 생명과 재산을 보호하고 국가 및 공공의 안전을 확보하는 것을 목적으로 하는 법이다. 제정된 테러방지법의 주요내용은 다음과 같이 정리해 볼 수 있다. ① 대테러활동의 개념을 테러의 예방 및 대응을 위하여 필요한 제반활동으로 정의하고 테러의 개념을 국내 관련법에서 범죄로 규정한 행위를 중심으로 적시함(제2조) ② 대테러활동에 관한 정책의 중요사항을 심의·의결하기 위하여 국무총리를 위원장으로 하여 국가테러대책위원회를 둠(제5조) ③ 대테러활동과 관련하여 임무분담 및 협조사항을 실무 조정하고, 테러경보를 발령하는 등의 업무를 수행하기 위하여 국무총리 소속으로 대테러센터를 둠(제6조) ④ 관계기관의 대테러활동으로 인한 국민의 기본권 침해 방지를 위해 대책위원회 소속으로 대테러 인권보호관 1명을 둠(제7조) ⑤ 국가정보원장은 테러위험 인물에 대한 출입국·금융거래 정지 요청 및 통신이용 관련 정보를 수집할 수 있도록 함(제9조) ⑥ 관계기관의 장은 테러를 선전·선동하는 글 또는 그림, 상징적 표현이나 테러에 이용될 수 있는 폭발물 등 위험물 제조법이 인터넷 등을 통해 유포될 경우 해당기관의 장에 긴급 삭제 등 협조를 요청할 수 있도록 함(제12조) ⑦ 관계기관의 장은 외국인 테러전투원으로 출국하려 한다고 의심할만한 상당한 이유가 있는 내·외국인에 대하여 일시 출국금지를 법무부장관에게 요청할 수 있도록 함(제13조) ⑧ 테러 계획 또는 실행 사실을 신고하여 예방할 수 있게 한 자 등에 대해 국가의 보호 의무를 규정하고, 포상금을 지급할 수 있도록 하고, 피해를 입은 자에 대하여 국가 또는 지방자치단체는 치료 및 복구에 필요한 비용의 전부 또는 일부를 지원할 수 있도록 하는 한편 의료지원금, 특별 위로금 등을 지급할 수 있도록 함(제14조~16조) ⑨ 테러단체를 구성하거나 구성원으로 가입하는 등 테러 관련 범죄를 처벌할 수 있도록 하고, 타인으로 하여금 형사처분을 받게 할 목적으로 이 법의 죄에 대하여 무고 또는 위증을 하거나 증거를 날조·인멸·은닉한 자는 가중처벌하며, 대한민국 영역 밖에서 이같은 죄를 범한 외국인에게도 국내법을 적용함(제17조~19조) 등이 바로 주요내용이다.

다시 요약하자면 테러방지법 제정안 골자는 ① 국가테러대책위원회(위원장 국무총리) ② 대테러센터(㉠ 장단기 국가대테러활동지침 작성배포, ㉡ 테러경보발령, ㉢ 국가중요행사시 대테러안전대책 수립 등 임무수행, 국무총리실 산하 국무조정실내 설치) ③ 출입국 금융거래 통신이용 정보 수집권(국가정보원) ④ 조사 및 추적권(국가정보원) ⑤ 수사권(없음) ⑥ 처벌조항(테러수괴 사형·무기, 10년 이상의 징역 등) ⑦ 안전보호관(국가테러대책위원회 소속 1명)으로 요약해 볼 수 있다.[73]

2) 테러방지법의 주요쟁점

「국민보호와 공공안전을 위한 테러방지법」은 테러의 예방 및 대응활동 등에 관하여 필요한 사항과 테러로 인한 피해보전 등을 규정함으로써 테러로부터 국민의 생명과 재산을 보호하고 국가 및 공공의 안전을 확보하는 것을 목적으로 한다고 명시되어 있는 대한민국의 법률이다.

그동안 우리나라의 야당과 적지 않은 시민단체들이 테러방지법을 그렇게 강력하게 반대하였던 이유는 무엇일까? 그리고 테러방지법을 지지하는 주요 반박 논리는 무엇인가? 이러한 논쟁은 다음과 같이 정리해 볼 수 있다.[74]

첫째, 테러방지법의 주요개념이 포괄적이며 모호해서 법률적 명확성을 결여하고 있으며, 이로 인한 시민의 기본권 침해 가능성이 크다는 점이다. 예를 들어, 이 법의 제2조(정의)는 '테러'를 "국가·지방자치단체 또는 외국 정부(외국 지방자치단체와 조약 또는 그 밖의 국제적인 협약에 따라 설립된 국제기구를 포함한다)의 권한 행사를 방해하거나 의무 없는 일을 하게 할 목적 또는 공중을 협박할 목적으로 하는 행위"로 정의하고 있다. 이에 따르면, 테러방지와 무관하게 국내의 정치적·사회적 국가정책 등에 반대하는 활동(집회, 시위, 표현물 제작 등)까지도 테러라고 해석할 여지가 있어서 헌법상의 명확성의 원칙에 어긋난다는 것이다. 시민단체 특히 인권단체들은 테러방지법에서 규정하고 있는 테러·테러위험인물·대테러활동·대테러조사 등의 개념이 지나치게 추상적이어서 재야단체가 주도하는 민중총궐기대회나 용산참사 등도 공안기관에 의해 테러나 테러활동으로 자의적으로

규정될 수 있다고 비판한 바 있다.[75]

　또한 테러방지법 제정을 반대하는 측은 '테러위험인물 관련정보를 수집하거나 관련기관에 요구할 수 있다.'는 요지의 규정(테러방지법 제9조)이 특정개인의 과도한 기본권 침해를 가져올 수 있다고 주장하고 있다. 이에 대해 테러방지법 제정을 찬성하는 측은 본질적인 측면에서 볼 때 이 조항(제9조)이 오히려 국민 기본권을 보장하기 위한 목적에서 규정되었다는 사실도 함께 고려되어야 한다고 보고 있다. 테러방지법 '정의' 조항(제2조)을 굳이 언급하지 않더라도, 테러는 그 대상이 되는 사람의 생존권을 포함한 기본권 대부분을 앗아갈 수 있는 행위이다. 한 번 발생하면 되돌릴 수 없는 엄청난 피해를 발생시키는 테러행위를 사전에 예방함으로써 국민의 생명과 재산을 지키는 것은 국가 본연의 책무인바 이처럼 동 조항이 국민의 기본권을 침해하는 것인지 보장하는 것인지와 관련한 주장이 충돌할 경우 단서조항 등을 규정함으로써 합리적으로 해결하는 것이 타당하다고 보고 있다. 2016년 3월 3일 제정된 테러방지법은 이러한 기본권 침해 우려를 감안하여, '국민의 기본적 인권이 침해당하지 않도록 정부기관 및 공무원의 헌법과 법률 준수의무'(제3조)를 규정하고 있다는 점을 강조하고 있다.[76]

　둘째는 권력기관의 권한남용과 불법행위에 대한 통제장치의 미비이다. 이 법(제9조)에 따르면 국가정보원이 '테러위험인물'이라고 의심할 사유가 있다고 판단하면, 테러위험인물은 출입국·금융거래 및 통신이용 등 관련정보 수집과 금융거래 지급정지 등의 조치, 개인정보, 위치정보 수집, 추적 등을 당할 수 있게 된다. 국가정보원이 테러에 연루되었다고 의심하면 누구든 사생활 관련 정보마저도 감시의 대상이 될 수 있다는 것이다. 마찬가지의 맥락에서 부칙에 따라 테러위험인물로 의심되는 자에 대해서는 구체적인 범죄의 혐의 없이도 통신제한 조치(감청 등)를 할 수 있으며, 선전물 등은 긴급 삭제될 수 있다.[77]

　테러방지법을 반대한 측은 법에 따른 업무추진 과정에서 국가기관(특히, 국정원)의 과도한 권한남용이 발생할 것에 대해 우려한다. 하지만 테러방지법을 지지한 측은 테러방지법이 국무총리를 위원장으로 하는 '테러대책위원회' 및 국무총리실 산하 '대테러센터'에 대테러 관련 기획조정기능을 부여하고, 정보수집 등 실행기능은 국정원에 부여하여 국가기관 간에 권한이 분산되도록 하는 한편, 국가기관의 과도한 권한남용을 방지하기 위해 '무고·날조를 자행한 자에 대한 가중처벌'(제18조) 조항 등을 규정한 바 있다. 이처럼 테러방지와 관련한 활동이 기본권 침해, 국가기관 권한의 남용논란을 불러일으킬 수 있는 성격을 갖고 있다면, 더욱이 법률로서 그 근거가 마련될 필요가 있다고 보고 있다.[78]

셋째, 국가인권위원회는 테러방지법 시행령의 일부 조항이 위헌 가능성이 있다며 반대 입장을 표명(2016.5.3)해 관심을 끈 바 있다. 시행령 18조는 '국방부 소속 대테러특공대의 출동 및 진압작전은 군사시설 내에서 테러사건이 발생한 경우에 한한다. 다만 경찰력의 한계로 긴급한 지원이 필요하여 대책본부의 장이 요청한 경우 군사시설 이외에서 대테러작전을 수행할 수 있다.'고 규정했다. 문제는 테러대책본부의 장은 테러의 성격에 따라 외교부·국토교통부·경찰청장·해양경찰청장 등이 맡도록 되어 있다는 점이다. 인권위는 이처럼 장·차관급이 군병력의 출동을 요청할 수 있도록 한 시행령 제18조는 헌법상 대통령에게 부여된 군통수권을 침해하는 결과를 낳을 수 있다고 지적하고 있다.[79]

이에 비해 테러방지법 지지측은 테러방지법 발효(2016.3.3)에 따른 군(軍) 대테러 활동보장과 군(軍) 전담조직의 효율적인 편성·운영을 위해 추가적 조치가 필요하다는 것이다. 현재는 대공 용의점이 없거나 판명되지 않은 상황에서 군병력의 출동이 불가하므로 초동조치가 제한되는 점을 시정하기 위해 테러사건 발생 시 군의 신속한 출동에 대한 법적 근거 마련이 시급하고 테러발생시 대공 용의점을 조기에 판단할 수 있도록 합동정보조사팀의 출동근거를 구체적으로 명시하여야 하며, 국외지역에서 대테러특공대의 대테러작전 수행을 위한 근거도 마련할 필요가 있다는 것이다. 예컨대 국외 테러발생시 국회동의 이후 최단시간 내 출동이 가능하도록 능력을 구비할 수 있어야 하고, 대테러특공대의 장비획득과 인원 훈련을 위한 법적 근거마련이 필요하다는 것이다.[80]

넷째, 테러방지법은 권한행사의 통제장치로 인권보호관(제7조)을 두고 있지만, 국가정보원이 주도하는 현행구조 안에서 이는 허울뿐인 장치에 불과하다는 것이다. 왜냐하면 테러, 테러위험인물, 테러선동·선전물 여부를 결정할 권한은 전적으로 국정원장의 판단에만 맡겨져 있기 때문이다. 인권위와 시민단체들은 수사 및 조사권한이 없는 인권보호관 1명으로는 무소불위(無所不爲)의 국가권력기관

의 실질적 통제가 원천적으로 불가능하다고 주장하는 것이다.[81]

끝으로 업무 및 기관의 중복에 따라 실효성이 의심된다는 비판이다. 참여연대를 비롯하여 테러방지법을 반대하는 시민단체에 따르면, 대한민국은 이미 너무나 많은 관련 법안을 구비하고 있다는 것이다. 이미 '적의 침투·도발이나 그 위협에 대응'하기 위하여 각종 국가방위요소를 통합하여 동원하는 「통합방위법」, 그리고 이를 뒷받침할 「비상대비자원관리법」을 제정하여 시행하고 있다. 통합방위사태가 선포되면 국무총리가 총괄하는 중앙통합방위협의회가 각 지역 행정조직과 경찰조직, 군과 예비군, 그리고 국정원 등 정보기구를 통합적으로 운용할 수 있다. 기타 시민들의 대피, 구조·구난 활동을 체계적으로 수행하기 위해서 '국민안전처'도 2014년 세월호 참사 이후 신설되었고(2017년 7월 26일 해체), 육·해·공군과 해병대, 그리고 경찰과 해경은 제각각 대테러특공대를 구성해 운영하고 있다. 게다가 한국과 미국 간에는 군사정보를 공유하는 군사비밀보호협정이 체결되어 있고, 국가대테러활동지침에 따라 국무총리가 주관하는 국가테러대책회의도 오래전부터 운영해오고 있다. 한편 '사이버 안전'을 위해서는 이미 정보통신기반보호법, 전기통신사업법, 통신비밀보호법상 비밀보호 예외조항 등 다양한 법 제도가 도입되어 시행되고 왔다는 주장이다. 따라서 반대를 주장하는 입장에서는 중요한 것은 테러방지법의 무리한 제정이 아니라 기존 관련법의 효율적이고 체계적인 운용이라는 주장이었다.[82]

이에 비해 테러방지법 지지론자는 테러방지법 이전에 우리정부는 1982년 최초 제정된 대통령 훈령인 '국가대테러활동지침'에 근거하여 대테러활동을 수행해왔으나 동 지침이 주로 정보수집, 시설보호, 정기점검 등 소극적 테러 예방 활동과 관련한 사항이 주로 규정되어 급변하는 테러환경에 부합하지 않는 측면이 있고, 테러에 따른 인적 보호범위도 '국가 또는 국제기구를 대표하는 자' 등으로 규정되어 있다는 것이었다. 따라서 2016년 3월 3일에 제정된 테러방지법 상 보호의 대상으로 규정된 '사람'에 비해 협소하며, 또한 테러 대처와 관련한 정부기관 간 역할분담 및 조정에 관한 내부지침에 불과한 것이어서, 범정부 차원의 종합대책을 마련하기 위한 근거로는 부족하고, 국가업무를 수행하기 위한 공무원과 국가기관에 관한 명령 성격을 지닌 훈령(訓令)으로는 국민이나 외국인 등에 적용이 불가능하다는 것이다. 따라서 이러한 기존지침의 문제점을 보완하는 한편, 국민의 안전과 기본권을 보다 적극적으로 보장하기 위한 국가의 권한과 책임·의무를 법률로 규정하였다는 점에서 테러방지법 제정의 의의가 있다는 점을 강조하였었다.[83]

테러방지법 시행령의 주요내용·쟁점

1. 테러방지법 시행령의 주요내용

2016년 3월 3일 「국민보호와 공공안전을 위한 테러방지법」이 제정·공포되었다. 그 후 국무조정실과 국가정보원이 지난 2016년 4월에 입법예고하였던 「국민보호와 공공안전을 위한 테러방지법 시행령(이하 '시행령')」이 지난 2016년 6월 4일부터 시행되고 있다.

이 시행령은 국가안보, 공공안전 및 국민의 생명·신체·재산 보호를 위한 테러방지에 대한 국가 등의 책무와 필요한 사항의 규정을 골자로 하는 「국민보호와 공공안전을 위한 테러방지법」에서 위임된 사항과 그 시행에 필요한 사항을 규정함을 목적으로 하고 있다.

또한 시행령은 국무총리를 위원장으로 국무조정실장, 국방부장관, 외교부장관, 국정원장, 경찰청장 등 19개 기관장[84] 이 참여하는 '국가테러대책위원회(이하 '대책위원회')'를 설치하고 그 아래 대테러활동을 총괄·조정하는 '대테러센터'를 두도록 하였다. 또한 테러 예방·대응활동을 전문적으로 수행하기 위해 현재 운영되고 있는 조직을 활용한 '전담조직'을 운영하게 하고 대테러활동에 따른 인권침해방지 및 인권보호활동을 위해 대테러인권보호관을 두게 하고 있다.[85]

1) 국가테러대책위원회와 대테러센터

국가테러대책위원회의 구성 및 운영(제3조~제5조)을 보면 기획재정부장관, 외교부장관 등 국가테러대책위원회의 위원이 되는 사람을 정하고, 국가테러대책위원회의 회의는 위원장이 필요하다고 인정하거나 위원회의 위원 과반수의 요청이 있는 경우에 위원장이 소집하도록 규정되어 있다. 국가테러대책위원회의 사무처리를 위해 간사를 두되, 간사는 법 제6조에 따른 대테러센터의 장(대테러센터장)이 된다(제3조).

시행령 제6조는 대테러센터로 하여금 국가대테러활동을 원활히 수행하기 위하여 필요한 사항과 대책위원회 운영에 필요한 사무 등을 처리하게 하며 관계기관의 장에게 직무수행에 필요한 협조와 지원을 요청할 수 있도록 하고 있다.[86] 명실공히 대테러센터는「국민보호와 공공안전을 위한 테러방지법」에 따라 대테러 업무의 컨트롤타워(control tower)의 역할을 맡는다. 소속은 국무총리 산하 국무조정실 소속기관이다.[87]

2) 대테러 인권보호관

또한 대테러활동 과정에서 있을지 모를 인권침해를 방지하기 위해 대책위원회 소속으로 두는 대테러 인권보호관에 관한 사항은 시행령 제7조～제10조에서 규정하고 있다. 대테러 인권보호관(이하 '인권보호관')은 대책위원회의 위원장이 위촉하고 임기는 2년에 연임할 수 있도록 하고 직무와 관련한 형사사건으로 기소되는 경우 등을 제외하고는 그 의사에 반하여 해촉되지 아니하도록 하며, 자격요건은 변호사로서 10년 이상 실무경력이 있는 사람, 인권분야에 전문지식이 있고 부교수 이상으로 10년 이상 재직했던 사람 등으로 정하고 있다.[88]

인권보호관의 직무로서는 대책위원회에 상정되는 대테러 정책·제도와 관련된 인권보호자문 및 개선권고, 대테러활동에 따른 인권침해 관련 민원처리 등으로 정하고 있다.[89] 다시 말해서 대테러 인권보호관은 ① 테러대책위원회(위원장 국무총리)에 상정되는 관계기관의 대테러 정책·제도 관련 안건의 인권보호에 관한 자문 및 개선 권고 ② 대테러활동에 따른 인권침해 관련 민원처리 ③ 그 밖에 관계기관 대상 인권교육 등 인권보호를 위한 활동 등을 수행한다. 직무 수행 중 인권 침해 행위가 있다고 인정할 만한 상당한 이유가 있는 경우에는 위원장에게 보고한 뒤 관계기관의 장에게 시정을 권고할 수 있다.[90]

비록 강제적인 권한이나 조사권이 없는 자문역할에 불과하기 때문에 한계가 분명하지만, 정부의 대테러 활동 과정에서 인권침해 요소를 견제하고 방지할 수 있는 권한이 법적으로 주어진 유일한 인사인 셈이다.

3) 전담조직

시행령 제11조~제21조는 테러 예방 및 대응을 위해 관계기관 합동으로 구성하거나 관계기관의 장이 설치하는 '전문조직'을 정하고 있다. 테러대응 체계에 있어서는 테러가 발생하거나 또는 발생할 우려가 현저할 경우 5개 분야별 관계기관의 장(외교부장관: 국외사건대책본부, 국방부장관: 군사시설테러사건대책본부, 국토교통부장관: 항공테러사건대책본부, 해양경찰청장: 해양테러사건대책본부, 경찰청장: 국내일반테러사건대책본부)이 테러사건 대책본부를 설치·운영하게 되며, 대책본부의 장이 지명하는 '현장지휘본부장'이 대테러특공대, 테러대응구조대 등 현장에 출동하는 모든 관계기관의 조직·인력에 대한 지휘통제권을 가지고 테러사건에 대응하도록 하고 있다.[91]

테러 예방 및 대응을 위해 관계기관 합동으로 지역 테러대책협의회 및 공항·항만 테러대책협의회를 둘 수 있도록 하고 있다. 관계기관의 장은 테러가 발생하거나 발생할 우려가 현저한 경우에는 테러사건의 유형에 따라 국외테러사건대책본부·군사시설테러사건대책본부 등 테러사건대책본부를 설치·운영하도록 하며, 테러 대응 전담조직으로 화생방테러대응지원본부, 테러복구지원본부, 대테러특공대 및 테러대응구조대 등을 설치·운영할 수 있도록 하고 있다.

다시 말해서 관계기관의 장이 '전문조직' 외에 테러예방 및 대응을 위하여 필요한 경우에는 대테러업무를 수행하는 하부조직을 전담조직으로 지정·운영할 수 있도록 하고 있다.[92] 특히 특별시·광역시·특별자치 시·도·특별자치도와 관계기관 간 테러 예방활동의 유기적인 협조·조정, 대책위원회의 심의·의결사항에 대한 시행 등을 위해 '지역테러대책협의회'를 두고 의장은 국가정보원의 해당지역 관할지부장이 맡도록 하고 있다.[93]

테러사건에 대한 진압작전수행을 위해 국방부장관, 해양경찰청장, 경찰청장이 '대테러특공대'를 설치·운영하도록 하고 있으며 테러사건 발생시 신속한 인명구조·구급을 위해 중앙 및 지방자치단체 소방본부에 소방청장과 시·도지사가

'테러대응구조대'를 설치·운영하도록 하였다.

또한 테러 관련 정보를 통합관리하기 위해 국가정보원장이 관계기관 공무원으로 구성되는 '테러정보통합 센터'를 설치·운영하도록 하고 있다. 아울러 국내외에서 테러사건이 발생하거나 발생할 우려가 현저한 때 또는 테러첩보가 입수되거나 테러관련신고가 접수되었을 때는 국정원장이 관계기관합동으로 구성되는 '대테러합동조사팀'을 편성·운영할 수 있도록 하고 있다.[94]

4) 테러대응 절차

시행령 제22조~제24조는 테러대응 절차를 규정하고 있다. 대테러센터 장은 테러위험 징후를 포착한 경우에는 테러대책실무위원회의 심의를 거쳐 테러경보를 발령하도록 하고, 관계기관의 장은 테러사건이 발생한 경우 사건의 확산방지를 위하여 사건현장의 통제·보존 및 경비 강화 등 초동조치를 신속하게 하도록 하고 있다. 테러사건대책본부의 장은 테러사건에 대한 대응을 위하여 필요한 경우 현장지휘본부를 설치하여 상황전파 및 대응체계를 유지하고, 조치사항을 체계적으로 시행하도록 하고 있다.[95]

5) 테러 예방을 위한 안전관리대책

시행령 제25조~제28조는 테러 예방을 위한 안전관리대책을 규정하고 있다. 관계기관의 장은 국가중요시설·다중이용시설의 테러 예방대책과 테러 이용수단의 제조·취급·저장시설에 대한 안전관리대책을 수립하고, 수립한 대책의 적정성 평가와 그 이행실태를 확인하는 등 안전관리 업무를 수행하도록 하고 있다. 또한 관계기관의 장은 대테러센터장과 협의하여 국가 중요행사의 특성에 맞는 분야별 안전관리대책을 수립·시행하도록 하며, 필요한 경우에는 국가테러대책위원회의 심의를 거쳐 관계기관 합동으로 대테러안전대책기구를 편성·운영할 수 있도록 하고 있다.[96]

6) 테러 예방에 대한 포상금 지급

시행령 제29조~제34조는 테러 예방에 대한 포상금 지급을 규정하고 있다.

관계기관의 장은 테러를 사전에 예방할 수 있게 하였거나 테러에 가담·지원한 사람을 신고하거나 체포한 사람에 대하여 포상금심사위원회의 심의를 거쳐 포상금을 지급할 수 있도록 하고 있다. 포상금의 지급에 관한 사항을 심의하기 위하여 대테러센터장 소속으로 포상금심사위원회를 구성·운영하도록 하고, 포상금심사위원회는 포상금 지급 여부와 그 지급금액 등을 심의·의결하도록 하고 있다. 포상금은 신고내용의 정확성이나 증거자료의 신빙성 등을 고려하여 1억 원의 범위에서 차등 지급하도록 하고 있다.[97]

7) 테러 피해에 대한 지원

최근 테러문제는 항상 국제사회의 화두가 되고 있으며 국가관계의 모든 영역에서 논의의 전제가 되고 목표가 되고 있다. 특히 2001년 발생한 미국의 9·11테러는 급기야 전쟁의 형태로 발전되기도 하였으며 2008년 인도의 뭄바이 테러와 같은 뉴 테러리즘은 대규모의 전면전이 아니더라도 얼마든지 테러대상국을 정치·경제적으로 큰 타격과 혼란에 빠뜨리게 할 수 있는 것이다.[98]

시행령 제35조~제44조는 테러 피해에 대한 지원을 규정하고 있다. 국가 또는 지방자치단체는 테러로 인한 신체 피해에 대한 치료비 및 재산 피해에 대한 복구비를 지원할 수 있도록 하고 있다. 또한 테러로 인하여 사망한 사람의 유족 또는 신체상의 장애 및 장기치료가 필요한 피해를 입은 사람에 대해서는 유족특별 위로금, 장해특별 위로금 또는 중상해 특별 위로금을 지급하도록 하고 있다.[99]

2. 테러방지법 시행령의 쟁점

국회입법자문기구인 입법조사처는 지난 2016년 6월 4일부터 시행 중인 「국민보호와 공공안전을 위한 테러방지법 시행령」에 대해 "수정·보완이 필요하다"는 의견을 제시했다. 이는 "국가정보원의 권한 확대와 이로 인한 인권침해 가능성과 관련해 일각에서는 헌법소원을 청구하는 등 논란이 지속되고 있다."는 것이 그 근거이다.

입법조사처 정치행정 조사실은 지난 2016년 6월 14일 소식지 『이슈와 논점』

제1180호에서 "우리 헌법은 국민의 기본권 보장을 위해 평상시가 아닌 비상사태에서도 국가권력의 비상적 발동요건을 엄격히 규정하고 있다."며 이와 같은 의견을 제시했었다. 입법조사처는 "모든 법령은 이러한 헌법의 테두리와 한계를 벗어날 수 없으며, 현재 진행되고 있는 테러방지법 및 시행령과 관련한 논란에서도 이 원칙이 적용된다고 할 것"이라고도 했다. 입법조사처의 지적은 구체적으로는 ① 국정원의 권한 확대 통제 장치 부족 ② 대테러 특공대의 지역 투입의 위헌성 ③ 인권보호관 제도의 실효성 부족이라는 세 범주로 구분해 문제점으로 요약해 볼 수 있다.[100]

1) 테러대응조직과 체계

먼저 국회입법조사처의『이슈와 논점』제1180호는 테러대응조직 및 체계와 관련하여, 먼저 테러대응조직의 조직, 정원, 운영에 대한 사항을 시행령으로 정함으로써 동 조직에 대한 민주적 통제장치를 확립할 필요가 있다고 지적하였었다.[101]

모법인「국민보호와 공공안전을 위한 테러방지법」에서는 대테러센터를 설치하도록 정하고 그 조직, 정원 및 운영에 관한 사항을 대통령령으로 정하도록 하고 있다.[102] 그런데 시행령에서는 조직, 정원에 대한 구체적 규정이 없으며, 운영에 관한 사항도 구체적으로 정해진 바가 없으며, 대테러 대응을 이유로 국정원의 국가기관에 대한 권한은 확대하면서 이를 통제할 장치는 마련되지 않았다는 것이다.[103]

즉, 시행령에 따르면 국정원은 관계기관들이 참여하는 '테러정보통합센터', '대테러합동조사팀'을 설치하여 정보 수집, 정보 통합은 물론 조사활동까지 직접 수행할 수 있으며, 시·도 관계기관까지 조정할 수 있는 '지역테러대책협의회' 의장과 '공항·항만테러대책협의회' 의장까지 맡게 되어 있다.[104] 이로 인해 국정원은 지역에서 국가행정체계에 과도한 영향력을 행사할 가능성이 있다. 관련규정이 시행령에 거의 만들어지지 않음으로써, 국정원은 관계기관이 참여하는 '대테러정보종합센터' '대테러 활동조사팀' 등과 같은 대테러 하부조직(전담조직)을 설치할 수 있게 된 것이다.[105]

이는 국정원에게 정부기관과 행정기관 전반을 주도할 수 있는 권한을 주는 것으로 해석될 수 있다. 이에 대해 일각에서는 대테러조직의 조직, 정원, 운영에 대해서 아무런 구체적 규정이 없다는 것은 국정원의 테러활동에 대한 외부통제를 어렵게 할 수 있다는 점에서 문제가 있다고 주장한 바 있다. 뿐만 아니라 법률도 아닌 시행령으로 국정원의 권한을 확대하면서 이를 통제할 장치에 대해선 아무런 규정이 없다는 점도 문제로 지적하였다.[106]

이와 관련 국무조정실은 시행령에서는 대테러센터 운영과 관련한 관계기관의 협조·지원 등 기본적인 사항만 규정했다며 '대테러센터'의 조직·정원을 규정한 직제는 부처 간 최종협의를 통해 정부조직과 관련된 다른 법령처럼 별도의 직제(대통령령)로 반영될 예정이라고 밝힌 바 있다.[107]

그 후 정부는 대테러 업무를 총괄 조정하는 '대테러센터'를 국무조정실 소속으로 하고 정원은 32명으로 정했다. 그리고 대테러 정책관을 포함해 최대 8명까지 국가정보원 직원을 임명할 수 있도록 했다. 이는 사실상 국정원 주도로 운영할 수 있는 근거를 만든 셈이다.[108] 그러나 모법이 이미 당해조직에 대해서 기본사항을 정하고 있으므로 시행령에서는 상황의 긴급함을 고려하여 가능한 한 복잡하지 않게 통일적으로 구체적인 사항까지 정하는 것이 적절하다고 할 수 있을 것이다.

다음으로 테러사태를 대응하는 조직체계에 대해서도 면밀한 검토가 필요하다는 지적이 있다. 시행령에서 지역테러대책협의회의장을 관할지역의 국정원 지부장이 맡도록 하고 있어 국정원이 지역에서 국가행정체계에 과도한 영향력을 행사할 가능성이 있다는 것이다. 이와 관련해서 국정원이 이러한 기능을 전담하여야 할 필요가 있다면 관련사항은 시행령이 아닌 법률에서 정하는 것이 타당하다는 지적이 있다.[109]

2) 대테러특공대의 지역 투입 문제

경찰청과 해양경찰청장 소속의 대테러특공대가 이미 존재하고 있음에도 이와는 별도로 군대테러특공대 투입이 필요하다면 그 요건에 대한 별도의 구체적인 규정 혹은 그에 따른 민주적 통제 절차에 대한 검토가 필요하다는 의견도 제기되고 있다.

시행령 제8조(대테러특공대 등) 제4항은 '국방부 소속 대테러특공대의 출동 및 진압작전은 군사시설 안에서 발생한 테러사건에 대하여 수행한다. 다만 경찰력의 한계로 긴급한 지원이 필요하여 대책본부의 장이 요청하는 경우에는 군사시설 밖에서도 경찰의 대테러작전을 지원할 수 있다.'고 규정하고 있다.[110] 이것은 국방부 소속 대테러특공대의 군사시설 밖 작전수행 가능성을 열어준 것을 의미하기도 한다.[111]

그런데 이와 관련 국방부 소속 '대테러특공대'가 군사시설 이외에 출동하여 대테러작전을 수행하는 것은 계엄시에나 가능한 일이며, 사실상 계엄규정을 넘어서는 위헌성을 내포하고 있다는 지적이 있다. 이러한 지적에 대해 국무조정실은 "대테러특공대의 군사시설 이외 지역 투입은 '경찰력의 한계,' '긴급한 지원의 필요성,' '대책본부장의 요청' 등 매우 제한적으로 허용하고 있다."며 위헌성을 인정하지 않고 있다.

한편 민간에 대한 군의 투입이 헌법상 비상계엄시에만 가능한 일이라고 할 때, 관련규정이 시행령에 규정되어 있다는 점도 문제로 지적되고 있다 즉 군사지역 외에서 대테러특공대가 출동하는 경우에 대한 사항은 초헌법적인 내용이 될 수 있어 법률에 규정해도 문제가 될 것인데 형식상 시행령에 규정되어 있어 향후 위헌성 논란이 있을 수 있다는 것이다.[112]

3) 인권보호관의 규정

시행령에서는 대테러활동 과정 등에서 발생할 수 있는 인권침해를 예방하기 위해 인권보호관을 두고 있으나 시행령 제9조(시정권고) 외에는 인권보호관의 권한이 거의 부여되어 있지 않다. 뿐만 아니라 인권보호관의 활동지원을 위한 지원조직에 대한 구체적 내용이 빠져 있어 인권보호관제도가 실효성을 얻기 위해서는 이에 대한 보완이 필요하다는 지적이 있다.[113]

결론적으로 '테러방지법'은 이미 지난 2016년 6월 4일부터 전면 시행되고 있는 구속력 있는 법률이다. 이에 따라 정부는 국가 대테러업무의 컨트롤타워 역할을 수행할 대테러센터를 국무총리 산하 국무조정실 소속기관으로 출범시켰고, 초대 센터장도 임명했고(2016.6.10) 인권보호관도 임명했었다.

그러나 정부의 대(對)테러활동 과정에서 국민의 기본권 침해를 방지하고 인권보호활동을 펼치는 역할을 수행할 '대테러 인권보호관'에 공안검사 출신 인사가 인권보호관을 맡게 되어 적절성 논란이 있었다.[114]

이로 인해 '테러방지법'은 향후 상당 부분 개정될 가능성이 많다. 무엇보다 테러방지법을 일방적으로 통과시켰던 집권 여당이 지난 4.13총선 이후 제2당으로 전락하였고, 16년 만에 여소야대 국회가 테러방지법의 개정가능성을 높이고 있기 때문이다.

이러한 정치상황을 고려할 때 가장 바람직한 방향은 "테러로부터 국민의 생명과 재산을 보호하고 국가 및 공공의 안전을 확보"하는 목적(제1조)을 실현하면서 앞에서 설명했던 인권유린과 권력남용의 '합리적 우려'를 불식시킬 수 있는 대안의 도출이다. 국민의 생명과 재산을 다루는 '테러방지법'은 시민사회의 공론화와 여야의 합의를 거쳐, 그것의 결론이 개정안이든 폐기안이든 무엇이든 협의에 의해 결정되어야 할 것으로 생각된다.[115]

테러방지법 제정 이후 주요변화와 테러 정책 발전방향

1. 테러방지법 제정 이후 테러대책위원회의 운영 개시

'테러방지법'은 국가안보, 공공안전 및 국민의 생명·신체·재산을 보호하기 위해 테러방지를 위한 국가 등의 책무와 필요한 사항을 규정하는 내용의 법률이다. 테러방지법 제정 이후 지난 2016년 6월 20일에는 국가테러대책위원회의 구성·운영, 테러 예방·대응을 위한 전담조직의 설치·운영 및 효율적 테러대응 절차 등을 규정한 '국민보호와 공공안전을 위한 테러방지법 시행령'이 제정되었다. 이에 따라 이전의 테러대책회의 등 테러대책기구의 설치·운영과 대테러활동 등에 관해 규정하고 있던 국가대테러활동지침 훈령은 폐지되었다.[116]

대테러업무와 관련한 예산을 살펴보면 2017년 국무조정실 및 국무총리비서실은 소관 예산안은 일반회계, 에너지 및 지원 사업 특별회계로 구성하였다. 2017

년도 주요 증액사업은 없으며, 총 3개 신규사업비(새만금사업추진지원단 운영: 2억 2천 2백만 원, 대테러센터 운영: 16억 1백만 원, 인권보호관 지원: 3억 4천 6백만 원)가 총 21억 6,900만원 규모이며 이중 대테러센터 운영비로 16억 1백만 원이 책정되었다. 대테러센터 운영은 국가테러대책위원회 지원, 테러경보 발령, 장·단기 대테러활동 지침 수립 및 관리, 국가 중요행사의 대테러 안전대책 수립을 위해 대테러센터가 새롭게 설치된 데 따른 것이다.[117]

정부는 2016년 7월 1일 서울청사에서 국무총리 주재로 제1차 국가테러대책위원회를 개최함으로써 국가 대테러 업무의 '컨트롤타워' 역할을 하는 국가테러대책위원회가 본격적인 활동을 시작했다. ① 국가대테러 기본계획 ② 국가테러대책위원회 및 실무위원회 운영규정 ③ 테러경보발령 규정 ④ 대테러특공대·화생방테러 특수임무 대·군(軍) 대테러 특수임무대 지정을 심의·의결하고, 기관별 테러대비태세 및 역량강화 방안을 보고·논의하였었다.

또한 국가테러대책위원회는 '테러 청정국가 구현'을 목표로 설정하고 ① 테러 취약 요소 사전 발굴·보완, 테러 예방 최우선 ② 관계기관 테러대비태세 완비 및 테러 조기경보 시스템 유지 ③ 테러단체와의 비타협 원칙 견지 및 대테러국제공조 강화라는 3대 중점을 제시했었다. 따라서 동위원회는 향후 국무총리를 위원장으로, 19개 중앙부처의 장으로 구성되어 테러 청정국가 구현을 목표로 하여 테러예방 최우선, 테러대비태세 완비, 대테러 국제공조 강화 등의 업무를 담당하게 된다.

아울러 국가대테러 기본계획에는 전술한 목표와 3대 중점 이외에도 이것을 구현하기 위한 10대 추진방향이 포함되어 있다. 즉 ① 테러 취약 요소 사전 발굴·보완, 테러예방 최우선 ② 테러분자, 위험인물 국내입국 차단 철저 ③ 국제테러단체 가입·동조 및 자생테러 방지대책 강구 ④ 테러 대상시설·테러 이용수단 안전관리 체계화 ⑤ 재외국민·시설보호 및 국가중요행사 안전 확보 ⑥ 관계기관 대테러 협업 활성화 및 국제공조 심화 ⑦ 신종테러 양상·수법 대응능력 향상 ⑧ 테러징후 신속포착 및 테러조기경보 시스템 가동 ⑨ 즉시 현장출동 및 신속복구지원 ⑩ 인권침해 방지대책 및 대국민 홍보방안 마련이 바로 그것이다.[118] 요컨대 ① 대테러체계 조기 정착 ② 국제테러단체 가입·동조와 자생테러 방지대책 강구 ③ 테러대상 시설과 테러이용수단 안전관리 체계화 ④ 신종테러 대응능력 향상 ⑤ 테러조기경보 시스템 가동과 피해 신속복구 ⑥ 인권침해 방지 등이 바로 그것이다.[119]

이와 함께 국가테러대책위원회는 테러위기 징후를 조기에 포착해 테러를 예방하고 피해를 최소화하기 위한 테러경보발령 규정을 확정했다. 테러경보는 테러위협의 정도에 따라 관심-주의-경계-심각의 4단계로 구분해 발령한다. 국가대테러활동을 실질적으로 수행하는 국가테러대책위원회 산하 대테러센터장은 테러대책실무위원회의 심의를 거쳐 테러경보를 우선 발령한 후 위원장(국무총리)에게 보고하게 된다. 관계기관은 테러경보 단계별로 비상근무체제 유지, 즉각 출동태세 구축 등의 대응조치를 취해야 한다. 지금까지도 테러위협에 대한 이와 같은 4단계 테러경보체계 자체는 존재했으나, 국가정보원 차원에서 결정한 테러경보 단계를 정부 내부적으로 공유하는 정도였다. 그러나 테러방지법 시행에 따라 테러경보 발령 주체를 국정원에서 국가대테러대책위원회 차원으로 격상시키는 한편 테러경보 발령 단계별로 정부기관 내부는 물론 대외적으로 공포하는 시스템을 갖추게 되었다. 평상시 테러경보단계는 1단계인 '관심'이며, 지난 2015년 11월 13일 프랑스 파리 연쇄테러 직후인 같은 달 17일 국정원에 의해 '주의' 단계로 한 단계 격상된 바 있었다.[120]

이외에 대테러특공대와 화생방 테러특수임무대, 군 대테러특수임무대 지정은 테러방지법 시행령 등의 규정에 따라 국방부, 해양경찰청, 경찰청이 각각 운영 중인 특공대들이 테러 진압, 폭발물 처리, 요인경호 등을 위한 대테러특공대로 지정되었다. 이는 대테러특공대의 신속한 대응이 어려운 상황에 대비하기 위해 지역별로 군 대테러특수임무대가 지정되었고, 국방부 산하의 화생방 담당부대는 대화생방테러 특수임무대로 지정되었다. 이밖에도 각 기관은 최근 테러 양상인 도심지 대규모·복합테러에 대비한 기관별 테러 대비태세를 보고하고, 대테러조직 인력보강 등 기관별 테러대응역량을 강화하는 방안도 강구하였다.[121] 대테러센터는 앞으로 ① 기관별 테러 대응 매뉴얼 마련 ② 국가의 주요행사에 대한 안전대책 수립 ③ 관계기관 합동 대테러 종합훈련 실시 ④ 국가테러대책위원회 운영지원 등 국내외 테러상황을 실시간으로 관리하고 지원하는 업무를 담당하게 된

다.[122]

실제 정부는 지난 2016년 10월 6일 오후 잠실 종합운동장 광장에서 국무총리가 참석한 가운데 '2016년 국가대테러 종합훈련'을 실시하기도 했다. 이 훈련은 지난 2016년 7월 1일 총리 주제로 개최한 국가테러대책위원회에서 마련한 대테러 기본계획에 의거 범정부적으로 준비해온 대테러관계기관들의 대비태세를 종합점검하기 위한 것으로, 국무총리실 대테러센터를 비롯하여 국방부, 경찰청, 해양경찰청, 서울시 등 5개 관계기관 500여 명이 훈련에 참가하였고, 국가테러대책위원(장관급) 등 관계기관 및 시민단체 등이 참관한 가운데 실시한 최대 규모의 대테러 종합훈련이었다. 국무조정실 대테러센터가 주관하는 국가대테러 종합훈련은 매년 실시하고 있다.

2018년 평창동계올림픽에 대비하기 위해 국내에서도 지난 2015년 파리테러(11.13)와 같은 대규모 복합테러가 발생할 수 있다는 가정 하에 자살폭탄 테러와 총기난사, 인질 억류 등 테러가 연이어 발생할 경우, 상황 전파 등 초동조치단계부터 폭발물 처리, 테러범 진압 등 관계기관의 통합된 작전절차와 사상자 구조·구급을 위한 협력대응훈련이었다. 이 훈련에서 드론을 이용한 폭발물 테러의 위력을 시연하고, 돌진하는 드론을 격추시키는 전술훈련도 실시하기도 했다.[123]

2. 한국의 대테러 정책 발전방향

테러의 예방과 방지는 국민의 생명·건강 및 재산권을 보호하고 나아가 국가의 존립과도 깊은 관계를 가지고 있는 것이다. 그러나 테러의 사전예방과 방지를 위해서는 이의활동을 뒷받침 해줄 수 있는 관련된 법률적 근거가 필요한 것이 현실이다.[124] 다행히 16대 국회 때부터 추진되었던 「국민보호와 공공안전을 위한 테러방지법」이 제정되어 지난 2016년 6월 4일부터 시행되고 있다. 더 이상 국가의 안보와 테러로부터 위험을 방치할 수 없다는 걱정이 입법합의에 도달하게 한 가장 큰 이유였다. 이는 대테러 행정의 '법률성' 확보와 테러범죄에 대해 직접적이고 통일적으로 규율할 수 있는 관련법이 제정, 시행되었다는 측면에서 의미가 있다.[125]

그러나 오랜 논란과 진통 끝에 테러방지법이 제정되었지만 일부 국민들의 우려를 불식하기 위해서는 관계부처가 합심하여 철저히 헌법과 국민 개개인의 기본권을 존중하는 가운데 법률을 집행하는 노력을 이어가야 한다.[126] 이를 위해 민·관·군·경은 일차적으로는 내실 있는 후속조치를 통해 국가·국민의 안전보장을 위한 테러의 적극적 예방이라는 법률 제정 성과를 극대화하도록 노력하고 인권보호 및 안보·안전의 효율적 조화를 위한 개정작업에도 지속적인 노력을 경주해 나가야 할 것이다.

따라서 한국의 테러 정책의 발전방향은 ① 인권침해 최소화를 위한 테러방지법의 신중·엄격한 운영 ② 테러 방지 관련부서 간 유기적·효율적 협력체제 운영 ③ 다양한 양상의 테러범죄 적극대응을 위한 국제적 연대 ④ 테러환경의 원천적 제거를 위한 노력의 병행 등으로 요약해 볼 수 있을 것이다.

1) 인권침해 최소화를 위한 테러방지법의 신중·엄격한 운영

테러의 사전예방과 방지를 위해서는 이 활동을 뒷받침 해줄 수 있는 관련된 법률적 근거가 필요하지만 기본권(인권)침해와 관련해서 테러방지법이 만병통치적 해법이 될 수 없음은 물론이다.[127] 향후 세부 적용과정에서 인권침해가 최소화되도록 인간안보 측면의 고려가 필요한 이유이다. 이는 「테러방지법」이 여전히 인권침해의 소지가 있고 정보기관의 권한을 강화한다는 남아있는 불신을 해소시켜야 하기 때문이다. 무엇보다 법은 명확성 원리에 근거해 마련되어야 한다. 즉 무엇이 금지되고 허용되는 행위인지를 알 수 없다면 법적 안정성과 예측 가능성을 확보할 수 없고, 자의적 법집행이 가능해지기 때문이다. 테러방지법과 같이 기본권 침해우려가 있는 법에 있어서는 더욱 엄격히 요구된다고 할 수 있다.[128]

더구나 오늘날 테러문제는 특정국가만의 문제가 아닌 전 세계적 사항으로 9·11테러 이후 유엔(UN)을 비롯한 국제사회는 법적·제도적 장치를 강구하고 이에 대한 방안을 마련했다. 미국은 기존의 행정부 내 22개 각 부처에 분산된 대테러 기능을 통합하여 국토안보부(DHS)를 신설하고 애국법(Patriot Act)이라는 테러대책법을 제정하는 등 국가안보시스템을 크게 개편했었다.[129]

그러나 미국과 영국 등 주요 국가에서도 제정된 테러 방지 관련법들이 그

본래의 목적에도 불구하고 자국 내에서 정치적·시민적 권리에 대한 억압을 강화하는데 활용되었다고 보고 있다. 미국에서도 애국법이 제정된 이후에도 이 법에 대한 필요론과 정치적·시민적 권리를 억압하는 데 활용되었다는 부작용론이 맞서 뜨거운 논쟁이 계속되어오다가 지난 2016년 「미국자유법」으로 변경되었음은 전술한 바와 같다. 그런 측면에서 우리나라 역시 제정된 테러방지법이 시민사회 단체에 대한 감시, 통제와 선거와 정치적 목적으로 악용될 수 있다는 우려는 계속될 수밖에 없는 사항이다.[130]

더구나 테러방지법의 실제적 적용은 '국가안보'논리가 우선 적용되기 때문에 '반테러 안보냐, 국민의 기본권이 먼저냐' 하는 논쟁은 앞으로도 더욱 가열될 수밖에 없다. 따라서 테러방지법 관련 공권력 집행은 국민의 자유와 권리제한이 최소화되도록 주의를 기울여야 한다. 헌법에서 기본권 제한의 절대적 원칙은 '필요한 최소한'이다. 참새를 잡는데 대포를 쏘아서는 안 되는 까닭이다.[131]

또한 테러방지법이 궁극적으로는 인권침해법이 아니라 인권보호법으로 이해되기 위해서는 우선 인권과 인간안보 측면의 이해가 필요하다. 대테러전쟁의 명분은 안보의 대상을 인간으로 보는 개념으로 이는 결국은 '인간안보'라 할 수 있다. 그러나 테러를 방지한다는 이유로 실제로 작용되고 있는 것은 '국가안보' 논리가 우선 적용된다고 할 수 있어 안보와 기본간 문제간의 논쟁은 계속될 것이다.

따라서 테러방지법은 보다 신중하고 엄격한 운영이 필요하다. 즉 반테러 입법을 통해서 무고한 인명과 재산을 유린하는 '비인간적·반문명적인 테러의 위협으로부터 인간안보(human security)'를 확보할 수 있어야 한다.[132]

한국의 경우도 테러방지법 제정과 관련해서 국가정보원에 의한 무차별적 정보 수집을 허용해주는 등 '국정원의 권한강화를 위한 국정원의 법'이 될 것이라는 우려와 비판이 적지 않았다.[133] 「국민보호와 공공안전을 위한 테러방지법」과 「국민보호와 공공안전을 위한 테러방지법 시행령」에 따르면 국정원은 정보수집, 출입국규제, 감청 등 '정보수집'을 넘어서는 권한을 갖고 있고 여기에다 업무의 비공개성으로 시민의 감시가 차단됨으로써 비밀기관의 역할이 한층 강화될 수 있다는 우려에서 비판이 제기되었던 것이다.

향후 우리나라 역시 테러방지법에서 국정원이 의심하는 외국인에 대한 정보 수집이 가능하고 출입국 규제를 요청할 수 있다고 하는 명시사항 때문에 외국인에 대한 감시와 차별이 강화될 수 있다는 지적과 국정원 권한 강화가 민주주의와 인권을 침해할 수 있다는 우려가 제기될 수 있다. 따라서 테러방지법 운영의 방향은 무엇보다도 인권침해가 최소화되도록 하여야 한다. 국민으로부터의 신뢰와 믿음은 법률보다 더한 힘을 지닌다고 볼 수 있기 때문이다.[134]

특히 「테러방지법」은 테러용의자에 대한 정보수집권을 국가정보원에 부여하는 것과 함께 국민의 기본권 침해방지를 위해 대테러 인권보호관을 두는 등의 제동장치를 마련해 놓고 있지만 미약한바 국정원에 대한 민주적 통제·감시는 더욱 강화되어야 할 것이다.[135]

그러나 정보를 수집하고 분석하는 일은 매우 복잡하기 때문에 비전문가인 국무총리실에서 이를 수행한다면 아무래도 정보수집 활동이 쉽지 않을 것이다. 효과성의 측면에서는 정보기관이 정보수집 업무를 수행하는 것이 효율적일 수밖에 없다. 이를 고려하여 정보수집권을 지닌 국정원에 대한 민주적 통제·감시방안과 함께 국정원의 기능과 임무도 검토가 필요하다.[136] 미국에서는 특별법원인 해외정보감시법원(FISC)을 두고 정보기관의 요청에 따라 미국 통신업체에 국가안보조사 영장을 발부할 수 있다. 결국 인권과 안보는 평행으로 가기 쉽지 않은바 최소한의 기본권을 지키는 범위 내에서 법적 장치가 강구되어야 할 것이다.[137]

2) 관련 부서 간 유기적 협력체제 운영

2016년 6월 3일 제정된 우리의 「테러방지법」은 군, 경찰, 국정원으로 분산된 대테러업무를 국무총리 산하 '대테러센터'로 집중시킴으로써 새로운 국가안보위협에 효과적으로 대처하는 것이 목적이다.[138] 따라서 국정원을 비롯한 검찰과 경찰은 테러 예방 및 근절을 위해 노력하고 상호 협력해 나가야 할 것이다.

또한 테러 방지가 효율적으로 운영되기 위해서는 국무총리실, 법무부, 행정안전부, 국방부, 국가정보원 등 테러 방지 관련 부서들의 임무의 조정·검토에 대한 합의가 중요하다. 테러방지법을 보면 대테러 활동체계에서 대테러 임무를 총괄할 사령탑이 국무총리실인 점이 특징이라 할 수 있다. 정보수집이 핵심인 테러예방 활동에서는 유관기관 간 긴밀하고 유기적인 협력체제구축이 중요하다. 국무총리실 소속으로 대테러센터를 구성한 것은 범정부 차원에서 관련 업무를 종합적·체계적으로 수행하기 위해 국가적 대응체계를 구축하려한 것이 그 목적이라 할 수 있다. 대테러센터의 운영과 관련해서 정보공유의 신경세포로서 갈수록 다양하고 복잡한 테러상황을 분석하고 기관 간 조정과 통제가 필요한 바, 유기적·효율적 협력이 필요하다고 할 수 있다.[139]

그러나 대테러 활동의 핵심은 정보이다. 9·11테러의 예방 실패가 기관 간의 정보공유 실패라는 것이 대체적인 분석이다.[140] 이러한 실패를 교훈 삼아 9·11테러 이후 미국이 기존 행정부 내 22개 각 부처에 분산된 대테러 기능을 통합해 국토안보부(DHS)를 신설하였고, 정보공동체로서 국가정보장실(ODNI)을 설치하여 장관급인 국가정보장(DNI: Director of National Intelligence)은 정보공동체의 수자을 겸임한다. 산하에 CIA(Central Intelligence Agency, 미 중앙정보국), FBI(Federal Bureau of Investigation, 미연방수사국), NSA(National Security Agency, 미 국가안전보장국) 등 16개 정보기관을 총괄한다. 또한 산하조직으로 '국가대테러센터(NCTC: National Counterterrorism Center)'를 설치해 테러관련 정보 분석과 대테러 관련 유관기관 지휘 및 활동 전략을 수립하는 등 국가정보시스템을 크게 개편한 것은 우리에게 시사해주는 바가 적지 않다.[141]

일례로 테러방지법령에 따르면 국내에서 일반테러와 화생방테러가 발생할 경우 경찰청장이 테러사건대책본부를 구성하고, 지방청에 현장지휘본부를 설치하게 된다. 그리고 경찰서장이 팀장인 현장조치팀이 구성되어 현장에서의 초동대응을 실시하게 된다. 또한, 지방청 단위 현장지휘본부에 통합 상황실이 운영되어 화학분야는 환경부, 생물분야는 보건복지부, 방사능분야는 원자력안전위원회, 군의 지원을 받아 통합·운영할 수 있게 된다. 그러나 경찰이 국내에서 일어나는 테러에 대해서 모든 상황을 통합하여 진두지휘할 수 있을지는 의문이다. 따라서 관련 지원 부서와의 협력관계, 지원범위 등 관련 부서 간 유기적 협조가 잘 이뤄져야 한다.[142]

그러나 어떤 경우든지 「테러방지법」이 제정·시행되었다하여, 테러 방지의 만병통치적 해법이 될 수는 없다. 이는 다만 기존의 법집행은 원칙적으로 사건발생 이후에 작동하는 반응적 활동이어서 더 이상 전통적인 법집행과 국가 공권력 작동의 틀로는 제대로 작동되기 어려웠지만 테러방지법이 제정·시행된 이후 테러 예방 활동을 통해 미연에 차단할 수 있는 선제적(proactive) 활동이 가능하다는 것이다. 문제는 전술한 바와 같이 이러한 선제적 활동과 관련해서 인권침해 최소화 속에 테러방지법이 신중·엄격하게 운영되어야 하는 과제를 안고 있다는 점이다.[143] 따라서 국가정보원은 다른 기관과의 관계에서 모든 것을 좌지우지하는 두뇌라기보다는 정보 소통을 위한 허브 또는 중추신경으로서 역할을 함으로써 테러 관련 기관 간의 유기적·효율적 운영에 기여하는 역할을 해야 한다.[144]

3) 다양한 양상의 테러범죄 대응을 위한 국내외적 연대강화

국제테러 방지를 위해 테러 관련 국제협약 가입 등 국제적 협력과 함께 국내 법체제정비를 통한 사법적 실행이 중요하다. 따라서 국제적 공조체제, 주변국가와의 협력 및 관계기관 간 네트워크의 구축을 통한 협력체제의 구축이 가능하도록 법적 장치를 발전시켜 나가야 할 것이다.[145] IS와 같은 극단적 무장단체에 의한 다양한 양상의 테러에 적극적으로 대응할 수 있도록 국제적 연대를 강화하고, 관련법 체제 정비를 지속적으로 보완 정비 하는 사법적 실행과 제도적 재정비도 중요하다.[146]

특히 테러 대응을 위해서는 대테러 유관기관 간 실효성을 발휘할 수 있는 다양화와 역할의 전문화는 물론 상호협력이 가장 중요하다고 할 수 있다. 예를 들어 국제적인 정보 수집과 관련해서는 국정원이 중요한 역할을 하며 각종 정보의 수집과 범인검거 등 각종 범죄의 대처와 관련해서 경찰의 역할이 중요하다고 할 수 있다.[147]

더구나 테러네트워크들 역시 세계화 심화 속에서 세계화, 디지털화하는 초유의 양상을 보이고 있다. 테러리즘이 어느 한 나라나 지역이 감당하기 어려운 본격적 글로벌 안보위협으로 다가온 것이다.[148]

그래서 테러리즘은 21세기 가장 심대한 비전통 안보위협 중 하나이며 전 세계가 함께 풀어나가야 할 중대한 글로벌 안보과제다. 최근에는 자유사회 혹은 특정국가의 사회혼란을 틈타 민간인들 속에 숨어 국경을 넘나들기도 한다. 테러

분자들이 사제폭탄은 물론 생화학무기와 핵물질을 획득할 가능성도 우려되고 있다.[149]

한국은 책임 있는 중견국으로 대테러 국제공조에 적극적으로 동참하여야 하며, 더 나아가 중견국의 위상과 역할공간을 바탕으로 대테러 및 인간안보 등 신안보·국제안보 거버넌스를 주도하는 비전설계가 시급하다고 할 수 있다.[150]

4) 테러환경의 원천적 제거 노력

인류역사와 기원을 같이 하는 테러는 현대에 이르러 지역과 국가를 불문하고 가장 심각한 사회문제임과 동시에 국가안보 문제로 등장했다. 특히 우리나라는 분단 이후 지금까지 끊임없는 북한의 테러에 직면해왔으며, 최근 해외에서 이슬람 수니파 극단주의 무장 단체 이슬람국가(IS) 등 국제테러단체의 무차별적인 테러가 지속되면서 우리국민의 테러 현실화에 대한 불안과 우려도 커지고 있다.[151] 테러리즘(terrorism)의 위협은 인권·빈곤 문제 등과 함께 오늘날 국제사회가 직면하고 있는 가장 심각한 인보문제로서 주목을 받고 있다.[152]

우리나라도 국제결혼 이민자, 외국인 노동자, 북한 이탈주민 유입 증가로 국내 체류외국인이 200만 명을 넘는 것으로 집계되고 있다. 국내 체류 외국인 200만 명 시대를 맞아 외국인 범죄 역시 점차 증가하는 추세이다(2011년 38.3%→2015년 46.7%). 내수 활성화 차원에서 외국인 관광객의 출입국 절차를 간소화하면서 범죄가 늘어나기도 한다. 특히 강도·강간·살인 등 범죄 양상도 갈수록 흉포화하고 있어 대책 마련이 시급하다는 지적이 나오고 있다.

더 우려되는 것은 거주 외국인들과 그 후손들이 살아가면서 내국인과의 차별과 문화적인 차이로 인한 정체성에 혼란을 겪게 되며 급기야 극단적인 행동으로 옮기게 되는 자생적 테러의 잠재적 원인이 될 수 있다고 전문가들은 우려하고 있다. 이제 한국사회는 급속하게 다문화, 다인종 사회로 변화되고 있다. 이들은 더 이상 이방인이 아니며 우리사회는 이들과 더불어 살아가야 하는 국제화 사회임을 인식하고 사회적 포용과 함께 안보적 측면의 대응 방안도 동시적으로 검토하여야 한다.[153]

이는 테러 발생 시 테러 자체에 대한 강경한 대응도 중요하지만 일반적인 테러 예방에서 한 걸음 더 나아가 테러리스트를 만들어내는 환경을 원천적으로 차단하는 일이 중·장기적인 견지에서 가장 중요하기 때문이다. 테러를 양산해내는 많은 이유 중 소외와 차별, 인권 박탈은 제일 큰 원인일 것이다.[154] 따라서 따뜻하고 열린 사회(Warm and Open Society), 동과 서, 좌우를 아우르는 상생과 공존, 갈등과 대립을 해소하는 것이 테러를 방지하고 평화를 실현하는 출발점이다. 우리사회의 차별과 소외의 분위기도 테러를 양산할 수 있는 주요원인으로 작용될 수 있기 때문에 테러를 유발할 수 있는 소수자에 대한 불평등과 인권침해적 환경을 원천적으로 제거하는 것은 테러대응의 우선적 사항이다.[155]

최근 독일 '슈피겔(Der Spiegel)'의 편집국장 클라우스 브링크보이머(Klaus Brinkbaumer)는 "이라크, 시리아 등 실패국가에서는 경제가 붕괴되고 있으며 이로 인해 무기력과 분노에 빠진 힘없는 젊은이들이 서방 및 아랍의 힘센 자들을 타격함으로써 일종의 보상심리를 얻기 위해 테러에 나서고 있다."고 말하기도 했다.[156] 또한 『21세기 자본』으로 소득 불평등 문제를 세계적으로 공론화했던 프랑스 경제학자 토마 피케티(Thomas Piketty)는 중동발 테러의 원인은 "경제적 불평등 때문"이라 주장하며, 테러를 막기 위해서 "유럽은 통합과 일자리 창출을 되살려야 한다."고 촉구한 바 있다.[157]

우리사회 역시 갈수록 극심한 청년실업 문제로 절망의 벼랑에 몰리고 있는 젊은이들의 상태가 불안에서 좌절로, 그리고 이제는 분노로 향해 가고 있는 것은 아닌지 우려되는 면도 없지 않다. 국제테러단체나 북한의 테러를 걱정해야 하지만 이에 앞서 한국의 경제적 불평등과 차별이 어떤 파괴적 결과를 낳을지에 대해서도 고민해야 할 것으로 생각된다.

결국 말할 것도 없이 테러는 분명 범죄다. 범죄자들은 벌해야 한다. 하지만 어떻게 젊은이들이 폭력과 범죄, 테러에 가담하고 어떤 사상을 위해 자기 몸을 희생하였는지 관심을 기울여야 한다. 우리는 중동과 유럽, 동남아 지역에서 벌어지고 있는 일촉즉발의 상황을 경험하지 않기 위해 과연 무엇을 하고 어디로 가야 하는가를 논의하고 검토해야 한다.

결코 평화는 전쟁을 불사해야 지킬 수 있는 것이라는 힘의 대응에만 그쳐서는 안 되며 학습하고 키워야 하는 것이라 할 수 있다. 평화보다 더 중요한 가치는 없기 때문이다. 이제는 국민들의 눈높이에 맞춰 갈등을 조율하고 여야를 떠나 국력을 총결집해 불안이 해소되고 더 큰 평화가 실현될 수 있는 따뜻하고 열린사회가 되어야 하며 이제 더 이상 평화와 안보가 정치인들의 '프로파간다(propaganda)'로 이용되어서는 안 될 것이다.[158]

희망이 없는 좌절은 테러로 분출될 가능성이 많은 게 하나의 공식이다. 그러나 이런 노력을 게을리 한다면, 테러와 관련된 우리의 미래 상황도 오늘날 유럽이나 미국과 별반 차이가 없게 될 것이다.[159]

그런 측면에서 향후 「국민보호와 공공안전을 위한 테러방지법」의 운영 및 개정은 국민의 힘의 결집이 투영되고 대한민국의 국익과 평화, 국민의 현재와 미래 삶에 도움이 되도록 해야 할 것이다. 그동안 먹고살기가 더 급한 국민의 다수를 무시한 채 여야의 정치적 논리만이 법안의 찬반을 기계적으로 대변해온 면도 없지 않았다. 정치적 양극화는 국민의 힘을 결집시키지 못하고, 국민이 정치를 불신하게 된 원인이기 때문에 정치인들도 소외되는 사람들을 최소화할 수 있도록 항상 민생을 생각하고 살피는 정치를 펼쳐 나가야 할 것이다.[160]

요컨대 IS와 같은 국제테러단체의 한국에 대한 테러를 걱정하는 것도 중요하지만 그보다 먼저 우리는 우리사회의 경제적 불평등과 차별이 어떤 파괴적 결과를 낳을지에 대해서도 고민해야 한다. 경기침체가 가중되면서 중산층이 무너지고 있고 서민층의 생활고는 더욱 가중되고 있다. 고질적인 지역주의는 물론 첨예한 이념 대립의 악순환도 끝이 보이지 않는다. 지역과 이념의 대립으로 정치 자체가 갈등과 반목의 온상이 된 지 오래다. 이러한 국가 생존이 걸린 중차대한 문제들은 국력을 총결집해도 해결하기에 벅찬 과제들인 것이다. 더 이상 극단주의 테러가 우리에게 '강 건너 불'이 아닌 바 진정한 테러 예방을 위해 테러환경의 원천적 제거 노력을 소홀히 해서는 안 될 것이다.[161]

따뜻하고 열린 사회가 테러 대비의 출발점

1990년대 공산진영이 붕괴된 이후 테러는 인권, 빈곤문제 등과 함께 국제평화를 위협하는 주요 국제이슈로서 주목을 받고 있다. 우리나라를 둘러싼 테러양상과 테러환경도 국내외 안보 환경변화에 따라 점진적으로 다양화되고 있다. 즉 국제적으로 테러사건은 지구촌 곳곳에서 빈발하는 추세이며, 국내적으로도 국제결혼, 외국인 노동자, 새터민의 증가로 인한 자생테러 발생 가능성 우려와 함께 북한에 의한 후방 테러위협과 전면전(全面戰)에 앞서 비대칭전력으로서의 테러공격이 예상되고 있기 때문에 그 위험성이 점차 증가하고 있는 실정이다.[162]

그럼에도 테러방지법 이전의 전통적인 법은 사후 대응책에 머물러 있다는 지적을 받아왔다. 또한 그동안 우리나라는 전 세계 유일한 분단국가로서 북한에 대한 군사적 대비와 전쟁도발의 예방만을 생각하고 테러에 대해서는 조금은 소극적인 자세를 유지해왔다고 볼 수 있다. 그러나 9·11사건을 계기로 우리나라도 테러의 안전국가가 아님을 정부와 모든 국민들이 인식할 수 있는 계기를 만들었다. 테러는 일반 형사범죄와는 달리 잔혹성과 예측 불가능성을 통해 국가의 존폐를 결정지을 수도 있는 중대한 범죄이다. 따라서 9·11사건 이후, 테러에 대한 다양한 논의들이 이루어졌고 특히, 테러에 대한 입법제정 논의가 핵심을 이루었다. 이러한 입법제정에 대한 논의에 따라서 테러방지법 입법안이 발의되었고, 이에 따라 법률 제정을 위한 많은 노력들이 이루어졌다. 그러나 제정 법률에 대한 다양한 견해의 차이로 법률을 제정하지 못하고 있었으나 2016년 입법발의안들을 통해 2016년 3월 3일 '국민보호와 공공안전을 위한 테러방지법'이 제정·공포되어 시행되고 있다. 그러나 이 법률은 기존의 입법발의안들이 담고 있던 중요사항들을 모두 입법화하지 못해 이에 따른 입법적 문제들이 지적되고 있다.[163]

2016년 6월 4일부터 테러방지법의 시행으로 정보주무기관인 국정원은 테러위험인물의 ① 개인정보(사상·신념·건강 등 민감 정보를 포함)·위치정보·통신이용정보수집 ② 출입국·금융거래기록 추적 조회 ③ 금융거래 정지 등을 요청할 수 있게 되었다. 국정원은 테러위험인물에 대한 조사와 추적권도 부여받는다. 그동안 검찰·경찰 등 수사기관이 보유해온 권한을 국정원이 법원의 영장과 서면 요청 등 법적 절차를 거치면 직접 행사할 수 있도록 한 것이다.[164]

이처럼 15년 만에 테러방지법 제정 문제가 여야 간에 극적으로 타결된 것은 국내외적으로 테러 위협이 증가하고 있는 상황에서 다행한 일이다. 그러나 19대 국회 내 통과라는 조급함으로 내용의 충실성보다는 핵심사항이 빠진 형태만 남은 법안이 되지 않았는지 우려되는 점도 없지 않다. 향후 운영과정에서 정보의 주도권, 사생활 침해 문제 등 세부적 사항에서 추가적 논란이 우려된다.[165] 그러나 과연 테러방지법의 존재가 테러를 방지하는 실재적인 효율과 가치를 얼마나 갖고 있는지 자문해볼 필요가 있다. 우리는 비록 '법'이 존재해도 모든 불법을 무조건 막아낼 수 없다는 것을 잘 알고 있기 때문이다. 강도죄에 대한 처벌조항이 있어도 강도가 사라지지 않는 것과 같은 이치이다. 테러방지법 역시 테러에 대한 일정정도의 법적 보호수단이 되어주지만 모든 행위를 차단하는 안전막이 될 수는 없는 것이다.[166]

실제로 테러라는 비상상황에서 국민의 생명과 신체, 국가안전을 수호하기 위하여 테러대응책을 미리 마련하고 만반의 준비를 하는 것은 국가의 당연한 의무라고 할 것이다. 물론 테러방지를 위해서는 정보기관 시스템의 통합구축도 필요하다. 미국도 과거에는 여러 정보기관을 분리·통제했지만 지금은 효율적인 테러감시를 위한 통합기조를 유지하고 있다.[167] 그러나 이러한 국가의 노력이 불필요한 논란으로 그 실효성을 담보할 수 없다면 애초의 목적을 달성하기 어려울 것이다. 다시 말해서 대테러 대응을 위한 우리 정부의 노력은 국가의 안보와 국민의 안전을 위해서는 불가결한 조치라고 할 것이지만 기능적·체계적 효율성이나 인권과 관련한 헌법적 한계에 대해 범국민적 동의를 확보하지 않고서는 그 실효성을 담보하기가 어렵다고 할 수 있다.[168]

입법 당시 정부와 여당이 19대 국회회기 내 법안 제정을 목표로 지나치게 서두르면서 국민의 신뢰를 잃은 부분도 없지 않다. 테러방지법이 국민의 기본권을 침해한다는 측면에서 앞서 법을 제정한 미국이나 영국에서도 자국 시민의 권리를 침해하는데 사용되었다고 해서 논쟁이 뜨거웠던 전례를 고려해 볼 때, 앞으로도 테러방지법 운영에 따라 국가안보와 국민의 기본권 침해의 사이에서 논쟁은 지속될 것으로 예상된다.[169] 그래서 향후 테러 정책 발전방향에 있어서 중요한 것은 헌법상 국민의 기본권과 존엄성을 보장하는 법에 대한 '용인성(容認性)'이다. 미국 국가안보국(NSA)의 무차별 개인정보 수집실태를 폭로한 전 NSA(National Security Agency, 미 국가안전보장국) 요원 에드워드 스노든 (Eward Snowden)의 사례에서 볼 수 있듯이, 테러방지법은 정보 수집을 위해 국가권력이 얼마나 타당하고 적절하게 행사되었는가보다는 오히려 안보와 인권 간의 관계에서 사회규범적인 논쟁이 필요한 사항이다.[170]

따라서 향후 제정된 테러방지법이 테러 방지에 효율적으로 적용될 수 있도록 법제 정비 및 보강이 요구된다. 물론 테러방지법이 모든 테러를 방지하는 결정적 묘약은 아니다. 우리보다 앞서 대테러법을 가진 유럽과 미국의 경우에도 테러는 여전히 발생한다. 하지만 강력한 대테러법이 존재함으로써 한 해에 수백 건의 테러모의를 적발하여 테러를 사전에 예방하고 있다. 우리는 이들 국가들의 테러 관련 법제와 경험적 사례를 비교연구·발전시켜 테러방지에 최선의 노력을 다해야 할 것이다. 먼저 테러방지법을 제정·시행해왔던 국가들의 관련법제와 경험적 사례연구는 우리에게 적지 않은 도움을 줄 수 있다.

또한 테러방지법은 정보기관에게 권한을 주고 끝내는 법이 아니라, 헌법적 기준에 맞는 절차와 내용을 가지고 있어야 한다.[171] 국가의 테러 대응 정책에 있어서 가장 중요한 것은 인권과 안전의 두 가치를 얼마나 조화롭게 운영할 수 있느냐의 문제라고 할 수 있다.[172] 그래서 테러방지법은 통과되었으나 앞으로의 과제가 남아 있는 것이다. 아무리 좋은 법이나 시스템이라 할지라도 국민의 이해를 얻지 못하고 국민의 힘을 결집시키지 못한다면 의미가 없다. 향후 운영과정에서 국민의 기본권 침해를 최소화해 나가야 할 것이다. 공권력은 국민의 자유 침해를 최소화하는 차원에서 사용되어야 하기 때문이다.[173]

더구나 국제환경의 급박한 요구에 부응하여 대테러 대응을 위한 제도적 장치를 마련하였지만 현재에도 그 제도적 장치의 문제점에 대해 많은 지적이 존재하는 만큼 지속적인 논의와 보완이 필요하다. 특히 국정원의 권한확대와 이로 인한 인권침해의 가능성과 관련하여 일각에서는 헌법소원을 청구하는 등 그 논란이 지속되고 있어 향후에도 면밀한 검토를 통한 수정보완이 요구된다.[174] 궁극적으로 우리가 테러를 근절하기 위해서는 따뜻하고 열린 사회가 테러대비의 출발점이 되어야 할 것이다.[175] 요컨대 우리는 기본권 침해를 최소화하기 위한 법제적 보완은 물론 국제협력을 통해 테러 예방 및 대테러 국가역량을 강화해 나가는 한편, 테러의 근본원인을 해결하는 일에도 최선의 노력을 다해야 한다.

<참고문헌>

강대출, 「테러방지법 제정안에 관한 연구」, 건국대학교 대학원 석사학위논문, 2008.

국가예산정책처, 『2017년도 예산안 위원회별 분석: 정무위원회 소관』, 2016.10.17.

국무조정실, 「보도설명자료: 대테러전쟁방지법 시행령·시행규칙입법예고안 관련」 2016.4.18.

국무총리실, 『테러대비 행동요령』, 2016.10.9.

국방기술품질원, 『국방과학기술용어사전』, 2011.

김강녕, 『국제사회와 정치』(경주: 신지서원, 2010).

김두현, 『현대테러리즘론』(서울: 백산출판사, 2006).

김상겸, "테러 안전불감: 지금 필요한 것은 '테러방지법'이다," 『미디어펜』, 2015년 3월 9일자.

김용근, "테러는 이미 가까이 있다," 『양산시민신문』, 2016년 8월 9일자.

김진남·최혁기, "새로운 범정부 테러대응체계로 테러 청정국가 달성한다," 국무조정실 대테러센터, 『보도자료』, 2016.7.1.

김호연, "테러방지법 제정안하나 못하나…테러위협 고조에도 국회 '허송세월'," 『파이낸셜뉴스』, 2015년 11월 17일자.

김희정, "테러리즘, 자유와 안전: 국민보호와 공공안전을 위한 테러방지법의 검토와 보완," 한국공법학회, 『공법연구』, 제44집 제4호, 2016.

류여해, "대한민국 법에는 '테러'가 없다," 『시사저널』, 2015년 3월 17일자.

류현호, 「한국의 테러방지법 제정에 관한 연구」, 국민대학교 법무대학원 석사학위논문, 2005.

박병욱, "제정 테러방지법의 문제점과 정보기관 활동에 대한 민주적 통제,"『경찰법연구』, 제14권 제1호, 2016.

박상주, "IS 등 테러세력, '외로운 늑대-소프트 타깃'전법으로 선회,"『뉴시스』, 2016년 6월 13일자.

박성제, "'외로운 늑대' 국제사회 새 위협으로 떠올라," 2014년 10월 28일자.

박준석,『뉴 테러리즘개론』(서울: 백산출판사, 2006).

박재상, "주의·심각 등 4단계 테러경보 시행…국가테러대책위 첫 회의,"『뉴스 데일리』, 2016년 7월 4일자.

박지환, "테러방지법 통과 "이제 한글 대신 모스부호 사용하자,"『서울신문』, 2016년 3월 3일자.

박호현, "국민보호와 공공안전을 위한 테러방지법 개정논의에 대한 고찰," 한국경찰학회, 『한국경찰학회보』, 제58권, 2016.

박호현·김종호, "국민보호와 공공안전을 위한 테러방지법 개정논의에 대한 고찰," 한국경찰학회,『한국경찰학회보』, 제18권 제3호, 통권 제58호, 2016.6.

백봉원, "IS 등 급진세력에 의한 테러 어떻게 대응해야 하나,"『보안뉴스』, 2016년 7월 14일자.

서선원, "테러, 지구촌 어디에도 안전지대는 없다,"『충청매일』, 2016년 8월 11일자.

신지홍·장지은, "미국자유법 상원 통과… 영장받은 선별적 감청만 허용,"『연합뉴스』, 2015년 6월 3일자.

신현기 외,『경찰학사전』(파주: 법문사, 2012).

안동현, "테러방지법, 경찰이 할일이 무엇인가,"『중도일보』, 2016년 8월 7일자.

오태곤, "국민보호와 공공안전을 위한 테러방지법의 제정과 시사점," 아시아문화학술원, 『인문사회 21』, 제7권 제2호, 2016.

유동렬, "김정은 정권 대남전략 및 남북관계 전망,"『새로운 테러위협과 국가안보(Emerging Terrorist Threats and National Security)』(국제안보전략연구원-이스라엘 국제대테러연구소 공동국제학술회의 자료집)』(2016.6.23, 한국프레스센터 국제회의장).

이대성, "경찰관의 대테러 위기관리 인식에 관한 연구," 한국경찰연구학회,『한국경찰연구』, 제8권 제3호, 2009.9,

이만종, "지구촌 잇단 테러와 테러방지법,"『국민의 안전을 위한 세이프코리아뉴스』, 2016년 7월 14일자.

이만종, "따뜻하고 열린 사회가 테러대비의 출발점,"『경향신문』, 2016년 6월 16일자.

이만종, "테러방지법, 인권침해 최소화가 과제," 『매일경제』, 2016년 3월 4일자.

이만종, "테러방지법, 평화와 안전 보장할 수 있나," 『경향신문』, 2016년 3월 3일자.

이만종, "주요국 대테러활동에 대한 경찰의 정책적 대응 방안 고찰," 한국테러학회, 『한국테러학회보』, 제8권 제1호, 통권 19호, 2015.3.

이만종, "경찰의 테러대응체계 법제에 관한 고찰," 한국테러학회, 『한국테러학회보』, 제7권 제2호, 통권 16호, 2014.7.

이만종, "한국의 반테러 관련법제의 제정 필요성과 입법적 보완방향," 원광대학교 경찰학연구소, 『경찰학논총』, 제6권 제1호, 2011.5.

이만종, "테러리즘의 양상과 대응에 관한 고찰," 원광대학교 경찰학연구소, 『경찰학논총』, 제5권 제1호, 2010.5.

이만종, "테러방지법에 대한 주요논점 및 보완적 고찰," 한국경찰연구학회, 『한국경찰연구』, 제9권 제1호, 2010.3.

이만종, "테러방지법 제정안에 관한 보완적 고찰"(한국행정학회 2010년도 공공안전행정연구회 창립총회 및 학술세미나 발표논문, 2010.

이상훈, "정부, 대테러 역량을 총동원하기 위한 '국가 대테러훈련' 실시, "국무조정실·국무총리비서실, 『보도자료』, 2016.10.6.

이유리, "테러방지법 시행령·시행규칙 제정안 입법예고," 『데일리뉴스』, 2016년 4월 19일자.

이준기, "14년째 계류 중인 테러방지법 거듭 처리 촉구," 『이데일리』, 2016년 12월 8일자.

이진욱, "테러대응 '컨트롤타워' 국가테러대책위원회 본격 가동," 『연합뉴스』, 2016년 7월 1일자.

이태규 편, 『군사용어사전』, 2012.

이효행, "테러방지법 시행에 따른 경찰의 새로운 역할," 『경기신문』, 2016년 8월 9일자.

인남식, "이라크 '이슬람 국가(IS, Islamic State)' 등장의 함의와 전망," 국립외교원 외교안보연구소, 『주요국제문제분석』, 2014.9.15.

장민성, "초대 대테러인권보호관에 공안검사 출신 위촉 '논란,'" 『뉴시스』, 2016년 7월 21일자.

전혜정·윤다빈, "변재일 '여 테러방지법 전면개정에 전면적 나서야.'" 『뉴시스』, 2016년 6월 16일자.

정건희, "문영기 초대 대테러센터장 취임," 『국민일보』, 2016년 10월 10일자.

정상률, "IS의 출현·확산 배경과 목표, 우리의 대응 방안," 세종연구소, 『정세와 정책』, 2016년 1월호(통권 238호).

정상호, "'국민보호와 공공안전을 위한 테러방지법'의 쟁점과 전망분석," 한국의회발전연구회, 『의정연구』, 제22권 제2호(통권 제48호), 2016.

정욱상, "외로운 늑대 테러의 발생가능성과 경찰의 대응방안," 한국경찰학회, 『한국경찰학회보』, 제16권 제5호, 통권 제42호, 2013.10.

정은숙, "'이슬람 국가'(IS)의 파리시내 테러: 의미와 대응," 세종연구소, 『세종논평』, No.310(2015.11.20).

정이나, "오바마, 애국법 대체한 '미국자유법' 서명… NSA 무차별 수집 금지," 『뉴스 1』, 2015년 6월 3일자.

정지희, "테러 위험인물, 강제추방 외 처벌 방법 없어…'테러방지법 입법 서둘러야,'" 『아시아 투데이』, 2015년 12월 13일자.

조성제, "치안활동을 위한 군병력동원의 위헌연부에 관한 고찰," 『한국콘탠츠학회논문지』, Vol.11. No.4, 2011.

조성제·승재현, "제3세계 국가의 테러방지법제정과 우리나라에 있어서 시사점," 『한국콘텐츠학회논문지』, 제9권 제10호, 2009.10.

조성진·손우성, "테러방지법, 야(野)가 '극한 투쟁'할 만큼 악법(惡法)인가," 『문화일보』, 2016년 2월 24일자.

조영갑, "테러가 군사전략에 미친 영향," 합동참모본부, 『합참』, 제24호, 2005.1.1.

진성훈, "주의·심각 등 4단계 테러경보 시행…국가테러대책총 첫 회의," 『뉴스 1』, 2016년 7월 10일자.

채재병, "국제테러리즘과 군사적 대응," 『국제정치논총』, 제44집 2호, 2004.6.30.

최하얀, "입법조사처 '테러방지법 시행령, 초헌법적,'" 『프레시안』, 2016년 6월 15일자.

하윤아, "'필리버스터' 끌어들인 테러방지법, 조목조목 뜯어보니…," 『데일리안』, 2016년 2월 16일자.

한대광, "'대테러센터 사실상 국정원 주도," 『경향신문』, 2016년 5월 8일자.

한상희, "복면금지법과 테러방지법: 그 음모의 정치학," 『황해문화』, 2016.

형혁규·김선화, "'국민보호와 공공안전을 위한 테러방지법 시행령'의 쟁점과 과제," 국회입법조사처, 『이슈와 논점』, 제1180호, 2016.6.14.

황문규, "테러방지법상 정보활동의 범위와 한계," 한국경찰법학회, 『경찰법연구』, 제14권 제1호, 2016

「국민보호와 공공안전을 위한 테러방지법」(시행: 2016.6.4. 제정: 법률 제14071호 2016.3.3).

"테러방지법 직권상정 불가피했다(사설)," 『중앙일보』, 2016년 2월 24일자.

PBC 평화방송 라디오 <열린 세상 오늘! 윤재선입니다>, 2016.2.26. 6:44.

"Expert suggests antiterrorism agency," Korea Herald, November 23, 2010.

법제처, "국민보호와 공공안전을 위한 테러방지법 시행령," http://blog.naver.com/ssimpleminds/ 220739269843(검색일: 2016.10.29).

안광찬, "테러방지법 제정의 배경과 의의, 그리고 군의 과제," http://www.gunsa.co.kr/bbs/ board.php?bo_table=B01&wr_id=484(검색일: 2016.10.31).

천주교 정의평화위원회, "국민의 보호와 공공안전을 위한 테러방지법 알아보기 자료집." 2016, www.catholicjp.or.kr(검색일: 2016.10.29).

"국민보호와 공공안전을 위한 테러방지법," 『위키백과』, https://ko.wikipedia.org/wiki/(검색일: 2016.10.29).

"사이버테러리즘," 『위키백과』, https://ko.wikipedia.org/wiki/(검색일: 2016.9.25).

"슈퍼테러리즘," http://www.x-file21.com/ref/new_data_view.asp?branch=51&mnum=282&page= 3(검색일: 2010.2.15).

"에드워드 스노든," 『위키백과』, https://ko.wikipedia.org/wiki/(검색일: 2016.11.6).

"테러," 『Naver국어사전』, http://krdic.naver.com/detail.nhn?docid=39439700&re=y(검색일: 2010.11.27).

"국민보호와 공공안전을 위한 테러방지법," 『나무위키』, https://namu.wiki/(검색일: 2016. 11.5).

"테러리즘," 『Naver국어사전』, http://krdic.naver.com/detail.nhn?docid=39440000&re=y(검색일: 2010.11.27).

"한주간 보안·안전법령 소식: 국가대테러활동지침 훈령 폐지," 『보안뉴스』, 2016년 6월 24일자, http://www.boannews.com/media/view.asp?idx=51020(검색일: 2016.10.31).

Chapter 4 주석

1) 박호현, "국민보호와 공공안전을 위한 테러방지법 개정논의에 대한 고찰," 한국경찰학회, 『한국경찰학회보』, 제58권, 2016. pp.69~98.

2) 이준기, "14년째 계류 중인 테러방지법 거듭 처리 촉구," 『이데일리』, 2016년 12월 8일자.

3) 박호현(2016). p.69.

4) 형혁규·김선화, "'국민보호와 공공안전을 위한 테러방지법 시행령'의 쟁점과 과제," 국회입법조사처, 『이슈와 논점』, 제1180호, 2016.6.14., p.1.

5) 박호현(2016). p.69.

6) "테러방지법 직권상정 불가피했다(사설)," 『중앙일보』, 2016년 2월 24일자.

7) 형혁규·김선화(2016.6.14), p.1. 테러방지법 시행령 시행직후 "새누리당이 테러방지법 전면 개정에 전향적인 자세를 취해달라. 우리 당(더불어민주당)은 20대 국회에서 테러방지법의 전면 개정을 추진하겠다."고 더불어민주당 정책위의장(변재일)은 말한 바도 있다. 전혜정·윤다빈, "변재일 '여 테러방지법 전면개정에 전면적 나서야.'" 『뉴시스』, 2016년 6월 16일자.

8) 형혁규·김선화(2016.6.14), p.1.

9) 안광찬, "테러방지법 제정의 배경과 의의, 그리고 군의 과제," http://www.gunsa.co.kr/bbs/board.php?bo_ta ble=B01&wr_id=484(검색일: 2016.10.31.).

10) 국방기술품질원, 『국방과학기술용어사전』, 2011, '테러' 참조.

11) 신현기 외, 『경찰학사전』(파주: 법문사, 2012), '테러' 참조.

12) "테러," 『Naver국어사전』, http://krdic.naver.com/detail.nhn?docid=39439700&re=y(검색일: 2010.11.27); "테러리즘," 『Naver국어사전』, http://krdic.naver.com/detail.nhn?docid=39440000&re=y(검색일: 2010. 11. 27).

13) 사이버테러리즘은 정보통신망에서 해킹, 불법프로그램, 악성코드, 서비스 거부, 공격 등 사이버상에서 무차별적으로 공격하는 방식을 말한다. 다시 말해서 사이버테러리즘(cyberterrorism, 약칭 사이버테러)은 상대방 컴퓨터나 정보기술을 해킹하거나 악성프로그램을 의도적으로 깔아놓는 등 컴퓨터 시스템과 정보통신망을 무력화하는 새로운 형태의 테러리즘이다. 또 하나의 정의로는 상대방 의사와 관계없이 악의적인 메시지를 이메일, 쪽지, 휴대폰 문자메시지 등을 통해 지속적, 반복적으로 보내 괴롭히는 행위를 일컫는다. 이들의 공통점은 주로 인터넷상에서만 행해진다. "사이버테러리즘," 『위키백과』, https://ko.wikipedia.org/wiki/(검색일: 2016.9.25.).

14) 유동렬, "김정은 정권 대남전략 및 남북관계 전망," 『새로운 테러위협과 국가안보(Emerging Terrorist Threats and National Security)』(국제안보전략연구원-이스라엘 국제대테러연구소 공동 국제학술회의 자료집)』(2016.6.23, 한국프레스센터 국제회의장), p.101.

15) 채재병, "국제테러리즘과 군사적 대응," 『국제정치논총』, 제44집 2호, 2004.6.30, p.56.

16) 김강녕, 『국제사회와 정치』(경주: 신지서원, 2010), p.221.

17) 이태규 편, 『군사용어사전』, 2012, '테러' 참조.

18) 김두현, 『현대테러리즘론』(서울: 백산출판사, 2006), p.58.

19) 조영갑, "테러가 군사전략에 미친 영향," 합동참모본부, 『합참』, 제24호, 2005.1.1, p.105.

20) 이만종, "테러리즘의 양상과 대응에 관한 고찰," 원광대학교 경찰학연구소, 『경찰학논총』, 제5권 제1호, 2010, p.457.

21) 일본의 지하철 사린(Sarin) 독가스살포사건, 미국의 오클라호마 연방청사 폭파사건 등이 슈퍼테러리즘의 대표적인 사례라고 할 수 있다. "슈퍼테러리즘," http://www.x-file21.com/ref/new_data_view.asp?branch =51&mnum=282&page=3 (검색일: 2010.2.15.).

22) 박준석, 『뉴 테러리즘개론』(서울: 백산출판사, 2006), pp.63~66.

23) 인남식, "이라크 '이슬람 국가(IS, Islamic State)' 등장의 함의와 전망," 국립외교원 외교안보연구소, 『주요국제문제분석』, 2014.9.15, p.2.

24) 박성제, "'외로운 늑대' 국제사회 새 위협으로 떠올라," 2014년 10월 28일자.

25) 정상률, "IS의 출현·확산 배경과 목표, 우리의 대응 방안," 세종연구소, 『정세와 정책』, 2016년 1월호(통권 238호), pp.2~5.
26) 이대우, "ISIL의 파리연쇄테러가 한국의 대테러 정책에 주는 함의," 세종연구소, 『정세와 정책』, 2016년 1월호, p.8.
27) 이상현(2016.1), p.9.
28) 박상주, "IS 등 테러세력, '외로운 늑대-소프트 타깃'전법으로 선회," 『뉴시스』, 2016년 6월 13일자.
29) 백봉원, "IS 등 급진세력에 의한 테러 어떻게 대응해야 하나," 『보안뉴스』, 2016년 7월 14일자.
30) 정욱상, "외로운 늑대 테러의 발생가능성과 경찰의 대응방안," 한국경찰학회, 『한국경찰학회보』, 제16권 제5호, 통권 제42호, 2013.10, p.201.
31) 이대우(2016.1), p.18.
32) 이상현(2016.1), p.9.
33) 이만종, "따뜻하고 열린 사회가 테러대비의 출발점," 『경향신문』, 2016년 6월 16일자.
34) 이효행, "테러방지법 시행에 따른 경찰의 새로운 역할," 『경기신문』, 2016년 8월 9일자.
35) 이만종, "테러방지법, 평화와 안전 보장할 수 있나," 『경향신문』, 2016년 3월 3일자.
36) 정상률(2016.1), p.4.
37) 인남식(2014.9.15), p.3.
38) 이만종(2016.6.16.).
39) 이만종(2016.6.16.).
40) 정상호, "'국민보호와 공공안전을 위한 테러방지법'의 쟁점과 전망분석," 한국의회발전연구회, 『의정연구』, 제22권 제2호(통권 제48호), 2016, p.208.
41) "국민보호와 공공안전을 위한 테러방지법," 『위키백과』, https://ko.wikipedia.org/wiki/(검색일: 2016.10. 29).
42) "테러방지법 직권상정 불가피했다(사설)," 앞의 글.
43) 정상호, "'국민보호와 공공안전을 위한 테러방지법'의 쟁점과 전망분석," 한국의회발전연구회, 『의정연구』, 제22권 제2호(통권 제48호), 2016, p.207.
44) 정지운, 『미국의 국토안보법의 체계에 관한 연구』(용인: 치안정책연구소, 2010), p.67.
45) 류현호, 「한국의 테러방지법 제정에 관한 연구」, 국민대학교 법무대학원 석사학위논문, 2005. p.27.
46) 정상호(2016), p.208.
47) "국민보호와 공공안전을 위한 테러방지법," 『나무위키』, https://namu.wiki/(검색일: 2016.11.5.).
48) 김상겸, "테러 안전불감: 지금 필요한 것은 '테러방지법'이다," 『미디어펜』, 2015년 3월 9일자.
49) 조성제·승재현, "제3세계 국가의 테러방지법제정과 우리나라에 있어서 시사점," 『한국콘텐츠학회논문지』, 제9권 제10호, 2009.10, pp.274~283.
50) 정상호(2016,) pp.208~209.
51) 안광찬, "테러방지법 제정의 배경과 의의, 그리고 군의 과제," 앞의 글.
52) 미 중앙정보국(CIA)와 국가안보국(NSA)에서 미국의 컴퓨터 기술자로서 일했던 스노든은 2013년 가디언지를 통해 미국내 통화감찰 기록과 PRISM 감시 프로그램 등 NSA의 다양한 기밀문서를 공개했고 2014년 5월 13일 『더 이상 숨을 곳이 없다(No Place to Hide)』라는 책을 발간하여 폭로했다. "에드워드 스노든," 『위키백과』, https://ko.wikipedia.org/wiki/(검색일: 2016.11.6.).
53) 정상호(2016), p.209.
54) 정이나, "오바마, 애국법 대체한 '미국자유법' 서명… NSA 무차별 수집 금지," 『뉴스 1』, 2015년 6월 3일자.
55) 신지홍·장지은, "미국자유법 상원 통과… 영장받은 선별적 감청만 허용," 『연합뉴스』, 2015년 6월 3일자.
56) 정이나(2015.6.3.).
57) 정상호(2016), p.209.

58) 이만종, "테러방지법 제정안에 관한 보완적 고찰"(한국행정학회 2010년도 공공안전행정연구회 창립총회 및 학술세미나 발표논문, 2010, p.2.

59) 조성제, "치안활동을 위한 군병력동원의 위헌연부에 관한 고찰," 『한국콘탠츠학회논문지』, Vol.11. No.4, 2011, p.423.

60) 정지희, "테러 위험인물, 강제추방 외 처벌 방법 없어…'테러방지법 입법 서둘러야,'" 『아시아투데이』, 2015년 12월 13일자.

61) 박지환, "테러방지법 통과 "이제 한글 대신 모스부호 사용하자," 『서울신문』, 2016년 3월 3일자.

62) 정상호(2016), pp.207~208.

63) "국민보호와 공공안전을 위한 테러방지법," 『위키백과』, 앞의 글.

64) 정상호,(2016), p.207; 박병욱, "제정 테러방지법의 문제점과 정보기관 활동에 대한 민주적 통제," 『경찰법연구』, 제14권 제1호, 2016, p.64.

65) "국민보호와 공공안전을 위한 테러방지법," 『위키백과』, 앞의 글.

66) 정상호(2016), pp.207~208.

67) "국민보호와 공공안전을 위한 테러방지법," 『위키백과』, https://ko.wikipedia.org/wiki/(검색일: 2016.10. 29).

68) 정상호(2016), pp.207~208.

69) 정상호(2016), p.208.

70) 오태곤, "국민보호와 공공안전을 위한 테러방지법의 제정과 시사점," 아시아문화학술원, 『인문사회 21』, 제7권 제2호, 2016, pp.591~609.

71) 박호현(2016).

72) 오태곤(2016), pp.591~609.

73) 「국민보호와 공공안전을 위한 테러방지법」(약칭: 테러방지법, 시행: 2016.6.4. 제정: 법률 제14071호 2016.3.3) 참조..

74) 정상호(2016), p.209.

75) 정상호(2016), pp.209~210; 천주교 정의평화위원회, "국민의 보호와 공공안전을 위한 테러방지법 알아보기 자료집." 2016, www.catholicjp.or.kr(검색일: 2016.10.29.).

76) 안광찬, "테러방지법 제정의 배경과 의의, 그리고 군의 과제," 앞의 글.

77) 정상호(2016,) p.210.

78) 안광찬, "테러방지법 제정의 배경과 의의, 그리고 군의 과제," 앞의 글.

79) 정상호(2016), p.210.

80) 안광찬, "테러방지법 제정의 배경과 의의, 그리고 군의 과제," 앞의 글.

81) 정상호(2016), pp.210~211.

82) 정상호(2016), p.211.

83) 안광찬, "테러방지법 제정의 배경과 의의, 그리고 군의 과제," 앞의 글.

84) 이 이외에도 기획재정부장관, 통일부장관, 법무부장관, 행정자치부장관, 산업통상자원부장관, 보건복지부장관, 환경부장관, 국토교통부장관, 해양수산부장관, 국민안전처장관, 대통령경호실장, 국무조정실장, 금융위원회 위원장, 원자력안전위원회 위원장, 관세청장이 위원으로 구성되어 있다(국민보호와 공공안전을 위한 테러방지법 시행령 제3조).

85) 형혁규·김선화(2016.6.14), p.2.

86) 형혁규·김선화(2016.6.14), p.2.

87) 정건희, "문영기 초대 대테러센터장 취임," 『국민일보』, 2016년 10월 10일자.

88) 형혁규·김선화(2016.6.14), p.2.

89) 형혁규·김선화(2016.6.14), p.2.

90) 장민성, "초대 대테러 인권보호관에 공안검사 출신 위촉 '논란,'" 『뉴시스』, 2016년 7월 21일자.

91) 이유리, "테러방지법 시행령·시행규칙 제정안 입법예고," 『데일리뉴스』, 2016년 4월 19일자.

92) 형혁규·김선화(2016.6.14), p.2.

93) 형혁규·김선화(2016.6.14), p.2.

94) 형혁규·김선화(2016.6.14), p.2.
95) 법제처, "국민보호와 공공안전을 위한 테러방지법 시행령," 위의 글.
96) 법제처, "국민보호와 공공안전을 위한 테러방지법 시행령," 앞의 글.
97) 법제처, "국민보호와 공공안전을 위한 테러방지법 시행령," 앞의 글.
98) 이만종, "테러방지법에 대한 주요논점 및 보완적 고찰," 한국경찰연구학회, 『한국경찰연구』, 제9권 제1호, 2010.3. p.139.
99) 법제처, "국민보호와 공공안전을 위한 테러방지법 시행령," 앞의 글.
100) 최하얀, "입법조사처 '테러방지법 시행령, 초헌법적,'" 『프레시안』, 2016년 6월 15일자.
101) 형혁규·김선화(2016.6.14), p.3.
102) 「테러방지법」 제6조(대테러센터) 제2항 참조.
103) 형혁규·김선화(2016.6.14), p.3.
104) 형혁규·김선화(2016.6.14), p.3.
105) 최하얀(2016.6.15.).
106) 형혁규·김선화(2016.6.14), p.3.
107) 국무조정실, 「보도설명자료: 테러방지법 시행령·시행규칙입법예고안 관련」 2016.4.18.
108) 한대광, "'대테러센터 사실상 국정원 주도," 『경향신문』, 2016년 5월 8일자.
109) 형혁규·김선화(2016.6.14), p.3.
110) 형혁규·김선화(2016.6.14), pp.3~4.
111) 최하얀, "입법조사처 '테러방지법 시행령, 초헌법적,'" 『프레시안』, 2016년 6월 15일자.
112) 형혁규·김선화(2016.6.14), p.4.
113) 형혁규·김선화(2016.6.14), p.4.
114) 장민성(2016.7.21.).
115) 정상호(2016), pp.211~212.
116) "한주간 보안·안전법령 소식: 국가대테러활동지침 훈령 폐지," 『보안뉴스』, 2016년 6월 24일자, http:// www.boannews.com/media/view.asp?idx=51020(검색일: 2016.10.31.).
117) 국가예산정책처, 『2017년도 예산안 위원회별 분석: 정무위원회 소관』, 2016.10.17, pp.3~4.
118) 김진남·최혁기, "새로운 범정부 테러대응체계로 테러 청정국가 달성한다," 국무조정실 대테러센터, 『보도자료』, 2016.7.1., <붙임 3>: 국가대테러 기본계획(요약) 참조.
119) 박재상, "주의·심각 등 4단계 테러경보 시행…국가테러대책총 첫 회의," 『뉴스 데일리』, 2016년 7월 4일자.
120) 진성훈, "주의·심각 등 4단계 테러경보 시행…국가테러대책총 첫 회의," 『뉴스 1』, 2016년 7월 10일자.
121) 진성훈(2016.7.10.).
122) 이진욱, "테러대응 '컨트롤타워' 국가테러대책위원회 본격 가동," 『연합뉴스』, 2016년 7월 1일자.
123) 이상훈, "정부, 대테러 역량을 총동원하기 위한 '국가 대테러훈련' 실시, "국무조정실·국무총리비서실, 『보도자료』, 2016.10.6, p.1.
124) 이만종(2010.3), p.139.
125) 이만종, "지구촌 잇단 테러와 테러방지법," 『국민의 안전을 위한 세이프코리아뉴스』, 2016년 7월 14일자.
126) 안광찬, "테러방지법 제정의 배경과 의의, 그리고 군의 과제," 앞의 글.
127) PBC 평화방송 라디오 <열린 세상 오늘! 윤재선입니다>, 2016.2.26. 06:44.
128) 이만종, "테러방지법, 인권침해 최소화가 과제," 『매일경제』, 2016년 3월 4일자.
129) 이만종(2016.7.14.).
130) 이만종(2016.7.14.).
131) 이만종, "테러방지법, 인권침해 최소화가 과제," 『매일경제』, 2016년 3월 4일자.
132) 이만종(2016.7.14.).

133) 대표적으로는 한상희, "복면금지법과 테러방지법: 그 음모의 정치학," 『황해문화』, 2016, p.213; 황문규, "테러방지법상 정보활동의 범위와 한계," 한국경찰법학회, 『경찰법연구』, 제14권 제1호, 2016, p.38.

134) 이만종(2016.7.14.).

135) "테러방지법 직권상정 불가피했다(사설)," 앞의 글.

136) 하윤아, "'필리버스터' 끌어들인 테러방지법, 조목조목 뜯어보니…," 『데일리안』, 2016년 2월 16일자.

137) 정지희(2015.12.13.).

138) "국민보호와 공공안전을 위한 테러방지법," 『위키백과』, 앞의 글.

139) 이만종(2016.3.4.).

140) PBC 평화방송 라디오 <열린 세상 오늘! 윤재선입니다>, 2016.2.26. 06:44.

141) 이만종(2016.3.4.).

142) 안동현, "테러방지법, 경찰이 할일이 무엇인가," 『중도일보』, 2016년 8월 7일자.

143) 이만종(2016.3.4.).

144) "Expert suggests antiterrorism agency," Korea Herald, November 23, 2010.

145) 이만종(2016.7.14.).

146) 이만종(2016.3.4.).

147) 정지운(2010), p.87.

148) 정은숙, "'이슬람 국가'(IS)의 파리시내 테러: 의미와 대응," 세종연구소, 『세종논평』, No.310 (2015.11. 20), p.1.

149) 강대출, 「테러방지법 제정안에 관한 연구」, 건국대학교 대학원 석사학위논문, 2008.

150) 인남식(2014.9.15), p.22.

151) 김용근, "테러는 이미 가까이 있다," 『양산시민신문』, 2016년 8월 9일자.

152) 이만종, "한국의 반테러 관련법제의 제정 필요성과 입법적 보완방향," 원광대학교 경찰학연구소, 『경찰학논총』, 제6권 제1호, 2011.5, p.345.

153) 최선욱, "외국인범죄 흉포화…," 『서울경제신문』, 2016년 11월 18일자.

154) 이만종(2016.3.4.).

155) 이만종(2016.7.14.).

156) 이만종(2016.3.3.).

157) 이만종(2016.3.3.).

158) 이만종(2016.3.3.).

159) 이만종(2016.6.16.).

160) 이만종(2016.3.4.).

161) 이만종(2016.6.16.).

162) 이만종(2014.7), p.89.

163) 박호현·김종호(2016.6), pp.69~98

164) 정지희(2015.12.13.)

165) 이만종(2016.3.3.).

166) 이만종(2016.3.3.).

167) 이만종(2016.3.3.)

168) 형혁규·김선화(2016.6.14), p.4.

169) 정지희(2015.12.13.).

170) 이만종(2016.3.3.).

171) 김희정, "테러리즘, 자유와 안전: 국민보호와 공공안전을 위한 테러방지법의 검토와 보완," 한국공법학회, 『공법연구』, 제44집 제4호, 2016, pp.99~131.

172) 이만종, "주요국 대테러활동에 대한 경찰의 정책적 대응 방안 고찰," 한국테러학회, 『한국테러학회보』, 제8권 제1호, 통권 19호, 2015.3, pp.42~103.

173) 정지희(2015.12.13.).
174) 형혁규·김선화(2016.6.14), p.4.
175) 이만종(2016.6.16.).

Chapter 5

인권과 안보의 연계:
난민과 테러에 대한 시각

난민과 테러에 대한 시각

　　본 장은 이주민 및 난민 문제가 안보에 미치는 영향을 분석하기 위한 것이다. 이를 위해 이주민·난민·안보의 주요개념, 이주민 문제와 안보, 난민 문제와 안보, 한국의 이주민·난민 문제의 실상과 안보를 살펴본 후 결론을 도출해본 것이다.

　　인구 과잉으로 자원 부족이나 빈곤 및 사회불안에 시달리는 저개발국가들과 인구절벽으로 경제침체를 우려하는 선진국과 신흥산업국간에 인구안보(이주민·난민안보)문제가 제기되고 있다. 제2차 세계대전 이후 유럽의 최대 안보위협은 불법이주와 난민문제가 꼽히고 있다. 최근 이주의 빈도와 규모뿐만 아니라 유동성, 복합성, 비정규성이 커지면서 이주민 관리나 난민대처 문제가 국내를 넘어 외교·안보문제로 이슈가 되고 있다. 최근 몇 년간 유럽에서는 경제난과 실업률 증가로 이주민에 대한 반감이 나타나 영국은 브렉시트(Brexit, 유럽연합 탈퇴)를 선언하였고, 프랑스, 스페인 등에서도 이민정책에 반대하고 있다. 제2차 세계대전 이후 동서 냉전의 시기에 난민은 체제경쟁의 우월성을 상징하는 '걸어 다니는 투표자'였다. 탈냉전기 난민의 정치적 가치가 감소하면서 난민의 이동은 여러 이유로 주변국의 안보불안을 확산시키는 주요요인으로 인식되고 있다. 한국도 2018년 제주도 예멘난민 유입으로 촉발된 난민 찬반론이 사회적 이슈가 되었다. 우리정부는 자조적이면서도 국제사회(특히 미국)와 공조하는 포괄적인 접근이 필요하다. 이주민·난민의 인권문제와 수용국의 안보와의 조화가 함께 요구된다.

신흥 안보적 이슈: 난민과 이주민

오늘날 지구촌 전체 인구의 15%에 해당하는 10억명이 국내 및 국제이주자들이고, 난민을 포함한 강제 이주자도 6,530여만 명에 달한다.[1] 유엔난민기구(UNHCR)에 의하면 2015년 말 기준 난민을 포함한 전세계 강제이주자는 6,531만 명이다. 공식협약난민은 2,130만 명으로 제2차 세계대전 이후 최대의 난민위기를 맞이하고 있다. 내국인과 이주민의 갈등 문제가 사회 불안정을 가져오기 때문이다. 이주의 빈도와 규모뿐만 아니라 유동성, 복합성, 비정규성이 커지면서 이주민 관리나 난민 대처문제가 국내를 넘어 외교문제로 이슈가 되고 있다.[2]

즉 오늘날 지구촌 한편에서의 인구 폭증과 다른 편에서의 인구 부족의 양적 증대와 연계된 인구문제가 21세기 국제관계의 새로운 변수로 부상하고 있는 것이다. 한 국가 내 인구 과잉이나 인구절벽 현상이 점점 심각해져 경제, 사회, 환경자원과 같은 문제를 야기하거나 다민족국가 내 인종그룹별 인구양극화로 인한 공동체 갈등이 고조되거나 혹은 국가 간 인구격차로 인해 이주 및 난민문제 등으로 국제관계 차원에서도 서로 연계되어 긴장관계나 분쟁을 초래하는 인구안보가 바로 그것이다.[3]

실제로 선진산업국과 신흥산업국에서 빠르게 진행되고 있는 저출산과 노령화로 인한 '인구절벽' 현상이 경제, 사회, 국방을 비롯한 여러 분야에서 심각한 우려를 낳고 있지만, 반면에 전 세계적으로 볼 때는 30~35년 후면 닥칠 인구 100억 명 시대의 '인구 과잉' 문제도 여전히 큰 문제이다.[4] 사실 서구 산업국과 아시아 신흥경제국들에서 점점 문제시되고 있는 저출산과 고령화 현상은 한 사회 내 생산가능인구의 비중을 현저하게 감소시켜 노동력 확보가 힘들고 저성장과 복지 부담의 증가 및 사회활력의 침체를 야기하고 있다.[5] 인구감소로 투자, 생산, 소비 침체를 겪는 국가들은 인력 부족을 메우기 위해 외국인 노동자 유치정책을 추진하게 되었는데, 이러한 인구 유입은 국가경쟁력의 측면에서는 중요하지만 체류 외국인들이 늘어나면서 이들의 사회적·경제적 영향이 확대되어 사회통합문제가

대두되었고 이민정책이 이들 국가들의 주요 정책이슈로 대두되고 있는 것이다.[6]

대다수의 난민들의 경우에도 인도적 지원과 법적 보호를 필요로 하는 무고한 피해자들이지만, 아프리카나 유럽 등지에서 볼 수 있듯이 얼마나 많은 규모로 어떠한 특성의 난민들이 어떠한 정치, 경제, 사회, 생태적 상황에 처한 국가로 유입되는가에 따라 수용국뿐만 아니라 지역차원의 불안정이나 분쟁을 촉발 또는 악화시키는 행위자가 될 수 있다. 우리와 직결된 북한 이탈주민(탈북자) 문제는 인도주의적 접근이 필요한 이슈이지만, 급변사태로 대량 탈북사태가 발생할 경우 한반도와 주변국은 정치, 경제, 사회적 부담으로 총체적 국가혼란에 빠질 수도 있음은 물론이다.[7]

최근 몇 년간 유럽에서는 경제난과 실업률 증가로 이주민에 대한 반감이 나타나 영국은 브렉시트(Brexit, 유럽연합 탈퇴)를 선언하였고, 프랑스, 스페인 등에서도 이민정책에 반대하고 있다. 더욱이 시리아 사태 이후 중동 및 아프리카로부터 유럽으로 향하는 난민들이 급증하고 있고, 특히 최근 무슬림에 의한 연쇄적 테러가 증가하면서 더욱 심각해지고 있는 실정이다.[8] 따라서 난민문제에 인도주의적 관점으로만 접근함으로써 결국 사회불안, 즉 인간안보의 위협화 등의 부메랑이 되어 나타나는 현상들이 우리의 현실이 될 수 있다는 점은 유의해야할 사항이다. 난민들을 방치하거나 외면한다고 한다면 단기적으로는 자국의 안정을 도모할 수 있지만 이들 문제를 인도적 피해자인 동시에 제대로 관리하지 못할 경우 난민들은 안보위협의 주요 행위자가 될 수 있다는 현실정치적 관점도 고려하지 않을 수 없게 되기 때문이다.[9]

사실 불법이주와 난민문제는 제2차 세계대전 이후 유럽의 최대 안보위협으로 부상되었다. 이 문제로 인해 국가 간 갈등과 긴장을 초래하여 EU의 틀내에서 협력과 통합을 지탱해 온 유럽이라는 큰 지역주의도 흔들리고 있다. 최근 난민문제는 1988년부터 튀니지 혁명이후 아랍과 북아프리카 국가로부터 지중해를 거쳐 서구 유럽으로 이주하려는 사람들이 증가하면서 시작되었다. 이 과정에서 안전한 행로를 제공받지 못하여 익사한 난민이나 이주자들로 인해 많은 이들이 생명의 위협을 받고 지중해 전체가 심각한 위기에 직면하게 된 것이다.[10]

최근 미국의 트럼프 정부가 중하류층 백인들에서 양질의 일자리 제공 문제와 무슬림과 불법이민자의 사회불안 문제로 강력한 정책을 펴는 것도 이러한 기류가 있기 때문이다. 이제 난민과 이민의 문제는 최근 유럽의 사례에서 볼 수 있듯이 그 자체가 수용국 내 정치적, 경제적 불안정이나 국가 간 갈등의 원인이 되고 있다. 이 문제는 박해, 정치적 탄압, 종교적 무슬림, 국가실패, 자연재해, 기아와 빈곤, 경제적 활동 등 단일 혹은 복합적 요인과 연계되어 나타나고 있다.[11]

우리는 오늘날의 지구촌을 분쟁과 테러가 평화를 예측하지 못하게 하는 초불확실성의 시대(Age of Hyper - Uncertainty)라 말한다. 그래서 이런 시대에 가장 먼저 고려하지 않을 수 없는 것이 바로 국가의 생존과 발전이다. 일반적으로 국가안보란 외부의 위협이나 침략으로부터 국가를 보호하는 행위를 말한다. 그리고 국가안보는 '국가이익을 보존하고 향상시키기 위해 국내외의 위협을 감소시키고 취약성을 감소시키는 행위'이다. 그래서 국가의 3요소인 국민, 주권, 영토를 지키고 보호하는 것이며, 국민의 생명과 안전을 지키는 일이 최우선적 국가의 책무가 아닐 수 없다.

본 장은 이주민 및 난민문제가 안보에 미치는 영향을 살펴보기 위한 것이다. 이를 위해 이주민·난민과 안보의 주요개념, 이주민문제와 안보, 난민문제와 안보, 한국의 이주민·난민문제와 안보를 살펴보기로 한다.

이주민·난민·안보의 주요개념

1. 이주민과 난민의 개념

이민(移民, 입국이민: immigration, 출국이민: emigration)이란 유엔(UN)의 정의로는 '1년 이상 타국에 머무는 행위 또는 그 타국에 정착 터를 잡고 살아가는 행위'를 말한다. 그러나 우리 주위에서 쓰이는 정의로는 좀 더 좁아서 외국에 이주 목적으로 정착한 경우를 말한다. 이에는 영주권을 얻거나, '장기체류비자를 받아 거주하지만 본인이 원할 때 언제든지 영주권을 취득 가능한 경우'도 포함한다.[12]

영주권을 취득하기 위한 방법으로는 국제결혼, 투자, 해외취업을 통해 외국인 노동자가 되는 것, 난민 심사 등이 있다. 불법이민(不法移民, illegal immigration) 또는 불법체류(不法滯留, illegal stay)는 일반적으로 체류국의 출입국관계법령을 위반하면서, 자국 이외의 외국에서 불법적으로 체류하고 있는 상태를 말한다. 불법체류자는 체류국의 법령을 위반하거나 합법적인 체류기간을 넘길 경우, 혹은 위장결혼을 한 사례로 그 숫자가 점차 증가하면서 나타나는 문제이다. 이는 국내의 사회적 문제뿐만 아니라 관련국가 간에 갈등으로 비화하면서 국제사회의 우려가 되기도 한다.[13]

이주(移住, migration)란 국경을 넘거나 혹은 특정국가내에서 사람이나 집단이 이동하는 것으로 그 기간, 구성, 원인에 상관없이 모든 형태의 인구 이동을 포함하는 개념이다. 이주의 원인은 경제적 · 정치적 · 인구학적 요인, 분쟁이나 다국가적 네트워크 등의 성격을 띤다. 즉 국가별 삶의 질과 임금격차로 인한 경제적 요인, 교육 및 보건시설 부재와 같은 국가 거버넌스 요인, 분쟁이나 차별과 같은 정치적 요인, 저개발국의 노동력 과잉과 서구 및 아시아 산업국가들의 저출산으로 인한 인구격차 현상, 천재지변이나 산업재해 같은 환경적 요인, 그리고 세계화, 정보화로 인한 이주과정의 용이성 등이 이주를 촉진하는 요인이 되고 있다.[14]

특히 경제적 목적을 가지고 이주한 단순인력 노동자들의 환경은 적응하기가 쉽지 않다. 합법적으로 입국한 경우에도 문화나 사회적 적응 문제, 내국인 대비 기술력의 부족 등으로 나타나는 한계와 차별에 부딪힌다. 체류국가의 경제상황이 힘든 경우 외국인의 노동기회와 환경은 더욱 나빠지게 된다.[15]

지난 1990년 12월 18일 제45회 유엔총회는 이주노동자 권리협약 즉 「모든 이주노동자와 그 가족의 권리보호에 관한 국제협약(International Convention on the Protection of the Rights of All Migrant Workers and Members of Their Families)」을 채택하였다. 이 협약은 세계 40여 개국이 비준하였으며 이주노동자뿐만 아니라 그 가족의 자유와 권리를 보호하고, 다양한 행사를 통하여 사회적 관심을 이끌어내기 위한 것이다. 그 후 유엔총회에서는 지난 2000년 12월 4일 전 세계 이주노동자를 단순한 노동력으로 간주하지 않고 내국인과 동등한 자유를 가질 수 있도록 권리를 보장하기 위해 매년 12월 18일을 세계이주민의 날로 지정한 바 있다. 이후 유엔총회는 난민을 포함한 이주민들의 권리를 계속해서 보장할 것을 독려하는 동시에 새로운 접근방식으로 이주민들을 보호할 수 있을지에 대한 논의가 계속되고 있다. 지난 2016년에는 정상회담을 개최해 늘어나는 이주자의 수와 거대한 수로 이동하는 피난민들의 문제를 해결하기 위해 토론하기도 했다.[16]

현재 국제적인 수준에서 보편적으로 받아들여지는 이주민(또는 이주자)에 대한 정의는 없다. 이주민의 사전적 의미는 "다른 지역에서 옮겨 오거나 가서 사는 사람"[17]이다. 이주민은 난민, 망명자, 경제적 이민자 등을 모두 포괄하는 상위개념이라 할 수 있다.[18] 일부 정책 입안자, 국제기구, 언론매체 등은 '이주민'을 난민과 이주민을 모두 포괄하는 용어로 이해하고 사용하고 있다. 예컨대 국제이주에 대한 전 세계적 통계는 통상, 비호신청자와 난민의 이동을 포함하는 '국제이주'의 정의를 사용하고 있다. 하지만, 공공토론에서의 이러한 관행은 혼란을 낳을 수 있으며, 난민의 생명과 안전에 심각한 위험을 초래할 수 있다. '이주'는 보다 나은 경제적 기회를 위해 국경을 넘는 등 대체로 자발적인 행위로 이해가 되고 있다. 그러나 이것은 안전하게 집으로 돌아갈 수 없는 난민의 경우는 해당되지 않는다. 난민의 경우는 보다 나은 경제적 기회를 위한 자발적 행위로 볼 수 없으며 그들은 국제법에 의한 구체적인 보호가 필요하다.[19]

'이주'라는 용어는 개인적 편의를 이유로 외부로부터 강제적 요소의 개입 없이 개인이 이주 결정을 자유로이 내리는 모든 경우를 포함하는 것으로 보편적으로 이해되고 있다. 그러므로 이 용어는 자신이나 혹은 가족의 더 나은 물질적 사회적 조건과 더 나은 삶을 위해 다른 국가 혹은 다른 지역으로 이동하는 사람들과 가족구성원 모두에게 적용될 수 있다. 유엔(UN)은 이주자를 다음과 같이 정의하고 있다. "이주한 이유가 자발적이든 자발적이지 않든 그리고 이주 방법이 일반적이든 일반적이지 않든 관계없이 외국에서 12개월 이상 거주한 사람"이라는 것이 바로 그것이다.[20]

난민이란, 간단히 말해 무장분쟁과 박해를 피해 도망치는 사람을 뜻한다. 국어사전의 정의를 빌리자면, '전쟁이나 이념갈등으로 인해 발생한 재화를 피하기 위하여 다른 나라나 다른 지방으로 가는 사람'[21]이다. 난민(難民, refugee)은 국제법상 인종, 종교, 민족, 특정사회집단의 구성원 신분, 또는 정치적 의견을 이유로 박해를 받을 우려가 있어 모국의 보호를 원치 않는 자를 뜻한다. 이들이 처한 상황은 대부분 견딜 수 없는 위험한 상황이므로 결국 국경을 넘어 이웃 나라의 안전한 피난처를 찾게 된다.[22]

좀 더 구체적인 난민(refugee)의 정의를 보면, 난민은 "인종, 종교, 민족성(ethnicity), 특정사회집단의 구성원 신분 또는 정치적 의견을 이유로 박해를 받을 우려가 있다는 합리적인 근거가 있는 공포로 인하여 자신의 국적국 밖에 있는 자로서 국적국의 보호를 받을 수 없거나 또는 그러한 공포로 인하여 국적국의 보호를 받는 것을 원하지 아니 하는 자"(「1951년 난민의 지위에 관한 협약」 제1장 제1조 A항 제2호 및 「1967년 난민의 지위에 관한 의정서」 제1조 제2항)로 정의되고 있다.[23] 1969년 아프리카 통일기구난민협약은 난민을 "외부의 공격, 점령, 외국의 지배 혹은 출신국 및 국적국의 일부 혹은 전부에 공공질서를 심각하게 해치는 사건에 의하여 국가를 떠날 수밖에 없는 모든 사람"으로 정의하고 있다. 이와 유사하게 「1984년 카르타헤나 선언」은 "생명, 안보 혹은 자유가 일반화된 폭력, 외국의 공격, 내분, 광범위한 인권침해 혹은 공공질서를 심각하게 해치는 기타의 환경으로 인하여 국가를 탈출한 사람"을 난민으로 인정하고 있다.[24]

또한 난민은 국제법에 따라 구체적으로 정의되며, 보호받을 권리를 지닌 사람이다. 난민이란, 박해, 분쟁, 폭력, 또는 기타 공공질서를 심각하게 위협하는 상황 등으로 인한 공포로 출신국가를 떠난 이들이다. 그렇기에 이들은 '국제적 보호'가 필요하며, 보호받을 권리가 있다. 난민은 목숨을 위협받는 극한의 상황을 피해 국경을 넘어 주변국가에 비호를 요청해야만 하는 상황에 처한 이들이다. 이로써 이들은 국제적인 난민으로 인정되고, 유엔난민기구 및 관련단체로부터 지원을 받을 수 있게 된다. 그들은 집으로 돌아갈 수 없는 극도의 위험으로 인해 난민으로 인정이 된다. 따라서 난민의 비호신청을 거부하는 것은 난민을 다시 위험으로 몰아넣는, 잠재적으로 치명적인 결과를 낳을 수 있다.[25]

이러한 까닭에 '난민'은 국제법에 따라 정의되고 보호된다. 앞에서도 언급한 바 있는 「1951년 난민협약」과 「1967년 난민의정서」 및 「1969년 난민에 관한 OAU(Organization of African Unity)협약」과 같은 타 법률문서는 현대 난민 보호의 초석으로 자리매김하고 있다. 이 문서들이 간직하는 법률규정은 셀 수 없이 많은 국제법과 국가법의 기준을 세웠다. 특히 「1951년 난민협약」은 난민이 누구인지

정의하고 그들에게 타당한 기본권리가 무엇인지 기술하고 있다. 국제법에 기록된 가장 근본적인 규정 중 하나는 바로 '난민'의 삶과 자유가 위협받는 곳으로 추방 되거나 귀환하면 안 된다는 것이다.[26]

난민 보호에는 여러 측면이 있다. 위험한 곳으로 송환되지 않는 '안전성,' 공평하고 효율적인 비호신청 절차에 대한 '접근성,' 그리고 자존감을 가지고 안전 하게 살 수 있도록 존중해 주는 기본인권에 대한 '조치' 등이 바로 그것이다. 또 한, 이들에게 앞으로의 삶에 대한 장기적 해결방안을 제시하는 것도 포함하고 있다. 그리하여 유엔난민기구는 정부와 협력하여 난민에 대한 책임을 잘 수행하 도록 조언하고 지원해주는 국제기구이다.[27]

난민과 곁들어 알아두어야 할 용어가 있다. 비호망명신청자(asylum-seeker)가 그것이다. 이는 박해와 심각한 위해로부터 자신의 본국 외의 국가에서 안전을 구하는 자로서 국제법과 피난국의 법규에 의거하여 난민지위 인정 신청을 하고 그 결과를 기다리고 있는 사람이다. 만약 난민지위 신청이 거절되면 인도주의적 인 또는 기타근거로 체류허가를 취득하지 못하는 한 불법체류자가 추방당하듯이 추방될 수 있다.[28]

또한 강제이주(forced migration)도 함께 알아야 할 용어이다. 자연적 원인이건 인위적 원인이건(예를 들어 난민, 국내 이재민뿐만 아니라 자연재해 혹은 환경재해, 화학 재해 혹은 핵재해, 기근 혹은 개발계획으로 인하여 강제적으로 이주해야 했던 사람들) 생 명과 삶의 위협을 포함한 강제적 요소가 있는 이주이동을 말한다.[29]

중국은 탈북자를 우리와 달리 해석한다. 우리는 탈북자를 난민으로 보려고 함에 비해, 중국은 탈북자를 모두 불법이민자 혹은 경제적 이주민으로 취급한다. 따라서 난민이 아니고 난민법의 혜택을 받지 못한다고 주장하고 있다. 하지만 국제인권법은 난민지위 여부, 불법체류 여부 등과 상관없이 원칙적으로 모든 인 간에게 적용되기 때문에 이러한 주장이 국제사회에 그대로 통하는 것은 아님은 물론이다.[30]

그래서 '난민'과 '이주민'을 하나로 보는 것은 난민의 보호받을 권리를 저해 하는 행위가 될뿐더러 그 난민과 이주민 모두를 위한 잘못된 이해방식이다. 오늘 날 난민과 이주민에 대한 올바른 이해와 지지가 필요하다.

2. 안보의 개념

국가안보와 관련해서 합법적인 난민과 이주민이라 하더라도 과다하게 유입될 경우 안보화 문제로 이어지게 되는데, 하물며 통제가 어렵고 범죄와 테러와 관련된 불법체류자 및 난민위장자의 증가는 더 큰 안보화 문제로 이어지게 될 것임은 명약관화한 사실이다. 9·11테러를 주도한 알카에다와의 대테러전에 이어 IS(이슬람국)와 같은 극단주의적 테러집단의 테러와 대테러전의 전개에 따른 '난민위기' 등과 함께 '이주민안보,' '난민안보,' '인구안보' 등이 자주 거론되고 있다.[31]

그러면 먼저 이주민 문제·난민 문제의 안보와의 관련성은 어떠한가? 인구과잉이나 인구절벽, 이주, 난민이라는 이슈가 안보를 위협하는 요소인지, 아니면 안보 자체의 위협요소 중 인구, 이주, 난민과 같은 요소들이 새로이 나타난 위협인지를 규명하는 것은 닭이 먼저냐, 달걀이 먼저냐에 대한 논쟁처럼 인과관계에 관한 이론적 딜레마일 수 있다.[32] 여하튼 국제 이주·난민 문제 및 탈북자 문제는 우리에게도 외교안보적 새로운 도전이슈이면서도 전통 안보이슈와도 연계성을 지니고 있다고 볼 수 있다.

안보란 일반적으로 소중하게 여기는 가치에 대한 위협으로부터의 자유를 의미한다.[33] 보다 단순화시키면 위협이 없는 상태가 안보의 상태라고 말할 수 있다.[34] 오늘날 복잡한 상호의존적 세계에서 국가안보에 대한 위협의 근원으로는 지역체계 또는 국제체계의 불안은 물론 국내외 심각한 정치불안·사회갈등·군부소요·테러·마약·사회범죄 확산·난민 등과 심지어 질병·환경오염까지도 거론될 정도이다. 안보문제의 광역화·다층화 현상은 실로 다양한 안보개념을 생성시키고 있다.[35] 그래서 이주민·난민안보와 같은 신흥안보 문제를 포함한 다양·다층적 안보 문제는 포괄적 안보(comprehensive security)의 관점에서 함께 다루어져야 하는 문제라 할 수 있다.

따라서 일반적으로 안보라는 개념을 논할 때 '누구를 위한 안보인가'라는 대상의 문제와 '안보를 확보하기 위해 정치, 경제, 사회적 가치에 대해 얼마만큼의 대가를 치러야 하는가'라는 비용의 문제와 광범위하고 다층적인 안보에 있어서의 우선순위(priority) 및 접근방법의 변화를 규명하는 것이 무엇보다도 중요하다고 할 수 있다. 또한 국제사회가 냉전 종식, 9·11 테러사태, 세계화와 정보화의 심화현상을 거치면서 안보를 이해하고 접근하는 시각과 방법에 변화가 생기게 되었다. 냉전기 전통적인 안보프레임에서는 국가 간 전쟁 가능성과 외부세력의 위협 가능성을 제거하는 군사적, 정치적 '경성안보' 이슈들을 최우선시하고, 경제, 환경, 인권, 질병과 같은 '연성안보' 문제들은 부차적으로 간주하였다.[36]

하지만 탈냉전기, 특히 21세기 들어 기후 변화, 에너지 경쟁, 테러리즘, 사이버공격, 전염병 확산, 내전, 인도적 위기상황, 난민 발생 등과 관련된 비군사적 비전통적 안보 이슈들이 전통안보 못지않게 국가차원이나 개인차원에서 중대한 위협요인으로 부상하였다. 특히 연성안보들은 전쟁이나 국가 붕괴와 같은 극단적인 상황이라기보다는 일상 삶 속에 만연해 있는 이슈들로 개인이나 사회단위의 단순한 안전(safety) 문제였는데, 제대로 관리되지 않거나 다른 사회문제나 국가차원의 문제와 맞물려 대규모의 심각한 안보(security)로 비화될 수 있는 '중층적이고 복합적인 특성을 지닌 신흥안보의 문제들'이라는 점에 주목할 필요가 있다.[37]

통상 '인간안보'는 국제질서 내에서 국가에 비해 상대적으로 저평가되어 온 인간 그 자체에 대한 안전보장을 의미하며, 궁극적으로 인간의 기본적 자유, 즉 공포로부터의 자유와 결핍으로부터의 자유를 추구하는 가치중심적 개념이다. 즉 군사력 위주의 전통적인 국가안보 개념에서 벗어나 인간의 생명과 존엄을 중시하는 안보의 새로운 패러다임이다. 이것은 유엔개발계획(UNDP)의 1994년 인간개발보고서에서 처음 제시되었으며, '공포로부터의 자유'와 '결핍으로부터의 자유'를 초점으로 삼고 있다.[38] 이 인간안보는 국가안보와 주권을 강조하는 국가중심적 체계가 아니라 인간의 기본생활 욕구충족 및 존엄과 안전을 인정하는 인간중심적 체계이다. 이는 국익보다는 공통의 가치에 기반을 두고 있는 개념이라 할 수 있다.[39]

그래서 협의의 '인간안보'는 공공연한 갈등이나 전쟁과 같은 전통적 안보론에 입각하여 직접적인 신체적 위협을 인간안보의 위협요소로 바라보며 삶, 보건, 생계, 개인 안전과 인간의 존엄성을 해치는 위협으로부터 국민의 안전을 보호하는 것을 말하며, 광의의 인간안보는 개인의 선택권을 안전하고 자유롭게 행사할 수 있고, 나아가 오늘의 선택기회가 장래에 상실되지 않을 것이라는 확신을 가지게 하는 것으로 기아, 질병, 억압, 테러 등 위협으로 부터의 안전과 가정, 직장, 공동체 내에서의 생활양식의 급격하고 유해한 파괴로부터 보호받는 것을 말한다.[40]

이러한 인간안보는 자연안보(기후·식량·에너지), 기술안보(원자력·사이버), 사회안보(경제·종교·정치사회·해양)와 인구안보와 함께 신흥안보의 범주로 분류되기도 한다. 여기서 '인구안보'는 이주와 난민 문제, 보건안보 등을 말하며, '인간안보'의 본격적 대두는 2001년 미국에서 발생한 9·11테러 이후이며, 최근에는 유럽지역에서의 테러와 관련해서 보다 구체적으로 부각되고 있다.[41]

사실 제2차 세계대전 이후 동서냉전의 시기에 난민은 체제경쟁의 우월성을 상징하는 '걸어 다니는 투표자'로 인식되었다.[42] 즉 냉전기 난민들은 이데올로기 대립의 부산물이었다. 서방세계에서 소련을 중심으로 하는 전체주의체제로의 이주는 서방세계에 대한 부정이고 전체주의체제에 대한 지지이며 전체주의체제에서 서방세계로의 이주는 전체주의체제에 대한 부정이고 서방세계에 대한 지지로 인식되었다.[43]

탈냉전기에도 난민 문제는 순수한 인도주의적 이슈일 뿐만 아니라 국가들에게는 실질적인 안보의 이슈로 이해되었다. 전통적으로 난민의 이동은 국가 간 전쟁 혹은 내전의 어쩔 수 없는 불행한 부산물이라고 여겨졌으나 최근의 연구들은 난민의 이동이 국가 간 적대행위나 군사적 충돌을 유발시킬 수 있음을 보여준다.[44] 이는 국내적 불안요인에 의해 발생한 내전과 그에 따라 발생하는 난민의 이동이 주변국의 안보에 부정적인 영향을 미치기 때문이다.[45]

국제사회에서 주권국가 정부는 다양한 안보문제들을 통상적인 정치과정에 의해 관리할 수 있는 메커니즘을 개발한다. 그러나 최근에는 국가 내부에서 테러 공격 등이 발생하는 경우 일상적인 정치과정에서 해결될 수 있는 문제들마저도 국가안보와 국제안보의 위협이라는 인식이 확산되면서 난민들에 대한 인도적 지원과 보호를 철회하고 국경을 폐쇄하거나 난민들을 본국 송환하려는 현상이 나타나고 있다. 이러한 현상이 발생하는 과정을 코펜하겐학파의 비판안보연구자들은 '안보화(securitization)'라고 하고 있다.[46] 안보화는 어떤 문제가 안보행위자들에 의해 국가안보에 대한 직접적인 위협으로 이슈화되고 안보행위자들은 일상적인 경우라면 국내외의 여론이 수용하지 않을 정책적 수단들을 이용할 필요성을 강조하면서 일반정치의 규칙을 파괴하는 조치들을 취하는 것을 의미한다. 즉 안보화는 문제가 실질적인 안보의 위협이라서 발생하는 것이 아니라 그것이 안보의 문제로 이슈화되었기 때문에 발생하는 것이다.

인구와 관련한 안보 문제

전술한 바와 같이 선진산업국과 신흥산업국에서 빠르게 진행되고 있는 저출산과 노령화로 인한 '인구절벽' 현상이 경제, 사회, 국방을 비롯한 여러 분야에서 심각한 우려를 낳고 있지만, 전 세계적으로 볼 때는 30~35년 후면 닥칠 인구 100억 명 시대의 '인구과잉'이 여전히 큰 문제이다. 주로 저개발국들에서 나타나고 있는 인구과잉현상은 자원부족, 빈곤증대, 일자리경쟁, 정치사회적 불안을 비롯한 다양한 문제를 양산하고 있으며, 이러한 '인구쇼크'를 해결하기 위해 식량증산과 경제개발 등을 통한 인구부양력을 제고하고 산아제한과 같은 인구성장억제책을 시행하고 있지만 그 효과는 미미한 실정이다.[47]

물론 전체 인구에서 차지하는 생산가능연령(15~64세) 인구비율이 큰 국가들은 '인구보너스' 현상으로 노동력과 소비가 동시에 증가하여 경제성장을 가져올 수 있다는 점에서 인구증가는 이점이 있다. 중국의 경제 급성장의 주요요인 중 하나로 인구보너스가 꼽히는 이유이다. 또한 국제정치에서 강국으로 부상하는 주요 요건으로서의 인구는 오랜 기간 동안 영토 및 자원과 더불어 국력의 핵심요소로 간주되어왔다. 노동력 및 시장과 경제력의 바탕이 되는 인구 규모는 국민성, 사기, 정부의 수준, 산업규모 등과 더불어 한 국가의 힘을 가늠하는 기본 척도이며(Morgenthau, 1967),[48] 전시에는 국가생존을 위해 싸우는 병력 제공의 기본적 수단이기 때문이다. 하지만, 아프리카의 베이비붐으로 인한 인구의 폭발적 증가세는 식량과 자원 간 불균형으로 '맬서스의 재앙'을 상기시킨다는 우려를 낳고 있

다.[49]

반면, 서구 산업국과 아시아 신흥경제국들에서 점점 문제시되고 있는 저출산과 고령화 현상은 한 사회 내 생산가능인구의 비중을 현저하게 감소시켜 노동력확보가 힘들고 저성장과 복지부담의 증가 및 사회활력 침체를 야기하고 있다. 인구보너스와 반대되는 인구오너스(population onus)는 65세 이상 인구가 국가 전체 인구의 7% 이상을 차지하는 노년층사회에서 나타나는 현상으로 전체 인구에서 차지하는 생산연령 비중이 하락하고 부양할 노인인구는 늘어나면서 경제성장 둔화가 가시화된다. 특히 수요부족이 물가하락 및 생산감소를 가져와 실업률이증가하고, 이는 다시 소비위축을 가져오는 악순환이 거듭되면서 디플레이션이 나타나게 된다. 일본의 '잃어버린 10년'이란 1980년대 말~1990년대 초 주식시장과부동산시장이 연이어 급락하면서 2000년까지 극심한 경제침체기를 겪은 것을 일컫는데, 정부의 많은 노력에도 불구하고 지금까지도 디플레이션에서 벗어나지 못하고 있는 이유도 인구절벽에서 기인하는 바가 크다.[50]

일본은 노년층 인구 수가 전체의 1/4을 차지하고 있어 오늘날 세계에서 '가장 늙은' 나라로 기록되고 있다. 인구 감소로 투자, 생산, 소비침체를 겪는 국가들은 인력 부족을 메우기 위해 외국인 노동자 유치정책을 추진하게 되었는데, 이러한 인구 유입은 국가경쟁력의 측면에서는 중요하지만 체류 외국인들이 늘어나면서 이들의 사회적, 경제적 영향이 확대되어 사회통합문제가 대두되었고 이민정책이 이들 국가들의 주요정책이슈로 대두되고 있다.[51]

또한 100년 이상 저출산 문제로 고심해온 선진국들과 근래 들어 급속한 인구감소를 우려하게 된 신흥산업국들에 있어 적정병력을 유지하는 것도 국가적 우려거리가 되고 있다. 군사기술 발달과 21세기 새로운 형태의 전쟁이 나타나고 있어병력보다는 총체적인 군사역량이 중요한 시대가 되고 있지만, 군인력 규모도 국방안보에 있어 여전히 중요하기 때문이다. 1956년 징병제를 도입하여 만 18세이상 남성들은 병역법에 따라 군복무를 의무화 한 독일은 1990년 통독 이후 군복무 기간을 점차 축소하였고 2011년 직업군인과 자원자만 군대를 가는 모병제로전환하였다. 징병제 폐지의 직접적 이유는 통일로 인한 전쟁위협 감소와 유럽재정위기로 국방예산감축이었지만, 저출산으로 경제활동인구가 감소하고 병력규

모를 유지하기 힘든 것도 주요요인이었다.[52]

한편, 지역별 혹은 국가별 인구 격차(population divide)도 점점 더 문제시 되고 있다. 유엔이 발표한 48개의 세계 최저개발국 인구는 2050년까지 현재의 두배 혹은 그 이상으로 늘어날 것으로 전망되며, 이들 대부분 국가들은 사하라 이남 아프리카에 위치하고 있다. 반면 유럽, 남미, 아시아에 산재한 42개국에서는 인구 감소현상이 나타날 것으로 전망된다. 특히, 현재 2,000만 명에서 2050년 1,400만 명으로 급감할 것으로 예상되는 루마니아를 비롯한 여러 유럽국가들의 경우 감소 현상이 두드러져 현재의 7억 4,000만 유럽 전체인구수는 7억 2,800만명으로 줄어들 것으로 예측되고 있다.[53]

또한 주목할 것은 세계인구의 1/4 이상이 15세 미만인 오늘날의 인구분포는 평균 6명의 아이를 출산하는 아프리카에서 기인한 것이고, 이와 대조적으로 유럽 과 아시아의 33개국은 65세 이상 노년층 인구가 15세 이하의 연령층보다 많은 상황이다.[54] 이러한 인구양극화 문제는 세계화와 맞물려 이주, 난민 문제, 질병, 정체성 갈등, 극단주의, 테러, 증오범죄와 연계되어 한 국가 내에서뿐 아니라 인접 국, 혹은 다른 지역으로까지 확산되는 양상을 보이고 있어 새로운 안보 문제로 부각되고 있다.[55]

요컨대, 인구 폭증과 인구 부족의 양적 증대와 연계된 인구 문제가 21세기 국제관계의 새로운 변수로 부상하게 된 것이다. 그러므로 인구안보란 한 국가 내 인구과잉이나 인구절벽 현상이 점점 심각해져 경제, 사회, 환경자원과 같은 문제를 야기하거나 다민족국가 내 인종그룹별 인구양극화로 인한 공동체 갈등이 고조되는 경우, 혹은 국가 간 인구격차로 인해 이주 및 난민 문제 등으로 국제관 계 차원에서도 서로 연계되어 긴장관계나 분쟁을 초래하는 경우를 일컫는다.[56]

한국의 경우, 2016년 8월 기준 인구 5,070만 명의 세계 27위 국가이지만 2050년이면 40,810만 명으로 감소하여 세계 41위로 지구촌에서 '가장 빨리 늙어 가는' 나라중 하나가 될 것으로 예측된다.[57] 1960년 출산율 6%였던 한국은 남아 선호사상을 불식시켜 인구를 조절하고자 '아들 딸 구별 말고 둘만 낳아 잘 기르 자,' '잘 기른 딸하나 열 아들 안 부럽다.' 등의 구호까지 내세우며 국가차원에서 산아 제한 노력을 벌였다. 그러나 1980년에 들어서 2% 남짓으로 출산율이 크게 떨어졌고, 이후 지속적으로 저출산 현상이 이어지면서 2000년대 들어와서는 1.3% 미만의 세계에서 전례 없는 초저출산율을 기록하여 이미 '고령화사회'(65세 이상 인구가 총 인구 중 7% 이상)에 진입하였다.[58]

〈표 1〉 OECD 주요 회원국 출산율 추이, 1960~2015

구분	1960년	1970년	1980년	1990년	2000년	2005년	2010년	2015년
프랑스	2.73	2.48	1.95	1.78	1.87	1.92	1.89	2.08
스웨덴	2.20	1.94	1.68	2.14	1.55	1.77	1.87	1.88
일본	2.00	2.13	1.75	1.54	1.36	1.26	1.27	1.4
한국	6.00	4.54	2.83	1.57	1.47	1.08	1.22	1.25
OECD 평균	3.23	2.71	2.14	1.86	1.65	1.62	1.74	1.68

출처: OECD Social Policy Division. 2016. OECD Family Database Data, "Fertility Rates," July 7.

〈표 2〉 OECD 주요국 인구고령화 속도

구분	고령화사회 (7%) 도달연도(년)	고령사회 (14%) 도달연도(년)	초고령사회 (20%) 도달연도(년)	도달소요연수 (7%~>20%)
한국	2000	2017	2026	26년
일본	1970	1994	2005	35년
터키	2010	2034	2049	39년
칠레	1999	2025	2042	43년
독일	1932	1972	2009	76년
캐나다	1945	2010	2025	80년
이탈리아	1927	1988	2007	80년
미국	1942	2013	2029	87년
프랑스	1864	1979	2019	155년
OECD 평균	1960	2000	2024	64년

출처: OECD. 2015. OECD Historical Population Data and Projection, 1950~2050, https://stats.oecd.org/Index.aspx?DataSetCode=POP_PROJ(search date: January 7, 2018).

이러한 '초고속 초고령화'로 한국은 2018년에는 고령사회(14% 이상)가 되고 2026년에는 초고령사회(20% 이상)가 될 뿐만 아니라 2050~60년에는 40% 이상이 될 것으로 예측되고 있다. 한국이 고령화사회에서 초고령사회로 진입하게 될 예상 소요연수는 26년으로 일본(36년), 독일(77년), 미국(94년), 프랑스(154년)와 대비하여 훨씬 빠른 인구고령화 추세에 있다(<표 1> 및 <표 2> 참조). 지난 10년간 격세지감을 느낄 만큼 '엄마, 아빠, 하나는 외로워요,' '혼자는 싫어요' 등 범국민적 출산장려 표어가 만들어지고 중앙정부와 지방자치단체 등에서 다양한 보육서비스 정책을 표방하면서 아이 낳기를 장려하고 있다. 하지만 한국의 출산율은 2005년 1.08%로 최저치를 기록한 이래 계속하여 OECD 국가들 중 꼴지를 차지하고 있는 실정이다.[59]

통상 한 국가가 장기적으로 인구를 유지하기 위해서는 합계 출산율이 2.1명은 되어야 하는데, 여성들의 교육수준이 높아지고 사회진출이 늘어나면서 결혼과 출산도 늦어지거나, 독신가구가 증가하고 핵가족이 보편화되었고 엄청난 교육비를 포함한 자녀양육비의 부담이 늘면서 아이낳기를 꺼려하는 사회적 현상이 두드러지게 되었다. 출산율이 감소하면 생산가능인구가 줄어 노동력이 부족해지고 인건비가 크게 인상되고 제조업과 수출경쟁력이 감소하여 경제성장의 동력을 잃게 된다.[60]

1960~70년대 인구 억제책을 펴기는 했으나 한국은 선진국보다 '젊은' 인구구조를 토대로 추격형 성장전략을 통해 경제발전을 이루었다. 그러나 이제는 사회보장제도와 같은 사회안전망이 제대로 구축되지 못한 상태에서 세계화와 기술변혁으로 인한 소득불평등이 확대되는 것과 맞물려 저출산과 고령화 현상이 급속도로 나타나면서 잠재성장률 하락은 물론이거니와 빈곤 문제와 사회정치적 불안정성이 커질 가능성도 높아지고 있다. 한편 저출산 현상이 사회적으로 이슈가 될 수는 있지만 장기적 차원에서 볼 때 4차산업혁명으로 인해 많은 일자리가 소멸되고 더 많은 여성과, 노년층 인력의 노동시장 진입으로 일자리 부족문제는 해소할 수 있기 때문에 한국경제에 활력을 불어넣기 위해서는 출산장려보다 경제혁신과 구조조정이 우선적으로 선행되어야 한다는 지적도 있다.[61]

하지만, OECD 추정 한국 잠재성장률은 현재의 3% 중반대에서 2050년대에는 1%대로 하락할 것으로 전망된다. 인구고령화는 노년층 빈곤 문제나 의료, 연금과 같은 복지지출 증가로 경제역동성을 저하하고 국가재정을 위한 국민들의 부담증가로 이어지게 된다. 한국 복지지출 전망수치를 살펴보면 현재 운영되는 사회보장제도를 그대로 유지할 경우라도 공공사회지출이 2010년에 비해 2060년 에는 3배가량 증가할 것으로 예상된다.[62]

한편, 아직도 분단 상태인 한국이 인구절벽으로 지금과 같은 징병제, 즉 국민 개병제에 의한 상비군 유지가 힘들 경우 안보 문제와 직결될 수밖에 없다는 우려의 목소리도 커지고 있으며, 모병제 전환 이슈를 둘러싼 찬반론도 거세지고 있다.[63] 모병제에 찬성하는 측은 기본체력이 우수하고 동기가 뚜렷한 군인들을 정예로 만들 수 있어 보다 효과적이고 강한 군대를 만들 수 있고, 경제활동인구가 증가하여 GDP도 상승하게 되며, 미국, 일본, 영국, 프랑스, 독일 등 100여 개국이 이미 모병제를 채택하고 있다는 점을 강조한다. 반면, 한반도에서 북한군은 120만명인데, 현재 한국의 60만 군인력이 30만명으로 줄어들어 전력에 큰 차질이 생길수 밖에 없고, 크게 오를 월급 등을 충당할 예산확보 문제, 그리고 부유층과 고위층자제들의 병역기피의 합법적 루트가 되어 사회불평등에 따른 불만과 분노가 커질 것 등을 이유로 모병제에 반대하는 목소리도 만만치 않다.[64]

한국의 인구 문제 중 또 하나 짚고 넘어가야 할 이슈는 대도시로 인구가 집중된 현상이다. 농업 위주의 국가였던 한국은 1960년 북한으로부터 남하한 인구 및 해외 귀환 동포의 유입 등으로 도시인구가 28%가 되었고, 이후 급속한 산업화 과정을 겪으면서 도시이주 인구가 크게 늘면서 1970년 44%, 1975년 52%, 1990년대 들어서는 서울 포함, 부산, 대구, 인천 광주, 대전, 울산 등 7대 도시 인구가 47.4%에 달하였다. 2005년 이후 부산, 대구 등은 출산율은 줄고 인구 유출은 많아 인구수가 감소하는 반면, 수도권의 인구밀도는 계속 증가하여 2015년 기준 수도권(서울, 인천, 경기도)에만 전체 인구의 절반이 모여 살고 있다.[65]

이렇듯 농촌 공동화(空洞化)현상과 도시 밀집이라는 과소-과밀의 불균형 현상으로 농촌에는 일손이 없고 노인과 결혼이민자 등 취약계층이 느는 반면, 대도시는 인구가 집중되어 주택 부족으로 집값이 오르고 교통혼잡이나 환경오염, 범죄율 증가와 같은 문제가 발생하고 있다. 인구과밀은 경제적·사회적 문제일 뿐만 아니라 북한과의 대척점에 있는 한국으로서 도시 인구밀집 지역은 '안보위험지대'이기도 하다. 예를 들어 북한의 무모한 도발은 북한정권의 자멸로 이어질 확률이 높으나, 한국의 대도시를 겨냥하여 핵미사일을 발사할 경우 62만 명 가량의 사상자가 발생할 수 있다는 점에서 심각한 안보사안이다.[66]

　요컨대, 한국은 저출산, 고령화, 노동력 감소 등으로 인구 오너스 현상에 직면하여 국가재정 고갈이나 경제침체에 대응할 방안마련이 중요하며 이를 위해 체계적, 지속적 이민정책을 추진해야 한다. 한반도 군사대치 상황에 있어 병력 감소문제를 어떻게 극복해나갈 것인가도 중차대한 국책과제가 되고 있다. 또한 일본뿐만 아니라 1자녀정책을 폐지한 중국의 경우도 북경, 상해 등 경제가 발달한 지역부터 계속 출산율이 낮아지고 있다. 최근 몇 년간 유럽과 미국을 중심으로 이민문제가 정체성 갈등, 민족주의 감정 고조 등으로 사회갈등문제를 야기하고, 정치적으로도 포퓰리즘과 반(反)이민을 화두로 한 리더들이 득세하는 분위기 속에서 한중일 3국이 인구감소와 그로 인한 이민 유입의 필요성 증대문제를 동북아 차원에서는 어떻게 다룰 수 있는지에 대한 방안을 체계적·포괄적으로 모색하는 것이 중요하다. 이를 위해 국가 및 여타 행위자들의 쌍무적·다자적 협력과 지역 거버넌스 구축노력이 필요하다.[67]

이주민 문제와 안보

　오늘날 전체인구의 15%에 달하는 10억명이 국제이주자 혹은 자국내 이주민이다. 21세기 메가트렌드라고도 불린다. 이주의 빈도와 규모뿐만 아니라 유동성, 복합성, 비정규성이 커지면서 이주민 관리나 난민 대처 문제가 국내를 넘어 외교 문제로 이슈가 되고 있다.[68] 특히 최근 몇 년간 유럽에서는 경제난과 실업률 증가로 이주민에 대한 반감이 나타나 영국은 브렉시트(Brexit, 유럽연합 탈퇴)를 선언하였고, 프랑스, 스페인 등에서도 이민정책에 반대하고 있다. 그러나 시리아 사태 이후 중동 및 아프리카로부터 유럽으로 향하는 이주민 및 난민들이 급증하고 있다. 더구나 최근 무슬림에 의한 연쇄적 테러가 증가하면서 더욱 심각해지고 있는 실정이다. 따라서 이주민 및 난민 문제는 단순히 인도주의적 관점으로만 접근하게 되면 결국 사회불안, 즉 인간안보의 위협화 등의 부메랑이 되어 나타나는 현상들이 발생할 수 있다는 점을 유의해야 한다.[69]

하지만 인도적 피해자인 난민들을 방치하거나 외면함으로써 단기적으로는 자국의 안정을 도모할 수 있지만 이들 문제를 제대로 관리하지 못할 경우 안보 위협의 주요 행위자가 될 수 있다는 현실 정치적 관점도 고려되어야 할 것이다.[70]

현재 유럽에서는 기존의 이주민 문화 특히 이슬람 문화와 기존 공동체 문화의 적응 실패로 사회적 불안이 증대함으로 인해 자국의 다문화 정책의 실패를 자인, 다문화 사회의 갈등이 고조되고 있는 가운데 유럽각국의 지도층 인사들의 다문화주의에 대한 비판 발언도 연이어 나오고 있다. 2010년 8월 독일 분데스방크 이사를 역임했던 틸로 사라진(Thilo Sarrazin)이 이민자들은 독일의 복지예산을 삭감하는 것이며 2010년 10월에는 메르켈 독일 총리가 "독일식 다문화주의는 철저하게 실패했으며, 이질적인 문화가 평화롭게 공존하기는 어렵다"는 견해를 밝히기도 했다. 2011년 2월에는 영국의 캐머런 수상이 "다문화주의 정책은 접을 때"가 됐으며 "영국이 필요로 하는 것은 문화적 차이의 수동적 관용이 아닌 자유주의의 적극적 실천"임을 선언했고, 사르코지 프랑스 대통령도 공중파 채널인 TF1에 출연해 "프랑스에서 다문화주의 정책은 실패했다."는 입장을 밝힌 바 있다.[71]

또한 EU정상들은 2015년 6월, 2016년 3월, 계속하여 비공식정상회의 등을 개최하였지만 국가별 상황이나 이견 및 정책의 우선순위로 인해 이주민 및 난민 문제에 대한 합의안을 마련하지 못했다. 그러나 최근 유럽지역의 연이은 테러와 실업률 상승의 원인이 이민 문제와 무슬림 문제라는 분석이 나타나면서 반이민 정책이 강화되고 있는 실정이다. 특히 유럽을 비롯한 세계 도처에서 연이어 터져 나오는 테러로 인해 무슬림에 대한 반감이 늘면서 외국인 이민자들에 대한 인종차별과 두려움이 커지고 있는 실정이다.[72]

역사적으로 무슬림의 이주(헤지라)는 무함마드가 메카에서 메디나로 이주한 사건과 함께 시작되었지만, 최근에는 유럽과 미국에서 무슬림 이민자 수가 폭발적으로 증가하고 있다. 그러나 무슬림 공동체는 자신들이 거주하고 있는 국가의 공동체로부터 스스로 분리시키는 경향이 있다. 일례로 최근 영국에서는 거주하고 있는 많은 무슬림들이 이슬람가족법인 샤리아를 영국법에 편입시켜 주기를 요구하는 등 점점 더 많은 특권과 권리를 요구하며 기존 공동체와 마찰을 빚고 있다.[73]

사전적 정의로 이주란 인간의 개별적 혹은 집단적 행동의 결과로 한 국가 내 혹은 국경선을 넘어 사람이나 집단이 이동하여 거주지가 바뀌는 것을 일컫는다. 그래서 노동, 교육, 가족과의 재결합을 포함한 여러 이유나 목적에 따라 자발적 혹은 비자발적·강제적 이주로 분류할 수 있다. 반면 유엔은 이주를 '지리상의 단위지역에 있어 지리적·공간적 유동성의 한 형태로서 출발지에서 목적지로의 주소 변경을 수반하는 행위'로 정의한다. 이 경우에 의하면 출퇴근이나 계절별 인구이동, 단기 여행과 같이 일시적인 이동은 이주에 포함되지 않는다.[74]

물론 이주와 이동은 선사시대부터 있었고 인간은 자신의 거주지를 떠나 새로운 곳에 정착하여 사냥, 유목생활, 농경 등을 통해 행동영역을 넓혀갔다. 이 과정에서 경제활동이나 사회생활을 위한 장소와 자원을 확보하기 위한 목적, 혹은 기존 거주지에서의 다른 집단과의 갈등, 인구과밀 스트레스, 환경변화 등으로 인

〈표 3〉 **이주자의 대륙 간 이동 규모, 2015년**

출신 대륙	유입 대륙	국제이주자(명)
아시아	아시아	6,200만 명
유럽	유럽	4,100만 명
남미	북미	2,600만 명
아시아	유럽	2,000만 명
아프리카	아프리카	1,800만 명
아시아	북미	1,700만 명
아프리카	유럽	900만 명
유럽	아시아	800만 명
유럽	북미	800만 명

출처: United Nations, Department of Economic and Social Affairs (UNDESA). Population Division, 2015; International Migration Report 2015(New York: United Nations).

해 또 다른 정착지를 찾아 떠나기도 하는데, 이는 오늘날에도 그대로 적용되는 인구이동의 원인이다.[75]

또한 현대사회에 들어서는 교통통신의 발달로 지리적 거리가 좁혀지고, 세계화와 정보화가 진전되면서 상품과 자본만이 아니라 인적 교류도 활발해졌다. 이주민(이주자)의 대륙 간 이동 규모(2015)는 <표 3>과 같다.

오늘날 세계 도처에 흩어져있는 이민자들은 전 세계 총인구의 3.2% 정도이며, 이들이 한 국가를 만들 경우 인구수로 세계 5위에 해당할 정도의 규모이다. 이는 국제사회의 모든 나라들이 국제이주와 얼마나 긴밀하게 연계되어 있는지를 반증하는 수치이다. 특히 지난 15년간 전세계적으로 국제이주는 큰폭으로 늘어 2000년 1억 7천명에서 2010년 2억 2천 2백만 명, 그리고 2015년에는 2억 4천 4백만 명에 이르렀다. 이들 국제이주자 수에 자국 내에서 거주지를 이동하여 정착한 7억 4천여 만 명을 합치면 전 세계 인구의 20%에 버금가는 규모이다. 또한 2015년 기준, 이들의 지역적 분포를 살펴보면 유럽에 7천 6백만 명, 아시아에 7천 5백만 명, 북미에 5천 4백만 명, 아프리카에 2천 1백만 명, 남미와 카리브해 연안에 9백만 명, 오세아니아에 8백만 명의 이주자들이 체류하고 있다. 전체 이주자들의 2/3가 20개국에 살고 있으며, 그 중 가장 큰 규모는 4천 7백만 명(전체 19%)의 이주자가 거주하는 미국으로 외국 태생자 비율이 나라 전체 인구의 43%에 육박한다.[76]

다음으로 독일과 러시아에 각각 1천2백만 명의 이주자가 있고, 그 뒤를 이어 사우디아라비아에 1천만 명이 있다. 세계 전체 이주자의 60%가 미국과 서구유럽으로 이동하였는데, 역사상 이주의 흐름이 반드시 선진산업국(북)으로만 움직였던 것은 아니었더라도 자국보다는 삶의 형편이 나은 국가로 향해올 것이다. 일반적으로 과잉인구나 경제난, 치안 불안 등이 만연한 저개발국 사람들이 보다 나은 기회가 있어 보이는 선진국으로 이동하는 것이 보편화된 이주 형태였다. 그러나 개도국들(남)간 인구이동도 꽤 큰 비중을 차지하고 있어 오늘날 전체 이주자 40%는 남에서 북으로, 33%는 남에서 남으로, 22%는 북에서 북으로 이동하였고, 북에서 남으로 이주하는 사람들도 5%였다.[77]

최근 국제 이주자들의 평균 연령은 39세로 2000년 기준 38세와 별다른 차이를 보이지는 않았으나, 아시아, 남미, 오세아니아에서의 평균연령은 조금 더 젊어졌다. 남녀성별로 볼 때 전세계적으로는 남성 이주자가 절반을 약간 상회(51%)하나, 유럽과 북미에서는 여성 이주자가, 아프리카와 아시아에는 남성이주자가 많으며, 특히 서아시아에는 남성이 훨씬 더 많이 이주해 살고 있다. 대다수 이주자들은 중간소득국가 출신으로 자국보다 소득이 높은 국가로 이주하였다(1억 5천 7백만 명). 출신국별로 보면, 총 국제이주자의 43%에 해당하는 1억 4백만 명은 아시아에서 태어났고, 25%인 6천 2백만 명은 유럽, 15%인 3천 7백만 명은 남미와 카리비안 연안, 그리고 14%인 3천 4백만 명은 아프리카로부터 이주해온 사람들이다. 국가별로는 인도(1천 6백만 명)가 가장 많은 이주자를 수용하고, 그 다음으로 멕시코(1천 2백만 명), 러시아(1천 1백만 명), 중국(1천만 명), 방글라데시(7백만 명), 파키스탄(6백만 명), 우크라이나(6백만 명) 순이다.[78] 2000~2005년 사이 국제이주로 인해 북미와 오세아니아에서는 각각 42%, 32%의 인구가 늘었고, 국제이주가 주춤하였던 유럽의 인구는 감소하였다.[79] 자발적 인구 이동의 가장 큰 이유는 보다 나은 경제적, 사회적 여건을 찾아 나서는 것으로 목적지의 유인요소(pull factor)가 분명하지만, 자국 거주지의 부정적 상황이나 부를 획득하기 힘든 푸시요인(push factor)도 동시에 존재하는 경우가 종종있기 때문에 자발적, 비자발적 이주 여부를 명확히 파악하는 것은 쉽지 않다. 더욱이 인권유린이나 천재지변, 인신매매와 같은 푸시요인으로 인해 어쩔 수 없이 자신의 거주지를 떠나는 강제이주도 늘고 있다.[80] 2018년 제주도에 유입되고 있는 예멘난민들의 경우는 자국 내에서 발생하고 있는 내전과 강제징집을 피해 들어오는 것이다.

그러나 근로이주의 경우, 노동인력이 부족한 선진국이나 신흥산업국들은 주로 3D 업종에 종사할 수 있는 저개발국 이민자를 받아들여 자국민들이 기피하는 분야의 인적자원으로 활용하고자 한다. 하지만 이주노동자들의 고용기회는 제한적이거나 일시적인 경우가 많고, 전문적인 기술이나 자격을 보유하지 않고서는 일자리를 구하는 게 쉽지 않다. 또한 언어장벽, 문화적 차이 등으로 인해 채용이 거절되거나 직장에서 차별과 고초를 겪기도 한다.[81]

이외에 교육을 목적으로 하는 자발적 이주의 경우도 증가하고 있다. 이는 1970년대 중반 이후 영어권으로의 유학이 크게 늘면서 유학생들이 학위 취득 후에도 직장을 잡아 유학한 국가에서 계속 체류하기를 희망하는 사례가 늘고 있는 현상이다. 그러나 이 경우도 고학력·고숙련 이민자들을 환영하는 분위기가 있는 반면 외국인과 일자리 경쟁을 해야 하고 역차별을 당하기도 한다는 내국인의 불만으로 인해 사회적 갈등이 되기도 한다. 실제로 이민자들에 대해 비교적 수용적인 입장을 견지해왔던 서구 선진국들의 경우에도 경제침체가 장기화되고 취업난이 가중되면서 영국의 유럽연합 탈퇴(BREXIT, 브렉시트) 및 미국 트럼프의 이민정책처럼 점차 자국중심주의, 신고립주의 등을 통해 이민 장벽을 강화하는 추세이다.[82]

예를 들어, 영국은 제2차 세계대전 이후 인구 감소와 노동력 부족을 우려하여 적극적인 이민정책을 폈으나 1958년 내국인과 식민지 출신 이민자들 간 큰 충돌이 생겨 사회적 문제가 되기도 하였다. 그 후 1969년 이민자 수 감축을 공약으로 건 보수당이 집권하면서 영국 거주 비본국인을 통제하는 새로운 이민법이 생겼다. 1981년에는 인종차별적 요소를 제거하고 이민자들의 통합을 고려한 영국 국적법을 제정하기도 하였지만, 냉전 종식 이후 동유럽 8개국의 EU 가입이 이루어진 후 이민자 수가 급증하여 경제적, 사회적 부담이 커지게 되자 이민 규제 문제가 중요한 선거 쟁점으로 부상하였고 결국 2016년 국민투표 결과 브렉시트가 결정되었다.[83]

1946년 이민청을 설립한 프랑스는 북아프리카 등지로부터 노동인력을 받아들이기 시작하였으나 1970년대 발생한 석유위기 사태로 경제가 어려워지자 전문인력이나 계절노동자를 제외한 이주를 통제하였다. 더욱이 예전 식민지국가였던 알제리, 모로코, 튀니지 등에서 온 이주자와 내국인 사이에 반목과 갈등이 생긴 것도 이민억제책과 무관하지 않았다. 그럼에도 가족 재결합과 장기 체류자에 대한 영주권 부여 등으로 이주민 수는 꾸준히 증가하였다. 하지만 이민자 주도의 데모나 폭력이 늘어나면서 2002년 샤르코지 대통령은 강력한 이민정책을 추진하게 되었고, 2003년, 2006년, 2007년 이민법 개정을 통해 매년 이민자 수를 통제하고, 가족재결합과 국제결혼 등에 대한 규정도 강화하였다.[84]

미국의 경우에는, 1952년 이민 귀화법인 맥카란 월터법을 제정하여 고숙련 전문인력과 그 가족들을 우선적으로 받아들여 이민자 전체 규모의 절반을 할당하는 등 이민 유형별 우선순위를 정하였다. 1965년 법개정을 통해 이민차별을 철폐하였고 1970년대 이후 이민자 수가 꾸준히 증가하였으나, 1986년 멕시코를 비롯한 남미로부터의 불법이민 통제를 목적으로 하는 이민개혁조정법이 제정되었다.[85] 그러나 1993년 뉴욕 세계무역센터 폭발사건을 계기로 선별과 봉쇄를 중심으로 한 이민정책이 강구되어왔고, 결정적으로 2001년 9·11 테러사건 등을 거치며 이러한 조치는 더욱 강화되고 있다.[86]

미국에서 가장 강력한 이민정책 수립자는 트럼프 대통령이다. 그는 취임 일주일만에 이라크, 이란, 시리아, 리비아, 예멘, 수단, 소말리아 등 이슬람 7개국에 대한 미국 입국금지를 골자로 하는 반이민 행정명령을 발동하는 등 불법이민자색출과 추방을 모토로 강경한 이민규제정책을 시도하여 미국 안팎에서 거센 반발을 불러일으켰다. 트럼프 대통령의 첫 번째 행정명령에 이어 수정된 행정명령도 연방법원에 의해 제동이 걸렸지만, 미국인 절반이상이 이민금지령에 찬성하는 여론조사도 있어[87] 이민 문제를 둘러싸고 미국사회가 양분되는 현상이 나타나고 있다.

한편, 한 국가에서 다른 국가로 합법적이지 않은 수단이나 과정을 통해 입국하여 체류국의 출입국 관련 법에 위반이 되고 있는 불법이주자들의 경우가 골칫거리가 되고 있는 국가가 늘고 있다. 특히 2011년 '아랍의 봄' 이후 중동지역에서 민주화 정부들이 실패하고 그 이전보다 사회가 더 불안해지거나 폭력사태 및 내전이 발발하면서 지중해를 건너 유럽으로 쏟아져 들어가는 불법이주자들과 난민들이 크게 늘었다. 2016년 시리아, 리비아 및 여타 중동과 아프리카 등지에서 유럽으로 밀입국한 이주민이 18만 1천 5백 명으로 추산되는 가운데, 지중해를 건너다 목숨을 잃은 사람들이 4,579명으로 역대 최고 수치를 기록하였다.[88]

강제이주 혹은 불법이주 중 가장 심각한 유형의 하나인 인신매매는 사람을 물건처럼 사고 파는 불법적 행위로 인간의 기본권리를 유린하는 비인도적인 초국가적 범죄이다. 인신매매가 자행되는 이유는 성매매, 강제노역, 소년병 징집, 아동매매, 강제결혼, 장기밀매 등 다양한데, 국제노동기구(ILO)에 따르면, 2014년 5월 기준, 노동(68%), 성착취(22%), 국가주도의 강제노동(10%)을 이유로 매매된 인신피해자는 총 2천 1백만 명이다. 전체 피해자의 55%가 여성과 소녀들이고 45%가 남성과 소년들이었는데, 전체 26%에 해당하는 550만 명이 18세 미만의 미성년자들이었다. 지역별로는 아시아태평양국가들에 1,170만 명(56%)으로 가장 많고, 아프리카에 370만 명(18%), 남미와 카리비안 연안에 180만 명(9%), 동부 및 남유럽 국가들과 구소련연방국가들(CIS)에 160만 명(7%), EU를 포함 선진산업국에 150만 명(7%), 중동지역에 60만 명(3%)으로 추산된다.[89]

유엔을 비롯한 국제기관들과 여러 국가들의 다양한 법적, 행정적 제재 노력에도 불구하고 인신매매가 계속 발생하는 이유는 이로 인한 수익이 연간 1천 5백억 달러에 달할 정도로 크기 때문이다. 이중 가장 큰 수익이 되는 분야가 성매매로 990억 달러에 달하는데, 전체 인신매매 피해자의 22%가 성 착취를 목적으로 매매되는 데 비해 그로 인한 수익은 총 수입의 66%를 차지한다.[90]

또한 우려스러운 것은 최근 몇 년 사이 강제이주가 급증했는데, 이들은 자국을 탈출하거나 유입국에 정착하는 과정에서 인신매매의 표적이 될 가능성이 높다는 점이다. 생존을 위해 기존 거주지를 탈출하거나 새로운 정착지를 물색하는 과정에서 많은 경우 이들은 물질적으로나 기회 면에서 매우 취약하기 때문이다. 또 다른 비자발적 이주자 유형으로는 자연재해, 산업재해 등으로 인한 환경유민이 있다. 이들은 국외로 이동하기보다는 국내의 다른지역을 찾아 정착하는 경우가 더 빈번한 것으로 보인다.[91]

1994년 인구와 개발에 대한국제회의(ICPD) 개최 이후 국제이주 및 관련된 개발의제들이 꾸준하게 국제사회에서 주목받았다. '2030년 지속가능개발의제'에도 이주와 관련한 여러 가지 목표를 포함시켰고 이주 지위(migratory status)에 따른 국가구분을 권장하였다. 그러나 이주민 권리보호와 합법적이고 질서있는 이주를 증진하기 위한 국제법적 노력에 대한 국가들의 반응에는 온도차가 있어 왔는데, 2015년 10월 기준 국제이주와 관련된 유엔의 법적장치 5개 모두에 승인한 국가가 36개국인 반면, 하나도 승인하지 않은 국가 역시 14개국이나 되었다.[92]

요컨대 국제이주가 경제성장과 인재 계발 및 빈곤 문제 완화에 기여한다는 순기능적 요소가 있음에도 불구하고, 이주민과 내국인 간의 통합문제, 이주의 규모나 빈도와 복합성 등으로 인해 오랜 이주역사와 체계적인 이주민 관리를 운영하던 선진국들도 점차 장벽을 높이기 시작하였다. 반이민정서가 커진 유럽의 경우 '이민안보'가 EU 개개회원국에게 중요한 국가안보 의제가 되었다. 지난 몇 년 동안 테러, 경제난과 실업 등으로 이민자들에 대한 반감이 커진 유럽은 2016년 출범 43년만에 영국이 회원국에서 탈퇴하는 상황이 현실화되면서 불확실성과 혼란을 겪게 되어 통합과 협력을 지향해온 EU 존속 자체가 우려되는 상황이 나타나고 있다.[93]

   2016년 2월 EU는 난민에 대한 인도주의적 관점을 견지하며 지원은 계속하지만, 불법이주자에 대한 단속은 강화하겠다는 결정을 공표하였다.[94] 이렇듯 이민 역사가 오래된 유럽과 이민자로 이루어진 미국 등지에서 반이민정서 및 정책이 가시화되면서 국제이주를 사회안보, 국가안보와 연계하여 종합적, 체계적으로 관리함으로써 인신매매나 밀입국 등의 불법이주를 차단하고 인구이동의 부정적 인식이나 결과를 줄여나가는 범국가적 노력의 필요성이 점점 커지고 있다.[95]

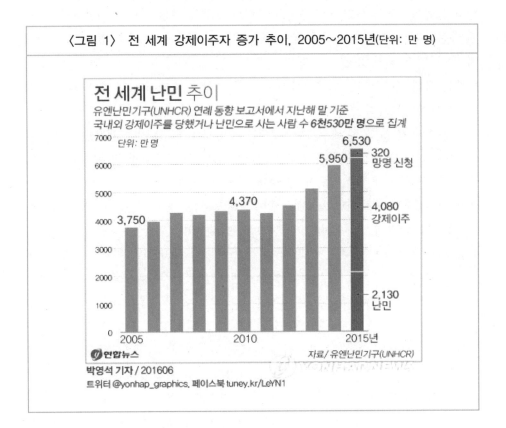

〈그림 1〉 전 세계 강제이주자 증가 추이, 2005~2015년(단위: 만 명)

난민 문제와 안보

　　제2차 세계대전 이후 유럽의 최대 안보위협은 전술한 바와 같이 불법이주와 함께 난민 문제를 꼽지 않을 수 없다. 이 문제로 인해 국가 간 갈등과 긴장을 초래하여 EU의 틀내에서 협력과 통합을 지탱해온 유럽이라는 큰 지역주의가 흔들리고 있다. 1988년부터 튀니지 혁명 이후 아랍과 북아프리카 국가로부터 지중해를 거쳐 서구 유럽으로 이주하려는 사람들이 증가하였다.[96]

　　미국의 트럼프 정부도 중하류층 백인들에서 양질의 일자리 제공 문제와 무슬림과 불법이민자의 사회불안 문제로 강력한 정책을 펴는 것도 이러한 기류가 있기 때문이다. 난민과 이민의 문제는 최근 유럽의 사례에서 볼 수 있듯이 그 자체가 수용국 내 정치적, 경제적 불안정이나 국가 간 갈등의 원인이 되고 있다. 이 문제는 박해, 정치적 탄압, 종교적 무슬림, 국가실패, 자연재해, 기아와 빈곤, 경제적 활동 등 단일 혹은 복합적으로 연계되어 나타나고 있다.[97]

　　2015년 말 기준 전 세계 강제이주자는 2,130만 명의 난민, 1,000만 명의 무국적자(stateless people)를 포함하여 총 6,530만 명에 달한다. 난민 전체의 53%에 해당하는 난민들은 3개국, 즉 시리아(490만 명), 아프가니스탄(270만 명), 소말리아(110만 명)로부터 배출되었고, 6대 난민수용국으로는 터키(250만 명), 파키스탄(160만 명), 레바논(110만 명), 이란(97만 9,400명), 에티오피아(74만 6,100명), 요르단(66만 4,100명)을 꼽는다. 지구촌 분쟁과 박해 등으로 매일 34,000명 가량이 강제유민이 되고 있고 이들 중 절반 이상은 18세 미만의 미성년자들이다.[98]

　　일반적으로 난민들은 인도주의적 관점에서 보호 및 지원이 필요한 피해자들이라는 것이 난민에 대한 학술적 연구나 정책 모색에 있어 대전제이다. 2015년 유엔의 전후 평화구축 관련 보고서에 따르면 난민사태 및 대량학살과 같은 인도적 위기를 방지하거나 줄이는 것은 분쟁 예방이나 발발시 조기 대응을 통해 위기 원인을 제거해야 한다는 점을 강조하고 있다(UNPBC, 2015). 이는 유엔의 '공식난민'인 초국가적, 정치적 난민만이 아니라 환경파괴나 경제난 등에 의해 발생되는 비정치적 '난민들과 자국 내를 떠도는 국내유민(IDP)들에 대한 국제사회의 보호를 주장하는 경우도 난민은 무고한 피해자라는 전제를 깔고 있다. 특히 탈냉전기 급증한 내전의 특성은 전선 없는 전투로 대다수의 피해자가 민간인이다. 전시 상대측의 피해를 극대화하는 일환으로 여성이나 아동들을 대상으로 한 강간이나 학살을 전투전략으로 활용하고, 이러한 행위는 보복을 불러일으켜 어제의 피해자가 오늘의 가해자가 되는 폭력과 인권유린의 악순환 양상으로 이어지곤 한다.[99]

폭력 분쟁 이외에도 정부에 의한 탄압을 피해 자국을 탈출하는 난민들이 냉전직후 10년 동안 급증세를 보이다가 2000년대 들어서 다소 주춤하였으나, 지난 5년 사이 난민을 비롯한 강제이주자들이 다시 크게 늘기 시작하였다. 가장 큰 이유는 시리아 내전이 악화되면서 시리아 전체 인구의 절반가량이 탈출하였기 때문이다. 이외에도 수십 년간 내전과 기근 혹은 무정부상태인 소말리아와 아프가니스탄의 수백만 명의 난민 문제가 해결되지 않고 있고, 리비아, 중앙아프리카공화국, 남수단, 콩고민주공화국, 우크라이나를 비롯한 여러 국가들의 내전이나 정치불안의 악화, 그리고 예멘과 부룬디 등에서의 분쟁재발 등으로 지구촌은 2차 세계대전 이후 최대의 난민위기를 맞게 되었다.[100]

난민을 대거 배출하는 나라들은 많은 경우, 폭력 분쟁, 공동체 갈등, 중앙정부의 차별이나 박해, 경제난 등으로 인도적 위기상황에 빠져 있다는 공통점이 있다. 유엔이나 여타 국제기구들 및 비정부단체들이 이들 난민들에 대한 인도적 지원뿐만 아니라 정치적 해결책을 모색하려고 노력해왔지만, 이들 난민 배출국의 상황이 호전보다는 악화되는 경우가 많아 난민들의 본국 귀환 가능성은 점점 희박해지고 있다. 하지만 피해자로서의 난민사태, 즉 분쟁이나 박해 및 천재지변 등으로 인해 난민이 발생한다는 일방향(one-way) 접근만으로는 난민 유입으로 야기될 수 있는 국내외적 영향을 정확히 파악하고 대처하는데 한계가 있다.[101]

최근 가장 두드러진 문제는 난민 유입국들의 수용 정책이나 현지인들의 반감이 사회문제를 넘어 국가 간 정치외교적 갈등으로 비화하고 있다는 점이다. 대표적인 예로 2015년 8월 이후 중동과 북아프리카로부터의 대규모 난민 이동으로 유럽국가들이 몸살을 앓고 있는데, 예전부터 저개발국으로부터 이민자와 난민들이 많이 유입되었지만 지금처럼 수백만 명이 밀려드는 경우나 국경 통제로도 사

234 전쟁의 다른 얼굴 - 새로운 테러리즘

태가 나아지지 않는 상황이 지속되자 유럽국가들은 현 난민사태를 최대 현안문제이자 안보위협으로 규정하게 되었다. 난민 문제를 인도적 관점보다는 자국 안정에 위협이 된다는 국가안보적 도전의 측면에서 간주하기 시작하면서 기존의 협약들을 변경하거나 파기해서라도 빗장을 단단히 걸어잠그려고 하는 것이다.[102]

1951년 유엔난민협약에 의해 난민으로 인정받은 사람들에 대해 EU회원국 중 첫 도착국가가 수용해야 한다는 '더블린조약'은 회원국들 간 난민 수용책임을 균등하게 갖자는 취지하에 1990년 제정되어 EU난민정책의 근간이 되어왔다. 하지만 지난 2~3년 사이 지중해나 발칸반도를 통해 대다수 난민들이 이탈리아와 그리스로 들어오면서 이 두 나라와 다른 EU 회원국들 간 난민수용을 둘러싼 갈등이 커졌다. 특히 2015년 프랑스 파리 동시다발 테러는 난민들 중 테러범들이 있다는 우려와 더불어 유럽전체에 반(反)난민, 반(反)이슬람을 기치로 한 극우파의 득세를 가져왔다.[103]

이제는 프랑스를 비롯한 난민 수용에 부정적이거나 미온적이었던 여러 회원국들뿐만 아니라 난민수용에 비교적 포용적이던 스웨덴과 독일 등도 장벽을 높이기 시작하였다. 스웨덴의 경우, EU 내 검문검색 폐지와 여권심사 면제를 골자로 1985년 제정된 센겐조약, 일명 국경개방조약을 재고해야 한다는 움직임이 커지고 있다. 즉 센겐조약이 난민 포용을 직간접적으로 장려하여 결과적으로 테러범들의 자유로운 왕래를 부추겼다며 난민통제와 이슬람계 자국민에 대한 감시를 강화해야 한다는 주장이 확산된 것이다.[104]

난민에 대해 가장 관대한 입장을 견지해온 독일 앙겔라 메르켈 정부의 경우, 2015년 8월 첫 도착지와 상관없이 시리아 난민을 전원 수용하겠다고 발표하였으나, 밀려드는 난민들에 대한 부담과 거센 국내여론의 비판에 부딪혀 발표 3개월도 채 지나지 않아 '묻지마 수용'정책을 폐기하였다. 2016년 12월말 베를린테러사건 이후 독일 극우파도 메르켈의 인도주의적 난민정책이 문제라는 혐오선동에 박차를 가하고 있어 독일내 사회적인 논란거리가 되고 있다.[105]

저개발국에서의 분쟁과 난민의 역학을 살펴보면 상황은 더욱 심각하다. 오늘날 대량 난민유입으로 유럽이 위기를 맞았다고는 하지만, 여전히 지구촌 전체 난민의 85% 이상은 출신국과 유사한 정치 혼란, 내전, 경제 피폐, 환경파괴와 같은 위험하거나 열악한 상황인 인접저개발국으로 탈출하고 있다(UNRIC, 2016). 특히 사하라 이남 아프리카의 경우 밀려든 난민들이 아무리 무고한 피해자일지라도 유입자체로 야기된 정치적, 경제적, 생태적 문제로 인해 그 지역이 또 다른 분쟁이나 인도적 위기상황에 처하거나, 유입국과 배출국 사이에 전쟁이 야기되는 경우도 드물지 않게 일어난다. 유입국의 수용한계치를 넘어서는 난민들이 단기간 안에 밀려든다거나 오랜 기간 동안 그 지역에 머물면서 경제적 부담과 정치적 불안정을 가중시킨다면, 난민문제는 더 이상 인도적 사안만일 수는 없다.[106]

1992년 임시캠프로 시작한 케냐의 다다브 난민캠프는 세계에서 가장 큰 규모로 한때 35만 명 가량의 소말리아 난민들이 머물기도 했었고, 2017년 1월 기준 25만 6천여 명이 수용되어 있다. 수용 난민 수가 점점 확대되면서 재정난뿐 아니라 치안 불안, 성폭력, 질병 등이 만연하여 케냐 정부로서는 이들이 커다란 골칫거리일 수밖에 없다. 2013년 말 케냐와 소말리아 정부는 UNHCR의 주선으로 3년에 걸친 자발적 난민 송환과 관련한 합의문에 서명하였으나, 본국으로 돌아가기를 희망하는 난민들은 극소수에 불과하였다. 소말리아 난민들은 캠프의 기본적 의식주 상황이 상당히 열악함에도 불구하고 본국으로 돌아가는 것보다는 이곳에 머무는 것이 조금은 안전하다고 인식한 것이고, 이곳에서 20여 년을 살아온 난민들, 특히 젊은 세대에게 소말리아는 더 이상 조국이 아니었다.[107]

하지만 케냐 정부는 국제법으로 금지하고 있는 난민의 강제송환금지원칙에도 불구하고, 합의한 3년 기한 만료 및 자국의 경제 문제와 치안을 이유로 다다브 캠프를 폐쇄하고 난민들을 돌려보내겠다고 발표하였다. 유엔과 인도적 구호단체 등이 강력하게 반발하면서 케냐 정부는 송환시기를 2017년 5월로 늦추었으나, 실질적으로 송환이 이루어지지 못하고 있다. 이는 국제사회의 비판보다는 송환을 거부하는 난민들의 반발로 인한 예기치 않은 사태발발이 더 문제가 되고 있기 때문이다.[108]

한편, 난민을 위장하여 인접국으로부터 들어온 무장세력들이나 테러범들이 난민촌을 전진기지로 본국을 공격할 경우 출신국 정부가 보복공격을 할 수 있고, 난민들이 지역민과의 마찰과정에서 폭력사태가 발발할 경우 배출국과 수용국 정부 간 갈등상황이 발생하여 국가적·지역적 안보에 위협이 될 수 있다. 1994년

르완다 대량학살을 자행한 후투족 민병대와 구정부군들은 내전에서 투치족에게 패한 후 민간인 후투족 무리에 끼어 인접국 콩고민주공화국(당시 자이레) 국경지역으로 피신하였으나, 그곳 난민촌을 기지 삼아 본국투치정부를 공격하는가 하면, 자이레의 쿠데타와 내전을 촉발하고 자이레 모부투 정권이 무너지는데 결정적 역할을 하였다. 이렇듯 국경을 넘나드는 '난민전사들'과 수용국과 출신국을 비롯한 주변국들의 정치군사적 이해관계에 따른 상호교차 지원이나 보복공격 등이 복잡하게 얽혀 난민들은 또 다른분쟁을 야기하거나 악화시키는데 직간접적으로 연루되게 된다.[109]

요컨대 난민 규모나 급박성, 유형에 따라 발생할 수 있는 수용국에서의 다양한 부담이나 안보위협을 국가안보 문제로 인식하는 것 자체를 비판할 수는 없지만, 이를 빌미로 난민사태를 정치화, 안보화하여 난민 거부나 강제송환을 정당화하는 나라들이 늘고 있다.[110] 하지만, 난민을 배척하는 정책은 인도주의적 측면에서 바람직하지 못할 뿐 아니라 현실주의 정치 측면에서도 현명한 결정이 되지 못한다. 법적, 행정적 혹은 물리적 장벽을 높여 난민을 거부하는 것이 효과적인 단기 해결방안이 되지 못하고 있을 뿐만 아니라 중장기적으로 볼 때 더 큰역풍이 되어 국가적, 지역적 차원의 불안정을 초래할 것이기 때문이다.[111]

한국의 이주민 및 난민과 안보

오랫동안 단일민족국가로 알려졌던 한국의 체류 외국인 인구는 2016년 6월 말 기준 200만명을 넘어 전체인구의 3.9%를 차지하게 되었다. 이 수치는 영국의 체류 외국인비율 8%, 프랑스 6%, 캐나다 6%에 비해 적은 규모이지만, 1990년 5만명에 불과했던 외국인 수가 2000년 약 50만 명, 2007년 100만 명, 2013년 150만 명으로 빠르게 늘어났고, 2011~15년 동안 연평균 8%가 증가한 것이다. 2021년 한국 총 인구 수가 5,156만여 명으로 예상되는 가운데, 체류 외국인 수는 300만 명에 달하게 되어 전체 인구 수의 5.82%를 차지할 것으로 보여 OECD 평균으

로 예측되는 5.7%보다 높을 것으로 추산된다.[112]

　이렇듯 한국의 외국인 체류자 수가 눈에 띄게 늘고 있는 것은 '코리안 드림'
을 쫓아 한국을 찾는 중국동포와 저개발국 노동자 및 결혼이민자들이 늘고 있기
때문이다. 무엇보다 중국동포들에게 재외동포 자격을 확대하는 정책으로 2000년
15만 9,000여 명이던 조선족 수가 2016년 112만 명으로 증가한 것이 장기 외국인
체류자 수 급증의 가장 큰 원인이었다. 이 밖에도 동남아 여성들을 중심으로 한
결혼이민, 아시아 저개발국들뿐만 아니라 아프리카 등지로부터 온 노동인력들이
늘어났고, 외국국적을 소지한 한국인들이 영주권을 신청할 조건이 완화된 것도
주요증가원인으로 꼽힌다.[113]

　2000년 수치와 비교할 때 미국, 일본, 대만, 필리핀, 인도네시아로부터의 이
주는 줄어든 대신 중국, 베트남, 태국, 우즈베키스탄으로부터의 유입은 늘었다.
결혼이민자의 경우, 2001년에는 중국(50.5%), 일본(23.3%), 필리핀(12.1%) 등 89개
국으로부터 25,200명가량이었던 것에 비해, 2016년에는 중국(37.9%), 베트남
(27.2%), 일본(8.5%) 순으로 145개국으로부터 15만 1천 8백여 명으로 6배가량 증
가하였다. 취업외국인의 경우, 2000년 20,530여 명 대비 2016년에는 60만 8,860
여명으로 30배 가까이 증가하였는데, 이는 2004년 시행된 고용허가제 및 2007년
도입된 방문취업제로 외국인들의 기회가 커졌기 때문이다. 외국인 유학생의 경
우, 2000년 중국(44.7%), 일본(14.4%), 미국(11.2%) 순으로 84개국 4천 1십여 명에
서 2016년 중국(59.5%), 베트남(10.3%), 몽골(5.4%), 일본(2.5%) 등 172개국 10만
1천 6백여 명으로 25배 증가하였다.[114]

　더욱이 이 수치는 법무부 공식 통계이기 때문에 규모 및 신상파악이 어려운
불법체류자들을 감안할 경우 한국 내 외국인 거주자들은 훨씬 더 많을 것으로
추산된다. 2018년 7월말 현재 국내에 불법체류중인 외국인은 33만 5000명에 이른
다. 이는 2017년 동기에 비해 10만명이 늘어났다. 21만 4,000여 명으로 잠정 집계
되고 있는 불법체류자의 경우, 2000년 전체 체류 외국인의 41.8%에서 2010년
13.4%로 내려갔고, 2016년 법무부가 4월부터 12월까지 시행한 불법체류자 자진
출국자 입국금지 한시적 면제정책 결과 10.6%로 감소하였다.[115] 그러나 2013년
이후 2017년까지는 매년 21만-23만명대를 유지했으나, 2018년 경우 평창올림픽

기간중 무비자입국의 화대에 따라 증가하였다. 2002년이래 무비자입국지인 제주도에 신규항로가 열린 것도 원인으로 지적된다. 외국인들이 어떠한 비자를 발급받을 수 있는지 모르거나 해당되는 비자가 없어 불법체류를 하는 경우가 많았기 때문에 기한 내 자진하여 출국한 불법체류 외국인들에 한하여 불법체류했던 기간에 상관없이 입국금지를 유예해 준 것이다.[116]

30년 안에 외국인국적 혹은 체류자 수가 500만 명을 능가할 것으로 예측되는 한국의 이민정책은 외국인들이 자발적으로 찾아오는 것을 넘어 세계에서 노령화가 가장 급속도록 진행되고 있는 나라로서 노동인력 부족과 같은 스스로의 필요에 따라서도 보다 체계적이고 지속적인 이민정책이 필요한 시점이다. 이러한 정책은 국가 및 국제기구들과의 쌍무적, 지역적, 국제적 차원의 협력을 통해 이주거버넌스의 틀을 갖출 필요가 있으며, 이는 자발적, 강제적 인구 이동으로 인한 이득과 폐해를 동시에 고려하여 수립되어야 한다. 특히 이주민과 내국인의 사회통합 이슈, 불법체류자 관리 문제와 내국인 노동자와의 일자리 경합으로 인한 사회불안 확대, 외국인 노동인력 확대로 종교적, 문화적 갈등 발발 가능성, 전염병 전파로 인한 보건안보 문제 증가 등 예기치 않은 부정적 여파에 대한 종합적인 정책적 고려가 필요하다.[117]

한편, 한국의 난민 수용 역사는 상대적으로 짧다. 우리나라는 1992년 유엔난민지위협약에 가입한 데 이어 1994년 아시아 최초로 난민법을 제정해 난민 신청을 받기 시작했다. 한국에서 난민제도가 법적 틀 안에서 공식적으로 시행된 것은 한국이 난민협약과 난민의정서에 가입하고 관련 국내법제를 정비한 이후인 1994년부터로 볼 수 있다.[118] 1992년 난민지위에 관한 유엔협약과 난민의정서에 가입 비준하였으나, 실질적으로 외국인에게 난민지위를 부여한 것은 2001년 2월이 처음이었다. 1990년대 말부터 급증한 탈북자들로 인해 국내에서 난민에 대한 관심이 높아졌고, 재중탈북자에 대한 강제송환을 비판하면서 정작 한국에서는 외국난민을 1명도 수용하지 않는다는 외부의 비판을 의식하면서 수용을 시작한 것이다.[119]

이후에도 다른 국가들에 비해 적은 규모의 난민지위만을 인정하였다. 2013년 7월 난민법이 시행되면서 2015년 난민으로 인정된 수가 처음으로 100명을 넘어섰다. 난민 신청자들도 2011년부터 눈에 띄게 증가하였고, 특히 세계도처에서 발생하는 내전과 정정불안으로 2014년에는 전년대비 84%, 2015년에는 92%로 신청자가 폭증하였다. 1994년 이후 2015년까지 난민신청을 한 외국인은 총 1만 5,250명이었고, 그 중 난민 인정을 받은 사람은 3.8%(576명)도 채 안 되어 OECD 회원국들 중 가장 낮은 수준이다(<표 4> 참조).

〈표 4〉 한국의 외국난민 지위 인정 추이, 2001~2015년

년도	난민신청자(명)	난민인정(명)	비고
2001		1	*251=1994~2003년 외국인 난민 신청자 수
2002	251*	1	
2003		12	
2004	148	18	
2005	410	9	
2006	278	11	
2007	717	13	
2008	364	36	
2009	324	70	
2010	423	47	
2011	1,011	42	
2012	1,143	60	
2013	1,574	57	
2014	2,896	94	
2015	5,711	105	
총계	15,250	576	

출처: 출입국·외국인정책본부 이민정보과, 『2015 출입국·외국인정책 통계연보』, 2016. 6.

그 후 법무부 출입국·외국인정책본부가 지난 2017년 11월 21일 발표한 10월 통계월보에 따르면 1994년 이후 올해 10월 말까지 난민 신청자는 총 3,082명으로 집계되었다. 난민 신청자는 1994년부터 2010년까지 17년 동안 2천 915명으로 한 해 평균 171명에 머물렀다가 2011년 1,011명으로 급증했다. 2014년에는

2,896명으로 늘어났고 2015년 5,711명을 거쳐 2016년 7,541명에 이르렀다.[120]

지난 20년간 전체 난민 신청자들의 국적을 살펴보면, 파키스탄(18.3%), 이집트(9.8%), 중국(7.4%), 시리아(6.9%), 나이지리아(6.7%) 순이었고, 2015년 난민 신청자 5,711명의 경우는 파키스탄(20%), 이집트(14.2%), 시리아(7.1%), 중국(7%) 순이었다.[121] 이러한 통계수치는 중동지역의 정치적 혼란과 분쟁이 한국에게 결코 강 건너 불구경일 수만은 없음을 반증한다. 더욱이 UNHCR에 따르면, 2015년 한해 만도 아태지역에는 350만 명의 난민과 190만 명의 국내유민 및 140만 명의 무국적자를 포함하여 770만 명의 강제이주자가 있는데 이들 중 대다수는 아프가니스탄과 미얀마 출신이었다.[122]

이와 같이 아태지역에서도 난민과 밀입국자가 늘고 있다는 것은 머지않아 더 많은 한국행 난민 행렬이 현실화될 확률이 크다는 것을 의미한다. 특히 2018년 제주도 예멘난민신청문제에 따른 난민법, 무사증입국, 난민신청허가 폐지 및 개헌과 관련한 문제는 한국사회의 논쟁적 이슈가 되었다. 따라서 난민문제는 이민문제와 맞물려 한국사회에서도 점차 신흥안보이슈로 부상하고 있다.[123]

북한 탈북자 문제

1990년대 중반부터 국제사회의 관심을 끌게 된 탈북자 문제는 경제난과 기근이 탈출의 직접적 동기였기 때문에 이들을 난민으로 인정해야 하는가는 계속하여 논란거리가 되어왔다. 하지만 북한정권의 대응능력 부족 및 인권유린과 같은 정치적 요인에 의해 상황이 악화되었다는 점을 고려할 때, 탈북자를 중국의 주장처럼 경제적 목적으로 유입된 불법체류자로 정의하는 것은 문제가 크다. 강제송환을 원칙으로 하는 중국의 탈북자 정책으로 인해 북송된 사람들은 불법국경출입죄로 강제수용소에 수감되거나 민족반역죄로 죽임을 당하기도 하고 그 가족들까지 처벌되는 고초를 겪는다. 중국에 체류하면서는 북송될 두려움과 이를 악용하는 집단에 의한 노동력 및 성 착취에도 반발하지 못하는 인권유린의 피해자가

되기 일쑤이다.[124]

북한의 인권문제와 더불어 탈북자들의 고충이 국제사회에 알려지면서 2009
년 유엔총회에서 탈북자에 대한 강제송환금지원칙을 촉구하고 인도적 견지에서
탈북자들을 지원하고 이들의 UNHCR에 대한 접근보장권을 요구하는 북한인권결
의안이 채택되었다. 이와 같은 유엔의 조치가 중국과 북한정부에게 압력으로 작
용하여 탈북자의 안전과 권리가 보장되지는 못하였지만, 그 이후 북한 내 인권
문제와 더불어 탈북자 문제가 지속적으로 유엔회의의 의제가 되어왔다.[125]

국내 정착 탈북자 수는 2005~2006년 급증한 이후 지속적으로 늘었는데,
2011년 말 김정은 집권 이후 눈에 띄게 감소하였다. 이러한 추이는 북한의 경제가
예전에 비해 조금 호전되었기 때문이라는 시각도 있지만 김정은 정권이 들어서면
서 주민 감시가 강화되고 탈북하다 잡힐 경우 본인뿐 아니고 가족까지도 처벌될
우려가 커진 탓으로 보인다.[126] 2016년 들어 탈북자 수가 다시 조금씩 늘어나는
추세인데(<표 5> 참조), 이는 불안정성과 불확실성 및 체제에 대한 불안감과 핵실
험과 미사일 발사 등의 군사도발행위로 인한 국제사회의 제재가 강화되면서 경제

〈표 5〉 연도별 탈북자 입국 추이(단위: 명)

년도	합계(남/녀)	년도	합계(남/녀)
~1998	831(947/116)	2009	2,914(662/2,252)
~2001	1,043(565/478)	2010	2,402(591/1,811)
2002	1,142(510/632)	2011	2,706(795/1,911)
2003	1,285(474/811)	2012	1,502(404/1,098)
2004	1,898(626/1,272)	2013	1,514(369/1,145)
2005	1,384(424/960)	2014	1,397(305/1,092)
2006	2,028(515/1,513)	2015	1,275(251/1,024)
2007	2,554(573/1,981)	2016	1,418(302/1,116)
2008	2,803(608/2,195)	2017.9 잠정	881(153/728)
총계		31,093(8,958/22,135)	

출처: 통일부, 「주요사업: 북한이탈주민정책의 현황」, 2017.9, http://www.unikorea.go.kr/unikorea/
business/NKDefectorsPolicy/status/lately/(검색일: 2018.1.6).

난이 가중되고 있는데 기인한다.[127]

　　한국정부는 1997년 시행된 '북한이탈주민보호 및 정착지원에 관한 법률'을 근거로 탈북자에 대한 수용과 지원에 대한 공식적 입장을 밝혔지만, 대규모의 탈북자가 유입되어 체류하게 될 경우에는 외국인 이주자와 마찬가지로 사회통합, 재정적 부담, 문화적 차이 등을 해결해야 하는 어려움이 있을 수밖에 없다. 더욱이 탈북자를 비롯한 북한 문제에 대한 한국정부의 입장은 통일정책과도 긴밀하게 연결되어 있다. 즉 탈북자 보호와 지원에 대한 입장은 역대 한국 정부의 대북정책, 남북관계 변화에 따른 국가안보전략에 따라서도 크게 변화되어 왔다. 지역적 차원에서 볼 때도 재중탈북자나 제3국으로 탈출한 후 한국으로 오는 탈북자들과 관련한 문제는 남-북, 북-중, 한-중, 그리고 제3국 간 갈등이 커질 소지가 있어 신중한 정치외교적 해법 마련을 필요로 한다.[128]

　　특히 북한 급변 대량탈북 가능성과 관련해서는 그 규모를 예측하기 위해 북한정권의 변화에 대한 여러 가지 가능한 북한 급변 시나리오를 설정하고 잠재 탈북집단 및 탈북 경로, 중국의 예상 대응방안 등을 추정하는 정부차원뿐만 아니라 주변국과의 공조를 통한 구체적 노력이 필요하다. 독일분단시 동독인들의 대규모 서독행이 결국 통독의 주요 원동력이 되었는데, 1949년 동독 수립 후 1990년 6월 통일까지 520만명에 달하는 동독인들이 서독으로 넘어갔다(정용길, 2009). 같은 맥락에서 북한의 내부 불안이나 급변사태, 혹은 한반도 통일과 관련하여 중국이 예민하게 반응하는 이슈 중 하나가 탈북자 문제이다.[129]

　　2018년 이후 전개되고 있는 남북간의 평화분위기는 정치적·군사적 상황을 변화시키고 있지만, 중국은 북한정권이 몰락하고 한국 주도의 통일이 이루어지는 경우 친미성향의 통일한국이 들어설 것에 대한 우려와 북한의 핵과 대량살상무기 처리를 둘러싼 미국과의 갈등이나 무력충돌 가능성 등이 북한 몰락과 관련한 사항을 중국의 중요한 안보적 위협으로 생각하고 있다. 그래서 수많은 탈북자들이 중국으로 한꺼번에 밀려들어 경제적 부담과 사회적 혼란을 야기할 수 있다는 우려는 중국 입장에서는 비전통적 신흥안보 문제이다. 2017년 2월 김정은의 이복형 김정남의 암살 이후 조중 국경에 1,000여 명의 병력을 배치했다는 보도나 대북 인도적 지원을 늘려 급변사태가 발발해도 대량난민유입은 방지하겠다는 중국의

입장은 중국이 얼마나 탈북자문제에 예민한지에 대한 반증이다.[130]

따라서 우리 입장에서도 종전선언 등 바람직한 안보적 방향도 기대할 수 있지만, 얼마나 많은 탈북자가 얼마나 빠른 시간 안에 어떠한 식으로 어디로 밀려들 것인가에 대한 시나리오 작성과 더불어 이들의 장기 또는 영구 체류상황을 어떻게 관리해 나갈지에 대한 고려, 그리고 북한 상황 변화에 따라 어떠한 유형의탈북자가 한국, 중국, 혹은 제3국으로 유입되어 사회불안이나 국가 간 분쟁의 소지를 제공할 것인가 등에 대한 가능성 모색도 중요한 사항이다. 탈북자의 경우는 아프리카 등지에서 어렵지 않게 찾아볼 수 있는 난민전사가 될 가능성은 크지 않지만, 대규모로 국내에 유입될 시 순수 민간인을 위장한 간첩이나 북한군이 섞여있어 한국사회를 혼란에 빠뜨릴 개연성도 배제할 수는 없다. 한반도 유사시 대거 발생할 수 있는 탈북자에 대해 중국이 자국의 질서와 안정을 위해 국경을 봉쇄하거나 탈북자들을 빌미로 북한상황에 개입할 경우, 한국, 북한, 중국 뿐 아니라 미국까지 복잡하게 얽히는 갈등과 분쟁으로 비화할 수 있다.[131]

이렇듯 탈북자 문제는 한반도의 복잡한 지정학적 역학관계와 얽힌 국가안보 및 지역안보 이슈임에도 불구하고 동북아 지역차원의 다자협의체 부재로 탈북자를 포함한 난민과 이주자 이슈를 조정 관리하여 갈등이나 분쟁발생을 미연에 방지하거나 조기에 대응할 수 있는 메커니즘이 없는 실정이다. 동남아 국가를 포함하는 동아시아 차원, 그리고 유엔을 중심으로 한 국제사회에서의 국가들의 대북정책이나 입장, 그리고 국제공조를 강조하여 북한 급변사태 및 대량탈북에 대한 일관성 있는 대비책이 필요한 이유가 바로 이러한 상황 때문이다. 유엔차원에서 탈북 문제를 논의할 시에는 북한인권결의안 등과 연계하여 지속적인 국내외적 관심 고조와 국제협력을 이끌어내는 것도 효과적일 수 있다.[132]

더욱이 유엔이라는 국제무대에서 동북아나 동아시아 차원에서는 중국의 유보적 태도나 반대로 진전되기 힘든 인권유린과 탈북자와 같은 인간안보 측면을 논할 기회를 확대함으로써 북한 문제뿐 아니라 지구촌 분쟁 문제와 인도적 위기 상황에 대한 아시아의 목소리, 아시아적 접근에 대한 국제사회의 이해와 동의를 이끌어내고 이에 아시아의 책임국가로서 중국의 참여를 유도하는 것이 중요할 것이다. 예를 들면 유엔은 지난 10여 년간 인도적 개입이나 '주권은 국가의 특권이 아닌 책임'이라는 '보호책임'(Responsibility to Protect: R2P)과 같은 논의를 통하여 민간인 보호와 인권 문제를 안전보장이사회 차원에서 다루는 노력을 해왔는데, 이러한 맥락에서 탈북자를 포함한 난민에 대한 논의와 해결방안을 모색해야 한다는 입장을 피력해야 한다.[133]

한편, 동북아지역 차원에서는 북한급변사태나 탈북자 문제가 역내 국가들 모두의 우려거리일 수 있다는 점을 적극 활용하여 이에 공동 대응하기 위한 동북아다자안보틀을 마련하는 기회로 삼을 필요가 있다. 따라서 앞서 언급한 유엔의 안보 역할과 연계하여 급변사태를 포함한 북한 미래의 불확실성과 난민위기에 대응하는 지역적 차원의 다자안보메커니즘 구축에 대한 가능성과 한계 및 방안 등을 고찰하는 노력이 중요하다.[134]

이민자 유입은 시급하고 중요한 과제

요컨대 저출산으로 인한 경제 및 산업개발 저조 현상을 타개하기 위해서라도 체계적인 이민자 유입은 시급하고 중요한 한국의 도전과제이다. 이는 후발 이민 국가로 이제는 '다민족국가' 대열에 진입한 한국에 있어서 점점 사회문제가 되고 있는 이주민 문제는 중장기 관리계획을 세워 대응해야 하는 국가의 중차대한 정책과제가 되고 있기 때문이다. 물론 아직까지 아프리카처럼 난민이 분쟁을 촉발시키거나 서구 유럽에서처럼 이민자들에 의한 인종소요 사태나 난민들로 인한 테러위협이 가시화되지는 않았다. 하지만 국제이주민들이나 난민들에 대한 무관심이나 배타적 태도를 견지한다면, 이들의 불만이 확대되어 집단행동을 통해 나타나고 사회적 혼란이 가중될 가능성을 배제할 수 없다.[135]

반면, 난민이나 이주민에 대한 사회적 비용 증가로 유럽에서 외국인을 배척하는 극우정당들이 득세하고 트럼프 대통령의 반이민 행정명령이 미국인 절반 이상의 지지를 얻고 있는 추세를 감안할 때 최근 제주도의 예멘난민 사태로 인한 내국인들의 불만 역시 무시할 수 없는 일이다. 재외탈북자의 경우, 집권층의 성향에 따라 한국정부의 목표와 정책에 차이가 있어 왔다. 물론 이는 북한 핵문제 및 군사적 도발로 인한 역내 국제관계의 제약 및 남북관계의 부침에 기인하는 바가 크다. 하지만 한국정부가 탈북자 문제에 효과적으로 대처하기 위해서는 정권 변화와 상관없는 일관된 정책 추진, 국제기구 및 민간단체와의 협력방안 모색, 유엔 및 국제무대에서 북한 인권 문제와의 연계 유도, 급변사태와 대량 탈북과 관련하여 복합지정학적 시각에서의 한반도 주변 강국의 입장분석 등이 종합적으로 이루어져야 할 것이다.

특히 무슬림의 경우 별도의 대책과 고려가 되어야 할 것이다. 이는 출신 국가 간 또 다른 갈등과 폭력의 원인이 될 수 있기 때문에 단순히 인도적 문제가 아니라 안보 문제로 비화될 가능성이 매우 클 것이 때문이다.[136] 경제난과 테러 등으로 반이민정서가 증가하고 있는 유럽의 경우 이민과 무슬림의 문제가 유럽연합의 존폐의 최대위협으로 간주되면서 이민자들로 하여금 자국으로 돌아가라는 반발감이 커지고 있는 실정이다. 우리는 유럽을 통하여 충분히 반면교사를 삼을 수 있을 것이다.[137]

중국 당국이 지난 1995년에 공식 발표한 '신이민 프로젝트'는 중국의 이민 정책의 목적과 방향이 명확히 드러내고 있다. 이를 제3의 물결이라고 한다. 개혁개방 정책 이래 중국 대륙을 떠나 해외에 거주하는 신이민자들이 꾸준이 늘고 있다. 이들은 현재 화교사회에서 중요한 세력으로 부상하고 있다. 향후 이들은 미국과 여타 서구 선진국에서 친중국 세력을 이루는 근간이 될 것으로 보고 있다.[138]

중국은 세계 각지에 퍼지는 신이민자들의 네트워크를 통해 중국은 그 영향력을 확대하고 친중국 세력에 대한 근간을 다지고자 하는 의도를 숨기지 않고 있다. 게다가 이민행렬은 중국본토의 인구압력을 줄이고 실업 해소에도 도움이 된다. 특히 중국의 팽창주의로 인해 세계 곳곳과 갈등을 빚을 때, 중국 정부의 지원군 역할을 할 수 있다. 중국인들이 제일 먼저 쏟아져 들어가는 곳은 러시아 극동지역이다.[139]

최근 한 여론조사에서 극동지역에 사는 러시아인의 47%가 진심으로 극동지역 영토가 중국에 합병될 가능성이 있다고 여기는 조사결과도 있었다. 중국은 우리나라의 외국인 거주 1위 국가이며 매년 난민 신청자도 1위이다. 이는 중국의

신이민 프로젝트의 대일본 및 한반도 전략적 차원에서 추진되고 있다.[140]

우리 정부도 제주도에 5억원 이상 투자하면 영주권을 주며, 제주도 치안 문제를 위해 중국공안이 담당하도록 하겠다는 정책이 추진된 바도 있었다. 제주도에 불법 체류자만 8천 5백명이며, 특히 '외국인 범죄 54.4% 증가하고 범죄자의 70%는 중국인이라는 이유로 인해 제주도 치안 문제를 위해 중국공안이 담당하도록 하는 정책이 논의되었던 것이다.[141]

포괄적 안보패러다임 속에서 이해

오늘날 인간안보, 환경안보, 사이버안보, 보건안보 등의 영역에서 나타나고 있는 문제들은 전쟁이나 국가붕괴와 같은 극단적인 상황을 초래하는 전통 안보문제와는 달리 일상 속의 삶에 만연한 안전문제로 시작되는 경우가 많지만, 특정한 계기와 맞물려 거시적 국가안보문제로 비화될 수 있는 신흥 안보문제이다. 따라서 인구 및 이주 난민안보는 새롭게 일어나고 있는 비전통적 안보문제이면서도 전통적 안보문제에도 영향을 미치는바 포괄적 안보패러다임 속에서 이해하고 해결점을 찾아가야 할 안보이슈라 할 수 있다.

우선 인구안보란 인구 과잉으로 자원 부족이나 빈곤 및 사회불안에 시달리는 저개발국가들과 인구절벽으로 경제침체를 우려하는 선진국과 신흥산업국의 문제에서 비롯되는 것이다. 이는 한반도 상황에서 볼 때는 한국에서 저출산 고령화로 노동력이 감소되면서 국가재정 고갈이 가시화되고 군 인력이 축소함에 따라 남북한 병력 격차가 커져서 안보불안이 더욱 심화될 우려가 있다. 동북아 차원에서 보면 한중일 인구오너스 현상으로 인해 이민 유입의 필요성이 증대될 가능성이 있는데, 이는 전지구적 차원의 인구 양극화와 연관되어 이주 문제를 둘러싼 배출국과 수용국들간 직·간접적 갈등으로 나타날 수 있다.[142]

특히 오늘날 지구촌을 떠도는 난민 문제는 인권, 복지, 환경 등과 더불어 국제정치의 주요 관심사가 되고 있다. 특히 시리아 내전은 난민 발생의 가장 큰 원인이다. 해가 거듭될수록 세계 곳곳이 매년 늘어나는 난민 문제로 골치를 앓고 있다. 특히 최근 중동 시리아에서 전쟁을 피해 탈출하는 난민의 행렬이 이를 잘 말해주고 있다. 또한 오늘날 난민 문제는 유럽 문제만이 아니며 다른 아프리카 지역과 아시아의 경우도 여전히 심각한 문제로 남아 있다.

더구나 이주민·난민안보는 이주민과 난민 문제가 커지면서 사회통합, 정체성, 범죄와 테러, 보건안보 이슈 등과 연계한 국내외적 갈등이 심화되는 현상에서 비롯된다. 이는 한반도 차원에서 보면, 이주민과 탈북자들이 느끼는 차별에 대한 불만, 한국 국민의 이주민에 대한 편견 및 일자리 경쟁으로 인한 사회갈등의 고조, 그리고 궁극적으로 내셔널리즘과 배타주의의 강화현상으로 나타날 수 있다. 동북아 차원에서는 이민 유입의 지역적 확대와 국가 간 긴장 및 전염병 전파 위협 등이 상존하게 되고, 탈북자를 둘러싼 한-중, 북-중갈등이 가시화될 수 있다.[143]

또한 북한 급변사태를 둘러싼 지역 불안정도 커질 수 있다. 글로벌 차원에서는 지구촌 난민 문제의 '안보화'와 배척, 불법이주와 체류국의 반발로 인한 불안정 현상 및 국가이기주의의 지구촌 확대현상, 인종, 종교, 문화, 경제적 측면에서 야기된 분쟁과 테러의 확산 가능성 등을 우려해야 한다. 하지만 보다 주목할 것은 이러한 신흥안보 개념 역시 국가를 일차적인 대상으로 전제한다는 점에서 전통안보와 맥을 같이 한다. 즉 국내외적 위협들에 대응하는 가장 중요한 행위자는 국가 (정부)이고, 국민의 안전과 복지를 확보 및 증진시키는 일차적인 책임도 국가에 있다는 점에서 전통안보가 제시하는 기본적인 가정이 신흥 안보 담론이나 정책 수립에도 똑같이 적용된다.[144]

최근 남북간 평화분위기 조성으로 북한의 군사도발과 급변사태 가능성은 적어졌지만 역사 및 영토 분쟁을 포함한 역내 국가들 간 양자적 갈등이 지배하는 동북아 지역 정세에 미루어볼 때, 전 지구적 차원이나 다른 지역에서는 '탈지정학적' 양상의 신흥 안보이슈라 할지라도 이 지역, 특히 한반도에서는 여전히 지정학적 역학에 따라 촉발되거나 악화될 가능성이 있기 때문에 정치군사안보에 비전통안보문제를 더한 복합적인 관점에서 문제를 풀어나가는 것이 중요하다고 할 수 있다.[145]

이주민과 난민의 안보화 정책

오늘날 유럽지역에 발생하는 일련의 사태는 난민과 이민의 성격을 둘 다 가지고 있다고 할 수 있다. 서유럽 국가들에서는 이미 1990년대 전반 이민 관련 문제가 가장 가시적이고도 논란이 많은 정치적 쟁점이었다. 정치적 저항 및 시위의 3분의 1 가량이 이민문제와 연관된 것이었으며, 실업 등의 노동 관련 쟁점이나 전쟁과 평화, 민주주의, 환경 등 다른 어떤 쟁점에 비해서도 정치적 갈등을 야기하는 빈도가 높은 것이었다.[146]

또한 인구 이동 즉 난민 문제의 안보화는 난민 유입의 규모가 정부가 통제할 수 있는 규모를 넘어설 때 발생한다. 이는 해당 공동체에 위협이 발생하기 때문이다. 그래서 근대국가에서 난민 문제에 대한 일차적 책임은 해당 주권국가에게 있으며, 난민의 이동은 국제질서의 안정을 저해하는 안보의 위협 요인이라는 인식이 대두된 것이다.

이처럼 최근 유럽의 다문화사회는 난민 문제가 테러와 직접적으로 관련되어지는 현상으로 나타나면서 다문화사회의 위기를 증폭시키고 다문화주의에 대한 문제점이 확산되고 있는 실태이다. 따라서 우리의 이주민·난민안보화정책방향도 다음과 같이 정리해 볼 수 있다.[147]

첫째, 난민과 이주의 문제는 이제 '안보화(securitization)' 문제로 다루어야 한다는 점이다. 이민이 지금까지 인본주의적 관점으로 사회정책의 범주에서 논의되었다면 이제는 안보정책의 범주에서 다루어져야 한다는 점이다. 물론 이로 인해 이민자의 수용과 통합을 지향하는 다문화주의 정책에 대한 거부감이 있지만 그렇다고 해서 간과할 수 없는 것은 바로 우리의 생존문제와 직결되기 때문이다.

특히 무슬림들이 자신들의 문화에 집착해 이민 수용국의 민주주의와 공동체의 가치에 배치되는 행동을 하기 때문에 더욱 고려되어야 할 것이다. 무슬림 공동체가 스스로 자신들만의 교리에 따라 나타나는 현상이 원인이 될 수 있다. 그렇다고 해서 그들을 완전히 봉쇄하는 정책은 아니라 안보적 관점이 고려되어야 한다는 점이다.

둘째, 국경 통제가 명확히 되어야 하며 법체계도 일관성 있게 처리해야 한다는 것이다. 국경 통제가 느슨하여 불법 체류자가 증가하거나 법리적 관점에서만 보고 이민자를 허용할 경우 다문화주의에 대한 국민들의 반감이 커진다. 국경 통제가 제대로 이루어지지 않거나, 누구의 이민을 허용해 줄 것인지에 대한 기준이 명확하지 못해 난민이나 불법이민자와 같은 원치 않는 다수의 이민자가 유입될 가능성이 증가하고 있기 때문이다.

또한 무슬림(IS)에 대한 반감이 점차 증가하고 있는 시점에 이를 허용하는 판결이나 정책은 거부감이 증가할 수밖에 없다. 따라서 이민자에 대한 판정과 입국 구분은 명확하고 분명히 하여야 할 것이다. 동시에 법체계의 적용도 분명하게 해야 할 것이다.

셋째, 균형 있는 다문화 정책를 고려해야 한다. 이민자 집단이 그야말로 '다문화적'일 때 다문화주의에 대한 거부감이 줄어든다. 반대로 다문화에서 한 문화를 고집하면 이에 대한 거부감이 증대한다. 예를 들어 다문화사회에서 할랄과 히잡을 고집하면 할수록 다문화사회에 거부감은 증대한다. 인간의 가장 기본적인 의식주 문제에서 할랄과 히잡은 다문화 사회의 상징이 아니라 종교 행위이다. 진정한 다문화는 이민자의 출신 국가와 문화적 배경이 아니라 현지 주민의 문화를 고려해야 한다. 특히 무슬림(IS)은 문화가 아니라 종교이기 때문이다.

지금 우리가 고려해야 할 사항이 특정 국가 출신이나 특정 종교집단에 속한 이민자의 규모가 클수록 주류문화에 대한 위협이 될 수도 있기 때문에 다문화주의 정책에 대한 회의론이 커진다. 이로 인한 반감이 커질 수밖에 없다는 점이다. 2015년 1월 파리의 언론사 샤를리 엡도에 한 무슬림들의 테러 이후, 유럽에서 테러를 비판하는 시위나 주장들이 봇물처럼 터져 나왔다. 비판과 분노는 단지 테러리즘에 국한되지 않았다.

끝으로 국제적 협력 방안도 함께 모색해 나가야 할 것이다. 신흥 안보이슈들은 국가 간 문제나 한 주권국가 내에서 발생하는 문제일 뿐만 아니라 지역적, 세계적 차원에서 복잡하고 밀접하게 얽혀 있어 일국의 외교 노력이나 군사적 역량 배양이나 동맹과 같은 전통적인 방법으로만은 관리나 해결이 불가능하다는 특징을 띤다.[148] 국제범죄, 테러, 산업보안, 통상마찰, 난민사태와 같은 인도적 위기 등 많은 현안들이 국내와 국외로 구분하기 힘들 정도로 상호 밀접하게 연계되어 발생하고 있기 때문이다. 따라서 신흥 안보문제의 해결을 위해서는 국가 간 제로섬 경쟁이 아닌 '공멸이냐 공존이냐'라는 연대인식 속에 다자적 협력의 필요성을 제고하는 한편, 국제기구, NGO들을 아우르는 공동협력을 통한 대응이 효과적이다. 다자협력은 동북아 지역에서 상대적 약자인 한국이 연성안보이슈에 대응하는데 있어 명분과 실리를 동시에 구축할 수 있는 방안이다. 특히 이주 및 난민사태는 지구촌의 인도적 위기이자 강대국들이 효과적으로 선점할 정당성을 찾기 어려운 영역인 것이다.

이민자·난민안보의 중요성이나 적실성 및 국제사회의 관심이 증대되고 있음에도 불구하고 이러한 안보 개념과 이를 위한 정책 수립은 전통안보를 대체하는 것이 아니라 이를 보완하여 포괄적 안보를 구현해나가야 할 것임은 물론이다. 그동안 하위정치 이슈로 간주되어 상위정치로 일컫는 군사정치적 이슈에 눌려있었던 비전통안보이슈들을 독립적으로 부각시켜 강조하여야 한다. 북한 도발이나 미-중, 미-러, 중-일 군사적 갈등과 같은 전통적 안보문제가 가시화되는 사례가 발생하는 경우 이민자·난민안보 위협에 대한 학문적, 정책적 관심은 다시 부차적 이슈로 뒤로 밀릴 가능성이 크기 때문이다. 따라서 이민자·난민안보 그 자체에 천착하기 보다는 비전통적 안보 위협이 왜 전통 안보문제와 깊은 연관성이 있으며 어떠한 포괄적이고 체계적인 학문적 접근노력과 정책마련이 중요한지를 규명하고 분석하는 것이 더 바람직하다고 할 수 있을 것이다.[149]

요컨대 인구과잉으로 자원부족이나 빈곤 및 사회불안에 시달리는 저개발국가들과 인구절벽으로 경제침체를 우려하는 선진국과 신흥산업국의 인구안보문제는 심각해질 것이다. 이주민의 인권문제, 글로벌 테러리즘요인이 복합적으로 작용하여 더욱 부상하게 될 것이다. 따라서 예상되는 난민의 인권보호문제, 그리고 이주민·난민과 이들의 수용국들의 안보문제와의 조화를 어떻게 이루어 나가야 하느냐는 사항은 향후 이주민·난민문제해법의 중요한 관건이 아닐 수 없다.

<참고문헌>

고형규, "독일 '묻지마난민수용' 폐기…포용서 통제로 U턴," 『연합뉴스』, 2015년 11월 12일자.

국제연합 난민고등판무관 사무소(UNHCR), 『난민관련 국제조약집』, 1997.

김강녕, 『국가안보와 북한체제』(부산: 신지서원, 2006).

김상배, "신흥안보의 미래전략: 개념적, 이론적 이해," 김상배 편, 『신흥안보와 미래전략』 (서울: 사회평론아카데미, 2016).

김상순, "김정남 암살과 북한급변사태에 대한 중국의 고민," 『아주경제』, 2017년 2월 20일자.

김영길, "이주민 및 난민 증가와 인간안보: 인구이동(난민, 이주민, 무슬림)이 안보에 미치는 영향," 『뉴스원코리아』, 2017년 10월 12일자.

민경락, "국내입국 탈북자 수 3년간 절반 급감," 『연합뉴스』, 2015년 2월 9일자.

민병원, "탈냉전기 안보개념의 확대와 네트워크 패러다임." 『국방연구』, 제50집 제2호, 2007.

박형수·홍승현, "고령화 및 인구감소가 재정에 미치는 영향." 『인구고령화가 우리경제에 미치는 영향』(서울: 한국조세연구원, 2011).

박흥순·서창록·박재영·이신화 저, 『국제기구와 인권, 난민, 이주』(서울: 도서출판 오름, 2015).

법무부, 『외국인통계월보』, 2016년 6월호.

송영훈, "테러리즘과 난민문제의 안보화: 케냐의 난민정책을 중심으로," 『국제정치논총』 54(1), 2014.3.

신성호·양희용, "저출산·초고령사회와 국방," 『국방연구』, 제58권 제3호, 2015.9.

이근, "신자유주의정책과 국가안보," 대한민국 해군, 『제주국제도시 개발과 해양안보』(제9회 함상토론회 발표논문집, 2004.8.20.).

이신화, "인구, 이주, 난민안보의 '복합지정학' 지구촌 신흥안보의 위협과 한반도에의 함의." 『아세아연구』, 제60권 1호, 2017.

이일, "테러위험론이 2016년 한국의 난민제도에 미치는 영향: 공항난민신청, 탑승전사전확인제도 등을 중심으로," http://apil.or.kr/?p=1506(검색일: 2018.1.3.).

이희용, "한국 난민 신청자 3만명 넘었다…인정받은 사람은 767명," 『연합뉴스』, 2017년 11월 21일자.

전성훈, "불법체류외국인 2만8천여명 자진출국…올해 12월까지 연장," 『연합뉴스』, 2016
  년 9월 20일자.

전혜원, "유럽난민사태의 유럽정치에의 함의," 국립외교원외교안보연구소, 『2015 겨울 주
  요국제문제분석』, 2016.2.

정구현, "한국경제 다시 활력 찾으려면," 『정책브리핑』, 2017.1.12.

조정현, "재중 탈북자 문제의 국제인권법적 해결방안: 국제인권조약 이행감독장치를 중심
  으로," 외교안보연구원, 『주요국제문제분석』, No.2009-30, 2009.10.

최강·홍규덕, "한반도 통일전략." 정구현, 이신화 외, 『대전환의 시대, 한국의 선택』(서
  울: 클라우드나인, 2017).

최진우, 유럽 다문화사회의 위기와 유럽통합, 『아시아 리뷰』 제2권 제1호, 2012.

출입국·외국인정책본부 이민정책과, 『2015 출입국·외국인정책 통계연보』, 2016.6.

하채림, "터키 '난민 등 이주민 450만명 거주…시리아인 330만명,'" 『연합뉴스』, 2017년
  12월 19일자.

한국보건사회연구원, 『외국의 이민정책 현황 및 시사점』(서울: 한국보건사회연구원, 2011.
  10.23.).

PMG 지식엔진연구소, 『시사상식사전』, 2017.11.25.

"유엔, 12년 연속 북한인권결의안채택," 『자유아시아방송』, 2016년 11월 22일자.

Baylis, John and Smith, Steve, The Globalization of World Politics(Oxford: Oxford
  University Press, 1998).

"Bodies of Dozens of People Wash Ashore in Western Libya," The Guardian, February
  21, 2017.

Buzan, Barry & Weaver, Ole, & Wilde, Jaap de, Security: A New Framework for
  Analysis(Boulder, Co: Lynne Rienner, 1998).

Dowty, Alan and Loescher, Gil, "Refugee Flows as Grounds for International Action,"
  International Security 21(1), Summer 1996.

European Commission(EC), "Country responsible for asylum application (Dublin)."
  Migration and Home Affairs, February 3, 2017.

International Organization for Migration(IOM), World Migration Report 2015(Geneva:
  IOM, 2016).

Kymlicka, Will, Multiculturalism: Success, Failure, and the Future(Washington, DC:
  Migration Policy Institute, 2012).

Koopmans, Ruud & Statham, Paul & Giugni, Marco, and Passy, Florence, Contested Citizenship: Immigration and Cultural Diversity(Minneapolis: University of Minnesota Press, 2005).

Morgenthau, Hans J., Politics Among Nations, 4th ed.(New York: Alfred A. Knopf, 1967).

Murpy, Kara, "France's New Law: Control Immigration Flows, Court the Highly Skilled." Migration Policy Institute(MPI), November 1, 2006.

OECD, International Migration Outlook 2016(Paris: OECD, 2016).

Ogawa, Naohiro, Makoto Kondo, Rikiya Matsukura. "Japan's Transition from the Demographic Bonus to the Demographic Onus." Asian Population Studies, Vol 1, Issue 2. July 2005.

Population Reference Bureau(PRB), 2016 World Population Data Sheet(Washington,DC: PRB, 2016).

Salehyan, Idean and Gleditsch, Kristian Skrede, "Refugees and the Spread of Civil War," International Organization 60(2), Spring 2006.

Somerville, Will, "United Kingdom: A Reluctant Country of Immigration." Migration Policy Institute(MPI). July 21, 2009.

Stedman, Stephen John and Tanner, Fred, "Refugees as Resources in War," in Stephen John Stedman and Fred Tanner (eds.), Refugee Manipulation: War, Politics, and the Abuse of Human Suffering(Washington, D.C.: Brookings Institution, 2003).

Tsuneo Akaha and Anna Vassilieva, Crossing National Borders: Human Migration Issues in Northeast Asia(Tokyo, New York, Paris: UN University Press, 2005).

United Nations High Commissioner for Refugees(UNHCR), Global Trends: Forced Displacement in 2015(Geneva: UNHCR, 2016).

United Nations Department of Economic and Social Affairs(UNDESA), World Population Prospects. the 2015 Revision(New York: United Nations, 2016).

"Germany to Abolish Compulsory Military Service," The Guardian, November 22, 2010.

"In Ban on Migrants, Trump Supporters See a Promise Kept," The New York Times, January 30, 2017.

"Schengen: Controversial EU Free Movement Deal Explained," BBC News, April 24,

2016.

OECD, "Historical Population Data and Projection, 1950~2050," 2015, https://stats.oecd. org/Index.aspx?DataSetCode=POP_PROJ(search date: January 7, 2018).

김영길, "이슬람 유입 등 인구이동이 안보에 미치는 영향: 이주민 및 난민 증가와 인간안 보," 2017.9.4, http://blog.naver.com/PostView.nhn?blogId=dreamteller&logNo=2210 88923373(검색일: 2018.1.2.).

유엔난민기구(UNHCR), "난민과 이주민, 무엇이 다를까요?," 2017.11.30. http://blog.naver. com/PostView.nhn?blogId=unhcr_korea&logNo=221152156289(검색일: 2018.1.6.).

유엔난민기구(UNHCR), "유럽 난민 사태, 그들은 '이주민'인가 '난민'인가," 2015.8.28, http://blog. naver.com/PostView.nhn?blogId=unhcr_korea&logNo=220464908673(검 색일: 2018.1.6.).

통계청 인구동향과, "총인구, 인구성장률," 2016.12.8., http://www.index.go.kr/potal/main/ EachDtlPageDetail.do?idx_cd=1009(검색일: 2017.1.7.).

"난민," 『Daum 한국어사전』, http://dic.daum.net/word/(검색일: 2018.1.6.).

"인간안보," 『위키백과』, https://ko.wikipedia.org/wiki/(검색일: 2018.1.6.).

Chapter 5 주석

1) United Nations High Commissioner for Refugees(UNHCR), Global Trends: Forced Displacement in 2015(Geneva: UNHCR, 2016).
2) 김영길, "이주민 및 난민 증가와 인간안보: 인구이동(난민, 이주민, 무슬림)이 안보에 미치는 영향," 『뉴스윈코리아』, 2017년 10월 12일자.
3) 이신화, "인구, 이주, 난민안보의 '복합지정학' 지구촌 신흥안보의 위협과 한반도에의 함의." 『아세아연구』, 제60권 1호, 2017, p.16.
4) 이신화(2017), p.13.
5) 이신화(2017), p.14.
6) Ogawa, Naohiro, Makoto Kondo, Rikiya Matsukura. "Japan's Transition from the Demographic Bonus to the Demographic Onus." Asian Population Studies, Vol 1, Issue 2. July 2005.
7) 이신화(2017), pp.9~10.
8) 김영길, "이슬람 유입 등 인구이동이 안보에 미치는 영향: 이주민 및 난민 증가와 인간안보," 2017.9.4, http://blog.naver.com/PostView.nhn?blogId=dreamteller&logNo=221088923373(검색일: 2018.1.2.).
9) 김영길(2017.9.4.).
10) 김영길(2017.9.4.).
11) 김영길(2017.9.4.).
12) 장기체류비자라 할지라도 유학, 어학연수, 주재원, 외교관, 해외인턴, 교환교수, 교환연구원 등은 영주권을 받기 어려운 일시적인 체류이므로 이민으로 부르지 않는다. 한편 귀화는 국적을 취득한 경우만을 말하므로 이민과는 다르다.
13) Tsuneo Akaha and Anna Vassilieva, Crossing National Borders: Human Migration Issues in Northeast Asia(Tokyo, New York, Paris: UN University Press, 2005).
14) 김영길(2017.9.4.).
15) 김영길(2017.9.4.).
16) PMG 지식엔진연구소, 『시사상식사전』, 2017.11.25, "세계 이주민의 날" 참조.
17) 『Naver 지식백과: 비상학습백과 용어해설』, http://terms.naver.com/(검색일: 2018.1.2), "이주민" 참조.
18) 하채림, "터키 '난민 등 이주민 450만명 거주…시리아인 330만명,'" 『연합뉴스』, 2017년 12월 19일자.
19) 유엔난민기구(UNHCR), "난민과 이주민, 무엇이 다를까요?," 2017.11.30. http://blog.naver.com/PostView.nhn?blogId=unhcr_korea&logNo=221152156289(검색일: 2018.1.6).
20) 전혜원, "유럽난민사태의 유럽정치에의 함의," 국립외교원외교안보연구소, 『2015 겨울 주요국제문제분석』, 2016.2, p.141.
21) "난민," 『Daum 한국어사전』, http://dic.daum.net/word/(검색일: 2018.1.6.).
22) 유엔난민기구(UNHCR), "유럽 난민 사태, 그들은 '이주민'인가 '난민'인가," 2015.8.28, http://blog.naver.com/PostView.nhn?blogId=unhcr_korea&logNo=220464908673(검색일: 2018.1.6).
23) 국제연합 난민고등판무관 사무소(UNHCR), 『난민관련 국제조약집』, 1997, p.12, p.43.
24) 전혜원(2016.2), p.141.
25) 유엔난민기구(2017.11.30.).
26) 유엔난민기구(2015.8.28.).
27) 유엔난민기구(2015.8.28.).
28) 전혜원(2016.2), p.142.
29) 전혜원(2016.2), p.142.
30) 조정현, "재중 탈북자 문제의 국제인권법적 해결방안: 국제인권조약 이행감독장치를 중심으로," 외교안보연구원, 『주요국제문제분석』, No.2009~30, 2009.10, p.16.

31) 김영길(2017.9.4); 이신화(2017) 참조.

32) 이신화(2017), p.11.

33) John Baylis and Steve Smith, The Globalization of World Politics(Oxford: Oxford University Press, 1998), p.194.

34) 이근, "신자유주의정책과 국가안보," 대한민국 해군, 『제주국제도시 개발과 해양안보』(제9회 함상토론회 발표논문집, 2004.8.20.), p.60.

35) 김강녕, 『국가안보와 북한체제』(부산: 신지서원, 2006), pp.41~44.

36) 이신화(2017), pp.8~9.

37) 김상배, "신흥안보의 미래전략: 개념적, 이론적 이해," 김상배 편, 『신흥안보와 미래전략』(서울: 사회평론아카데미, 2016).

38) "인간안보," 『위키백과』, https://ko.wikipedia.org/wiki/(검색일: 2018.1.6.).

39) 김영길(2017.9.4.).

40) 김영길(2017.9.4.).

41) 김영길(2017.9.4.).

42) Stephen John Stedman and Fred Tanner, "Refugees as Resources in War," in Stephen John Stedman and Fred Tanner (eds.), Refugee Manipulation: War, Politics, and the Abuse of Human Suffering(Washington, D.C.: Brookings Institution, 2003), pp.1~16.

43) 송영훈, "테러리즘과 난민문제의 안보화: 케냐의 난민정책을 중심으로,"『국제정치논총』54(1), 2014.3, p.200.

44) Alan Dowty and Gil Loescher, "Refugee Flows as Grounds for International Action," International Security 21(1), Summer 1996, pp.43~71.

45) Idean Salehyan and Kristian Skrede Gleditsch, "Refugees and the Spread of Civil War," International Organization 60(2), Spring 2006, pp.335~366.

46) Barry Buzan, Ole Weaver, and Jaap de Wilde, Security: A New Framework for Analysis(Boulder, Co: Lynne Rienner, 1998).

47) 이신화(2017), p.13.

48) Hans J. Morgenthau, Politics Among Nations, 4th ed.(New York: Alfred A. Knopf, 1967).

49) 이신화(2017), p.14.

50) 이신화(2017), p.15.

51) Ogawa, Naohiro, Makoto Kondo, Rikiya Matsukura(2005).

52) "Germany to Abolish Compulsory Military Service," The Guardian, November 22, 2010.

53) 이신화(2017), pp.15~16.

54) Population Reference Bureau(PRB), 2016 World Population Data Sheet(Washington,DC: PRB, 2016).

55) 이신화(2017), p.16.

56) 이신화(2017), p.16.

57) 통계청 인구동향과, "총인구, 인구성장률," 2016.12.8., http://www.index.go.kr/potal/main/Each DtlPageDetail.do?idx_cd=1009(검색일: 2017.1.7.).

58) 이신화(2017), p.17.

59) OECD, "Historical Population Data and Projection, 1950~2050," 2015, https://stats.oecd.org/Index. aspx?DataSetCode=POP_PROJ(search date: January 7, 2018).

60) 이신화(2017), pp.17~18.

61) 정구현, "한국경제 다시 활력 찾으려면,"『정책브리핑』, 2017.1.12.

62) 박형수·홍승현, "고령화 및 인구감소가 재정에 미치는 영향." 『인구고령화가 우리경제에 미치는 영향』(서울: 한국조세연구원, 2011).

63) 신성호·양희용, "저출산·초고령사회와 국방,"『국방연구』, 제58권 제3호, 2015.9.

64) 이신화(2017), p.19.

65) 통계청 인구동향과(2016.12.8.).

66) 최강·홍규덕, "한반도 통일전략." 정구현, 이신화 외, 『대전환의 시대, 한국의 선택』(서울: 클라우드나인, 2017).
67) 이신화(2017), pp.20~21.
68) 김영길(2017.9.4.).
69) 김영길(2017.9.4.).
70) 김영길(2017.9.4.).
71) 김영길(2017.9.4.).
72) 김영길(2017.9.4.).
73) 김영길(2017.9.4.).
74) United Nations Department of Economic and Social Affairs(UNDESA), World Population Prospects. the 2015 Revision(New York: United Nations, 2016).
75) 이신화(2017), p.21.
76) 이신화(2017), p.22.
77) 이신화(2017), p.23.
78) 이신화(2017), p.23.
79) United Nations Department of Economic and Social Affairs(2016); International Organization for Migration(IOM), World Migration Report 2015(Geneva: IOM, 2016).
80) 이신화(2017), p.23.
81) 이신화(2017), pp.23~24.
82) 이신화(2017), p.24.
83) Will Somerville, "United Kingdom: A Reluctant Country of Immigration." Migration Policy Institute(MPI). July 21, 2009.
84) Kara Murpy, "France's New Law: Control Immigration Flows, Court the Highly Skilled." Migration Policy Institute(MPI), November 1, 2006.
85) 이신화(2017), p.25.
86) 한국보건사회연구원, 『외국의 이민정책 현황 및 시사점』(서울: 한국보건사회연구원, 2011.10.23.).
87) "In Ban on Migrants, Trump Supporters See a Promise Kept," The New York Times, January 30, 2017.
88) "Bodies of Dozens of People Wash Ashore in Western Libya," The Guardian, February 21, 2017.
89) United Nations Department of Economic and Social Affairs(2016); International Organization for Migration(2017), pp.26~27.
90) 이신화(2017), p.27.
91) 박흥순·서창록·박재영·이신화 저, 『국제기구와 인권, 난민, 이주』(서울: 도서출판 오름, 2015).
92) OECD, International Migration Outlook 2016(Paris: OECD, 2016).
93) 이신화(2017), p.28.
94) European Commission(EC), "Country responsible for asylum application (Dublin)." Migration and Home Affairs, February 3, 2017.
95) 이신화(2017), p.28.
96) 김영길(2017.9.4.).
97) 김영길(2017.9.4.).
98) United Nations High Commissioner for Refugees(UNHCR), Global Trends: Forced Displacement in 2015(Geneva: UNHCR, 2016); 이신화, p.29.
99) 이신화(2017), p.30.
100) 이신화(2017).
101) 이신화(2017), p.31.

102) 이신화(2017), p.31.

103) 이신화(2017), p.31.

104) "Schengen: Controversial EU Free Movement Deal Explained," BBC News, April 24, 2016.

105) 고형규, "독일 '묻지마난민수용' 폐기…포용서 통제로 U턴,"『연합뉴스』, 2015년 11월 12일자.

106) 이신화(2017), p.33.

107) 이신화(2017), p.33.

108) "Kenya Delays Dadaab Refugee Camp Closure by Six Months," Alzazeera, November 16, 2016.

109) 이신화(2017), pp.33~34.

110) 송영훈(2014.3).

111) 이신화(2017), p.34.

112) 법무부,『외국인통계월보』, 2016년 6월호; 이신화(2017), pp.34~35.

113) 법무부(2016.6); 이신화(2017), p.35.

114) 법무부(2016.6); 이신화(2017), pp.35~36.

115) 출입국·외국인정책본부 이민정책과,『2015 출입국·외국인정책 통계연보』, 2016.6.

116) 전성훈, "불법체류외국인 2만 8천여명 자진출국…올해 12월까지 연장,"『연합뉴스』, 2016년 9월 20일자.

117) 이신화(2017), pp.36~37.

118) 이일, "테러위험론이 2016년 한국의 난민제도에 미치는 영향: 공항난민신청, 탑승전사전확인 제도 등을 중심으로," http://apil.or.kr/?p=1506(검색일: 2018.1.3.).

119) 이신화(2017), p.37.

120) 이희용, "한국 난민 신청자 3만명 넘었다…인정받은 사람은 767명,"『연합뉴스』, 2017년 11월 21일자.

121) 출입국·외국인정책본부 이민정보과(2016.6).

122) United Nations High Commissioner for Refugees(2017), p.37.

123) 이신화(2017), p.38.

124) 이신화(2017), p.39.

125) "유엔, 12년 연속 북한인권결의안채택,"『자유아시아방송』, 2016년 11월 22일자.

126) 민경락, "국내입국 탈북자 수 3년간 절반 급감,"『연합뉴스』, 2015년 2월 9일자.

127) 이신화(2017), pp.39~40.

128) 이신화(2017), pp.40~41.

129) 이신화(2017), p.41.

130) 김상순, "김정남 암살과 북한급변사태에 대한 중국의 고민,"『아주경제』, 2017년 2월 20일자.

131) 이신화(2017), pp.41~42.

132) 이신화(2017), p.42.

133) 이신화(2017), pp.42~43.

134) 이신화(2017), p.43.

135) 이신화(2017), p.43.

136) 김영길(2017.9.4.).

137) 김영길(2017.9.4.).

138) 김영길(2017.9.4.).

139) 김영길(2017.9.4.).

140) 김영길(2017.9.4.).

141) 김영길(2017.9.4.).

142) 이신화(2017), pp.44~45.

143) 이신화(2017), p.45.

144) 이신화(2017), p.45.

145) 이신화(2017), p.45.

146) Ruud Koopmans, Paul Statham, Marco Giugni, and Florence Passy, Contested Citizenship: Immigration and Cultural Diversity(Minneapolis: University of Minnesota Press, 2005); 최진우, 유럽 다문화사회의 위기와 유럽통합,『아시아 리뷰』제2권 제1호, 2012, p.35.

147) 이에 대한 대책과 원인을 킴리카(Will Kymlicka)의 연구로는 Will Kymlicka, Multiculturalism: Success, Failure, and the Future(Washington, DC: Migration Policy Institute, 2012). pp.22~24.

148) 민병원, "탈냉전기 안보개념의 확대와 네트워크 패러다임."『국방연구』, 제50집 제2호, 2007.

149) 이신화(2017), p.46.

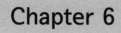

Chapter 6

인공지능을 악용한 미래의
테러 가능성

인공지능을 악용한 미래의 테러 가능성

  본 장은 인공지능을 악용한 미래의 테러 가능성을 고찰하기 위한 것이다. 이를 위해 테러리즘의 개념과 양상의 변화, 인공지능기술 개발의 발전과 명암, 인공지능을 악용한 미래의 테러 가능성, 인공지능 악용테러에 대한 대응전략을 분석한 후 결론을 도출해본 것이다.

  오늘날의 테러 위협은 그 목적과 양상이 갈수록 다양해지고 있다. 특히 앞으로는 테러리스트가 인공지능을 이용해 공격하는 일이 벌어질 수 있다는 데에 관심이 높아지고 있다. 예를 들어 테러리스트가 인공지능을 갖춘 드론, 자동차, 그리고 킬러로봇 등에게 테러 학습을 시킨 후에 고성능화생방무기로 공격하도록 할 수도 있을 것이다. 이런 상황은 실로 엄청난 테러의 재앙을 불러일으킬 수 있다. 그래서 인공지능의 진화와 인간 삶의 변화에 대한 전망은 엇갈린다. 인간의 삶을 더 윤택하게 해 줄 것이라는 기대가 핑크빛 전망이라면, 진화에 진화를 거듭한 인공지능이 인류를 위협할 것이라는 우려는 회색빛 전망이다. 즉 인공지능의 발전으로 삶의 질이나 생산성이 향상되기도 하지만, 기술이 점차 고도화되고 자동화 수준이 높아지게 되면 통제 불능의 상태가 되거나 특정 목적을 가진 집단에 악용될 경우 심각한 사회·윤리적 문제가 발생할 수 있는 것이다. 만약 인공지능 기술을 활용한 자동화무기 일명 '킬러로봇' 등이 테러리스트의 수중에 놓이게 된다면, 그 피해는 상상하기조차 꺼려지는 끔찍한 상황이 될 것이다. 따라서 인공지능의 권한·책임소재는 명료화되어야 하고 킬러로봇은 신중히 제작되어야 한다. 우리는 인공지능 악용 테러 방지를 위한 기술적 능력배양, 법률·제도적 장치의 마련, 그리고 국제협력 등을 모색하고 이를 악용한 테러 예방에도 노력해 나가야한다.

테러리스트가 인공지능을 악용해 인간을 공격

2016년 3월 프로 바둑기사 이세돌과 슈퍼컴퓨터 알파고(AlphaGO)의 바둑대국은 세간의 관심을 집중시켰다.[1] 애초의 예상을 깨고 알파고가 이세돌 9단에게 압승을 거두자, 인공지능(AI)에 대한 호기심은 일순 두려움으로 바뀌었다. 컴퓨터가 인간을 지배하는 시대가 공상과학 영화 속의 가상현실이 아니라, 바로 우리 눈앞의 현실로 다가온 까닭이다.[2]

알파고는 대국 이후에 음성인식, 기후변화 예측, 헬스케어(health care) 등 다양한 분야에 적용되고 있다. 알파고 기술은 바둑문제를 풀기 위한 도구지만 사회와 산업의 문제를 풀 수 있는 가능성을 보여준 것이다.[3]

이처럼 인공지능기술은 최근 몇 년 사이 급부상하고 있다. 구글(Google Inc.)의 나우(Now)나 애플(Apple Inc.)의 시리(Siri)와 같은 개인 비서영역에서부터 자율주행자동차의 인지·판단 시스템에 이르기까지, 그리고 언론, 교통, 물류, 안전, 환경 등 각종 분야에서 기술이 빠르게 접목·확산되면서 인간중시 가치산업 및 지식정보사회를 이끌어 갈 부가가치 창출의 새로운 원천으로 주목받고 있다.[4] 최근 일본에서는 인공지능이 인간의 감성영역인 문학작품을 쓸 수도 있음을 증명했다는 발표도 있었다. 이제 인공지능과 로봇, 그리고 사물인터넷, 무인자동차, 무인항공기 등이 펼쳐갈 미래가 거스를 수 없는 현실이 되어 가고 있다.[5]

국내에서도 다양한 사회영역에 걸친 인공지능 활용에 대한 세간의 관심이 높아지면서 우리 사회 전반에서 인간의 노동과 가사, 전문영역 등을 대체할 인공지능과 로봇이 꾸려갈 미래에 대한 논의도 활발해지고 있다. 우리 정부도 드론·자율주행 자동차·로봇 등 미래 신산업의 기반기술이 되는 인공지능을 전략적으로 육성할 계획을 발표한 바 있다.[6]

　　미국학자 레이 커즈와일(Ray Kurzweil)은 2045년을 기술적 특이점(technological singularity)으로 예상하면서 이때가 되면 인공지능이 인간지능을 초월하게 될 것이라고 예언한 바 있다. 인공지능이 인간지능에 의존하지 않고 스스로 진화해가면, 인간이 미래를 예측할 수 없는 시점에 이를 수도 있다는 말이기도 하다.[7] 물론 이러한 기술적 특이점이 오지 않는다고 주장하는 사람도 있어 단정적으로 말할 수는 없지만, 인공지능과 같은 기술이 지속적으로 발전하면 대변혁을 경험할 수 있다는 것은 자명하다.[8]

　　하지만 인공지능기술 개발과 관련해서 그것의 경제적·사회적 효과에 대한 기대뿐만 아니라 자동화로 인한 일자리 대체, 통제불능 문제, 윤리적 문제 등 부정적 영향에 대한 우려의 목소리 또한 커지고 있다. 특히, 엘런 머스크(Elon Musk), 스티븐 호킹(Stephen Hawking), 빌 게이츠(Bill Gates), 스티브 워즈니악(Steve Wozniak) 등 많은 관련분야 전문가들은 인공지능의 위험성과 인류의 미래에 대해 불안감을 여러 차례 표현한 바 있다.[9]

　　이처럼 미래에 기계가 인류를 지배하는 시나리오는 공상과학영화를 통해 많이 알려져 왔는데 그것이 현실화되어 가고 있는 것이다.[10] 앞으로 인공지능이 인간의 영역을 차지하는 것은 피할 수 없는 흐름이며,[11] 인공지능과 드론의 결합을 악용한 테러 가능성도 현실화되고 있다. 이미 군사적으로는 미군의 무인기를 이용한 테러 용의자 공격이 아프간이나 이라크 등 중동지역에서 일상화된 바 있고 테러리스트들 역시 드론을 악용한 테러를 시도하고 있다. 비록 지금은 공격목표를 무인기에 입력하는 방식을 취하고 있지만 머지않은 미래에 인간의 얼굴이나 신체적 특성을 입력해서 용의자가 발견되면 바로 공격하는 '인공지능 솔저'가 등장하게 될 것이다. 테러리스트들도 인공지능로봇을 악용해 사람들이 가장 많이 모이는 장소를 공격하게 될 지도 모른다.[12]

　　따라서 최근 인공지능의 활용과 이로 인한 사회변화에 대한 다양한 논쟁들이 제기되고 있다. 인공지능개발 우려 논의는 특히 인간지능을 뛰어넘는 인공지능에 대한 인간의 통제 가능성의 상실 우려에 기인한다.[13] 기술의 발전 및 확장속도의 관점에서 볼 때, 인공지능에 대한 기대나 우려는 그리 멀지 않은 가까운 미래에 현실화될 전망이다. 이러한 현재의 상황에서 우리가 당면한 주요과제는 어떻게 하면 인공지능기술이 기존 사회질서와 충돌되지 않게 하고 악용소지도 없애는 방향으로 안착시킬 수 있는지의 여부라고 할 수 있다.[14]

또한 인간의 인공지능 통제 가능성의 상실 우려와 함께 테러리스트에 의한 인공지능의 악용우려에 대한 대비도 철저히 요구되고 있다. 구체적으로 인공지능기술의 부정적 효과의 사전예방과 긍정적 효과의 극대화를 위한 기술적·법률적·제도적 대비와 자조적 및 국제공조적 노력이 함께 요구된다고 할 수 있다.[15]

이를 위해 인공지능의 개념과 기술의 발전, 인공지능 기술개발의 전망과 명암, 인공지능을 악용한 테러 가능성, 인공지능 악용테러에 대한 대응전략을 분석해 본다.

인공지능의 개념과 기술의 발전

1. 인공지능의 개념 및 분류

'인공지능(Artificial Intelligence: AI)'이란 단어가 맨 처음 등장한 것은 1956년 다트머스 회의(Dartmouth Conference)에서였다. 매카시(John McCarthy), 민스키(Marvin Minsky,) 뉴웰(Allen Newell) 등 수학, 심리학, 컴퓨터 공학에 종사하는 여러 학자들이 모여 '생각하는 기계'에 대해 서로 의견을 나누면서 인공지능이란 단어를 처음 사용했다. 하지만 학문별로 또는 학자 개인별로 인공지능을 추구하는 방향이 달라 인공지능에 대해 일치된 의견을 내놓지는 못했다.[16]

인공지능(AI: Artificial Intelligence)이란 '인공'과 '지능'의 합성어이다. 인공(人工)이란 "자연 그대로의 사물에 사람의 손길이나 힘을 가하여 바꾸어 놓는 일"[17]을 의미한다. 지능(知能)이란 "문제해결 및 인지적 반응을 나타내는 개체의 총체적 능력"[18]을 의미한다. 지능은 실제 목표를 달성하는 능력의 계산적 부분이라 할 수 있는데, 인간, 동물, 기계에는 조류와는 수준이 다른 다양한 기능이 있다. 사전적인 의미의 '인공지능'은 철학적인 개념으로 인간이나 지성을 갖춘 존재 또는 시스템에 의해 만들어진 인공적인 지능을 의미한다.[19] 다시 말해서 인공지능이란 컴퓨터로 하여금 인간과 같이 사고를 하도록 또는 인간의 사고과정 또는 지적 활동을 대신하도록 하는 장치를 가리킨다.[20]

그러나 인공지능이란 철학적 의미에 그치지 않는다. 인공지능은 지능적 행동을 자동화하기 위한 컴퓨터 공학의 한 분야, 즉 인간의 지능으로 할 수 있는 사고 (thinking), 학습(learning), 자기계발 등을 컴퓨터가 할 수 있도록 하는 방법을 연구하는 컴퓨터공학 및 정보기술의 한 분야인 것이다.[21] 컴퓨터의 한 분야로서의 인공지능은 철학이나 심리학과는 달리 지능 자체에 관심을 갖기보다는 이것을 어떻게 이해하고 컴퓨터로 구축하느냐에 더 관심을 두고 있으며, 프로그래밍(programming) 된 순서 안에서만 작업하는 기존의 컴퓨터시스템과는 달리 좀 더 유연한 문제해결을 지원하는 데 도움이 되기 위한 것이다.[22] 그래서 인공지능이란 지적인 기계 특히 지적 컴퓨터 프로그램을 만드는 과학과 기술을 의미한다. 이처럼 인공지능은 인간의 지능을 이해하기 위해서 컴퓨터를 사용하는 것과 관계가 있으나 자연계의 생물이 행하는 지적 수단에만 연구대상을 한정하는 것은 아니다.[23]

결국 인간지능은 인간의 지적 활동, 즉 학습 과정이나 환경 적응, 발전 과정 등을 기계를 통해 실현함으로써 인간의 지적 능력을 보충하는 것을 목적으로 하며, 나아가 디지털 컴퓨터의 프로그램을 개량하여 보다 효율적으로 사용하기 위한 것이라 할 수 있다.[24] 궁극적으로 인간의 경험과 지식을 바탕으로 한 문제해결 능력, 시각 및 음성인식의 지각능력, 자연언어 이해능력, 자율적으로 움직이는 능력 등을 컴퓨터나 전자기술로 실현하는 것을 목적으로 하는 기술영역인 인공지능의 최종목표는 사람처럼 생각하고 행동까지 할 수 있는 기계를 개발하는 데 있다.[25]

다시 정리하면, 인공지능이란 컴퓨터가 인간의 지능적인 행동을 모방할 수 있도록 하는 소프트웨어로 인간이 가진 지적 능력의 일부 또는 전체를 인공적으로 구현하는 것으로, 범용 컴퓨터를 통해 소프트웨어적으로 구현하는 것이 통상적인 방법이지만 어떤 것은 인간의 신경계를 모방한 특수한 회로를 칩으로 만들어 구현하기도 한다. 이런 방법은 공상과학(SF)에 자주 등장하지만 현실에서는 아직 걸음마 단계이다. 또한 인공지능은 소프트웨어(software)이기 때문에 그 자체로 존재하는 것이 아니라 컴퓨터과학의 다른 분야와 직·간접적으로 많은 관련을 맺고 있다. 특히 현대에는 로봇(robot), 데이터 분석(data analysis), 자동차 등 다양한 분야에 인공지능기술요소를 도입하여 그 분야의 문제해결에 활용하려는 시도가 이루어지고 있다.[26]

요컨대 인공지능이란 인간의 학습능력과 추론능력, 지각능력, 자연언어의 이해능력 등을 컴퓨터 프로그램으로 실현한 기술로서, 인간의 지능으로 할 수 있는 사고, 학습, 자기계발 등을 컴퓨터가 할 수 있도록 하는 방법을 연구하는 컴퓨터 공학 및 정보기술의 한 분야이다.[27] 즉 컴퓨터는 단순히 사칙연산과 비교를 빠르게 할 수 있는 기계인데, 이것을 조금 더 똑똑하게 만들어가는 것이다.[28]

2. 인공지능의 분류

인공지능을 '인간의 지능적 사고 및 행동을 모방한 컴퓨터 프로그램'이라고 개략적으로 설명하지만 실제 연구자들이 생각하는 관점은 조금씩 차이가 있다. 이는 '지능'에 대한 사람들의 생각이 다르기 때문이다. 주장은 크게 두 부류로 나눌 수 있다. 즉 인공지능은 인간과 똑같은 사고체계를 가지고 문제를 분석하여 행동할 수 있는 즉 인간의 마음과 정신을 지니고 있어야 한다고 주장하는 쪽과, 특정목적을 띤 인간의 여러 지능적 행동들(수학이론을 증명하고, 글자를 읽고 쓰면서 사람과 대화하거나, 장애물을 피해 길을 걸으며, 시를 쓰거나 음악을 연주하는 것 등)을 수행하는 것도 인공지능이라고 생각하는 쪽으로 나뉜다.[29]

철학자인 존 설(John Searle)의 주장에 따르면 인공지능은 주어진 조건 아래에서만 작동 가능한 약인공지능(Weak AI / Artificial Narrow Intelligence: ANI), 자의식을 지니고 인간과 같은 사고가 가능한 강인공지능(Strong AI / Artificial General Intelligence: AGI)으로 나눌 수 있다.[30] 우리가 최근에 접하고 있는 구글 맵스(Google Maps), 자율자동차, 구글번역(Google Translate), 페이스북(Facebook) 추천 기능 등이 모두 약인공지능 단계의 인공지능이다. 한마디로 약인공지능은 주어진 문제만을 지능적으로 해결하는 것이다. 구글의 인공지능 바둑프로그램 알파고는 바둑문제만 지능적으로 풀 수 있기 때문에 약인공지능의 예라고 볼 수 있다.[31] 반면 강인공지능은 컴퓨터가 실제로 사고하고 문제를 해결할 수 있는 것을 말한

다. 영화에 나오는 터미네이터(Terminator)가 그 좋은 예이다.[32]

또한 닉 보스트롬(Nick Bostrom)은 저서 『초지능(superintelligence)』을 통해 거의 모든 영역에서 인간을 훨씬 뛰어넘는 초인공지능(Artificial Super Intelligence: ASI)의 개념을 소개했는데 이 개념을 포함하면 3가지 유형으로 구분할 수 있다. 초인공지능(ASI) 수준에서는 인공지능에게 "인류가 앞으로 1,000년 동안 쓸 수 있는 신에너지원을 만들어 내 봐."와 같은 고차원의 명령도 가능하다.[33] 이러한 분류기준에 따른다면 현재 인공지능의 발전 수준은 약인공지능(ANI)에서 강인공지능(AGI) 발전단계로 가는 과정의 매우 초기에 위치한 것으로 볼 수 있다.[34]

전술한 강인공지능 대(對) 약인공지능의 분류 이외에도 인공지능의 레벨에 따른 분류(레벨 1~4)가 있다. 인공지능을 하나의 "에이전트(agent)"로 인식하고, 입력과 출력의 관계에서 그 처리수준에 따라 레벨1에서 레벨4의 4단계로 구분·분류되기도 한다.[35]

첫 번째 레벨은 단순한 제어프로그램(control program)을 '인공지능'이라고 칭한다. 레벨1로서 마케팅적으로 '인공지능(AI)'이라고 지칭하는 것들이 바로 그것이며 지극히 단순한 제어프로그램을 탑재하고 있는 전자제품을 '인공지능 탑재'라고 부르는 경우가 이에 해당된다.[36]

두 번째 레벨은 고전적인 인공지능이다. 레벨2로서 행동의 패턴이 지극히 다채로운 경우에서의 지능을 말한다. 장기 프로그램이나 청소 로봇 혹은 질문에 대답하는 인공지능이 이에 해당된다. 소위 고전적인 인공지능이 여기에 해당된다고 할 수 있는데, 입력과 출력 관계를 맺는 방법이 세련되어 입력과 출력의 조합 수가 극단적으로 많은 경우를 주로 일컫는다. 이때 인공지능은 적절한 판단을 내리기 위해 추론·탐색을 하거나, 기존에 보유한 지식 베이스를 기반으로 판단하기도 한다. 고전적인 퍼즐을 푸는 프로그램이나 진단 프로그램도 이에 해당한다.[37]

세 번째 레벨은 기계학습을 받아들인 인공지능이다. 레벨3라 하는데 검색엔진에 내장되어 있거나 빅데이터(big data)를 바탕으로 자동적으로 판단하는 인공지능이다. 추론의 구조나 지식베이스가 데이터를 바탕으로 학습되는 것으로 전형적으로 기계학습의 알고리즘(algorithm)[38]이 이용되는 경우가 많다. 기계학습이라는 것은 표본이 되는 데이터를 바탕으로 규칙이나 지식을 스스로 학습하는 것이다. 이 기술은 패턴인식(pattern recognition)이라는 과거부터의 연구를 기초로 1990년대부터 진행되어 2000년대 들어와 빅데이터 시대를 맞으면서 더욱 진화하고 있다. 최근의 인공지능은 이 레벨3을 일컫는 것이 보통이다.[39]

네 번째 레벨은 딥러닝(deep learning)을 받아들인 레벨4단계의 인공지능이다. 기계학습을 할 때의 데이터를 나타내기 위해서 사용되는 입력값(input) 또는 특징(feature) 자체를 학습하는 것이 이 단계이다. 이것은 "특징표현학습"이라고 부른다. 이들 4단계의 지능이 각각 어떻게 다른가 하는 것은 다음과 같이 많은 짐이 적재된 유통창고를 예를 들어 설명되기도 한다.[40]

레벨1단계의 인공지능(AI)은 제어단계로, "세로 몇 센티 이상, 가로 몇 센티 이상, 높이 몇 센티 이상의 짐은 대(大)라는 장소로 이동하고, 몇 센티에서 몇 센티까지는 중(中)으로, 몇 센티 미만은 소(小)라는 장소로 이동하라."는 것이 빠짐없이 엄격한 룰로 정해져 있고, 그대로 움직인다. 레벨2의 AI는 탐색, 추론 혹은 지식을 사용하는 방법으로, 짐의 세로-가로-높이-무게 등의 정보로 분류하고 지시하지만 짐의 종류에 따라 많은 지식이 담겨 있다. 예를 들어 '취급주의'라는 태그가 붙어 있으면 '조심스럽게 다루라.'라든지, 골프가방은 세워두고, 생선식품은 냉장고로 이동하라는 식이다.[41]

레벨3의 AI는 기계학습의 단계로 처음부터 엄격한 룰 혹은 지식이 주어져 있지 않다. 몇 가지의 샘플을 주고 '이것은 대,' '이것은 중,' '이것은 소'라는 룰을 배우게 되면 학습 이후에는 "이것은 대(大)이군," "이것은 중(中)이네," "이것은 대(大)도 아니고 중(中)도 아니다."라고 스스로 판별하고 구분할 수 있게 된다. 레벨4의 AI, 즉 특징표현 학습방식은 특징을 스스로 발견하는 단계이다. 예를 들면 골프 가방을 몇 가지 묶어 '이 타입의 짐은 사이즈가 '대'일지도 모르지만 다른 것과는 분명히 같지 않은 형상이므로 다르게 취급하는 편이 좋겠다.'라고 판별하고, 그러한 '골프가방의 짐을 취급하는 룰'을 스스로 만들게 된다. 시간이 흘러간 만큼 가장 효율적인 구분의 방법을 배워가는 것이 레벨4의 AI이다.[42]

위의 레벨 1~4의 단계를 사람에 비유하자면, 레벨1은 지시한대로만 처리하는 아르바이트생, 많은 룰을 이해하고 판단할 수 있는 레벨2는 일반사원, 결정된 체크항목을 따라서 업무를 잘 수행해가는 레벨3은 과장, 체크 항목까지 스스로 발견하는 레벨4는 관리자 수준쯤으로 이해될 수 있는 분류라고 할 수 있다.[43]

3. 인공지능의 개발 붐과 기술동향

1) 3차에 걸친 인공지능의 붐

인공지능은 지금까지 두 차례의 붐이 있었다. 1956년에서 1960년대가 제1차 붐이었고, 1980년대가 제2차 붐이었다. 과거 2차례의 붐으로 많은 기업이 인공지능의 연구에 뛰어들었고, 고액의 국가차원의 예산이 투입되었다. '인공지능은 조만간 가능하다.'는 말에 모두가 춤을 추었지만 생각만큼 기술은 진전되지 않았고, 마음에 그리던 미래는 실현되지 않았다. 이로 인해 인공지능은 여기저기서 벽에 직면하고, 막히고, 정체되면서 사람들이 떠나고, 예산도 삭감되었으며, '인공지능은 불가능하다.'며 실망도 컸던 것이다.[44]

그러나 2000년대에 들어서면서 제3차 인공지능의 붐이 다시 시작되고 있다. 지금 가장 궁금한 것은 이것이 또 한 번의 붐으로 끝날 것인지, 아니면 정말로 새로운 혁신의 기폭제가 될 것인지 하는 것이다. 이 질문에 답하기 위해서는 인공지능의 현재의 수준과 상황, 그리고 그 가능성에 대해 정확하게 이해하는 것이 필요하다. 그리고 무엇보다 인공지능의 기술에 대한 이해도 필요하다. 인공지능과 관련하여 보도하고 있는 뉴스나 사건은 사실과 사실이 아닌 이야기들이 뒤섞여 있다. 이런 관점에서 인공지능에 대한 정확한 예측과 이해가 중요하다.[45]

역사적 결과를 살펴보면 첫 번째 붐이 시작된 1950년대는 인공지능의 새벽이었다. 인공지능의 연구는 컴퓨터의 탄생과 거의 같은 시기에 개시되었다.[46] 1950년대에 들어 기계에 의한 계산이 가능해지고 컴퓨터가 개발됨에 따라 철학, 수학, 논리학, 심리학 등의 분야에서 인간의 지적활동을 행하는 기계에 대한 논의가 시작되었다. 인공지능(Artificial Intelligence)은 영화 '이미테이션 게임(The Imitation Game)'으로 잘 알려진 영국의 수학자이자 논리학자인 앨런 튜링(Alan Turing)이 1950년에 제안한 "튜링 테스트"로부터 시작되었다. 튜링 테스트는 기계가 인간과 얼마나 비슷하게 대화할 수 있는지를 기준으로 기계에 지능이 있는지를 판별하는 테스트이다. 이것을 기점으로 1956년 미국의 다트머스의 한 학회에서 존 매카시(John McCarthy)가 인공지능이라는 용어를 처음 사용한 이후 10여 년간 인공지능의 연구는 황금기를 겪게 된다.[47]

　　그 후 1960년대에 들어 인공지능기법을 이용하여 실세계문제에 적용하는 전문가 시스템에 관한 연구가 활발히 진행되었다.[48] 정리의 자동증명, 게임프로그램, 해답을 발명하는 프로그램, 수식의 미분·적분·인수분해 등을 자동적으로 행하는 수식처리 프로그램 등 많은 지능 프로그램이 만들어졌다. 이어서 1970년대에는 자연언어의 이해, 지식표현의 문제가 적극적으로 다루어지고, 로봇의 시각과 행동연구로 발전되었다. 최근에는 인공지능 응용시스템의 하나로서 전문가 시스템(expert system)이 만들어져, 사회의 여러 분야에 적용되고 있으며, 인공지능의 언어로는 리스프(Lisp), 프롤로그(Prolog) 등이 개발되었다.[49]

　　하지만 1970년대에 들어서 인공지능이 복잡한 문제를 해결하는데 대거 실패하자 1980년대 초반까지 인공지능과 관련한 연구는 암흑기를 지나게 된다.[50] 즉 1970년대는 인공지능의 현실 가능성에 대한 반격이 심했던 시기로 대규모 문제나 복잡한 문제에 있어서의 AI의 적용이 어렵다는 의견이 분분했었다. 소득이라면 이러한 중에도 다양한 테크닉과 알고리즘들은 개발되었다.[51]

　　이어서 1980년대에 제2차 붐이 일어났고, 인공지능의 산업화가 추진되었다. 상업적 데이터베이스 시스템 개발이 시작되고, 각국에서 인공지능연구에 대한 보조 및 투자가 활발해지기 시작한 것이 바로 이 시기이다.[52] 미국을 발상지로 대두된 인공지능 붐은 일본의 산업계에도 커다란 영향을 미쳤다. 그 후 인공지능의 주된 응용분야는 '엑스퍼트 시스템(expert system),' '자연언어처리,' '음성·화상인식'의 3분야가 급신장했다. 다양한 산업 플랜트(industry plant)와 컴퓨터 온라인 시스템은 갈수록 거대화·복잡화됨에 따라 이에 대응하기 위해 종래와 같이 계산을 초스피드로 처리하는 기능만 갖는 컴퓨터로는 불충분하여 인간이 하는 고도의 판단을 서포트(support)하기 위한 엑스퍼트 시스템의 중요성이 급속히 제기되었다. 또 자연언어 처리기술을 베이스로 한 자동번역 시스템도 산업경제활동의 국제화 추세를 배경으로 요구가 높아졌다. 기술문헌 등의 번역 외에도 해외용 정보제공

서비스분야에도 본격적인 이용이 시작되었다.

　이러한 발전과 요구 속에서 2000년대에 접어든 이후에는 최근 세 번째 인공지능의 붐이 일어나고 있다.[53] 이는 직관이 아닌 엄밀한 이론과 견고한 실험을 통해 현실세계의 문제를 대상으로 인공지능연구를 추진해 나가고 있다.[54] 알파고에 적용된 딥러닝(deep learning)의 원조격인 인공신경망이 다시 주목을 받으며 인공지능의 연구·개발도 다시 부활하고 있다. 그 저변에는 빅데이터와 강력한 컴퓨터의 계산능력 그리고 공개소프트웨어가 있다. 하지만 인공지능의 연구수준은 아직 약한 인공지능, 즉 문제를 지능적으로 해결할 수 있는 것에 중점을 두고 있다. 스스로 학습하여 의사를 가질 수 있는 인공지능은 아직도 도전과제로 머물러 있다.[55]

　세계 인공지능 시장규모는 2015년 기준 약 1,270억 달러이고 매년 약 15% 이상의 급속한 성장을 할 것이라 예측하고 있다. 특히 인공지능은 글로벌 기업을 중심으로 확대되고 있다. 알파고를 개발한 구글, 왓슨을 개발한 IBM을 필두로 사진에서 사람의 얼굴을 97%의 정확도로 인식하는 페이스북, 물류창고에 로봇을 활용하는 아마존 등 기업이 적극적으로 인공지능을 사업에 활용하고 있다. 그뿐만 아니라 창업열기도 뜨겁다. 미국의 경우 인공지능 관련 스타트업(startup)·창업기업에 대한 투자가 3억 달러를 넘어설 정도이다.[56]

2) 인공지능의 기술동향

　전술한 바와 같이 인공지능(AI: Artificial Intelligence)이란 인간의 인지능력, 학습능력, 이해능력, 추론능력 등을 실현하는 기술을 의미한다. 이는 1980년대 이후 반도체 기술의 발전으로 컴퓨터의 소형화, 고속화, 대용량화가 이루어짐에 따라 인공지능의 하드웨어적 기반이 마련되었으며, 이를 바탕으로 패턴인식, 기계학습, 전문가 시스템, 인공 신경망, 자연어 처리 등 다양한 분야와 융합된 소프트웨어 기술이 발전하면서 인공지능은 현실화되기 시작하였다.[57]

　최근 선진국 및 주요 글로벌 기업들은 IT분야의 차세대 유망기술로 인공지능 기술의 적용을 주목하고 있으며 다양한 영역에서 상용화를 시도하고 있다. 이 중 인공지능기술이 빠르게 이루어지고 있는 산업으로는 ① 자율주행 자동차, ② 지능

형 로봇, ③ 지능형 감시시스템, ④ 지능형 교통제어시스템 등을 들 수 있다.[58]

현재 전 세계에서 경쟁적으로 만들고 있는 로봇은 드론(무인항공기)과 무인자동차이다. 드론은 이미 대중화될 정도로 보급되었고, 무인자동차도 머지 않아 상용화될 것으로 보인다. 인공지능을 통해 기업들은 인건비를 절약할 수 있고, 새로운 시장을 창출하고, 소비자 만족도를 높일 수 있기 때문이다. 만약 인터넷검색 사업자인 구글이 무인자동차 개발에 성공만 한다면 기존의 자동차 사업자들을 몰아내고 순식간에 세계 최대의 자동차 생산 사업자가 될 수 있다. 무인항공기인 드론은 미국의 인터넷상거래 업체 아마존이 수년전부터 역점을 두고 투자한 분야인데, 소비자들이 주문한 상품을 드론을 통해 배달하면, 배달비용과 소요시간을 크게 줄일 수 있기 때문이다.[59]

이러한 인공지능기술 개발은 세계적으로 지난 수십 년간 부침을 겪으면서 발전해왔다. 그런데 최근 머신러닝(machine learning)[60]과 딥러닝(deep learning)[61] 등의 기술적 발전은 인공지능에 대한 관심을 강하게 추동하고 있다.[62] 현재 펼쳐지는 인공지능시대는 크게 두 가지 양상이 나타나고 있다. 하나는 인간의 두뇌보다 우월한 능력을 가진 슈퍼컴퓨터의 등장이다. 지금까지의 컴퓨터는 인간이 입력하고 명령한 기능만을 수행해 왔지만, 인공지능시대의 컴퓨터는 스스로 알아서 새로운 기능을 수행한다. 이미 정보의 수집, 비교, 계산, 정렬 등에서 인간보다 훨씬 탁월한 컴퓨터에게 창의력까지 주어진다면, 컴퓨터가 인간을 지배하는 것은 어렵지 않게 상상할 수 있다.[63]

인공지능시대의 또 다른 양상은 사람이 하는 일을 대체하는 로봇의 보편화이다. 로봇은 사람이 하는 일을 대신하지만 굳이 사람의 모습을 가질 필요가 없다. 현재의 로봇은 주로 기업의 생산현장에서 부품의 조립과 이동 등 인간이 명령하는 단순 반복작업에 주로 사용되고 있다. 그러나 인공지능시대에는 슈퍼컴퓨터를 장착한 로봇이 거의 모든 제조업 생산공정에 투입되고, 교통과 여가 등 일상생활에도 로봇의 사용이 일반화될 전망이다. 이미 일본에서는 노인들의 거동을 돕는 로봇이 사용되고 있다.[64]

인공지능기술은 인간의 지각·추론·학습능력 등을 컴퓨터 기술을 이용하여 구현함으로써 문제해결을 할 수 있는 기술로, 지능형 금융 서비스, 의료진단, 법률

서비스 지원, 게임, 기사작성, 지능형 로봇, 지능형 비서, 지능형 감시 시스템, 추천 시스템, 스팸분류 등 다양한 산업분야에서 이미 널리 응용되고 있다. 2015년 가트너(Gartner)[65] 발표에 따르면 최근 떠오르고 있는 첨단 기술 중 뇌-컴퓨터 인터페이스, 자연어 처리, 지능형 로봇, 머신 러닝 등을 비롯한 상당수가 인공지능 관련 전문기술임을 알 수 있다.[66]

이처럼 인공지능기술은 현재 범정부 차원의 인공지능 연구개발(R&D)정책에 수십억 달러의 규모에 해당하는 투자지원을 하는 미국, 유럽연합(EU), 일본 등의 선진국을 중심으로 활발히 연구되고 있다. 국내의 경우에는 과학기술정보통신부에서 엑소브레인(Exobrain), 딥뷰(Deep View) 등의 인공지능기술 개발사업을 한국과학기술원(KAIST), 한국전자통신연구원(ETRI), 솔트룩스 등을 중심으로 추진 중에 있다.[67]

국내기업의 시장정보, 과학기술정보 등에 대한 관심도 높아 자동 번역시스템을 도입하려는 움직임이 있다. 한편, 인간으로 말하면 귀와 눈에 해당하는 음성·화상·인식기술 등도 착실하게 진전되어 엑스퍼트 시스템 등과 어울려 보고, 듣고, 생각하는, 즉 판단하는 능력을 갖는 지능로봇도 출현하고 있다.[68]

한국의 인공지능기술력은 선진국 대비 2.6년 정도 뒤진 것으로 조사된 바 있다. 인공지능은 "승자독식의 원리"가 적용되는 분야로 한국은 후발주자의 위치에서 선발주자를 따라잡아야 하는 상황이다. 국내 정보통신(IT)기업들은 소규모로 자체 연구개발을 하거나 해외 스타트업(startup)을 인수하는 등 부족한 국내 기술력을 극복하고자 노력하고 있다. 또한 창업에 대한 움직임도 있으나 산업전반에 큰 영향은 미치지 못하고 있다. 하지만 인공지능이 미래의 산업을 혁신하고 창출할 핵심동력이라는 것에는 공감대가 많이 형성되었기 때문에, 어떻게 인공지능에 투자해서 발전시킬지 중요한 기점에 있다고 볼 수 있다.[69]

인공지능(AI)을 스왓(SWOT: Strengths, Weakness, Opportunities, Threats) 분석의 관점에서 요약해 보면, 한국의 강점요인은 초고속인터넷보급 등 정보통신기술(ICT) 환경이 세계 최고수준이고, 딥러닝 등 핵심기술개발이 활발히 진행되고 있다는 점이고, 약점요인은 AI전문인력과 핵심기술이 부족하고 기업주도 AI기술개발 투자나 전문업체 인수사례가 적다는 점이며, 기회요인은 세계 AI기술개발과 시장이 초기단계이고 AI기술을 발판삼은 4차산업혁명[70]으로 체질개선이 가능하며, 끝으로 위협요인은 미국, 중국, 일본 등 주요국가와 기업이 AI에 상당한 투자를 이미 진행하고 있고, 글로벌 기업이 국내시장장악을 위협하고 있다는 점이라 할 수 있다.[71]

인공지능기술 개발의 전망과 명암

1. 인공지능기술 개발의 비전 및 전망

앨빈 토플러(Alvin Toffler) 등 저명한 미래학자들이 회원으로 가입되어 있는 세계미래학회(WFS: World Future Society, 세계미래협회로 번역되기도 함)는 이미 지난 2010년 5월 6일 앞으로의 「2010~2025 미래전망 20」이라는 특별보고서를 발표한 바 있다. 즉 ① 유전자 조작을 통한 인간개량경쟁 ② 해수의 담수화가 최대산업으로 ③ 전세계 커버하는 초고속 무선인터넷망 ④ 2025년경 1년에 한 살씩 평균수명 연장 ⑤ 생명공학발달로 바이오폭력 급증 ⑥ 인공지능을 사용한 자동발명시스템 유행 ⑦ 일본 가정에 2015년까지 도우미 로봇 ⑧ 특수안경 필요 없는 나노 3D TV 등장 ⑨ 운전도 가능한 인공지능개발 ⑩ 2020년까지 전기자동차 완전 실용화 ⑪ 중국에선 종교 확산, 중동은 세속화 ⑫ 극초단파 기술로 폐쇄유전서 채유 ⑬ 해조류 활용한 값싼 바이오연료 사용 ⑭ 실험실에서 다이아몬드 대량생산 ⑮ 1982~1998년 출생자들의 사회변혁 ⑯ 극초고속(ultra-fast) 퀀텀 컴퓨터(Quantum Computer: 양자 컴퓨터) 상용화 ⑰ 태양광 발전효율 지금의 2배로 ⑱ 제품 서비스 개발 소비자가 주도 ⑲ 2015년 '가상교육'이 교육주류로 ⑳ 유전자 연구로 유전질환 정복 등이 바로 그것이다.[72]

그러나 이 미래보고서의 가장 큰 이슈는 '인공지능(AI)'이다. 인공지능기술은 '빠른 계산'을 넘어 '자체적인 사고와 학습'으로 도약 중이다. 예컨대 인공지능 로봇의사에게 진료를 받고, 목적지만 입력하면 인공지능 자동차가 알아서 목적지까지 운전하게 된다. 발명가들의 사무실을 가득 채우고 있는 공구들은 고성능

인공지능 컴퓨터로 대체될 가능성이 높다. 그래서 세계미래학회는 '인공지능의 문제해결능력이 계속 향상되면서 조만간 인간이 구상한 대략적인 밑그림만으로 나머지 문제를 모두 해결해 새 물건을 내놓는 발명의 자동화가 이루어질 것'으로 전망하고 있다.[73]

세계적인 학술지 『사이언스(Science)』는 2016년 미국 대선을 앞두고 '차기 대통령을 위한 과학수업'이란 제목의 특집기사를 게재했다. 사이언스는 각 분야 전문가의 자문을 토대로 ① 인간의 방어보다 빠르게 진화하는 전염병 ② 유전자 가위(인간세포와 동식물세포의 유전자를 교정하는 데 사용하는 기술) 혁명이 가져올 윤리적 문제 ③ 해수면의 생각보다 빠른 상승(인공지능기술발달로 인한 일자리 감축, 자율주행차 시대 대비) ④ 뇌질환(알츠하이머)에 대한 사회적 비용 증가 ⑤ 인공지능 시대의 도래 ⑥ 위기 인식능력(테러·자연재해 피해에 대한 정확한 분석·예측의 필요성) 등 6가지 큰 주제를 뽑아냈다.[74]

미국의 발명가이자 미래학자인 레이 커즈와일(Ray Kurzweil)은 미래예측의 중요한 줄기로 인간과 기계의 결합을 예측하고 있다. 그는 "미래에 기술변화의 속도가 매우 빨라지고, 그 영향이 매우 깊어서 인간의 생활이 되돌릴 수 없도록 변화되는 시기"로 정의한 특이점(singularity)이라는 개념을 가지고 미래를 예측하고 있다. 커즈와일의 진화의 6단계 모델을 보면, 5단계인 특이점의 패턴에서 기술과 인공지능의 융합으로 진화할 것으로 보고 있다. 그에 따르면 진화의 여섯 시기는 ① 제1기: 물리학과 화학(정보가 원자구조에 있다) ② 제2기: 생물학(DNA가 진화한다; 정보가 DNA에 있다) ③ 제3기: 뇌(뇌가 진화한다; 정보가 신경패턴에 있다) ④ 제4기: 기계의 진화(기술이 진화한다; 정보가 하드웨어와 소프트웨어 설계에 있다) ⑤ 제5기: 기술과 인간지능의 융합(기술이 생명의 방법을 터득한다; 생물의 방법론이 인간 기술기반과 융합한다) ⑥ 제6기: 우주가 잠에서 깨어남(무한히 확장된 인간지능이 우주로 퍼진다; 우주의 물질과 에너지 패턴이 지적 과정과 지식으로 가득 찬다)이다.

이처럼 세계 각국의 인공지능(AI) 개발경쟁이 치열해 관련 기술도 빠르게 발전하고 있다. 레이 커즈와일은 기술적 특이점(technological singularity), 즉 인공지능이 인간의 지능을 능가하는 시점을 2045년으로 예측했다. 30년 후에는 초지능(superintelligence)이 등장할 것이란 얘기이다. 초지능이란 가장 뛰어난 인간의 두뇌

보다 과학적 창의력과 일반적인 지혜, 사회적 능력 등을 포함해 모든 분야에서 훨씬 똑똑한 지능을 말한다.[75]

인공지능의 시대에는 인간이 해야 했던 힘들고 위험한 일을 기계들이 대체해줄 것으로 예상된다. 예를 들면, 물고기를 잡기 위해 먼 바다에 나가 높은 파도와 싸우며 사투를 벌일 위험이 줄어든다. 위성 어군탐지와 무선 항법장치를 갖춘 로봇 어선이 물고기를 잡아오는 시대가 도래할 것이다. 석탄이나 광물 채취를 위해 광부들이 생명을 무릅쓰고 수백 미터 땅속에 들어갈 필요도 없다. 농부들의 땀도 필요하지 않은 시대가 된다. 손으로 모를 내고 낫으로 벼를 베던 시절이 사라진 것처럼, 이앙기와 콤바인을 조작하는 농부도 필요 없게 된다. 각 지역의 토양과 기후에 맞는 작물을 컴퓨터가 선택해 파종하고, 일조량과 토양수분의 수치를 측정하여 자동적으로 로봇 농사꾼이 투입된다.[76]

현재 전 세계를 위협하고 있는 전쟁과 테러의 위협도 컴퓨터로 완화하고 해결할 수 있을 것이다. 슈퍼컴퓨터를 통해 적국의 군사동향을 그야말로 일거수일투족(一擧手一投足)을 감시하고 예측가능한 시대가 되면, 무모하게 전쟁을 일으킬 나라가 줄어들게 된다. 군중 속에 숨어 있는 테러리스트의 색출도 가능해진다. 슈퍼컴퓨터의 안면인식 기술이나 심리파악 프로그램 등으로 테러리스트나 범죄자의 정확한 식별이 가능해지면, 그만큼 국가안보나 사회적으로 위험한 사람들을 골라내어 격리하기가 쉬워진다.[77]

킬러로봇에 대한 옹호론도 만만치 않다. 로자 브룩스(Rosa Brooks) 조지타운 대학 법학교수는 2015년 5월 18일 군사안보 전문매체 『포린팔러시(Foreign Policy)』에 기고한 「킬러로봇을 변호한다」는 글에서 "킬러로봇에 반대하는 윤리주의자들과 인권운동가들이 인간성에 대해 너무 관대한 가정을 하고 있는 게 아니냐?"며 "국제인도주의법 준수 문제라면 컴퓨터가 인간보다 훨씬 나을 것이다."라고 주장했다.[78]

브룩스의 논리는 이렇다. 인간은 전장의 포연 속에 쉽게 무너지는 허약한 존재이기 때문에 전쟁터에서 '어리석은 실수'를 저지른다. 반면 컴퓨터는 정신을 잃거나 겁에 질리는 일이 없으며, 짧은 시간에 막대한 양의 정보를 처리하고 적절한 결정을 신속하게 내리기 때문에 "완벽하지는 않지만" 위기와 전투상황에선

"우리 인간보다 결함이 훨씬 적다."는 것이다. 로널드 아킨(Ronald C. Arkin) 미국 조지아공대 교수는 인간은 실수나 분노, 복수심 등의 감정 때문에 민간인을 살상하지만 킬러로봇은 미리 프로그램화된 목표만 사살한다며 "인명피해 측면이 문제라면 로봇이 더 인도적"이라고 말했다.[79]

진화는 인간을 창조했고 인간은 기술을 창조했으며 이제 인간은 점점 발전하는 기술과 합심해서 차세대 기술을 창조하고 있다. 특이점의 시대에 이르러서는 인간과 기술 간의 구별이 사라지게 된다는 것이다. 정도의 차이는 있으나, 인공지능의 발달은 피할 수 없는 진화의 단계로 지금부터 치밀한 준비가 필요하다는 것이다. 이러한 변화는 인간에게 새로운 도전이자 기회로 작용할 전망이다.[80]

인공지능의 진화와 인간 삶의 변화에 대한 전망은 엇갈린다. 인간의 삶을 더 윤택하게 해 줄 것이라는 기대가 핑크빛 전망이라면, 진화에 진화를 거듭한 인공지능이 인류를 위협할 것이라는 우려는 회색빛 전망이다. 세계적인 석학들의 의견도 기대와 우려가 교차한다. 영국 우주 물리학자 스티븐 호킹 박사는 "인간을 뛰어넘는 완전한 인공지능 개발이 인류멸망을 가져올 수 있다."며 그 위험성을 경고한 바 있다. 그는 "앞으로 100년 안에 인공지능이 인간의 지능을 넘어설 것"이라며 "인공지능이 인간을 조작하고, 인간이 알지 못하는 무기로 인간을 정복할 것"이라고 예상했다.[81]

2. 인공지능기술 개발의 밝은 면

1) 생산성 향상

인공지능기술이 발전되면 제조업·서비스업에 자동화·지능화가 촉진되어 생산성과 품질이 향상될 것으로 예상된다. 예컨대 독일에서 추진하고 있는 제조혁신전략인 Industry 4.0은 사이버 물리시스템(Cyber-Physical System: CPS)을 통해 제조업에서 인공지능의 활용범위를 확대하여, 실질적으로 효율성을 높이기 위한 것이다. 또한 인공지능이 인간의 단순 반복적인 업무를 대체함으로써 노동 생산성 역시 크게 증가할 것으로 전망된다. 예컨대 아마존에서는 키바(Kiva)라는 창고

정리 자동화시스템을 도입하여 물류시스템의 효율을 크게 높이고 전체비용을 감소시킨 사례가 존재한다.[82]

인간과 인공지능 간의 상호보완적인 협력을 통해 인간이 보다 판단과 창의, 감성 및 협업이 필요한 일에 집중할 수 있게 되면 제공하는 서비스의 질도 크게 향상될 것으로 보인다. 예를 들어, 간호사들의 기존 루틴(routine)한 잡무나 변호사들의 사전조사업무 등을 인공지능에 맡김으로써 짧은 시간에 비교적 많은 업무를 신속하게 처리할 수 있게 되면 환자 및 의뢰인들에게 보다 많은 시간을 할애하여 적극적으로 소통할 수 있게 되는 것이다.[83]

또한 인공지능으로 자동화된 생산 시스템은 기존에 높은 인건비 등으로 인해 오프쇼어링(off-shoring)[84]정책을 펴왔던 선진국들의 인건비 문제를 해결해 줄 수 있게 되어, 일부 선진국들에서는 제조업 회귀현상이 발생할 수 있다. 이미 미국에서는 제조업 강화전략의 일환으로 최근 몇 년 전부터 리쇼어링(re-shoring)[85]정책을 추진하기 시작했으며, 이러한 제조업 회귀현상은 자국 일자리 창출에는 직접 기여하지 못하더라도 연관산업들을 파생시켜 관련산업에 긍정적인 효과를 창출할 것으로 예상된다.[86] 하지만 다른 한편으로 선진국의 제조업 경쟁력이 강화되고 글로벌 경쟁이 심화되면 이로 인한 한계기업 퇴출 가속화를 야기할 우려가 있으며, 과잉생산이 발생하게 되면 경제가 불안정해질 가능성도 존재한다.[87]

2) 일자리 변화

인공지능으로 인한 자동화로 업무 대체가 일어나게 되면 일자리에도 많은 변화가 일어나게 될 것으로 예상된다. 테크프로 리서치(Tech Pro Research)의 「인공지능 및 IT에 관한 인식 조사 보고서」에 따르면 응답자의 63%는 인공지능이 비즈니스에 도움이 될 것으로 기대하고 있지만, 한편으로는 관련 기술로 인해 일자리를 잃게 될 것이라는 우려도 34%의 높은 수준이라고 발표한 바 있다.[88]

기관이나 사람마다 상이한 예측결과를 내어 놓기 때문에 뚜렷한 결론이 나지는 않았지만 대부분의 연구기관이나 전문가들이 공통적으로 예측하는 부분이 있다. 인공지능의 발달로 인해 인간의 지적·육체적 업무 대체가 일어날 것이고, 단순 반복적 업무나 매뉴얼에 기반한 업무의 상당부분이 대체된다는 것이다. 특히 매뉴얼에 기반한 텔레마케터, 콜센터 상담원 등의 직종이나 운송업자나 노동생산직 등이 고위험군으로 인식되고 있다. 또한 의료, 법률 상담, 기자 등 일부 전문 서비스 직종 역시 관련 일자리나 직무가 인공지능에 의해 상당 부분 대체될 것으로 예상된다.[89]

반면 사람을 직접 돕고 보살피거나, 다른 사람을 설득하고 협상하는 등의 면대면 위주의 직종이나, 예술적, 감성적 특성이 강한 분야의 직종, 혹은 기존방식과는 다른 참신한 방법으로 여러 아이디어를 조합하거나 종합적, 창조적 사고방식을 필요로 하는 일들은 인공지능으로 대체하기 어려울 것으로 나타나고 있다. 또한 인공지능과 직·간접적으로 관련된 새로운 직업군도 탄생할 것으로 전망된다. 데이터 사이언티스트, 로봇 연구개발 및 소프트웨어 개발, 운용, 수리 및 유지보수 관련 직업 등 개발인력이나 숙련된 운영자 등의 지식집약적인 새로운 일자리가 창출될 것으로 보이며 관련 비즈니스나 신규 서비스 등이 활성화 되면서 이에 따른 고용이 증가할 것으로 보인다.[90]

더욱이 인공지능기술의 초기 산업화는 수학, 통계학 및 소프트웨어 공학에 대한 시장 수요도 증가시키고 있다. 미국을 필두로 이러한 학과의 인기도가 이미 거의 최고수준이 되었으며, 졸업 후 평균급여 또한 최상위권을 차지하고 있다. 인공지능기술이 다양한 분야로 파급됨에 따라 소프트웨어 엔지니어의 위상은 더욱 커질 것이며, 데이터 사이언티스트와 화이트 해커 등 새로운 개념의 인공지능 전문가 수요 역시 더욱 확대될 전망이다.[91]

지난 2015년 4월부터 일본 도쿄의 한 백화점에는 기모노를 입은 여성 모습의 로봇이 손님을 맞았다. 로봇은 이제 인공지능(AI) 덕분에 손님의 감정을 읽고 손님과 대화를 나눌 수 있게 되었다. 나가사키현 소재 테마파크인 하우스텐보스의 호텔에서는 조만간 안내직원·웨이터·청소원 중 일부를 로봇으로 대체할 예정이다. 이처럼 기업들은 앞 다투어 고객센터의 직원을 로봇이나 가상직원으로 교체할 것으로 보인다. 항공기 조종사는 무인비행 기술에, 택시기사는 자율주행차 기술에 밀려날 수도 있다. 언론사 기자도 예외는 아니다. 10여 년쯤 뒤에는 기사의 90% 이상을 인공지능이 작성할 것으로 예상되고 있다. 또 20~30년 내에 사람들은 AI가 만든 노래를 흥얼거리고, 이것이 히트곡이 될 수도 있다. 흉부외과와 정

형외과 등 복잡한 수술도 로봇이 맡는 사례가 보편화될 전망이다.[92]

순다 피차이((Sundar Pichai) 구글 CEO는 "인공지능은 사람의 일자리를 뺏기보다는 업무를 도와주는 방식으로 진화할 것"이라고 말한 바 있다. 그는 "자전거가 처음 나왔을 때도 아이들이 자전거를 타다 다치는 것은 아닌지에 대한 걱정이 더 컸다. 사람들은 늘 새로운 기술을 두려워한다."며 지나친 우려를 경계했다. 마크 저커버그 페이스북 CEO도 "인공지능 발전을 두려워한다면 더 나은 세상에서 살겠다는 희망을 버리는 것"이라고 밝혔다.[93]

3) 삶의 질 향상

인공지능기술의 발전은 지능화된 서비스 제공으로 삶의 질을 향상시키고 새로운 지식에의 접근성 향상 등으로 새로운 기회를 제공할 것으로 예상된다. 우선, 인공지능 도우미 로봇 기술 등의 발전으로 복지서비스가 한층 향상될 것으로 전망된다. 이를 통해 다가올 초고령화 사회에 복지업무를 담당할 인력문제를 해결해 줄 수 있으며, 인간이 수행하기 힘든 일에 대한 업무를 대체하거나 보완해 줄 수 있을 것이다. 또한 실시간 모니터링이나 개인 맞춤형 서비스를 통해 보다 높은 양질의 서비스를 제공받게 될 것이다. 예를 들어, 인공지능기술이 사물인터넷(IoT) 등과 연결되어 사람의 행태를 학습하거나 생활환경 등을 모니터링하게 되면 보다 쾌적하고 편리한 환경으로 개선하여 삶의 질이 향상될 것으로 기대된다.[94]

또한 인간의 언어를 기계가 이해하도록 하는 자연어 처리기술이 발달될수록 인간이 필요한 지식을 보다 편리하고 정확하게 찾아낼 수 있게 될 것이다. 특히 지식검색 서비스의 경우, 검색하려는 의도나 상황에 맞추어 결과의 순서를 정해주거나, 질문에 대한 응답자로 가장 적절한 사람을 추천해주는 기술 등이 발전하고 있다. 언어로 표현하기 힘든 비정형의 사진이나 노래 등의 멀티미디어 검색기술도 발전하고 있는데, 이와 같은 기술 발달은 사람들에게 다양하고 방대한 지식에의 접근성을 제공하고, 향후 보다 정교화되고 개인화된 지식 서비스로 발전하여 그 효율성이 향상될 것으로 기대된다. 한편 검색기술을 통해 전문적인 지식에 대한 접근 및 관리가 수월해진다면 자신의 경험이나 학습을 통한 지식 체계를 보다 확장하여 보다 높은 서비스를 제공할 수 있게 되어 전반적인 삶의 질이 향상

될 수 있다.[95]

똑똑한 인공지능 로봇을 활용하면 삶의 질이 훨씬 나아질 거라는 기대도 크다.[96] 기존의 단순 반복적인 육체적·정신적 업무들을 인공지능 로봇이나 알고리즘이 대신하여 자동적으로 처리해 주게 되면 생활의 편의성도 향상될 것으로 기대된다. 예컨대 2014년 구글에 인수된 퀘스트 비주얼(Quest Visual)의 워드렌즈(Word Lens) 서비스는 카메라에 번역하고자 하는 텍스트를 비추면 원하는 언어로 실시간 번역해주는 서비스를 통해 여행자들의 언어 장벽을 없애주고 여행의 편의를 제공하게 될 것이다. 자율주행 자동차에 탑재된 인공지능 역시 점차 기술이 발달되면서 실용화 가능 수준에 가까워지고 있어 향후 운전자의 안전성과 편의성을 제공할 것으로 기대된다. 또한 인공지능 기계가 복잡하고 번거로운 일을 대체해 주게 되면 일에 대한 스트레스가 줄어들고 여가 시간도 늘어나게 되며 인간은 보다 고등지능이나 창조적 능력을 필요로 하는 일에 집중할 수 있을 것으로 예상된다.[97]

3. 인공지능기술 개발의 어두운 면

인공지능시대는 편리함과 더불어 엄청난 부작용도 함께 가져올 수 있다. 우선 현재의 많은 직업들이 사라지면서 대량실업과 빈부격차의 심화로 사회적 불안이 야기될 수 있다. 인간의 행동은 물론이고 감정마저 컴퓨터에 기록되고 관측되면서 개인의 프라이버시(privacy)를 지키기가 매우 어려워진다.[98] 더욱이 인공지능을 악용한 미래 테러의 가능성, 구체적으로 인공지능(AI)기술을 활용한 자동화무기 일명 킬러로봇(killer robots) 등이 테러리스트의 수중에 놓이게 되었을 때의 피해는 상상하기조차 꺼려지는 끔찍한 상황이 될 것인바 이에 대한 대응책도 함께 강구되어야 함은 더 말할 필요조차 없을 것이다. 인공지능으로 인한 예고되는 부작용, 혹은 현재로선 해결할 수 없는 다양한 문제들은 인류에게 행복과 편리를 준다는 인공지능의 최대 장점을 뛰어넘을 정도로 그 위험성도 큰 것이 현실이다.[99]

1) 일자리 부족과 빈부 격차의 문제

먼저 일자리 부족 문제를 낳게 할 수 있다. 매사추세츠 공과대학(MIT)의 에릭

브린욜프슨(Erik Brynjolfsson) 교수는 『기계와의 경쟁(Race against the Machine)』이라는 책을 통해 소프트웨어, 기기의 발달이 실업과 일자리 부족 문제를 가져온다고 주장한 바 있다. 지능형 기기의 발전을 일자리 문제의 원인으로 꼽은 것이다. 예전에는 기업이 돈을 벌고 투자를 하면서 일자리가 늘어났으나 이제는 기업 실적이 좋아져도 고용이 늘어나지 않는다. 기업이 정보기술 투자는 증가시키지만 신규고용은 하지 않는다는 것이다.[100]

이처럼 인공지능은 인간의 대량실업을 예고하고 결국에는 실업 문제를 악화시킨다. 일례로, 최대 상거래 업체 아마존의 사례를 생각해 볼 수 있다. 고객들의 구매성향을 파악하고 분석해 개개인에게 최적화된 상품을 추천하던 일을 인공지능을 도입해 그 직무를 맡은 직원들과 겨루어 본 결과 인공지능의 압승으로 인해 수많은 직원들이 정리해고를 당했다. 이 사례에서도 알 수 있듯이 인공지능은 인간의 대량실업을 야기할 수 있음을 알 수 있다.[101] 지난 2016년 1월 '제4차 산업혁명'을 주제로 열린 제46차 세계경제포럼(WEF: 다보스포럼)에서는 인공지능(AI)과 로봇공학, 사물인터넷(IoT), 자율주행차 3D 프린팅, 바이오기술 등으로 2020년까지 전 세계에서 일자리 510만 개가 사라질 것이란 전망이 나왔다. 인공지능 로봇 등의 발전으로 일자리 700만 개가 사라지고 200만 개가 새로 생길 것으로 예측했다.[102]

지난 2013년 영국 옥스퍼드대의 「고용의 미래: 우리의 직업은 컴퓨터화(化)에 얼마나 민감한가」라는 보고서는 702개 직업 중 47%가 10~20년 이내에 컴퓨터로 대체되거나 직업 형태가 바뀔 것이라고 보았다. 특히 스포츠 경기심판과 요리사, 웨이터와 웨이트리스, 기사 등이 대체 가능성 큰 직업군으로 꼽혔다. 『워싱턴포스트(Washington Post)』 역시 10년 후 직업의 65%가 바뀔 것으로 예상했다. 호주 정부는 현존하는 직업 중 50만 개 정도가 인공지능 로봇이나 기계로 대체될 것이라는 보고서를 내기도 했다. 지난 2016년 1월 발표된 「유엔 미래보고서 2045」는 30년 후 인공지능이 인간을 대신할 직업군으로 의사, 변호사, 기자, 통·번역가, 세무사, 회계사, 감사, 재무 설계사, 금융 컨설턴트 등을 꼽았다.[103]

인공지능은 이미 인간의 삶 곳곳에 깊숙이 파고들고 있다. 반복되는 단순업무뿐만 아니라 많은 양의 데이터를 빠르게 계산·분석·추론하는 지식노동까지 일부 영역에서 활용되고 있다. 앞으로 인공지능이 인간의 감성을 흉내내는 정도가 되면 그 영역은 상상을 초월할 정도로 확장할 수 있다. 인공지능은 인간만할 수 있다고 여겼던 영역까지 스며들고 있다. 단순 노무직뿐만 아니라 언론, 금융, 의료, 법조 등 전문영역까지 넘나든다. '성역(聖域)'은 점차 줄어들 것이란 주장에 힘이 실리는 이유가 여기에 있다. 좀 더 정확하게 말하자면 그 변화는 진작 시작되었으며, 언론만 해도 AP(Associated Press), 로이터(Reuters) 등 글로벌 뉴스통신사들이 인공지능을 이용해 스포츠·금융 등 속보와 단신기사를 작성하고 있다. 미국 'LA 타임즈(LA Times)'는 지진 정보를 자동으로 수집하는 '퀘이크봇(Quakebot)'을 통해 실시간으로 기사를 쓰고 있다. 영국 '가디언(Guardian)'이 발행하는 주간지는 로봇이 편집한다. 인공지능을 활용한 다양한 시도들은 이미 사회전반에 걸쳐 다양하게 진행됐다. 그리고 많은 분야에서 특정업무를 담당하며 그 효용가치를 평가받고 있다.[104]

　　IBM(International Business Machines Corporation)의 인공지능 '왓슨(Watson)'은 세계 최고권위 MD앤더슨 암센터에 도입되어 사용되고 있는데 진단 정확도가 82.6%에 달한다. 왓슨이 탑재된 로봇 변호사 '로스(ROSS)'는 음성을 인식해 판례와 승소 확률 등을 알려준다. 미국 법률자문회사 로스인텔리전스는 왓슨을 기반으로 한 대화형 법률서비스를 제공하고 있다. 1초에 80조 번을 연산하고 책 100만 권 분량의 빅데이터를 분석한다. 아마존(Amazon)에서는 인공지능 로봇이 물건을 나르는 등 사람이 하는 유통업무를 대신하고 있다. 골드만삭스(Goldman Sachs)는 금융분석 인공지능 프로그램 '켄쇼(Kensho)'를 도입했다. 영국은 무인트럭 시스템 도입을 추진 중이다. 미국 5개 대학병원에서 도입한 약사 로봇은 35만 건을 조제하는 동안 실수가 1건도 없었던 것으로 알려졌다. 이 외에 자율주행과 무인택배, 호텔 카운터 등 인공지능이 인간을 대체하는 영역은 점차 넓어지고 있다.[105]

　　이처럼 인공지능이 의사, 변호사, 기자, 통·번역가, 세무사, 회계사, 감사, 재무 설계사, 금융 컨설턴트, 유통 분야 등에서 인간을 대체하는 영역이 넓어지고 있음에 반해, 인간을 직접 대면하거나 감성·창의성·직관이 개입해야 하는 업무는 인공지능이 대체할 수 없는 영역으로 분류되고 있다. 인공지능 로봇이 인간의 일을 돕는 훌륭한 파트너가 될지, 인간의 일자리를 빼앗아 꿰차는 경쟁자가 될지는 아직 미지수이다. 이에 대한 해답은 인간이 인공지능의 활용범위와 책임문제, 윤리적 문제 등을 어떻게 규정할지에 달려 있기 때문이다.

다음으로 인공지능이 불러올 사회문제는 바로 빈부격차 문제이다. 인공지능으로 가는 인류사회에서 가장 심각하게 대두되는 일은 이를 선점하는 관련산업 소수의 사람들은 상상할 수 없는 소득을 올리지만 뒤처지고 소외된 자들은 엄청난 격차로 벌어져 빈부의 양극화 현상이 나타나게 될 것이라는 점이다.

세계적인 통계 전문가 한스 로슬링(Hans Rosling)에 따르면 전 세계 70억 인구 중 20억만이 세탁기를 가지고 있다고 한다. 과거 빨래는 여성의 노동 중 가장 고달픈 것으로, 여성의 하루 일과 중 대부분을 차지했지만, 세탁기를 사용하기 시작한 후, 그 고달픈 노동의 시간이 단축되었고, 여가시간에 여성들은 도서관에 가서 책을 읽는 등 많은 문화활동을 할 수 있게 되었다. 이렇게 사소한 기계로도, 세계의 생활수준의 차이가 크게 생기는데, 만약 인공지능이 보급되면 인공지능을 활용하는 사람들과 그 기술력의 해택에서 벗어난 사람들의 생활수준의 차이는 매우 심할 것으로 예상된다. 인류는 인공지능과 로봇을 소유한 극소수 부자와 나머지 대다수의 빈자들로 재편되는 것은 시간문제다. 미래의 인공지능을 가지고 있는 상위 0.00001%가 기술의 모든 해택을 가져간다면, 상상을 초월하는 불평등 사회가 될 수밖에 없다는 것이다.[106]

2) 2차적인 사회적·윤리적 문제

인공지능은 2차적인 윤리적 문제를 발생시킬 가능성도 크다. 석기시대에 농사의 편리함과 다양한 용도로 삶을 안정적이게 만들기 위해 생겼던 석기는 시간이 흐르며 서로 싸우는 무기로 발전하게 되었으며, 화약 같은 경우에도 선한 의도로 사용되기를 바라며 발명되었지만 결국은 전쟁에 사용되는 무기로 쓰였다. 이처럼 선한 의도를 가지고 발명하였다 하더라도 인간의 욕심과 이기심에 따라 넘지 말아야 할 선을 넘어 되려 인간에게 큰 재앙을 불러일으킬 수 있다.[107]

2015년 7월 27일 아르헨티나에서 열렸던 인공지능에 대한 국제포럼에서는 인공지능이 테러 등 인간에게 재앙을 불러일으킬 수 있는 분야로 악용될 가능성이 높다는 성명서가 발표되었고, 인공지능이 테러, 절도, 살인, 방화 등의 심각한 범죄에 악용될 수 있다는 점은 누구도 간과해서는 안 되며, 현실 가능성도 다분하다. 또한 관련 전문가들도 "현재에는 인공지능이 어떠한 방식으로 규제되고 상호작용하여 사용될지에 대한 구체적인 방안과 법안이 마련되어 있지 않을 뿐더러 그런 일을 맡아줄 대상 기관도 부재한 상황"이라며 인공지능으로 인해 발생할 수 있는 2차적인 윤리적 문제에 대한 우려와 걱정의 의견을 제기하고 있다.[108]

이처럼 인공지능의 발전으로 삶의 질이나 생산성이 향상되기도 하지만, 기술이 점차 고도화되고 자동화 수준이 높아지게 되면 통제불능의 상태가 되거나 특정 목적을 가진 집단에 악용될 경우 심각한 사회·윤리적 문제가 발생할 수 있다. 우선 인공지능 기기에게 자율적 의사결정 기능을 부여하게 되면, 설계 시 미처 고려하지 못했던 조건이나 상황에 직면했을 때, 통제가 불가능한 상황이나 예기치 못한 문제를 만들어낼 수 있으며, 이러한 일로 인해 인명피해나 재산 손실이 발생했을 경우, 책임을 누구에게도 물을 수 없게 되는 상황이 발생할 수 있다. 예컨대, 자율주행 자동차 주행 중 사전에 프로그램 되지 않은 갑작스러운 상황이 발생하여 사상자가 발생할 수 있고, 인공지능기술을 활용한 자동투자시스템이 잘못된 정보를 학습하게 되어 잘못된 판단으로 큰 경제적 손실을 야기할 수도 있다.[109]

특히 전쟁에서 사용될 목적으로 만들어진 자율살상무기시스템(LAWS: Lethal Autonomous Weapons Systems)이 프로그램상의 오작동 등으로 인해 무고한 시민들을 살상하였을 경우, 그 파급효과는 더욱 커질 것으로 예상된다. 이에 대한 국제사회의 관심도 점차 증대되고 있는데, 저명한 IT전문가들이 자율살상무기시스템(LAWS)의 개발 규제를 위한 공동서한을 발표하고 영국에서는 반대 캠페인을 개최하는 등 벌써부터 세계 곳곳에서 움직임이 일어나고 있다. 특히 유엔인권이사회에서는 관련 국제규범이 형성되기 전까지 LAWS의 실험, 생산, 획득, 기술 이전 자제를 요청하는 모라토리움(moratorium)을 권고하기도 하였다. LAWS가 특히 논란이 되는 이유는 기계로 하여금 살상 대상을 결정하게 함으로써 인간 존엄성의 기본원칙을 위반할 수 있고, LAWS 기술이 평화시 경찰기능에까지 손을 뻗을 수 있다는 가능성에 많은 인권단체와 제작자들이 동의하고 있기 때문이다.[110]

요컨대 인공지능은 책임을 전가할 대상이 불분명해지고 법과 제도의 적용범위가 모호해져 사회혼란을 빚을 수 있다. 만약 인공지능이 다분한 가능성으로 범죄에 악용된다면, 인공지능이 자립적인 사고(思考) 메커니즘을 가진 독립적인 개체로 보아 책임을 전가하고 법과 제도의 적용을 정당화할 수 있을지부터가 문제가 되는데, 무엇보다 모호해지는 것은 범죄를 직접적으로 저지른 인공지능에 책임을 물을 것인지 그렇지 못하다면 직접적으로 범죄를 저지르지 않는 명령자에게 그 책임을 물을 것인지에 대한 문제이다. 현재로서는 어떠한 법적 규제나 정의가 내려진 바가 없기에 무한한 인공지능의 발전은 결국 사회의 혼란과 제도 실행상의 결함을 가져올 수 있다.[111]

3) 부정적 정서의 조장·극복 문제

인공지능은 인간과는 본질적으로 달라 인간의 문제해결력을 저해시키거나 이질감, 박탈감 등 부정적인 정서를 심어 줄 수 있다. 현재 의료용으로 개발 중인 대표적인 인공지능 왓슨(Watson)은 처음에는 단순지식을 보여주는 인공지능으로 개발되어 미국 퀴즈쇼에 참가하였는데, 64연승을 노리던 참가자 존 케런의 우승을 막고 1위를 차지해 이후 존 케런은 인터뷰에서 "인공지능에게 큰 박탈감을 느꼈다." 라고 밝혀 그 실망감과 좌절감을 적나라하게 드러냈다. 이처럼 상대적으로 우월할 수밖에 없는 인공지능과 비교하여 인간은 상대적인 박탈감과 좌절감, 실패감을 느낄 수 있는 배경들이 충분하며, 인공지능의 정서적인 메커니즘과 인간과는 확연한 차이를 보여 부정적으로 생각할 수밖에 없다. 현재에도 사용되고 있는 변호사 인공지능(Ross)을 예를 들어보자면, 변호사 인공지능으로서는 지난 판례를 찾아내고 분석하는 데에는 큰 효율성을 보일 수 있겠지만 이혼, 상속과 같은 민사소송에서와 같이 감정적인 부분을 호소하여 인간의 이해관계와 정서적 공감, 경험 등이 필요한 경우에는 모든 인공지능이 인간과 같은 어떠한 감정이나 이해 관계속에 있지 않기 때문에 인공지능을 직접적으로 받아들일 인간에게 그다지 긍정적인 대상으로 다가오지는 않을 것이다.[112]

인공지능이 사회적 큰 인프라가 될 것임은 매우 자명한 사실이다. 또한 인공지능으로 인해 법에서는 더 명확하고 이성적인 판결을 받을 수 있을 것이며, 의료 분야에서는 지금껏 인간의 능력으로는 겪어보지 못했던 정밀하고 오차 없는 검사 결과를 받아 볼 수도 있다. 이처럼 인공지능이 목적에 맞게 인간에게는 큰 행복과 편리함을 선사해주기도 하지만, 인공지능과 관련된 수많은 문제점들은 인공지능 개발이 상용화되기에는 아직 시기상조임을 보여주고 있다. 하지만 우리는 인공지능의 그 무한한 발전가능성과 잠재력은 간과해서는 안 될 것이다.[113]

모든 관련 전문가들이 인공지능 문제에 대해서 크나큰 관심을 가지고 여러 의견을 내놓아 갑론을박을 펼치는 것은 미래를 예측하고 연구하는 전문가들에게는 꼭 필요한 과정이다. 점차 일반 대중들도 인공지능에 대한 지속적인 관심을 가지고 인공지능으로 인해 생기는 이익은 무엇인지, 또 그로 인해 발생하는 수많은 문제점들은 무엇이며 남아 있는 과제는 무엇인지를 알아가는 일도 이제는 하나의 의무가 되어야 할 것이다. 인공지능으로 인해 인간의 미래를 장밋빛으로 드리울 것인지, 재앙으로 맞을 것인지에 대한 해결과 결론은 결국 인간의 끊임없는 연구와 노력에 의해서 결정될 일이라 생각된다.[114]

결론적으로 인공지능 발전(AI 고도화)에 찬성하는 측에서는 인공지능기술은 제4차 혁명의 핵심기술로 우리의 삶을 편리하게 하고 국가 산업발전에 유용한 기술이므로 '강인공지능'수준으로 계속 발전시켜 나가야한다는 주장이다. 하지만 인공지능 발전에 반대하는 측에서는 'AI 고도화'는 직무 대체로 인한 일자리 감소 문제, 빈부격차 심화, 윤리 문제, 부정적 정서 등의 부작용을 야기하고 미래 인류의 위협이 될 수 있으므로 인간의 지능을 능가하도록 발전시키는 것은 위험하다는 주장이다.[115]

인공지능을 악용한 테러 가능성

1. 테러의 개념 및 다양한 테러 양상

전술한 바와 같이 '테러(terror)'는 어원적으로 큰 두려움을 의미하는 terrorem 이라는 라틴어에서 유래한 것으로 알려져 있으며, 통상적으로 '개인이나 집단이 정치적·사회적 목적 달성을 위해 자행하는 직·간접적 방법에 의한 모든 폭력행위'로 이해되고 있지만, 항공기 테러, 외교관 보호, 인질 방지 및 핵물질 보호를 위한 영역 외에는, 국제적으로 합의된 정의는 없다.[116] 또한 테러(terror)란 주권국가 또는 특정단체가 정치, 사회, 종교, 민족주의적인 목표를 달성하기 위하여 조직적이고 지속적으로 폭력을 사용하거나 폭력의 사용을 협박함으로써 특정개인, 단체, 공동체사회, 그리고 정부의 인식 변화와 정책의 변화를 유도하는 상징적·심리적 폭력행위를 총칭하는 말로 사용된다.[117]

사용주체에 따라서는 위로부터의 테러리즘과 아래로부터의 테러리즘 분류가 있고, 특정국가가 테러에 개입되었는지 여부 및 1개국 이상의 국민이나 영토가 테러에 관련되었는지 여부에 따라 ① 국내테러리즘(domestic terrorism), ② 국가테러리즘(state terrorism), ③ 국가 간 테러리즘(interstate terrorism), ④ 초국가적 테러리즘(transnational terrorism) 등으로도 구분된다.[118] 또한 테러의 공격 유형은 테러의 수단과 방법을 기준으로 ① 요인 암살테러, ② 인질 납치테러, ③ 자살폭탄 및 폭파테러, ④ 항공기 납치 및 폭파테러, ⑤ 해상선박 납치 및 폭파테러, ⑥ 사이버테러, ⑦ 대량살상무기테러 등으로 분류되기도 한다.[119]

일반적으로 테러(terror)와 테러리즘(terrorism)은 흔히 동의어로서 사용되고 있으나 엄밀히 말하면 서로 간에 약간의 의미의 차이가 있다 테러란 '폭력을 써서 적이나 상대편을 위협하거나 공포에 빠뜨리게 하는 행위'[120]임에 비해, 테러리즘은 '정치적인 목적을 위하여 조직적·집단적으로 행하는 폭력행위 또는 그것을 이용하여 정치적인 목적을 이루려는 사상, 주의 또는 정책을 말한다. 또한 테러(terror)는 정치적·종교적·사상적 목적을 위해 민간인한테까지 무차별로 폭력 행사를 하는 테러리즘과 정보통신망에서 무차별적으로 공격하는 사이버테러리즘[121]이 있다. 이러한 것들은 전통적인 안보분석의 틀로는 설명할 수 없는 새로운 정치적 현상들이다. 이러한 변화 속에서 국제테러리즘은 안보영역에 있어서 하나의 중요한 축으로 등장하고 있다. 2015년 11월 파리 테러는 이제 지구촌에서 테러가 일상화되고 있음을 보여주는 대표적 사례이다.[122]

특히 최근 발생된 테러에서 볼 수 있듯 오늘날의 테러 위협은 순식간에 수많은 사람들의 생명과 재산을 앗아가는 대재앙이라 할 수 있으며 테러의 목적과 양상도 갈수록 다양해지고 있다. 독립운동, 분리주의 운동, 민족 간 갈등, 종교문제, 문명 간 갈등에 의한 테러 등 테러의 치명성과 규모는 더욱 대형화 되고 심각한 안보 문제가 되고 있다. 또한 새로운 형태의 테러리즘(new terrorism)은 그 세력이 영토나 국경을 초월하여 범세계적인 네트워크를 형성하고 있기 때문에 테러를 사전에 예방하기 어려우며 예측하기도 힘들다는 특징이 있다.[123]

고전적 테러리즘에 대비하여 9·11테러 이후 뉴 테러리즘(new terrorism)이라는 용어가 널리 사용되고 있는가 하면, 최대한 많은 인명을 살상함으로써 사회를 공포와 충격으로 몰아넣은 최근의 테러리즘의 경향을 의미하는 메가테러리즘(megaterrorism)이나 특정인물이나 계층을 상대로 벌이는 테러와는 달리 불특정 다수를 향한 테러리즘을 일컫는 슈퍼테러리즘(superterrorism)[124]이란 용어도 함께 널리 사용되고 있다. 뉴 테러리즘이란 네트워크로 연결된 아마추어들이 무차별적으로 저지르는 테러폭력을 가리킨다. 테러의 양상이 끊임없이 발달해 뉴 테러리즘으로 발전하고 있어 현재의 대책으로는 대처하기가 어려운 상황이다.

9·11테러 이후 미국이 주도해온 '테러와의 전쟁(war on terror; counter-terrorism)'은 알카에다(Al-Qaeda) 조직 해체와 오사마 빈라덴(Osama Bin Laden) 등 지도부 제거에 집중되었고, 목표로 설정한 소기의 성과를 달성한 것은 사실이나, 극단주의 테러리즘은 성격을 달리하며 잔존했고, 최근 테러집단의 변형(metamorphose transformation)을 통해 이슬람국가(IS) 테러리즘이라는 새로운 버전(version)의 이슬람 극단주의 테러리즘이 발현되기도 했다.[125]

여기에 IS와 같은 해외 테러조직이 직접 지시를 내리지 않더라도 이념적 영향을 받은 '외로운 늑대'형 추종자들이 미국 내에서 언제, 어디서든지 대형테러를 저지를 가능성이 있음이 확인되고 있다. 인터넷 웹사이트나 소셜미디어를 통해 이슬람 과격단체의 영향을 받은 자생적 테러리스트, 이른바 '외로운 늑대(lone wolf)'가 국제사회의 새로운 위협이 되고 있다.[126] IS는 특정국가와의 연대 및 협력을 추구하지 않으며 전세계에 흩어진 잠재적 지하디스트, 이른바 '외로운 늑대들(lone wolves)'을 포섭, 시리아 내전 등 전장에 참가시키면서 국제사회에 공포감을 조성하는 전략을 펼치고 있다.

우리나라는 북한과 군사적으로 대치하고 있는 특수한 안보환경에서 그동안 발생한 테러의 90% 이상이 북한에 의한 테러였다.[127] 북한의 사이버테러에 2011년 3.4 디도스(DDoS)사건을 제외하고 우리나라가 제대로 대처하지 못해왔던 것이 사실이다.[128] 또한 북한 이탈주민의 수도 꾸준히 증가해왔다. 이와 관련하여 북한 이탈주민의 사제폭발물(IED)을 활용한 테러 가능성과 대응방안의 필요성이 제기되기도 했다.[129]

급조폭발물은 제조단가가 100달러로 쉽게 제작할 수 있다. 주로 차량이 지나가는 노변에 위장 설치되며, 살상력 강화를 위해 압력판의 방향이 여러 방향으로 향해 있다. 주로 화약을 가득 담은 철통을 오목한 구리판으로 덮은 이 급조폭발물(IED)에는 적외선 센서가 내장되어 있다. 어느 정도 거리에서 테러범이 리모컨으로 적외선 센서에 적외선 빔을 조사하면 이 신호가 센서에서 전기적 신호로 바뀌어 신관을 작동시킨다. 폭발하면 열과 충격파에 의해 순식간에 구리판이 발사체로 변해 초속 2km로 날아간다. 이 급조폭발물은 10cm 두께의 장갑도 꿰뚫을 수 있다. 현재 적외선 레이저의 조사거리는 테러범들의 안전을 보장해주지는 못한다. 하지만 기술발전으로 레이저의 조사거리가 늘어나면 늘어날수록 훨씬 더 멀리서도 급조폭발물의 신관을 작동시킬 수 있어 테러범들에게 매우 유리한 상황이 될 수 있다.[130]

또한 인터넷은 온라인(on-line)상의 모든 지식을 하나로 엮어 정보의 폭발적인 팽창을 가져다 준 문명의 이기(利器)임에는 틀림없지만 누구에게나 개방되어 있는 특성상 인터넷의 정보를 바탕으로 범죄를 구상하고 실행에 옮길 수 있게 하는 교두보로 작용한다는 것도 부인할 수 없다. 최근 사제폭발물에 의한 각종 사건사고가 끊이지 않고 있는 것은, 과거와 달리 인터넷을 통하여 폭발물 제조방법을 알아내고, 또 전자거래로 폭탄제조에 필요한 각종 화공약품들을 손쉽게 구할 수 있는 사회환경 변화에 기인한다. 21세기에 접어들면서 자동차, 전자제품 등 생활에 필수적인 생산물들이 일반대중에게도 빠르게 보급되었고 사제폭발물은 이들과 결합하여 훨씬 강한 파괴력을 가지게 되었다. 게다가 국제사회에서 우리나라의 입지가 강화되고 있고 내국인을 대상으로 한 외국인 범죄가 점차 증가하는 추세를 고려해 볼 때 우리나라도 사제폭발물 테러리즘으로부터 결코 안전한 지역이라고 할 수 없다.[131]

인공지능시대에 테러리스트들에 의한 테러리즘은 인공지능을 악용한 새로운 양상 즉 무인자동차, 드론, 킬러로봇 등을 악용한 다양한 형태의 테러가 나오게 될 것으로 예상된다. 또한 테러리스트에 의한 바이오 공격도 가능할 것으로 전망된다.

세계미래학회가 발표한 「2010~2025년 미래 전망 20」 특별보고서에 따르면 첨단과학이 악용되어 인류에 피해를 끼친다는, 어두운 청사진이 제시되고 있다. 이 보고서는 "생명공학에 관한 지식이 일반인도 쉽게 활용할 수 있을 정도로 보편화할 날이 머지않았다. 테러리스트들은 휴대가 어렵고 보안검색대를 통과하기 어려운 폭탄 대신 박테리아와 바이러스를 이용한 치명적인 '바이오 공격(bioviolence)'에 주력할 것"이라고 예측한 바도 있다.[132]

2. 인공지능기술 개발과 미래 전쟁

미국이 테러와의 전쟁에서 테러리스트 은신처를 무인 무장헬기인 드론으로 공격하고, 무인 정찰기로 적의 동향을 추적, 감시하는 것은 인공지능 전쟁의 서막에 불과하다. 현재 미국 등 40여개 주요 국가가 '로봇전쟁'시대 개막을 앞두고, 인공지능을 활용한 무인무기 개발에 사활을 걸고 있다.[133]

전통적으로 전쟁의 3대 구성요소는 군인, 무기, 전쟁터이다. 그러나 인공지능을 이용한 로봇전쟁시대에는 이 세 가지 요소가 한꺼번에 사라진다. 이미 현실로 나타난 사이버전은 미래 전쟁의 단면을 보여주고 있다. 군인이 아닌 컴퓨터 전문가, 컴퓨터, 인터넷만 있으면 특정 도시의 기반시설을 얼마든지 파괴할 수 있다. 사이버 해킹으로 뉴욕 증권시장을 마비시키거나 런던의 전력 시스템을 단숨에 파괴할 수도 있다.[134]

이제 세계 각국은 사이버전을 넘어 인공지능을 장착한 군사용 로봇개발 경쟁을 벌이고 있다. 군사용 로봇은 현재 폭발물 탐지 및 해체 등에 널리 사용되고 있다. 미국은 특히 수십 년 전부터 무인무기 개발에 힘써왔다. 미국은 드론(drone)으로 특정지역의 감시 및 정찰 활동을 하고 있다. 이제 로봇은 전자 통신망을 교란하거나 미사일의 목표물을 유도하는 등의 임무에 투입되고 있다. 미국 등 주요국들은 향후 10~20년 사이에 인간의 통제가 필요 없는 킬러로봇과 드론과 같은 무인무기를 실전배치하게 될 것이라고 미국의 외교전문지 『포린팔러시

(Foreign Policy)』 2016년 최신호가 보도했다.[135]

로봇전쟁의 미래를 놓고는 평가가 갈린다. 로봇이 전투를 벌이면 전쟁으로 인한 인명피해가 대폭 줄어들 것이라는 것이 전문가들의 분석이다. 또 첨단기능으로 특정 목표물을 정확하게 때리기 때문에 전쟁으로 인한 민간인 희생자도 최소한으로 줄어들 수 있다는 평가이다. 그러나 주요 국가가 킬러로봇 개발 경쟁을 중단하지 않으면 통제불능의 무한전쟁시대가 올 수 있다고 전문가들이 경고했다. 세계각국의 지도자는 적국이나 분쟁 대상국 등을 겨냥해 외교를 포기한 채 로봇 등 무인무기를 동원한 군사적 해결방식에 의존할 가능성이 크다는 것이다.[136]

한국은 비무장지대(DMZ) 인근지역 순찰에 '정찰로봇'을 실전배치했다고 미의회 전문지 『시큐 폴리틱스(CQ Politics)』의 한 리서처(researcher)가 전한 바가 있는데, 이 로봇은 무기를 휴대한 채 정찰작전을 수행하고 있지만 아직까지는 인간이 원격 조종하는 단계에 머물러 있다. 미국은 인공지능 무인무기 개발의 선두주자이다. 미국이 개발한 드론은 미군의 전력과 군사작전의 핵심으로 부상하고 있다. 미국은 무인무기 시스템 개발을 위해 연방 정부 예산을 2015년에만 무려 53억달러(약 6조1621억원)를 투입했다고 미 국방부가 밝혔다.[137]

통상 로봇무기는 흔히 3단계로 구분된다. '인 더 루프'(In-the-Roof)는 인간이 원격 조종하는 무인 탱크나 함정 등이다. '온 더 루프'(On-the-Roof)는 미사일 방어망처럼 자동화 시스템을 갖췄지만 인간의 관리·감독을 받는다. 마지막으로 '아웃 오브 더 루프'(Out-of-the-Roof)는 한번 작전에 돌입하면 인간의 개입이 전혀 없는 상태에서 자동으로 임무를 수행한다. 현재 인간의 개입 없이 인공지능만으로 움직이는 무인무기의 실전배치는 국제사회에서 법적인 논란의 대상이다. 미국은 우주에서 전쟁을 하는 '별들의 전쟁(Star Wars)'와 군사용 인공위성에 무기를 탑재해 적을 공격하는 '우주무기 및 위성탑재무기'(space weapon/satellite mounted weapons)를 개발하고 있다.[138]

미국의 뒤를 이어 영국, 중국, 이스라엘이 무인무기 개발에 박차를 가하고 있다. 네덜란드처럼 군사적 위협을 받지 않는 나라도 무인무기 개발 경쟁에 뛰어들었다. 러시아는 최근에 2020년까지 5개의 미사일 기지를 지키는 로봇개발 계획을 완료할 것이라고 발표했다. 러시아가 개발 중인 로봇은 기관총과 소총, 감시

카메라, 센서, 레이저 유도 측량장치 등으로 무장하고, 한 시간에 48㎞의 거리를 순찰할 수 있도록 설계되어 있다. 인공지능이 내장된 이 정찰로봇은 인간의 개입 없이 100% 자동으로 작전을 수행한다.[139]

무인무기 경쟁은 여기서 그치지 않는다. 생명공학기술을 이용해 특정 유전자를 가진 사람들만 감염되어 사망하도록 유도하는 생물학 무기도 개발되고 있다. 인간을 죽이기보다는 생식능력을 없애는 바이러스를 유포시켜 궁극적으로 특정 인종이나 민족을 말살할 수 있는 생물무기 연구도 활발하게 이루어지고 있다. 일정시간 동안 맹인을 만들거나 의식불명상태가 되었다가 깨어나도록 하는 '비살상 생물학 무기'도 가능하다.[140]

자동운전, 가사로봇 등 인간 생활에 깊숙이 침투하기 시작한 AI기술은 '전쟁'까지도 근본적으로 바꾸려 하고 있다. 스스로 판단하고 행동해 전장의 최전선에서 인간이 할 수 없는 임무를 하고 있다. 무인병기의 존재가 널리 알려진 계기는 미군이 무인항공기(UAV)와 지상무인기(UGV)를 본격 투입한 이라크 전쟁(2003년~)과 아프가니스탄·파키스탄 지역에서의 대테러 전쟁에서다. 특히 '글로벌 호크'나 '프레데터' 등 UAV가 정찰, 폭격, 적 요인 암살에 많이 사용되면서 찬반논란을 일으켜 전세계에 화제가 되었다.[141] 그로부터 10년 이상이 지난 지금 '무인병기'의 수비 범위가 크게 확대되었다. "10~20년 후에는 일본에서도 약 49%의 노동인구가 로봇과 AI로 대체 가능하다."(노무라종합연구소)고 할 정도로 기술혁신을 배경으로 고도의 무인병기 개발 경쟁이 뜨거워지고 있다.[142]

일본 방위기술협회·국방용로봇연구회 이와나가 마사오 고문은 무인 병기가 전장에서 하는 역할변화에 대해 "기존의 군사용 로봇은 살아 있는 병사가 싫어하는 3D 즉 위험하고(Dangerous), 더럽고(Dirty), 지루한(Dull) 환경에서 일하기 위해 개발되었다. 하지만 AI가 발달한 최근에는 병사나 유인기가 달성하기 '곤란한 임무(Difficult Job)'도 담당하면서 '4D 병기'가 되고 있다." 말했다. 『AI의 충격, 인공지능은 인류의 적인가?』 저자인 일본의 통신회사 KDDI 연구소 고바야시 마사카즈 수석연구원은 "제2차 세계대전 이후 군사세계에서는 3번의 기술혁신이 있었다. 첫 번째는 1950년대부터 60년대의 핵무기 개발, 두 번째는 1970년대의 무기 효율화, 그리고 현재가 바로 세 번째인 기술혁신(Breakthrough)기에 해당한다는 것이다. 그 주역은 물론 AI기술을 중심으로 한 무인병기다. AI와 로봇공학이 합쳐져 운동제어, 네비게이션, 매핑을 하고, 전술적인 의사결정에 있어서 중요한 역할을 하고 있다.”는 것이다.[143]

예컨대 앞에서 언급한 무인정찰·공격기 프레데터의 경우 미 본토에서 1대 당 1명의 감시·조종요원이 조작하고 있다. 그러나 AI의 능력이 더욱 향상되어 ‘지능화’가 진행되면, 자율적으로 운동하는 복수의 무인기에 의한 ‘무인편대’비행 공격도 가능하다. 유인기의 조종사가 견딜 수 없을 정도의 높은 회전 가속도 하에 서 장시간 공중전도 무인편대라면 어렵지 않게 해낼 수 있는 것이다. 또한 무인기 에 탑재되는 미사일의 진화도 눈부시다. “공대지 미사일 ‘SLAM’은 발사되면 GPS로 자신의 위치를 파악하면서 실시간으로 지도를 작성하면서 날아가, 마지막 에는 적외선 이미지로 목표를 인식해 명중시킨다. 또한 현재 개발 중인 장거리 대함 미사일(LRASM: Long Range Anti-Ship Missile)은 측거 시스템이 내장되어 있어 GPS(Global Positioning System) 및 데이터 링크에서부터 떨어져 있어도 자율적으로 목표를 향해 날아간다.”고 KDDI 고바야시 수석연구원은 밝힌 바 있다.[144]

3. 인공지능 악용테러의 주요유형

인공지능이 역으로 항상 범죄에 악용될 수도 있다. 누군가의 목소리를 기계 가 완벽하게 위조해 대화를 나눌 수 있고 이를 이용해 보이스피싱(voice phishing) 을 할 수도 있을 것으로 예상되고 있다. 최근 숫자를 보는 사람들의 뇌 반응을 보고 은행 비밀번호를 알아낸 실험결과는 뇌 해킹이 악용될 수도 있음을 시사해 주고 있다.[145] 알파고에게 바둑이 아닌 범죄 방법을 학습시키면 완벽한 범죄기계 가 탄생하지 않으리라는 법이 없다. 테러리스트가 인공지능을 갖춘 드론, 자동차, 그리고 킬러로봇 등에게 테러 학습을 시킨 후에 고성능 화생방 무기로 공격하도 록 할 수도 있을 것이다. 실로 엄청난 테러의 재앙을 불러일으킬 수 있을 것이 다.[146]

인공지능무기는 인간이 원거리에서 조종하는 무기는 해당하지 않으며, 스스 로 타깃을 설정하고 제거하는 무기를 말한다. 이러한 자동화 무기는 인간의 개입

없이 사전에 설정된 기준에 따라 목표물을 선택해 공격한다는 점에서 엄밀히 말해서 먼 곳에서 인간이 조종하는 무인 항공기(드론)나 크루즈 미사일과 다른 것이다.[147] 무장된 드론이 스스로 타깃을 찾아 사살하는 식이다. 즉 인공지능(AI)기술을 활용한 자동화무기 일명 킬러로봇(killer robots) 등이 여기에 해당된다고 볼 수 있다. 이러한 인공지능무기 즉 자동화의 무기 발전은 '화약과 핵무기를 잇는 제3의 전쟁혁명'으로 일컬어지고 있다.[148]

1) 로봇을 악용한 테러

지난 2014년 미국 캘리포니아에 있는 벤처업체 나이트스코프(Knightscope)가 'K5'라는 이름의 순찰로봇을 개발해 화제를 모았다. 영화 '스타워즈(Star Wars)'에 등장하는 R2-D2를 연상시키는 이 로봇은 적외선 센서, 차량 번호판 인식 카메라와 같은 첨단장비를 내장하고 있어 실시간으로 중앙 관제실에 영상을 전송한다. 별도의 무장은 없지만 수상한 인물을 발견하면 경보음을 울리는 등 범죄 억제력도 갖췄다.[149]

최근 일본의 경비보안업체 종합경비보장(ALSOK)사는 NEC(Nippon Electric Company)와 손잡고 도둑이나 테러 연관 행위를 보이는 인물을 포착해내는 인공지능(AI) 서비스를 시작한다고 발표했다. 이 AI는 ALSOK의 영상분석기술을 통해 수상한 사람이나 술 취한 사람이 보이는 미세한 움직임을 감지하고, 이상 조짐이 있을 경우 주변에 있는 경비원에게 호출하는 기능을 수행한다. NEC는 수상한 사람의 움직임을 구분할 수 있는 빅데이터 알고리즘을 AI에 입력했다. 이처럼 인공지능 로봇은 테러 및 범죄를 예방하는데 활용이 가능하다.

인공지능을 활용하면 단순범죄는 물론 대형테러도 충분히 예측할 수 있어 인공지능이 수사기관 및 테러 진압 예방에 큰 도움이 될 수 있음을 시사해주고 있다. 도시 안에서 일어난 범죄를 모두 데이터로 집어넣어 기계가 범죄를 예측하도록 진행시킨 최근 미국 '샌프란시스코 범죄 분류(crime classification)'라는 프로젝트가 이를 잘 설명해주고 있다.[150] 하지만 인공지능 로봇의 테러리스트에 의한 악용 가능성도 배제할 수 없는 상황이다.

"로봇무기 암시장이 생기거나 테러리스트 손에 들어가는 건 시간 문제가 될 것이다." 세계적인 물리학자 스티븐 호킹 박사나 앨런 머스크 테슬라 최고경영자 (CEO) 같은 거물들이 로봇무기의 위험을 경고하고 나섰음은 앞서 언급한 바와 같다. 호킹 박사와 머스크, 애플 공동창업자 스티브 위즈니악을 포함한 1,000여 명은 인공지능(AI) 기술을 군사적 목적으로 활용하지 못하도록 요구하는 서한을 공개했다고 파이낸셜타임스(FT)를 포함한 외신이 2015년 7월 28일(현지시간) 보도했다. 이들은 '삶의 미래 연구소'(Future of Life Institute) 명의로 발표한 서한에서 "AI무기 발전이 화약과 핵무기를 이은 제3의 전쟁혁명으로 이어질 수 있다."고 경고했다. AI무기가 핵무기와 달리 비싸지 않고 원재료를 구하기도 쉬워 AK소총처럼 대량생산되어 세계 곳곳에서 사용될 것이란 우려를 나타낸 것이다. 실제 '터미네이터(The Terminator)' 같은 할리우드 SF(Science Fiction)영화에서 AI는 악당으로 등장하고 있다. 이들은 또 "주요 군사국가가 인공지능 무기 개발을 시작하면 전 세계 인공지능무기 군비경쟁은 불가피할 것"이라며 "인간의 제어를 벗어난 이러한 무기를 금지하는 법을 제정해야 한다."고 주장했다. 최근 컴퓨터와 뇌과학 기술이 발전하며 AI산업이 급속도로 커지자 경고의 목소리가 확산되고 있다.

호킹 박사는 지난 2014년 연말 BBC방송과의 인터뷰에서 "인공지능(AI)이 인간보다 훨씬 빠른 속도로 발달해 인류의 종말을 부를 수도 있다."고 지적했다. 그는 "인터넷이 테러리스트들의 온상이 되고 있다. 테러 위협에 맞서는 인터넷기업들의 노력이 필요하다. 하지만 개인의 자유와 사생활을 침해하지 않는 방법을 찾는 게 어렵다."며 인터넷 위험성도 경고했다.[151]

로봇 또한 기술의 한 형태이다. 그것도 아주 뛰어난 기술이다. 그래서 지금 이 순간에도 로봇을 전쟁에 이용하려는 사람들이 있다. 어쩌면 전쟁용 군사로봇은 지금까지 가장 강력한 무기였던 핵무기 보다 더 위험한 기술일 지도 모른다. 왜냐하면 전쟁을 막는 최후의 보루는 인간의 윤리의식인데 로봇은 인간의 윤리를 무력화시킬 수 있기 때문이다.[152] 인공지능시대에 테러리스트들은 인공지능과 로봇을 사용해 사람들이 가장 많이 모이는 장소를 공격할 것으로 예상된다.[153]

"2040년 안에 기계가 저지르는 범죄가 사람보다 더 많을 것이다." 영국 미래 예측 민간단체 '더 퓨처랩(The Future Laboratory)'의 전략 및 혁신분야 최고임원 트래시 팔로(Tracey Follows)가 최근 라컨티어(Raconteur)와의 인터뷰에서 밝힌 내용이다. 미래분야 영국 대표적 전문가인 그는 일자리가 점점 자동화함에 따라 사람 일자리 35%가 언젠가 로봇으로 대체될 것이라며 이 같이 예측하여 화제를 모았다. 그는 "그동안 미래학자들이 외로운 늑대(전문 테러단체 조직원이 아닌 자생적 테러리스트)가 늘어날 것이라고 예측해왔는데 실제 이뤄졌다."면서 "만일 로봇이 해킹을 당하면 자살폭탄기계나 마찬가지이며, 또 '외로운 늑대'처럼 '외로운 로봇'의 공격도 일어날 수 있다."고 경고했다. 알파고와 같은 인공지능기술을 활용하면 범죄를 예측하고 예방할 수 있지만 반대로 완벽한 '범죄기계'가 될 수도 있다는 것이 전문가들 우려다.[154]

인공지능·로봇공학 전문가인 노엘 샤키(Noel Sharkey) 교수도 폭탄이나 화기를 탑재한 무인 살인로봇이 테러에 악용될 수 있다는 우려를 제기한 바 있다. 지난 2008년 2월 27일 로이터통신에 따르면 영국 셰필드대학의 인공지능·로봇공학 전문가인 노엘 샤키 교수는 이날 왕립합동군사연구소(RUSI) 회의에서 극단주의 테러리스트들이 로봇을 테러에 이용할 날이 멀지 않았다고 경고했다. 샤키 교수는 "로봇 제작비용이 극적으로 감소하는 현 추세와 아마추어 로봇시장에서 관련 부품을 손쉽게 구입할 수 있다는 점 등을 감안할 때 무인로봇병기를 만드는 건 그렇게 많은 기술이 요구되지 않을 것"이라고 지적했다. 위성항법장치(GPS)와 자동조종시스템을 탑재한 소형 비행로봇을 제작하는 데는 겨우 490달러(약 54만 7천 원)가 소요될 뿐이라고 샤키 교수는 덧붙였다.[155]

미국을 비롯한 다수의 정부와 군수업체들은 이미 로봇병기 기술개발에 매진하고 있다. 특히 미국은 이미 이라크에 최첨단 무인 로봇공격기 '리퍼'와 '프레데터,' 폭발물 탐지용 소형로봇인 '피도'와 '마크봇,' '탤런' 등 4천여 대의 로봇을 배치해 활용한 바 있다. 또 대(對)테러 전투가 늘어나면서 시가전의 중요성이 강조됨에 따라 급조폭발물(IED)이나 매복공격에 대응하기 위한 전투로봇 개발에도 몰두, 탤런을 대형화해 캘리버-50 기관총과 유탄발사기, 대전차로켓 등을 장착하는 등 계획도 추진하고 있다. 이라크 주둔 한국군도 폭발물처리 등 위험작업 전담로봇 '롭해즈'(ROBHAZ:'Robot for hazardous' 의 약자)와 경계형 고정전투로봇 '이지스' 등을 시험운용한 바 있다. 샤키 교수는 "문제는 램프의 요정이 한 번 뚜껑을 열고 밖으로 나온 이상 다시 병 속에 집어넣을 방법이 없다는 것이다. 일단 새

병기가 출현하면 모방품을 만들기는 상당히 쉽다."는 것을 강조하고 있다.[156]

2) 드론을 악용한 테러

인공지능과 드론의 결합도 테러를 너무도 간단하게 만들고 있다.[157] 정치·종교집단이나 특히 극단적 세력에 의해 잘못 사용될 경우, 인공지능 드론을 이용한 폭탄테러 같은 무차별 살상 등 대형 테러 행위가 일어날 수 있다.[158]

'하늘을 나는 폭탄'이 국제사회의 새로운 위협으로 부상하면서 발 빠른 대응을 촉구하는 목소리가 높아지고 있다. 일반인들이 손쉽게 취미로 날리는 드론에도 간단하게 폭발물을 장착할 수 있어 핵 시설·각국 정상들의 차량·대사관 등이 공격대상이 될 수 있다는 경고도 이미 나온 바 있다. 지난 2016년 1월 11일(현지시간) 영국 조사기관 옥스퍼드리서치그룹이 발표한 「영국에 대한 비국가활동세력의 악의적인 드론 사용(The Hostile Use of Drones by Non-State Actors against British Targets)」이라는 보고서를 통한 경고가 바로 그것이다. 이 보고서에 따르면 수니파 극단주의 무장단체 'IS'는 이미 이라크와 시리아에서 정찰용 드론을 사용하고 있으며, 9·11테러와 같은 효과를 내기 위해 대규모 살상이 가능한 동시다발 드론 공격 연구에 몰두하고 있다고 주장한다.[159]

이 보고서는 다양한 불법사례들을 들며 앞으로 자생적 테러리스트인 '외로운 늑대'들의 드론을 이용한 공격이 예상된다고 전했다. 실제로 지난 2015년 5월 반핵 활동가가 방사성 물질이 포함된 드론을 일본총리 관저에 날렸고, 같은 해 7월 세르비아와 알바니아의 유로 2016 경기가 열린 축구장에 상대편을 자극하는 깃발이 달린 드론이 날아들면서 난투극이 발생한 사례도 있다.[160]

보고서를 작성한 크리스 애버트(Chris Abbott)는 "이제는 군대에서만 드론을 이용해 감시와 공격을 할 수 있는 것이 아니다."라며 "테러리스트, 반란군, 범법자, 기업, 운동가들이 정부를 상대로 드론을 이용할 의지와 능력이 있음을 알아야한다."고 말하고 있다. 그는 "그들에게 드론은 상황을 급반전시키는 게임 체인저(Game Changer)"라면서 "정부가 이런 위협을 진지하게 받아들이고 합법적인 민간 드론 사용을 위한 대처방안을 마련해야 한다."고 경고했다. 이를 위해 드론에 일련번호를 부여하고 면허를 도입하는 '허가제'를 주장했다. 뿐만 아니라 드론을 빠르게 탐지할 수 있는 멀티센서의 연구개발을 정부가 나서 적극 추진하고 드론 비행금지구역 내 관제시스템을 구성해 레이저 요격, 방해전파 발신 등의 대응책을 마련해야 한다고 덧붙이기도 했다.[161]

지난 2016년 10월 11일(현지시간) 프랑스 일간 르몽드에 따르면 지난 2016년 10월 2일 이슬람국가(IS)가 띄운 것으로 추정되는 드론(소형 무인기)폭탄이 터지면서 이라크에서 2명이 죽고, 2명이 다쳤다. IS가 드론을 직접적인 공격수단으로 쓸 수 있다는 우려가 현실이 된 것이다. 이 사건에 대해 보고받은 한 미국 정부 관계자는 "폭발기계는 작은 배터리로 보였다."며 "적은 양의 폭발물이 들어있었지만 사람을 죽이기에는 충분한 양이었다."고 말했다. 군대에서 드론은 그동안 정찰이나 선전물 살포 등에 주로 이용되었다. 이 사건은 IS가 처음으로 드론을 이용해 사상자를 낸 사고로 기록되면서, 최첨단 기술 드론을 사용한 테러에 대한 경종을 울렸었다.[162]

이날 『뉴욕타임스(The New York Times)』는 "펜타곤(미 국방부)이 새로운 위협에 직면했다."고 경고했다. 전문가들도 펜타곤이 IS가 드론을 무기화할 수 있는 가능성을 얕보고 있다고 입을 모았다. 현 시점에서 IS기지를 공습해 드론을 파괴하는 미국의 대응방안은 무용지물이라는 주장이다. 워싱턴의 싱크탱크(think tank)인 뉴 아메리카의 로봇무기 전문가 싱어(P.W. Singer)는 "미국은 진작 대비를 했어야 했는데 그러지 못했다."고 지적했다. 활주로가 필요한 작은 여객기 크기의 드론을 사용하는 미국 군대와 달리 IS는 온라인 쇼핑몰 아마존에서도 살 수 있는 상업용 초소형 드론을 이용하였다. 멀리서도 조종할 수 있는 장치와 함께 작은 폭발물을 부착하는 방식이다. 지난 2016년 8월까지 이라크에 주둔했던 션 맥펄랜드 미군 준장도 "드론은 스스로 움직이는 적(enemy)"이라고 경고했다. 기술발전에 따라 드론은 향후 더 위험한 테러수단이 될 전망이다. 미국 대테러센터는 "국제테러단체가 가까운 미래에 더 많은 폭발물을 탑재할 수 있고, 더 오래 날 수 있으며, 더 먼 거리에서 조종이 가능하고, 중앙과 교신까지 할 수 있는 드론을 전쟁터에서 사용할 수도 있다."고 예측했다.[163]

3) 전자기파를 악용한 테러

미국 중앙정보국(CIA) 핵무기 전문가로 재직했던 피터 빈센트 프라이(Peter Vincent Pry)박사는 러시아 과학자가 개발한 전자기파(EMP) 설계정보가 북한으로 유출되었다고 진술한 바 있다. 전자기파(EMP) 폭탄은 강력한 전자기파를 발생시키는 무기로 일정범위 내의 전자 및 전기장치에 피해를 입힐 수 있다. 거의 모든 무기가 컴퓨터와 연계되어 작동되는 현실에서 EMP폭탄은 상대방의 전투력을 일시에 마비시킬 수 있는 무기로 간주되고 있다.[164]

EMP폭탄 중에는 핵폭발 때 방출되는 강력한 전자기파를 이용하는 핵 EMP탄과 핵폭발 없이 전자기파를 발생시키는 비핵(非核) EMP탄이 있는데, 북한은 현재 두 가지 형태 모두를 개발해 보유하고 있는 것으로 전문가들은 추정하고 있다.[165] 핵전자기파(NEMP)는 목표물을 정확하게 타격할 필요가 없기 때문에, 북한이 핵전자기파(NEMP)를 한반도 또는 미국본토 상공에서 폭발시킨다면 모든 전자·정보통신망과 관련기기들은 파괴될 것이다.

인공지능이 본격화되는 시대에 있어서도 전자기파(EMP)는 불가결한 것이라 할 수 있다. 북한은 핵실험을 통해 소형 핵탄두 폭발로 인한 전자기파(EMP) 공격 가능성을 예고한 바 있다.[166] 모든 전자·정보 통신망, 전력망이 파괴되는 등 재앙 수준이다. 또한 청와대·군 요인제거 목표인 특수부대 시찰장면도 보도하여, 사회 혼란을 틈탄 기습도발 가능성을 보여준 바 있다. 또한 실제로 북한은 비핵전자기파(NNEMP)인 'GPS Jammer(전파교란기)'로 서해 5도와 휴전선 인근에 직접적인 공격을 감행하여 위성위치확인시스템(GPS)에 장애를 발생시키거나 휴대전화의 통화품질을 저하시키기도 했다.[167]

전술한 바와 같이, 그동안 우리가 당한 테러의 90% 이상이 북한에 의한 테러였다. 향후 북한이 전자펄스무기인 EMP탄을 터트리면 순식간에 감지장비는 무력화된다. 최신무기를 비롯하여 각종 산업시설, 의료시설, 생활시설, 생활용품 등은 거의 모든 전자기기로 이루어져 있기 때문에 EMP탄 1발이면 폭파고도에 따라 수 km~수백 km까지의 거의 모든 전자기기가 무력화(파괴)되어 공격당하는 입장에서 입을 피해는 상상을 초월하게 된다.[168]

4) 사이버상의 테러

국가정보원이 지난 2016년 3월 8일 긴급 국가사이버안전 대책회의를 열고 "북한에서 4차 핵실험 이후 대규모 사이버테러를 준비하고 있는 정황이 포착되고 있다."고 밝혔다. 또한 북한 해킹조직이 인터넷뱅킹 보안소프트웨어 제작업체의 전산망을 장악하고 군과 외교·안보라인 주요 인사들의 스마트폰을 공격한 사례 등도 발표했다. 북한의 사이버테러 위협은 비단 어제 오늘의 일이 아니다. 2009년과 2011년에는 핵심기반시설 전산망을 마비시키는 디도스(DDoS) 공격, 2013년에는 방송사와 금융기관 전산망을 해킹한 이른바 '3·20 사이버테러'를 감행했다고 알려졌으며 2014년에도 지하철 운행을 실시간으로 감시하는 종합관제소와 지하철 전력공급을 담당하는 전기통신사업소 전산망을 침투한 배후로 지목되기도 했다. 국가운영은 물론 민간경제 전반에 이르기까지 대부분의 시스템이 전산화되어 있는 현대사회에서 사이버테러는 실제 테러와 마찬가지로 막대한 사회·경제적 혼란을 유발하고 종국에는 국가안보까지 위협할 수 있다.[169]

북한과 테러세력으로부터의 사이버테러 위협은 실존적 위협이 되고 있다. 북한의 사이버테러 공격은 2009년 은행 전산망 장애, 2013년 청와대 홈페이지 해킹, 2014년 원자력 도면 유출 등으로 진화하면서 최근 5년간 그 수법이 더욱 치밀해졌고, 대상 또한 날로 대담해지고 있는 추세이다. 이슬람 테러세력인 이슬람국가(IS)의 사이버테러 역시 주요한 위협이었다. 지난 2016년 3월 7일자 보도에 따르면 IS가 발표했던 살해표적 한국인 명단은 중동에서 해킹되었을 가능성이 높다고 한다. 이러한 일련의 사례들은 우리사회에 대한 사이버테러의 위협이 실존하고 분명한 위협임을 인식시켜 주고 있다. 최근 논의되는 '사이버테러 방지법'은 이러한 현상에 대한 하나의 대응이라고 볼 수 있다.[170]

다소 관련이 없어 보이는 알파고 현상과 사이버테러 현상은 사실상 하나의 몸을 가진 두 개의 얼굴이다. 약 20년 전 미래학자 앨빈 토플러(Albin Toffler)는 생산양식과 파괴양식은 같은 원리에 의해 작동한다고 주장했다. 알파고 현상으로 점화된 인공지능과 로봇, 인터넷의 세상은 부를 창출하는 생산양식의 얼굴로, 사이버테러와 관련된 그림자들은 파괴양식의 얼굴로 이해할 수 있다. 그리고 이

두 개의 서로 다른 얼굴들은 하나의 몸으로 연결되어 있다. 즉 인터넷 세상은 인공지능, 로봇, 무인시스템, 빅데이터(big data) 등과 이들을 연결하는 연결통로로 서 사이버 공간이 만들어내는 정보화 세상의 얼굴들이다. 사이버테러는 미래 파 괴양식의 한 특징이다.[171]

따라서 사이버테러를 해킹이나 디도스 공격과 같은 사이버 공간상에서의 불 편함 또는 기술적 침해행위로 이해하는 것은 현상을 매우 단편적이고 피상적으로 이해하는 것이다. 불행하게도 우리사회는 이런 인식에 기초하여 사이버테러 문제 에 접근하고 있다. 그러나 이런 인식에 기초하게 되면 사이버테러의 문제는 IT기 술의 문제로 이해된다. 사이버테러는 기술적 침해이며 이 때문에 그 대응의 주된 관심은 기술적 침해에 대한 방화벽이나 백신과 같은 예방적 침해차단 또는 침해 발생 시 빠른 기술적 차단과 복구에 맞추어지게 된다.[172]

하지만 사이버테러는 오늘날 보이는 단편적인 모습을 훨씬 뛰어넘는 본질적 인 문제이다. 사이버테러는 전술한 기술적 침해 이외에도 사이버 공간상에서의 심리전, 사이버 공간을 활용한 정보수집 및 절취활동과 역정보활동, 각종 범죄나 테러, 전쟁 등의 목적을 위한 사이버 공간의 활용 등이 복합적으로 결합된 하나의 위협이다. 미래사회로 갈수록 이 사이버테러의 위협은 다시 앞서 언급한 인공지 능과 사물인터넷, 무인 항공기와 차량, 로봇과 3D 프린터, 그리고 빅데이터와 데 이터 마이닝(data mining),[173] 공개출처정보활동(OSINT) 등이 결합되어 복잡하게 전 개될 것이다. 이렇게 된다면 사이버테러는 더 이상 사이버 공간에 머물지 않고 현실 공간으로 심각한 파괴의 위협을 확산시킬 것이다. 인공지능이 장착된 무인 항공기에 OSINT로 확보한 폭탄제조법을 3D 프린터로 복사해 탑재하여 폭탄테러 를 실행할 수 있는 현실이 오고 있는지도 모른다. 이러한 미래의 모습을 이해하려 면 사이버를 하나의 기술문제가 아니라 또 다른 공간의 문제로 인식해야 할 것이 다. 그리고 이 또 다른 공간은 공간들을 잇는 연결통로로 기능할 것이며 미래사회 의 패권은 이 공간을 장악하는 자가 갖게 될 것이다. 인공지능과 로봇, 무인기와 사물인터넷 등을 포함한 모든 미래의 기술들을 이어주는 거대한 연결통로는 바로 사이버 공간이기 때문이다.[174]

인공지능에 대한 미래학자들의 경종

전술한 바와 같이, 세계적인 천재 물리학자 스티븐 호킹(Stephen Hawking), 전기자동차 제조업체 테슬라의 설립자 일론 머스크(Elon Musk), 고(故) 스티브 잡스와 애플을 공동설립한 스티브 위즈니악(Steve Wozniak), 구글 딥마인드의 데미스 하사비스(Demis Hassabis), 세계적인 석학으로 불리는 노엄 촘스키(Noam Chomsky) 그리고 2,500명이 넘는 인공지능, 로봇공학 연구가들이 인공지능 무기에 반대하는 성명서에 동참했다.[175] 이 성명서는 인공지능 무기가 초래할 수 있는 재앙에 대해 경고하고 있다. 성명서는 지난 2015년 7월 28일 아르헨티나 부에노스아이레스에서 열린 '국제인공지능 컨퍼런스(IJCAI: International Joint Conference on Artificial Intelligence)'에서도 공개된 바 있다.

동 성명서는 "인공지능기술이 수십 년이 아니라 수 년 안에 실현 가능할 정도에 이르렀다."고 경고하고 있다. 성명서는 주요 군사국가가 인공지능무기 개발을 시작하면 전세계 인공지능무기 군비경쟁은 불가피할 것으로 전망하고 있다. 또한 인공지능무기는 핵무기와 달리 비용이 비싸지도 않고 대량생산이 가능하기에 더 위험하다고 경고하고 있다. 핵무기와 비교해 가격이 상대적으로 싸고 구하기도 어렵지 않아 칼라시니코프(AK-47) 소총처럼 대량생산되어 전세계에서 사용되게 될 것이라는 것이다.

이렇게 될 경우 암시장(black markets)에서 테러리스트(terrorists)에게 거래될 수 있고, 독재자나 군부가 인종학살에 인공지능무기를 이용할 수 있다고 성명서는 우려하고 있다. "인공지능무기는 암살, 국가전복, 국민탄압, 그리고 특정민족 학살의 임무를 수행하는 데 최적의 수단"인바, 인공지능무기가 경쟁적으로 생산된다면 암시장을 통해 국민을 통제하려는 독재자, 소수인종을 청소하려는 군벌, 테러리스트의 손에 인공지능 무기가 들어가는 것은 시간문제라는 것이다. 따라서 "인공지능이 인류의 삶에 위대한 공헌을 할 수 있도록 해야 하며, 이에 반하는 인간의 통제를 받지 않는 인공지능무기의 개발 및 활용을 금지해 새로운 군비경

쟁을 막아야 한다."고 강조하고 있다.[176]

　　그러나 전문가들의 우려 속에서도 로봇 및 인공지능무기의 연구·개발은 활발히 진행되고 있다. 미국 국방부는 전 세계에서 로봇연구에 매우 큰 지원을 하는 단체 중의 하나이다. 2013년에는 750만 달러(약 87억 원)를 로봇연구를 수행하는 대학과 기관에 지원했다. 영국은 무기용 로봇연구·개발에 있어 미국보다 더 엄격한 규정을 가지고 있었으나 최근 이 규정에 반대하는 목소리가 높아지고 있다.[177]

　　특히 군사용 인공지능 로봇에 대해 우려가 크다. 일런 머스크 테슬라모터스 최고경영자(CEO)는 인공지능을 '악마'에 비유, "우리는 악마를 소환하고 있다."고 말했고, 스티브 워즈니악 애플 공동 창업자는 "인공지능 무기가 발전하면 화학, 핵무기에 이은 '제3의 전쟁 혁명'이 될 수 있다."며 군사적 사용을 금지하는 국제협약 마련을 촉구했다.[178] 로봇 외의 인공지능기술을 활용한 무기는 이미 상당한 수준까지 개발되어 있다. 미 해군은 2013년에 무인용 드론을 항공모함에 시험착륙시키는 데 성공했다. 이는 미국이 공습이 가능한 항공모함용 무인 전투기를 개발했다는 의미이다. 또한 영국도 같은 해 '타라니스(Taranis)'라고 불리는 무인용 전투기의 시험비행에 성공한 바 있다.[179]

　　『파이낸셜타임스(Financial Times)』는 미국 등 서구의 강대국이 이처럼 로봇 및 인공지능 연구에 박차를 가하는 이유는 중국과 같은 잠재적 적들에게 새로 전개될 군비경쟁에서 뒤처질 수 있다는 두려움 때문이라고 분석한 바 있다.[180]

인공지능 악용테러에 대한 대응전략

1. 인공지능의 권한·책임소재의 명료화

　　인공지능을 악용한 미래의 테러에 대한 대응전략은 다음과 같이 정리해 볼 수 있을 것이다. 무엇보다도 먼저 인공지능의 권한·책임소재를 명료화하는 것이다. 인공지능의 오작동, 악용 및 남용 등으로 인한 문제를 해결하기 위해서는 인공지능의 권한설정과 결과에 대한 책임소재문제 등을 명확히 할 필요가 있다.

인공지능에게 인간사회의 또 다른 구성원으로서의 권한을 부여하거나 심지어는 자율살상무기시스템이나 인공지능 경찰로봇과 같이 인간의 기본권을 직접 침해할 수 있는 권한까지도 부여하게 된다면 사회에 혼란을 가져올 수 있으며 기기의 오작동으로 인한 인명피해 발생시에는 책임소재 또한 불분명해질 것이다. 사실 기본적으로는 인간의 개입 없이 인공지능이 윤리적 판단을 하는 주체가 되어서는 안 될 것이며, 이러한 기준 하에서 인공지능으로 인한 피해 발생시 그것이 가능하도록 판단한 인간주체가 책임을 져야 할 것이다. 또한 인공지능이 윤리적 판단의 유일주체가 아닌 그것을 보조하는 기능적 역할만을 담당하게 하도록 개발단계에서부터 세심한 설계가 필요할 것이다.[181]

  사실 아직까지는 인공지능기술이 사람이 생각하는 수준의 자율성 부여가 불가능하기 때문에 어느 정도는 설계한 사람의 통제 하에 있는 상황이다. 하지만 기술발달로 복잡도와 자율도가 점점 증가하고, 활용범위가 넓어지게 될수록 인간이 인공지능을 통제할 수 있는 수준은 점차 줄어들 것이고, 인공지능이 자율적으로 내린 의사결정이 인간에게 해를 끼치는 등의 사회적 안전에 대한 위협은 증대될 수 있다. 이를 방지하기 위해서는 인공지능의 권한부여 문제뿐 아니라, 책임소재 문제의 법률적 기반에 대한 연구도 함께 진행되어야 할 것이다. 특히 인공지능이 제품화되는 과정에서 설계 개발자에 대한 명확한 정의와 구분을 통해 보다 세심한 설계가 되도록 개발자에게도 어느 정도 책임을 부여하는 것도 하나의 방안이 될 것이다. 또한 연구·개발을 위한 윤리적 가이드라인을 마련하여 개발자들에게 명확한 기준을 제시해 주고, 기계의 윤리모듈(ethics module)에 대한 승인과 인증과정에 대한 법적·제도적 체계를 준비할 필요가 있을 것이다. 그리고 이러한 기준들이 어느 정도의 사회적 합의를 통해 이루어지기 위해서는 일반시민이나 전문가 등으로부터 광범위한 의견 수렴 및 정책적 제언이 가능하도록 위원회 등을 성립할 필요도 있다.[182]

2. 자율살상무기시스템(LAWS) 개발의 윤리적 타당성 검토

  다음으로 인공지능이 자율적 판단에 의해 인명살상을 결정하고 실행할 수 있는 자율살상무기시스템(LAWS: Lethal Autonomous Weapons Systems) 개발에 대한 윤리적 타당성 검토가 필요하다. 인류는 오랫동안 자신이 가진 최고의 기술을 전쟁에서 이기기 위해 사용해왔고 그것은 수 만년 동안 인류가 생존하고 있는 방식이다. 이런 생존의 방식을 잘 따르는 것을 가지고 비난할 수는 없다. 단지, 로봇이라는 기술이 지금까지의 기술과는 달리 너무 위험하기 때문에 지금까지와는 다른 생각과 행동을 해야 하는 것일 뿐이다.[183]

지난 2013년 유엔 특별조사위원 크리스토프 헤인스(Christof Heyns)는 "킬러로봇 개발을 금지해야 한다."는 보고서를 냈으며, 2014년 11월 열린 킬러로봇의 잠재적 위험을 경고하는 유엔 특별회의에서는 킬러로봇이 국제법이나 인도주의법을 위반하지 못하도록 막기 위해 엄격히 감시해야 한다는 요구가 나오기도 했다.[184] LAWS는 핵문제처럼 인류에 해를 끼칠 수 있기 때문에 국제적 논의를 통해 규제가 정해질 수 있으며, 화학무기나 집속탄(集束彈, cluster bomb)처럼 국제적 사용금지를 결의할 수도 있을 것이다.[185]

2013년부터 50여 개 글로벌 인권단체, 비정부기구들과 함께 '킬러로봇 중지 캠페인(Campaign to Stop Killer Robots·www.stopkillerrobots.org)'을 벌이고 있는 휴먼라이트워치(Human rights watch)는 2015년 4월 13일부터 17일까지 스위스 제네바에서 열린 유엔무기관련 다자회의에 제출한 보고서 「살인로봇 책임부재(The Lack of Accountability for Killer Robots)」에서 "전자동 살상무기가 갖는 특성상 민·형사상 책임을 묻기가 어려운 상황이 발생할 수 있다."고 지적했다.[186] 세계적인 미래학자 제롬 글렌(Jerome C. Glenn)은 그가 이끌고 있는 밀레니엄 프로젝트를 통해, 기후 변화, 정보통신, 혁명, 자원고갈, 테러 등 전세계적 도전과제 해결방법으로 집단지성(collective intelligence)을 강조하고 있다.[187]

유엔(UN)이 킬러로봇 문제에 대해 논의하기 시작했다는 것은 다행스런 일이다. 유엔의 한 조직인 재래식무기금지협약(CCW: Convention on Conventional Weapons)은 지난 2014년 5월 스위스 제네바에서 87개국이 모인 가운데 4일 동안 살인로봇(killer robots)을 어떻게 막을 것인가에 관에 논의했다. 이 회의는 NGO 소속 단체인 HRW(Human Right Watch)가 주축이 되어 만든 '살인로봇 금지운동(Campaign to Stop Killer Robots)'이란 단체가 앞장서고 있다. 유엔은 앞으로 매년

이 주제를 가지고 회의를 하기로 결정했다. 그리고 인류가 올바른 길을 갈 수 있도록 규제 및 지침을 만들어 내겠다는 방침을 가지고 있다.[188]

　　지난 2015년 7월 27일 세계적 천체 물리학자 스티븐 호킹과 전기자동차 제조업체 테슬라의 설립자 일론 머스크, 언어학자 놈 촘스키, 애플의 공동 창업자 스티브 워즈니악 등 1,000여 명의 학자·철학자·정보기술 전문가들은 '삶의미래연구소(FLI)' 홈페이지에 공개한 서한에서 "인공지능(AI) 기술을 활용한 자동화 무기가 개발되면 암시장을 통해 테러리스트·독재자·군벌의 손에 들어가는 것은 시간문제이기 때문에 국제 협약으로 개발을 엄격히 규제해야 한다."고 촉구한 바 있음은 전술한 바와 같다.[189]

테러리스트를 제압할 수 있는 기술적 대응능력의 유지

　　전술한 바와 같이, 살인로봇 또는 킬러로봇 등은 신중한 검토 및 개발·제작의 대상이다. 하지만 지금까지 인류가 해온 일들을 돌이켜 보건대 군사용 로봇의 등장은 막을 수 없는 미래의 현실이 되어가고 있다. 군사로봇 보유가 다른 국가들에 의해 현실화될 경우 우리도 군사로봇 보유국가가 되어야 하며, 특히 테러전에서 테러리스트들을 능가하는 인공지능기술을 보유해야 할 것이다. 군사용 로봇을 보유하지 못한 국가는 예전의 조총과 군함이 그랬듯이 군사용 로봇을 보유한 국가로부터 괴롭힘을 당할 수 있다. 더군다나 지정학적으로 세계 최강대국 사이에 위치한 우리나라는 살아남기 위해서 군사력에 있어서 만큼은 다른 나라 보다 뒤져서는 안 되는 운명을 가지고 있다.[190]

　　군사용 로봇을 보유한 국가와 그렇지 않은 국가의 전쟁은 이미 승패가 정해진 것이나 다름없다. 이 두 국가 사이에 전쟁이 벌어졌다고 가정해보자. 그랬을 때 로봇군대를 보유한 국가는 그렇지 않은 국가보다 희생이 적게 된다. 로봇군대를 보유하지 못한 국가는 국민들의 희생이 점점 많아지기 때문에 결국 전쟁에서 패배하게 될 것이다. 이는 지금까지 전쟁의 승패를 가르는 것은 뛰어난 지휘관과 국민들의 단결 등 그 국가 내부의 정신적인 역량이 컸었지만 미래는 군사로봇의 보유 유무로 전쟁의 승패가 결정날 수 있다는 것이다.[191]

즉 로봇군대를 보유하지 못한 국가는 전쟁을 수행할 엄두를 내지 못한다. 그렇게 되면 로봇군대를 보유하지 못한 국가는 로봇군대를 보유한 국가가 무엇을 시키던지 그 명령에 복종해야 한다. 손자병법에서 가장 좋은 전략은 전쟁을 하지 않고 전쟁에 이기는 것이라고 했다. 이런 차원에서 본다면 로봇군대를 가지고 있는 것이 가장 좋은 전략이 된다. 결국 세계패권을 로봇군대를 보유하고 있다는 것만으로도 거머쥘 수 있게 된다. 이런 측면에서 군사용 로봇 개발은 세계의 패권을 장악하고 국가의 운명을 좌우하는 기술이 될 수도 있다. 따라서 많은 국가가 군사용 로봇 개발에 전력을 다할 것은 분명하다.[192]

예를 들어 우리가 군사력이 약했을 때에는 여지없이 다른 나라로부터 침략을 당했었다. 제일 가까운 예로 구한말에는 서양의 침략에 맞서 우리의 유교적 가치를 지키기 위해 나라의 문을 걸어 잠갔다. 이 쇄국정책은 우리의 근대화된 군대 양성을 늦췄고 결국 일본의 식민지가 되었다. 군사력에서 뒤진 국가의 국민들은 아무 죄도 없이 비참한 삶을 살아야 한다. 따라서 군사용 로봇이 비윤리적이기 때문에 우리는 개발해서는 안 된다고 말하는 것은 구한말의 쇄국 정책과 별반 다르지 않다.[193]

또한 지난 2016년 3월 13일 한국형사정책연구원 윤지영 연구위원의 「지능형 로봇기술과 형사정책」 보고서에 따르면 인공지능 로봇은 범죄 예방은 물론 수사, 교정, 보호관찰까지 형사사법 전 과정에서 다양한 형태로 도입이 가능하다. 보고서는 범죄예방 단계에서 활용할 만한 장치로 무인자동차와 무인항공기(드론)도 꼽았다. 이들 도구는 상용화가 가장 근접한 것으로 예상된다. 이외에도 경찰관이 하던 순찰업무에 무인자동차나 순찰로봇을 투입할 수도 있다. 범죄 빅데이터를 분석해 범죄발생 가능성이 높은 시간과 장소 및 환경 등을 파악하는 것도 가능하다. 수사단계에서는 범인추적과 증거수집 등에 '지능형 로봇'을 사용할 수 있을 것이다. 육안이나 망원경으로 현장을 관찰하는 업무나 잠복 근무, 사진 촬영 등은 드론으로 대체할 수 있을 것이다. 정밀한 물리엔진을 이용해 인과관계를 계산하는 '수사지원 로봇,' 피의자의 비언어적 표현까지 감지하는 등 신문을 보조하는

'서비스 로봇'도 구현될 수 있을 것이다. 다만 정보수집과정에서 불특정 다수의 사생활 침해에 대비해 법적 근거를 마련하고, 수집된 정보의 보유 제한기간, 경찰·검찰의 인공지능 장치 보유·사용에 관한 감독 규정이 필요하다고 할 수 있다.[194]

인공지능기술 악용·오용 방지를 위한 법·제도의 마련

인공지능기술의 악용 및 오용을 방지하기 위해서는 엄격한 법적 장치나 이를 지키지 않았을 때의 처벌 등에 대한 사회적 논의와 합의, 법률 및 제도 연구 등이 마련되어야 할 것이다. 오용 및 오작동을 자동으로 탐지하고 대처하는 기술을 선제적으로 마련할 필요도 있으며, 안정적이고 신뢰성 있는 인공지능기기가 개발되도록 노력해야 할 것이다. 인공지능기술의 활용범위를 조절하여 개인 프라이버시를 보호하고 공공통제를 방지하는 기술을 인공지능에 기본적으로 장착하도록 하거나, 미국의 「사베인스-옥슬리법(Sarbanes-Oxley Act)[195]과 같이 회사경영의 책임과 의무 등을 부여하기 위해 제도적 장치가 마련되어 인공지능기기의 사용자들의 권익을 보호할 필요가 있을 것이다.[196]

따라서 인공지능기술의 활용범위 확대에 대비하여 관련 제도를 정비하고 인공지능산업 활성화 및 부작용 최소화를 위한 법·제도 정비에 나서야 할 것이다.[197] 기술의 발전이 불러올 사회적 변화에 대한 입법적 차원의 대응은 반드시 필요하다. 그러나 이러한 대응은 앞서 나간 예측에 기반할 필요는 없다. 과도한 예측은 불필요한 규제를 양산할 수 있기 때문이다.[198] 오히려 현시점에 중요한 것은 인공지능환경에서의 법규범 정립을 위한 진지한 분석과 소통이다. 다소 시일이 걸리더라도 단계적이고 계획적인 입법적 대응방안의 모색이 필요하다.[199]

전술한 바와 같이, 테러 및 범죄 등에 의한 악용을 막기 위해서는 세계적인 천재 물리학자 스티븐 호킹(Stephen Hawking) 등을 비롯한 인공지능, 로봇공학 연구가들이 인공지능 무기에 반대하는 성명서에서 강조하듯이, "인간의 제어를 벗어난 자동화 무기를 금지하는 법을 제정"도 국제적 공조하에서 함께 모색해 나가야 할 것이다.

유엔차원에서도 킬러로봇 개발 규제협약을 만들기 위한 시도가 진행되고 있다. 2013년 유엔 특별보고관 크리스토프 헤인즈는 "킬러로봇 개발을 금지해야 한다."는 보고서를 낸데 이어 지난 2014년 11월에는 킬러로봇의 잠재적 위험을 경고하는 유엔특별회의가 열리기도 했다. 이 회의에서 인권단체 휴먼라이트워치(HRW) 등이 주도하는 킬러로봇 반대단체 '스톱킬러로봇(Stop Killer Robot)'은 "인간이 킬러로봇의 개발과 배치·운용 등을 제어할 최소한의 수단이 필요하다."며 "민간인 살상을 금지한 제네바 협약 같은 국제 규제를 마련해야 한다."고 주장한 바 있다.[200]

전문가들은 인공지능이 인간과 공존하기 위해선 윤리규범과 책임, 규제에 대한 논의가 이루어져야 한다고 지적한다. 경험(계산)하지 않은 경우 엉뚱한 결과를 도출하는 '오류 및 오작동(bug)'을 줄이기 위한 기술발전 등도 중요하지만 더 큰 '재앙'이 되지 않게 하려면 미래상황을 예측해 인간과 함께할 수 있고[201] 테러·범죄 악용 방지를 위한 법률·제도적 장치를 마련해 나가야 할 것이다.

테러환경의 원천적 제거를 위한 노력

인공지능으로 가는 인류사회에서 가장 심각하게 대두되는 일은 이를 선점하는 관련산업 소수의 사람들은 상상할 수 없는 소득을 올리지만 뒤처지고 소외된 자들은 엄청난 격차로 벌어져 빈부의 양극화에 대한 국제사회의 공동대책이 없으면 이슬람국가(IS)의 테러처럼 무차별·무자비한 테러집단이 날뛸 수밖에 없을 것이다. 그들이 초지능 로봇을 탈취하거나 개발한다면 지구는 멸망의 길로 나아가게 될 것이다.[202] 따라서 눈부시게 발전하는 지구촌 문명세계가 윤리와 도덕을 바탕으로 하여 정도의 길로 발전을 도모해 나가면서 특히 소외된 국가나 집단이 없이 인류 모두가 함께 공동번영으로 반드시 동반성장·발전을 도모해 나가야 할 것이다.[203]

또한 인공지능시대 빈부격차 문제와 관련해서도 사회적 기업을 증가시켜야한다. 보통 기업은 이윤추구를 목적으로 하는데, 사회적 기업은 전반적인 사회발전과 이윤추구, 2마리의 토끼를 쫓는다. 예컨대 인공지능으로 개발도상국가에 전염병 예방산업을 하거나, 미세먼지를 예고하고, 없애는 연구를 하며, 사회적 소수자 까지 인공지능의 해택을 같이 누리도록 하는 것이다. 이를 위의 일자리 문제와 결합시켜, 나라가 직접 사회적 기업을 만드는 방법도 있다. 경제 대공황 때의 케인즈(J.M. Keynes) 이론처럼 국가가 먼저 국채를 내어, 회사를 세워 일자리를 보장하고, 경제가 성장했을 때에는 국채를 회수해서 안정적인 국가시스템을 유지하는 것이다. 그때 나라가 이런 사회적 기업들을 세운다면, 사람들에게 일자리를 보장할 뿐만 아니라, 인공지능의 해택분배의 불평등을 해결할 수 있을 것이다.[204]

인류 역사와 기원을 같이 하는 테러는 현대에 이르러 지역과 국가를 불문하고 가장 심각한 사회문제임과 동시에 국가안보 문제로 등장했다. 특히 우리나라는 분단 이후 지금까지 끊임없는 북한의 테러에 직면해왔으며, 최근 해외에서 이슬람 수니파 극단주의 무장 단체 이슬람국가(IS) 등 국제테러단체의 무차별적인 테러가 지속되면서 우리국민의 테러 현실화에 대한 불안과 우려도 커지고 있다.[205] 이처럼 테러리즘(terrorism)의 위협은 인권·빈곤 문제등과 함께 오늘날 국제사회가 직면하고 있는 가장 심각한 안보문제로서 주목을 받고 있다.[206]

통상 테러단체는 정국이 혼란할수록 치안 불안정에 편승해서 테러를 자행한다. IS와 같은 국제테러조직도 문제이지만 자생적 테러는 더 큰 문제이다. 이러한 까닭에 미국 오바마 대통령은 '자생 테러가 9·11테러 못지않은 고통을 줄 수 있다.'고 경고한 바도 있다.[207]

무인비행기 '드론'이 이라크서 자폭용으로 실전에 사용된 것처럼 자폭테러가 멀지 않아 로봇·드론으로 대체될 것이다. 그래서 앞으로 로봇·인공지능·가상현실·사물인터넷 등 제4차 산업혁명 시대가 도래할 신세계 사회 변화상에 주목해야 하는 이유다. 더구나 다문화사회로 국내 유입된 이슬람권 인력이 종교적 신념에 의한 '자생적 테러'(제노포비아 현상), 탈북자들의 사회부적응(빈곤층 전락)에 인한 '외로운늑대형 테러,' 사회불만 세력의 사제총기 제조 테러, 국제범죄조직과 연계된 생계형 테러 및 우발적 정신분열자의 테러 가능성 등에 무방비 노출

되지 않도록 사전대비가 중요하다.[208]

　　그러나 테러를 양산해내는 많은 이유 중 소외와 차별, 인권 박탈은 그 중 제일 큰 원인이다.[209] 따뜻하고 열린 사회, 동과 서, 좌우를 아우르는 상생과 공존, 갈등과 대립을 해소하는 것이 테러를 방지하고 평화를 실현하는 출발점이다. 때문에 테러대응의 우선적 사항은 테러를 유발할 수 있는 소수자에 대한 불평등과 인권침해적 환경을 원천적으로 제거해야 한다.[210] 우리나라도 국제결혼 이민자, 외국인 노동자, 난민, 북한 이탈주민 유입 증가로 국내 체류외국인이 200만명이 넘는 것으로 집계되고 있다. 더 이상 인공지능이 추가된 극단주의 테러가 우리에게 '강 건너 불'이 아닌바 미래의 테러예방을 위해 테러환경의 원천적 제거노력에 소홀히 해서는 안 될 것이다.[211]

국가적 차원에서 적절한 제도 정비와 기술육성

　　탈냉전 이후 테러는 인권, 빈곤문제 등과 함께 국제평화를 위협하는 주요 국제이슈로서 주목을 받고 있다. 테러 양상과 테러환경도 국내외 안보 환경 변화에 따라 점진적으로 다양화되고 있다. 즉 국제적으로 테러사건은 지구촌 곳곳에서 빈발하는 추세이며, 국내적으로도 국제 결혼, 외국인 노동자, 난민 유입, 북한 이탈주민의 증가로 인한 자생테러 발생 가능성이 우려되는 한편, 북한의 군사도발과 테러위협 및 공격의 위험성이 상존하고 있는 것이 우리의 현실이다.[212] 여기에다 인공지능기술의 개발·현실화로 인공지능의 오용, 테러·범죄에서의 악용 가능성도 함께 우려하고, 대비해야 하는 상황이다.

　　특히 인공지능을 악용한 미래테러의 가능성, 구체적으로 인공지능(AI)기술을 활용한 자동화무기 일명 킬러로봇(killer robots) 등이 테러리스트의 수중에 놓이게 되었을 때의 피해는 상상하기조차 꺼려지는 끔찍한 상황이 될 것으로 예상된다. 따라서 인공지능 오작동 방지는 물론 테러·범죄 악용방지를 위한 다각적인 대응책 마련이 요구되고 있다.

라틴 속담에 "현자는 미래를 보는 사람(Sapiens qui prospicit)"이라는 말이 있다. 피터 드러커(Peter Drucker)는 미래를 예측하는 가장 좋은 방법은 그것을 창조하는 것이라고 말한 바 있다. 우리의 불확실한 미래와 미래전에 구체적으로 대비하려는 지기(知己)도 중요하지만, 미국·일본·중국·러시아 등 주변국들의 미래의 상황과 미래전 대응전략이 어떠한지를 아는 지피(知彼)도 매우 중요한 일이라 할 수 있다. 특히 테러와 관련해서도 소 잃고 외양간 고치는 일이 없도록 사전에 철저한 예방 및 발생시 초기진압 등 다양한 대비책을 수립해 나가야 할 것이다.

현대의 기술문명은 한편으로는 한없는 물질생활의 풍요로움을 가져오게 하지만 다른 한편으로는 인간생활에 수많은 위협을 확대 재생산하고 있다.[213] 인공지능에 대한 관점은 인공지능의 통제 가능성, 생산의 효과성, 노동으로부터의 해방이라는 관점과 인공지능의 통제 불가능성과 이로 인한 윤리 문제, 오용·악용 가능성, 일자리 경쟁과 사회적 불평등의 가속화의 관점 등으로 요약해 볼 수 있다.[214] 따라서 양면을 갖고 있는 인공지능을 올바르게 사용하기 위한 노력이 필요하다. 인공지능이 삶을 편리하고 아름답게 바꿀지, 인간의 미래에 어둠을 가져올지는 우리의 선택에 달려 있다고 볼 수 있다.[215]

과거 우리 정부에서 지능형 로봇기술 등이 차세대 성장동력으로 지속적으로 추진되어오기는 하였으나 인공지능 관련기술 간 연계 및 융합측면은 미흡한 상황인 것으로 분석되고 있다. 'IT강국' 한국이 새로운 도약을 이루기 위해서는 인공지능에 대한 현실 파악과 철저한 준비가 필요하다고 볼 수 있다. 앞으로의 미래사회를 주도할 인공지능기술에 대한 면밀한 검토와 예측을 통해 과학적 정책을 도출하고 이에 따른 지속적이고 시의적절한 연구·개발·투자가 필요한 시점이다. 또한 사회와 기술발전의 이분법적인 접근이 아닌, 기술과 사회의 유기적 진화가 이루어질 수 있는 체계 마련이 중요하다고 할 수 있다.[216]

인공지능은 악용 및 오작동 등에 대한 적절한 대비책이 마련되지 않는다면 크고 작은 사회·윤리적 문제들도 발생할 수 있다. 또한 인공지능기술이 우리 사회에 가져다 줄 영향에 대하여 올바르게 전달되지 않은 상황에서 미래에 대한 막연한 우려나 불안감이 커질 경우에는 기술 발전이 저해될 가능성도 있다. 급속한 기술 발전이 우리에게 가져다 줄 혜택을 마음껏 누리고 부작용들을 미리 예방하기 위해서는 기술영향평가와 같은 토론의 장이 꾸준히 마련될 필요가 있다. 기술이 가져올 부정적 영향은 최소화하고 긍정적 영향은 최대화하며 국제적으로도 기술 경쟁력을 갖추기 위해서는 국가적 차원에서 적절한 제도 정비와 기술육성방안이 시급히 마련되어야 할 것이다.[217]

요컨대 인공지능기술은 인간의 삶의 질을 향상하고 인간의 생명과 자유를 위협하는 테러 등의 위협을 예방·극복할 수 있도록 개발이 이루어져야 할 것이다. 오작동의 기술적 극복 노력은 물론 테러·범죄의 악용 방지를 위한 국제적·기술적·입법적·보안적 장치들을 마련해 나가야 할 것이다. 하지만 이것이 필요충분조건은 아닐 것이다.[218]

<참고문헌>

고란, "호킹·머스크·촘스키 "인공지능 킬러로봇 개발 규제해야," 『중앙일보』, 2015년 7월 29일자.

국기연, "인공지능 무장 '킬러로봇' 등장…전쟁 패러다임이 바뀐다," 『세계일보』, 2016년 3월 20일자.

국방기술품질원, 『국방과학기술용어』, 2011.

김기석, "인공지능 앞에 무릎 꿇다," 『경향신문』, 2016년 3월 10일자.

김두현, 『현대테러리즘론』(서울: 백산출판사, 2006).

김명남·장시형 옮김, 레이 커즈와일 지음, 『특이점이 온다(The Singularity Is Near)』(서울: 김영사, 2007).

김신영, "인공지능 로봇에게 치료 받고 DNA 조작 '인간개조' 경쟁," 『조선일보』, 2010년 5월 7일자.

김성용, "판사와 인공지능," 『연합뉴스』, 2016년 10월 26일자.

김용근, "테러는 이미 가까이 있다," 『양산시민신문』, 2016년 8월 9일자.

김윤정·유병은, "인공지능기술 발전이 가져올 미래사회 변화," 한국과학기술기획평가원,

KISTEP InI, 제12호(2016.2).

김지선, "2.2조 국가전략프로젝트 스타트: 인공지능(AI)," 『전자신문』, 2016년 8월 10일자.

강찬수, "인공지능(AI), 30년 뒤엔 인간능력 추월 … 친구냐 적이냐 갈림길," 『중앙 선데이』, 2015년 5월 24일자.

김태형, "인공지능 결합 CCTV, 사람의 눈 아닌 두뇌 대신하나," 『보안뉴스』, 2016년 7월 19일자.

김판석, "인공지능 시대의 국가변혁 전략과 휴로젠트의 출현," 『IT 조선』, 2016년 7월 26일자.

김환표, 『트랜드지식 5』(서울: 인물과 사상사, 2015).

김희준, "인공지능 악용되면 '완벽 범죄' 가능 … 미리 대비해야," 『뉴시스』, 2016년 4월 6일자.

류현정, "일흔 노학자가 인공지능 세번째 봄을 만들었다 … '딥러닝' 대가 제프리 힌튼," Chosun Weekly Biz, 2016.3.8.

박기석, "인공지능무기 금지시켜야," 『서울신문』, 2015년 7월 28일자.

박성제, "'외로운 늑대' 국제사회 새 위협으로 떠올라," 2014년 10월 28일자.

박영숙, 『유엔미래보고서 2015』(서울: 교보문고, 2015).

박원형, "인공지능(AI)과 산업보안," 『보안뉴스』, 2016년 3월 15일자.

방은주, "'기계 범죄가 사람 범죄 추월,' 2040년 안에 … 영 전문가 예측," 『전자신문』, 2016년 9월 29일자.

신헌철 외, "AI 로봇군인·레이저·EMP … 미래전쟁, 터미네이터가 현실로," 『MK뉴스』, 2016년 3월 21일자.

심우민, "인공지능기술발전과 입법정책적 대응방향," 국회입법조사처, 『이슈와 논점』, 제1138호, 2016.3.18.

심정원, "AI의 습격? … 인공지능, 미래 '직업' 지형도 바꾼다," 『뉴시스』, 2016년 3월 18일자.

양대근, "순찰로봇·지능형 발찌 … 인공지능 '범죄와의 전쟁'서도 주역될까," 『헤럴드 경제』, 2016년 3월 11일자.

오세한, 「사제폭발물(Improvised Explosive Device)테러 사례분석을 통한 대테러대책 효율화에 관한 연구」, 고려대학교대학원 석사학위논문, 2013.

원호섭, "미(美) 대통령이 알아야 할 6大 과학지식," 『MK뉴스』, 2016년 10월 24일자.

원호섭, "앨런 튜링을 옮긴 듯한 인공지능 … 테러·전쟁막는다," 『MK뉴스』, 2015년 8월

19일자.

유동렬, "김정은 정권 대남전략 및 남북관계 전망," 『새로운 테러위협과 국가안보(Emerging Terrorist Threats and National Security)』(국제안보전략연구원·이스라엘 국제대테러연구소 공동국제학술회의 자료집)』(2016.6.23, 한국프레스센터 국제회의장).

유용원·전현석, "북(北)이 말한 비밀·정밀 핵(核)타격은 핵(核)EMP탄(전자기 펄스탄) 가능성," 『조선일보』, 2013년 3월 8일자.

유정현, "인공지능이 인간에 대한 테러를 한다면," 『아시아경제』, 2016년 3월 24일자.

윤민우, "인공지능과 테러 두 개의 얼굴 … 사이버 공간 속 삶, 준비되어 있는가?," 평화문제연구소, 『월간 통일한국』, 2016년 4월호.

이극찬, 『정치학』, 제6전정판(서울: 법문사, 1999).

이만종, "따뜻하고 열린 사회가 테러대비의 출발점," 『경향신문』, 2016년 6월 16일자.

이만종, "사제폭발물(IED)을 활용한 북한이탈주민의 테러가능성 및 대응방안," 한국테러학회, 『한국테러학회보』, 제5권 제1호 통권8호, 2012.6.

이만종, "테러방지법, 인권침해 최소화가 과제," 『매일경제』, 2016년 3월 4일자.

이만종, "테러리즘의 양상과 대응에 관한 고찰," 원광대학교 경찰학연구소, 『경찰학논총』, 제5권 제1호, 2010.

이만종, "한국의 반테러 관련법제의 제정 필요성과 입법적 보완방향," 원광대학교 경찰학연구소, 『경찰학논총』, 제6권 제1호, 2011.5.

이영진, "국제테러단체보다 '자생적 테러'가 더 위험하다." 『한강타임즈』, 2016년 11월 9일자.

이효석, "알파고 악용되면 완벽한 '범죄기계' 탄생 가능," 『연합뉴스』, 2016년 4월 6일자.

인남식, "이라크 '이슬람 국가(IS, Islamic State)' 등장의 함의와 전망," 국립외교원 외교안보연구소, 『주요국제문제분석』, 2014.9.15.

장호순, "인공지능시대의 명과 암," 『고양신문』, 2016년 8월 22일자.

전성민, "인공지능의 위협과 기회," 『헬스 토마토』, 2016년 4월 17일자.

정상균, "스티븐 호킹 '인공지능·인터넷 위험'" 『파이낸셜 뉴스』, 2014년 12월 3일자.

조영갑, "테러가 군사전략에 미친 영향," 합동참모본부, 『합참』, 제24호, 2005.11.

조인우, "IS가 띄운 '드론 폭탄'..대테러전의 새 위협으로 급부상," 『뉴시스』, 2016년 10월 12일자.

조행만, "불특정 다수를 노리는 급조폭발물: 간단한 구조지만 살상 효과 커," 『사이언스 타임즈』, 2016.11.30.

주원·백홍기, "인공지능(AI) 관련 유망산업 동향 및 시사점," 현대경제연구원, 『지속가능한 성장을 위한 VIP리포트』, 통권 584호, 2014.9.15.

추형석, "인간능력 정복한 '인공지능(AL)'이란?" 『매일경제TV』, 2016.03.10 11:35.

PMG지식엔진연구소, 『시사상식사전』(서울: 박문각, 2014).

한국경제신문·한경닷컴, 『한경 경제용어사전』2016.

한재권, "군사로봇의 명과 암," 『로봇신문』, 2014년 6월 15일자.

황준성·오정연, "모바일시대를 넘어 AI시대로," 한국정보화진흥원(NID), IT & Future Society, 2010.

황철환, "살인로봇, 테러병기 악용 우려<영전문가>," 『연합뉴스』, 2008년 2월 27일자.

"IS, 민간드론으로 '제2의 9·11 테러' 음모: 영국 조사기관 '옥스포드 리서치그룹', 11일 보고서 통해 발표," 『로봇신문』, 2016년 1월 12일자.

"인공지능(AI) 미래 부탁해!," 『MK뉴스』, 2016년 7월 4일자.

"진화하는 드론 병기: 전쟁터 어디까지 무인화 될까?," 『로봇신문』, 2016년 8월 3일자.

Ray Kurzweil, The Singularity Is Near: When Humans Transcend Biology(Penguin Books, 2006).

김병만, "인공지능과 슈퍼연결시대," http://m.blog.ohmynews.com/byungmink/537050(검색일: 2016.12.28).

심채린, "인공지능시대의 문제점과 해결책," http://www.youthassembly.or.kr/niabbs5/bbs.php ?bbstable=im1&call=read&page=1&no=28832(검색일: 2016.11.28).

안광찬, "테러방지법 제정의 배경과 의의, 그리고 군의 과제," http://wwwgunsacokr/bbs/boardphp?bo_ta ble=B01&wr_id=484(검색일: 20161031).

오채나, "인공지능 이대로 괜찮은가?," http://www.youthassembly.or.kr/(검색일: 2016.11.27.).

윤일경, "인공지능의 발전: 찬반론," http://blog.naver.com/lucy1313/220773642268(검색일: 2016.12.1.).

한재권, "군사로봇의 명과 암," 『월간 로봇』, 2014년 6월호, http://www.irobotnews.com/news/articleView.html?idxno=2772(검색일: 2016.11.25.).

혁신날개, "인공지능이란 무엇인가?," http://innobird.co.kr/?p=3076(검색일: 2016.11.27.).

황유덕, "인공지능무기 우리는 반댈세," 『데브멘토』, 2015, 7.28, http://tv.devmento.co.kr/news/messageForword.do?messageId=112945&listReturnURL=messageId%3D9962(검색일: 2016.11.24.).

"데이터 마이닝," 『Naver지식백과: 두산백과』, http://terms.naver.com/(검색일: 2016.12.5.).

"미래석학 인공지능을 말하다," http://blog.naver.com/winhyun/220736829644(검색일: 2016. 11.29.).

"사이버테러리즘,"『위키백과』, https://kowikipediaorg/wiki/(검색일: 2016.9.25.).

"슈퍼테러리즘," http://wwwx-file21com/ref/new_data_viewasp?branch=51&mnum=282& page=3(검색일: 2010.2.15.).

"시사토론: 인공지능 발전(AI 고도화) 찬반토론," http://blog.naver.com/PostView.nhn?blogId= hsuji7018&logNo=220783031194(검색일: 2016.11.29.).

"알고리즘,"『Naver지식백과: 지형 공간정보체계 용어사전』, http://terms.naver.com/(검색 일: 2016.12.4.).

"인공,"『Daum 한국어사전』, http://dic.daum.net/word/(검색일: 2016.11.27.).

"인공지능,"『Naver지식백과: 두산백과』, http://terms.naver.com/(검색일: 2016.11.27.).

"인공지능,"『Naver지식백과: 매일경제용어사전』, http://terms.naver.com/(검색일: 2016. 11.27.).

"인공지능,"『Naver지식백과: Basic 중학생을 위한 기술·가정 용어사전』, http://terms.naver. com/(검색일: 2016.11.27.).

"인공지능,"『Naver지식백과: 첨단산업기술사전』, http://terms.naver.com/(검색일: 2016. 11.27.).

"지능,"『Naver지식백과: 두산백과』, http://terms.naver.com/(검색일: 2016.11.27.).

"테러,"『Naver국어사전』, http://krdicnavercom/detailnhn?docid=39439700&re=y(검색일: 2016.11.27.).

"테러리즘,"『Naver국어사전』, http://krdicnavercom/detailnhn?docid=39440000&re=y(검 색일: 2016.11.27.).

"한국의 군사무기: 한국EMP탄 개발수준," http://blog.daum.net/lily01723/276(검색일: 2016. 11.30.).

『연합뉴스』, 2016년 3월 13일자.

Chapter 6 주석

1) 심우민, "인공지능기술발전과 입법정책적 대응방향," 국회입법조사처, 『이슈와 논점』, 제1138호, 2016.3.18, p.1.

2) 장호순, "인공지능시대의 명과 암," 『고양신문』, 2016년 8월 22일자.

3) 추형석, "인간능력 정복한 '인공지능(AL)'이란?" 『메일경제TV』, 2016.03.10 11:35.

4) 김윤정·유병은, "인공지능기술 발전이 가져올 미래사회 변화," 한국과학기술기획평가원, KISTEP InI, 제12호 (2016.2), p.52.

5) 윤민우, "인공지능과 테러 두 개의 얼굴 … 사이버 공간 속 삶, 준비되어 있는가?," 평화문제연구소, 『월간 통일한국』, 2016년 4월호.

6) 김태형, "인공지능 결합 CCTV, 사람의 눈 아닌 두뇌 대신하나," 『보안뉴스』, 2016년 7월 19일자.

7) Ray Kurzweil, The Singularity Is Near: When Humans Transcend Biology(Penguin Books, 2006); 김명남·장시형 옮김, 레이 커즈와일 지음, 『특이점이 온다(The Singularity Is Near)』(서울: 김영사, 2007).

8) 김판석, "인공지능 시대의 국가변혁 전략과 휴로젠트의 출현," 『IT 조선』, 2016년 7월 26일자.

9) 김윤정·유병은(2016.2), p.52.

10) 유정현, "인공지능이 인간에 대한 테러를 한다면," 『아시아경제』, 2016년 3월 24일자.

11) 김기석, "인공지능 앞에 무릎 꿇다," 『경향신문』, 2016년 3월 10일자.

12) 유정현(2016.3.24.).

13) 이는 특히 기계 지능이 모든 인간 지능의 총합을 추월하게 되는 시점을 의미하는 특이점(singularity) 관념과 연관성이 있다 장시형·김명남(2007) 참조

14) 심우민(2016.3.18), p.1.

15) 김윤정·유병은(2016.2), p.52.

16) 황준성·오정연, "모바일시대를 넘어 AI시대로," 한국정보화진흥원(NID), IT & Future Society, 2010, p.13.

17) "인공," 『Daum 한국어사전』, http://dic.daum.net/word/(검색일: 2016.11.27.).

18) "지능," 『Naver지식백과: 두산백과』, http://terms.naver.com/(검색일: 2016.11.27.).

19) 황준성·오정연(2010), p.13.

20) 『Naver지식백과: 매일경제용어사전』, http://terms.naver.com/(검색일: 2016.11.27.). '인공지능' 항목 참조.

21) 혁신날개, "인공지능이란 무엇인가?," http://innobird.co.kr/?p=3076(검색일: 2016.11.27.).

22) PMG지식엔진연구소, 『시사상식사전』(서울: 박문각, 2014), '인공지능' 항목 참조.

23) 황준성·오정연(2010), p.14..

24) 국방기술품질원, 『국방과학기술용어』, 2011, '인공지능' 항목 참조.

25) "인공지능," 『Naver지식백과: Basic 중학생을 위한 기술·가정 용어사전』, http://terms.naver.com/(검색일: 2016.11.27.).

26) 혁신날개, 앞의 글.

27) "인공지능," 『Naver지식백과: 두산백과』, http://terms.naver.com/(검색일: 2016.11.27).

28) 추형석, 앞의 글.

29) 혁신날개, 앞의 글.

30) 혁신날개, 위의 글.

31) 추형석, 앞의 글.

32) 추형석, 위의 글.

33) 추형석, 위의 글.

34) 추형석, 위의 글.

35) 추형석, 위의 글.
36) 추형석, 위의 글.
37) 추형석, 위의 글.
38) 알고리즘이란 어떠한 주어진 문제를 풀기 위한 절차나 방법을 말하는데 컴퓨터 프로그램을 기술함에 있어 실행 명령어들의 순서를 의미한다. "알고리즘," 『Naver지식백과: 지형 공간정보체계 용어사전』, http://terms.naver.com/(검색일: 2016.12.4.).
39) 혁신날개, 앞의 글.
40) 혁신날개, 위의 글.
41) 혁신날개, 위의 글.,
42) 혁신날개, 위의 글.
43) 혁신날개, 위의 글.
44) 혁신날개, 위의 글
45) 혁신날개, 위의 글.
46) PMG지식엔진연구소(2014), '인공지능' 항목 참조.
47) 추형석, 앞의 글.
48) 황준성·오정연(2010), p.13.
49) PMG지식엔진연구소(2014), '인공지능' 항목 참조.
50) 추형석, 앞의 글.
51) 황준성·오정연(2010), p.13.
52) 황준성·오정연(2010), p.13.
53) 류현정, "일흔 노학자가 인공지능 세번째 봄을 만들었다…'딥러닝' 대가 제프리 힌튼," Chosun Weekly Biz, 2016.3.8.
54) 황준성·오정연(2010), p.13.
55) 추형석, 앞의 글.
56) 추형석, 위의 글.
57) 주원·백흥가, "인공지능(AI) 관련 유망산업 동향 및 시사점," 현대경제연구원, 『지속가능한 성장을 위한 VIP리포트』, 통권 584호, 2014.9.15, p.130.
58) 주원·백흥가(2014.9.15), p.130.
59) 장호순(2016.8.22.).
60) 머신러닝이란 컴퓨터가 주어진 특징 정보에 기반하여 데이터 분류방법을 자동적으로 습득하고, 이를 새로운 데이터에 적용 및 분류하는 방식을 의미한다. 심우민(2016.3.18.), p.1
61) 딥러닝이란 머신러닝의 진일보한 기술 중 하나라고 할 수 있는데, 인간이 특징 정보를 사전에 설계 및 제시하는 것이 아니라, 컴퓨터가 추상적 차원의 특징을 획득하여 이미지 및 데이터를 분류하는 방식을 의미한다. 심우민(2016.3.18.), p.1
62) 심우민(2016.3.18), p.1.
63) 장호순(2016.8.22.).
64) 장호순(2016.8.22.).
65) 가트너는 미국 코네티컷주에 본사를 둔 IT분야의 리서치 기업이다. 한국경제신문·한경닷컴, 『한경 경제용어사전』2016, '가트너' 항복 참조.
66) 김윤정·유병은(2016.2), pp.53~54.
67) 김윤정·유병은(2016.2), p.55.
68) "인공지능," 『Naver지식백과: 첨단산업기술사전』, http://terms.naver.com/(검색일: 2016.11.27.).
69) 추형석, 앞의 글.
70) 4차 산업혁명은 빅데이터와 사물인터넷(IoT), 인공지능 등이 결합한 산업 시스템을 뜻한다. 1780년대 증기기관을 활용한 기계적 혁신을 담은 1차 산업혁명, 1870년대 전기를 이용한 대량생산 체제로 접어든 2차 산업혁명, IT와 인터넷에 의한 컴퓨터 자동화 시스템이 주도하는 3차 산업혁명에 뒤이은 것이다. 4차 산업혁명은 3차 산업혁명의 핵심인 정보통신기술에 기반한다.

사람과 사물, 사물과 사물이 인터넷으로 연결되고 광범위한 자료와 데이터를 분석해 인간의 행동까지 예측 가능하다고 보는 것이다. 인간행동 양태에 대한 예측결과를 토대로 맞춤형 상품을 생산하고 가치를 창출하는 것이 제4차 산업혁명의 요체다. 김성용, "판사와 인공지능," 『연합뉴스』, 2016년 10월 26일자.

71) 김지선, "2.2조 국가전략프로젝트 스타트: 인공지능(AI)," 『전자신문』, 2016년 8월 10일자.
72) 김신영, "인공지능 로봇에게 치료 받고 DNA 조작 '인간개조' 경쟁," 『조선일보』, 2010년 5월 7일자.
73) 김신영(2010.5.7.).
74) 원호섭, "미(美) 대통령이 알아야 할 6大 과학지식," 『MK뉴스』, 2016년 10월 24일자.
75) 강찬수, "인공지능(AI), 30년 뒤엔 인간능력 추월…친구냐 적이냐 갈림길," 『중앙 선데이』, 2015년 5월 24일자.
76) 장호순(2016.8.22.).
77) 장호순(2016.8.22.).
78) 김환표, 『트랜드지식 5』(서울: 인물과 사상사, 2015), '킬러로봇논란' 항목 참조.
79) 김환표(2015), '킬러로봇논란' 항목 참조.
80) 황준성·오정연(2010), p.11.
81) 심정원, "AI의 습격?…인공지능, 미래 '직업' 지형도 바꾼다," 『뉴시스』, 2016년 3월 18일자.
82) 김윤정·유병은(2016.2), pp..57~58.
83) 로스 인텔리전스(ROSS Intelligence)는 법률 전문가의 사전조사업무를 크게 개선하기 위해 IBM 왓슨(Watson)과 연결하여 법률관련지원을 하는 기계학습 인공지능을 개발하였으며, 블랙스톤 디스커버리(Blackstone Discovery)는 150만건 이상의 법률문서로부터 기존 법률자료를 조사하는 시스템을 개발했다. 김윤정·유병은(2016.2), p.58.
84) 오프쇼어링(off-shoring)은 기업이 생산비 절감 등을 위해 생산기지를 해외로 옮기는 현상을 말한다. 김윤정·유병은(2016.2), p.58.
85) 리쇼어링(re-shoring)은 해외에 나간 기업이 다시 자국으로 돌아오는 현상을 말한다. 김윤정·유병은(2016.2), p.58.
86) 김윤정·유병은(2016.2), p.58.
87) 김윤정·유병은(2016.2), p.58.
88) 'Artificial Intelligence and IT: The Good, the Bad and the Scary': 2015년 7월24일~31일 사이 조직 IT 의사결정자를 대상으로 한 온라인 설문 조사 실시(534명 응답, 북미 및 유럽이 72%를 차지). 김윤정·유병은(2016.2), p.58.
89) 김윤정·유병은(2016.2), p.60.
90) 김윤정·유병은(2016.2), p.60.
91) 김윤정·유병은(2016.2), p.61.
92) 강찬수(2015.5.24.).
93) 심정원(2016.3.18.).
94) 김윤정·유병은(2016.2), pp.61~62.
95) 김윤정·유병은(2016.2), p.62.
96) "인공지능(AI) 미래 부탁해!," 『MK뉴스』, 2016년 7월 4일자.
97) 김윤정·유병은(2016.2), p.62.
98) 장호순(2016.8.22.).
99) 오채나, "인공지능 이대로 괜찮은가?," http://www.youthassembly.or.kr/(검색일: 2016.11.27.).
100) 전성민, "인공지능의 위험과 기회," 『헬스 토마토』, 2016년 4월 17일자.
101) 오채나, 앞의 글.
102) 신정원(2016.2.18.).
103) 박영숙, 『유엔미래보고서 2045』(서울: 교보문고, 2015); 신정원(2016.2.18.).
104) 신정원(2016.2.18.).

105) 신정원(2016.2.18.).
106) 심채린, "인공지능시대의 문제점과 해결책," http://www.youthassembly.or.kr/niabbs5/bbs.php?bbstable=im1&call=read&page=1&no=28832(검색일: 2016.11.28.).
107) 오채나, 앞의 글.
108) 오채나, 위의 글.
109) 김윤정·유병은(2016.2), p.63.
110) 김윤정·유병은(2016.2), p.63.
111) 오채나, 앞의 글
112) 오채나, 위의 글.
113) 오채나, 위의 글.
114) 오채나, 위의 글.
115) "시사토론: 인공지능 발전(AI 고도화) 찬반토론," http://blog.naver.com/PostView.nhn?blogId=hsuji7018& logNo=220783031194(검색일: 2016.11.29).
116) 안광찬, "테러방지법 제정의 배경과 의의, 그리고 군의 과제," http://wwwgunsacokr/bbs/boardphp?bo_table=B01&wr_id=484(검색일: 20161031)
117) 국방기술품질원(2011), '테러' 참조
118) 김두현, 『현대테러리즘론』(서울: 백산출판사, 2006), p58
119) 조영갑, "테러가 군사전략에 미친 영향," 합동참모본부, 『합참』, 제24호, 2005.11, p105
120) "테러," 『Naver국어사전』, http://krdicnavercom/detailnhn?docid=39439700&re=y(검색일: 2016. 11. 27); "테러리즘," 『Naver국어사전』, http://krdicnavercom/detailnhn?docid=39440000&re=y(검색일: 2016.11.27.).
121) 사이버테러리즘은 정보통신망에서 해킹, 불법프로그램, 악성코드, 서비스 거부, 공격 등 사이버상에서 무차별적으로 공격하는 방식을 말한다 다시 말해서 사이버테러리즘(cyberterrorism, 약칭 사이버테러)은 상대방 컴퓨터나 정보기술을 해킹하거나 악성프로그램을 의도적으로 깔아놓는 등 컴퓨터 시스템과 정보통신망을 무력화하는 새로운 형태의 테러리즘이다 또 하나의 정의로는 상대방 의사와 관계없이 악의적인 메시지를 이메일, 쪽지, 휴대폰 문자메시지 등을 통해 지속적, 반복적으로 보내 괴롭히는 행위를 일컫는다 이들의 공통점은 주로 인터넷넷상에서만 행해진다 "사이버테러리즘," 『위키백과』, https://kowikipediaorg/wiki/(검색일: 2016.9.25.).
122) 유동렬, "김정은 정권 대남전략 및 남북관계 전망," 『새로운 테러위협과 국가안보(Emerging Terrorist Threats and National Security)』(국제안보전략연구원-이스라엘 국제대테러연구소 공동 국제학술회의 자료집)』(2016.6.23, 한국프레스센터 국제회의장), p101
123) 이만종, "테러리즘의 양상과 대응에 관한 고찰," 원광대학교 경찰학연구소, 『경찰학논총』, 제5권 제1호, 2010, p457
124) 일본의 지하철 사린(Sarin) 독가스살포사건, 미국의 오클라호마 연방청사 폭파사건 등이 슈퍼테러리즘의 대표적인 사례라고 할 수 있다 "슈퍼테러리즘," http://wwwx-file21com/ref/new_data_viewasp?branch =51&mnum=282&page=3(검색일:2010.2.15.).
125) 인남식, "이라크 '이슬람 국가(IS, Islamic State)' 등장의 함의와 전망," 국립외교원 외교안보연구소, 『주요국제문제분석』, 2014.9.15, p.2.
126) 박성제, "'외로운 늑대' 국제사회 새 위협으로 떠올라," 2014년 10월 28일자.
127) 안광찬, 앞의 글.
128) 박원형, "인공지능(AI)과 산업보안," 『보안뉴스』, 2016년 3월 15일자.
129) 이만종, "사제폭발물(IED)을 활용한 북한이탈주민의 테러가능성 및 대응방안," 한국테러학회, 『한국테러학회보』, 제5권 제1호 통권8호, 2012.6, pp.148~167 참조.
130) 조행만, "불특정 다수를 노리는 급조폭발물: 간단한 구조지만 살상 효과 커," 『사이언스 타임즈』, 2016. 11.30.
131) 오세한, 「사제폭발물(Improvised Explosive Device)테러 사례분석을 통한 대테러대책 효율화에 관한 연구」, 고려대학교대학원 석사학위논문, 2013.

132) 김신영(2010.5.7.).
133) 국기연, "인공지능 무장 '킬러로봇' 등장…전쟁 패러다임이 바뀐다,"『세계일보』, 2016년 3월 20일자.
134) 국기연(2016.3.20.).
135) 국기연(2016.3.20.).
136) 국기연(2016.3.20.).
137) 국기연(2016.3.20.).
138) 국기연(2016.3.20.).
139) 국기연(2016.3.20.).
140) 국기연(2016.3.20.).
141) "진화하는 드론 병기: 전쟁터 어디까지 무인화 될까?,"『로봇신문』, 2016년 8월 3일자.
142) 『로봇신문』(2016.8.3.).
143) 『로봇신문』(2016.8.3.).
144) 『로봇신문』(2016.8.3.).
145) 김희준, "인공지능 악용되면 '완벽 범죄' 가능…미리 대비해야,"『뉴시스』, 2016년 4월 6일자.
146) 이효석, "알파고 악용되면 완벽한 '범죄기계' 탄생 가능,"『연합뉴스』, 2016년 4월 6일자.
147) 고란, "호킹·머스크·촘스키 "인공지능 킬러로봇 개발 규제해야,"『중앙일보』, 2015년 7월 29일자.
148) 김환표(2015), '킬러로봇논란' 항목 참조.
149) 양대근, "순찰로봇·지능형 발찌…인공지능 '범죄와의 전쟁'서도 주역될까,"『헤럴드 경제』, 2016년 3월 11일자.
150) 이효석(2016.4.6.).
151) 정상균, "스티븐 호킹 '인공지능·인터넷 위험'"『파이낸셜 뉴스』, 2014년 12월 3일자.
152) 한재권, "군사로봇의 명과 암,"『로봇신문』, 2014년 6월 15일자,
153) 유정현(2016.3.24.).
154) 방은주, "'기계 범죄가 사람 범죄 추월,' 2040년 안에…영 전문가 예측,"『전자신문』, 2016년 9월 29일자.
155) 황철환, "살인로봇, 테러병기 악용 우려<영전문가>,"『연합뉴스』, 2008년 2월 27일자.
156) 황철환(2008.2.27.)
157) 유정현(2016.3.24.)
158) 김윤정·유병은(2016.2), pp.63~64.
159) "IS, 민간드론으로 '제2의 9·11 테러' 음모: 영국 조사기관 '옥스포드 리서치그룹', 11일 보고서 통해 발표,"『로봇신문』, 2016년 1월 12일자.
160) 『로봇신문』(2016.1.12.)
161) 『로봇신문』(2016.1.12.)
162) 조인우, "IS가 띄운 '드론 폭탄'..대테러전의 새 위협으로 급부상,"『뉴시스』, 2016년 10월 12일자.
163) 조인우(2016.10.12.).
164) 신헌철 외, "AI 로봇군인·레이저·EMP…미래전쟁, 터미네이터가 현실로,"『MK뉴스』, 2016년 3월 21일자.
165) 유용원·전현석, "북(北)이 말한 비밀·정밀 핵(核)타격은 핵(核)EMP탄(전자기 펄스탄) 가능성,"『조선일보』, 2013년 3월 8일자.
166) 이영진, "국제테러단체보다 '자생적 테러'가 더 위험하다."『한강타임즈』, 2016년 11월 9일자.
167) 유용원·전현석(2013.3.8.).
168) "한국의 군사무기: 한국EMP탄 개발수준," http://blog.daum.net/lily01723/276(검색일: 2016. 11. 30.).
169) 윤민우(2016.4).

170) 윤민우(2016.4).
171) 윤민우(2016.4).
172) 윤민우(2016.4).
173) 데이터 마이닝(data mining)이란 많은 데이터 가운데 숨겨져 있는 유용한 상관관계를 발견하여, 미래에 실행 가능한 정보를 추출해 내고 의사 결정에 이용하는 과정을 말한다. "데이터 마이닝," 『Naver지식백과: 두산백과』, http://terms.naver.com/(검색일: 2016.12.5.).
174) 윤민우(2016.4).
175) 이 성명서(서한)를 삶의 미래연구소(FLI: Future of Life Institute) 홈페이지에 공개하기도 했다.
176) 황유덕, "인공지능무기 우리는 반댈세," 『데브멘토』, 2015. 7. 28, http://tv.devmento.co.kr/news/messa geForword.do?messageId=112945&listReturnURL=messageId%3D9962(검색일: 2016.11.24.).
177) 박기석, "인공지능무기 금지시켜야," 『서울신문』, 2015년 7월 28일자.
178) 심정원(2016.3.18.).
179) 박기석(2015.7.28.).
180) 박기석(2015.7.28.).
181) 김윤정·유병은(2016.2), p.64.
182) 김윤정·유병은(2016.2), p.64.
183) 한재권, "군사로봇의 명과 암," 『로봇신문』, 2014년 6월 15일자.
184) 김환표(2015), '킬러로봇논란' 항목 참조.
185) 김윤정·유병은(2016.2), p.64.
186) 김환표(2015), '킬러로봇논란' 항목 참조.
187) "미래석학 인공지능을 말하다," http://blog.naver.com/winhyun/220736829644(검색일: 2016. 11. 29.).
188) 한재권(2014.6.15.).
189) 김환표(2015), '킬러로봇논란' 항목 참조.
190) 한재권(2014.6.15.).
191) 한재권(2014.6.15.).
192) 한재권(2014.6.15.).
193) 한재권(2014.6.15.).
194) 『연합뉴스』. 2016년 3월 13일자.
195) 미국에서 투자자들을 보호하기 위해 2002년에 제정된 기업회계개혁법으로, 기업 감사제도의 근본적 개혁과 투자자에 대한 기업경영의 책임과 의무나 벌칙 등이 규정되어 있다.
196) 김윤정·유병은(2016.2), p.64.
197) 주원·백흥기(2014.9.15.), p.131.
198) 심우민(2016.3.18.), p.4.
199) 심우민(2016.3.18.), p.4.
200) 고란(2015.7.29.).
201) 심정원(2016.3.18.).
202) 김병만, "인공지능과 슈퍼연결시대," http://m.blog.ohmynews.com/byungmink/537050(검색일: 2016. 12.28).
203) 김병만, 위의 글.
204) 심채린, 앞의 글.
205) 김용근, "테러는 이미 가까이 있다," 『양산시민신문』, 2016년 8월 9일자.
206) 이만종, "한국의 반테러 관련법제의 제정 필요성과 입법적 보완방향," 원광대학교 경찰학연구소, 『경찰학논총』, 제6권 제1호, 2011.5, p.345.
207) 이영진(2016.11.9.).
208) 이영진(2016.11.9.).
209) 이만종, "테러방지법, 인권침해 최소화가 과제," 『매일경제』, 2016년 3월 4일자.

210) 이만종, "지구촌 잇단 테러와 테러방지법,"『국민의 안전을 위한 세이프코리아뉴스』, 2016년 7월 14일자.

211) 이만종, "따뜻하고 열린 사회가 테러대비의 출발점,"『경향신문』, 2016년 6월 16일자.

212) 이만종, "경찰의 테러대응체계 법제에 관한 고찰," 한국테러학회,『한국테러학회보』, 제7권 제2호, 통권 16호, 2014.7, p.89

213) 이극찬,『정치학』, 제6전정판(서울: 법문사, 1999), p.25.

214) 윤일경, "인공지능의 발전: 찬반론," http://blog.naver.com/lucy1313/220773642268(검색일: 2016. 12. 1).

215) 원호섭, "앨런 튜링을 옮긴 듯한 인공지능⋯테러⋅전쟁막는다,"『MK뉴스』, 2015년 8월 19일자.

216) 황준성⋅오정연(2010), p.25.

217) 김윤정⋅유병은(2016.2), p.65.

218) 이만종, "따뜻하고 열린 사회가 테러대비의 출발점,"『경향신문』, 2016년 6월 16일자.

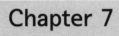

Chapter 7

테러단체의 거점이동과
동남아 확산

테러 거점의 전이·확산

　본 장은 IS(Islamic State)의 동남아지역 확산에 따른 테러위협 및 국내 영향을 분석하기 위한 것이다. 이를 위해 IS의 중동거점 위축과 초국경적 테러 확산, IS의 동남아지역 확산과 테러위협, IS 동남아 확산의 국내영향평가 및 대비책을 살펴본 후 결론을 도출해본 것이다.

　이라크 정부는 지난 2017년 7월 9일 자국 내 IS거점인 모술의 해방과 승리를 공식 선언했다. 이로 인해 쇄락한 IS의 이념과 추종자들은 오히려 전 세계로 확산되고 향후 테러의 노마드화를 통한 범세계적 전이 위험이 증대될 것으로 우려된다. 실제로 최근 필리핀의 사례에서 보듯이, IS의 동남아 확산이 현실화됨에 따라 동남아지역의 고민은 더욱 커지고 있다. IS의 인접지역 동남아로의 확산은 한국에 테러위협의 증대, 한국과 동남아시아의 경제·사회·문화의 인적·물적 교류의 위축을 초래할 가능성이 크다. 하지만 ASEAN＋3의 대테러전과 관련한 활동의 증대 및 동아시아 대테러다자협력을 증대시키게도 될 것이다. 따라서 우리는 테러예방의 생활화, 법제적 보완 등 대테러 역량 강화, 국경 및 공항의 보안 강화, 해외교민·해외여행자 보호대책 수립, 그리고 대테러 국제공조 강화 등 정책적 대비책을 강구해 나가야 할 것이다. 한국도 더 이상 테러의 안전지대가 아니다. 한국은 '외로운 늑대'의 테러 및 IS 이후 새로운 버전의 테러, 그리고 IS의 동남아지역 확산에 따른 테러 등의 위협에 대해서는 아직 그 대비가 미흡한바 대비책이 요구된다. 우리정부는 테러와 관련해서 자조적이면서도 국제사회(특히 미국)와 공조하는 상호 연계적 접근이 필요하다.

본 장에서는 IS의 동남아지역 확산에 따른 테러위협 및 국내영향을 분석하기 위한 것이다. 이를 위해 IS의 중동거점 위축과 초국경적 테러 확산, 동남아 확산의 국내 영향 및 대비책을 살펴보기로 한다.

국제지역분쟁의 백화점; 중동

2011년 '아랍의 봄' 이후 지속되어 온 중동 정세 불안과 테러조직 IS(Islamic State) 등장 이후 국제사회의 긴장이 더욱 고조되어 왔다.[1] IS는 서방 각국의 공공장소에서 무차별 테러를 감행하고 인질 납치, 참수 등 반인륜적인 범죄행위를 자행해왔다. 중동은 예로부터 지정학적 특성으로 서구의 이해관계가 상충되고 분쟁과 테러가 끊이지 않은 곳이다. 2대 고대문명과 3대 유일신 종교의 발상지이며, 세계에서 석유가 가장 많이 매장된 곳이기도 하다. 여러 민족들이 이 지역에서 끊임없이 각축을 벌였으며, 왕정, 신정, 공화정 등 다양한 정치체제가 난립하여 패권 다툼이 이어지고 있다. 이런 까닭에 중동지역은 국제관계학자들의 연구대상이 집약되어 있는 '국제지역분쟁의 백화점'으로도 불린다.[2]

그런 중동 정세가 급변하고 있다. 지난 2017년 6월 29일 IS가 핵심거점지이자 '돈줄'이던 이라크 모술에서 사실상 패퇴했다. 3년 전 같은 날 이슬람 수니파 무장조직 IS가 탄생하여 최고지도자 알바그다디가 '칼리프 국가'를 선언한 곳도 이라크의 제2도시 바로 모술이었다.[3] 이라크 정부가 지난 2017년 7월 9일 자국 내 IS 거점인 모술의 해방과 승리를 공식 선언했다. 수도격인 시리아 락까에서도 영향력을 잃었다. 이라크군과 미국 주도 동맹군이 모술과 시리아 락까 등 주요거점에서 IS를 사실상 몰아내면서 중동 대테러전의 중요한 이정표를 세운 것이라 할 수 있다.[4]

하지만 국제사회가 당장의 승리에 도취해 극단주의를 방치할 경우 테러의 세계화를 부추길 수 있다는 우려 등 '포스트 IS시대'에 대한 고민은 계속되고 있다.[5] 이는 IS의 이념과 추종자들이 전세계로 확산되고 있기 때문이다. 특히 전

세계 무슬림의 18억 명의 60% 이상이 거주하는 아시아·태평양 지역이 IS 거점 붕괴로 인한 '풍선효과'[6]의 피해를 볼 수 있다는 우려가 증가하고 있다. IS는 사라지고 있지만 아시아 국가 출신의 지하디스트들은 자국으로 돌아가 현지 추종세력과 함께 새로운 거점지역을 구축하거나 테러에 나설 수 있다는 걱정이 점점 더 커지고 있다. 실제 IS 추종세력들은 싱가포르, 말레이시아, 인도네시아, 필리핀, 일본, 미얀마, 태국 남부 등을 자신들의 영토라고 주장하고 있다. 따라서 동남아시아 지역은 IS추종세력들로 인한 잠재적 위험이 유럽과 미국보다 훨씬 클 수도 있다. 잔류세력들은 아시아지역의 전사들에게 임무와 공격대상의 새로운 아이디어를 제공하는 시도를 하고 있는 상황이다.[7]

더욱이 아시아·태평양 지역, 특히 그중에서도 이슬람교도(무슬림)가 많은 동남아지역에서 수니파 극단주의 무장세력 'IS'에 자원하거나 IS를 지지하는 세력이 급격히 늘고 있는 것으로 드러나고 있다. 그런 측면에서 향후 동남아지역이 IS의 제2의 근거지가 될 수도 있다는 우려가 결코 과장된 것이거나 기우(杞憂)가 아님을 알 수 있다.[8]

최근 들어 이미 무슬림 인구가 다수이거나 일정 규모 이상 되는 아시아국가에서는 IS에 대한 공포가 현실화되고 있다. 필리핀 남부 민다나오 지역은 2017년 5월부터 IS를 추종하는 마우테 반군과 정부군 간 교전이 계속되고 있다. 로드리고 두테르테 필리핀 대통령은 이 지역에 계엄령을 선포했고, "반군들을 생포하지 말고 사살해도 된다."는 명령까지 내리며 강경하게 대응하였다. 하지만 사태는 아직 진정 기미를 보이지 않고 있으며 이 지역에 대한 계엄령 선포와 정부군의 토벌작전이 계속되고 있다.[9]

사태가 장기화되면서 해외 IS 추종세력들도 마우테 반군에 가담하고 있다. 민다나오에서 필리핀 정부군에 사살된 반군 중에도 인도네시아, 말레이시아, 사우디아라비아 출신이 포함되어 있는 것으로 확인되었다. IS는 지난 2016년 '시리아로 올 수 없는 전사들은 필리핀으로 가라'는 메시지를 담은 동영상을 공개했고, 필리핀 남부를 영토로 지정했다. 필리핀을 비롯한 동남아국가들의 경우 밀림이 많아 은신한 채 장기전을 펼치는 게 용이하여 IS 추종세력들이 이 지역을 점령하면 중동보다 퇴치가 어려울 것이라는 우려도 자주 나오고 있다.

IS는 반군 혹은 테러단체 수준이었던 기존 이슬람극단주의 세력과 달리 국가형태를 구성해, 에미르(Emir·통치자)가 다스리는 모델을 경험해 보았기 때문에 IS 추종세력들은 이를 다시 구현하기 위해 다양한 노력을 기울이고 있다. 약 2억 6,000만 명의 인구 중 90%가 이슬람을 믿는 세계최대 무슬림국가인 인도네시아도 최근 정치권과 사회에서 강경 이슬람주의가 확산되고 있다. 또 제마 이슬라미야(JI) 같은 극단주의 단체들의 활동도 꾸준하다.[10]

사무엘 헌팅턴은 문명의 충돌[11]을 예견·강조한 바 있지만, 서방세계와 이슬람세계의 문명충돌은 여전히 증오와 복수의 악순환으로 치닫고 있다. 최근 IS현상은 특정한 테러집단의 행태로만 제한되는 것이 아니라 전반적 테러 확산 현상과 밀접하게 맞물려 있다. 범세계적 테러확산의 한 축인 '종교기반 급진주의'사상(religious radicalism)은 '폭력적 극단주의(violent extremism)'로 버전을 달리하며 새롭게 발현되고 있어 IS테러에 대한 국제사회의 체계적인 대응이 필요한 시점이다. 한국도 더 이상 테러의 안전지대가 아님은 물론이다.

IS의 중동거점 위축과 초국경적 테러 확산

1. IS의 중동거점 위축 속의 테러위협의 강세

이라크-레반트 이슬람국가(ISIL: Islamic State of Iraq and the Levant), IS(Islamic State, 이슬람국가) 등으로도 불리는 이라크-시리아 이슬람국가(IS: Islamic State of Iraq and Syria, 또는 Islamic State of Iraq and al-Sham)[12]는 국가설립 후 지난 3년여 동안 자행해온 무차별 살상과 테러행위로 국제사회에서 가장 악명 높은 무장테러집단이다.[13] 전세계로부터 최대 4만명에 이르는 신병을 끌어 모으고, 잔혹한 살해영상을 공개하며, 민간인을 무차별 살상하는 공격방식으로 단기간에 테러조직의 대명사가 되었다.

IS의 모태는 한국인 김선일씨를 살해해 우리에게도 잘 알려진 '유일신과 성전'이다.[14] IS는 SNS를 통해 높은 임금과 주택, 자녀 양육비 등 보상금과 복지혜택을 제공하겠다고 선전하며, 10대 청소년을 대상으로 조직원을 모집해왔다.[15] IS가 급격하게 확장될 수 있었던 것은 시리아와 이라크 정부의 국민 통합 실패, 명확한 전쟁명분 제시, 현대적 첨단기기를 활용한 홍보, 사이버상의 폭력을 현실세계로 끌어들이고 명분을 제시, 단일 칼리프가 통치하는 '올바로 인도되는 칼리프시대'의 이슬람 대제국 건설이라는 희망 등이 복합적으로 작용했다.[16] IS의 태동 및 변천경로는 <표 1>과 같다.

〈표 1〉 IS의 태동 및 변천경로

연도	명칭	주도인사	주요활동
2002	Jamaat al Tawhid al Jihad (유일신과 성전)	아부 무사브 알 자르카위 (Abu Musab al Zarqawi)	2003 반미투쟁 인질 참수 시작
2004	Al Qaeda Iraq(알카에다 이라크 지부)		오사마 빈라덴과 연대 알카에다 명칭 사용
2006	Islamic State Iraq (이라크 이슬람국가)	아부 아유브 알 마스리 (Abu Ayub al Masri)	토착화된 조직 확립 평의회 등 기반조직구성
2011			시리아로 확산 알 누스라전선과 연대
2013	Islamic State Iraq-Syria(이라크-시리아 이슬람 국가)	아부 바크르 알 바그다디 (Abu Bark al Baghdadi)	알누스라와 결별 독자적 시리아 내전활동
2014	Islamic State (이슬람국가)		6.29 국가수립 선포

출처: 한상용·최재훈, 『IS는 왜』 (서울: 서해문집, 2016), p.59; 인남식, "IS 3년, 현황과 전망: 테러확산의 불안한 전조(前兆)" 국립외교원 외교안보연구소, 『주요국제문제분석』, 2017~24(2017.6.23), p.4.

그동안 IS가 자행해온 수많은 테러사건과 악행은 일일이 헤아리거나 형언하기 어려울 정도이다. 시리아의 바샤르 알 아사드(Bashar al-Assad) 정부와 IS 간의 교전, 그리고 다수의 저항세력의 복잡한 갈등전선이 심화되면서 2017년 상반기 약 40만 명 내외의 사망자가 발생했고, 400만 명의 난민 및 700만 명의 국내 피난민(Internally Displaced Persons, IDP)이 발생했다. 또한 시리아와 이라크를 제외한 세계각지의 29개국에서 170여 차례 이상의 테러를 실행하거나 영향을 미쳐, 2017

년 상반기까지 최소 2,043명 이상의 사망자 및 다수 부상자를 발생시킨 것으로 종합 분석되고 있다.[17]

이슬람 수니파 무장조직 IS가 탄생한 날(2014.6.29) 최고 지도자 아부 바크르 알 바그다디(Abu Bark al Baghdadi)는 이라크 제2의 도시 모술(Mosul)에 있는 알누리 대모스크에서 어느 누구도 인정하지 않는 자칭 '칼리프 국가'를 선언했다. 이슬람 최고 종교지도자를 뜻하는 칼리프(Caliph)가 통치하는 나라를 자신의 세력권인 이라크와 시리아를 중심으로 세우겠다고 세계에 알린 것이다. 그로부터 정확히 3년이 된 지난 2017년 6월 29일, 이라크 정부는 '칼리프 국가'의 종식을 선언했다. 지난 2016년 10월 개시한 이라크의 반격으로 알누리 대모스크를 비롯해 모술 지역 대부분을 탈환했다.[18]

IS의 세력 확장의 핵심이자 절정을 상징한 곳인 이라크 북부도시 모술(인구 200만여 명)은 수도 바그다드와 터키, 시리아를 잇는 교통의 요지인 데다 유전지대가 가까워 한때 이라크의 경제 수도로 불렸으나, IS가 2014년 6월 당시 모술을 이틀 만에 기습 점령한 후 전 세계 IS테러의 '돈줄'로 전락했었다. IS는 모술에서 자체 행정조직, 학교, 경찰서, 법원을 세우고 자체 화폐를 유통하는 등 실제 국가처럼 통치하면서 모술 주민에게 빼앗은 재산, 고대 유물 밀매, 은행 금고 탈취 등으로 조직 운영자금을 모았다.[19]

2014년 하반기에 파죽지세로 시리아·이라크에서 영역을 확보한 IS는 본격적으로 세력 확장에 나섰다. 그 후 2015년 상반기에 들어 IS에 대한 국제사회의 반격이 본격화되고, IS의 강압적 지배질서로 인한 현지주민들의 민심이반이 일어나면서 상황이 교착국면으로 전개되었다. 2016년 이후 이라크 정부군의 전열정비 및 라마디(Ramadi) 탈환 등이 이어지고, 모술에 대한 진격이 본격화되면서 IS의 영토가 축소되기 시작했다.[20] 2014년 말 10만km²에 달했던 IS점령지는 지난 2017년 6월에는 3만 6,200km² 정도로 줄었다.[21] 확장세가 정점에 달했던 2014년 말 IS는 이라크 전체인구의 19%에 해당하는 630만 명을 통치하며 전체 이라크 영토의 13%를 점령했었으나, 2017년초 점령지역은 전체 이라크 영토의 4%로, 인구는 110만 명(3%)으로 격감했다.[22]

시리아에서도 IS의 점령지역 축소는 유사하게 진행되어, 2014년 시리아 전체영토의 25%를 점령했던 것이 최근 16%로 줄어들었고 점령인구도 330만 명에서 150만 명으로 감소했다.[23] 러시아와 이란은 아사드 정부를 견고하게 지원하였다. 그리고 시리아 내전에서 알 아사드 정권을 암묵적으로 지원하던 이란은 군사개입을 공식화했다. 지난 2017년 6월 7일 IS가 배후를 자처한 테헤란 테러에 대한 '보복'을 핑계로 데이르에조르 일대에 미사일을 발사했는데 이란이 자국 영토 밖으로 미사일 공격을 감행한 것은 약 30년 만이다.[24]

이라크군이 모술 탈환을 한 것은 의미가 크다. '칼리프 국가 종식'이라는 상징성을 넘어 실질적인 IS의 붕괴를 촉발할 수도 있었기 때문이다. IS는 2014년 모술을 점령함으로써 은행·유전 등 자금원의 확보를 바탕으로 다른 지역의 테러조직을 지원하는 등 세력을 확장해왔다.[25] 당시 시리아와 이라크 양국의 북부지역을 장악한 IS는 각각 락까(Raqqa)와 모술(Mosul)을 실질적 수도로 운용하며 3년 동안 폭력투쟁을 전개하면서 역내외 폭력적 극단주의의 대표적 세력으로 자리 잡았고, 시리아의 비극적 내전을 악화시키는 주요요인으로 작용해왔다.[26]

그렇다고 해서 IS가 '3년 천하'로 끝날 것이라고 낙관하기에는 이르다. IS는 2003년 미국의 이라크 침공과 2010년 중동의 민주화 운동인 '아랍의 봄'으로 촉발된 시리아 내전의 부산물이었다. 시리아와 이라크 내에서 IS는 현재 영토를 잃었지만, 제2, 제3의 조직으로 분화하는 토양이 될 수 있다. 그래서 위축된 존재감을 과시하기 위해 해외에서 테러공격을 더욱 감행할 가능성이 높다는 분석도 나오고 있다.[27]

실제로 지난 2016년 각종 무장단체의 공격 횟수는 줄었지만 수니파 무장단체 IS의 테러는 2015년보다 눈에 띄게 증가한 것으로 나타났다. 일간지『가디언(The Guardian)』은 지난 2017년 9월 21일 미국 메릴랜드대학교의 '세계 테러리즘 데이터베이스'를 인용해 지난 2016년 IS가 자행한 테러는 1,400여 회(7000여명 희생)로 조사되어 2015년보다 20% 증가했다고 보도했다. 지난 2016년 전체 무장단체의 공격 횟수와 희생자 수가 2015년보다 10% 정도 준 것을 감안하면 IS의 활동이 두드러진 셈이다.[28]

메릴랜드대학교 보고서에 따르면 IS는 충성을 맹세한 무장단체는 물론 개인, 작은 소모임에 이르기까지 전방위적으로 테러수행을 적극 독려하고 있다. 익명을 요구한 미 국무부 관계자는 "IS에 충성을 맹세한 단체는 IS와 만나기 전부터 분쟁에 관여하고 있었다."며 "IS는 그들을 조종하고 세뇌할 수 있는 능력을 갖추고 있다."고 지적했다. 시리아 락까, 이라크 모술 등에서 영토 대부분을 잃었지만 여전히 국제 테러 네트워크를 주도할 만한 힘을 갖고 있다는 것이다.[29]

그동안 IS는 주변국들의 정규군 못지않은 군사조직도 보유하여 IS지도부는 특히 무차별 약탈과 인질 납치, 석유 밀매 등 각종범죄로 한동안 하루 평균 400만 달러를 벌어들이는 것으로 추정되는 테러자금으로 활용하면서 세력을 확장해왔었다.[30]

그러다가 중동에서 이슬람 수니파 극단주의 무장단체인 IS의 위세가 급격히 쇠퇴하면서 북아프리카,[31] 아프가니스탄, 필리핀, 인도네시아 등이 새로운 중심축으로 주목받고 있다. 현재 이라크와 시리아에서의 위축상황이 지속됨에 따라 IS 핵심 지도부는 내부 투쟁역량을 결집시킴과 동시에 대테러전에 참가하는 국제동맹군의 집중력을 약화시키기 위해 본격적인 역외테러 기획실행에 나서고 있다.[32] 이는 공포확산을 통해 국제연대의 균열을 초래하고, 전 세계에 흩어진 잠재적 지하디스트인 '외로운 늑대'(lone wolves) 즉 자생적 테러리스트[33]에 대한 동기부여를 통해 잠재적 지지층 및 테러리스트 세력을 강화하려는 노력의 일환이라 할 수 있다.[34]

재기를 노리고 있는 IS에 대한 국외로부터 공격 선동과 자금 지원이 계속되고 있다는 유엔의 경고도 나오고 있다.[35]

이런 추세로 볼 때 결국 IS집행부는 조직의 거점이동 및 FTF들의 본국 귀환을 추진하며 테러의 역외확산 및 테러분자의 전이를 통한 다음단계의 폭력적 극단주의 투쟁을 염두에 두는 방향으로 전략을 이행해갈 것으로 전망된다.[36]

2. 제5세대 테러 등장과 IS의 초국경적 테러 확산

1) 제5세대 테러 등장

IS가 위축·약화되더라도 테러는 근절되지 않는다는 것이 많은 전문가들의 지적이다. 새로운 변종이 출현할 것이기 때문이다. 향후 전망은 한마디로 '테러의 노마드화를 통한 범세계적 전이 위험'이 증대하고 있다고 할 수 있다.[37] 노마드란 정착해 사는 것보다 이동하며 유목민처럼 사는 것을 의미하는데, 유목민은 원래 중앙아시아, 몽골, 사하라 등 건조·사막지대에서 목축을 업으로 삼아 물과 풀을 따라 옮겨 다니며 사는 사람들을 말하지만, 현대의 유목민은 디지털 기기를 들고 다니며 시공간의 제약을 받지 않고 자유롭게 사는 사람들을 말한다. 또한 노마드란 공간적인 이동만을 가리키는 것이 아니라 버려진 불모지를 새로운 생성의 땅으로 바꿔가는 것, 곧 한자리에 앉아서 특정한 가치와 삶의 방식에 매달리지 않고 끊임없이 자신을 바꾸어 가는 창조적인 행위를 지향하는 사람을 뜻한다.[38]

　　이처럼 향후 IS조직은 이라크에서는 철수, 시리아에서는 형질변경이 일어날 가능성이 높으며, 이 경우 시리아와 이라크의 핵심 지도부는 가지고 있는 역량과 자산의 상당부분을 정정 불안지역(준 실패국가 또는 취약국가)로 이전시키려 할 것이다.[39] 또 하나의 현상은 확산 대상지역 접점을 확보하는 행보도 드러나고 있다. 프랑스, 영국, 벨기에 및 미국 등의 국가에서는 선전네트워크가 현지 과격세력과 연계되어 언제든 제2, 제3의 브뤼셀, 파리 테러가 일어날 가능성이 커지고 있다. 더구나 IS의 총 24개 행정단위인 '월라얏'이 자율성을 확보하며 거점으로 확산될 경우, 과거 알카에다의 거점이동 현상보다 더욱 폭력이 확산될 위험성도 높다.[40]

　　이런 현상은 9·11테러 이후에도 있었다. 즉 9·11테러 이후 부시(George W. Bush) 행정부에 의해 2004년부터 본격적으로 시작되었던 테러와의 전쟁은 알카에다 궤멸을 목표로 아프가니스탄에 본부를 둔 AQP(Al-Qaeda Prime)를 집중 타격했으나, 이들은 궤멸되는 대신 거점을 분산시켜, 알카에다 북아프리카(AQIM: Al-Qaeda in the Islamic Maghreb), 알카에다 아라비아반도(AQAP: Al-Qaeda in the Arabian Peninsula), 알카에다 이라크(AQI: Al-Qaeda in Iraq, 현 IS와 직접적 연계) 등으로 분기되었던 바 있다.[41] IS테러 확산 관련 동심원 역학구조는 <표 2>와 같이 정리될 수 있다.

〈표 2〉 IS테러 확산관련 동심원 역학구조

제1세대 (알-카에다 1.0)	제2세대 (알-카에다 2.0)	제3세대 (알-카에다 3.0)	제4세대 (IS 1.0)	제5세대 (IS 2.0)
1990~2001 태동기·성숙기 엘리티즘/위계 구도	2001~2011 투쟁기 느슨한 위계 구도	2011~2014 전환기·확산기 네트워크 구도	2014~2018(?) 변형기 국가정부 구도	2018(?)~ 침투기·확산기 개인/지역 구도
무자히딘 귀국 조직/투쟁기반 확보 반미이념 강화 9.11 기획 실행	부시 독트린 테러와의 전쟁 거점 이동 / 산개 이라크 상황 악 화	빈라덴 피살 아랍정치 변동 발생 미국의 철군 DIY 전술	이슬람국가 수립 잔학성 증대 뉴미디어의 활용 테러위협 증대	글로벌 테러 확산 무명 테러 증대 노마드형 테러 국제공조 약화
오사마 빈라덴	오사마 빈라덴 아부무삽 알자르 카위	아이만 알자와히리 안와르 알아울라키	아부바크르 알바 그다디	다양한 권역별 지도체제

출처: 인남식, "IS 3년, 현황과 전망: 테러 확산의 불안한 전조(前兆)" 국립외교원 외교안보연구소, 『주요국제문제분석』, 2017~24(2017.6.23), p.12.

2) 개인테러분자의 확산

지난 3년간 시리아-이라크에서 투쟁에 참여했던 지하디스트 즉 FTF(Foreign Terrorist Fighters)의 본국 귀환이 예상되고, 이들의 귀환은 향후 대테러 정책에 있어 심각한 위해요소가 될 가능성이 크다. 3년 넘게 전장에서 극한투쟁을 했던 테러리스트들이 귀환해서 그 경험을 가지고 본격적인 폭력행위나 조직구성에 나설 경우 해당국가의 안보위협은 물론 역내외 확산 가능성도 증가시키게 될 것이다.[42] 4만 명 중 다수가 귀환할 경우, 튀니지, 사우디 등 비교적 안정적인 국가들이 일시에 테러 위협에 노출될 가능성이 커지며, 이는 중동전체가 불안정 국면으로 전환될 수도 있다. 또한 이들의 귀환으로 유럽 주요국가들도 위협에 노출시켜 기존테러가 빈발하고 있는 프랑스, 벨기에, 영국 및 독일은 물론 러시아 연방 내 분리주의 공화국들의 갈등이 치열해질 것으로 보인다.[43]

2016년 및 2017년 발생한 일련의 테러의 경우, 중화기 및 고도의 기술을 필요로 하는 정밀폭발장치 사용은 거의 없었으며 시중에서 쉽게 구할 수 있는 화학물질을 조악하게 조립하여 테러에 사용할 수 있는 급조폭발물(Improvised Explosive Device, IED), 소총 등의 경화기의 사용 및 심지어는 빌린 트럭으로 다중밀집지역을 질주하면서도 살상이 가능했다는 점에서 하시라도 개인차원의 소프트타깃 테러가 가능하다는 공포도 확산시키고 있다.[44]

FTF가 많이 발생한 주요국가들은 긴장도를 높이며 대응책을 마련하고 있으나 개인의 행적을 일일이 추적하여 검속(檢束)하는 것은 용이한 작업이 아니며, 국제공조가 절실한 상황이지만 최근 국제정세는 국제협력이나 공조보다는 개별국가 중심의 고립주의 경향성이 강화되고 있어 공동대응에 어려움이 있다.[45]

3) 초국경적 테러 확산(Diffusion)의 본격화

IS 전략이 바뀌고 있다. 시리아와 이라크에 대한 연합군의 공습을 피해 본국으로 귀국한 IS대원들이 훨씬 광범위한 지역에서 테러를 시도하려는 것이 바로 그것이다.[46] IS 현상은 동심원적 테러구조로 설명될 수 있으며, 시리아-이라크를 거점으로 하는 자칭 '칼리프 국가'를 중심으로 중동 및 서남아 지역테러를 확산시키고, 나아가 유럽과 동남아시아 등 역외지역으로 확산시키는 추세가 나타날 것으로 전망된다.

즉 시리아/이라크를 핵으로 하고, 터키, 이집트, 사우디아라비비아, 이란, 쿠르드를 제1 동심원(ISIL, 제어세력), 리비아, 예멘, 아프간/파키스탄을 제2동심원(확산거점지대, 공권력 취약상태지역), 마그랩국가(튀니지, 알제리 등), 아프리카국가(소말리아, 에리트리아, 케냐 등), 아세안 국가(인도네시아, 필리핀 등)를 제3 동심원(확산대상지대)으로 하는 테러확산 관련 동심원 역학구조가 바로 그것이다(<그림 4> 참조).[47]

실제로 IS의 테러기법과 수단은 끊임없이 진화해왔다.[48] IS의 현상은 9·11테러 이후 계속되어온 글로벌테러리즘의 어떤 변화를 의미한다.[49] 향후 일종의 FTF Alumni(해외출신 지하디스트 동문)가 조성되면서 세계각지에 테러 유경험자들이 흩어져 비밀네트워크를 결성할 가능성이 매우 높다.[50] 지난 2016년 이슬람 근본주의 테러조직(알카에다, IS, 탈레반 등)들이 인터넷 동영상을 유포하고 SNS 등을 통해

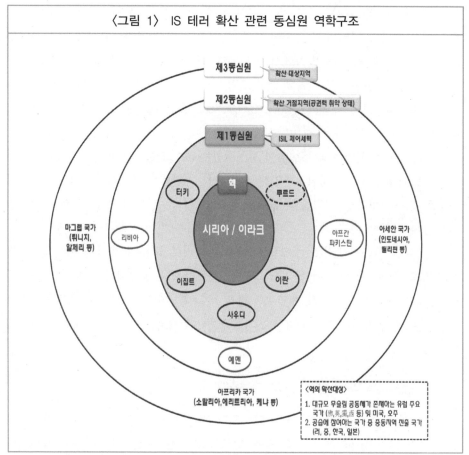

〈그림 1〉 IS 테러 확산 관련 동심원 역학구조

출처: 인남식, "IS 선전전의 내용과 함의," 『주요국제문제분석』, 2016~16(2016.5.20), p.20.

중국의 화약고로 일컬어지는 신장(新疆) 위그르(維吾爾) 자치구의 젊은 위구르인들에게 지하드(성전)를 위한 테러활동을 부추기면서 국제사회의 이목을 집중시킨 것도 우리가 주목해야 할 부분이다.[51]

확산 인프라 면에서도 인터넷과 소셜 네트워크 등 다양한 ICT(Information & Communication Technology, 정보통신기술) 활용기법이 이미 IS대원들에게 익숙하게 전파되었고, 그들이 무차별 살포하는 온라인 매거진 등의 발간물 수준 역시 디자인과 내용 면에서 매우 높은 수준으로 확인되고 있어서 향후 이런 정보통신 네트워크 활용이 더욱 파편화되고 세포 단위로 확산될 경우 국경을 무의미하게 하는 확산이 가시화될 것이다.[52] 그동안 IS는 온라인 공간을 통해 여타 이슬람 극단주의 테러단체들과 공조를 벌이면서 범세계적으로 테러대원을 모집하고 폭발물 제조방법 등을 전수하면서 기존의 테러조직과는 다른 전략으로 해외테러를 독려해왔다.[53] 즉 훈련시킨 해외테러대원(Foreign Terrorist Fighter)을 출신국으로 보내 자생테러를 가하도록 하는 것이다.

또한 콘텐츠 면에서도 IS현상이 보여주었듯이, 다양한 프로파간다(propaganda)와 내러티브(narrative)를 구성할 수 있는 전문성을 가진 테러리스트들이 대거 참여한 사례로 볼 때, 향후 테러리즘과 관련된 홍보와 설득수단의 개발과 전파도 지속될 가능성이 높다.[54]

여전히 이슬람 대의를 내세우고 이슬람 칼리프 국가의 재건을 통한 과거 영화(榮華)의 회복, 그리고 이를 위한 강력한 폭력투쟁을 정당화하는 메시지들이 계속 생산될 경우 IS 2.0의 도래(글로벌 테러 침투·확산기)는 예상외로 빠르게 올 수 있을 것으로 우려된다.[55] 한마디로 IS가 '국경이 필요 없는' 새로운 체제로 전환이 앞당겨질지도 모른다.[56]

4) 유사세력의 다발적 등장 가능성

시리아와 이라크 거점이 점차 약화되고 거점이동 및 개인의 확산이 가속화되면 당분간 IS의 상징물과 깃발의 등장 빈도는 줄어들 수 있으나, 이동한 거점지역에서의 토착화와 맥락화가 이루어질 경우 더욱 파괴력을 갖는 유사세력으로 변형되어 나타날 수 있을 것이다.[57]

이미 아프가니스탄, 리비아, 이집트 시나이반도 및 나이지리아 등에서 유사세력이 IS의 이념에 동조하고 충성을 서약하며, 동일한 노선의 폭력투쟁을 시작했고, 이런 현상은 다시 동남아시아와 중앙아시아 등으로 확산되는 경향성을 나타내고 있다.[58]

특히 유럽국가 중 프랑스와 벨기에 및 영국 등 이슬람권 이민공동체가 활성화되어 있는 국가의 경우 이민 2, 3세 그룹 중 IS의 사상과 이념 그리고 폭력전술을 받아들여 유사한 소그룹을 구성하는 사례가 보고된 바, 향후 이런 움직임 차단

이 대테러전의 핵심이슈가 될 것으로 보인다.[59]

IS의 동남아지역 확산과 테러 위협

1. 동남아시아의 개념

베트남, 캄보디아, 라오스, 태국, 버마, 말레이시아, 싱가포르, 인도네시아, 브루나이, 필리핀 등[60] 아세안(ASEAN) 10개 회원국을 포괄하는 동남아시아는[61] 이 지역의 공통적 면모를 한두 가지로 묶어서 나타내는 것이 가능한가에 대한 논의가 아직도 계속될 만큼 문화양상이 복잡하다. 그래서 동남아를 편의상 유라시아 대륙에 연해 있는 대륙부 동남아(Mainland Southeast Asia)와 해안지대 또는 바다 한가운데 위치한 도서부 동남아(Island Southeast Asia)로 나눌 정도이다. 전자에는 베트남, 캄보디아, 라오스, 태국, 버마가 포함되고, 후자에는 말레이시아, 싱가포르, 인도네시아, 브루나이, 필리핀 등이 해당한다.[62]

동남아시아 지역은 대부분 북회귀선과 적도 사이에 자리잡고 있기 때문에 거의 아주 습한 열대지방이다. 기복이 심하여 지형적으로 단절된 곳이 많이 나타나며, 폭넓은 융기작용으로 솟아오른 산줄기들이 해발 1,500~1,800m에 이르지만 침식지형이 주를 이룬다. 기복은 대체로 아시아 대륙 전체의 지세가 연장된 형태이다.[63] 또한 강수량이 풍부하고 강들이 그물처럼 복잡하게 얽혀 있어, 유역에 형성된 넓은 삼각주에서 널리 농사를 지을 수 있다. 이 가운데 몇 곳은 동남아시아의 주요곡창지대를 이룬다. 이런 자연적인 특징들은 동남아시아의 인문지리, 곧 자연환경과 인간생활의 관계양상에 영향을 미쳐왔다. 북쪽에서는 이 지역으로 들어오기가 어렵고 사람들이 육로로 이동하는 데는 한계가 있었다. 북쪽에 중국이 있는데도, 대체로 동남아시아에 인구가 그리 많지 않은 것은 이 때문이다.[64]

지구상의 200여 개가 되는 나라들은 지역별로 무리지어 나누어 볼 수 있는데, 이들은 지역에 따라 비슷한 문화를 공유한다. 종교를 예로 들면, 한국, 일본, 중국, 그리고 타이완이나 홍콩을 포괄하는 동북아시아(Northeast Asia)는 유교, 또는 대승불교 등을 공동의 문화적 요소로 보유하고 있고, 중동은 이슬람교가, 남아메리카(South America)는 가톨릭 등이 이에 해당한다. 그리고 인도, 파키스탄, 방글라데시, 네팔 등이 포함된 남아시아(South Asia)는 조금 더 복잡하다. 힌두교, 이슬람교, 불교 등 다양한 종교와 문화적 차이를 보이고 있다.[65]

동남아시아 최초의 주민으로 알려진 사람들은 진짜 원주민이었을 것으로 보이는 오스트랄로이드와, 인도 대륙에서 옮겨온 니그리토, 그리고 이 2종족의 혼혈인 멜라네소이드였다. 오늘날의 인종과 문화양식은 인구가 더 조밀하던 내륙지역에서부터 오랫동안 이주가 계속되면서 나타난 것이다. 종족 구성은 유럽 식민지 시절 중국인들이 이 지역으로 몰려들고, 이보다는 작은 규모이지만 인도인과 아랍인들이 이주하여 통혼(通婚)을 하게 되면서 아주 복잡해졌다. 지난 170년 동안 인구는 10배 이상 늘어난 것으로 보인다.[66]

세계 어느 지역도 동남아시아만큼 다양하고 복잡하지는 않다. 종교적으로 보면 동남아시아는 매우 복잡하다. 그 복잡함은 과거 2,000년에 걸쳐서 다양한 외래문화의 영향을 계속해서 받은, 이 지역의 역사적 상황과 깊은 관계가 있다.[67] 이 지역에는 가장 오래된 종교의 흔적들이 다양하게 남아 있다. 아직도 오지의 여러 곳에서는 애니미즘의 관행을 볼 수 있으며, 인도네시아와 말레이시아 여러 곳에서는 불교와 힌두교가 우세했으나 이슬람세력이 침입하면서 세력이 많이 약화되었다. 반면 그리스도교는 이슬람교가 전파되던 마지막 시기에 가서야 한정된 지역에서 받아들여졌다. 동남아시아 지역은, 유럽 식민지가 되기 전부터 계속해서 외부세력의 손에서 역사의 방향이 규정되었다는 점에서 주목할 만하다.[68]

이슬람은 인도네시아 총인구의 약 90%, 말레이시아에서는 50%의 사람들에 의해서 신봉되고 있다. 이슬람교도는 이외에 미얀마, 태국 남부, 필리핀의 민다나오섬 등에도 있어서 소수민족집단을 형성하고 있다. 말레이시아의 이슬람 교도는 수니파의 샤피이파에 속하며, 일반적으로 이슬람의 중심적 교의인 육신오주(六信五柱)를 충실히 지킨다. 이슬람 헌법상, 말레이시아의 국교라고 규정되어 있으며, 각 주의 술탄이 각 주의 이슬람의 수장도 된다.[69]

1억이 넘는 이슬람교도를 가진 동남아시아 최대의 이슬람교국 인도네시아에서는 산토리라고 하여서, 순수하게 이슬람적 경향을 가진 집단이 도시와 농촌의 상인계급을 중심으로 존재하고 있다. 그러나 자바섬의 주민을 중심으로 한 아방간이라고 하는 대다수의 농민은 명목상 이슬람교도이기는 하지만, 힌두 자바적인 애니미즘의 강한 영향을 받아서 정통적 이슬람의 교리에서는 일탈하는 행위도 가끔 관찰된다.[70]

중국에서 동남아시아로 둥산[東山]문화가 전해진 것은 BC 300년이다. 그 후 인도에서 힌두교와 불교가 들어와 전파되었고, 이곳에서 흥망성쇠했던 슈리비자야·샤일렌드라·마자파히트 같은 제국(帝國)들에 문화적·정치적으로 큰 영향을 주었다. 1세기경 인도인들을 중심으로 푸난(Funan) 왕국이 세워져 7세기까지 지속되었으며, 9세기의 첫 4반세기에는 앙코르 왕국이 세워졌다. 10~12세기 크메르 왕국이 캄보디아에서 번성했으나 시암(타이)과 베트남 사이에 자리잡고 있었기 때문에 양쪽에서 공격을 받다가 결국 망하고 말았다.[71]

소승불교가 11~15세기 사이에 동남아 전역에 퍼져 캄보디아의 프놈펜과 오늘날 방콕 북쪽에 있던 아유타야에 소승불교 왕국이 세워지게 될 정도로 큰 영향력을 발휘했다. 15세기에는 이슬람교가 막강한 세력을 펼쳤으나, 한편으로는 포르투갈·네덜란드·영국·프랑스·스페인 같은 서구세력이 이 지역에 몰려들기 시작했다. 이슬람국가들은 차츰 서구열강에게 지배를 받기 시작했으며 시암을 제외한 이 지역 전체가 300년 동안 이들의 식민지가 되었다.[72]

1905년 러시아가 아시아의 열강 일본에게 패하면서 아시아 각국에서는 민족주의 운동이 발전하기 시작했으며, 이 움직임은, 일본이 많은 지역을 점령하고 있던 제2차 세계대전 동안 더욱 활발해지게 되었다. 1950년대까지 이 지역에 있는 국가 대부분이 독립을 맞이했으나 정치적 혼란, 경제적 후진성, 윤리적 갈등, 사회 경제적 불공평으로 인해 전반적으로 정치적 안정을 이루지 못하고 있다. 캄보디아·베트남·라오스 같은 여러 나라들은 공산주의 및 비공산주의 분파들 사이에 공공연하게 일어나는 대립에 시달리기도 했다.[73] 그러다가 1967년 경제적·정치적인 통합을 위해 동남아시아 국가연합(ASEAN)이 만들어졌으며, 이 기구는 1982년 회원국 사이에 관세제도를 일치시킬 것을 논의하는 정도로까지 발전을 이루었지만 아직도 정치적으로 불안정한 특징을 보이고 있다.[74]

요컨대 동남아시아는 인구, 면적, 경제수준의 역내 격차가 크고, 언어, 종교,

민족, 문화의 다양성이 풍부하다. 태국을 제외하고 제2차 세계대전 후에 독립한 제국으로 국가통치와 경제개발에 공통적인 과제를 안고 있어 1950년대부터 지역 협력 구상이 있었지만 냉전과 인도차이나 분쟁으로 실현이 지연되었다. 1967년에 발족한 ASEAN은 1999년 10개국이 모두 가입하였으며 현재 자유무역지역 실현을 위해 정책 조정이 진행되고 있다.

2. IS의 동남아지역으로의 확산과 테러 위협

1) 동남아 이외의 IS대원 분포현황

앞에서도 언급한 바와 같이, 2011년 '아랍의 봄' 이후 지속되어 온 정세불안과 테러조직 IS 등장 이후 이슬람 극단주의 테러행위가 지구촌에 쉴 새 없이 자행되어 왔다.[75] 그러나 강렬했던 중동 극단주의 무장세력 IS는 이라크와 시리아에서 축출되었다. 문제는 도주한 IS 잔당의 행방과 그 다음 행동이다. 현지 취재를 통해 지난 2017년 8월 10일 특집기사를 마련한 일본 『요미우리신문』에 따르면 IS는 모술함락을 앞두고 조직간부들과 무장대원 가족들을 대거 시리아 등으로 조기 대피시켰다. 전투원들을 모술 주변으로 전략적으로 분산시켜 피해를 줄였다. 일부는 가명증명서를 들고 주민인 척하면서 도시를 빠져나갔다. 이에 따라 IS 핵심 전력이 전투력을 유지한 채 도시외곽이나 국경 쪽으로 무사히 빠져나갔다는 것이다.[76]

중동에서 축출된 IS 잔당들은 새로운 거점을 찾고 눈을 전 세계로 돌리고 있다. 중동에서 갈수록 세력을 잃고 있는 IS가 다음 거점으로 관심을 가지고 있는 곳이 동남아시아이다.

IS가 지금까지 거점으로 삼아왔던 이라크와 시리아에서 지배영역을 잃어갈지라도 글로벌 풍선효과로 거점전이현상이 나타날 것이다. 중동에서 거점이 위축·상실되더라도 다른 지역에서 활동을 활성화하거나 강화해 세력을 유지하려는 의도도.[77]

물론 현재 IS가 맹위를 떨치는 곳은 단연 중동이다. 특히 내전 중인 시리아가 단연 두드러진다. 1만 4천명의 무장대원이 활동하고 있다. 그 다음이 이라크로 약 7,000명의 무장대원이 존재한다. 중앙정부가 사실상 부재인 가운데 내전으로 전국이 혼란스러운 리비아에 4,000명 정도의 대원이 있다. 알카에다 등 극단주의 세력의 온상으로 평가를 받아온 이집트에 약 1,500명이 은신 중이다. 아프가니스탄에도 1,500명의 IS 무장대원이 활동하고 있다. IS에 충성을 맹세하는 무장세력도 늘고 있다. 한때 IS가 기존의 탈레반을 누르고 새로운 패권무장세력으로 떠오를 것이라는 전망도 나왔을 정도다. 하지만 아직은 그 정도는 아닌 것으로 판단된다. 인구에서 최대다수를 차지하는 파슈툰(Pashtun)족이 탈레반과 굳건하게 제휴하고 있기 때문이다. 전통의 부족주의도 만연해 IS의 세력 확대에 한계가 있는 것으로 보인다. 그래도 아프가니스탄에서 IS는 이미 만만하게 볼 수 없는 세력이다. 수시로 시장 등 사람이 많은 곳에서 자살폭탄 테러를 벌여 위세를 과시하기도 한다.[78] 그러면 동남아지역국가의 경우는 어떠한가?

2) 동남아에서의 IS대원 분포 및 테러 확산 가능성

IS의 패퇴는 중동과 유럽에만 숙제를 남기는 게 아니다. 전언한 바와 같이 최근에는 동남아시아가 IS의 동진(東進)에 떨고 있다. 특히 아시아·태평양 일대는 전 세계 이슬람 신도 18억 명 가운데 61%가 밀집한 지역이다(2015년 기준). 그래서 IS는 초기 세력 확장기 때부터 아시아권 네트워크에도 마수를 뻗쳤고 인터넷과 소셜미디어(social media)를 통한 선전선동을 해왔다. 싱가포르 난양공대 정치폭력·테러연구 국제센터(ICPVTR)의 로한 구나라트나(Rohan Gunaratna) 소장은 "IS의 영향력이 최근 몇 년간 동남아시아 전역에 퍼졌다."며 "이 지역의 60개 이상 단체가 IS의 최고지도자 알 바그다디에게 충성을 맹세했다"고 말했다.[79]

이런 우려는 최근 필리핀 마라위 사태로 현실화되기도 했다. 지난 2017년 5월 23일 남부 민다나오섬 마라위시(市)에서 시작된 IS 추종단체와 필리핀군의 대립은 500여명에 이르는 사망자를 낳고도 해결기미를 보이지 않고 있다. 인도네시아 자카르타에서도 최근 IS가 배후로 추정되는 자살폭탄 테러(2017.5.24)가 발생했다. 말레이시아 역시 IS 연계테러 공포에 휩싸여 있다. "빠른 조치를 취하지 않으면 동남아시아가 아프가니스탄과 파키스탄 국경의 분쟁지역처럼 될 수 있다."는 인도네시아의 분쟁정책연구소(IPAC)의 경고가 예사롭지 않다. 알카에다에 이어 IS가 등장했듯이 극단주의라는 괴물은 언제 또 다른 이름으로 등장할지 모른다. 3년에 걸친 IS 격퇴전이 끝을 향해가는 데도 '포스트 IS'시대가 밝아 보이지 않는 것은 그 때문이다.[80]

전술한 바와 같이, IS 무장대원은 시리아, 1만 4,000명(교전 중), 이라크 7,000명(교전 중), 리비아 4,000명(내전으로 중앙정부 부재상태에서 존재), 이집트 1,500명(은신 중), 아프가니스탄 1,500명(은신 중)이며, 나머지는 동남아시아 국가가 차지하고 있다.

현재 IS로서는 제3국에서 지배영역을 확대하는 것이 생존을 유지하는 유일한 방법이기도 하다. 자신들에게 테러자금을 송금해줄 해외의 돈 많은 지지자를 확보하고 전투에 나설 외국인 조직원을 조달할 수 없다면 조직유지가 힘들기 때문이다. 그래서 노리는 지역은 가난한 무슬림 인구가 많고 치안이 나쁘며 정치적으로 불안정한 지역이다. 그러한 곳이 극단주의가 침투하기 쉽기 때문이다. 현재 IS가 동남아지역을 중요한 침투와 세력 확대의 목표로 잡고 있는 것은 이 지역에서 자신들을 추종하는 극단주의자들이 독버섯처럼 자라고 있기 때문이다. 동남아시아에서 활동해온 기존 극단주의 조직이 IS와 제휴하고 연대하는 일이 앞으로 급물살을 탈 것으로 예상되는 이유다.[81]

동남아시아의 경우 인도네시아·말레이시아·싱가포르·필리핀에서 IS에 가담하고자 시리아로 간 인원만 최소 900명에 달하는 것으로 알려고 있다. 이들이 귀환하게 될 경우 동남아시아를 겨냥한 테러가 언제 재현될지 공포감이 커지고 있다.[82]

2016년 1월 14일 인도네시아 자카르타 도심을 휩쓴 IS의 동시다발 자카르타 테러 전부터 동남아에는 이슬람 극단주의 테러경고등이 켜졌다. 2015년 11월 시리아·이라크·아프가니스탄의 IS캠프에서 훈련받은 지하디스트(성전주의자)들이 말레이시아 쿠알라룸푸르나 사바주(州)에서 자살폭탄테러를 계획하고 있다는 경찰문건이 유출된 뒤 국경을 맞댄 인도네시아·싱가포르 정부까지 치안태세를 강화했다. 영국 BBC는 시리아·이라크 지역에 합류한 IS 외국인 대원 중 인도네시아·말레이시아 출신이 최대 1,000명에 이를 것이라고 보도했다. 그 중 IS가 이들

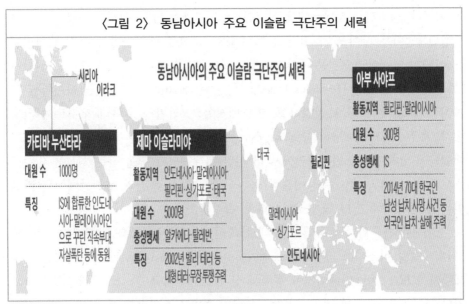

〈그림 2〉 동남아시아 주요 이슬람 극단주의 세력

출처: 김형원, "東南亞 테러리스트 6000명 … "아세안 전체 공포 확산," 『조선일보』, 2016년 1월 16일자.

을 고향으로 '역수출'해 테러를 기도하기 적합한 곳으로 꼽힌 곳이 인도네시아다. 인구(2억6,000명)의 약 90%가 무슬림인 데다, 발리 등 세계적 휴양지를 찾는 관광객들의 발걸음이 끊이지 않기 때문이다. 국체는 세속주의이지만, 아체주 등 일부 지역에서 이슬람관습법 '샤리아'가 강력히 시행될 정도로 근본주의세력의 영향력이 강하다.[83]

최근에는 심각한 경제난과 빈부격차로 근본주의 무장세력들의 절·교회·외국 대사관 습격빈도가 잦아지면서 극단주의세력의 침투가 본격화되는 게 아니냐는 우려가 제기되기도 했다. 조직원이 5,000명에 이르는 인도네시아 이슬람 무장단체 '제마 이슬라미야(JI)'가 2002년 10월 12일 발리 테러 등 굵직한 테러들을 일으키며 '토양'을 다져놓은 것도 극단주의 세력의 침투 가능성을 높여주고 있다. 2016년 1월 24일 자카르타 테러는 인도네시아의 극단주의 단체들이 건재하며 IS의 지시를 수행할 준비가 되어있음을 보여주는 듯했다.[84]

아세안(ASEAN, 동남아시아국가연합) 일원인 필리핀과 말레이시아에도 비상등이 켜졌다. 필리핀은 서남부에 근거지를 두고 민간인 납치·살해를 자행한 이슬람 무장단체 '아부 사야프'가 지난 2015년 IS에 충성을 맹세하면서 테러 위험성이 높아졌다. 아시아외교전문지 '더 디플로매트(The Diplomat)'와 싱가포르 일간지 『스트레이트 타임스(The Straits Times)』 등은 "올해(2016녀) IS가 동남아시아에 근거지를 만들 것"이라고 전망하고, 인도네시아·필리핀을 유력 후보지로 꼽기도 했다. 호주『시드니모닝헤럴드(The Sydney Morning Herald)』는 최근 '아부 사야프' 대원들이 말레이시아 접경지역에서 IS 깃발 아래 군사훈련을 하는 영상을 입수해 보도하기도 했다. 세속주의 이슬람 국가이면서 정치 혼란과 경제난에 시달리고 있는 말레이시아도 IS 타깃 중 하나로 꼽힌다.[85]

그래서 테러위기가 동남아 전체로 확산될 것이라는 우려도 나온다. 영국의 『인터내셔널 비즈니스 타임스(International Business Times)』는 "동남아 이슬람 극단 세력이 인도네시아·말레이시아 등에서 싱가포르와 태국 등으로 세력을 확산하고 있다."고 했다. 여기에 태국·미얀마와 남아시아의 스리랑카 등 불교국가에서는 소수인 이슬람교도가 세력을 넓히면서 불교도와 충돌을 일으키는 사례가 늘고 있다. 극단주의자들이 활개칠 만한 환경이 조성되고 있는 셈이다.[86] 필리핀, 인도네시아, 말레이시아 사례를 좀 더 구체적으로 살펴보면 다음과 같다.

(1) 필리핀

동남아시아에서 IS 무장대원이 정부군과 교전 중인 국가로는 필리핀을 들수 있다. 필리핀에는 1,200명 정도의 IS 무장대원이 있는 것으로 알려지고 있다.[87] 이들은 무슬림이 몰려 사는 남부 민다나오섬의 이슬람 무장세력인 아부 샤아프, 마우테 그룹(Maute Group) 등과 손잡으면서 세력을 늘려가려 하고 있다. 지난 2017년 5월 23일 민다나오 섬 마라위(Marawi) 시에 투입된 100명 이상의 IS 무장대원들이 그 도시의 상당부분을 장악했으며, 최소 100여 명의 민간인을 인질로 잡았고 인질이 된 주민들은 정부군의 폭격을 막기 위한 '인간방패'와 탄약을 나르는 일꾼, 소년병 등으로 활용되고 있는 것으로 알려지고 있다.[88]

2017년 들어서는 상반기 중에 IS와 관련한 테러가 이미 8건 이상이 발생했다. 영국 맨체스터에서 미국 팝가수 마리아나 그란데의 야외 콘서트 행사장에서 자폭테러가 발생하여 22명이 목숨을 잃은 바로 바로 그 다음날인 2017년 5월 23일 필리핀 남부 민다나오 섬에서 외국에서 들어온 것으로 보이는 100명 이상의 IS 무장대원들이 섬 서부의 인구 20만 도시 말라위를 공격해 일부지역을 점령한 것이다. 이들은 병원과 교도소를 장악하고 IS의 검은 깃발을 휘두르며 거리를 돌아다녔으며 가톨릭교회 등에 불을 질렀다. 민다나오(Mindanao)섬에는 그동안 IS에 충성을 맹세한 이슬람 무장단체 아부 사야프와 마우테 그룹이 활동해왔다. 이들은 외국인이나 정부인사 등에 대한 납치와 참수를 일삼으며 IS 추종테러를 벌여왔다. 이 때문에 필리핀 정부는 물론 미국 등 서방국가와 유엔에 의해 테러단체로 규정된 바 있다. 이들 테러단체는 인질 몸값을 바탕으로 재정을 확보해 병력과 장비를 확충해왔지만 이들이 외국에서 들어온 IS 대규모 무장대원들과 합세한 것은 처음이다.[89]

이에 따라 필리핀의 로드리고 두테르테(Rodrigo Duterte) 대통령은 2017년 5월 23일 즉시 민다나오 섬에 계엄령을 선포하고 대규모 병력을 출동시켜 토벌에 들어갔다.[90] 계엄령 선포의 발단은 필리핀에서 활동 중인 동남아 IS 조직 지도자 하필론(Isnilon Hapilon)의 체포작전과정에서 필리핀 내 IS연계 반군세력으로 알려져 있는 아부 사야프와 마우테 그룹이 라나오 델 수르(Lanao del Sur)주의 중심도시인 마라위시를 무력으로 점령하면서 시작되었다.[91]

필리핀 남부 민다나오섬에서는 지난 2017년 5월 23일부터 IS 추종단체와 필리핀군의 대립이 이어지고 있었다. 하필론은 필리핀 내 이슬람 분리주의 단체 중 가장 과격한 '아부 샤야프'의 지부를 이끄는 인물로 IS의 동남아지역 총책임자로 알려져 있다.[92] 그 후 필리핀 정부군과 교전으로 이슬람 반군세력이 크게 약화되었고 마라위 시내 교전구역도 1㎢미만으로 축소되었다는 보도도 나온 바 있다. 하지만 IS에 충성을 맹세한 필리핀 IS 추종 무장대원들은 2017년 9월까지 필리핀 남부 민다나오섬 마라위(Marawi)시를 거점으로 필리핀 정부군 및 경찰과 수시로 교전을 벌였다. 이런 사태를 일으킨 필리핀의 IS 추종 반군단체들은 중동에서 직간접적으로 재정지원을 받아 풍부한 자금을 바탕으로 인력과 무기를 확보하고 있을 가능성이 제기되었다.[93]

반군 토벌에 나선 이후 지난 2017년 7월 28일까지 마라위 시에서는 반군

471명을 사살되었고, 필리핀 군경 114명, 민간인 45명도 목숨을 잃었다. 필리핀 상·하원은 같은 해 7월 22일 합동특별회의를 열고 민다나오 섬에 대한 계엄령 발동기간을 2017년 연말까지 연장해 달라는 두테르테 대통령의 요청을 승인했다. 한편, 지난 7월 25일 민다나오 섬 삼보앙가 시와 이필 지역에서는 IS 추종반군으로 의심되는 남성 59명이 체포되었는데, 이들의 은신처에서는 필리핀 군·경찰제복 수십 벌이 발견되어 필리핀 당국은 이들이 마라위로 숨어들어 반군에 가담하려 했던 것으로 분석했다.[94] IS 퇴치는 두테르테 필리핀대통령의 최대 국정과제가 되었다.[95]

(2) 인도네시아

일본 『요미우리신문(讀賣新聞)』에 따르면, 인도네시아에는 약 30개의 조직이 IS에 충성을 맹세한 것으로 알려졌으며 모두 1,000명 정도의 무장대원이 활동 중인 것으로 추정되고 있다. 2002년 10월 12일에도 알카에다로 추정되는 이슬람 극단주의자들이 관광지 발리에서 폭탄테러를 벌여 202명이 사망하기도 했음은 주지하는 바와 같다.[96]

또한 전술한 것처럼, 지난 2016년 1월 14일 인도네시아에서는 수도 자카르타 도심을 휩쓴 IS의 동시다발 테러로 민간인 2명이 희생되고 테러범 5명이 군경에 사살되었거나 자폭했다. 이는 2005년 10월 발리 테러(202명 사망)나 2009년 자카르타 호텔 연쇄 테러(9명 사망)보다 피해규모는 작지만 체감공포지수는 더 컸다.

또한 자카르타 시내 중심가인 탐린 거리에서는 2016년 1월 14일 IS추종자들이 자살폭탄을 터뜨리고 총기를 난사한 사건은 아시아권에서 벌어진 IS의 첫 테러였다.[97] 인도네시아는 국민(2억6,000만 명)의 약 90%가 무슬림인 세계최대 이슬람 국가다. 그러나 중동국가들만큼 엄격하게 이슬람 율법을 적용하지는 않고, 서구권에 개방적인 편이어서 IS의 비난대상이 되기도 한 까닭에 그동안 IS 추종세력의 테러우려가 끊이지 않았다.[98]

2016년 자카르타 테러 경우, 용의자는 자생적 테러리스트인 '바흐룬 나임'(Bahrun Naim)이라고 인도네시아 당국이 지난 2016년 1월 15일 밝혔다. 나임은 IS 산하 동남아 무장조직인 '카티바흐 누산타라'를 이끌고 있는데, 테러범들은

IS에서 자금을 지원받은 것으로 드러났다. 또 이날 테러범 가운데 1명의 집에서는 검은색 IS 깃발이 발견되기도 했다.[99] 그 후 이 사건의 핵심배후자로 인도네시아에서 처음으로 IS에 충성서약을 한 인도네시아의 IS 연계테러조직을 이끌어 온 급진 이슬람 성직자 아만 압두라흐만을 입건했다. 아만은 이에 필요한 자금을 조달하고 자살폭탄 공격에 나서도록 실행범들을 세뇌한 것으로 조사되었다.[100]

　　IS 무장대원이 필리핀의 이슬람 무장세력과 합세하여 마라위 시 일부를 점령한 이틀 후인 2017년 5월 24일에도 인도네시아 수도 자카르타의 정류소에서 폭탄이 터져 경찰 3명이 사망하고 2명이 부상을 입는 테러사건이 발생했다.[101]

(3) 말레이시아 · 태국

　　말레이시아에도 상당수가 있는 것으로 추정되고 있다. 인도네시아 당국은 IS에 가담하기 위해 시리아로 갔다가 돌아온 100명을 집중적으로 감시하고 있다. 일본 『요미우리신문』에 따르면 아랍에미리트(UAE)의 '뉴스나와' 방송은 2017년 7월 "IS가 말레이시아에 있는 간부를 통해 필리핀에 거액을 송금했다고 보도했다. IS의 자금 이동과 활동이 국제적인 성격을 강화하고 있다는 것이다.[102] 말레이시아 당국은 국가안보 경계태세를 최고조로 올리는 등 동남아 각국은 IS테러에 대비하고 있다.[103]

　　최근 말레이시아에서는 10대 IS전사들이 납치극을 벌이려다 체포된 일이 발생하기도 했다. 지난 2016년 6월 28일 말레이시아 수도 콸라룸푸르 인근 푸총(Puchong) 지역의 나이트클럽에서 수류탄이 터져 8명이 다친 것이 신호탄이다. 이 사건은 말레이시아에서 IS와 관련된 첫 테러이다.

　　태국은 인구 95%가 불교지만 남부의 파타니 등 3개 주는 주민의 80%가 이슬람교도이다. 3개 주는 원래 독립국가였으나 100여 년 전 태국에 합병되었다.[104] IS 테러 이전에도 분리독립을 요구하는 태국 남부지역은 이슬람 전사들이 빈번하게 테러를 일으켜 당국이 한시도 눈을 뗄 수 없는 곳이다. 태국 국가안전위원회 사무총장 타윕 넷니욤 장군은 자카르타 테러와 관련해서 "자카르타 테러(2016.1. 14)는 동남아 각국 보안 당국이 테러 관련정보를 면밀하게 공유하고 대처해야 한다는 일종의 경보"라고 강조한 바도 있다.[105]

IS 동남아 확산의 국내영향평가 및 대비책

1. IS 동남아 확산·테러의 국내영향평가

1) IS, 동남아 칼리프국가 수립 가능성

전술한 것처럼 인도네시아는 세계최대 이슬람 인구 국가이다. 지난 2002년 10월 12일 인도네시아의 휴양지 발리에서는 자살폭탄 테러가 발생하여 한국인 관광객 2명을 포함, 202명의 사상자가 발생했다. 그런데 그뒤 발리에서는 2005년 10월 2일에도 폭탄테러가 발생해 30여 명이 숨지고, 100여 명이 부상하기도 했다. 이슬람 무장단체의 소행으로 추정되는 자살폭탄 테러는 인도네시아를 비롯하여 필리핀, 말레이시아, 태국 등 주변국으로 확산하면서 동남아가 테러공포에 크게 떨게 한 바 있다. 발리 자살폭탄 테러 배후로 지목되고 있는 이슬람 원리주의는 과격무장단체인 제마 이슬라미아(JI: Jemaah Islamiah)이다. 이 단체의 목표는 2025년까지 인도네시아·말레이시아·싱가포르와 필리핀 남부, 태국 남부를 잇는 '동남아 이슬람 제국(이슬람 원리주의 국가)'의 건설이었다.[106]

역사적으로 동남아의 이슬람 운동은 1950년대부터 시작되었다. 그러나 이슬람 운동의 무장조직화가 본격적으로 진행된 것은 JI가 1990년대 인도네시아에서 창설되면서부터다. 정신적 지도자인 아부 바카르 바시르가 2003년 인도네시아 자카르타의 매리어트호텔 폭탄테러사건으로 구속된 이후 루스단이 JI를 이끌었다. 그 뒤를 이은 루스단은 바시르보다 훨씬 과격한 인물이었던 것으로 알려져 있다.[107] 현재 동남아에는 JI를 비롯해 33개 무장세력이 활동 중인 것으로 파악되고 있는데 동남아 각국의 이슬람 무장세력들은 JI와 유사한 목표를 추구하고 있는 것으로 알려지고 있다.[108]

인도네시아의 이슬람 운동배경은 종교적 갈등이 가장 큰 이유다. 일반적으로 인도네시아는 이슬람, 태국은 불교, 필리핀은 가톨릭 국가로 알려져 있다. 하지만 자세히 안을 들여다보면 각각 종교적 분쟁의 씨앗을 안고 있다. 전술한 바와 같이, 태국은 인구 95%가 불교지만[109] 남부의 파타니 등 3개 주는 주민의 80%가 이슬람교도다. 3개 주는 원래 독립국이었으나 100여 년 전 태국에 합병되었다. 필리핀 남부 민다나오 섬의 무장세력들은 "이슬람교도들의 땅이던 민다나오를 기독교도들이 강탈했다."고 주장한다. 태국·필리핀의 무슬림들은 "경제적·행정적으로 차별대우를 받고 있다."고 불평한다. 말레이시아는 이슬람교·불교·기독교가 혼재된 다종교국가다.[110]

　1990년대 이후 약 7만 명의 동남아 출신 무슬림들이 아프가니스탄의 알카에다 캠프에서 군사훈련을 받았다. 그 후 이슬람 운동은 과격화의 길을 걸었다. 때를 같이해 테러도 잦아지기 시작했다. 2002년 10월 202명의 목숨을 앗아간 발리 테러는 동남아 최초의 '알카에다식 테러'로 평가되었다. 2003년 미국의 이라크 침공이후 이슬람권에 반미주의가 팽배하면서 동남아 각국에서 서구인을 노린 무차별 테러가 빈번해졌다.[111]

　지난 2016년 1월 14일 인도네시아 자카르타에서 발생한 이슬람 무장단체의 테러도 재조명되고 있다. 무장괴한 5명이 자카르타 시내 한복판에 있는 스타벅스 등에서 자살폭탄 테러, 총기난사를 벌인 이 사건은 발생 당시만 해도 큰 주목을 받지 못했다. 대담한 범행이긴 했지만 피해자가 소수(2명)에 그쳤고, 동원된 무기 역시 권총에 불과해 충격파가 크지 않았다. 하지만 상황종료 직후 수니파 이슬람 무장단체인 IS가 이번 테러를 자신들의 소행이라고 밝히면서 사건의 성격이 달라졌다. 인도네시아 무슬림을 시리아로 불러들이기만 했던 IS가 아시아를 타깃으로 움직이기 시작한 신호탄으로 해석되었기 때문이다. 실제 자카르타 테러이후 말레이시아에서 IS의 테러미수사건이 일어났고, 우리나라에서도 IS 가담이 의심되는 외국인 근로자들이 추방된 사실이 드러나기도 했다.

　지난 2016년 1월 24일 『뉴욕타임스』 등 주요외신에 따르면 2014년 6월 칼리프국가 선언 후 IS의 전략지역은 사우디아라비아, 예멘, 아프가니스탄 등 중동 3곳과 나이지리아, 이집트, 알제리 등 아프리카 3곳, 파키스탄(남아시아)에 한정되었다. 아시아의 경우 지난 2년 동안 인도네시아 무슬림 500~700명이 IS본부가 있는 시리아로 건너간 사례는 파악되었지만 IS대원이 직접 아시아로 넘어와 테러를 벌인 사례는 파악되지 않았다.[112]

이런 와중에 발생한 자카르타 테러가 지닌 함의는 두 가지로 분석해 볼 수 있다. 우선 인도네시아 정부의 예측보다 빠르게 IS세력이 침투했다는 점이다. 그간 인도네시아에서는 2002년 알카에다 추종 세력인 '제마 이슬라미야'(JI)가 발리 호텔에서 테러를 벌인 이후 14년여 동안 이슬람 극단주의 세력의 '유의미한' 공격은 찾아보기 힘들었다. 특히 2010년부터 최근까지 이슬람 무장단체의 폭탄공격이 12차례 발생했지만 단 하나의 폭탄공격도 성공하지 못했고, 3번의 자살폭탄 테러 역시 괴한 자신들만 사망해 피해가 적었다. 그간 이슬람 급진주의 세력이 인도네시아에서 자리 잡지 못했다는 분석이 가능했던 이유다. 하지만 지난 2016년 1월 IS의 자카르타 테러로 이런 예측은 타당성을 잃게 되었다.

두 번째로 인도네시아가 IS의 중요거점지역이란 추정이 사실로 확인되었다는 점이다. 인도네시아의 이슬람무장단체인 '카티바 누산타라'는 지난 2015년 IS가 시리아에서 쿠르드족 영토를 획득하는 데 큰 공을 세웠다. 2016년 1월 자카르타 테러를 계획한 장본인 바룬 나임이 이끄는 카티바는 이를 통해 당시 IS 시리아 본부의 의사결정단계에까지 개입할 정도로 능력을 인정받았던 요원이었다. 이런 상황에서 벌어진 자카르타 테러는 인도네시아 무슬림들이 IS본부허락을 받고 실제테러를 계획할 정도로 성장했었음을 잘 보여주었던 것이다.

그래서 지난 2016년 1월 15일 자카르타 테러를 계기로 IS의 거점이 인근 필리핀, 말레이시아 등지로 확산될 것이란 우려가 나왔던 것이다. 싱가포르 난양공대 국제문제연구소(RSIS) 안보연구 담당자 로한 구나라트나(Rohan Gunaratna) 교수는 자카르타 테러 이후 발표한 기고문을 통해 "IS가 2016년 안에 적어도 한 곳에 동남아 지부 건설을 선포할 것"이라고 전망했었다. 필리핀의 바실란(Basilan) 섬을 중심으로 한 테러단체 '아부 사야프 그룹'(Abu Sayyaf group)의 이슬니론 하필론이 IS에 충성을 맹세하는 등 IS가 적극적으로 활동반경을 넓힐 가능성이 생겼다는 것이다.

또 이 자카르타 테러 직후인 지난 2016년 1월 15일 말레이시아 쿠알라룸푸르에서는 IS 추종인물이 자살폭탄 테러를 계획하다가 체포되는 사건이 발생하기도 했다. 이 무장괴한은 시리아 IS본부로부터 직접지령을 받고 공격에 나선 것으로 드러났다.[113] 말레이시아 국제문제 전문가 제이 제이 데니스는 "경제적인 어려움이 가중되는 상황에서 행복한 사후세계를 약속하는 IS의 이념에 동조하는 세력이 말레이시아에서 늘고 있어 자카르타 테러 이후 다음 목표는 말레이시아가 될 것”이라고 분석했었다.[114]

그간 무슬림이 많이 살고 있지만 시아파 등 다른 종파에 적대적이지 않고, 서구문화(이슬람 표현에 따르면 '세속주의')에 반감이 적은 동남아시아 이슬람문화의 특성상 극단주의 세력이 아시아로 세력을 확장하기는 힘들다는 예측이 많았다. 하지만 최근 IS 시리아 본부에 있던 인도네시아 조직원이 본토로 귀환하는 사례가 포착되는 등 상황이 급변하고 있다는 분석도 또한 새롭게 제기되고 있다. 전문가들은 이제 아시아도 IS의 '무풍지대'가 될 수 없다며 국제적인 공조방안 등 대비책이 시급히 마련되어야 한다고 지적한다. 쿠마대학 라마크리시나 박사는 “동남아시아는 전 세계무역이 이루어지는 중심해역을 포괄하고 있는 등 지정학적으로 중요해 IS가 이 지역을 노리는 것은 당연해 보인다.”며 IS 확장을 막기 위한 국가 간 노력이 필요하다고 강조했다.[115]

새뮤얼 라클리어(Samuel Locklear) 미국 태평양사령관은 지난 2014년 9월 25일 아시아·태평양 지역에서 약 1,000명의 용병이 IS에 자원한 것으로 파악되었지만 앞으로 더욱 커질 것이라고 밝힌 바 있다. 그는 구체적인 국가별 규모는 밝히지 않았으나 주로 인도네시아 말레이시아 필리핀 등 동남아지역의 이슬람국가 출신 용병이 많은 것으로 알려진 바 있다.[116]

IS의 용병이 아닌 동남아 내에서 자체적으로 활동하는 친(親)IS세력도 생겨나고 있다. 2014년 9월 25일 트위터를 통해 인질로 붙잡고 있는 독일인 2명을 살해하겠다고 위협한 필리핀의 이슬람 과격단체 아부 사야프는 최근 영상을 통해 IS에 충성을 맹세한 단체다. IS의 급진주의가 아시아에서도 세력을 확장하고 있는 징후를 보이는 가운데 아시아의 안보위협이 커지고 있다. 동남아 출신 용병들이 IS에서 활동하다 본국으로 돌아와 테러를 저지를 우려도 확산되고 있다.[117]

최근 IS 추종 반군세력과 정부군 사이의 교전이 벌어지고 있는 필리핀을 필두로 인도네시아, 말레이시아 등 인근국가도 안전을 확신할 수 없는 상태다.[118] 이 지역에서 IS의 세력이 확산되고 있으며 머지않아 칼리프국가 수립을 선포할 가능성이 높다고 지난 2017년 5월 29일(현지시간) CNN이 보도하기도 했다.[119] IS

는 지난 2017년 5월 23일부터 필리핀 민다나오에서 현재까지 정부군과 치열한 교전을 벌이고 있으며, 말레이시아에서는 2017년 5월 IS와 연계된 것으로 추정되는 무기 밀수 혐의 용의자 6명을 적발해 냈고, 인도네시아의 수도 자카르타의 한 버스정류장에서 2017년 5월에 발생한 자폭테러사건도 IS와 관련이 있다. 싱가포르 난양공대 산하 정치폭력테러연구국제센터의 로한 구나라트나 소장은 동남아시아 지역의 60개 이상의 단체가 IS의 아부 바크르 알 바그다디의 지휘를 받고 활동하고 있다고 말한 것처럼 실제로 각 나라 테러조직들의 연계 정황이 드러나고 있다. 최근의 민다나오사태에서 살해되거나 생포된 마우테 대원들의 국적을 보면 인도네이사인들과 말레이시아인들도 보이고 있다.[120]

이처럼 동남아시아가 IS의 확산의 최적지로 떠오르는 이유는 앞서 말한 세 나라가 차지하고 있는 지역은 매우 넓으나 엄청나게 많은 섬들이 점점이 흩어져 있어[121] 군대가 발 빠르게 기동성을 발휘하며 대응하기 힘들기 때문이다. 이 지역은 이미 마약조직, 해적조직 등이 곳곳에서 활동하고 있는 곳이기도 하다. 최근 IS의 지도자인 아부바카르도 시리아와 이라크에서 이미 칼리프국가를 선포했으나 이라크·시리아 양 정부군과 유럽 다국적군에게 밀리면서 칼리프국가체제가 붕괴할 조짐을 보이자 새로운 칼리프국가 수립 후보지로 동남아시아를 선택·추진하려는 움직임을 보이고 있다.

2) IS의 동남아 테러확산·거점확보의 국내 파장

시리아·이라크지역에서 IS가 쇠퇴한 이후 IS잔당과 전직 전투원들이 마치 풍선효과처럼 확산조짐을 보이는 것은 새로운 누려이다. 특히 동남아지역으로의 테러확산과 거점확보는 국내에도 영향을 줄 수 있다. 한국은 아시아 그 중에서도 동아시아에 속한다. 따라서 한국의 이슈는 곧 동아시아의 이슈이고 동아시아의 이슈는 곧 한국의 이슈이다.[122] 동남아시아는 동북아시아의 남쪽에 인접하고 있는 지역이다. 우리나라와는 직접 인접하지 않고 거리상으로는 다소 떨어져 있지만 중동에 비하면 비교할 수 없을 정도로 훨씬 더 가까운 지역이다.

동남아국가 중 필리핀과 태국은 6.25전쟁 당시 우리측에 전투부대를 파견한 국가이고, 미얀마(버마)·캄보디아·인도네시아·베트남은 물자 및 재정지원국이다.[123] 더구나 동남아시아는 한국의 전통적인 우방이자 주요 통상 파트너로 2008년 글로벌 금융위기 이후 그 전략적인 중요성이 더욱 더 강화되어 왔다. 특히 최근의 고도경제성장과 동아시아 역내 통합의 주도권 확보로 인해 전략적 가치가 빠르게 확대되어 왔다. 또한 한국과 정치·경제·사회전반에 걸쳐 '따뜻한 이웃, 번영의 동반자'로서 긴밀하게 관계를 발전시켜왔으며, 사회·문화교류를 심화시켜 왔다. 매우 높은 발전 잠재력을 보유하고 있는 이 지역은 최근에는 중국에 이어 한국의 제2대 교역 파트너 지역으로 부상했으며, 두 번째로 해외 직접투자가 많이 투여된 지역으로 한국경제에서 차지하는 비중이 매우 큰 지역이다. 외교부문에서도 전략적 동반자 관계, 한-아세안 외교장관회의, 주(駐)아세안대표부 개설 등으로 그 범위와 수준이 빠르게 확대되고 있는 추세이다.[124]

나아가 국제결혼 이민과 노동 이주, 한류 등을 통해 문화적으로 한국과 매우 가까워지고 있는 등 동남아시아의 전략적인 중요성이 날로 증대되고 있지만, 한국의 대 동남아시아 교류는 주로 교역, 투자, ODA(Official Development Assistance, 정부개발원조) 등 경제협력 부문에 지나치게 집중되어 왔으며, 사회문화부문에 대한 교류와 협력은 낮은 수준에 머물고 있다. 또한 현재까지 한국과 동남아시아 사이의 사회·문화교류가 쌍방향이 아니라 일방향으로 진행되어왔다는 우려와 함께 향후에 지속적으로 사회·문화교류가 제대로 이루어질지에 대해서도 일부에서는 회의적인 의견이 있는 것도 사실이다. 이런 이유로 아직까지 한국 국민들의 동남아시아에 대한 이해수준은 낮은 편이라고 할 수 있다. 그러나 한국 국민들이 동남아시아 문화전반에 대해 폭넓고 심도 있는 이해를 갖고 있어야 대(對) 동남아시아 외교와 경제협력 등 다방면에서 교류와 협력이 진정성을 확보할 수 있고, 동남아시아에 대한 한국의 관심과 이해 수준 역시 제고될 수 있을 것이다.[125]

향후 중동에서 거점을 잃은 IS 동남아지역 확산에 의한 한국의 국내영향은 다음과 같이 정리해 볼 수 있다.

첫째는 테러 현장·거점의 거리 단축에 의한 심리적 위협 즉 테러에 대한 체감공포지수 및 피해의 증대 가능성이다. 물론 지리적으로 어디까지를 전쟁으로 인한 불안지역이라 하고, 어느 지역을 비전쟁 평화지역이라고 명확하게 구분하기는 어렵다 할지라고, 중동이 아닌 동남아라는 더 단축된 거리로 인해 더욱 절실해진 테러 위협과 그에 대한 테러안보의 중요성이 더 커졌다고 할 수 있다. 거리상 더 가까워진 테러거점 및 테러증대위협으로 우리가 느끼는 테러체감공포·불안정도가 더 커지고 있다고 할 수 있다. 단순한 체감지수의 증대에만 그치지 않고 테러발생시 무고한 인명피해도 증가할 것으로 예상된다.

둘째는 한국과 동남아지역국 간의 경제·교류의 위축 가능성이다. 테러거점의 인접지역 및 빈발지역의 오명을 지니게 될 경우 국가신용도가 떨어져 국가경제에 악영향을 미치게 될 것으로 예상된다. 전술한 바와 같이, 2008년 글로벌 금융위기 이후 그 전략적인 중요성이 더욱 더 강화되어 왔고 중국에 이어 한국의 제2대 교역 파트너 지역으로 부상하고 있는데, IS테러의 거점이 생기거나 IS테러가 동남아로 확산될 경우, 동남아지역 국가들과의 교류협력이 위축될 가능성이 더 커지게 될 것이다.[126]

셋째는 동남아지역 테러거점국 및 테러빈발국과 한국의 사회문화적 교류의 위축 가능성이다. 관광객 감소로 인한 피해도 예상된다. 테러가 잦은 곳은 관광하고 싶지 않은 것이 인지상정(人之常情)이다. 동남아행 관광객의 수도 줄게 되겠지만, 동남아 테러단체 및 그들이 자행하는 테러는 인접국인 동북아 국가들에도 파장을 미치게 될 것이다. 또한 이란 등 이슬람권에서 폭발적으로 일어나고 있는 '한류 열풍'에도 다소 영향을 미치게 될 것이다. 한류열풍이 젊은 세대들의 한국 인지도와 호감도를 높이는 데 이바지하고 있지만, 이슬람 극단주의자들의 시선으로 보면 한류현상이 젊은 세대를 유혹하는 일종의 타락문화로 볼 수 있다.[127] 특히 한국은 미국과 동맹국이면서 미국 다음으로 개신교 선교사 파송수가 많고, '한류' 대중문화가 국제적으로 인기가 많다는 것도 우려하지 않을 수 없는데 그 이유는 비이슬람교와 대중문화 전파 역시 IS가 허용하지 않는 행동이기 때문이다.

넷째, 아세안(ASEAN)의 대테러 기능의 확대 및 동아시아 대테러다자협력증대 가능성을 들 수 있다. 아세안 + 한중일 정상회의는 동남아지역의 공동안보 및 자주독립 노선의 필요성 인식에 따른 지역협력 가능성을 모색하기 위해 1967년 설립된 아세안(ASEAN)은 창설 30주년을 계기로 1997년부터 정상회의의 개최 시마다 한·중·일 정상을 초청하여 회의를 개최해왔다. ASEAN 회원국은 브루나이, 캄보디아, 인도네시아, 라오스, 말레이시아, 미얀마, 필리핀, 싱가포르, 태국,

베트남 등 10개국이고 한·중·일 3개국은 정회원국이 아니기 때문에 의사 결정권은 없으나, 지역의 상호 관심사와 협력방안에 대해 논의할 수 있다.[128] 동남아가 IS의 또다른 거점지역으로 자리 잡게 될 경우, 한·중·일 3국은 대테러다자협력에 함께 노력하지 않을 수 없게 될 것이다.

지난 2017년 7월 30일 호주당국은 여객기 공중폭파 테러를 계획했던 남성 4명을 체포한 바도 있고, 또한 지난 2016년부터 이슬람 근본주의 테러조직(알카에다, IS, 탈레반 등)들이 인터넷 동영상 유포, SNS 등을 통해 중국의 화약고로 일컬어지는 신장(新疆) 위구르 자치구의 젊은 위구르인들에게 지하드(성전)를 위한 테러활동을 적극 부추기면서 국제사회의 이목을 집중시킨 바도 있다.[129] 더욱이 최근 들어 이슬람 테러조직들이 운영자금 확보차원에서 무기 및 마약밀매, 사기, 납치 등 각종 조직범죄에도 적극 가담하면서 심각한 사회문제로까지 확대되고 있는 중이다.[130] 중국이 IS의 동남아 확산에 따른 테러 위협에 긴장하지 않을 수 없는 이유가 여기에 있다.

한국과 일본의 경우 무슬림 인구비율이 낮아 IS 추종세력의 위협에 직접적으로 노출될 가능성은 낮은 편이다. 하지만 한국의 경우 이미 2004년 김선일씨 참수사건, 2007년 아프가니스탄 샘물교회 자원봉사단원 피랍 및 피살사건 등 이슬람 극단주의 테러리즘에 여러 차례 노출되었던 경험이 있다.[131] 향후 한국의 개신교 선교사 파송수(派送數)가 미국 다음으로 많다는 통계(171개국, 2만 7천여 명 추산, 2015년 말 한국 세계선교협의회)는 이슬람 전통주의 노선을 지향하는 이들에게는 불편할 수 있어 극단주의자들이 이를 구실로 삼아 한국사람을 테러대상으로 삼을 가능성도 있다.[132] 또한 2015년 초 수니파 극단주의 무장단체 이슬람국가(IS) 가담한 한국인도 1명이 보도된 바 있고, 이어서 사망설도 나왔지만, IS에 가담한 한국인이 더 있다는 방송(2015년 5월 방영된 SBS스페셜 'IS 이슬람 전사 그리고 소년들') 내용이 화제가 되고 경각심을 불러일으키기도 했다.[133]

한국·일본은 이슬람권에서 대표적인 동북아의 친미국가로 여겨지고 있어 경계를 늦출 수 없는 상황이다. 이미 IS가 우리나라에 테러 위협을 한 바도 있다. 지난 2015년 9월 온라인 선전지 '다비크'에서 국제동맹군 합류국가를 '십자군 동맹국'으로 지칭하며 관련국명단에 한국을 포함시켰다.[134] 같은 해 11월 IS는 또한 테러 위험을 담은 온라인 영상에서 'IS에 대항하는 세계동맹국'이라며 60개국 국기를 표시하며 태극기를 포함시켰다. 그리고 2016년 초에는 해킹을 통해 입수한 우리 국민명단(20명)이 포함된 동영상을 공개하기도 했다. 같은 해 6월 19일 IS에 의해 우리나라 오산·군산 소재 미국공군기지의 구글위성지도와 상세좌표·홈페이지, 그리고 국내 복지단체 직원 1명의 성명·이메일·주소가 공개되고 테러대상으로 지목하기도 했다.[135] 이처럼 우리나라도 IS 및 국제테러조직의 공격대상이 되고 있다.[136]

따라서 테러리즘과 관련해서 '테러 청정국'으로 알려져 있는 한국에서 기우(杞憂)에 가까운 지나친 우려가 오히려 사회불안요인이 되고, 외국인 혐오증 및 테러를 불러일으키게 할 수도 있는바 '정중동'자세로 테러를 방지하고 중동에서의 우리의 이해를 추구하는 지혜가 필요하다. 또한 한국 내에서 '테러방지법,' '다문화 사회로의 변화,' '시리아인 및 무슬림들의 국내 난민 이주,' '이슬라모포비아' 등과 관련하여 정책적 대안이 필요하다.[137]

이처럼 오늘날 테러는 우리가 생각하고 있는 전통적인 안보개념을 바꾸고 있다. 전술한 것처럼 미국의 미시간 주립대의 '하름데 블레이' 교수가 미국이 직면한 세 가지 도전으로 ① 글로벌 테러리즘, ② 중국의 도전, ③ 기후 변화를 꼽았다. 글로벌 테러리즘의 위협은 21세기를 이해하는 가장 중요한 키워드 중의 하나이자 오늘날 국제사회가 직면한 가장 심각한 안보 문제 중의 하나이다. 앞으로 우리가 직면하게 될 현실적인 안보위기는 전면전이나 북한 핵보다도 오히려 크고 작은 테러에 의한 공격방식이 사용될 것인 바 이에 대한 대응책 확보·보완이 시급하다고 할 수 있다.[138]

2. IS 등 테러 확산에 대한 한국의 대비책

비록 IS가 쇠락하였지만, 여전히 IS가 위험한 것은 지역거점을 넘어 전세계에 걸쳐 일반인이 사는 일상공간에서 잔혹한 테러를 벌이고 있기 때문이다. 우리나라도 국제평화유지활동 등에 참여하면서 국제테러단체의 표적이 되고 있다.

지금도 이슬람 과격 테러세력인 이슬람국가(IS)와 알카에다, 알샤바브(Al-

Shabaab) 등은 병원과 학교, 지하철, 나이트클럽, 극장 등 이른바 '소프트타깃(soft target)'을 겨냥한 무차별 테러를 벌이고 있다.[139] 더구나 이라크군·시리아군과 서방국가들(미국과 러시아를 포함한)의 지속적인 공세로 이라크·시리아에서 세력이 약화된 테러리즘 세력들이 '외로운 늑대'들의 '자생적 테러'로 전략 전환을 모색하면서 민간인 영역으로 테러전선이 확산되고 있는 것이다. 특히 IS전투원으로 가담했다가 본국으로 돌아오는 일명 귀환자들(returness)의 문제는 심각하다. 이들은 IS로부터의 군사훈련과 테러, 전투와 관련된 실전경험을 갖추고 있다.

공격의 대상도 처음에는 유럽 중심이었던 것이 점차 이슬람 국가인 말레이시아 등 동남아지역으로 테러 발생지가 옮겨오는 현상이 뚜렷하게 관찰된다. 동남아지역이 테러 가능성이 증대함에 따라 동북아지역에도 비상이 걸렸다. 우려되는 것은 동남아지역은 한국과 떼려야 뗄 수 없는 운명 공동체라는 점이다. 그런 곳에 IS가 세력을 뻗고 있는 상황은 결코 강 건너 불구경할 상황이 아니다.[140] 따라서 테러 방지를 위한 법제도의 보강은 물론 테러예방의 생활화가 절실해지고 있다. IS 등 테러 확산에 대한 한국의 대비책은 다음과 같이 정리해 볼 수 있다.

1) 법률·제도 보완 등 대테러 역량 강화

2016년 6월 3일 제정된 우리의 「국민보호와 공공안전을 위한 테러방지법」은 그동안 군, 경찰, 국정원으로 분산된 대테러업무를 국무총리 산하 '대테러센터'로 집중시킴으로써 새로운 국가안보 위협에 효과적으로 대처할 수 있는 계기가 되었다.[141] 따라서 국정원을 비롯한 검찰과 경찰은 테러 예방 및 근절을 위한 상호협력이 요구된다. 국제적인 정보수집과 관련해서는 국정원이 중요한 역할을 하며 각종 정보수집과 범인 검거 등 각종 범죄의 대처와 관련해서는 경찰이 중요하다고 할 수 있다.[142] 테러와 관련해서 실효성을 발휘할 수 있는 다양화와 역할의 전문화는 물론 기관 간 상호협력이 요구된다고 할 수 있다.

현재 정부 대테러 종합관리의 허브로 운영되고 있는 국무총리실 산하 대테러센터의 역량도 강화해야 한다. 대테러전문기관으로서 전문성을 제고하여 '테러방지 및 위기발생시 즉응능력'을 갖춘 효율적인 정부기구로 관리·육성할 필요가 있다.[143] 이를 위해서는 현재 정부 각 부처 파견인력을 중심으로 구성된 조직을 보다 내실 있게 운영하여야 한다. 그러기 위해서는 장기적으로는 전문성을 갖춘 직군의 인력으로 충원, 배치할 필요가 있다. 아울러 전문가 자문 인력 풀을 확대하여 정보의 획득 수준 및 분석의 질을 제고하고, 이를 통해 대테러 역량 강화를 위한 민관협력 거버넌스도 구축해 나가야 할 것이다.[144]

또한 국내뿐 아니라 국외 체류 국민의 보호를 위해, 강화된 대테러센터의 정보 획득 및 분석물 중 공개가 가능한 범위 내에서 최대한 대국민 정보제공 서비스를 확충해야 한다. 이를 위해 정부는 국제 테러지수의 상시적 알림 기능을 다양한 소스를 통해 제공해야 한다. 특히 외교부에서 운영 중인 영사콜센터의 대국민 테러경보 서비스 지원수준을 높이는 방향으로 대테러센터와 협업도 필요하다.[145]

2) 국경 및 공항의 보안 강화

최근 중동에서 이슬람 극단주의 무장단체인 '이슬람국가'(IS)의 세력이 약화되면서 동남아 국가들이 자국민 IS 조직원의 귀환에 대비해 경계를 강화하고 있다. 즉 말레이시아, 인도네시아 등 동남아 각국이 이슬람 극단주의 무장단체인 '이슬람국가'(IS) 조직원의 귀환에 대비해 국경 및 공항의 보안을 강화하고 있다.[146] 우리 역시 테러와 관련해서 국경 및 공항 등의 보안을 더욱 강화해 나가야 할 시기이다.

이는 우리나라도 폭력적 극단주의 문제에서 더 이상 안전한 지역이 아님이 분명해지고 있기 때문이다.[147] 이를 위해 국내적으로 외국인 근로자들과 무슬림 신자들의 공동체와의 유대관계를 강화하여(민원 청취 및 해결) 테러 예방을 위한 정보수집에도 나서야 한다. 21만 명이 넘는 것으로 추정되는 불법체류 외국인의 동향을 파악하는 데에도 주력해야 할 것이다.[148]

중동에서 귀국한 IS 대원들은 대부분 테러 혐의로 기소되거나 당국의 감시를 받는 것으로 알려져 있지만, 2015년 11월 13일 파리 테러에서 보듯 귀국한 모든 IS대원이 통제받는 것은 아니다. 가짜 여권으로 귀국하면 당국이 파악하기 힘들다. IS전사들이 시리아 밖으로 나오기 시작한 것이 IS의 '글로벌화' 전략과 '귀국 테러'의 시발점이 되고 있다.[149]

예컨대 2015년 IS의 프랑스 파리의 공연장과 축구 경기장 등 6곳에서 발생한 동시다발 테러는 전 세계를 충격에 몰아넣었다. 이 사건은 무려 129명이 사망한다. 프랑스에서는 제2차 세계대전 이후 최악의 참사였다. 파리 테러(2015.11.13)의 용의자 대부분은 유럽에서 자란 젊은이였으며, 시리아로 넘어가 IS 근거지에서 활동한 뒤 프랑스나 벨기에 등 자신들의 국가로 귀국했다는 공통점이 있다. 즉 IS세력에 가담했던 이들이 어느 정도 훈련을 마치고 고국에 돌아가 이른바 '귀국 테러'를 벌인 것이다. 이처럼 IS 전사들이 시리아 밖으로 나오기 시작한 것이 IS의 '글로벌화' 전략과 '귀국 테러'의 시발점이 되고 있다.[150]

그러나 우리나라 경우 1년 내내 테러 위협에서 긴장의 끈을 놓지 말아야 할 인천공항에서 보안관문 4개가 14분 만에 뚫린 적도 있다. 중국인 환승객 두 명이 지난 2016년 1월 20일 밤늦게 닫혀 있어야 할 출국장 문을 통과한 사건이다.[151] 그래서 국경 및 공항, 그리고 항구 등의 보안 강화의 중요성은 여러 번 강조해도 지나치지 않다.

3) 해외교민·해외여행자의 보호 대책 수립

중동·유럽·동남아 등 해외교민, 주재원, 공관 직원 등에 대한 보호 계획을 점검할 필요가 있다. 국제사회에는 중동·유럽·동남아 등에 테러위험지역이 즐비하다. 따라서 테러위험지역 교민, 주재원 및 공관직원 보호 계획 재점검 및 테러예방을 위한 정보수집이 긴요하다. IS는 전성기 시절 인터넷망과 뉴미디어를 활용하여 테러이념과 교범을 확산·전파하고 전사들을 충원하는 스마트한 조직으로 한국의 중동 이슬람권 진출 현황과 주요근거지에 관한 정보를 확보하고 있었다. 해외 교민과 여행자들의 각별한 주의가 필요하다.[152]

전술한 바와 같이, 2004년 김선일 참수사건과 2007년 샘물교회 자원봉사단 피랍사건 등은 국제사회의 이목을 집중시킨 바 있다. 우리는 해외에서 일어날 수 있는 최악의 상황을 항상 염두에 두고 위험지역 교민, 주재원, 직원 보호 계획을 점검해 두어야 할 것이다.[153]

해외 여행자 테러 보호대책도 중요하다. 미국이나 유럽은 물론 터키와 방글라데시·인도네시아 등 과거 테러가 발생하지 않았던 지역도 이제 IS 테러의 사정권에 들어갔다. IS는 주로 '소프트타깃'을 노린다. 이는 민간인처럼 불특정 다수가 테러대상이라는 것이다. 특히 외국 민간인을 테러 대상으로 삼아 최대한의 홍보효과를 이끌어내는 것이 IS의 주요전략이다. 우리 국민도 휴가 때 해외로 나가면 테러에 노출될 가능성이 있다.[154]

해외에서 테러 대책은 쉽지 않다. 예전에는 테러가 일어나는 국가만 피해가면 되었지만 지금은 어느 나라에서 테러가 발생할지 확실하게 알 수 없다. 그만큼 테러 위협의 범위가 넓어져 예측자체가 어렵다.[155] 하지만 테러패턴을 분석해보면 최대한 테러를 피할 수 있는 몇 가지 방법이 있다. 먼저 국제공항은 테러리스트들이 노리는 장소 중 하나다. 공항에서 승객들은 길게 줄을 서고 짐을 검색당한다. 이렇게 사람들이 모여 있는 것 자체가 테러의 타깃이 된다. 가능하면 많은 사람들의 희생을 노리기 때문이다. 터키 아타튀르크 공항 테러 때도 IS는 이 점을 노렸다. 공항에서는 가급적 사람이 많이 모인 곳이나 승객들이 붐비는 시간대를 피해야 한다.[156]

또 최근 테러가 일어난 터키 국제공항이나 방글라데시 레스토랑 테러는 발생시간대가 현지 시각으로 밤 9~10시다. 이슬람신자들은 하루에 5번 기도를 하는데 기도 후 1시간 전후에 테러 발생확률이 가장 높다. 테러리스트들이 마지막 기도까지 하고 테러에 임하기 때문이다. 역으로 추정하면 이들이 한창 기도할 시간에는 안전하다. 지금까지 기도 시간에 맞춰 테러가 난 경우는 거의 없었다. 하루 5번 예배 시간은 해의 위치와 그림자 길이를 기준으로 정해지기 때문에, 계절마다 예배 시간이 다르다. 현지 신문 등에 기도 시간이 나와 있다.[157]

해당국의 대표적 상징이 되는 장소, 관광명소 등도 테러리스트들이 선호하는 곳이다. 이런 곳을 방문할 때는 되도록 짧게 머무르는 것이 좋다. 무엇보다 가고자 하는 국가에 대한 테러 정보를 숙지해야 한다. 외교부는 www.0404.go.kr을 통해 해외 안전 여행 정보와 국가별 해외 경보 단계를 제공하고 있다. 해당국 안전정보를 확보하는 것이 중요하다.[158]

4) 대테러 국제공조에의 적극적 동참

테러와의 전쟁은 미국 혼자만의 힘으로는 승리할 수 없다. 서구사회가 전체적으로 빈곤지역과 소외지역, 비기독교권 지역에 대한 그간의 정책을 성찰하고 상생의 전략을 마련할 필요가 있다. 테러에 대한 궁극적 해법은 테러가 자라날 수 있는 환경을 근본적으로 없애는 것이기 때문에 군사적 수단만으로는 한계가 있는 것이다. 대규모 지상군 병력 투입을 통한 전면전으로는 폭력적 극단주의의 고리를 끊어낼 수 없는 것이다. 군사력에만 의존해서는 단기적 승리를 기대할 수 있을지 몰라도 그림자처럼 퍼져 있는 테러네트워크의 완전한 궤멸은 쉬운 일이 아니다.[159] 사실상 궁극적 해법은 테러가 배태되는 사회적 불만 소지 개선과 정치적 타결에 있다. 새로운 포스트 IS 테러 대응 및 근본적 테러 근절을 위한 유엔의 역할과 국제사회의 공조의 확립(테러 근절을 위한 군사적 대응과 함께 대화와 평화협상 및 지원)이 필요한 시점이다.

더구나 최근 전 세계를 상대로 일어난 각종 테러사건들이 민간인을 대상으로 하는 무차별적 공격성과 잔혹성을 보여주고 있기 때문에 국제테러정보공조시스템을 조속히 구축하고 21세기형 테러위협 대응방안 마련과 지속적인 관심도 요망된다.[160]

한국은 책임 있는 국제사회의 일원으로 이런 대테러 국제공조에 적극적으로 동참해야 하며 다양한 참여방안을 예상, 준비할 필요가 있다.[161] 한발 더 나아가 중견국의 위상과 역할공간을 바탕으로 대테러 및 인간안보 등 신안보·국제안보 거버넌스를 주도할 수 있는 비전 설계도 모색할 수 있을 것이다.[162] 지난 2016년 1월 유엔(UN) 사무총장이 발표한 '폭력적 극단주의 예방을 위한 행동 계획'에 의거, 우리 정부도 폭력적 극단주의 대응 및 예방(CPVE: Countering & Preventing Violent Extremism)과 관련된 국제공조 및 한국의 기여방안들을 구체적으로 모색해야 할 것이다.[163] 유엔이 권고한 7개 의제 중 ① 공동체 관여, ② 청년 역량강화, ③ 교육, 기술개발 및 고용촉진, ④ 전략적 소통(인터넷과 소셜 미디어) 등과 관련 한국의 기여방안을 모색할 필요가 있다.[164]

특히 IS는 악명이 높은 테러집단으로 출현·발호하여 이라크·시리아에 거점을 확보하여 테러를 자행하고 난민을 속출케 해왔다. 그러다가 최근 이라크와 시리아에서 패퇴로 거점을 잃게 되자 유럽·아시아·아프리카 등지로의 거점확산을 모색하는 등 무슬림 극단주의 테러집단이 끊임없이 진화하고 있다. 따라서 새롭게 변신하는 국제테러에 대한 방지 및 예방을 위한 국제사회의 새로운 대응

책 마련이 요구되고 있다.[165]

5) '문명의 공존'을 위한 인류의 노력 제고

테러라는 형태의 폭력은 냉전이 끝나고, 더구나 세계의 주요국가 간의 대규모적인 군사적 전면전의 가능성이 점점 줄어드는 오늘날에도 증가하고 있음은[166] 참으로 불행한 일이다. 21세기를 살아가는 우리는 테러를 어떻게 이해하고 해법을 위해 노력해야 할까? 핵심은 문명 간의 대결이 아닌 하랄트 뮐러(Harald Müller)의 '문명의 공존(Das Zusammenleben der Kulturen)'을 강조하고 싶다. 인간의 보편적 존엄성과 평화를 통한 인류 문화의 발전이라는 토대 위에서만 서로 다른 문명권 간에도 대화의 통로가 열릴 수 있고, 이를 통해 다양한 문화적 교류와 평화적 관계의 수립이 가능하기 때문이다. 한국에도 13만 5천여 명으로 추산되는 이슬람 신자가 있는 것으로 알려지고 있다.[167]

우리가 지금처럼 유럽 테러를 이슬람 급진화의 문제라는 방향에서만 생각한다면 이슬람에 대한 공포감은 증가하고, 무슬림들은 모두 잠재적인 테러범이 될 뿐이다. 이로 인한 이슬람혐오증과 극우 지지는 반(反)이슬람의 감정을 부추기게 될 것이다. 결국 유럽의 테러 해결은 강력한 대테러 정책과, 난민 억제와 같은 원론적 처방보다는 그들을 벼랑에 서게 하는 불평등과 차별, 그리고 무시와 소외를 해소하는 국가적 정책에도 노력이 집중되어야 한다. 반이슬람 감정을 완화하면서 테러에 좀 더 이성적으로 대처하는 것은 증오와 혐오로 점철된 문명 간의 또 다른 충돌을 방지할 수 유일한 방안이 아닐 수 없다.[168]

테러 위협은 확산하고 있지만 이에 대응하는 국제사회공조는 더욱 어려워지고 있다. 영국의 유럽연합 탈퇴, '미국 우선주의'에 입각한 고립주의 대외정책을 천명하고 있는 도널드 트럼프 미국대통령의 정책노선, 유럽전역에서 고조되고 있는 극우정당의 약진 등 일련의 상황전개는 대테러 공조를 어렵게 하는 요인들이다. '문명의 충돌'이 아닌 '문명의 공존' 또는 '문명의 조화'를 통해 글로벌 테러리즘을 해결하는 일에 중지와 역량을 모아야 할 때라 생각된다.[169]

포스트 IS시대 위기 극복

9·11테러 이후 지금까지 미국이 주도해온 '테러와의 전쟁'은 알카에다 (Al-Qaeda) 조직해체와 오사마 빈라덴(Osama Bin Laden) 등 지도부 제거에 집중되었고, 이슬람극단주의 테러집단의 새로운 변형체로 탄생한 IS의 제거도 눈앞에 앞두고 있다. IS의 중동거점이 위축·쇠퇴된 상황이다. 하지만 IS의 글로벌 분산 효과 및 테러거점의 동남아지역으로의 이전 가능성에 따른 풍선효과와 관련해서 테러정세가 더 불안해하는 면도 없지 않다.

오히려 '포스트 IS'시대가 더 큰 위기를 부를 수 있다는 불안감이 증가하고 있다.[170] 세력이 약화된 테러세력들은 향후 더욱 파괴력을 갖는 유사세력으로 변형되거나 '외로운 늑대'들의 '자생적 테러'로 전략을 전환하면서 민간인 영역으로 테러전선이 확산될 수도 있다. 이런 견지에서 볼 때 이제 테러리즘은 어느 한 나라나 지역이 감당하기 어려운 본격적 글로벌 안보과제이기 때문에 국제적 공조는 중요한 사안이 아닐 수 없다. 특히 우리가 살펴야 하는 사항은 포스트IS시대에 미국의 전략적 변화이다. 우리는 향후 IS의 정세 변화 및 이에 대한 미국의 IS대응 전략을 예의주시할 필요가 있다. 미국의 대테러 정책을 전망하는 것은 우리의 안보 등 대테러 정책 수립에도 영향을 주는 중요한 사항이기 때문이다.[171]

테러라는 형태의 폭력은 냉전이 끝나고, 더구나 세계의 주요국가 간의 대규모적인 군사적 전면전의 가능성이 점점 줄어드는 오늘날에도 증가하고 있음은 참으로 불행한 일이다. IS의 약체화는 명백해졌지만, 이라크 북부와 서부에는 여전히 IS의 지배지역이 남아 있다. 이라크 아바디(Haider al-Abadi) 총리가, 완전탈환을 선언한 연설에서, "이 승리만으로는 IS의 괴멸이 아니다. 혹독한 싸움이 기다리고 있다."라고도 말해, 남은 지배지역 탈환이 쉽지 만을 않을 것임을 시사해주고 있다.[172]

최근 시리아와 이라크 거점이 파괴되고 약화되어 거점 이동 및 개인의 확산이 가속화되면 이동한 거점지역에서의 토착화와 맥락화가 이루어질 경우 더욱 파괴력을 갖는 유사세력으로 변형되어 나타날 수 있을 것이다.[173] 이미 아프가니스탄, 리비아, 이집트 시나이반도 및 나이지리아 등에서 유사세력이 IS의 이념에 동조하고 충성을 서약하며 동일한 노선의 폭력투쟁을 시작했고, 이런 현상은 다시 인도네시아, 필리핀 등 동남아시아와 우즈베키스탄, 카자흐스탄, 타지키스탄 등 중앙아시아 등으로 확산되는 경향성을 나타내고 있다.[174]

오늘날 벌어지고 있는 이슬람 극단주의 테러는 단순히 그 지역의 문제로만 끝나는 것이 아니라 글로벌 사회의 안전과 번영에 큰 위협이 되고 있으며, 그 결과는 우리 미래의 국가안보나 국제사회에서 국민의 생존과 번영문제로 연결되고 있다.[175] 테러의 파장은 작지 않다. 무고한 인명 피해는 말할 것도 없고, 국가신용도가 떨어져 경제에 악영향을 미치고 있다. 관광객 감소로 인한 피해도 심각하다.

21세기 국가안보(National Security) 개념은 과거와는 달리 매우 복잡하고 예측이 어려운데 그 중 테러문제가 가장 해결이 쉽지 않은 영역이다.[176] IS의 테러기법과 수단의 진화로 IS의 이념과 추종자들은 전 세계로 확산되고 향후 테러의 노마드화를 통한 범세계적 전이 위험이 증대될 것으로 우려된다. 실제로 필리핀의 사례에서 보듯이, IS 동남아 확산이 현실화됨에 따라 동남아지역의 고민은 더욱 커지고 있다. IS의 인접지역 동남아로의 확산은 한국에 테러 위협의 증대, 한국과 동남아시아의 경제·사회·문화의 인적·물적 교류의 위축을 초래할 가능성이 크다. 하지만 ASEAN + 3의 대테러전과 관련한 활동의 증대 및 동아시아 대테러다자협력을 증대시키게 될 것이다. 따라서 우리는 테러예방의 생활화, 법제적 보완 등 대테러역량 강화, 국경 및 공항의 보안강화, 해외교민·해외여행자 보호대책수립, 그리고 대테러 국제공조강화 등 정책적 대비책을 강구해 나가야 할 것이다.

그러면서도 우리는 테러와 관련해서 근원적 해결, 문명의 공존을 모색해 나가야 할 것이다. 우리가 지금처럼 테러를 이슬람 급진화의 문제라는 방향에서만 생각한다면 이슬람에 대한 공포감은 증가하고, 무슬림들은 모두 잠재적인 테러범이 될 뿐이다. 이로 인한 이슬람혐오증과 극우지지는 반(反)이슬람의 감정을 부추기게 될 것이다. 중동과 유럽을 거쳐 아시아 등 국제적으로 확산되고 있는 테러의 근원적 해결을 위해서는 강력한 대테러 정책과 난민 억제와 같은 원론적 처방에서 진일보하여 그들을 벼랑에 서게 하는 불평등과 차별, 그리고 무시와 소외를 해소하는 국가적 정책에도 또한 노력을 집중해야 할 것이다. 반이슬람 감정을 완화하면서 테러에 좀 더 이성적으로 대처하는 것이 증오와 혐오로 점철된 문명 간의 또 다른 충돌을 방지할 수 좋은 대안일 수 있는 까닭이다.[177]

　우리나라는 국제테러의 안전지대도 아닐 뿐만 아니라 북한의 테러 위협에 노출되어 있다. 북한은 지난 2017년 2월 13일 생화학가스 VX를 이용한 김정남 독살테러를 저질러 국제사회에 큰 분노를 일으킨 바도 있다.[178] 향후 세력이 약화된 테러단체들이 '외로운 늑대'들의 '자생적 테러'로 전략을 전환하면서, 동남아에서는 물론 우리나라에서도 민간인 영역으로 테러전선이 확산될 수도 있음을 항상 경계·예방해 나가야 할 것이다. 미국은 우리와 가장 가까운 전통적 우방이다. 향후 우리는 튼튼한 한미공조 속에서 상호 긴밀한 관계를 유지하면서 북한의 핵과 미사일은 물론 IS 이후의 테러 위협에도 철저히 대비해 나가야 할 것이다.[179]

<참고문헌>

강혜란, "이슬람국가 패퇴 눈앞 … 세계는 '포스트 IS' 수렁에,"『중앙일보』, 2017년 7월 8일자.
구성찬, "최대 거점 모술 잃고 … 'IS 2.0' 시대?,"『국민일보』, 2017년 7월 11일자.
김동엽, "'계엄령' 두테르테, 왜 필리핀 민주주의 위기인가,"『프레시안』, 2017년 6월 19일자.
김성중, "S등장과 중동 테러리즘,"『시대정신』, 제71호, 2016년 3~4월호,
김승중, "IS 테러 위협, 한국도 안전할 수 없다,"『국방일보』, 2015년 2월 13일자.
김영미, "IS의 샤로운 전략,"『시사IN』, 2015년 11월 27일자.
김의철, "ISIS 국가선포 3년, 일상적 테러공포 전세계로 확산,"『KBS』, 2017.06.29 14:46
김이삭, "이라크, IS 최대 거점 모술 3년만에 수복,"『한국일보』, 2017년 7월 9일자.
김진, "미(美) 백악관-국방부, '포스트 IS' 시리아 전략 논의,"『뉴스1』, 2017년 6월 22일자.
김창영, "중동서 쫓겨난 IS, 정정 불안 북아프리카서 복수의 칼간다,"『서울경제』, 2017년 8월 25일자.

김형원, "자카르타서 IS 테러 … 범인 최소 7명, 경찰과 시가전(戰),"『조선일보』, 2016년 1월 15일자.

김형원, "동남아(東南亞) 테러리스트 6000명 … "아세안 전체 공포 확산,"『조선일보』, 2016년 1월 16일자,

뉴스속보팀, "동남아, IS 조직원 귀환 대비해 국경 및 공항 보안 강화,"『이데일리』, 2016년 10월 19일자.

문수인, "동남아 테러공포 확산 … IS 가담자 900명,"『매일경제』, 2016년 1월 16일자.

문윤홍, "동남아로 눈돌리는 이슬람국가(IS): '자카르타 테러로 중동 넘어 아시아 진출 신호탄,"『매일종교신문』, 2016년 2월 20일자,

박상문, "ISIS 3년, 테러 확산의 불안한 前兆(2),"『인타임즈』, 2017년 7월 5일자.

박상주, "IS 등 테러세력, '외로운 늑대-소프트타깃'전법으로 선회,"『뉴시스』, 2016년 6월 13일자.

반종빈, "이슬람국가(IS), 우리나라 테러위협 일지,"『연합뉴스』, 2016년 6월 19일자.

서정민, "카타르 단교 사태와 급변하는 중동의 정치역학," 세종연구소,『정세와 정책』, 2017년 7월호.

서정민, "이슬람국가와 테러리즘: 국가선포에서 테러네트워크로의 변모,"『경희대학교 대학원보』, 제216호, 2016년 9월 1일자.

손병호, "동남아, IS 자원·동조 세력 급증…'제2 근거지' 우려,"『국민일보』, 2014년 9월 27일자.

엄규리, "중동분쟁과 IS테러의 원인은 무엇인가?,"『일요저널』, 2016년 7월 25일자.

오대영, "동남아, 이슬람 테러 왜 일어나나,"『중앙일보』, 2005년 10월 4일자.

윤민우, "이슬람국가(IS: The Islamic State)에 대한 이해와 최근 이슬람 극단주의 테러리즘 동향."『국가정보연구』, 제7권 2호, 2014.

이대우,"ISIL의 파리연쇄테러가 한국의 대테러 정책에 주는 함의," 세종연구소,『정세와 정책』

이만종, "테러리즘 어떻게 이해해야 하는가?,"『보안뉴스』, 2017년 9월 13일자.

이만종, "테러. 왜 유럽에서 증가하나? 증오와 혐오대신 공존공영의 길로,"『코나스넷』, 2017년 8월 23일자.

이만종, "테러리즘과 국가안보: 자생적 테러리스트 더 위험 '안전지대는 없다,"『국방일보』, 2017년 8월 17일자.

이만종, "<1> 테러, 어떻게 이해해야 하나?,"『국방일보』, 2017년 4월 19일자.

이만종, "치명적인 생화학 테러, 근본대책 서둘러야," 『동아일보』, 2017년 2월 28일자.

이세형·박민우, "IS 거점 모술 탈환 이후 … 아시아 '테러 풍선효과'에 떤다," 『동아일보』, 2017년 7월 11일자.

이슈팀, "IS 김군 사망설에 … 다른 한국인 가담자가 더 있다?," 『데일리한국』, 2015년 10월 1일자.

이재현, "트럼프 정부의 대동남아 정책 전망," 아산정책연구원, 『아산브리프』, 2016.12.2.

이중근, 『6·25전쟁 1129일』(서울: 우정문고, 2014).

이희경, "IS 테러로 지난해 7000여명 목숨 잃어," 『세계일보』, 2017년 8월 22일자.

이희경, "동남아로 눈돌리는 IS," 『세계일보』, 2016년 1월 24일자.

인남식, "ISIS 3년, 현황과 전망: 테러 확산의 불안한 전조(前兆)" 국립외교원 외교안보연구소, 『주요국제문제분석』, 2017~24(2017.6.23).

인남식, "ISIS 선전전의 내용과 함의," 『주요국제문제분석』, 2016~16(2016.5.24).

인남식, "이라크 '이슬람 국가(IS, Islamic State)' 등장의 함의와 전망," 국립외교원 외교안보연구소, 『주요국제문제분석』, 2014 가을호(2014.9.15).

정상률, "IS의 출현·확산 배경과 목표, 우리의 대응 방안," 세종연구소, 『정세와 정책』, 2016년 1월호(통권 제238호).

정욱상, "외로운 늑대 테러의 발생가능성과 경찰의 대응방안," 한국경찰학회, 『한국경찰학회보』, 제16권 제5호, 통권 제42호, 2013.10.

정은숙, "'이슬람 국가'(IS)의 파리시내 테러: 의미와 대응," 세종연구소, 『세종논평』, No.310(2015.11.20).

정재호, "IS 태극기 등장에 긴장감 고조, 세계 60개국 테러 경고," 『이데일리』, 2015년 11월 27일자.

정재흥, "최근 중국의 이슬람 테러동향 및 정책고찰," 세종연구소, 『정세와 정책』, 2017년 5월호.

정지운, 『미국의 국토안보법의 체계에 관한 연구』(용인: 치안정책연구소, 2010).

조인우, "IS, '동남아시아 노리기' 본격화···칼리프 국가 건설 현실화하나," 『뉴시스』, 2017년 6월 11일자.

조찬제, "'3년천하' 이슬람국가?," 『경향신문』, 2017년 6월 30일자.

채인택, "동남아로 눈 돌리는 이슬람국가(IS): 중동에서 거점 잃고 제3국에서 활로 모색," 『중앙일보』, 2017년 8월 20일자.

최병욱, 『동남아시아사』(서울: 대한교과서, 2006).

하채림, "본거지서 위축 IS, 국외 공격선동·자금지원 여전," 『연합뉴스』, 2017년 8월 11일자.

한경숙, "'제마이슬라미야·무자헤딘…', 인니 테러조직 여전히 암약," 『연합뉴스』, 2015년 11월 18일자.

한국사전연구사, 『종교학대사전』, 1998.8.20.

한국어문기자협회, 『세계인문지리사전』, 2009.3.25; 정치학대사전편찬위원회, 『21세기 정치학대사전』(서울: 한국사전연구사, 2010).

한상용·최재훈, 『IS는 왜』 (서울: 서해문집, 2016).

홍준범, 『중동의 테러리즘』(서울: 청아출판사, 2015).

황철환, "인니 자카르타 IS 테러 핵심 배후 이슬람 성직자 '딜미,'" 『연합뉴스』, 2017년 8월 23일자.

황철환, "필리핀 마라위 점령 이슬람 반군 471명 사살…이제 60명만 남아," 『연합뉴스』, 2017년 7월 29일자.

황철환, "자카르타 버스정류장서 자살폭탄 테러…현지 경찰 5명 사상," 『연합뉴스』, 2017년 5월 25일자.

Bryant, Levi R., Difference and Givenness: Deleuze's Transcendental Empiricism and the Ontology of Immanence(Evanston, Ill. : Northwestern University Press, 2008).

Huntington, Samuel P., The Clash of Civilizations and the Remaking of World Order(London: Simon and Schuster, 2002).

Simcox, Robin"Present Status & Future Prospect of International Terrorism," 『새로운 테러위협과 국가안보(Emerging Terrorist Threats and National Security)』(국제안보전략연구원-이스라엘 국제대테러연구소 공동국제학술회의 자료집)』(2016.6.23, 한국 프레스센터 국제회의장).

"Islamic State," Wikipedia, August 25, 2017, https://en.wikipedia.org/wiki/Islamic_state(search date: 2017.8.27).

"「イスラム国」戦闘員ら´ 東南アジアなどに拡散," 『讀賣新聞』, 2017年 7月 11日字.

강철승, "한국과 동남아시아의 사회·문화 교류협력의 활성화방안," http://www.green.ac.kr/xe/ 370899(검색일: 2017.9.18).

외교부, "국가 및 지역정보: 타이왕국," http://www.mofa.go.kr/countries/southasia/countries/(검색일: 2017.9.18).

"국민보호와 공공안전을 위한 테러방지법," 『위키백과』, https://ko.wikipedia.org/wiki/(검색일: 2016.9.23).

"동남아시아," 『Daum 백과』, http://100.daum.net/encyclopedia/view/b05d1206a(검색일: 2017.9.16).

"풍선효과," 『위키백과』, https://ko.wikipedia.org/wiki/(검색일: 2017.8.28).

『데일리 인도네시아』, 2017년 8월 31일자.

『연합뉴스』, 2015년 10월 20일자.

Chapter 7 주석

1) 서정민, "카타르 단교 사태와 급변하는 중동의 정치역학," 세종연구소, 『정세와 정책』, 2017년 7월호, p.14.
2) 홍준범, 『중동의 테러리즘』(서울: 청아출판사, 2015) 참조.
3) 조찬제, "'3년천하' 이슬람국가?," 『경향신문』, 2017년 6월 30일자.
4) 이세형·박민우, "IS 거점 모술 탈환 이후… 아시아 '테러 풍선효과'에 떤다," 『동아일보』, 2017년 7월 11일자.
5) 김이삭, "이라크, IS 최대 거점 모술 3년만에 수복," 『한국일보』, 2017년 7월 9일자.
6) 풍선효과(Balloon Effect)란 어떤 범죄의 단속으로 인해 뜻하지 않게 다른 방향으로 범죄가 표출되는 현상을 의미하거나, 어떤 현상을 억제하자 다른 현상이 불거져 나오는 현상을 말한다. "한 쪽을 누르면 다른 쪽이 부풀어 오르는" 풍선의 형상을 빗대어 풍선효과라고 불린다. "풍선효과," 『위키백과』, https://ko.wikipedia. org/wiki/(검색일: 2017.8.28.).
7) 이세형·박민우(2017.7.11.).
8) 손병호, "동남아, IS 자원·동조 세력 급증 …'제2 근거지' 우려," 『국민일보』, 2014년 9월 27일자.
9) 이세형·박민우(2017.7.11.).
10) 이세형·박민우(2017.7.11.).
11) Samuel P. Huntington, The Clash of Civilizations and the Remaking of World Order(London: Simon and Schuster, 2002) 참조.
12) 본래 IS(Islamic State)를 자임하는 테러집단은 IS를 국호로 천명하며 국가건설을 선포했으나 이에 대해 이슬람의 본원적 의미를 모독했다는 비판이 제기되어 국제사회에서는 IS라는 이름 대신 이를 지역으로 한정하여 ISIS(Islamic State of Iraq and al-Sham) 또는 ISIL (Islamic State of Iraq and the Levant)로 통칭한다. 이외에도 아랍권 및 유럽 일부국가에서는 공식 아랍어 명칭(al-Dawlah al-Islamiyyah fi al-Iraq wa al-Sham)의 머리글자를 따서 '다에쉬, 다이쉬(Daesh, Daish)'로 부르기도 한다. 대한민국 정부는 2015년 이래 ISIL을 사용해왔으나, 트럼프 행정부 출범이후 처음 개최된 반ISIS 국제연대 외교장관회의(2017.3.22. 워싱턴 DC)에 우리 외교장관이 참석하게 된 계기로 국제사회의 통칭과 조율하는 의미에서 ISIS로 통일하여 사용하고 있다. 인남식, "ISIS 3년, 현황과 전망: 테러 확산의 불안한 전조(前兆" 국립외교원 외교안보연구소, 『주요국제문제분석』, 2017~24(2017.6.23.), p.1.
13) "Islamic State," Wikipedia, August 25, 2017, https://en.wikipedia.org/wiki/Islamic_state(search date: 2017.8.27.).
14) 김성중, "S등장과 중동 테러리즘," 『시대정신』, 제71호, 2016년 3~4월호.
15) 김승중, "IS 테러 위협, 한국도 안전할 수 없다," 『국방일보』, 2015년 2월 13일자.
16) 정상률, "IS의 출현·확산 배경과 목표, 우리의 대응 방안," 세종연구소, 『정세와 정책』, 2016년 1월호(통권 제238호), p.3.
17) 김의철, "ISIS 국가선포 3년, 일상적 테러공포 전세계로 확산," 『KBS』, 2017.06.29 14:46; 인남식2017.6.23.), p.5.
18) 조찬제(2017.6.30.).
19) 김이삭(2017.7.9.).
20) 인남식(2017.6.23.), p.5.
21) 강혜란, "이슬람국가 패퇴 눈앞…세계는 '포스트 IS' 수렁에," 『중앙일보』, 2017년 7월 8일자.
22) 인남식(2017.6.23.), p.7.
23) 인남식(2017.6.23.), p.7.
24) 김진, "미(美) 백악관-국방부, '포스트 IS' 시리아 전략 논의," 『뉴스1』, 2017년 6월 22일자.
25) 조찬제(2017.6.30.).
26) 인남식(2017.6.23.), p.4.

27) 조찬제(2017.6.30.).
28) 이희경, "IS 테러로 지난해 7000여명 목숨 잃어," 『세계일보』, 2017년 8월 22일자.
29) 이희경(2017.8.22.).
30) 이대우,"ISIL의 파리연쇄테러가 한국의 대테러 정책에 주는 함의," 세종연구소,『정세와 정책』, 2016년 1월호, pp.8~9.
31) 김창영, "중동서 쫓겨난 IS, 정정 불안 북아프리카서 복수의 칼간다," 『서울경제』, 2017년 8월 25일자.
32) 인남식(2017.6.23.), p.8.
33) 이만종, "테러리즘과 국가안보: 자생적 테러리스트 더 위험 '안전지대는 없다'," 『국방일보』, 2017년 8월 17일자, 9면.
34) 인남식(2017.6.23.), p.8.
35) 하채림, "본거지서 위축 IS, 국외 공격선동·자금지원 여전," 『연합뉴스』, 2017년 8월 11일자.
36) 인남식(2017.6.23.), p.9.
37) 박상문, "ISIS 3년, 테러 확산의 불안한 前兆(2)," 『인타임즈』, 2017년 7월 5일자.
38) 노마드(Nomad])는 '유목민'이란 라틴어로 프랑스 철학자 질 들뢰즈(Gilles Deleuze, 1925~1995)가 그의 저서 『차이와 반복(Difference and Repetition)』(1968)에서 '노마디즘(nomadism)'이라는 용어를 사용한 데서 유래하였다. Levi R. Bryant, Difference and Givenness: Deleuze's Transcendental Empiricism and the Ontology of Immanence(Evanston, Ill. : Northwestern University Press, 2008).
39) 인남식(2017.6.23), p.10.
40) 박상문(2017.7.5.).
41) 인남식(2017.6.23.), p.11.
42) 인남식(2017.6.23.), pp.12~13.
43) 박상문(2017.7.5).
44) 인남식(2017.6.23.), pp.12~13.
45) 인남식(2017.6.23.), p.13.
46) 김영미, "IS의 새로운 전략," 『시사IN』, 2015.12.27.
47) 인남식, "ISIS 선전전의 내용과 함의," 『주요국제문제분석』, 2016~16(2016.5.24.), p.20.
48) 서정민, "이슬람국가와 테러리즘: 국가선포에서 테러네트워크로의 변모," 『경희대학교 대학원보』, 제216호, 2016년 9월 1일자.
49) 윤민우, "이슬람국가(IS: The Islamic State)에 대한 이해와 최근 이슬람 극단주의 테러리즘 동향," 『국가정보연구』, 제7권 2호, 2014, p.7.
50) 인남식(2017.6.23.), p.16.
51) 정재흥, "최근 중국의 이슬람 테러동향 및 정책고찰," 세종연구소,『정세와 정책』, 2017년 5월호, p.14.
52) 인남식(2017.6.23.), p.16.
53) 이대우(2016.1), p.9.
54) 인남식(2017.6.23.), p.17.
55) 인남식2017.6.23.), p.17.
56) 구성찬, "최대 거점 모술 잃고… 'IS 2.0' 시대?," 『국민일보』, 2017년 7월 11일자.
57) 인남식(2017.6.23.), p.17.
58) 인남식(2017.6.23.), p.17.
59) 인남식(2017.6.23.), p.17.
60) 동남아시아는 복잡성 또는 다양성이 동남아시아의 특징이고 매력이기도 한데, 최근 동티모르가 탄생해서 11개국이라고 말하는 사람들도 있다.
61) 한국어문기자협회, 『세계인문지리사전』, 2009.3.25; 정치학대사전편찬위원회, 『21세기 정치학대사전』(서울: 한국사전연구사, 2010), "동남아시아" 참조.

62) 최병욱, 『동남아시아사』(서울: 대한교과서, 2006). 제1장 동남아시아의 특징 참조.
63) "동남아시아," 『Daum 백과』, http://100.daum.net/encyclopedia/view/b05d1206a(검색일: 2017.9.16).
64) "동남아시아," 『Daum 백과』, 위의 글.
65) 최병욱(2006). 제1장 동남아시아의 특징 참조.
66) "동남아시아," 『Daum 백과』, 앞의 글.
67) 한국사전연구사, 『종교학대사전』, 1998.8.20., "동남아시아" 참조.
68) "동남아시아," 『Daum 백과』, 앞의 글.
69) 한국사전연구사(1998.8.20), "동남아시아" 참조.
70) 한국사전연구사(1998.8.20), "동남아시아" 참조.
71) "동남아시아," 『Daum 백과』, 앞의 글.
72) "동남아시아," 『Daum 백과』, 위의 글.
73) "동남아시아," 『Daum 백과』, 위의 글.
74) "동남아시아," 『Daum 백과』, 위의 글.
75) 서정민,(2017.7), p.14.
76) 채인택, "동남아로 눈 돌리는 이슬람국가(IS): 중동에서 거점 잃고 제3국에서 활로 모색," 『중앙일보』, 2017년 8월 20일자.
77) 채인택(2017.8.20).
78) 채인택(2017.8.20.).
79) 강혜란(2017.7.8.).
80) 강혜란(2017.7.8.).
81) 채인택(2017.8.20.).
82) 문수인, "동남아 테러공포 확산…IS 가담자 900명," 『매일경제』, 2016년 1월 15일자.
83) 김형원, "동남아(東南亞) 테러리스트 6000명… "아세안 전체 공포 확산," 『조선일보』, 2016년 1월 16일자,
84) 김형원(2016.1.16.).
85) 김형원(2016.1.16.).
86) 김형원(2016.1.16.).
87) 채인택(2017.8.20).97) 황철환, "필리핀 마라위 점령 이슬람 반군 471명 사살…이제 60명만 남아," 『연합뉴스』, 2017년 7월 29일자.
88) 채인택(2017.8.20.).
89) 같은 해인 2017년 6월 2일에는 필리핀 수도 마닐라의 국제공항 인근의 복합리조트인 '리조트 월드 마닐라'에서 복면을 한 무장괴한이 총을 쏘고 폭탄을 터뜨렸다. ISIS는 이를 자신들의 소행이라고 주장했다. 채인택(2017.8.20.).
90) 김동엽, "'계엄령' 두테르테, 왜 필리핀 민주주의 위기인가," 『프레시안』, 2017년 6월 19일자.
91) 조인우, "IS, '동남아시아 노리기' 본격화 … 칼리프 국가 건설 현실화하나," 『뉴시스』, 2017년 6월 11일자.
92) 채인택(2017.8.20.).
93) 황철환,(2017.7.29.).
94) 2017년 6월 7일에는 특이한 테러가 발생했다. 이란 수도 테헤란의 국회의사당과 1979년 이슬람혁명 지도자 아야톨라 호메이니의 묘지가 총과 폭탄으로 무장한 괴한들의 습격을 받아 17명이 숨겼다. 시아파 종주국 이란에서 테러가 발생한 것은 드문 일이다. ISIS는 이를 자신들의 소행으로 밝혔고 이란 당국도 같은 발표를 했다. 시아파를 혐오하는 수니파 극단주의 이념으로 무장한 ISIS가 이란에서 테러를 벌인 것은 이번이 처음이다. ISIS가 물불을 가리지 않고 있음을 보여주는 사례다. 채인택(2017.8.20.).
95) 채인택(2017.8.20.).
96) 문수인(2016.1.15.).
98) 김형원(2016.1.15.).

99) 문수인(2016.1.15.).

100) 황철환, "인니 자카르타 IS 테러 핵심 배후 이슬람 성직자 '덜미,'"『연합뉴스』, 2017년 8월 23일자.

101) 황철환, "자카르타 버스정류장서 자살폭탄 테러…현지 경찰 5명 사상,"『연합뉴스』, 2017년 5월 25일자.

102) 채인택(2017.8.20.).

103) 문수인(2016.1.15.).

104) 오대영, "동남아, 이슬람 테러 왜 일어나나,"『중앙일보』, 2005년 10월 4일자.

105) 문수인(2016.1.15.).

106) 오대영(2005.10.4); 한경숙, "'제마이슬라미야·무자헤딘…', 인니 테러조직 여전히 암약,"『연합뉴스』, 2015년 11월 18일자.

107) 오대영(2005.10.4.).

108) 오대영(2005.10.4.).

109) 외교부, "국가 및 지역정보: 타이왕국," http://www.mofa.go.kr/countries/southasia/countries/(검색일: 2017.9.18.).

110) 오대영(2005.10.4.).

111) 오대영(2005.10.4.).

112) 문윤홍, "동남아로 눈돌리는 이슬람국가(IS): '자카르타 테러로 중동 넘어 아시아 진출 신호탄,"『매일종교신문』, 2016년 2월 20일자.

113) 문윤홍(2016.2.20.).

114) 이희경, "동남아로 눈돌리는 IS,"『세계일보』, 2016년 1월 24일자.

115) 문윤홍(2016.2.20.); 이희경(2016.1.24).

116) 손병호(2014.9.27.).

117) 손병호(2014.9.27.).

118) 조인우(2017.6.11.).

119) 조인우(2017.6.11.).

120) 강혜란(2017.7.8.).

121) 인도네시아가 최근 유엔에 자국영토내 섬 2,590개를 새로 등록함에 따라 유엔이 인증한 인도네시아 섬수는 16,056개이다.『데일리 인도네시아』, 2017년 8월 31일자.

122) 김동엽(2017.6.19.).

123) 이중근,『6·25전쟁 1129일』(서울: 우정문고, 2014) 참조.

124) 강철승, "한국과 동남아시아의 사회·문화 교류협력의 활성화방안," http://www.green.ac.kr/xe/370899(검색일: 2017.9.18.).

125) 강철승, 위의 글.

126) 지난 2002년 발리 테러이후 이어지는 대규모 폭탄테러사건의 파장으로 인도네시아에서는 미쓰비시(三菱)자동차 등 일본기업의 철수로 이어진 바 있다. 오대영(2005.10.4.).

127) 김의철(2017.6.29.).

128) "아세안 +3 정상 회의,"『Daum 백과사전』, http://100.daum.net/encyclopedia/view/24XXXXX 59412(검색일: 2017.9.23.).

129) 정재흥(2017.5), p.14.

130) 정재흥(2017.5), p.14.

131) 인남식, "이라크 '이슬람 국가(IS, Islamic State)' 등장의 함의와 전망," 국립외교원 외교안보연구소,『주요국제문제분석』, 2014 가을호(2014.9.15.), p.3.

132) 김의철(2017.6.29.).

133) 이슈팀, "IS 김군 사망설에…다른 한국인 가담자가 더 있다?,"『데일리한국』, 2015년 10월 1일자.

134) IS에 대항하는 세계동맹국의 명단에 미국, 캐나다, 프랑스, 영국, 독일, 이탈리아, 스위스, 노르웨이, 그리스, 호주, 일본, 중국, 대만, 멕시코, 이집트, 아랍에미리트연합(UAE), 터키, 이란,

러시아 국기 등이 대거 들어있다. 정재호(2015.11.27.).

135) 반종빈(2016.6.19.).
136) 정욱상, "외로운 늑대 테러의 발생가능성과 경찰의 대응방안," 한국경찰학회, 『한국경찰학회 보』, 제16권 제5호, 통권 제42호, 2013.10, p.201.
137) 정상률(2016.1), p.4.
138) 이만종, "테러리즘 어떻게 이해해야 하는가?," 『보안뉴스』, 2017년 9월 13일자.
139) 박상주, "IS 등 테러세력, '외로운 늑대-소프트타깃'전법으로 선회," 『뉴시스』, 2016년 6월 13일자.
140) 채인택(2017.8.20).
141) "국민보호와 공공안전을 위한 테러방지법," 『위키백과』, https://ko.wikipedia.org/wiki/(검색일: 2016.9. 23).
142) 정지운, 『미국의 국토안보법의 체계에 관한 연구』(용인: 치안정책연구소, 2010), p.87.
143) 인남식(2017.6.23.), p.20.
144) 인남식(2017.6.23.), p.20.
145) 인남식(2017.6.23.), p.20.
146) 뉴스속보팀, "동남아, IS 조직원 귀환 대비해 국경 및 공항 보안 강화," 『이데일리』, 2016년 10월 19일자.
147) 서정민(2016), p.3; 이대우(2016.1), p.18.
148) 이대우(2016.1), p.10.
149) 김영미, "IS의 샤로운 전략," 『시사IN』, 2015년 11월 27일자.
150) 김영미(2015.11.25.).
151) 문윤홍(2016.2.20.).
152) 인남식(2017.6.23), p.19.; 인남식(2014.9.15.), p.20.
153) 인남식(2017.6.23), p.20.; 인남식(2014.9.15.), p.20.
154) 김영미(2015.11.25.).
155) 김영미(2015.11.25.).
156) 김영미(2015.11.25.).
157) 김영미(2015.11.25.).
158) 김영미(2015.11.25.).
159) 이상현(2016.1), p.11.
160) 정재흥(2017.5), p.18.
161) 인남식(2017.6.23.), p.21.
162) 인남식(2014.9.15.), p.22.
163) 인남식(2017.6.23.), p.21.
164) 인남식2017.6.23.), p.21.
165) 이대우(2016.1), p.9.
166) 지난 2016년 IS가 자행한 테러는 1,400여 회(7,000여 명 희생)로 조사되어 2015년보다 20% 증가했다. 이희경(2017.8.22.).
167) 엄규리, "중동분쟁과 IS테러의 원인은 무엇인가?," 『일요저널』, 2016년 7월 25일자.
168) 이만종, "테러. 왜 유럽에서 증가하나? 증오와 혐오대신 공존공영의 길로," 『코나스넷』, 2017년 8월 23일자.
169) 김의철(2017.6.29.).
170) 이만종, "포스트 IS, 새로운 안보위협에 대비가 필요하다," 『코나스넷』, 2017년 7월 1일자.
171) 이만종(2017.7.1.).
172) "「イスラム国」戦闘員ら´東南アジアなどに拡散," 『讀賣新聞』, 2017年 7月 11日字.
173) 인남식(2017.6.23.), p.17.
174) 인남식(2017.6.23), p.17.

175) 이만종, "<1> 테러, 어떻게 이해해야 하나?,"『국방일보』, 2017년 4월 19일자.
176) 정재흥(2017.5), p.18.
177) 이만종(2017.8.23.).
178) 이만종, "치명적인 생화학 테러, 근본대책 서둘러야,"『동아일보』, 2017년 2월 28일자.
179) 이만종(2017.7.1).

국제테러의 환경 변화
예측과 미래전략

테러는 21C를 이해하는 중요한 키워드

본 장은 국제테러 환경이 급속하게 변화되고 있는 현실에서 국제테러 발생에 대한 현황을 이해하고 테러 유형에 대해 예측함과 더불어 어떻게 대테러 방향을 설정하는 것이 타당하고 적절한지를 제시하기 위한 것이다. 이를 위해 문제의 제기, 포스트IS 이후의 국제테러 양상의 변화와 전망, 우리의 취약환경과 발전 방향, 결론 순으로 고찰해보았다. 일반적으로 테러 또는 테러리즘은 주권국 또는 특정단체가 정치·사회·종교·민족주의적인 목표를 달성하기 위해 조직적·지속적으로 폭력을 사용하거나 폭력의 사용을 협박함으로써 특정 개인, 단체, 공동체 사회, 그리고 정부의 인식 변화와 정책의 변화를 유도하는 상징적·심리적 폭력행위를 총칭하는 말이다. 그러나 테러의 목적과 양상은 갈수록 다양해지고 있다. 한마디로 전통적인 안보분석의 틀로는 설명할 수 없는 새로운 형태의 테러와 같은 새로운 정치적 현상들이 나타나고 있다. 따라서 이러한 변화 속에서 국제테러리즘은 이제 안보영역에 있어서 하나의 중요한 새로운 축으로 등장하고 있으며, 21세기를 이해하는 중요한 키워드(keyword)로 보고 있다. 따라서 본장에서는 이러한 국내외 환경 변화에 따라 미래 국제테러 동향과 이에 맞춘 대테러 발전 방향을 제시해 보았다.

1990년대 공산진영이 붕괴된 이후 테러는 인권, 빈곤문제 등과 함께 국제평화를 위협하는 주요 국제이슈로서 주목을 받고 있다. 오늘날 국제사회는, 9·11테러(2001), 이슬람국가(IS) 건설의 선포(2014), '외로운 늑대(lone wolf)'의 출현 등에서 보듯이, 전통적인 안보분석의 틀로는 설명할 수 없는 테러와 같은 새로운 정치적 현상들이 나타나고 있다. 따라서 이러한 변화 속에서 국제테러리즘은 이제 안보영역에 있어서 하나의 중요한 새로운 축으로 등장하고 있다. 더구나 테러의 목적과 양상도 갈수록 다양해지고 있다. 알카에다, 이슬람국가(IS), 탈레반, 알샤바브 등 국제테러조직(단체)들은 ① 종교기반 급진주의 사상(religious radicalism)의 폭력적 극단주의(violent extremism)로의 발현 ② 테러 양상의 하드 타깃에서 소프트 타깃(soft target)으로의 변화 ③ 테러의 글로벌화와 수단과 방법의 끊임없는 변화 등의 활동 추세를 보이고 있다.

따라서 테러는 이제 탈냉전 이후 국제사회의 심각한 안전 위협요인이 되고 있으며, 우리나라를 둘러싼 테러 양상과 환경 역시 국내외 안보 환경 변화에 따라 점진적으로 다양화되고 있다. 특히 국제결혼, 외국인노동자, 새터민의 증가로 인한 자생테러 발생 가능성 우려와 함께 북한에 의한 후방 테러 위협과 전면전(全面戰)에 앞서 예상되고 있는 비대칭전력으로서의 테러공격은 그 위험성이 점차 증가하고 있는 상황이다. 최근 2년 동안 연도별 테러 건수는 2015년(2,255건), 2016년(1,533건)이고, 사망자 수는 2015년(17,329명), 2016년(8,356명)이다. 그리고 2017년 상반기에는 전체 596차례의 테러 공격으로 4,044명이 사망하였다. 테러의 빈도와 사상자 수는 최근 2년 동안은 다소 감소하는 추세를 보이고 있지만, 전체적으로 볼 때는 2000년 이후 십여 년 동안은 테러와의 전쟁에도 불구하고, 테러는 지속적으로 증가해 왔으며 테러의 목적과 양상도 다양해졌음을 알 수 있다.[1]

특히 그동안 세계를 테러의 공포로 몰아넣었던 수니파 극단주의 무장단체인 이슬람국가(IS)가 지난 2017년 6월 29일 핵심 거점이던 이라크 모술에서 사실상 패퇴하였으며, 이어서 10월 22일에는 IS의 수도격인 시리아 락까에서도 패퇴하는 변화가 있었다. 하지만 '포스트 IS시대'에 대한 고민은 여전히 계속되고 있는 상황이다. 이는 비록 IS가 위축·쇠퇴 하였지만, 관련 테러조직들이 남아있고, 근거지를 중동·북아프리카·동남아시아·유럽 등 기타지역으로 옮겨 다시 확산될 조짐을 보이고 있기 때문에 오히려 지구촌의 평화는 쉽지 않아 보인다. 실제 IS의 모술 패퇴 이후인 지난 2017년 8월 스페인 바르셀로나 광장에서는 차량테러로 인해 100여명의 사상자가 발생하였으며, 또한 지난 2017년 10월 1일 밤에는 미국 네바다 주 라스베이거스에서 총기난사 참극이 발생하였다. 확실한 발표는 없었지만 IS는 본인들의 추종세력에 의한 테러임을 공언했었다.

한국의 경우는 평창올림픽의 북한의 참가와 남북 간, 미북 간 정상회담개최 등 그 어느 때 보다 해빙무드이지만, 결코 북한에 의한 위협은 방심할 수 없는 상황이다. 실제 지난 2017년 2월 12일 북한은 북극성 2형이라는 새로운 중거리탄 도미사일 발사에 이어 다음날인 13일 말레이시아 쿠알라룸푸르 국제공항에서 백주대낮에 이복형인 김정남을 독극물 액체(VX)로 암살하는 사건을 일으켰었다. 미국은 결국 북한을 9년 만에 테러지원국으로 재지정 했었다. 이처럼 테러는 북한이 전면전에 앞서 시행할 수 있는 공격방법이며 전술이다. 따라서 본장에서는 이러한 국내외 환경 변화에 따라 변화되는 미래 국내외 테러동향과 이에 맞춘 대테러 발전 방향을 제시하였으며, 이를 위해 다음과 같은 몇 가지 사항을 가정해보았다. 첫째, 국가 간의 분쟁보다는 국가내의 분쟁이 증가할 것이다. 둘째, 세계 변화 추세와 테러에 미치는 영향은 한국에도 적용될 것이다. 셋째, 국제테러조직들은 첨단무기를 확보할 것이고, 다음으로 테러조직 간의 상호연대는 강화될 것이며, 마지막으로 북한은 하이브리드 전쟁 일환으로 한국 내에서 자생적 테러와 국제테러를 가장한 테러전쟁을 시도할 것이라는 가정이다.

국제테러의 환경 변화와 변화 추세

1. 21세기 테러의 환경적 요인과 변화

냉전이 종식되었지만 지구촌 곳곳이 크고 작은 지역분쟁으로 어지럽다. 가히 '우리는 테러의 시대에 살고 있다'라고 말할 수 있다. 테러를 뿌리 뽑겠다며 시작된 '테러와의 전쟁'이었지만 인류는 더 큰 테러 위협에 직면해 있는 실정이다. 2001년 9·11테러가 발생되자 미국은 아프가니스탄을 향해 토마호크미사일을 발사, 테러와의 전쟁을 알리는 신호탄을 쏘았다. 그러나 테러는 여전히 끝나지 않고 더 커지고 있다. 피의 악순환이라 할 수 있다. 사실 9·11테러 직전까지만 해도 테러조직들은 대중적 지지기반이 거의 없었다고 할 수 있다.

주적을 잃고 방황하던 테러조직들에게 9·11테러와 이에 대응한 테러와의
전쟁은 분명하고 확실한 미국이라는 공격목표를 심어주었고, 테러리즘의 위상은
범죄행위가 아니라 전쟁행위로 한 단계 승격하게 되었다. 아울러 오사마 빈 라덴
한 사람 때문에 전 세계는 최첨단 무기를 동원하고 막대한 군사비를 투입하였다.
2011년 오사마 빈 라덴이 사망하였지만 지구촌에 평화는 오지 않았다. 오히려
수많은 민간인이 희생되고 분쟁지역은 초토화되고 파괴되었다.

만약 우리나라에서 테러가 발생되어 중요한 공공시설이 테러공격을 당하고
사이버테러가 금융시장을 위협한다면 과연 정부는 국민의 생명과 재산을 지킬
수 있을까 큰 고민이다. 현실적으로 4세대의 전쟁/ 비대칭 전쟁이라 불리워지는
테러의 위협이 있다 하지만, 정작 사고 원인 분석, 대처방법, 대응능력은 여전히
미흡한 실정이다. 이로 인해 초래될 안보 공백은 더 큰 우려이다. 한마디로 21C의
키워드는 테러리즘이다. 테러리즘의 위협은 국제사회가 직면한 가장 심각한 안보
문제 중 하나이다. 이제 정말 테러 발생은 결코 남의 나라 일이 아니라는 사실을
명심할 필요가 있다.[2]

오늘날 국제 안보 환경의 두드러진 변화를 살펴보면 두 가지이다. 첫째가
미국이 유일 초강대국으로 등장하는 단극체제 하의 안보개념 변화이다. 1989년
세계냉전이 종식되면서 탈냉전시대의 포괄적 안보개념이 등장하였는데, 이는 전
통적인 군사안보만을 의미하는 것이 아니라 식량안보, 환경, 경제안보 등을 포함
하는 소위 인간안보라 불리는 것이다. 즉 안보의 영역이 군사 위주에서 비군사적
분야를 포함하는 포괄적 개념으로 확대되고 있다는 점이다. 또한 테러와 같은
비정규적 저강도 분쟁이 주류가 되고 있으며, 9·11테러와 같은 그 파장의 강도가
세고 장기적 여파가 되는 사항도 있다. 첨단무기를 갖춘 강대국과 맞서기에는
힘이 부족한 테러세력들에게 테러는 가장 적합한 공격수단이라 할 수 있는 것이다.

두 번째로는 중동의 테러세력들은 이슬람으로써 반서방성과 반기독교적 성
향을 가지고 있다는 점이다. 서양을 악으로 규정하여 성스러운 대의의 이름으로
저항한다는 명분을 가지고 있는 것이다. 그래서 현재 발생하고 있는 서방과 이슬
람 과격세력과의 충돌사항을 큰 틀에서 조망해 본다면, 테러리즈미즘과 알카에디
즘, 또는 IS이즘의 대결구도로 이해할 수 있다.

테러리즈미즘은 테러를 정치화 한다는 의미이고, 알카에디즘과 IS이즘은 이슬람과격세력의 반서방시각 혹은 이념이라 할 수 있다. 이는 최근 테러활동의 이념적 바탕이기도 하다. 비록 오사마 빈 라덴은 사망하였지만 여전히 알카에다의 이념은 살아남아 세계각지의 과격세력에 영향을 주고 있으며 IS가 영토를 잃고 쇠락했지만, 그 이념의 우산 속에서 활동하는 소규모 무장단체는 오히려 급증할 것이라는 게 전문가들의 일관된 입장이다.[3]

다음은 전쟁 대신 테러를 선택한다는 점이다. 즉, 돈이 많이 드는 전쟁 대신 테러가 증가하고 있는 것이다. 그래서 국가 간 전면전은 감소하는 대신 테러 대량살상무기가 확산되고 있다. 이라크전의 경우 미군 14만 명이 주둔하면서 8년 9개월 전쟁기간 동안 총 4조 달러가 소요되었다. 이는 매월 40억 달러가 소요된 것이다. 제2차 세계대전 이후 가장 비싼 전쟁이었다(걸프전: 850억 달러, 한국전: 3,500억 달러, 베트남 전: 6,500억 달러, 사망자: 이라크 민간인 19만 명, 미군 4,400명, 다국적 포함 4800명). 또한 그동안 잠재되었던 갈등요인이 표면화되는 등 국가안보 위협이 다양하고 복잡화되고 있고, 국가이외 조직이나 세력에 의한 예측 불가능한 테러 위협이 증가하고 있다.

9·11테러 시 사망·실종자는 약 3천명 재산피해는 약 210억 달러에 이르렀다. 또한 이념과 무관한 맹목살상형 테러가 최근의 국제 테러 양상이라 할 수 있다. 또한 이들과 함께 새로운 테러주체의 등장을 주목할 필요가 있다. 2004년의 스페인 마드리드 열차테러는 모로코계 이민자가, 2005년의 영국 런던의 지하철테러는 파키스탄계 이민자에 의해, 그리고 2013년에 발생하였던 미국 보스턴 마라톤테러는 체첸계 이민자들이 저지른 테러이다. 바로 소수민족 이민자들이 정체성에 혼란을 느끼면서 발생한 사건이기도 하다. 16~24세의 이민 2세대 젊은이들은 실업자로 빈둥대다가 테러조직으로 포섭되는 경우도 많다. 한마디로 차별과 멸시로 좌절할 수밖에 없고 이는 테러로 분출된다 할 수 있다. 사회적 통합을 이루지 못하게 되면 치룰 수밖에 없는 위험이 도사리고 있다는 사실은 명심해야 할 사항이다.

2. 테러 발생에 영향 미치는 주요변화 예측과 추세

2010년 미국방정보국과 정보대학이 후원하는 국제예측연구소에서 발행한 '미래의 테러 55가지의 예측'중 테러에 가장 많은 영향을 미치는 10가지 변화 예측과, UN미래보고서 2050 등 최신 미래 예측 데이터를 업데이트하여 재분석하고, 최근의 IS 테러활동을 논증자료로 포함한 내용을 살펴보면, 테러가 발생하는 주요 원인 10가지를 분석하고 있다. 첫 번째는 선진국과 미개발국 간의 경제발전 격차가 심화되는 게 원인이다. 이는 절대빈곤층은 줄었으나, 빈곤의 원인이 부자 나라에 있다는 것을 지적하고 있다. 일종의 빈익빈 부익부 현상이다. 이러한 현상은 테러에 영향을 미치는데, 상대적 빈곤감으로 못사는 나라의 경우 부국을 적대시하고 이게 바로 테러를 부치기는 작용을 하게 된다 할 수 있다.[4]

두번째 원인으로는 포스트IS 세력이 더욱 확산되고, 분권형 조직으로 재편될 것이라는 미래 변화에 대한 예측이다. 아직은 IS쇠퇴 이후 테러리더십의 세대교체와 IS를 대체할 만한 새로운 테러중심세력이 대두되지 않았지만 특별한 동기가 마련되면 또다른 테러세력과 테러형태가 등장할 것이다. 이는 과거 알카에다 세력이 약화되자 더욱 극단적인 IS가 출현하여 이슬람국가를 건설한 것처럼, 쇠락한 IS 역시 분권형 조직으로 개편하고, IS의 추종자들이 동남아지역 등에 새로운 거점을 구축할 것으로 예상되고 있어, 자생적 테러로의 전략 전환과 새로운 버전의 폭력적 극단주의, 테러의 노마드화를 통한 범세계적 전이 위험이 증대할 것으로 판단하고 있다. 그런 측면에서 결코 포스트IS 시대는 밝아 보이지 않는 것이다.

세 번째는 인구의 급증과 인구증가의 불균형이다. 이것은 세계 인구는 증가하지만, 정작 개발 국은 인구가 급감하고 있다는 것이다. UN통계에 의하면, 2015년 말 세계 인구는 73억이었는데, 이게 2050년에는 83~109억으로 증가하게 된다. 문제는 저개발국의 도시인구 증가율이다. 도시인구가 오히려 감소하고 있다는 것이다. 이는 국내소비를 급감시켜 경제적 불황을 가속화시키는 요인으로 작용하게 된다.

우리 한국의 경우 인구절벽은 2018년부터 시작한다. 2010년 정점에서 점차 하락하게 된다. 이로 인해 가난한 국가의 노동자들이 잘사는 국가의 노동자로 유입이 증가하고 있어 곧 테러의 위험이 증대한다 볼 수 있다. 오늘날의 외국인 노동자, 난민 유입 등도 여기에 해당되는 사항이다. 이외에 기술이 모든 것을 압도하는 유비쿼터스시대가 구현됨에 따라, 개인프라이버시 장벽이 낮춰져 테러리스트들이 첩보 수집에 용이해졌다든지, 개인정보 보호가 어려워 테러리스트의 정보활동이 용이해진 점, 비즈니스 간 통·폐합 가속화가 테러에 좋은 환경을 조성한다는 점 등의 변화와 영향이 예상된다. 또한 도시화의 급격한 진행이 테러리스트들에게 온상을 제공하고, 인터넷 성장과 진화는 기동성 테러를 가능하게하며, 선진과학자들의 유출 심화는 국제테러리스트들의 첨단무기 확보가 용이해졌으며, 비 국가 범죄조직 확산은 테러 지원 및 네트워크를 제공할 것으로 분석되고 있다.

아울러 미래테러의 발전 가능한 추세를 가늠해보면, 향후 테러리스트의 지위는 계속 향상되고, 이들은 핵물질, EMP탄 등 대량살상무기를 갖게 될 것이다. 또한 IS가 실패하더라도 극단적인 무슬림국가출현은 언제든지 가능하여 합법성을 획득할 것으로 보여 진다. 테러리스트들의 조직과 작전에서도 많은 변화가 예상된다. 예를 들어 미본토를 중심으로 주요표적과 피해판단으로는 약 8개정도의 주요표적을 생각하고 있다. 대표적 사례로는 먼저 주요정유시설의 핵심시설에 500파운드 가량의 폭탄을 설치하여 폭파하는 공격방법을, 그리고 테네시 강 유역 댐에 대해서는 더글라스 댐을 폭약으로 파괴하여, 연쇄 댐 파괴 및 홍수로 피해를 초래하게 하는 방법 등을 예측해 볼 수 있다. 이외 관광지 자살총격이라든지 고압선 연결철탑 파괴, 그리고 액화천연가스저장소, 패스트푸드에 대장균 삽입, EMP탄 투하, 탄저병 유포와 같은 표적 공격을 주요 테러공격방법으로 예상하고 있다. 한국의 테러환경도 결코 남의 나라만의 일로 치부할 수 없는 상황이다. 사실 우리 한국사회 전반은 한국은 테러의 청정지대라하는 안이한 실정이다. 2016년 '국민보호와 공공안전을 위한 테러방지법'이 제정되었지만, 테러 대응은 고작 정보입수정도에 그치고 대테러부대 진압형태도 아직은 적극적이지 못하다. 더구나 인권과 안보의 문제는 부딪치고 그래서 선제적이지 못하다.

국제테러 양상 변화와 전망

1. 크고 작은 분쟁과 대립 지속

2018년 개최된 평창 동계 올림픽은 북한의 참가와 이후 남북한 간 특사파견 등 남북 간 해빙무드 조성으로 대립과 긴장의 국면에서 평화와 대화의 국면으로 전환됨에 따라 국내테러 상황은 북한에 의한 테러의 가능성이 감소되었으며, 국제테러단체에 의한 테러로부터도 안전할 수 있었다. 그러나 국제테러 상황은 지구촌 곳곳에서 여전히 크고 작은 분쟁과 대립이 계속되고 있어 안심할 수 없는 상황이다. 먼저 중단기적 상황에서 가장 우려되는 것은 예루살렘에서 테러가 촉발될 수 있다는 점이다. 예루살렘은 개신교는 물론 유대교와 이슬람교까지 세 종교 모두 성지로 인정하는 민감한 지역으로, 지난 1947년 유엔은 이 지역을 국제법상 어떤 국가에도 속하지 않는 지역으로 선포한 곳이다.[5] 그러나 2017년 12월 6일 트럼프 미 대통령은 예루살렘에 대한 이스라엘의 수도선포를 하였다. 따라서 향후 중동테러정세에 엄청난 파장을 불러일으킬 수 있는 새 변수가 되었다. 이미 이 선언이 있은 후 이스라엘과 팔레스타인 간 충돌은 점점 격화되고 있다. 팔레스타인에서는 2017년 12월 2차례의 '분노의 날'이 선포되었고, 연일 반미 폭력시위가 계속되었다. 1,000여 명이 다치고 4명이 숨지는 등 가자지구는 3년 만에 사망자가 발생했었다. 결국 이는 팔레스타인 무슬림이 국제테러 정세에 가세할 수 있는 명분을 제공해주고 새로운 분쟁의 불씨가 되고 있는 것이다. 그래서 2018년 이후 테러 문제의 해결 및 개선 전망은 여전히 어둡고, 오히려 더욱더 격화되는 등 전 세계는 테러리즘과 전선 없는 전쟁은 계속될 것이다.

다음으로는 엄격한 의미에서 이라크와 시리아에서의 IS 소탕전투가 아직 완전히 끝나지 않았고, 중동에서의 영토를 잃은 잔당들이 전 세계 무슬림의 60%이상이 거주하는 아태지역 등으로 이동하는 풍선효과가 예상되고 있는 점은 국제안보정세에 새로운 불씨를 만들게 될 것으로 보인다. 또한 포스트IS에서도 테러기법과 수단의 진화로 인한 IS의 이념과 추종자들의 전 세계로의 확산 즉 테러의 노마드화를 통한 범세계적 전이 위험이 증대될 것으로 보인다. 이는 실제로 필리핀의 사례에서도 증명되었다. IS의 동남아 확산이 현실화됨에 따라 동남아지역의 고민은 더욱 커질 것으로 예상된다.[6]

따라서 향후 테러의 형태도 이슬람 극단주의 테러세력인 IS 연계조직과 알카에다, 알샤바브 등이 병원과 학교, 지하철, 나이트클럽, 극장 등 이른바 '소프트 타깃(soft target)'을 겨냥한 무차별 테러를 벌이게 될 것으로 우려된다. 이는 이라크군/시리아군과 서방국가들(미국과 러시아를 포함한)의 지속적인 공세로 이라크/시리아에서 세력이 약화된 테러리즘 세력들이 '외로운 늑대'들의 '자생적 테러'로 전략 전환을 모색하면서 민간인 영역으로 테러전선이 확산될 것으로 전망되기 때문이다. 더구나 간과할 수 없는 것은 IS의 재건 가능성이다. 이는 지하조직화로 몰락의 위기를 넘기고 새로운 버전으로 재출현하게 될 것이며 언젠가 이 극단주의 괴물은 또 다른 이름으로 등장할지도 모른다는게 전문가들의 분석이기 때문이다.

이는 범세계적 테러 확산의 한축이라 할 수 있는 '종교기반 급진주의'사상이 '폭력적 극단주의'로 버전을 달리하며 새롭게 발현되고 있으며, 최근 IS현상이 특정한 테러집단의 행태로만 제한되는 것이 아니라 지구촌의 전반적 테러 확산 현상과 밀접하게 맞물려 있기 때문이다. 따라서 세력이 약화된 테러세력들은 향후 더욱 파괴력을 갖는 유사세력으로 변형되거나 '외로운 늑대'들의 '자생적 테러'로 전략을 전환하면서 민간인 영역으로 테러전선이 확산될 것인바 이에 대한 대응책이 요구된다. 한국의 경우도 국제결혼, 외국인노동자, 새터민의 증가로 인한 자생테러 발생 가능성 우려와 함께, 남북 간 대화의 분위기가 무르익고 있지만, 북한에 의한 후방 테러 위협과 전면전(全面戰)에 앞선 비대칭전력으로서의 테러공격의 위험성은 경계해야 할 사항이다.

2. 테러의 노마드화

21세기는 새로운 유목민(遊牧民, Nomad)의 시대라고 한다. 캐나다 미디어학자 '마셜 매클루언'은 30여 년 전 "사람들은 빠르게 움직이면서 전자제품을 이용하는 유목민이 될 것이다"라고 예언했다. '노마드'는 '유목민'이란 라틴어로 프랑스 철학자 '질 들뢰즈'가 그의 저서 '차이와 반복'에서 '노마디즘(nomadism)'이라는 용어를 사용한데서 유래하였다.

유목민은 원래 중앙아시아, 몽골, 사하라 등 건조·사막 지대에서 목축을 업으로 삼아 물과 풀을 따라 옮겨 다니며 사는 사람들을 말하지만, 현대의 유목민은 휴대전화, 노트북, PDA 등과 같은 첨단 디지털 장비를 휴대한 채 자유롭게 사는 사람들을 말한다. 공간적인 이동만을 가리키는 것이 아니라 버려진 불모지를 새로운 생성의 땅으로 바꿔 가는 것, 곧 한자리에 앉아서 특정되고, 제한된 가치와 삶의 방식에 매달리지 않고 끊임없이 자신을 바꾸어 가는 자유롭고 창조적인 행위를 지향하는 인간형을 뜻한다. 특히 스마트폰 사용 이후 시공간의 제약 없이 인터넷에 접속하여 필요한 정보를 찾고 쌍방향으로 소통하는 것은 이제 일상생활로 정착되었다.

최근의 테러 변화의 특징은 '테러의 노마드'화이다. 테러리스트가 되기 위해 굳이 중동의 테러캠프를 찾지 않아도 웹사이트를 통해 가상으로 AK-47에 대해 연구하고, 사제폭발물을 제작하는 등 테러지식을 습득한다. 테러의 일상화는 몇년 사이 자생적 테러리스트, 이른바 '외로운 늑대(lone wolf)'가 대거 늘어난 것과 맞닿아 있다. 인터넷과 소셜네트워크서비스(SNS)가 보편화되면서 사회 불만 세력을 테러리스트로 전환시키는 원격 조종이 가능해진 셈이다. 테러 단체들은 온라인 공간에서 테러를 부추기는가 하면 폭탄물 제조 등 테러 방법까지 알려준다. 이른바 '노마드(유목민) 테러'로 전 세계 곳곳이 테러의 표적이 될 수 있게 된 것이다.

2015년 미국 국회의사당 테러를 기도하다 붙잡혔던 20살 남성은 고교 졸업 후 직업 없이 부모에게 얹혀살며 주로 인터넷을 뒤지는 걸로 시간을 보내는 이른바 '캥거루족'이었다. 그는 미국 국회의사당에 파이프 폭탄을 설치하고 의원들을 살해할 계획을 세웠으며, 반자동 소총과 실탄 600발을 구입했다. 또한 IS의 전사가 되겠다고 시리아 국경을 넘어간 한국인 10대 청소년 김모군은 아랍인 '하산'이라는 자와 인터넷을 통해 접촉하였다. 그는 집에서 인터넷과 사회관계망 서비스(SNS), PC 게임 등을 즐겼다. 모두 평범한 청년들이 사회에 불만을 품고 세뇌되어 테러범으로 돌변한 경우이다.

이는 일자리 부족과 글로벌 경제 악화로 생산적인 위치에 서지 못한 디지털 노마드들에게 인터넷이 위험한 일자리를 제공하고 있는 셈이다. 그들은 극단 세력과 시간과 영토를 넘어 '접촉'하고 '결속'하면서 '노마드 테러리스트' 또는 '외로운 늑대(lone wolves)'라는 이름을 가지게 된다. 소셜네트워크(SNS)을 이용한 선동과 포섭에 단연 우위를 점하고 있었던 대표적인 국제테러단체는 IS 이다. 지금은 비록 영토를 잃고 쇠락한 상태이지만, 여전히 이들은 트위터, 페이스북 등 SNS로 세계의 젊은이들을 유혹하고 있다. 인터넷망 안에서 IS는 영구 존속할 수 있다는 이점이 있으며, 젊은이들을 선동에 이용하는 것은 이들이 다음 세대에서 자신들의 존재가 영속할 수 있는 핵심 요소가 될 수 있다고 판단하기 때문이다.[7]

중동과 유럽뿐만 아니라, 이제 테러는 세계 곳곳에서 일상화되고 있다. 특히 테러의 일상화는 몇 년 사이 자생적 테러리스트가 대거 늘어난 것과 맞닿아 있다. 이는 인터넷과 소셜네트워크서비스(SNS)가 보편화되면서 사회 불만 세력을 테러리스트로 전환시키는 원격 조종이 가능해진 것이 가장 큰 이유이다. 테러단체들은 온라인 공간에서 테러를 부추기는가 하면 폭발물 제조 등 테러 방법까지 알려준다. 이른바 디지털로 무장한 '노마드(유목민) 테러'가 전 세계 곳곳을 이전보다 훨씬 쉬운 방법으로 테러의 표적을 삼고 있는 것이다. 더구나 SNS와 스마트폰 같은 모바일 장치가 테러와 결합되면 포착도 어렵고, 제어 수단도 마땅찮으며, 얼마든지 정부의 감시망도 피할 수 있다는 장점이 있기 때문이다.

한국의 경우 인터넷 강국이며 게이머 천국이지만, 인터넷 환경이 발달하고 정부의 테러 정책이 강력하지 않기 때문에 '노마드 테러'의 위험은 더욱 우려된다. 해킹, 디도스 공격 등 디지털 테러는 물론이고 SNS나 온라인게임 등을 이용해 젊은이들을 정신적으로 교묘하게 포섭하고 사회 전반적으로 영향력을 미칠 가능성은 다른 나라에 비해 높다할 수 있다.

우리 사회 역시 점차 사회 불만세력이 외로운 늑대로 출현될 수 있는 위험성이 커지고 있기 때문에 실업률을 줄이는 노력, 빈곤층을 줄이고 소수자와 약자에 대한 차별과 소외가 없는 사회를 만들려는 분위기가 형성되지 않으면 전사의 꿈을 좇아 '노마드 테러리스트'에 가담할 수 있는 또 다른 김군이 생길 수 있음을 명심해야 한다.

오늘날 공항이나 역 대합실, 호텔 로비에 가보면, 일하는 사람들이 무릎 위에는 노트북을 올려놓고, 호주머니에는 휴대전화를 넣어 두고, 귀에는 헤드셋을 착용한 채 끊임없이 행동하고 있다. 이는 1990년대 말 독일의 미래학자 군둘라 엥리슈(Gundula Englisch)가 『잡 노마드 사회(Jobnomaden)』에서 미래의 모습을 예측한 것과 같다.

그래서 당분간 유럽 내 급진주의자의 테러는 '뉴 노멀'이 될 가능성이 크다. 지난 3년간 유럽 국가 출신의 수천명이 IS 가담을 위해 이라크와 시리아로 넘어가 활동하였다. IS가 최종적으로 퇴각하면 이들 중 상당수는 유럽으로 되돌아올 것이다. 이밖에도 각국 안에서 IS를 추종하거나 연계된 세력 또한 상당하다. 따라서 IS가 쇠퇴하더라도 테러는 근절되지 않을 것이다. 새로운 변종의 테러가 출현할 것이다. 그래서 고정관념에서 벗어나 새롭게 나타나는 테러의 현상을 정확한 목표로 조준하는 핀포인트(Pin Point) 식으로 지켜봐야 테러를 미연에 막을 수 있다. 향후 전망은 한마디로 '테러의 노마드화를 통한 범세계적 전이 위험'이 증대하고 있다고 할 수 있다.[8]

3. 하이브리드형 테러 위협 증가

인류의 역사는 수많은 전쟁으로 점철되어왔다. 플라톤이나 아리스토텔레스 같은 현인들도 전쟁 자체는 싫어했지만, 그 불가피성이나 중요성에 대해서는 결코 의문을 품지 않았을 정도였다. 그래서 인류역사를 아예 전쟁사라고까지 말하는 사람들도 있다. 특히 이중 현대전 양상에 대해 전쟁사가(戰爭史家)들은 3단계로 구분해 설명해왔다. 즉 1세대 전쟁은 나폴레옹 전쟁으로 구분하였으며, 대규모 소모전인 제1차 세계대전은 2세대 전쟁으로, 그리고 3세대 전쟁은 기동력과 기습이 특징인 제2차 세계대전으로 대별하였다.

그러나 냉전의 종식으로 인해 끝난 줄 알았던 전쟁은 2001년 9월 11일 슈퍼파워 미국에 퍼부어진 가공할 테러공격으로 인해 전 세계를 새로운 형태의 전쟁 공포에 떨게 만들었다. 학자들은 이 9·11테러를 바로 4세대 전쟁의 본격 개막을 알리는 신호로 해석했다. 지금 이 개념은 미래의 군사적 위협으로서 서로 다른 전쟁양식들의 상호 교차적 융합으로 이루어지는 일종의 '멀티모드(multimodal)'활동형태의 21세기 전쟁과 테러의 새로운 트렌드로 개념 지어졌다.

한마디로 4세대 전쟁이 수행하는 목표는 1~3세대 전쟁처럼 지형의 탈취나 물리적 파괴가 아니라 적대국의 내부붕괴를 겨냥하며, 기존의 전술교리, 교육, 훈련, 장비 등 모든 면에서 새로운 사고와 발상의 대전환을 요구하고 있다. 여기서 등장하는 개념이 바로 '하이브리드 전쟁'이라는 용어이다. 일반적으로 유연하고 지능적인 적이 목표 달성을 위하여 특정한 시기에 동시적으로 다른 형태의 전투를 통합하여 수행하는 것을 말하기도 한다. 예를 들어 러시아의 우크라이나 침공, 중국의 남중국해 도발, 북한에 의한 해킹과, 가짜뉴스 살포, 선전전 등을 통해 대남공격을 전개하는 것 등을 하이브리드 전쟁의 전형으로 보고 있다.

그러나 전문가들은 레바논의 반군세력인 헤즈볼라가 2000년대 초반 막강한 전력의 이스라엘에 맞서기 위해 무려 6년 동안 이스라엘군을 연구하여 그 취약점을 파악한 후에 이란과 시리아의 지원 하에 전투를 통하여 이스라엘을 철저히 농락하였는데, 이것을 '하이브리드 전쟁'의 성공적 사례로 분석하기도 한다. 한마디로 냉전시대가 '제한전쟁'의 시대였다면 21세기 전쟁의 트렌드는 '하이브리드 전쟁'이라 할 수 있는 것이다. 그동안 정규전외의 영역으로 인식되었던 비정규전과 테러 등이 이제는 전쟁의 승패에 결정적 요소로 작용 될 수 있음을 보여주는 개념이다. 그래서 미군에서는 하이브리드전을 새롭게 부각되고 있는 하나의 위협으로 인식하고, 발전시키고자 하는 전쟁 개념으로 규정하고 있다.

특히 제1, 2차 세계대전이 20세기를 대표하는 전쟁이라면, 4세대 전쟁에서 가장 대표적인 투쟁방식은 바로 영토의 경계도, 전시와 평시의 경계도 무너지는 '하이브리드형 테러리즘'이다. 그래서 독일의 정치철학자 '뮌클러'는 이런 전쟁을 '윤곽선이 사라진 전쟁'이라고 불렀다. 그런 측면에서 최근 수니파 극단주의 무장 세력인 IS가 거점이 붕괴되는 등 세력이 약화되고 있지만, 이를 결코 테러의 근절이라고 장담할 수는 없는 것이다. 오히려 테러는 마치 교통사고처럼 근절되기보다는 억지의 대상이 될 뿐이며, 지금까지의 양상과는 거리가 멀고, 또 다른 새로운 방법이라 할 수 있는 '하이브리드형 테러'를 시도할 수 있기 때문이다.

이는 최근 들어 유럽과 미국에서 발생한 테러에서 보듯, 시리아, 이라크를 넘어서는 유럽 주요 도시테러가 불가측성, 다양화라는 특징을 나타나고 있기 때문에, 우리가 향후 세계 전역으로 확장되는 테러의 성격을 미리 가늠할 수 있는 요인이 되기도 한다. 아마도 IS와 같은 국제테러집단이나 반군세력 등 비국가 행위자들은 사이버 공격, 가짜뉴스 유포 등을 통한 정보전, 심리전, 혼란 공작에 대리전 양상까지도 가미할 수도 있을 것이다. 여기에 더해 국가가 통제해온 대량 살상무기(WMD)를 탈취하거나 밀반입하여 국가를 위협할 가능성도 있으며, 심지어 갱 등 조직범죄집단도 가동할 것으로 보인다.[9]

결국 21세기 인류의 새롭고 대표적인 투쟁방식이라 할 수 있는 테러리즘은 이처럼 더욱 다양한 '하이브리드형'방법으로 진화해 나갈 것이다. 이미 2017년 이후 중동지역에서 수세에 몰린 IS 핵심지도부는 내부 투쟁역량을 또 다른 테러 양상으로의 변질을 시도하고 있다. 공격목표가 무차별적이며, 상대국가의 정치, 경제, 사회, 군사적 약점을 교묘히 파고들어 전략적 이익을 취하는 전략을 구사하기도 한다. 이는 공포의 확산을 통해 국제 연대의 균열을 초래하고, 전 세계에 흩어진 잠재적 지하디스트인 '외로운 늑대'들에 대한 동기 부여를 통해 잠재적 지지층 및 테러리스트 세력을 강화하려는 노력의 일환이다. 이제 우리도 테러의 청정지대라는 막연한 안이함보다는 안보와 관련한 모든 영역에서 다각적이고 선제적으로 대비해야한다. 특히 새로운 전쟁 개념으로서 '하이브리드형 테러' 위협의 인식과 새로운 기술의 등장과 관련해서도 언제든지 직면할 수 있다는 측면에서 논의하고 대비책을 강구하는 것이 필요하다. '우리나라만은 절대 안전하다'는 나홀로 교만이 국가안보를 위험에 빠뜨릴 수 있다.

4. '큰 전쟁'에서 '작은 전쟁'의 형태로서 테러리즘의 선택 증가

세계는 지금 중동과 유럽에서의 테러와 중국과 인도의 충돌, 그리고 미국과 북한과의 핵미사일 대립 등 여러 위험 요소가 상존하고 있다. 지구촌의 공포였던 IS가 쇠퇴하였지만, 세계 곳곳에서는 여전히 총과 흉기, 폭탄과 차량 돌진으로 살상이 자행되고 있다.

미래학자 앨빈 토플러는 그의 저서 <전쟁 반전쟁>에서 새로운 전쟁형식의 출현과 평화를 가져올 수 있는 반전쟁에 관해 이야기하면서 1945~1990년 사이

지구상에서 전쟁이 발발하지 않은 기간은 단 3주에 불과했고, 전쟁은 끊임없이 일어날 것이라 전망하며, 21세기 새로운 전쟁 방식으로 테러리즘을 언급했다. 그는 물결이론을 전쟁에 적용시키며, 제1물결과 제2물결 그리고 제3물결로 사회는 급속히 변화하고 있는데 전쟁에 대한 우리의 사고방식은 이 속도를 따라가지 못하고 있다고 비판하기도 했다. 역사 속 전쟁들을 조명해보면 미래전의 형태는 정보와 지식을 바탕으로 한 정보전 형태를 띨 것이라는 게 일반적 예측이다. 소리 없는 전쟁, 총성 없는 전쟁으로서 사이버전과 돈이 적게 드는 전쟁으로서 테러리즘이 여기에 해당된다.

전쟁 수행 방법에서도 제1물결 전쟁은 농업시대의 생산력과 결부된 활이나 칼 정도의 파괴력 밖에 없으므로 전쟁으로 인한 영향력이 미미했으나 제2물결에서는 대량생산과 산업화에 힘입어 전쟁도 대량살상의 형태가 등장하게 되며, 제3물결 전쟁에 이르러서는 지식이 강조되면서 지식에 의한 새로운 첨단무기들이 많이 등장하게 되었다. 새로운 문명은 전쟁에서도 충돌과 변화를 가져오게 된다.

그러나 대부분 군사전문가들은 전쟁에서 무엇보다 중요한 것으로 경제적 능력을 들고 있다. 전투비용은 현대전이 수행해야 하는 부담이기 때문이다. 더구나 동물적인 힘이 중시되는 전투에서 첨단무기가 중시되는 전투방법의 변화는 경제력의 전쟁이라 불릴 수밖에 없는 새로운 양상의 전쟁이 필연적으로 나타나게 되는 것이다. 그래서 군사적 강대국은 경제력에 의해서만 거대해질 수 있다는 주장이다.[10]

예를 들어 대량파괴, 원자폭탄과 같은 고비용 대량파괴 구조는 엄청난 비용의 증가를 지불해야한다. 즉, 무기 생산과 소비에 사용되는 재정적 비용뿐만 아니라, 초래하는 파괴의 참혹함에 따르는 도덕적 비용도 함께 포함하게 되는 것이다.

결국 전쟁을 치루기 위해서는 막대한 전쟁비용이 지출될 수밖에 없는 것인데 이를 감당하기 어려운 재정적으로 열등한 국가와 단체는 냉전시대의 미국이나 소련 같은 우월한 파괴의 행위자들과의 동일한 파괴양식에 의한 경쟁을 사실상 포기했고 이에 따른 대체방안을 강구할 수밖에 없다는 것이다.

최근의 테러리즘의 증가는 이처럼 값비싼 대량 파괴양식을 선택하기 어렵기 때문에 테러리즘이라는 작은 규모의 맞춤형 파괴양식이 나타나고 있다고 볼 수 있다. 약자가 이기기 위한 필승전략의 출발점은 강자가 정한 게임의 법칙을 거부하는 것이다. 약자는 스스로 게임의 규칙을 정하고 그 규칙에 따라 전략을 짜고, 그 규칙에 따라 게임을 벌여야 한다. 이를 전쟁에서 '약자의 역설'이라 할 수 있다. 바로 그게 새로운 파괴양식인 테러의 형태를 진화하게 만들었다고 볼 수 있다. 따라서 경제적 측면에서 돈 많이 드는 전쟁 대신 돈 적게 드는 테러의 형식을 애용한다고 할 수 있다. 그러한 현상은 앞으로도 경제적 약자인 국가에서 더욱 선호되는 전쟁의 방식이 될 수밖에 없다. 돈 있는 강자는 첨단무기를, 돈 없는 약자는 테러의 방식을 택하게 되는 것이다.

그런 측면에서 아마 새로운 전쟁의 대표적인 사례는 9·11 테러가 아니었을까 싶다. 자살폭탄테러나 인질 납치 같은 테러리즘은 이러한 재정적으로 열등한 파괴의 행위자들이 선택할 수 있는 전쟁방식이라 할 수 있다. 최근 일상생활에서 사용하는 도구(차량 테러, 밥솥 폭탄 등)를 공격 수단으로 사용하는 신종테러인 '로우테크(Low-tech) 테러' 증가 현상도 이와 관련된 현상일 수 있다. 즉 적재적소의 타깃을 값싸게 손쉽게 타격함으로써, 그들의 재정적 열등성을 극복하고 전략적 이득을 극대화하는 방식으로 맞춤파괴를 실행하는 것이다.

따라서 '앨빈 토플러'의 주장처럼 오늘날의 전쟁과 파괴방식은 21세기의 경제상황과 분리될 수 없고, 군대의 규모와 숫자보다는 정보와 지식이 보다 중요해지고 승패를 결정짓는 결정적 요인이 되기 때문에 경제발전과 맞물려 무기 선택과 전쟁수행 방식을 결정짓게 된다고 할 수 있다. 이에 테러리즘은 역사 발전의 관점에서 새로운 생산양식인 맞춤 생산, 소비와 이에 발맞춰 '큰 전쟁'에서 '작은 전쟁'의 형태로 급격히 선택되고 변모하고 더욱 증가 할 것이다.

정책적 고려 및 대응

1. 대테러 국제공조에 적극적 동참

세계화 심화 속에서 테러네트워크들 역시 세계화, 디지털화하는 초유의 양상을 보이고 있다. 테러리즘이 어느 한 나라 또는 한 지역이 감당하기 어려운 본격적 글로벌 안보위협으로 다가오고 있다.[11] 이처럼 테러리즘은 21세기 가장 심대한 비전통 안보위협 중 하나로서 전세계가 함께 풀어나가야 할 중대한 글로벌 안보과제이다. 자유사회 혹은 특정 국가 사회혼란을 틈타 민간인들 속에 숨어 국경을 넘나들며 보일듯, 보이지 않는 테러단체의 실체를 찾아내어 응징하고 자금과 무기, 요원들의 이동을 사전에 차단하는 일은 매우 어려운 과제이다. 더욱이 테러분자들이 사제폭탄은 물론 생화학무기와 핵물질을 획득할 가능성도 우려되고 있다.[12]

우리 역시 대내외 공조를 강화해 나가야 한다. IS와 같은 폭력적 극단주의 테러조직 척결을 위해서는 테러정보 교환과 같은 국제공조가 요구된다. 지난 2014년 9월 4~5일 웨일즈에서 개최된 나토정상회담에서 각 정상들은 IS에 단호하게 대응하기로 의견을 모으고 격퇴에 대한 다양한 국제공조를 논의한 바 있다. 지상군 전면파병보다는 입체적인 군사연합전선 결성을 통한 IS 거점 공습 및 이라크정규군 훈련지원 등에 관한 국제공조의 필요성이 제기되기도 했다. 한국은 책임 있는 국제사회의 일원으로 이러한 대테러 국제공조에 적극적으로 동참해야 하며 다양한 참여 방안을 예상, 준비할 필요가 있다.[13] 한발 더 나아가 중견국의 위상과 역할공간을 바탕으로 대테러 및 인간안보 등 신안보·국제안보 거버넌스를 주도할 수 있는 비전설계도 모색할 수 있을 것이다.[14]

또한 그동안 IS가 태동·발호할 수 있었던 것은 중동지역의 오랜 종파와 인종간 갈등 위에 서구세계에 대한 불만, 자생력을 결여한 시리아 등 중동국가의 정치적 실패가 복합적으로 작용한 결과라 할 수 있다.[15] IS는 악명이 높은 테러집단으로 출현·발호하여 이라크·시리아에 거점을 확보하여 테러를 자행하고 난민을 속출케 해왔다. 또한 최근에는 이라크와 시리아에서 패퇴로 거점을 잃게 되자 유럽·아시아·아프리카 등지로의 거점 확산을 모색하는 등 무슬림 극단주의 테러집단이 끊임없이 진화하고 있음을 여실히 보여주고 있다. 따라서 새롭게 변신하는 국제테러에 대한 방지 및 예방을 위해 국제사회는 새로운 대응책을 마련해야 한다는 과제가 주어져 있다.[16]

앞으로도 테러와의 전쟁은 미국 혼자만의 힘으로는 승리할 수 없다. 서구사회가 전체적으로 빈곤지역과 소외지역, 비기독교권 지역에 대한 그간의 정책을 성찰하고 상생의 전략을 마련할 필요가 있다. 테러에 대한 궁극적 해법은 테러가 자라날 수 있는 환경을 근본적으로 없애는 것이기 때문에 군사적 수단만으로는 한계가 있는 것이다. 대규모 지상군 병력 투입을 통한 전면전으로는 폭력적 극단주의의 고리를 끊어낼 수 없는 것이다. 군사력에만 의존해서는 단기적 승리를 기대할 수 있을지 몰라도 그림자처럼 퍼져 있는 테러네트워크의 완전한 궤멸은 쉬운 일이 아니다.[17] 사실상 궁극적 해법은 테러가 배태되는 사회적 불만 소지 개선과 정치적 타결에 있다. 새로운 포스트 IS 테러 대응 및 근본적 테러 근절을 위한 유엔의 역할과 국제사회의 공조의 확립(테러 근절을 위한 군사적 대응과 함께 대화와 평화협상 및 지원)이 필요한 시점이다.

2. 하이브리드형 테러리즘에 대한 인식 확대

최근 미래 테러 양상에 대한 연구와 논의는 매우 관심 있는 사항이다. 특히 이라크와 시리아에서의 IS와의 테러와의 전쟁과 유럽지역에서 발생하고 있는 다양한 형태의 하이브리드형 테러에 대한 관심이 높아지고 있다. 그러나 변화된 미래 테러유형들에 대한 인식은 미흡하기 때문에 이에 대한 더 많은 논의와 연구가 필요하다. '하이브리드 테러'라는 용어는 일반적으로 유연하고 지능적인 적이 목표 달성을 위하여 특정한 시기에 동시적으로 다른 형태의 전투를 통합하여 수행하는 것을 말한다. 테러에 대해서는 누구든지 예측할 수 없기 때문에, 언제, 어떤 방법으로 발생할 수 있는지 대비하기가 쉽지 않다. 하지만 평시에 준비해야 하는 국가안보 정책은 미래의 위협 가능성을 다양한 측면에서 분석하고 대비하여야 한다는 점에서 사전연구의 필요성과 의미는 결코 무시될 수 없다. 한마디로 냉전시대가 '제한전쟁'의 시대였다면 21세기 전쟁의 트렌드는 '하이브리드 전쟁'이라 할 수 있으며, 테러의 방법도 유사하게 진행될 것이다. 더구나 그동안 정규전 외의 영역으로 인식되었던 비정규전과 테러 등이 이제는 전쟁의 승패에 결정적 요소로 작용될 수 있음을 보여주기 때문에 하이브리드 전을 새롭게 부각되고 있는 하나의 위협으로 인식하고, 발전시킬 필요가 있다.

3. 포스트 IS, 새로운 안보 위협 대비 필요

세계는 지금 중동과 유럽에서의 테러와 중국과 인도의 충돌, 그리고 미국과 북한과의 핵미사일 대립 등 여러 위험 요소가 상존하고 있다. 세계 곳곳에서는 여전히 총과 흉기, 폭탄과 차량 돌진으로 살상이 자행되고 있다. 이제 테러리즘은 어느 한 나라나 지역이 감당하기 어려운 본격적 글로벌 안보과제라 할 수 있기 때문에 국제적 공조는 매우 중요한 사항이다. 그래서 우리가 살펴야 하는 사항은 포스트IS시대에 미국의 전략적 변화이다. 중동의 상황 변화는 그동안 '테러와의 전쟁'에 투입된 자원을 조정하고, 장기적으로 중국의 부상이 초래할 아시아 지역의 지정학적 불안정성을 관리하려는 미국의 '아시아 재균형(Asia Rebalancing)'전략에 일정 부분 영향을 미칠 수 있는 사안이기도 하다, 이는 한반도 정세와도 밀접한 상관성이 있는바, 향후 IS의 정세 및 이에 대한 미국의 IS 대응전략도 예의주시할 필요가 있다. 미국우선주의를 외교정책의 핵심으로 하고 있는 미국의 대테러 정책을 전망하는 것은 우리의 안보 등 대테러 정책 수립에도 영향을 주는 중요한 사항이기 때문이다. 더구나 우리나라역시 국제적 테러의 안전지대도 아닐 뿐만 아니라 북한의 테러 위협에 노출되어 있다, 세력이 약화된 테러세력들이 '외로운 늑대'들의 '자생적 테러'로 전략을 전환하면서 민간인 영역으로 테러전선이 확산될 수도 있다. 한국 역시 여러 사회계층의 충돌과 다문화 사회 진입에 따른 반사회적인성향과 폭력적 극단주의가 섞인 '외로운 늑대형 테러'는 새로운 위협으로 떠오를 수 있다. 따라서 새롭게 변신하는 테러에 대한 방지 및 예방을 위해서는 선제적으로 새로운 대응책을 마련해야 한다는 과제가 주어져 있다. ① 테러 방지 법제 정비 및 보강, ② 외로운 늑대에 의한 테러공격의 예방, ③ 유엔·미국 등 국제사회와의 테러방지를 위한 공동협력, ④ 테러환경의 원천적 제거를 위한 노력 등을 위한 대응이 요구된다.

4. 국내 테러 가능성에 대한 선제적 대응

테러와의 전쟁에서 최선의 방법은 궁극적으로 테러가 발붙일 수 있는 환경을 없애는 길이다. 그렇기 때문에 효과적인 대테러 전략은 결국 자생적 역량을 갖춘 국가건설과 빈곤퇴치로 이어져야 할 것이다. 테러가 발생하는 원인은 정치적 소외, 그로 인한 불만해소를 특정대상에다 퍼붓는 정치적 선동, 정보부족으로 인한 음모론적 시각과 불신, 목적을 위해 살상과 파괴를 정당시하는 이념적 왜곡 등으로 이해할 수 있다.[18] 그러나 무엇보다 중요한 것으로 경제적 능력을 들고 있다. 따라서 테러를 걱정하기에 앞서, 먼저 우리는 우리 사회의 경제적 불평등과 차별이 어떤 파괴적 결과를 낳을지에 대해서 고민해야 한다. 경기 침체가 가중되면서 중산층이 무너지고 있고 서민층의 생활고는 더욱 가중되고 있다. 고질적인 지역주의는 물론 첨예한 이념 대립의 악순환도 끝이 보이지 않는다. 지역과 이념의 대립으로 정치 자체가 갈등과 반목의 온상이 된 지 오래다. 이런 국가 생존이 걸린 중차대한 문제들은 국력을 총결집해도 해결하기에 벅찬 과제들이다. 우리에게도 더 이상 극단주의 테러는 '강 건너 불'이 아니다.

그런 측면에서 지금 우리에게 가장 필요한 것은 사회적 소수자가 소외와 차별을 받지 않도록 사회 구석구석을 살피는 분위기를 만드는 일이다. 희망이 없는 좌절은 테러로 분출될 가능성이 많은 게 하나의 공식이기 때문이다. 이런 노력을 게을리 한다면, 테러와 관련된 우리의 미래 상황도 오늘날 유럽이나 미국과 별반 차이가 없다. 따뜻하고 열린 사회, 동과 서, 좌우를 아우르는 상생과 공존, 갈등과 대립을 해소하는 것이 국민적 소망이자 평화를 실현하는 출발점이다.

북한의 테러 가능성에도 유의하여야 한다. 남북 간, 북미 간의 대화에도 불구하고, 이미 북한은 테러 지원국 재지정에 따라 국제사회로부터 광범위하고 강도 높은 제재를 받고 있다. 더구나 북한은 정기적으로 훈련 및 무기 판매를 통해 이슬람 테러리스트를 돕고 있는 것으로 알려지고 있다. 북한은 이스라엘과의 적이며 서아시아와 일본의 테러조직으로 분류된 하마스를 후원하고 있고 하마스도 현재 북한을 지원하고 있으며, 블랙리스트 국가인 이란과 시리아와 긴밀한 관계를 맺고 있는 상황이다. 따라서 대테러 대응 측면에서도 신속하고 체계적인 대응을 위해 국가의 자조적·공조적 테러 대응체계를 지속적으로 보완·발전시켜야 하고, 이를 수행할 수 있는 전문가 양성에 더욱 힘을 쏟아야 할 것이다. 특히 국제적인 테러 대책에 부응하기 위해서는 국제사회(특히 미국)와 공조하는 상호 연계적 접근도 필요하다. 테러는 국가의 어느 한 기관만의 임무와 책임이 아니며 전 국민이 함께 감당해 나가야 할 문제라는 점에서 국가적 차원, 정부적 차원, 국민 및 사회적 차원에서 대응할 수 있는 대테러 전략이 세워져야 할 것이다. 테러 발생 전의 예방 전략과 테러 발생 후의 사후처리 전략을 나누어 방안을 모색하고 국가, 정부, 사회의 각 기관, 국민 개개인의 행동요령을 규정하여 시범훈련의 반복을 통해 각자의 행동요령을 반드시 숙지하게 하여야 할 것이다.

안보영역의 다각적, 선제적 대응

본장은 최근 발생한 테러의 특성을 살펴보면서, 향후 발생할 수 있는 테러의 변화 유형과 대응방안에 관련된 논의들을 제시하였다. 최근의 테러 양상이 기존의 전통적인 테러방식 대신 사전 예측하기 힘든 다양한 형태로 변화되고, IS의 쇠락 이후 중동지역을 벗어나 테러의 목적과 양상은 갈수록 다양해지고 있기 때문이다. 따라서 이러한 변화 속에서 국제테러리즘은 이제 안보영역에 있어서 하나의 중요한 새로운 축으로 등장하고 있으며, 21세기를 이해하는 중요한 키워드(keyword)로 보고 있다. 본장에서는 이러한 국내외 환경변화에 따라 미래 국제테러동향과 이에 맞춘 대테러 발전 방향을 제시하였다.

먼저, 새로운 안보위협에 대한 대비필요성이다. 21세기 국가안보(National Security)개념은 과거와는 달리 매우 복잡하고 예측이 어려운데 그 중 테러 문제가 가장 해결이 쉽지 않은 영역이다.[19] 한마디로 테러라는 형태의 폭력은 냉전이 끝나고, 더구나 세계의 주요국가 간의 대규모적인 군사적 전면전의 가능성이 점점 줄어드는 오늘날에도 계속 증가하고 있다. 더구나 최근 IS는 이라크와 시리아에서 영토를 탈환 당하는 등 세력의 약체화가 명백해졌지만, 살아남은 세력들은 여전히 이라크 북부와 서부 등 중동 일부지역에서 재기를 도모하고, 특히 IS의 글로벌 분산효과 및 테러거점의 동남아지역 등으로 이전가능성에 따른 풍선효과와 관련해서 테러정세는 더욱 불안할 수 있는 여지도 충분하여, 아직도 지구촌에서 벌어지는 테러리스트들의 극단적 공격을 완전히 제거하였다고는 판단할 수 없는 상황이다.[20] 이는 결코 IS의 괴멸이 아니며, 또 다른 형태의 혹독한 싸움이 기다리고 있는 셈이라 할 수 있다. 따라서 국제적인 대테러공조를 강화하여야 한다.

다음은 테러의 노마드화를 통한 테러리스트들의 전이 위험에 대비해야 한다. IS의 경우 최근 거점 이동이 확산되면서 당분간 IS의 상징물과 깃발의 등장 빈도는 줄어들 수 있으나, 이동한 거점지역에서의 토착화와 맥락화가 이루어질 경우 더욱 파괴력을 갖는 유사세력으로 변형되어 나타날 수 있을 것이다.[21] 이미 아프가니스탄, 리비아, 이집트 시나이반도 및 나이지리아 등에서 유사세력이 IS의 이념에 동조하고 충성을 서약하며 동일한 노선의 폭력투쟁을 시작했고, 이런 현상은 다시 동남아시아와 중앙아시아 등으로 확산되는 경향성을 나타내고 있다.[22] 그래서 오히려 '포스트 IS'시대가 더 큰 위기를 부를 수 있다는 불안감이 증가하고 있는 것이다.[23] 즉 세력이 약화된 IS의 이념과 추종자들은 향후 테러기법과 수단의 진화로 전 세계로 확산되고 향후 테러의 노마드화를 통한 테러리스트들의 활동 범위가 범세계적 전이 위험으로 증대될 것으로 우려된다. 이런 견지에서 볼 때 미래 국제사회에 있어서 테러리즘현상은 단순히 그 지역의 문제로만 끝나는 것이 아니라 글로벌 사회의 안전과 번영에 큰 위협이 되고 있으며, 그 결과는 우리 미래의 국가안보나 국제사회에서 국민의 생존과 번영 문제로 연결될 수도 있다.[24]실제 필리핀의 사례에서 보듯이, IS 동남아 확산이 현실화됨에 따라 동남아지역의 고민은 더욱 커지고 있다. IS의 인접지역 동남아로의 확산은 한국에 테러 위협의 증대, 한국과 동남아시아의 경제·사회·문화의 인적·물적 교류의 위축을 초래할 가능성도 크다.

또한 테러 예방과 관련해서 근원적 해결, 문명의 공존을 모색해 나가야 할 것이다. 이는 우리가 지금처럼 테러를 이슬람 급진화의 문제라는 방향에서만 생각한다면 이슬람에 대한 공포감은 증가하고, 무슬림들은 모두 잠재적인 테러범이 될 뿐이다. 이로 인한 이슬람혐오증과 극우지지는 반(反)이슬람의 감정을 부추기게 될 것이다. 중동과 유럽을 거쳐 아시아 등 국제적으로 확산되고 있는 테러의 근원적 해결을 위해서는 강력한 대테러 정책과 난민 억제와 같은 원론적 처방에서 진일보하여 그들을 벼랑에 서게 하는 불평등과 차별, 그리고 무시와 소외를 해소하는 국가적 정책에도 또한 노력을 집중해야 할 것이다. 반 이슬람 감정을 완화하면서 테러에 좀 더 이성적으로 대처하는 것이 증오와 혐오로 점철된 문명 간의 또 다른 충돌을 방지할 수 좋은 대안일 수 있는 까닭이다.[25]

　마지막으로는 국내테러 가능성에 대해서도 선제적으로 테러 예방에 대한 적절한 원인진단, 해법모색, 대응노력이 필요하다. 결코 우리나라도 국제테러의 안전지대도 아닐 뿐만 아니라 북한의 테러 위협에 노출되어 있기 때문이다. 북한은 지난 2017년 2월 13일 생화학가스 VX를 이용한 김정남 독살테러를 저질러 국제사회에 큰 분노를 일으킨바있다.[26] 향후 세력이 약화된 테러단체들이 '외로운 늑대'들의 '자생적 테러'로 전략을 전환하면서, 동남아에서는 물론 우리나라에서도 민간인 영역으로 테러전선이 확산될 수도 있음을 항상 경계·예방해 나가야 할 것이다. 미국은 우리와 가장 가까운 전통적 우방이다. 향후 우리는 튼튼한 한미 공조 속에서 상호 긴밀한 관계를 유지하면서 북한의 핵과 미사일은 물론 IS이후의 테러 위협에도 철저히 대비해 나가야 할 것이다.[27]

　결국 미래 국제테러 양상은 IS의 쇠퇴와 관계없이 국경과 장벽도 없이 글로벌화 되어가고 있기 때문에 테러리즘의 사상·이데올로기와 테러의 수단·방법은 끊임없이 변화할 것으로 판단된다. 이는 어느 한 나라 또는 한 지역이 감당하기 어려운 본격적 글로벌 안보 위협이 되고 있다. 특히 테러의 대상이 최근에는 개인·사회의 범주를 넘어 국가분쟁과 대리전쟁의 형태로도 나타나고 있다는 것에 문제의 심각성이 있다. 따라서 테러에 대한 적절한 원인진단, 해법모색, 대응노력 등이 부족할 경우 테러와의 전쟁은 영원히 끝나지 않을 지도 모른다.

　그러나 테러에 대한 궁극적 해법은 군사적 수단만으로는 한계가 있으며, 테러가 자라날 수 있는 환경을 근본적으로 없애야 하는 게 무엇보다 중요한 사항이다. 우리 역시 테러 방지를 위한 법제적 보완은 물론 유엔과 미국을 비롯한 국제사회와의 협력을 통해 테러 예방 및 대테러 국가역량을 강화해 나가야한다. 테러예방의 생활화, 법제적 보완 등 대테러역량 강화, 국경 및 공항의 보안강화, 해외교민·해외여행자 보호대책 수립, 그리고 대테러 국제공조 강화 등 정책적 대비책도 강구해 나가야 할 것이다. 아울러 따뜻하고 열린사회, 동·서를 아우르는 상생과 공존, 갈등과 대립의 해소가 테러 방지와 평화 실현의 출발점임도 명심하여야 한다.

　이제 우리도 테러의 청정지대라는 막연한 안이함보다는 안보와 관련한 모든 영역에서 다각적이고 선제적으로 대비해야한다. 특히 새로운 전쟁 개념으로서 '하이브리드형 테러' 위협의 인식과 새로운 기술의 등장과 관련해서도 언제든지 직면할 수 있다는 측면에서 논의하고 대비책을 강구하는 것이 필요하다. '우리나라만은 절대 안전하다'는 나홀로 교만이 국가안보를 위험에 빠뜨릴 수 있다. 부디 미래는 종교의 이름으로 증오와 폭력을 행사해서도 않되지만, 테러와의 전쟁을 명분으로 인권과 민주주의의 가치가 훼손되는 일이 일어나지 않기를 기대한다. 유엔의 세계평화와 공동번영의 정신 역시 국제사회와 함께 구현되길 기원한다.

<참고문헌>

강혜란, "이슬람국가 패퇴 눈앞 … 세계는 '포스트 IS' 수렁에,"『중앙일보』, 2017년 7월 8일자.

구성찬, "최대 거점 모술 잃고 … 'IS 2.0' 시대?,"『국민일보』, 2017년 7월 11일자.

김동엽, "'계엄령' 두테르테, 왜 필리핀 민주주의 위기인가,"『프레시안』, 2017년 6월 19일자.

김성중, "S등장과 중동 테러리즘,"『시대정신』, 제71호, 2016년 3~4월호,

김승중, "IS 테러 위협, 한국도 안전할 수 없다,"『국방일보』, 2015년 2월 13일자.

김영미, "IS의 샤로운 전략,"『시사IN』, 2015년 11월 27일자.

김의철, "ISIS 국가선포 3년, 일상적 테러공포 전세계로 확산,"『KBS』, 2017.06.29 14:46

김이삭, "이라크, IS 최대 거점 모술 3년만에 수복,"『한국일보』, 2017년 7월 9일자.

김진, "미(美) 백악관-국방부, '포스트 IS' 시리아 전략 논의,"『뉴스1』, 2017년 6월 22일자.

김창영, "중동서 쫓겨난 IS, 정정 불안 북아프리카서 복수의 칼간다,"『서울경제』, 2017년 8월 25일자.

김형원, "자카르타서 IS 테러 … 범인 최소 7명, 경찰과 시가전(戰),"『조선일보』, 2016년

1월 15일자.

김형원, "동남아(東南亞) 테러리스트 6000명 … "아세안 전체 공포 확산," 『조선일보』, 2016년 1월 16일자,

뉴스속보팀, "동남아, IS 조직원 귀환 대비해 국경 및 공항 보안 강화," 『이데일리』, 2016년 10월 19일자.

문수인, "동남아 테러공포 확산 … IS 가담자 900명," 『매일경제』, 2016년 1월 16일자.

문윤홍, "동남아로 눈돌리는 이슬람국가(IS): '자카르타 테러로 중동 넘어 아시아 진출 신호탄," 『매일종교신문』, 2016년 2월 20일자,

박상문, "ISIS 3년, 테러 확산의 불안한 前兆(2)," 『인타임즈』, 2017년 7월 5일자.

박상주, "IS 등 테러세력, '외로운 늑대-소프트타깃'전법으로 선회," 『뉴시스』, 2016년 6월 13일자.

반종빈, "이슬람국가(IS), 우리나라 테러위협 일지," 『연합뉴스』, 2016년 6월 19일자.

서정민, "카타르 단교 사태와 급변하는 중동의 정치역학," 세종연구소, 『정세와 정책』, 2017년 7월호.

서정민, "이슬람국가와 테러리즘: 국가선포에서 테러네트워크로의 변모," 『경희대학교 대학원보』, 제216호, 2016년 9월 1일자.

손병호, "동남아, IS 자원·동조 세력 급증 …'제2 근거지' 우려," 『국민일보』, 2014년 9월 27일자.

엄규리, "중동분쟁과 IS테러의 원인은 무엇인가?," 『일요저널』, 2016년 7월 25일자.

오대영, "동남아, 이슬람 테러 왜 일어나나," 『중앙일보』, 2005년 10월 4일자.

윤민우, "이슬람국가(IS: The Islamic State)에 대한 이해와 최근 이슬람 극단주의 테러리즘 동향." 『국가정보연구』, 제7권 2호, 2014.

이대우, "ISIL의 파리연쇄테러가 한국의 대테러 정책에 주는 함의," 세종연구소, 『정세와 정책』.

이만종, "테러리즘 어떻게 이해해야 하는가?," 『보안뉴스』, 2017년 9월 13일자.

이만종, "테러. 왜 유럽에서 증가하나? 증오와 혐오대신 공존공영의 길로," 『코나스넷』, 2017년 8월 23일자.

이만종, "테러리즘과 국가안보: 자생적 테러리스트 더 위험 '안전지대는 없다'," 『국방일보』, 2017년 8월 17일자.

이만종, "<1> 테러, 어떻게 이해해야 하나?,"『국방일보』, 2017년 4월 19일자.

이만종, "치명적인 생화학 테러, 근본대책 서둘러야," 『동아일보』, 2017년 2월 28일자.

이만종, "2018년 테러전망,"『정세와 정책』, 2018년 1월호,

이만종, 『테러리즘과 국가안보』(인천: 진영사, 2016).

이만종, "디지털 노마드, 자생테러리스트가 되는 이유,"『보안뉴스』, 2018년 3월 7일자.

이만종, "윤곽선이 사라진 전쟁, 하이브리드형 테러"『보안뉴스』, 2018년 2월 21일자.

이만종, "테러리즘은 21세기의 새로운 전쟁 방식이다,"『보안뉴스』. 2017년 11월 23일자.

이세형·박민우, "IS 거점 모술 탈환 이후 … 아시아 '테러 풍선효과'에 떤다,"『동아일보』, 2017년 7월 11일자.

이슈팀, "IS 김군 사망설에…다른 한국인 가담자가 더 있다?,"『데일리한국』, 2015년 10월 1일자.

이상현, "IS테러확산에 대한 미국의 재응과 전망," 세종연구소, 『정세와 정책』, 2016년 1월호, p.10.

이재현, "트럼프 정부의 대동남아 정책 전망," 아산정책연구원, 『아산브리프』, 2016.12.2.

이중근, 『6·25전쟁 1129일』(서울: 우정문고, 2014).

이희경, "IS 테러로 지난해 7000여명 목숨 잃어,"『세계일보』, 2017년 8월 22일자.

이희경, "동남아로 눈돌리는 IS,"『세계일보』, 2016년 1월 24일자.

인남식, "ISIS 3년, 현황과 전망: 테러 확산의 불안한 전조(前兆)" 국립외교원 외교안보연구소, 『주요국제문제분석』, 2017~24(2017.6.23).

인남식, "ISIS 선전전의 내용과 함의,"『주요국제문제분석』, 2016~16(2016.5.24).

인남식, "이라크 '이슬람 국가(IS, Islamic State)' 등장의 함의와 전망," 국립외교원 외교안보연구소, 『주요국제문제분석』, 2014 가을호(2014.9.15).

정상률, "IS의 출현·확산 배경과 목표, 우리의 대응 방안," 세종연구소, 『정세와 정책』, 2016년 1월호(통권 제238호).

정욱상, "외로운 늑대 테러의 발생가능성과 경찰의 대응방안," 한국경찰학회, 『한국경찰학회보』, 제16권 제5호, 통권 제42호, 2013.10.

정은숙, "'이슬람 국가'(IS)의 파리시내 테러: 의미와 대응," 세종연구소, 『세종논평』, No.310(2015.11.20).

정재호, "IS 태극기 등장에 긴장감 고조, 세계 60개국 테러 경고,"『이데일리』, 2015년 11월 27일자.

정재흥, "최근 중국의 이슬람 테러동향 및 정책고찰," 세종연구소, 『정세와 정책』, 2017년 5월호.

정지운, 『미국의 국토안보법의 체계에 관한 연구』(용인: 치안정책연구소, 2010).

조인우, "IS, '동남아시아 노리기' 본격화 … 칼리프 국가 건설 현실화하나," 『뉴시스』, 2017년 6월 11일자.

조찬제, "'3년천하' 이슬람국가?," 『경향신문』, 2017년 6월 30일자.

채인택, "동남아로 눈 돌리는 이슬람국가(IS): 중동에서 거점 잃고 제3국에서 활로 모색," 『중앙일보』, 2017년 8월 20일자.

최병욱, 『동남아시아사』(서울: 대한교과서, 2006).

하채림, "본거지서 위축 IS, 국외 공격선동·자금지원 여전," 『연합뉴스』, 2017년 8월 11일자.

한경숙, "'제마이슬라미야·무자헤딘 …', 인니 테러조직 여전히 암약," 『연합뉴스』, 2015년 11월 18일자.

한국사전연구사, 『종교학대사전』, 1998.8.20.

한국어문기자협회, 『세계인문지리사전』, 2009.3.25; 정치학대사전편찬위원회, 『21세기 정치학대사전』(서울: 한국사전연구사, 2010).

한국군사문제연구원, 『2016, 3차 정책 포럼 결과보고서』, 2016.11.30

한상용·최재훈, 『IS는 왜』 (서울: 서해문집, 2016).

홍준범, 『중동의 테러리즘』(서울: 청아출판사, 2015).

황철환, "인니 자카르타 IS 테러 핵심 배후 이슬람 성직자 '덜미,'" 『연합뉴스』, 2017년 8월 23일자.

황철환, "필리핀 마라위 점령 이슬람 반군 471명 사살 … 이제 60명만 남아," 『연합뉴스』, 2017년 7월 29일자.

황철환, "자카르타 버스정류장서 자살폭탄 테러 … 현지 경찰 5명 사상," 『연합뉴스』, 2017년 5월 25일자.

Bryant, Levi R., Difference and Givenness: Deleuze's Transcendental Empiricism and the Ontology of Immanence(Evanston, Ill. : Northwestern University Press, 2008).

Huntington, Samuel P., The Clash of Civilizations and the Remaking of World Order(London: Simon and Schuster, 2002).

Simcox, Robin"Present Status & Future Prospect of International Terrorism," 『새로운 테러위협과 국가안보(Emerging Terrorist Threats and National Security)』(국제안보전략연구원-이스라엘 국제대테러연구소 공동국제학술회의 자료집)』(2016.6.23, 한국프레스센터 국제회의장).

"Islamic State," Wikipedia, August 25, 2017, https://en.wikipedia.org/wiki/Islamic_state(search date: 2017.8.27).

"「イスラム国」戦闘員ら´ 東南アジアなどに拡散," 『讀賣新聞』, 2017年 7月 11日字.

강철승, "한국과 동남아시아의 사회·문화 교류협력의 활성화방안," http://www.green.ac.
kr/xe/ 370899(검색일: 2017.9.18).

외교부, "국가 및 지역정보: 타이왕국," http://www.mofa.go.kr/countries/southasia/countries/
(검색일: 2017.9.18).

"국민보호와 공공안전을 위한 테러방지법," 『위키백과』, https://ko.wikipedia.org/wiki/(검
색일: 2016.9.23).

"동남아시아," 『Daum 백과』, http://100.daum.net/encyclopedia/view/b05d1206a(검색일: 2017.
9.16).

"풍선효과," 『위키백과』, https://ko.wikipedia.org/wiki/(검색일: 2017.8.28).

『데일리 인도네시아』, 2017년 8월 31일자.

『연합뉴스』, 2015년 10월 20일자.

Chapter 8   주석

1) 이만종, "2018년 테러전망,"『정세와 정책』, 2018년 1월호, p10.
2) 이만종,『테러리즘과 국가안보』(인천: 진영사, 2016). p15.
3) 이만종,『테러리즘과 국가안보』(인천: 진영사, 2016). p44.
4) 한국군사문제연구원,『2016, 3차 정책 포럼 결과보고서』, 2016.11.30., p8.
5) 이만종, 앞의논문, p11.
6) 이만종, 앞의논문, p11.
7) 이만종, "디지털 노마드, 자생테러리스트가 되는 이유,"『보안뉴스』, 2018년 3월 7일자.
8) 박상문, "ISIS 3년, 테러 확산의 불안한 前兆(2),"『인타임즈』, 2017년 7월 5일자.
9) 이만종, "윤곽선이 사라진 전쟁, 하이브리드형 테러"『보안뉴스』, 2018년 2월 21일자.
10) 이만종, "테러리즘은 21세기의 새로운 전쟁 방식이다,"『보안뉴스』. 2017년 11월 23일자.
11) 정은숙, "'이슬람 국가'(IS)의 파리시내 테러: 의미와 대응," 세종연구소,『세종논평』, No.310 (2015.11.20.), p.1.
12) 정은숙(2015.11.20.), p.2.
13) 인남식(2017.6.23.), p.21.
14) 인남식(2014.9.15.), p.22.
15) 이상현(2016.1), p.10
16) 이대우(2016.1), p.9.
17) 이상현(2016.1), p.11.
18) 이상현, "IS테러확산에 대한 미국의 재응과 전망," 세종연구소,『정세와 정책』, 2016년 1월호, p.10.
19) 정재흥(2017.5), p.18.
20) "「イスラム国」戦闘員ら´ 東南アジアなどに拡散,"『讀賣新聞』, 2017年 7月 11日字.
21) 인남식(2017.6.23.), p.17.
22) 인남식(2017.6.23.), p.17.
23) 이만종, "포스트 IS, 새로운 안보위협에 대비가 필요하다,"『코나스넷』, 2017년 7월 1일자.
24) 이만종, "<1> 테러, 어떻게 이해해야 하나?,"『국방일보』, 2017년 4월 19일자.
25) 이만종(2017.8.23.).
26) 이만종, "치명적인 생화학 테러, 근본대책 서둘러야,"『동아일보』, 2017년 2월 28일자.
27) 이만종(2017.7.1).

희망이 없는 좌절은 테러의 토양
- 한국에서의 자생테러의 위협

자생테러, 새로운 테러 주체

　이 글은 테러환경 변화에 따른 국내 자생테러(homegrown terror) 발생 가능성과 대응방안을 모색하기 위한 것이다. '자생적 테러' 다시 말해 국내 자생적 테러의 문제는 최근 들어 새로운 위협으로 대두되고 있으며 세계가 관심을 갖게 된 새로운 형태의 테러라 할 수 있어 이에 대한 대비책이 함께 강조되고 있다. 9·11테러 이후 국제사회는 테러에 대항하기 위해 국제적 연대를 강화하는 한편, 국내법과 제도를 재정비하였다. 그럼에도 불구하고 전 세계적으로 테러 발생은 계속되고 있다. 더구나 스페인 및 영국에서 발생한 지하철테러와 미국의 보스턴테러는 자국민에 의한 테러였다는 점에서 세계에 충격을 주었던 사건이었다. 이는 조직적, 대규모조직보다는 개인적, 소규모적인 범죄형태의 새로운 테러주체가 등장하고 있음을 알리는 사건이었다.[1] 따라서, 국제결혼 이민자, 외국인 노동자, 북한이탈주민 등의 국내 유입 증가에 따라 나타나고 있는 다양한 유형의 차별과 편견 등은 한국에서 사회적 갈등의 근원이 될 수 있으며, 이는 자생테러의 잠재적 원인으로 작용하여 한국의 새로운 테러 환경이 될 수도 있다.

　"it was just us: 그들은 다름 아닌 '우리'다"라는 말은 2013년 4월 15일 발생한 미국 보스턴테러와 관련해 CNN이 헤드라인으로 사용한 글귀이다. 보스턴테러 역시 알 카에다 등 국제테러단체에 의해 저질러진 것이 아니라 미국 내에서 성장한 이민자인 시민권자에 의해 국내에서 자발적으로 이루어진 자생적 테러라는 점이 9·11 이후 테러와의 전쟁을 수행해온 미국사회에 큰 충격을 주었고 이는 '적은 밖이 아닌 바로 내부에 있다'는 문제의식을 미국 정부와 국민들에게 다시

한 번 느끼게 한 계기가 되었다.

물론 이 사건 이전에도 미국은 자생테러의 위험을 이미 우려하고 있었다. 버락 오바마(Barack Hussein Obama) 행정부는 지난 2010년 5월 27일 취임 16개월 만에 미국 국가안보의 현주소와 앞으로 나아갈 방향을 담은 지침서 격인 국가안보전략(NSS: National Security Strategy)보고서를 공개한 바 있는데, 이 보고서를 통해 미국 내에서 자라고 있는 '자생적 테러리즘에 대한 대책 마련의 필요성'을 강조한 바 있다.[2] 자생테러의 대표적 사례인 스페인 마드리드[3] 및 영국 런던,[4] 미국 보스턴에서 발생하였던 테러들은 해당국가에서 다양한 형태의 온갖 차별과 멸시를 받아왔던 파키스탄과 모로코, 체첸에서 이주한 부모를 둔 이민자들에 의한 자생적 테러였다.

자생테러의 가장 중요한 특징으로는 훈련과 무기 제작이 인터넷을 통해 이루어진다는 점이다. 일례로 미국의 보스턴에서 2013년 4월 15일 발생한 테러범 '타메를란 차르나예프', '조하르 차르나예프 형제'가 사용한 압력솥 폭탄은 알 카에다의 웹 진 '인스 파이어(inspire)'를 보고 제작한 것으로 나타났다. 즉 알 카에다의 아라비아반도 지부(AQAP)의 기관지인 인스 파이어에는 '엄마의 주방에서 폭탄을 만드는 법'이라는 기사가 두 번 실렸으며 이 기사는 보스턴 테러에 사용된 압력솥 폭탄 제조법을 소개하고 있다. 이처럼 자생적 테러범들은 주로 인터넷을 통해 급진 이슬람주의 사상을 접했을 뿐만 아니라 폭탄을 만드는 법을 배운다. 이것은 과거의 테러방식과는 다른 새롭게 진보된 유형의 테러라고 볼 수 있다.[5] 특히 영국 런던 지하철 테러사건과 스페인 마드리드의 열차테러, 미국의 보스턴테러는 다양한 형태의 차별을 받아왔던 파키스탄과 모로코, 체첸에서 이주한 부모를 둔 자국 국민에 의해 자행되었다. 이민 2~3세대들인 스페인 및 영국, 미국의 테러범들은 해당국가에서 온갖 차별과 멸시를 받았던 자들로서 이들의 좌절이 테러로 분출되었다고 볼 수 있다.[6]

따라서, 한국을 둘러싼 테러 양상과 테러 환경도 이와 같은 국제안보환경에 따라 변화하고 있고 점진적으로 다양화되고 있다. 그러나 정작 테러환경의 변화에 대해서는 아직도 전반적인 인식이 부족하고 이에 대한 논의도 활성화되지 못하고 있는 것이 현실이다. 즉, 국제화의 진전에 따라 위험지역에 대한 방문객이 증가했으며, 국제결혼 이민자, 외국인 노동자, 북한 이탈주민 등의 국내유입 증가에 따라 나타나고 있는 다양한 유형의 차별 등은 사회적 갈등의 근원이 될 수 있으며[7] 이는 곧 한국이 직면하고 있는 새로운 문제로 자생테러의 잠재적 원인으로 작용하여 새로운 테러환경이 될 수도 있는 사항이다.

자생테러의 개념과 전술

1. 자생테러의 개념

자생테러의 개념은 자국민에 의해 국내에서 발생한 테러를 말한다. '홈 그로운(homegrown)'이란 말은 원래 내 집 텃밭에서 키운 토종 먹거리를 뜻하는 말이다. 따라서 국내 자생테러(또는 국내 자생테러리즘)란 국내와 자생과 전술한 테러(또는 테러리즘)가 합성되어 만들어진 용어라 할 수 있다.[8] 또한 외국이 아닌 국내에서 자생적으로 발생한다는 점에서 국제테러집단에 의한 국제(외입)테러와 대칭이 되는 개념이기도 하다. 그러나 아직 우리나라에서의 자생테러 발생은 없기 때문에 안이하게 생각하는 경향이 있다. 외국의 사례를 보면 대부분 이민 2~3세대로 태어나서 자라고 교육받은 자국민에 의해 국가 내부에서 발생한 테러라는 점에서[9] '일반적 테러'와는 다른 새로운 유형의 위협적 테러라는 점에서 새롭게 대비계획을 강구하고 있는 실정이다.

2010년 5월 버락 오바마 미국행정부가 공개한 새 국가 안보전략(NSS)의 내용을 보면 세 가지 큰 줄기가 있다. 우선 핵개발을 추진 중인 북한과 이란에 대해 대화와 고립 가운데 양자택일을 요구하였고, 또 미국 본토에서 자생적 테러리즘을 중점 부각시키고, 선제공격론(Pre-emptive war)으로 대변되는 전임 조지 W. 부시 행정부의 일방통행식 외교를 폐기한다는 것이다. 이중 중요한 사항은 특별히 자생적 테러리즘이 미국 국가안보의 새롭고 심각한 위협이 되고 있다고 적시했다는 점이다. 이는 빌 클린턴 정부 때인 1998년 보고서에서는 자생적 테러리즘에 대한 문구가 전혀 없었으며, 부시 행정부 때인 2006년 보고서엔 간단히 언급된 것과는 비교된다.

더불어 미국은 이미 '2007년 폭력적 과격화와 자생적 테러행위 방지법(The Violent Radicalization and Homegrown Terrorism Prevention Act of 2007)'을 제정 그 개념을 정의하고 있다. 이 법안에서 명시된 자생테러(homegrown terrorism)란 "정치적 또는 사회적 목적을 촉진시키기 위해 미국 정부, 미국의 민간인, 또는 그와 관련한 부분을 협박하거나 억압하기 위해 주로 미국 또는 미국의 속령 내에서 태어나 자라거나 기반을 두고 활동하는 집단 또는 개인에 의한 완력 또는 폭력의 사용, 계획적사용, 또는 위협적사용"이라고 정의하고 폭력적 과격화(violent radicalism), 자생테러, 이데올로기에 기초한 폭력(ideologically based violence)에 관해 잘 규정해주고 있다.[10] 미국에서는 보스턴 마라톤 테러사건을 계기로 국제테러조직이 아닌 미국인에 의한 자생적, 개인적 차원의 테러에 대한 우려가 매우 높아지고 있다. 이는 미 안보, 정보당국이 오랫동안 우려해온 '미국 내 거주 개인이나 소규모 조직에 의한 테러'가 현실화 됐다는 것이다.[11]

2. 새로운 테러의 주체 등장

그동안 알 카에다, IS 등 국제테러단체에 의한 테러에만 주목하고 있던 세계는 자국민에 의해 국내에서 발생하는 자생적 테러라는 새로운 테러주체의 등장에 대해 크게 경악하고 충격을 받았다. 이민 2~3세들인 테러범들은 대부분 소수민족으로서 그 나라에서 정체성에 혼란을 느끼면서 테러를 자행한 것이라 할 수 있다. 이들은 과거의 테러리스트들처럼 오사마 빈 라덴(Osama bin Laden)이 차린 아프가니스탄 테러캠프에서 강도 높은 군사훈련과 세뇌교육을 받은 것이 아니라 바로 인터넷과 비디오를 통해 압력밥솥 폭탄과 같은 급조된 사제폭발물(IED)제조와 사용 방법 등을 배우고 집에서 양성된 것이다. 즉, 국제 테러단체에 의해 주도되던 테러가 아니라 영국 등 유럽 각국에서 그 나라에서 나고 자란 시민들에 의한 자생적 조직이 생겨나고 이들이 바로 현지의 테러리스트가 되고 있다는 사실이다.[12] 알 카에다와 IS에 감화된 '잠재세포 조직(sleeping cell)' 으로서 이른바 '유럽산 테러리스트'가 본격적으로 등장하고 있음을 의미한다. 대부분 이민 2~3세대인 이들이 테러리스트가 되는 단계를 보면 사회에서 적응하지 못하고 차별과 멸시에 의해 꿈과 희망이 좌절되고 이로 인해 사회에 불만을 품고 결국은 테러로써 감정을 분출시킨다고 볼 수 있다.

도미니크 드 빌팽(Dominique de Villepin) 프랑스 총리의 보좌관인 브뤼노 르메르(Bruno Lemerre)는 "최근의 테러리스들은 외국인이 아니라 그 사회 안에서 잘 통합된 내부자(Insider)"라고 말했다. 영국 런던테러 이후에도 다른 유럽도시들에서 이와 유사한 테러 가능성이 높게 제기되는 것도 이런 이유에서다.

또한 미국의 닉슨센터(The Nixon Center for Peace and Freedom) 로버트 레이큰 연구원은 "이민 2세대들은 유럽연합(EU)의 일원이다. 따라서 비자 없이 입국할 수 있기 때문에 미국에 새로운 안보위협이 되고 있다."고 말하기도 하였다.[13]

3. 자생테러리스트들의 훈련과 전술

1) 진화되고 있는 '디지털 지하드' 전술

최근 테러리즘도 IT의 발달에 따라 진화하고 있다. 요르단 출신의 국제테러리스트이며 2004년 인터넷을 통해 미국인 '닉 버그'를 참수 살해하는 장면을 공개하고 한국인 김선일 피살사건도 지휘하다 2006년 미군의 공습에 의해 사망한 '알 자르카위'는 인터넷을 테러조직의 지휘 통신수단으로 삼아왔었다. 특히 그는 자살폭탄 테러범들의 유언 등과 그들이 자행한 테러행위 등을 비디오로 찍어 이를 인터넷에 그대로 올리면서 마치 온라인 뉴스처럼 하루에 수차례씩 인터넷을 선전과 선동의 수단으로 활용하기도 하였다. 실제 미국인을 참수하는 장면을 담은 동영상은 인터넷을 통해 전 세계로 퍼져나갔으며 이는 전투에서 미군 수백 명을 죽인 것보다 더 효과적 이었다는 분석도 있었다. 그는 누구보다 일찍이 인터넷의 중요성을 인식한 테러리스트로 이른바 '디지털 지하드'의 원조라 할 수 있다. 디지털 지하드 운동은 세계에서 자생적으로 테러조직이 자랄 수 있는 토양이 되고 있다. 이처럼 극단주의에 빠지는 젊은 무슬림을 디지털 지하드(digital jihad) 세대라 부른다.[14] 오늘날의 지하드(jihad: 聖戰) 전사는 아프가니스탄·보스니아·체첸에서 활동하던 과격분자들이 조직을 주도하는 것이 아니라 바로 집에서(at home) 길러진다. 또한 이들 중 일부는 비디오 선전물과 인터넷을 통해 '알 자르카위' 등 이슬람 극단주의자들이 주장하는 알 카에디즘(Al_Qaedism)에 동화되면서 잠재적 테러리스트로 변신한다. 비록 알 카에다 조직원도 아니고 테러단체의 훈련캠프에서 훈련을 받은 적도 없지만 자신의 테러를 알 카에다의 이름으로 실행하는 등 '알 카에다'즘이 하나의 브랜드가 되어 전 세계로 프랜차이즈가 되고 있는 것이다. 최근에는 영어에 친숙한 서방권 신세대 전사들을 위해 영문자막이 딸리거나 아예 영어로 녹음된 비디오 선전물도 나오고 있을 정도다.

2005년 발생하였던 런던 지하철 테러의 배후로 알려진 알 카에다 유럽조직도 실제로는 인터넷 등을 통해 알 카에다와 접촉했을 것으로 추정되고 있다. 알 카에다의 '본류'와의 접촉은 불과 조직에서 한두 명 정도만 할 뿐이다.[15] 일명 '다운 로더블 지하드(Downloadable Jihad: 컴퓨터로 내려 받아 실행하는 성전이 여기서 시작된다) 전술로 변했다. 과거 여객기나 대사관, 금융시설, 정부 건물 등 '경성목표물(hard target)'을 공격하였으나 이제는 보다 경계가 덜 삼엄한 지하철, 극장, 학교, 기차 같은 '연성목표물(soft target)'로 표적을 이동하고 있다. 즉 직접공격보다는 가장 공격하기 쉬운 것을 택해 타격을 가한다고 볼 수 있다. 아울러 사용가능성이 가장 많아 보이는 공격수단도 최근 시리아 정부군이 살포하여 1,400여 명이 사망하고 3천명이 부상당할 만큼 사태가 심각하여 국제사회의 비난과 군사적 제재 검토대상까지 논란이 되었던 화학무기인 사린가스(sarin gas)나 화학무기에 비해 독성이 수백 배 이상 강해 훨씬 치명적인 생물무기로서의 대표격인 탄저균(the bacteria of anthrax) 같은 극히 소량으로도 대량의 인명을 살상할 수 있는 생화학·방사능 무기를 사용하는게 특징이다.[16]

미국의 경우 세계적 비난 여론에도 불구하고 2001년 9·11 이후 테러로 의심되는 사이트와 인터넷메일을 지속적으로 감시하고 있다. 따라서 현재 디지털 지하드와 관련된 통계치 및 모니터 자료는 대부분 미국의 국가안보청(NSA)를 통해 가공 및 유포되고 있다. 지난 수년간 디지털지하드와 관련된 아랍어 인터넷 웹사이트 증가율은 수백 배 증가 하였다. 따라서 한국도 디지털지하드의 현실적인 영향력과 그 대처방안에 대한 심도 있는 검토를 할 필요가 있다.[17]

2) 자살폭탄테러와 같은 극단적 전술 채택

또 다른 전술은 자살폭탄 테러 전술이다. 오늘날 자살폭탄테러는 타인의 생명뿐만 아니라 공격을 행하는 주체가 희생하는 대신 목표물에 근접만 할 수 있다면 은밀히 공격대상에 명확히 위해를 가할 수 있기 때문에 가장 확실하고 효과적인 테러수단이며 방법으로 선호되고 있다. 역사적으로도 제2차 세계대전 당시 일본의 가미카제, 2001년 발생한 미국의 9·11테러 등도 일종의 자살테러라 할 수 있다. 따라서 최근 들어 세계 곳곳에서 벌어지는 크고 작은 참상들은 대부분 자살폭탄테러의 방법에 의해 발생되고 있다. 더구나 중동과 아프리카 등에서는 이슬람권의 저항수단으로서 이러한 자살폭탄이 일상화되고 있는 현상을 가져 오고 있다. 지하드를 수행하다 맞이한 죽음은 곧 천국으로 가는 지름길이라는 굳은 믿음이 그들이 자살폭탄 테러라는 극단적인 선택을 하게 만든다. 이처럼 안타까우나 최선과 최악의 방법이 혼재되는 자살폭탄테러는 지구촌 곳곳에서 여전히 계속되고 있다. 대표적으로 2005년 영국 7·7 런던 연쇄폭탄테러는 서유럽 최초의 자살폭탄테러인 것으로 밝혀졌다. 일반적으로 자살폭탄테러는 9·11 이후 폭발적 증가를 보이면서 최고조기를 맞고 있다.[18]

지난 2005년 7월 17일자 『워싱턴포스트(Washington Post)』가 인용한 미국 랜드연구소의 자료에 따르면 자살 폭탄테러의 4분의 3이 2001년 9·11테러 이후에 일어났다는 것이다. 특히 2003년 미국의 이라크 침공 이후 자살 폭탄테러는 파상적으로 일어나 약 400건이 이라크에서 발생했다. 2005년 5월에만도 이라크에서 90건의 자살 폭탄테러가 발생했으며 이는 팔레스타인이 1993년 이후 그 시점까지 이스라엘에 대해 저지른 것과 맞먹는다. 2005년 7월 15일 하루만 해도 이라크 바그다드에서 12건의 자살폭탄테러가 발생했다. 한 도시에서 하루에 12건의 자살폭탄이 터진 것은 전례가 없다. 자살폭탄으로 반미 지하드(jihad: 성전)에 목숨을 바치겠다는 지원자가 줄을 설 정도로 많다는 것은 매우 우려되는 사항이다.

스스로 목숨을 던지는 행위이지만 자살테러는 무기라는 관점에서 본다면 아주 효과적인 '치명적 무기(lethal weapon)'이다. 작동이 복잡하지 않으면서도 목표물을 정밀히 타격할 수 있다. 언론에 대서특필되기 때문에 선전효과도 크다. 랜드연구소(RAND Corporation)의 테러리즘 전문가인 브루스 호프먼(Bruce Hoffman)은 "전력이 절대적으로 열세인 입장에서 대량살상무기(WMD: Weapons of Mass Destruction)를 제외하면 자살테러보다 더 효과적인 공격방법은 없다."고 말했다.

최근 들어 자살테러범이 주로 빈곤층과 저교육층 출신이라는 통설을 부정하는 분석도 나오고 있다. 하버드(Harvard)대 앨버트 아바디(공공정책학)교수는 "이슬람 테러리즘은 오히려 정치적 의식의 향상과 깊은 관계가 있다"고 주장했다. 실제 최근 테러를 일으킨 범인 중 많은 수가 중산층 출신으로 대학 수준의 교육을 받았다.[19]

또한 자살폭탄테러는 사전에 경고가 없다. 폭탄이 터져 사람들이 죽고 다친 뒤에야 알 뿐이며 해결책도 마땅찮다. 국가 지도자들이나 대테러 관련 부서 전문가들은 "일단 테러리스트들의 요구를 들어주면 뒤이은 테러가 또 일어나 다른 요구를 해온다"고 여긴다. 그럼에도 불구하고 자살폭탄테러가 끊이지 않는 것은 "자살폭탄테러가 성공했다"는 역사적 사례들에[20] 저항세력(테러분자)이 미련을 두기 때문이다.

자살테러의 장점으로는 다음과 같은 몇 가지 이유를 들고 있다. 우선 전력이 절대적으로 열세한 입장에서 대량살상무기를 제외하면 자살폭탄테러보다 더 효과적인 공격방법은 없다고 전문가들은 말하고 있다. 또한 약자의 무기임에도 불구하고 많은 사상자와 막대한 피해를 입힐 수 있고, 뉴스 가치가 높아 언론에 크게 보도되며, 또 자살공격은 매우 초보적 공격임에도 공격 목표와 시간 장소를 마음대로 조절할 수 있어서 시한폭탄보다 더 정교하고 성공 가능성이 높다는 점이 테러리스트 입장에서는 자살폭탄 테러의 방법을 선택하게 한다. 이외에도 일반적인 테러공격은 도피전략을 마련하는데 신경을 써야 하지만, 자살공격은 도피 계획을 따로 세울 필요가 없으며 자살공격자가 잡히지 않고 죽으니 공범자들이 위험에 빠질 염려도 없다 등이 장점으로 작용하고 있다. 그러나 가장 매력적으로 테러리스트들이 생각하는 점은 투입 대비 산출효과가 크다는 점이다. 사람 몸값을 제외하고 150달러 미만으로 한 건의 자살폭탄테러를 치러낼 수 있다고 추정했다.[21] 9 · 11테러는 불과 19명의 행동대원이 자행한 일이다.[22]

자생테러의 주요사례와 미국의 전략

1. 스페인 마드리드 테러의 특징 및 교훈

이 사건은 2004년 3월 11일 오전 7시 30분경 스페인 마드리드 교통 중심축 역할을 하는 아토차역에서 갑작스런 폭발이 일어난 뒤, 같은 노선의 2개역에서 잇따라 동시다발로 일어난 열차 폭탄테러사건이다. 열차선로에 설치된 총14개의 폭탄 가운데 10개가 폭발해 190명이 숨지고, 1800여명이 부상당하였다. 원인은 2003년 3월 이라크 전쟁당시 스페인이 영국과 함께 미국의 이라크 침공을 지원하고, 전후에도 자국군대를 이라크에 파병함에 따라 일어난 사건으로 분석 되었다.[23] 테러 발생 28일 후인 4월 3일, 스페인 경찰은 테러범들의 은신처였던 마드리드 남쪽의 한 아파트에서 모로코인 또는 모로코계 스페인인 11명, 인도인 2명, 스페인인 2명, 시리아인 3명 등 테러 용의자들을 체포하였다. 그 후에도 스페인은 총 76명의 테러 혐의자를 체포하여 25명을 테러범으로 구속하였다. 테러범들은 대부분 모로코계 스페인 이민 2세이거나 모로코인이었다.[24] 사건 발생 후 미국의 이라크 전쟁에 적극 동조한 집권 국민당은 바스크분리주의단체(ETA)[25]에 의해 테러가 발생했다고 발표했으나 비디오테이프 분석 결과 테러범들이 ETA가 아니라 자생적 테러집단의 소행으로 밝혀지자, 1,300명 규모의 스페인군은 이라크에서 철수하였고 스페인 문화권의 몇 개 중남미 국가들도 이라크에서 철수하는 철군 도미노현상이 발생하였다.[26]

마드리드 테러의 특징을 살펴보면 첫째, 인터넷 등 첨단통신장비를 이용한 초국가적 연계조직에 의해 테러가 발생했다는 점이다. 스페인 수사당국은 사고현장에서 발견한 불발폭탄에 장착된 휴대폰과 마드리드 북동부 25km 지점에서 발견된 도난차량에서 7개의 뇌관과 아랍어로 된 코란의 녹음테이프를 발견함으로써 사건의 진상을 밝힐 수 있게 되었다. 또한 은신처에서 발견된 녹음테이프에는 알 카에다의 유럽 조직인 '알 무프티 여단'과 '안사르 알 카에다'라는 조직의 이름으로 녹음이 되어 있었다는 것과 알 카에다가 "폭탄테러가 자신들의 소행"이라고 밝힌 점을 추정해 볼 때 마드리드 테러는 알 카에다와 느슨하게 연계된 자생적 조직에 의해 수행된 것으로 보인다.

둘째, 첨단 장비가 테러의 수단으로 사용됐다는 점이다. 테러범들은 일회용 무선장비를 이용한 기폭장치를 사용하여 4개의 열차에서 고성능 폭탄 10개를 4~5분 간격으로 폭발시켰다.

셋째, 테러에 가담하는 인원이 점차 증가한다는 점이다. 3·11마드리드 테러는 휴대폰을 기폭장치로 사용함으로써 자살폭탄 테러가 아니더라도 대형 테러를 일으킬 수 있다는 것을 보여 주었다. 문제는 동시다발적으로 대형 테러를 일으키기 위해서는 많은 인원이 필요하다는 것이다. 조직과 기획팀, 그리고 4개의 열차에서 거의 비슷한 시간에 테러를 일으키기 위한 행동팀을 합한다면 테러범들의 수는 20명 안팎이 될 수 있다. 스페인은 3·11테러 범행용의자 76명 중 25명을 구속 기소하였다.[27]

스페인 3·11마드리드 테러가 주는 교훈은, 국제테러집단에 의한 테러가 아니라 자생적 테러범에 의해 대형 테러가 발생했다는 점이다. 물론 스페인 국적이 아닌 테러범들도 있었지만 모로코계 스페인인이 테러를 주도했다. 특히, 테러의 주범으로 지목된 자말 주감(Jamal Zougam)은 모로코에서 스페인으로 이민을 왔던 스페인 국적의 사람이다. 비록 자말 주감이 아프가니스탄의 알 카에다 캠프에서 훈련을 받은 경험이 있고 또 유럽의 알 카에다 조직원이었다고 하더라도, 문제는 그가 스페인 국적의 사람으로서 스페인 국민을 향해 테러를 가했다는 점일 것이다. 종교적 신념이 아무리 강하다고 하더라도 이들이 스페인 내에서 차별과 멸시를 받지 않았다면 적어도 자국민을 향해 테러를 일으키지는 않았을 것이다.[28]

2. 영국 런던 지하철테러의 특징과 교훈

이 사건은 2005년 7월 7일 오전 8시 49분부터 1시간 30분 동안 런던 금융중심가의 지하철에서 연쇄 폭탄 폭발사건이 발생하여 56명이 사망하고 700여 명이 부상당하는 테러가 발생하였다.[29] 처음 시작은 런던 중심가의 리버플 스트리트 역과 알드게이트 역 사이에서 발생하였으며 곧이어 런던 북부 러셀 스퀘어 역과 킹스크로스 역 사이의 지하철 구내, 에지워드로드 역에서 잇달아 폭발이 일어났다. 테러범 4명[30]은 4.5kg이 든 폭탄배낭을 메고 킹스크로스 역으로 집결하여 목표물을 향해 분산한 것으로 알려졌으며 4명 모두 파키스탄계 영국 시민권자이며 폭발현장에서 숨졌다. 목격자들의 증언과 지하철 CCTV(closed-circuit television) 화면 5,000개를 분석하여 사건을 재구성함으로써 사건 발생 7일 후에 테러 사건의 전모가 밝혀졌다. 마드리드 테러로 스페인군이 이라크에서 철수하는 것을 목격한 알 카에다 는 모든 이라크 파병국이 이라크에서 철수할 것을 경고하기도 했다. 테러범들의 목적이 영국군을 이라크에서 철수시키는 것이었다고 하더라도 영국은 영국군 8,000여 명을 이라크에서 철수시키지 않았다.[31]

자본주의를 대표하는 미국에서 9·11테러가 발생하고, 또다시 영국의 심장부에서 그것도 복잡한 출근시간에 동시 다발적으로 이루어진 이 자살폭탄 테러를 저지른 4명의 범인은 파키스탄 계 영국인으로 10~30대의 전과가 없는 시민들로서 그토록 끔찍한 테러를 저질렀다는 사실 때문에 영국은 더 큰 충격에 휩싸였다.[32] 이 사건 이후 2주 만에 또 런던에서 폭탄테러가 일어났지만 다행히 폭탄이 터지지 않아 사망자는 발생하지 않았다.

런던 테러의 특징과 교훈을 살펴보면 대형 테러가 얼마나 쉽게 일어날 수 있는가를 보여준 점이다. 아침 러시아워에 우리나라의 여의도와 같은 런던 금융 중심가의 지하철에서 연쇄폭탄폭발사고가 발생하였다. 테러범 4명은 폭탄 배낭을 메고 지하철과 버스에 탑승하여 자살 폭탄 테러를 일으킨 것이다. 영국 런던은 CCTV가 세계에서 가장 많이 설치된 곳인데 CCTV 5천개를 분석하여 범인을 검거하였다. 이 방법은 테러범들이 마음만 먹는다면 언제 어느 국가에서나 가능한 일이다. 이는 영국사회의 모순과 서구의 탐욕이 테러범을 키웠다고 가드언지는 지적한 바도 있다. 또한, 알 카에다와 관련이 있다는 점이다. 테러범들이 자폭했기 때문에 그 배후를 밝히는 것이 쉽지 않지만 4명의 테러범 중 2명이 파키스탄의 알 카에다 캠프에서 훈련받은 사실이 확인되었다.[33] 굳이 '알 카에다 유럽조직'이라는 테러집단의 명칭을 정하지 않더라도 알 카에다에 충성하는 테러범들이 늘어나고 있는 것이다. 알 카에다가 테러라는 상품의 브랜드(홍순남, 2006: 159)처럼 활용되었던 것이다.

영국 테러가 주는 교훈은, 국제테러집단에 의한 테러가 아니라 영국에서 태어나서 자라고, 그리고 민주주의를 교육받은 자국민에 의해 대형테러가 발생했다는 점이다. 영국이나 스페인, 그리고 다른 유럽 국가들이 아프리카에 식민지를 가지고 있었던 관계로 이들 국가에서는 아프리카계 이민 세대들이 많이 살고 있다. 이들의 자손들이 바로 자국민을 대상으로 테러를 일으키고 있는 것이다. 이들은 해당국가에서 소수자(minority)로 살아갈 수밖에 없다. 갖은 차별과 멸시가 이들을 테러로 인도한 것으로 분석되고 있다.[34] 이사건 이후에도 영국은 지금까지 많은 테러가 발생하고 있다. 2017년 6월 3일 발생한 '런던브릿지테러'는 런던브릿지 위를 달리던 승합차 한 대가 시속 80킬로미터로 달려 행인을 덮쳐 48명이 사상한 대표적 테러이다. 이것은 그동안 영국이 사회통합과 안전에 노력하였지만 다문화시대에 집안 단속이 얼마나 어려운 일인지를 말해주고 있다.

3. 미국의 보스턴테러의 특징과 교훈

2013년 4월 15일 미국 매사추세츠 주에서 진행된 보스턴 마라톤대회의 결승점 근처에서 두 차례의 폭발로 인해 3명이 사망하고 260여 명이 부상하였다. 보스턴 테러에 사용된 폭탄은 사제폭발물로서 일종의 급조폭발물(IED)의 종류인 압력솥 폭탄으로 솥 안에 장약을 넣고 디지털시계를 이용해 만든 뇌관을 뚜껑에 설치하는 방식으로 제작되었다. 범인은 러시아 체첸공화국에서 이민 온 형제로서 이들은 종교적 동기(이슬람)와 함께 미국문화에 적응하지 못한 '아웃사이더'였다. 범인 검거 중 형은 사망했으며 동생은 중상을 입고 체포되었다. 언론은 "이들을 테러리스트로 만든 건 청년기를 보낸 보스턴 길거리"라고 말하였다. 미국의 보스턴 테러는 9·11테러 이후에 미국 정부가 많은 노력을 하였음에도 불구하고 결국은 '등잔 밑 자생테러에 당했다'고 말할 수 있다. 한마디로 미국은 집안 단속에도 실패한 것이다. 어떻게 보면 미국사회가 안고 있는 사회적 명함이라고도 할 수 있다. 앞의 테러사례 모두가 그 나라의 시민이지만 비주류, 소수자인 마이너리티로 살아갈 수밖에 없는 사회의 차별과 멸시가 이들을 테러로 인도하였다는 게 공통점이라 할 수 있다.

4. 미국의 자생테러에 대한 안보 전략

2013년 4월 15일 발생한 미국보스턴 테러와 관련하여 미국사회는 왜 이런 테러가 백주에 발생하였으며 그동안 테러대책에 무엇이 문제였는지 사태를 보다 객관적인 눈으로 보고, 찬찬히 사회적 성찰을 해보자는 주문이 계속되었다. 이에 대해 전문가들 중의 한사람인 미국 대테러 전문가인 조 너선 화이트는 미국인은 현대 테러리즘의 속성을 이해할 필요가 있다'고 하며 테러리즘을 전쟁으로 간주한 조지 W. 부시 행정부의 시각으로는 전쟁이 아니라 정치적 투쟁의 수단인 현대의 테러리즘을 제대로 대처할 수 없다고 지적하였다.

또한 스위스 안보연구센터의 로렌조 비디노 박사는 체첸 출신인 테러범들이 테러리스트가 된 것은 체첸이 아니라 이들이 청년기의 10년 이상을 보낸 보스턴의 길거리나 인터넷일 가능성이 훨씬 크다고 분석하고 체첸 출신이라는 점은 테러의 동기를 규명하는 데 하나의 각주에 불과하다고 말했다. 즉 비록 이들의 이념이 외생적일수는 있어도, 테러리스트가 된 것은 자생적이라고 봐야 한다는 것이다. 아울러 테러라는 극단적인 선택을 한데에는 이념적(종교, 정치), 심리적(사이코패스, 인지부조화), 개인적 보복 등의 요인이 작용할 수 있지만, 이보다는 근본적으로 '구조적 불의'가 이번 테러의 뿌리일수 있다며 사회의 양극화와 절망적인 일자리 위기를 보스턴테러의 뿌리라고도 분석하기도 하였다.

따라서 보스턴마라톤 폭탄테러는 오바마 2기 행정부의 외교, 안보정책에도 새로운 변수로 작용되었다.[35] 그러나 버락 오바마 행정부는 이 사건 이전인 지난 2010년 5월 27일 취임 16개월만에 이미 미국 국가안보의 현주소와 앞으로 나아갈 방향을 담은 새로운 국가안보전략(NSS: National Security Strategy)보고서를 공개한 바가 있다. 주요내용은 미국본토에서 과격한 형태로 나타나고 있는 '자생적 테러리즘'에 대한 대책 마련과 조지부시 행정부 시절 '일방통행식' 외교와 차별화 등을 골자로 하는 것이었다. 과거 부시 행정부의 국가안보 전략보고서를 살펴보면 "우리는 불량국가(rogue states)들과 그들의 테러리스트 고객들이 미국과 동맹국들에 대해 대량살상무기(WMD)를 사용하거나 위협하기 전에 이를 차단할 수 있는 준비를 갖추어야 한다"고 기술, 군사적 공격이 없는 상황에서도 선제 타격이 가능하도록 하였었다.

그러나 이 같은 부시행정부의 안보기조는 사전 유엔과의 합의 없이 이라크 침공의 명분이 되기도 하였으나 이는 결국 유럽 우방 국가들과의 균열과 미국의 위상이 약화되는 결과로 초래되었다는 지적이 오바마 행정부의 국가안보전략보고서에 반영되었다 할 수 있다.

특히 자생적 테러리즘의 심각성이 중점적으로 언급된 이 보고서에는 "현재 미국에서 많은 수의 사람들이 극단주의적 행동이나 명분에 사로잡히는 경우가 늘고 있다"며 미국 내 에서 극단주의적 행동이나 명분에 사로잡힌 과격화된 개인들이 던져주고 있는 위협을 적시하고 있다.

일례로 지난 2010년 뉴욕 타임스퀘어 광장에서 발생한 폭탄테러 기도사건은 뉴욕 한복판에 있는 광장에서 차량 폭탄테러가 시도되었으나 미수에 그친 사건으로 검거된 용의자는 파키스탄 출신의 미국인이었으며 지난 2009년 텍사스 주 포트 후드기지에서 팔레스타인 출신인 군의관에 의한 총기난사 사건은 13명이 죽고 수십 명이 다친 사건으로 결국은 아랍계라 하여 그동안 받은 인종차별이 원인이었다.

이외에도 이슬람 과격 테러리스트단체에 미국 여성이 가입한 사건 등이 잇달아 발생해 자생적 테러리즘이 미국 국가안보의 새로운 위협으로 주목을 받게 되었던 것이다. 더구나 2013년에는 체첸계 이민자인 미국인에 의해 보스턴 테러가 발생하였는바, 이 사건들의 공통점은 테러범들이 국제테러단체에 관련된 테러리스트가 아니라 바로 미국에서 자라난 자생적 테러리스트라는 점이다. 이는 미국이 그동안 자생적 테러에 대한 선제적 대응에 실패하였다는 것을 보여준 사례들이다. 사실 미국의 대테러 정책은 9·11사태 이후 주로 해외의 테러 조직원을 사살하거나 이들의 미국 침입을 막는 데 주력해 왔다. 하지만 보스턴 테러는 테러리스트들의 전술이 얼마나 쉽게 국경을 넘을 수 있고 미국에 대한 위협이 미래에는 어떤 모습일지를 보여주는 계기가 되었다 할 수 있다.

미국은 9·11 이후 테러와의 전쟁을 수행하면서 무려 1조 1,470억 달러를 소비하였다. 간접비용까지 포함하면 최소 3조 달러가 소비된 것이다. 이는 한국전쟁 당시 미국의 전비가 6,910억 달러이고 제2차 세계대전 참전비가 3조 2,110억 달러였던 것에 비교하면 엄청난 전비를 소비한 것이다. 그럼에도 불구하고 엉뚱하게 테러조직은 밖이 아닌 내부에 있었고 그 부작용은 안보가 아닌 다른 곳에서 미국을 위협하고 있는 실정이다. 9·11테러 이후 미국 내에서 적발된 자생적 테러 시도는 무려 43건에 다다른다. 따라서 미국 본토에서 과격화된 형태로 나타나고 있는 이와 같은 '자생적 테러리즘'에 경각심을 갖도록 하는 한편 모든 가능한 방법을 동원, 이를 미연에 방지해 나가겠다는 것이 오바마 행정부의 전략보고서의 핵심내용이었다고 할 수 있다.

이는 빌 클린턴 정부 때인 1998년 보고서에는 자생적 테러리즘에 대한 문구가 전혀 없었으며, 부시 행정부 때인 2006년 보고서엔 간단히 언급되어 있는 것과 비교된다. 이와 관련하여 존 브레넌 백악관 대테러 담당보좌관은 지난 2010년 5월 26일 국제전략연구소(CSIS: Center For Strategic and International Studies) 강연에서 "우리는 성전주의자(Jihadist)나 이슬람교도(Islamist)를 적으로 표현하지 않았다" 면서 "그런 표현이 살인자에 불과한 알 카에다와 그 추종자들을 종교 지도자나 성전을 수행하는 전사로 오도할 수 있기 때문"이라고 설명하기도 하였다.[36]

이처럼 미국의 국가안보전략보고서(NSS)는 미 국민들의 안전을 안보상 최우선순위로 두고, 특히 미국이 대단위로 군사력을 사용할 때는 동맹국 및 우방과의 협의를 반드시 거치도록 하고 있다.[37] 특히 군사력 사용 시 동맹국과 협의하도록 한 것은 부시 행정부가 독단적 결정을 통해 이라크 전쟁을 일으킨 것과는 차별화된 정책으로 받아들여지고 있는 것이다.

다시 말해 미국은 백악관 주도로 국가안보전략보고서(NSS)를 내는바, 외교안보 정책의 근간이 담긴 이 전략보고서는 국방부의 4개년 국방태세 검토보고서(QDR)와 핵 태세 검토보고서(NPR), 국무부의 4개년 외교개발 검토보고서(QDDR)의 집필기준이 되고 있다.

오늘날 미국이 흔들림 없이 세계적 강대국으로서 마치 대전함에 비교되는 미국 외교안보 정책이 안정성을 유지하는 비결은 이처럼 사활적 국가이익에 대해서는 국가안보 전략보고서와 같은 분명한 규정이 있기 때문이라 할 수 있다. 곧 자생테러에 대한 대응문제도 결국은 이념과 시대를 초월한 국가이익 확립이 우선시되고 또한 기준으로 작용되고 있는 것이다.[38]

한국에서의 자생테러의 위협과 대비방안

1. 한국의 자생테러발생 가능성

1) 외국인 노동자, 귀화자에 대한 차별과 편견

이제 우리 한국사회도 사회적 소수자에 배타적인 분위기가 우발적인 사고를 촉발시킬 가능성은 없는지 따져볼 필요가 있다. 최근 들어 국제결혼 이민자, 외국인 노동자, 북한 이탈주민 등의 국내유입증가에 따라 나타나고 있는 다양한 유형의 차별과 편견 등은 한국에서 사회적 갈등이 될 수 있으며, 이는 자생테러의 잠재적 원인으로 작용하여 한국의 새로운 테러환경이 될 수 있다. 그러나 아직은 자생테러에 대한 전반적인 인식이 부족할 뿐 아니라 논의도 미흡한 게 우리 사회의 현실정이다. 한국은 그동안 경이적인 경제성장을 이룩한 국가, 올림픽을 통해 그 위상을 세계에 알린 국가, 인력난은 가중되지만 고학력의 영향으로 3D산업에 취업하기를 기피하는 사회적 분위기, 남성 초과적 성의 불균등과 이로 인한 농촌 총각들의 결혼 곤란 등 경제적·사회적 요인들이 변수가 되어 수많은 외국인 노동자들과 외국인 여성들이 한국에 들어오게 되었으며[39] 농촌으로 시집오기를 기피하는 한국 여성들 대신 이를 희망하는 외국인 여성들은 한국의 농촌은 물론 한국 사회의 버팀목이 되기도 하였다. 또한 수많은 외국인 남성 근로자와 결혼하는 한국 여성들도 눈에 띄게 늘어나고 있는 추세이다. 따라서 통계에 의하면 2018년 기준 국내체류 외국인이 218만 명을 넘어섰고 다문화 가구도 31만 6천 가구를 헤아리는 등 우리 사회도 급속히 다문화, 다인종 사회로 진입하고 있다. 국민 100명 가운데 3명꼴로 외국인인 셈이다. 즉 외국인이 국내 총인구의 3%가량을 차지할 정도로 급증하여 1987년, 6,000여 명에 불과하던 외국인 노동자들이 2018년 8월 현재 국내 상주 외국인 취업자는 123만 명이 넘는 외국인 노동자들이 한국에서 살고 있다.

우리나라의 결혼이민자 및 인지, 귀화자 현황을 보면 2017년 기준 318,000명으로 전체 외국인 주민의 19.5%에 해당하며 이는 2015년도에 비해 24,000명 (7.5%)가 증가하였다. 성별로는 여자가 남자에 비해 훨씬 많았다. 다문화가족 자녀 연령별 현황을 보면, 결혼 이민자 및 귀화자 자녀는 27,800명으로 전년도에 비해 13.5%인 22,745명이 증가하였으며 2020년에는 현 수준의 2배인 385,820명이 될 것으로 전망되고 있다. 국제결혼의 건수와 비율도 증가하고 있다. 1980년에 4,700건에 불과하던 것이 2017년에 21,000건으로 늘어났다. 이를 한국의 총 결혼 건수와 비교해 본다면 1990년에 국제결혼이 차지했던 비율이 1.2%이던 것이 2004년에는 11.4%로 증가했다.[40] 2012년의 통계를 살펴보면, 한국에서의 총 결혼 건수는 264,000건이었고, 그 중 국제결혼이 21,000건을 차지함으로써 그 비율은 무려 8%에 달했다. 한국 여자와 외국인 남자와의 결혼은 5,966건이었고, 한국 남자와 외국인 여자의 결혼은 이의 3배 가까운 14,869건이었다.

또한 결혼이 자신의 자아성취의 걸림돌로 생각하는 젊은이들이 늘어나고 있다. 더구나 한국 사회에서의 높은 교육비와 생활비, 사회적 보육망의 미비, 맞벌이 가족을 위한 사회적 지원 부족 등의 이유[41]로 결혼을 포기하는 젊은이들도 늘어나고 있다. 설령 결혼을 한다고 하더라도 자녀를 갖지 않거나 최소한의 자녀만을 가지려고 하는 분위기가 한국 사회를 지배하고 있다. 전 세계에서 가장 낮은 출산율[42]과 최단시간 내에 고령화 사회로의 진입 등이 이를 증명해 주고 있다. 이러한 연유로 한국의 인구는 점차 줄어들 수밖에 없고 노동력은 외국인 노동자들이 대체할 수밖에 없을 것이다. 교통·통신의 발달과 세계화의 이데올로기적 속성이 국가 간의 노동 경계선을 허물게 되어,[43] 한국의 외국인 노동자는 더욱 증가하게 될 것이다. 국제결혼으로 태어난 2세 가운데 초·중·고에 재학 중인 혼혈아가 2006년에는 9천여 명이었는데,[44] 2017년에는 취학생의 수가 109,387만 명이 되고, 2020년에는 혼혈아의 수가 160만 명에 이를 것이라는 전망도 나오고 있다. 이러한 혼혈아의 증가는 한국 정부가 이러한 변화를 인정하고 이들과 더불어 살 수 있는 방안을 적극적으로 마련해야 된다는 것을 의미한다.

그렇다면 정부와 한국 사회는 지난 20년 동안 이런 변화에 능동적으로 대처해왔는가? 불행히도 정부와 한국 사회는 외국인 노동자를 사회 구성원으로 받아들이는데 인색했으며, 급격히 증가하고 있는 국제결혼의 추세를 감안하여 이들과 이들의 2세를 포용하는 다민족·다인종 사회로의 전환에 인색했다는 지적이 제기되어온 것도 사실이다.

외국인 노동자, 국제결혼자와 후손의 고통과 좌절은 어떠한가? 한국 사회의 소수 집단으로 등장하고 있는 외국인 노동자와 국제결혼으로 인한 외국인 배우자들과 이들의 자녀에 대한 차별과 편견의 문제 등이 강도 높은 사회적 갈등의 요인으로 부상하고 있다.[45] 이들이 받는 고통과 좌절이 클 수밖에 없다.

"외국인 노동자의 대부분은 한국에서 그들의 꿈을 실현하고 있다. 그러나 산업재해를 당하여 장애인이 된 사람, 임금을 받지 못한 사람, 송금 사기를 당해 빈털터리가 된 사람, 폭행·성폭행 피해를 입은 사람의 수가 수천 명이 넘는다고 한다. 한국에서 돈을 벌기는 하였으나 본국으로 돌아간 많은 사람이 한국에서 인간적 차별과 모욕을 겪은 적이 없는 사람이 거의 없다고 한다. 즉 한국에서 공공연히 자행되고 있는 외국인 노동자에 대한 멸시와 차별 등 인권 탄압으로 인해 반 한국적 사상을 가진 사람이 많아지고 있어 이는 국제사회에서 한국사회의 또 다른 부담이 되고 있다."[46]

"한국에서 외국인 노동자가 겪는 고충의 유형은 다양하지만 그 중에서 대표적인 것으로는 장시간 노동(61.1%), 저임금(46.7%), 폭행 및 괴롭힘(22.8%), 임금체불(20.6%), 열악한 작업조건(20.1%), 한국인과의 차별(18.9%), 폭언 및 모욕(17.9%), 산업재해 및 직업병(15.3%), 한국인 노동자와의 갈등(14.9%) 등이다.[47]"

이들이 겪는 고충 중에서도 이들을 좌절케 하여 분노로 연결될 수 있는 것은 폭행 및 괴롭힘, 폭언 및 모욕 등이 될 것이다.[48] 대부분 최저 인권과 관련된 것들이다.[49] 또한 이주 여성의 이혼도 증가하고 있어 우리나라 전체 이혼 건수(2017년 기준 106,000건)의 10%를 차지하여(7,100건) 10쌍 중 1쌍이 다문화 가정인 것이다. 홀로된 이주 여성들은 기댈 곳이 없고 경제적인 어려움에 처해 있을 뿐 아니라 사회적인 소외도 심각하다. 따라서 국가는 이혼 사별한 이주 여성에게 자녀 양육이나 취업 지원 서비스의 우선권 부여 등의 대책을 마련하여야 한다는 주장이 계속되고 있다.

국제결혼으로 태어난 2세들에 대한 문제도 심각하다. 혼혈아들에 대한 편견과 이들에 대한 놀림이 분노로 표출될 수 있다. 한국 남성과 결혼한 이주 여성들이 한국어가 능숙하지 못하다 보니 2세들의 한국어 구사력이 부족할 수밖에 없어 2세들의 학업 성취 수준이 떨어질 수밖에 없다. 또한 한국 토박이들과 다른 피부 색깔로 인해 친구들로부터 놀림을 받기도 한다. 같은 혼혈아라도 유복한 집안에서 백인 아버지와 함께 살면서 영어를 능숙하게 구사하는 2세와 동남아 출신 어머니를 둔 2세에 대한 한국 본토박이들의 차별도 심하다. 학업 부진, 자신에 대한 왕따 현상 등으로 혼혈아들은 한국 사회에서 더욱 소외되어 가고 있다.[50] 이제는 외국인이 우리 사회의 이방인이라기보다는 이들과 함께 살아가야 하는 국제화 사회로 진입하였음에도 여전히 다민족, 다인종 사회로의 전환에는 인색한 실정이다. 한국 사회의 1%를 차지하고 있는 외국인 노동자를 생산의 도구로만 볼 것이 아니라 이들을 가슴 속으로 진정 받아들이는 사회적 포용이 필요하나 아직 받아들이지 못하고 있다.

이처럼 한국 사회의 소수집단으로 등장하고 있는 외국인 배우자들과 이들의 자녀에 대한 차별과 편견의 문제 등이 앞으로 우리 사회에 사회적 갈등의 요인으로 급부상할 수 있다. 나름의 꿈을 이루기 위해 살아가는 이들이 어느 순간에 사회적 편견에 부딪혀 자생적 불만분자로 돌아설 수 있는 것이다.

2) 북한 이탈주민이 느끼는 소외와 좌절

다음으로 들 수 있는 게 북한 이탈주민들의 고통과 좌절이다. 자유와 희망을 찾아 숱한 고난과 역경을 이겨내고 북한을 탈출해 한국에 정착한 피를 나눈 같은 민족이지만 이들은 이방인이라는 꼬리표에 눈물을 흘리고 있다. 정부의 노력에도 불구하고 새터민에 대한 지원정책과 사회 프로그램은 여전히 미비한 상황이다. 일부는 한국 사회에 적응하지 못하고 낙오자나 범법자 신세로 전락하기도 한다. 이로 인해 새터민을 바라보는 사회의 시선 또한 곱지 않다.

그동안 북한 이탈주민의 국내입국은 지속적인 증가세를 보이고 있다. 2017년 기준으로 보면 30,000명이 새터민 현황인데 이는 남한 인구의 0.0006%이다. 1999년 이전까지는 이들 입국자 수가 수십 명 단위 수준에 머물렀으나 1999년 이후에는 백 명 단위 수준, 2002년 처음으로 1,000명을 돌파해 2009년에는 한해 최고치인 2,929명에 이르는 등 급격한 증가세를 보이고 있다.[51] 이처럼 북한 이탈

주민(새터민)의 국내입국은 2000년을 기점으로 급격한 증가세를 보이다가[52] 2011
년 12월 김정은 정권이 등장한 이후 체제수호를 위한 국경감시 강화 등 강력한
탈북방지정책으로 전년도에 비해 일시적으로 줄어들기는 하였으나 급변하는 북
한 사회분위기에 편승하여 증가세는 계속될 수 있다. 북한 이탈주민들의 탈북
동기를 살펴보면, 생활고가 전체의 56.5%를 차지하였으며, 당을 비판하거나 범죄
행위를 하여 생명과 안전에 위협을 느껴 탈출한 인원이 15.7%를 차지하였다. 또
한 북한체제에 불만을 품고 탈북한 인원은 16.2%로 통계되고 있다.[53]

그러나 국내에 입국한 새터민들은 상이한 체제에 대한 적응과 상대적 빈곤,
사회적 편견과 차별 등으로 정착에 어려움을 겪고 있으며 이로 인해 제3국행을
선택하거나 심지어 재입북하는 사례도 발생하고 있어 이들의 국내 정착 과정의
어려움을 경감할 수 있는 다각적인 방안 마련이 절실한 실정이다.

정부는 현재 새터민들의 정착을 지원하기 위해 북한 이탈주민 대책협의회
구성 등 각종 제도를 운영하고 있다. 또한 보호대상 새터민에 대한 사회 적응교
육, 정착금 지급, 주거 지원, 취업 지원 등 다양한 제도와 체계를 갖춰 지원하고
있다. 그러나 경제적 안정을 돕기 위해 실시되는 직업훈련이 실제 취업여부 및
취업 직종 등에 관계없이 일정시간 훈련을 이수하거나 자격증을 취득하면 훈련수
당 또는 장려금이 지급돼 직업훈련과 실제 취업과의 연계성을 강화하도록 개선하
고 새터민에 대한 고용확대 정책과 부당한 대우개선 등 이들에 대한 국민 인식개
선과 관련 홍보도 강화할 필요가 있다. 아울러 새터민들의 한국 사회 적응은 무조
건적 적응이 아니라 통합의 관점에서 인식하는 것이 필요하다.[54]

새터민 관련 통계에 의하면 대부분이 연간소득 2,000만원 내외이고 실업률
이 5.1%, 고교 취학률은 6.6% 정도로 나타나고 있다.[55]

또한 새터민 2세들은 남한사회 적응에 어려움을 겪는 부모의 영향을 받아
덩달아 부적응 현상을 보이고 있다. 즉, 남한 생활에 힘들어하는 부모를 보며 정
체성 혼란을 느끼고 부모와 갈등을 겪는 것이다. 더구나 새터민들은 자녀 교육에
서 소극적인 경향을 보이기도 한다. 이는 서류상 부모의 국적은 한국이지만 탈북
자 자녀라는 사실을 알리기 싫어 학부모 행사에도 참여하지 않는 등 스스로 위축
되는 경향이 있다. 그리고 탈북 과정에서 정신적 충격을 받은 탓에 '외상 후 스트

레스장애'를 보이는 경우가 많다. 더구나 20세 이하 새터민 중 상당수가 무학자 또는 학교 중퇴자이고, 북한을 떠난 이후 제3국 체류기간이 3~5년으로 장기화되면서 학력 결손이 심했기 때문에 학습 능력이 떨어지기도 한다.[56] 이외에도 새터민 절반이 임시직과 고용직으로 생활고를 겪고 있으며 문화적 차이와 무관심, 경멸, 생활 및 사고방식의 차이는 이들을 좌절하게 하고 이는 곧바로 사회적 일탈과 범죄 유혹의 가장 큰 원인이 되기도 한다.

이처럼 외국인 근로자, 국제결혼자 및 그 2세, 그리고 새터민들이 한국 사회에서 계속 차별을 받아 좌절하게 된다면 이들이 선택할 수 있는 길은 별로 없다. 실제로 생활고에 시달리는 새터민 가운데 일부는 범죄의 유혹에 빠지기도 한다. 언제든지 한국 사회를 불안정하게 하려는 세력들은 이들의 불만을 자신들의 목적에 맞게 이용할 수도 있다. 테러도 한국 사회의 불안정화를 위한 하나의 수단이 될 수 있을 것이다. 이제 새터민 문제는 그들만의 일이 아닌 우리 모두의 일인 만큼 범국민적 관심과 지원이 절실히 필요한 사항이다.

3) 사회적 약자의 불만과 좌절

통계청 자료에 의하면 2016년 9월 기준 50대 이상 취업자 수 증가폭은 11만 3천명에 육박하나 오히려 청년층 실업률은 38만 8천명(20~29세)으로 동일했다. 취업난으로 대학에서는 졸업유예제도가 유행처럼 번지고 있다. 북한 이탈주민들의 취업은 더욱 어려운 실정이다. 이처럼 경제가 어려워지면서 가장 힘든 계층은 직업이 없는 실업자 등 사회적 약자들이다. 이들에 대한 관심과 직, 간접적 지원이 절실하다. 그러나 현재의 추세라면 향후 상당 기간 한국의 경제는 어려운 실정이다. 더구나 한국 사회에서 부의 편재 등은 시간이 갈수록 고착화되고 있다. 사회적 격차가 커지면 인간다운 생활을 누리기 어려운 사람이 생길뿐 아니라 사회적 통합을 이루기도 어려워진다. 정치 역시 경제와 결코 무관할 수 없다.

따라서 사회적 안전망으로서 경제적 취약계층에 대한 배려가 최우선이다. 이를 위해 어려운 사람들이 정상적인 생활이 유지되도록 소득 확충 및 보전을 하여야 하고 사회보장이나 실질적인 일자리 창출 등을 통한 부작용을 최소화하기 위한 정책적인 배려가 필요한 시점이다.

4) 한국에서 발생 가능한 테러 유형

테러는 제4세대의 전쟁, 비대칭 전쟁이라는 새로운 전쟁 유형으로 앞에서 언급한 것처럼 어느 한 국가만의 문제가 아니고 국제사회 모두의 문제로서 이제 테러의 안전지대는 지구상에 존재하지 않으며, 그 어떤 국가나 공동체 그리고 개인도 완벽하게 테러로부터 안전할 수 없는 것이다. 한마디로 테러 발생은 남의 일만은 아닌 것이다. 특히 국외에서도 한국인을 대상으로 한 테러 공격과 위협은 언제든지 가능하다는 점과 국내에서도 소외와 불만계층에 의한 자생테러 발생 가능성을 직시해야 한다. 그러나 아직까지 우리는 대처방법이나 대응능력이 미흡한 실정이다. 이는 곧 안보 공백의 심각성을 보여주기도 한다. 더구나 한국도 미국의 우방국으로서 미국 관련 시설이 다수인 점 등으로 인해 테러 가능성이 점차 고조되고 있으며, 한국도 이제 국제테러단체의 위협에서 더 이상 안전하지 않다는 것을 실감하게 되었다. 만약 사회 불만세력에 의해 지하철, 백화점과 같은 다중이용시설에 대한 테러가 발생하고 중요한 공공시설이 테러 공격을 당하고, 사이버테러가 금융시장을 위협한다면 우리 정부가 과연 국민의 생명과 재산을 지킬 수 있을까 심각하게 고민할 사항이다. 국내테러 환경을 살펴보면 한국에서 발생 가능한 테러리즘의 유형은 다음과 같이 세 가지로 생각해 볼 수 있다.

첫째로, 일명 총 폭탄 정신으로 무장한 북한에 의한 자행테러이다. 최근 남북 간 해빙 분위기고조로 북한의 위협은 적어졌지만 실제 그동안 우리에게 가장 큰 위협은 북한의 도발이라 할 수 있다. 사실 지난 반세기 동안 북한은 끊임없이 남한을 상대로 테러리즘을 자행해왔다. 북한은 김정은 등장 이후에도 연평도 공격 등 무모한 대남 위협 활동을 강화하였다. 북한 테러의 특징은 우리가 많이 보아온 것처럼 국가주도형 테러의 모델로서 앞으로도 김정은 권력 강화 과정의 테러 획책 가능성은 경계해야 한다. 예상되는 대남테러의 실행방법으로는 전면전에 앞서 생화학 테러리즘, 핵 관련 테러리즘, 사이버 테러리즘을 활용할 가능성이 높다.

둘째로, 국제 테러리스트 단체에 의한 테러이다. 국내 출입국자 증가로 테러 노출 가능성이 증대하고, 해외파병으로 반한감정이 고조되고, 국내에 주한미군 및 서방국가 시설이 많다는 점이 국제테러 단체로부터 테러의 위협대상이 될 수 있다. 더구나 반미, 반서방을 외치면서 대항하는 테러조직으로부터 한국이 미국을 압박하기 위한 외곽 때리기 대상으로 되고 있다. 즉, 미국과 함께 대테러 국제공조에 참여함에 따라 미국의 동맹국으로서 알 카에다와 IS로부터도 2순위 타격대상이 되었었다.

셋째로, 국내 자생적 테러에 대한 우려이다. 외국인체류, 국제결혼, 새터민, 난민 등이 증가하고 있고 경기침체에 따른 실업, 등과 같은 잠재적 위해요소가 급증하고 국가발전에 따른 국민의 기대와 이를 충족시켜 줄 수 있는 충족감 사이의 격차가 확대되면서 상대적 박탈감을 갖는 사람들이 단독 또는 조직을 형성하여 계획적인 테러범죄를 저지를 가능성이 존재한다.[57]

그동안 테러에 관한한 다소 안심지역이었기 때문에 안전에 대한 불감증이 증대되고 있으나 한국도 테러대상국으로서 더 이상 안전지역이 될 수 없음을 의미한다고 할 수 있다.[58]

1995년도 1월에 아시아를 출발하는(김포공항을 거치는 항공기는 4대) 12편의 항공기를 대상으로 항공기좌석 밑 구명조끼에 시한폭탄을 설치 한 후 공중에서 조작 폭발하도록 할 계획인 일명 '보진 카 계획'을 실행하려 실패한 사실도 「9·11테러진상보고서」를 통해 확인·공개된 바 있다.[59]

또한 2018년 8월 기준 해외 파병부대도 레바논의 동명부대 등 15개국에 1,441명이 임무를 수행하고 있다. 대부분이 다국적군 평화 활동, 의료 지원, 복구 사업이 중점이지만 임무수행 과정에서 현지테러단체와 국제테러단체의 공격을 받을 가능성도 항상 우려되는 사항이다.[60]

5) 한국의 자생테러 발생 가능성

한국의 비본토박이 후손들이 스페인, 영국, 미국 등의 자생테러범과 차이가 있기 때문에 한국에서의 자생테러 가능성은 어렵다고 하는 분석도 있으나 오히려 유사성이 많기 때문에 이들 사례를 타산지석의 교훈으로 삼아야 한다. 따라서 외국의 이민 2세들처럼 한국의 외국인 근로자, 혼혈아, 새터민들이 더 이상 차별을 받아 고통과 좌절을 겪지 않도록 정책을 강구할 필요가 있다. 만약 외국인 노동자가 알 카에다나 IS와 연계될 경우, 그리고 새터민이 북한의 지령을 받을 경우 우리 한국 역시 테러의 안전지대가 될 수 없다. 그러나 다음과 같은 몇 가지 차이점으로 인해 한국에서의 자생테러 불가능성을 주장하기도 한다.[61]

첫째는 종교적인 이유에서 차이가 있다.[62] 21세기를 가리켜 문명의 충돌시대로 보는 시각은 기독교와 이슬람을 전제하고 있다. 중동전쟁뿐만 아니라 미국과 이라크, 미국과 아프가니스탄, 9·11테러 등의 배후에는 두 종교 간 갈등이 숨어있다. 두 종교는 세계 주요 종교 중에서 가장 많은 추종자를 확보하고 있다. 기독교는 19억, 이슬람교는 11억으로 추산된다. 전파된 지역도 다르다. 기독교는 아메리카 대륙, 남부와 중부아프리카 일부, 동아시아 일부지역에 전파되었고 이슬람교는 발원지로 중앙아시아, 동남아시아, 아프리카 북부에 까지 미치고 있다. 따라서 유럽과 이슬람 국가 간에는 기독교와 이슬람교라는 종교적 대칭선이 존재한다. 9·11테러도 그러했지만 영국·스페인 테러범들은 모두 이슬람교 신도들이었다. 그러나 한국은 종교의 자유가 허용되어 있어 특정한 종교가 국교의 역할을 하지 않을 뿐만 아니라 종교적 차이로 인해 서로를 차별하지도 않는다.

둘째는 역사적 측면에서 차이가 있다. 스페인이나 영국은 과거에 식민지를 경영한 경험이 있다. 그 과정에서 식민지 사람들이 식민국으로 이민을 오게 되었고 이들의 2세 중 일부가 테러범으로 밝혀졌다. 그러나 한국은 과거에 식민지를 경영한 경험이 없기 때문에 외국인 근로자들이 한국에 대해 역사적 증오를 가질 필요가 없다. 특히, 새터민의 경우에는 북한을 탈출한 입장에서 한국에서 대형테러를 일으킬 이유가 없다.

셋째, 알 카에다, IS와의 연계성 면에서 차이가 있다. 스페인 및 영국의 테러범 들은 알 카에다, IS와 연계가 있었다. 그러나 한국의 외국인 노동자나 새터민들이 이들과 직접적으로 연계되어 있다는 증거는 적다. 특히, 새터민들의 경우에는 이들과의 연계 가능성이 적다.

넷째, 테러의 발생 여부이다. 영국 및 스페인에서는 이민 2세들에 의해 테러가 발생했거나 또는 발생할 뻔했다. 그러나 한국에서는 아직 외국의 근로자들이나 또는 새터민들에 의한 테러는 발생하지 않았다.

다섯째, 이민 2세에 의한 테러 가능성이 적다. 외국의 경우 이민의 역사가 길어 테러를 일으킬 적령기에 속하는 이민 2세, 3세들이 존재한다. 그러나 한국에서는 외국인 근로자와의 2세들도 아직 어리다.[63] 반면에, 이와 같은 이유는 너무 안이한 주장이라며 한국에서의 자생테러 가능성을 다음과 같이 들고 있다.

첫째, 미국의 동맹국으로서 미국과 함께 대테러 국제공조에 참여하였다는 유사성이 있다. 한국이 이라크에 병력을 파병하고 있을 때, 알 카에다의 2인자로 알려진 '아이만알 자와히리'는 알자지라 방송을 통해 한국을 포함한 미국, 영국, 프랑스, 이스라엘, 호주, 일본, 폴란드의 침공에 성전을 촉구하며 미국 동맹국으로서의 한국을 알 카에다의 2순위 타격대상으로 지목한 바가 있다. 또한 2015년에는 IS가 온라인 영문선전지 '다비크'(Dabiq)에서 미국이 주도하는 동맹군 합류국을 '십자군동맹국'으로 부르고, 이를 국가 가운데 한국을 포함한 사실이 확인되면서 잠재적 테러 위험이 커졌다.[64] 더구나 국가정보원은 알 카에다 조직원이 지난 10년 사이 두 차례에 걸쳐 한국에 들어온 일이 있다[65]고 밝히기도 하였으며, 2010년 이후 국제테러 조직과 연계됐거나 테러위험인물로 지목된 국내체류 외국인 48명이 적발돼 강제출국됐으며, 이들 가운데 인도네시아인 1명은 출국후 IS에서 활동하다 사망하였다고 하였다.

둘째, 한국도 다문화, 다인종 사회가 되었다는 점이다. 2015년 12월의 법무부 통계를 보면,[66] 전체 외국인 근로자 중 이슬람 국가에 속하는 근로자는 5만 명 정도이다.[67] 2017년 2월, 한국을 방문한 프랑스 대테러 사령탑인 브뤼기에르 수석판사는 오늘날 테러의 특징을 테러의 세계화로 요약하면서, 테러조직이 한국을 경유할 가능성과 한국에 들어와 있는 중동 사람들 속에 테러분자들이 포함되어 있을 가능성이 있음을 경고하였다.[68] 외국의 반한단체가 한국에 대한 테러를 하겠다는 협박편지가 현지 대사관에 날아들기도 한다. 한국에서 외국인 근로자로 있다가 귀국하여 반한단체를 조직한 경우인데, 태국의 AKIA(Anti Korea Interest Agency)가 그 대표적이다.[69] 또한 한국은 유럽 국가들과는 달리 남북한이라는 특수한 질서가 작동하고 있다. 참여정부 출범 이후 2006년 12월까지 검거된 간첩은 총 17명이었으며, 그 중에는 새터민 간첩도 있었다.[70] 특히, 새터민 간첩은 탈북자로 위장 귀순한 뒤 1년 3개월 동안 국내에서 간첩으로 활동한 것으로 밝혀졌다. 외국인 노동자가 알 카에다나 IS와 연계될 경우, 그리고 새터민이 북한의 지령을 받을 경우, 한국도 대형테러의 안전지대는 아니다.

셋째, 외국인 거주자, 새터민, 사회적 약자들이 증가하고 있음에도 이들이 느끼는 차별과 소외로 인해 사회에 적응하지 못하고 이방인으로서 고통과 좌절을 겪고 있다는 점에서 유사하다. 자생적 테러범들이 테러라는 극단적 선택을 한데에는 이념적, 개인적, 심리적 보복 등의 요인이 작용되기도 하지만 이것보다는 사회의 '구조적 부조리'가 테러의 근본적인 뿌리일 수 있음을 명심하여야 한다.[71]

2. 한국에서의 자생테러 대비 방안

최근 미국의 보스턴 테러 등 서방에서 발생한 자생적 테러는 모두가 인종적 종교적 소수자들이 저지른 사건들이었다. 결국은 인종 격차와 빈부 격차, 사회적 편견과 불평등이 근원이다. 9·11 이후 알 카에다와 같은 국제적 테러단체에 의한 대규모 조직적 테러는 감소하고 있으나 '외로운 늑대'와 같은 자생적 테러리스트의 활동이 증가하고 있다. 이들은 전문 테러범과 달리 정치적 메시지나 동기보다는 울분과 좌절감을 테러로서 표출하는 것이다.

희망이 아닌 공포와 두려움, 그리고 경제적으로 패배한 자의 절망이 우리 사회의 자생적 테러 가능성으로 사람을 움직이게 한다. 이제는 미국 등 외국의 사례를 보면서 우리의 현실을 돌아보아야 한다. 서방보다 덜할지 모르지만 우리 사회도 점차 복잡해지면서 사회곳곳에서 소수와 약자의 권익 문제가 심각해지고 있다. 빈번하게 발생하는 불특정 다수를 상대로 한 묻지 마 범죄현상도 한국에서도 외국과 같은 비극이 언제든 일어날 수 있다는 것을 경고하고 있는 것이다.[72] 따라서 자생테러의 예방 전략은 다음과 같이 요약해 볼 수 있다.

첫째, 인권 문제가 관련되어 대테러 활동에 걸림돌이 되는 많은 요소들에 대해 법적 근거를 마련하는 일이 시급하다고 할 수 있다. 테러단체들의 활동을 막기 위해서는 여행 규제, 입국 통제, 강제출국, 동향 관찰, 감청 등의 방법이 필요한데 국내법상으로는 어려운 점이 많기 때문이다.

둘째, 디지털 지하드 시대에 맞는 대테러 전략을 세워야 한다. 비디오 선전물과 인터넷 등을 통해서 집에서 테러전사들을 양성하는 자생테러의 속성상 이들과 관련된 사이버 사이트 및 인터넷경로를 파악하고 차단해야 할 것이다.[73] 사이버 테러의 위험성에도 불구하고, 우리나라 웹 사이트의 상당수는 보안조치에 허술한 것으로 알려져 있다. 심지어는 수백만 명 이상의 회원이 가입한 유명 포털 사이트도 보안조치에는 미흡한 편이다.[74]

셋째, 테러에 대한 정보의 국제 공유를 위해 노력해야 한다. 영국은 7·7런던 테러에 대한 후속조치의 일환으로 전 세계 테러극단주의자들에 대한 데이터베이스(data base)를 구축, 입국 전 자동적으로 정밀조사를 벌일 수 있도록 하였다는 점에서 이들 반테러를 추진하는 국가들과 정보를 교환할 수 있는 시스템을 구축해 나가야 할 것이다.

넷째, 출입국관리를 엄격하게 해나가야 할 것이다. 자생테러가 아무리 국내의 테러범 집안에서 양성된다고 하더라도 조직에서 한두 명 정도는 알 카에다나 IS '본류'와 접촉하게 되어 있기 때문에 비자 발급에서 입국관리를 철저히 해야 할 것이다.

다섯째, 테러의 목표물이 과거 여객기나 정부 건물 등 '경성목표물(hard target)'을 노리는 데서 지하철·기차와 같은 직접 공격하기보다는 가장 공격하기 쉽고 경계가 덜 삼엄한 '연성목표물(soft target)'로 표적을 이동 하고 있는바 이에 대한 대책이 수립되어할 것이다. 이들이 가장 관심을 보이는 공격수단도 자살폭탄테러 아니면 사린가스나 탄저균처럼 소량으로 대량의 인명을 살상할 수 있는 생화학·방사능 무기일 것이다. 지하철이나 기차, 선박, 백화점 등 대중이 이용하는 연성 목표물에 대한 새로운 대테러 전략이 세워져야 할 것이다.

여섯째, 테러 관련 정보활동 및 테러 관련자 감시활동을 철저히 해나가야 할 것이다. 외국인 관련 노동자 단체 활동과 종교 활동 등에 대한 정보력을 높이고, 알 카에다, IS와 관련한 가능한 집단이나 개인들에 대한 정보력을 높여 나가야 할 것이다.

일곱째, 편견의 색안경을 벗어야 된다는 것이다. 우리 사회도 거스를 수 없는 세계화의 물결 속에서 급속히 다문화로 진입하고 있는게 새로운 변화이며 현실이 되었다. 이제는 생활 속 곳곳에서 외국인들과의 공존이 일상이 되고 있다, 새터민과 사회의 소외계층 역시 우리의 일원이다. 그러나 아직도 피부색과 인종, 언어,

종교, 문화, 경제적 차이 등으로 이들을 소외시키고 차별하는 사례가 줄지 않고 있다. 따라서 사회 통합에 걸림돌이 되는 사회 곳곳의 차별요소들을 보완해 나가는 게 무엇보다 중요하다 할 수 있다. 외국인 근로자 정책뿐만 아니라 우리 사회에 내재 하고 있는 소외된 계층에 대한 불평등도 해소할 수 있는 사회복지 정책 차원의 고려도 있어야 할 것이다.[75] 영국에서 자생테러리스트가 많이 배출되는 한 가지 이유는 영국이 이슬람 이민자들을 사회에 통합하는데 실패했다는 점이다. 따라서 사회통합에 걸림돌이 되는 사회 곳곳의 차별요소들을 찾아내어 없애고 보완해 나가는 것이 무엇보다 중요하다고 할 수 있다.

이러한 사회적 차별 문제는 증가하는 외국인 노동자로 인한 외국인 근로자 정책뿐만 아니라 우리 사회에 내재하는 소외된 계층에 대한 불평등도 해소할 수 있는 사회복지정책 차원에서의 관심도 동시에 고려되어야 할 것이다.

더 이상 외국인 근로자에 대한 배타성과 더럽고 필요에 의해 우리나라에 들어온 노동자라는 부정적 이미지를 해소하고 우리 사회의 하층계급이 아니라 우리와 함께 살아가야 할 동반자라는 법의식과 인식이 선행되어야 할 것이다. 우리 안에 뿌리 깊게 남아있는 편협한 국수주의적인 편견의 색안경을 벗어 외국인혐오주의를 최소화하고 다문화를 조화롭고 자연스럽게 녹아들게 할 통합적이고 균형 잡힌 외국인 정책이 필요하다.[76] 다음으로 우리 사회 내 존재하는 소외계층에 대한 복지 정책과 지원할 수 있는 사회안전망이 강화되어야 할 것이다.[77] 특정종교의 극단적인 광신자가 아니라도 한순간의 충동과 보복심리로 얼마든지 대형사건을 감행할 수 있게 될 수 있다. 자생적인 불만분자들이 계속 만들어 진다면 그 여파를 감당하기 쉽지 않을 것이다. 다민족이 섞여 살게 된 사회에서 잠재적 적개심을 키우며 지낸다면 테러는 일어날 수밖에 없다. 한국도 예외는 아니다.[78] 마지막으로 국내 종북, 친북 단체에 의한 자생적 테러리스트들의 출현도 대비해야 할 사항이다.

사회 구석구석을 살피는 사회적 분위기 조성

설마 하지만 우리에게도 현실이 될 수 있는 게 국내 자생테러임을 명심하여 야한다. 희망이 없는 좌절은 결국은 테러로 분출될 수밖에 없는 게 하나의 공식이 라 할 수 있다. 따라서 이들의 사회적 일탈을 예방할 수 있는 다양한 정책이 필요 하다. 아울러 우리사회에 반다문화 정서를 불식해야 한다. 최근 유행처럼 자행되 고 있는 폭탄테러의 발생배경에는 인종과 민족, 문화와 종교적 문제 등 수많은 갈등과 더불어 사회적 소외와 불만이 주요원인으로 작용되고 있다. 앞에서 언급 한 것처럼 2004년에 발생한 스페인 마드리드 열차테러, 2005년의 영국 런던의 지하철 테러, 2013년의 미국 보스턴 마라톤 테러를 자행한 테러범들은 이민 2~3 세대들로 해당국가에서 아웃사이더로서 온갖 차별과 멸시를 받았던 자들이다. 그 래서 이들의 좌절이 결국은 테러로 분출되었다는 분석이 설득력을 얻고 있다. 이는 한국에서도 외국인 근로자, 혼혈아, 그리고 새터민, 경제적 소외자 등에 대한 차별과 멸시가 개선되지 않는다면 스페인이나 영국, 미국과 유사한 상황이 발생 될 우려가 있다는 경각심을 주고 있는 사항이다. 만약 한국 사회가 이러한 노력을 게을리한다면 테러와 관련된 한국의 미래상황은 유럽과 미국의 현재 상황과 다를 바 없을 것이다. 그러므로 정부와 사회는 이들을 한국의 구성원으로 진정 받아들 이는 열린 정책과 자세를 적극 강구할 필요가 있다.

더구나 국내 자생테러는 자국민에 의해 국가 내부에서 발생한 테러로서 자국 의 인물이나 거주민이 테러범이기 때문에 공항이나 항만을 원천봉쇄해도 막을 수 없으며 테러범 여부를 사전에 알아내기도 어려운 게 특징이다. 따라서 무엇보 다 예방차원의 대테러 전략이 가장 중요하다고 할 수 있다. 2000년대에 서방에서 발생된 자생테러사건 모두가 모로코계, 파키스탄계, 체첸계 이민자들의 대물림된 가난과 사회의 편견 때문에 자국민을 상대로 일으킨 테러라는 점으로 새로운 테 러주체가 등장하고 있음을 알리는 사건이었다.

또한 국내 자생적테러는 국가의 어느 한 기관만의 임무와 책임이 아니며 전

국민이 함께 감당해 나가야 할 문제라는 점에서 국가적 차원, 정부적 차원, 국민 및 사회적 차원에서 대응할 수 있는 자생적 대테러 전략이 세워져야 할 것이다. 그러기 위해서는 사회에 내재해 있는 소수자에 대한 문제점은 무엇이 있는지 해소방안을 모색하여야 할 것이다.[79]

9·11테러 이후 미국을 비롯한 전 세계는 테러에 대처하기 위해 국내법 등 제도를 정비하고 국제공조를 강화했음에도 불구하고 전 세계적으로 테러 발생은 계속되고 있다. 특히 전술한 스페인 및 영국, 미국 등에서 발생한 테러는 국제테러 분자가 아니라 자국민에 의한 테러였다는 점에서 세계에 충격을 주었다. 이는 이제는 단순히 국제테러단체에 의한 테러에 대처하는 정책만으로는 다양한 형태의 테러를 근본적으로 근절하기가 어렵다는 것을 잘 보여주고 있다.

문제는 우리이다. 우리 역시 차가운 사회적 현실에서 성장의 작은 조각 하나 손에 쥐지 못하는 사람들이 많다 소수와 약자의 권익 문제, 차별과 불평등 이로 인한 울분과 좌절감의 표출과 묻지 마 범행 등 그 징후가 뚜렷하다. 물론 한국과 자생테러가 발생하였던 외국의 상황은 유사성보다는 상이성이 더 많다고도 보지만 '비본토박이와 국제결혼 후손자, 새터민, 사회경제적 약자에 대한 우리사회의 소외와 차별도 이들 나라 못지않다는 지적이 계속되고 있는 만큼 한국도 자생테러 발생 전에 미리 원인치료를 위해 노력해야 한다.

이는 단순히 테러 예방이라는 수동적인 차원이 아니라 같은 인간이라는 인류애, 같은 민족이라는 동포심(同胞心)을 가지고 능동적인 차원에서 접근해야 할 것이다. 구체적으로 이들에 대한 차별을 제도적으로 없애야 하고, 국민들의 시민의식도 성숙해야 한다. 일반 국민들과 인간적 교감을 갖게 하기위한 프로그램도 절실하다. 우리 사회는 여전히 테러 예방과 관련해서는 대증요법(對症療法)적 치료에만 그치고 있을 뿐, 근본적인 원인 제거에는 무관심한 편이다.[80]

2018년 기준 국내 외국인 노동자는 220만 명에 육박하고 있으며 매년 10쌍 중 1쌍이 국제결혼을 하면서 2020년에는 혼혈아의 숫자가 160만 명에 달할 것이라는 전망도 나오고 있다. 이들을 한국 사회의 구성원으로 포용하는 열린 마음이 필요하다.

결론적으로 "테러는 바로 공포"이다. 그러나 이처럼 우리 사회에 테러의 가능성은 언제 어디에서나 발생 가능성이 있으나 정작 극단적 자생테러 예방에 대한 구체적인 구상이나 논의는 없는 실정이다. 아직까지 한방에 해결할 묘약은 없지만, 이제 우리는 'Look around The Corner' '구석을 보라'는 말을 상기할 필요가 있다. 따라서 우리국민과 정부는 철저한 안보의식과 함께 사회적 소수자가 구석으로 내몰리지 않게 하고, 소외와 차별이 없도록 사회 구석구석을 살피는 사회적 분위기를 만들도록 하여야 한다.

<참고문헌>

가. 단행본

김두현, 『테러리즘론』(서울: 백산, 2010).

김중순, 『다문화시대의 이슬람 그 반역의 역사』(서울: 소통, 2013).

김재명, 『나는 평화를 기원하지 않는 다』(서울: 지형, 2005).

권오현, 『다문화교육의 이해』(서울: 서울대출판문화원, 2013).

설동훈, 『외국인 노동자와 한국사회』(서울: 서울대학교출판부, 2002).

설동훈·이해춘, 「외국국적 동포 고용이 국내 노동시장에 미치는 사회·경제적 효과분석」 (노동부 정책보고서), 2005.

윤민우, 『테러리즘의 이해와 국가안보』(서울: 진 영사, 2011).

나. 논문

강유임 외 1인, "다문화가정아동의 모애착과 심리사회적 적응의 관계," 한국청소년상담복지개발원, 『청소년상담연구』, 21권1호, 2013.

강창구, "북한이탈주민(새터민)의 정착장애요인 분석을 통한 정착지원 방안," 평화문제연구소, 『통일문제연구』, 2010년 상반기(통권 제53호), 2010.

강휘원, "한국 다문화사회 형성요인과 통합정책," 『국가정책연구』, 제20권 제2호, 2006.

김도태, "북한이탈주민의 시민교육내용과문제점," 충북대사회과학연구소, 『사회과학연구』,

제29권2호(통권53호), 2012.

김진희, "스트레스요인과 사회적지지가 다문화가정자녀의 스트레스에 미치는 영향," 한국 가정과교육학회, 『한국가정과교육학회지』, 제24권3호,2012.9.

김열수, "한국에서의 새로운 테러 주체의 등장 가능성: 유럽의 자생적 테러 주체와의 비교 를 중심으로," 위기관리 이론과 실천, 『한국위기관리논집』, 제3권 제1호, 2007.6.

김열수, "테러리즘의 근절이 어려운 이유: 제도화의 한계와 국제사회의 균열," 세종연구소, 『국가전략』, 제8권 3호, 2002.

김영수, "탈북자 현황과 이들에 대한 올바른 인식"(바른 사회를 위한 시민사회 심포지움 발표논문), 2002.

김윤규, "한국의 외국인 노동자가 겪는 폭력극복을 위한 대책," 『한국기독교신학논총』, 제 37집, 2005.

박동균, "한국에서 발생 가능한 테러유형과 사이버테러 대비전략," 『통일신문』, 2009년 9 월 23일자.

박철현, "국내자생 테러발생가능성에대한 사회학적 고찰 및 대책," 한국형사정책연구원, 『 형사정책연구』,통권 제84호, 2010.

백영철, "자생적 테러의 대응방안에 관한 연구," 경찰청, 『대테러 연구』, 제28집, 2005.

설동훈, "한국의 외국인노동자 인권실태와 대책," 『인권과 평화』, 제2권 제1호, 2001.

양무목, "북한이탈주민에 관한 연구," 대진대학교 통일대학원, 『통일논총』, 제3집, 2004.

이경희·배성우, "북한이탈주민의 남한사회 정착에 영향을 미치는 요인," 『통일정책연구』, 제15권 제2호, 2006.

이만종, "국내자생 테러의 위협과 우리의 대비전략," 국정원, 『대테러 정책연구』, 제8집, 2010.

이수형, "21세기 국제분쟁의 변화경향에 관한 이론적 분석: 제4세대 전쟁, 네트전, 비대칭 위협을 중심으로," 21세기정치학회 추계학술회의 발표논문, 2002.

임헌준, "한국 철도의 테러 정책 발전 방향: 해외철도 테러 사례와 대응을 중심으로," 국방 대학교 안보과정 논문(2006).

통일부 정착지원과, 내부자료, 2009.11.

하정호, "굿바이 헌팅턴, 굿바이 아우슈비츠," 당대비평·평화네트워크 공동기획, 『전쟁과 평화』(서울: 삼인, 2001).

홍순남, "3·11마드리드 테러와 7·7런던테러 비교분석," 경찰청, 『대테러 논총』, 제3집, 2005.

홍원표, "한국의 외국인 노동자 정책변화와 과제,"『민족연구』, 제28집, 2006.

다. 신문
"이제는 다문화 시대,"『강원일보』, 2013.12.14.
"다문화 어린이와 세상을 이어주는 다리,"『세계일보』, 2013.12.13.
"알카에다 조직원들 10년간 2차례 한국 입국,"『한겨레』, 2003.11.20.
"테러·테러리스트,"『월간중앙』, 2005년 8월호.
김영석, "오바마 새 안보전략 공개…일방주의 외교 폐기, 미 본토 자생적 테러 대책 '중심
        축,'"『국민일보』, 2010.5.27.
염성덕, "국익 위해 UAE 파병하라,"『국민일보』(쿠키뉴스), 2010.11.11 17:39,
이호갑·박형준, "디지털 지하드: 가장 강력한 테러무기는 인터넷,"『동아일보』, 2006.12.7.
『동아일보』, 2005.7.19.
『연합뉴스』, 2006.11.13.
『연합뉴스』, 2004.10.12.
『연합뉴스』, 2013.12.6.
『뉴스인』, 2013.5.14.
『이데일리』, 2007.2.23.
『조선일보』, 2006.12.12.
『중앙일보』, 2007.2.27.
『중앙일보』, 2005.7.19.
『중앙일보』, 2005.7.11.
『중앙일보』, 2005.7.8.
『한겨레』, 2007.2.14.

라. 인터넷 자료
"사이버테러리즘,"『위키백과』, http://ko.wikipedia.org/wiki/%EC%82%AC%EC%9D%B4
        %EB%B2%84%ED%85%8C%EB%9F%AC%EB%A6%AC%EC%A6%98 (검색일:
        2013.11.27).
"자생,"『Daum 국어사전』, http://krdic.daum.net/dickr/contents.do?offset=A031903300&
        query1=A031903300#A031903300(검색일 2013.11.24).
"테러,"『Naver국어사전』, http://krdic.naver.com/detail.nhn?docid=39439700&re=y(검색

일: 2013.11.27).

"테러리즘," 『Naver국어사전』, http://krdic.naver.com/detail.nhn?docid=39440000&re=y(검색일: 2013.11.27).

"테러리즘," 『위키백과』, http://ko.wikipedia.org/wiki/%ED%85%8C%EB%9F%AC%EB%A6%AC%EC%A6%98(검색일: 2013.11.27). http://kr.blog.yahoo.com/microjihyunp/4851.html(검색일: 2013.11.28).

HR 1955 Full Text, http://www.govtrack.us/congress/billtext.xpd?bill=h110-1955(검색일 2013.11.25).

"The Violent Radicalization and Homegrown Terroreism Prevention Act of 2007," Wikipedia(a free encyclopedia), http://en.wikipedia.org/wiki/Violent_Radicalization_and_Homegrown_Terrorism_Prevention _Act_of_2007(검색일: 2013.11.25).

Chapter 9 주석

1) 일반적으로 이제 테러는 제4세대의 전쟁, 비대칭전쟁이라는 새로운 전쟁유형으로서 어느 한 국가의 문제가 아니라 국제사회 모두의 문제가 되었다. 또한 테러의 양상이 전통적 테러리즘의 소규모의 폭력성에서 탈냉전 후의 뉴 테러리즘은 핵, 화학, 생물학, 방사능물질을 이용한 대규모 폭력성의 슈퍼테러리즘으로 나타나고 있다는 점에서 그 심각성이 더해가고 있다. 이러한 가운데 테러의 공격양상은 끊임없이 진화하고 있으며, 세계의 테러환경도 지속적으로 변하고 있다. 이 수형, "21세기 국제분쟁의 변화경향에 관한 이론적 분석: 제4세대 전쟁, 네 트전, 비대칭위협을 중심으로," 21세기정치학회 추계학술회의 발표논문, 2002 참조.

2) 이 국가안보전략(NSS)보고서의 큰 줄기는 두 가지다. 미국 본토에서 자생적 테러리즘을 중점 부각시키고, 선제공격론(pre-emptive war)으로 대변되는 전임 조지 W 부시 행정부의 일방통행식 외교를 폐기한다는 것이다. 김영석, "오바마 새 안보전략 공개···일방주의 외교 폐기, 미 본토 자생적 테러 대책 '중심축,'" 『국민일보』, 2010.5.27.

3) 지난 2004년 3월 11일 스페인 마드리드(Madrid)에서 발생한 테러사건은 미국의 대테러전쟁 수행에 커다란 타격을 가했다. 테러이후 스페인 정부는 이라크로부터 철수하기로 결정했고 영국, 이탈리아, 일본 등 이라크에 파병한 국가들을 테러의 공포에 휩싸이게 했다.

4) 런던 경찰은 2004년 7월 7일 오전 8시 49분 1시간 30분 안에 런던 중심가에서 네 차례의 폭발이 이어졌다고 밝혔다. 첫 폭발은 런던 금융가에 위치한 리버풀 스트리트 역과 올드 게이트 역 사이에서 발생했다. 이어 에지우어 로드 지하철역, 킹 스크로스 역과 러셀 스퀘어역 사이에서 폭발이 일었다. 타비스토크 에서는 버스 폭발이 발생하였다. 『중앙일보』, 2005.7.8.백 영철, "자생적 테러의 대응방안에 관한 연구," 경찰청, 『대테러 연구』, 제28집, 2005, p.55.

5) 2004년 4월 15일 '오 사마 빈 라덴'은 7월 15일까지 이라크에서 철군하지 않으면 '성전'(테러를 의미)을 감행하겠다고 영국에 경고했고, 그로부터 1년 후에 그는 자신이 했던 경고를 실행에 옮겼다. 그것이 바로 2005년 7월 7일 영국 런던(London)에서 연쇄폭탄테러로 나타났다 런던 올림픽 개최소식과 스코틀랜드에서의 G8 정상회담에 때맞추어 2005년 7월 7일 아침 러시아워(rush hour) 시간에 영국 수도 런던의 지하철 역 세 곳과 버스 등 모두 네 군데에서 연쇄 폭발사건이 발생하여 56명이 사망하고 700여명이 부상당했다. 백영철(2005), p.58.

6) 김열수, "한국에서의 새로운 테러 주체의 등장 가능성: 유럽의 자생적 테러 주체와의 비교를 중심으로," 위기관리 이론과 실천, 『한국위기관리논집』, 제3권 제1호, 2007.6, p.1.

7) 한국과 영국 및 스페인, 미국 간에는 외국인 노동자의 유입, 국제결혼인구의 증가, 대테러전쟁 참여 등 환경적인 측면에서 공통점이 적지 않아 영국과 스페인, 미국에서 발생한 자생테러가 주는 시사점은 결코 적지 않다고 할 수 있다.

8) "자생," 『Daum 국어사전』, http://krdic.daum.net/dickr/contents.do?offset=A031903300&query1=A031 903300#A031903300(검색일: 2013.11.24.).

9) 김열수(2007.6), p.4.

10) 먼저 폭력적 과격화란 "정치적, 종교적 또는 사회적 변화를 조장하기 위해 이데올로기에 기인한 폭력을 용이하게 할 목적으로 극단 주의적 신념체계를 채택하거나 촉진하는 과정,"이라 규정하였으며 이데올로기에 기초한 폭력이란 "집단 또는 개인의 정치적, 종교적 또는 사회적 신념을 촉진시키기 위해 집단 또는 개인에 의한 완력 또는 폭력의 사용, 계획적 사용," 위협적 사용이라 각각 규정하고 있다.HR 1955 Full Text, http://www.govtrack.us/congress/billtext.xpd? bill=h110-1955(검색일: 2013.11.25.).

11) "The Violent Radicalization and Homegrown Terroreism Prevention Act of 2007," Wikipedia(a free encyclopedia), http://en.wikipedia.org/wiki/Violent_Radicalization_and_Homegrown_Terrorism_Prevention_ Act_of_2007(검색일: 2013.11.25.).

12) 『중앙일보』, 2005.7.11.

13) 미국 시사주간지 『타임(Time)』지(2005년 7월 18일자)와 『뉴욕타임즈(New York Times)』2005년

7월 10일자는 오사마 빈 라덴이 이끄는 알카에다의 핵심간부 75%가 체포되거나 사망한 뒤 유럽 각국에서 과거보다 더 민첩하게 움직이는 유럽산 테러리스트들에 의한 새 조직이 생겨나고 있다고 보도한 바 있다. 등이 이들의 소행으로 추정되고 있다. 이는 상당 부분 이민자에게 너그러운 영국 등 유럽의 전통 때문이라는 지적이다.

14) 이호갑·박형준, "디지털 지하드: 가장 강력한 테러무기는 인터넷,"『동아일보』, 2006.12.7.

15) "테러·테러리스트,"『월간중앙』, 2005년 8월호, pp. 220~221..

16)『중앙일보』, 2005.7.19일.

17) 백영철(2005), pp.73~74.

18)『동아일보』, 2005.7.19.

19) 백영철(2005), p.75.

20) 1983년 레바논 미 해병대 막사를 겨냥한 자살폭탄테러로 미 해병이 241명이나 죽은 뒤 당시 레이건 미 대통령의 해병대 철수 결정이 한 보기다. 1985년 이스라엘군의 남부 레바논 부분 철수와 2000년의 완전철수, 1994년과 2001년 스리랑카 정부가 반군 타밀호랑이 해방선전(LTTE)과 휴전·평화협상을 결정한 사실 등도 저항세력의 줄기찬 자살폭탄테러에 결정적 영향을 받은 것으로 분석된다. 백영철(2005), p.76.

21) 또한 자살폭탄테러는 대체로 혼자 또는 두 명이 조를 이루어 진행한다. 한 명은 결행하더라도 그를 받쳐주는 조직원이 적어도 열 명은 넘는다. 공격목표를 설정하고, 그에 관한 정보를 모으고, 자살테러분자를 모집해 군사훈련은 물론 정신적 훈련을 하고, 폭탄을 모으고, 자살테러 결행 자를 현지까지 안전하게 데려가려면 적어도 10여 명의 조직원이 도와주어야 한다. 그러나 가장 매력적으로 테러리스트들이 생각하는 점은 투입대비 산출효과가 크다는 점 이다. 비용만 따지면 자살폭탄 공격은 큰 부담이 없다. 미 테러연구자 브루스 호프만(미 RAND 연구소장)은 '자살테러의 논리'라는 글에서 김재명,『나는 평화를 기원하지 않는다』(서울: 지형, 2005), p.386.

22) 저비용으로도 미디어 효과를 비롯해 저항집단이 얻는 것은 많다. 1983년 폭탄차량을 몰고 베이루트의 미 해병대 막사로 돌진해 잠자던 미 해병대원 241명을 죽인 자살공격자는 단 한 명이었고, 1987년 스리랑카군의 막사로 폭탄을 실은 트럭을 몰아 40명의 정부군 병사를 죽인 것도 단 한 명의 LTTE(Liberation Tigers of Tamil Eelam, 타밀엘람해방호랑이) 요원이었다. 2002년 10월 인도네시아 발리 섬의 한 디스코텍에서 202명을 죽인 것은 두 명의 자살폭탄 테러리스트였다. 2001년 9·11 동시다발테러사건은 비행기 납치범들이 연료가 가득한 비행기를 자살폭탄으로 이용한 극적인 사건으로 기록된다. 9·11사건의 배후 조종자이자 오사마 빈 라덴 사망 후 알 카에다 그룹의 제일인자가 된 아이만 알 자와히리(Ayman al-Zawahiri,)는 9·11뒤 남긴 한 문건에서 "순교 작전(자살폭탄공격)은 무자헤딘(이슬람전사)의 사상자를 최소로 줄이면서도 적에게는 커다란 해를 끼치는 가장 성공적인 전술"이라고 규정했다. 이른바 비용 대비 효과, 또는 투입 대비 산출에서 자살폭탄테러가 다른 공격에 비해 가장 성공적이라는 의미를 함축하고 있다. 백영철(2005), pp.76~77.

23) 열차폭탄 테러의 시간대별 상황을 살펴보면, 6시 39분 첫 번째 열차가 아토차 역에 멈춰 섰을 때 3개의 폭탄이 3,4,5,번 차량에서 폭발하였으며, 거의 동시에 역 500미터 밖에서 두 번째 열차의 1,4,6번 차량이 폭발하였고, 6시 41분 세 번째 열차가 엘포소(Elpozo)역을 통과할 때 5,6번 차량이 폭발하여TDmau, 세번째 열차가 산타에우게니아(Santa Eugenia)역을 통과할 때 4번 차량이 폭발하였다. 임헌준, "한국 철도의 테러 정책 발전 방향: 해외철도 테러 사례와 대응을 중심으로," 국방대학교 안보과정 논문(2006), p.28.

24) 첫 폭발을 시작으로 일일 평균 65만 명이 이용하는 스페인 마드리드 남부 아 토 차(Atocha)역의 4개의 교외선 통근열차에서 10개의 폭탄(총 200Kg)이 연쇄적으로 폭발하여 202명이 사망하고 2,000여명이 부상당하는 테러가 발생하였다. 홍순남, "3·11마드리드 테러와 7·7런던테러 비교분석," 경찰청,『대테러 논총』, 제3집, 2005, p.146.

25) ETA는 Euskadi Ta Askatasuna(Basque Fatherland and Liberty)의 약어임.

26) 김열수(2007.6), p.3.

27) 임현준(2006), p.29.

28) 김열수(2007.6), p.3.

29) 3개 지하철역과 역 사이, 또는 역, 그리고 버스 등 4곳에서 폭탄테러가 발생했다. 홍순남(2006), p.154.

30) 모하메드 시디칸(30세)은 빈민층 이민 자녀와 장애아를 돕는 초등학교 보조교사였으며, 세흐자드 탄위어(22세)는 체육학을 전공한 대학생으로서 벤츠를 즐겨 타는 성공한 이민 2세였다. 2층 버스에서 폭탄 테러를 자행한 사람은 하시브 후세인(19세)이었다. 김열수(2007.6), p.4.

31) 김열수(2007.6), p.4.

32) 7·7런던테러는 종전의 대규모 테러와 달리 영국에서 태어나고 영국에서 자란 이슬람 계 영국 인들이 자행한 자생적 자폭테러였다. 7·7런던테러는 런던이 2012년 올림픽 개최지로 선정된 지 하루 만에 발생했으며 영국 스코틀랜드에서 2004년 7월 6일부터 G8(선진7개국과 러시아) 정상회의가 열리고 있는 시점에서 터진 것이어서 더 큰 충격을 주었다. 백영철(2005), p.77., p.61.

33) 세흐자드 탄위어와 모하메드 시드칸은 2004년 11월부터 2005년 까지 파키스탄의 알 카에다 캠 프에서 훈련받은 것이 확인되었다. "영여객기 폭파 음모 런던 지하철 테러와 연관 가능성", 『연합뉴스』, 2006.8.12.

34) 김열수(2007.6), p.4.

35) 『경향신문』, 2013.4.22.

36) 『세계일보』, 2010.5.27.

37) 부시 행정부의 2006년 국가안보전략보고서에는 "우리는 불량국가(rogue states)들과 그들의 테 러리스트 고객들이 미국과 동맹국에 대해 대량살상무기를 사용하거나 위협하기 전 이를 차단 할 수 있는 준비를 갖춰야 한다"고 기술되어 있었다.

38) 『헤럴드경제』, 2010.5.27.

39) 설동훈, "한국의 외국인노동자 인권실태와 대책," 『인권과 평화』, 제2권 제1호, 2001, p.53.

40) 강휘원, "한국 다문화사회 형성요인과 통합정책," 『국가정책연구』, 제20권 제2호, 2006, p.53.

41) 『한겨레』, 2007.2.14.

42) 한국의 출산율은 1970년 4.53명, 1980년 2.83명, 2000년 1.47명, 2004년 1.16명, 2005년 1.08명으 로 급락하여 사상 최저치를 갱신한 바 있다. 『이데일리』, 2007.2.23.

43) 홍원표, "한국의 외국인 노동자 정책변화와 과제," 『민족연구』, 제28집, 2006, p.92.

44) 『연합뉴스』, 2006.11.13.

45) 강휘원(2006) p.6

46) 설동훈(2001), p.53.

47) 설동훈, 『외국인 노동자와 한국사회』(서울: 서울대학교출판부, 2002), pp.269~271.

48) 김윤규,"한국의 외국인 노동자가 겪는 폭력극복을 위한 대책," 『한국기독교신학논총』, 제37집, 2005, p.243.

49) 『연합뉴스』, 2006.11.13.

50) 김열수(2007.6), pp.7~8.

51) 이경희·배성우, "북한이탈주민의 남한사회 정착에 영향을 미치는 요인," 『통일정책연구』, 제 15권 제2호, 2006, p.2.

52) 통일부 정착지원과, 내부자료, 2009.11; 강창구, "북한이탈주민(새터민)의 정착장애요인 분석을 통한 정착지원방안," 평화문제연구소, 『통일문제연구』, 2010년 상반기(통권 제53호), 2010, p.265.

53) 양무목, "북한이탈주민에 관한 연구," 대진대학교 통일대학원, 『통일논총』, 제3집, 2004, pp.16~17.

54) 2005년 1월 9일부로 통일부는 탈북자를 새터민 이라는 용어로 바꾸었다. 새터민은 탈북자 중 한국으로 탈북한 인원을 지칭한다. 본 논문에서는 필요에 따라 이를 혼용했다.

55) 『조선일보』, 2007.2.20.

56) 양무목(2004), p.26.

57) 외국인 범죄가 갈수록 증가하고 있는 것도 눈여겨 보아야한다. 국내에 거주하는 외국인들의 5대범죄율(살인, 강도, 강간, 절도, 폭력)이 가파르게 증가하고 있다. 외국인 범죄율은 2007년 636명에서 2011년918명으로 증가 하였다. 살인과강도, 마약범죄에서는 외국인 범죄율이 내국인 범죄율보다 높다. 2011년 살인범죄 검거인원은 내국인이2명, 외국인이 11명 이었다. 강도 (내국인10,외국인16)와 마약(내국인10,외국인25)도 외국인 범죄율이 높다.(한국형사정책연구원,2013,2.20)

58) 방송, 금융사를 마비시키는 사이버테러 에 대한 대비도 시급하지만 주요시설 등을 폭탄 등으로 실제 타격할 가능성도 배제 할 수 없다. 원자력 발전소를 비롯해 핵심국가시설이 파괴되면 어떻게 될까 불안한 일이다. 심각한 테러발생시 충분하고 심각한 군대동원과 불심검문 및 보호조치가 가능하기위항 테러방지법 제정이 필요하다.

59) '보진 카'는 세르비아로 폭발물을 뜻하는 말로서 파키스탄인 알 카에다 간부 '람지 유 세프' 와 '할리드 세이크 모하 마드'가 중심이 되어 아시아에서 출발하는 미국행 여객기수대를 공중에서 폭발시키고 미국의 백악관등 주요시설물을 표적으로 여객기 자폭테러와 1955년 필리핀을 방문 예정이던 교황 '요한 바오로2세도 자살 폭탄 테러할 계획이었다. 유 세프 는 1994년12월11일 보진 카 계획을 사전준비하기위해 필리핀항공 434편에 시한폭탄을 설치했으나 다행히 일본인1명만 사망하고 큰 피해는 없었다. 이후1995년1월6일 교황의 필리핀방문 일주일 여를 앞두고 필리핀 한아파트에서 폭탄제조 실험도중 화재가 발생하여 계획이 발각되었다. 원래 항공기 여러 대를 납치하여 버지니아 주의 중앙정보국(CIA)본부와 백악관, 세계 무역센터 등 미국의 주요시설물을 목표로 항공기 자살폭탄도 계획 하였다. 이는 9.11테러의 기초가 되었다.

60) 염성덕, "국익 위해 UAE 파병하라," 『국민일보』(쿠키뉴스), 2010.11.11. 17:39,

61) 김열수(2007.6), p.9.

62) 스페인 및 영국은 기독교인데 반해 테러범들은 대부분 이슬람교를 믿었다. 기독교와 이슬람교 간의 충돌의 역사는 같다. 특히 1798년 나폴레옹의 이집트 원정 이후 150년간이나 지속되었던 서구의 이슬람 식민지배로 인해, 이슬람 세계는 일찍이 한 번도 겪어보지 못했던 치욕적이고 충격적인 패배를 맛보았다. 결국 이란의 호메이니는 유럽 기독교권에 맞서 최소한 동등했거나 때로 승리했던 과거의 영광으로 되살릴 수 있는 길을 이슬람 근본주의에서 찾으려 했다. 현대에 등장한 이슬람 근본주의는 식민지시기를 거치면서 당면하게 된 근대화 과정 속에서 겪은 좌절에 대한 반작용이며, 이는 테러분자들의 정신적 신념으로 재무장되고 있다. 하정호, "굿바이 헌팅턴, 굿바이 아우슈비츠," 당대비평·평화네트워크 공동기획, 『전쟁과 평화』(서울: 삼인, 2001), p.89.

63) 김열수(2007.6), p.9.

64) 스페인 및 영국은 이슬람 국가인 이라크 및 아프가니스탄에 병력을 파병하였다. 기독교 국가가 이슬람 국가에 들어간 것이다. 한국은 기독교 국가는 아니지만 세계 평화와 안전을 유지하기 위해 국제 거버넌스의 입장에서 이들 국가에 병력을 파병하였다. 비록 한국군이 기독교 국가는 아니지만 이슬람 국가에 외국군이 들어왔다는 것을 근본주의자들은 용납하지 않을 수도 있다. 게다가 한국에는 주한미군이 존재하고 있다. 『연합뉴스』, 2004.10.12.

65) "알카에다 조직원들 10년간 2차례 한국 입국," 『한겨레』, 2003.11.20.

66) 설동훈·이해춘, 「외국국적 동포 고용이 국내 노동시장에 미치는 사회·경제적 효과분석」(노동부 정책보고서), 2005, p.19.

67) 영국 등 서방국가와 이민세대, 또는 외국인 근로자들이 많이 거주하고 있다는 유사성이 있다. 유럽의 각 국가들은 주로 중동이나 아프리카 국가들로부터의 이민이나 외국인 근로자들이 많은 반면, 한국에는 주로 아시아계 외국인 근로자들이 많다. 영국·스페인 테러범들 대부분이 이슬람 계 이민2세였다. 인도네시아23,495명, 방글라데시 13,789명, 파키스탄964명 등이다.

68) 『중앙일보』, 2007.2.27.

69) AKIA는 태국 주재 한국 대사관을 포함한 한국의 주요 기관과 국적 항공기 등을 겨냥해 테러 공격을 하겠다는 협박편지를 보냈고(2004.1.8), 구체적인 테러 공격 일자가 명시된 편지도 보냈

다(2004.1.16). 또한 태국의 돈무앙 공항 내 대한항공 사무소에 테러 협박편지가 접수(2004.4. 23)되기도 했다. 이에 관해서는 최진태, "한국 관련 테러공격 협박 사건 분석," www.terrorism. or.kr(검색일: 2013.11.27.) 참조.

70) 『조선일보』가 2006년 12월 12일, "간첩 많은데 안 잡았다"라는 보도와 관련하여 국가정보원이 해명한 국정브리핑 내용의 일부임. 김열수(2007.6), p.10.

71) 본토박이가 아닌 비본토박이로서 겪는 고통과 좌절이 특수한 환경과 접목되면서 발생되었다고 본다. 한국의 본토박이들이 2등 국민, 피부색, 언어, 종교, 가난 등을 이유로 비본토박이 및 국제결혼 후손자들에게 폭언, (성)폭행, 임금 체불, 무시, 왕따 등의 차별을 지속한다면 이들의 좌절감이 한국을 분노의 대상으로 삼아 대형테러를 일으킬 수도 있다. 김열수(2007.6), p.10.

72) 이민2~3세대들인 스페인 및 영국의 테러범들은 해당국가에서 온갖 차별과 멸시를 받았던 자들이다. 이들의 좌절이 테러로 분출되었다는 분석이 지배적이다. 과거에비해서는 바라보는 시선이 많이 나아졌으나 한국의 외국인 근로자, 혼혈아, 그리고 새터민 들에 대한 한국인들의 차별과 멸시는 아직도 스페인이나 영국과 크게 다를 바 없다. 이들에 대한 부정적인 인식을 개선하고 삶의 질을 향상시키고 안정적 정착을 돕기 위해 정부와 사회는 한국의 구성원으로 받아들이는 열린 정책과 건강한 자세를 가져야 한다. 한국사회가 이런 노력을 게을리 한다면 테러와 관련된 한국의 미래상황은 유럽이나 미국의 현재 상황과 다를 바 없음을 잊어서는 안 될 것이다.

73) 백영철(2005), p.84.

74) 박동균(2009.9.23.).

75) 특별히 아랍권이나 회교권에서 유학을 오는 이공계 학생들에 대한 주의 깊은 관찰과 관심이 필요하다 할 수 있다. 화학무기나 폭탄제조는 주로 이들에 의해 이루어질 가능성이 많기 때문이다. 백영철(2005), pp.84~85.

76) 외국인 근로자정책을 위해서는 외국인 근로자가 국내노동력 부족을 보충하는 노동력이라는 상품이 아니라, 인격과 인간으로서 권리를 가지고 있는 근로자라고 하는 인식이 중요하다고 할 수 있다.

77) 우리한국사회도 이제는 거스를 수 없는 세계화의 물결 속에서 급속히 다문화사회로 진입하고 있는 게 새로운 변화이며 현실이 되었다. 이제는 생활 속 곳곳에서 외국인들과의 공존은 일상이 되었다. 이주민들은 우리사회의 중요한 일원이며, 산업현장에서 3D중소기업의 부족한 노동력을 대신하며 경제의 한축을 담당하고 있다. 그러나 아직도 사회곳곳에서는 피부색과 인종언어, 종교, 문화 등이 다르다는 이유로 의식적이든 무의식적이든 이들을 소외시키고 차별하는 사례가 줄어들지 않고 있다.

78) 『내일신문』, 2013.4.20.

79) 백영철(2005), pp.85~86.

80) 김열수, "테러리즘의 근절이 어려운 이유: 제도화의 한계와 국제사회의 균열," 세종연구소, 『국가전략』, 제8권 3호, 2002, pp.94~96.

찾아보기

[저자약력]

저자 이만종은 조선대학교 치과대학에 입학, 다시 법학과 및 동대학원을 졸업(법학박사)하고 행정고등고시 출제위원 및 법무부 교정 자문위원, 행정안전부 자문위원으로도 활동한 바 있다. 그리고 국방부 조사본부 수사과장, 공군사관학교, 국민대 법무대학원 외래교수 등을 역임했다. 현재 호원대학교 법 경찰학과 교수와 기획처장으로 인재양성과 연구에 주력중이며, 한국테러학회장 및 대테러안보연구원장, 한국대테러 산업협회장, 한국 군사법학회장, 국가대테러정책위원으로도 활동하고 있다. 또 여러 방송출연과 시사프로그램도 진행하였으며, 매일경제, 경향신문, 국방일보, 보안뉴스, 코나스넷 등을 비롯한 다양한 주요 일간지의 칼럼리스트로도 활동 중이다. 그동안 국가안보와 테러리즘, 범죄와 수사와 관련 많은 저서와 논문을 게재하고 발간했다.

전쟁의 다른 얼굴 −새로운 테러리즘

초판발행   2019년 1월 15일

지은이   이만종
펴낸이   안종만

편 집   조혜인
기획/마케팅   손준호
표지디자인   김연서
제 작   우인도 · 고철민

펴낸곳   (주) **박영사**
                 서울특별시 종로구 새문안로3길 36, 1601
                 등록 1959. 3. 11. 제300-1959-1호(倫)
전 화   02)733-6771
f a x   02)736-4818
e-mail   pys@pybook.co.kr
homepage   www.pybook.co.kr
ISBN   979-11-303-0630-8   93390

copyright©이만종, 2019, Printed in Korea

* 잘못된 책은 바꿔드립니다. 본서의 무단복제행위를 금합니다.
* 저자와 협의하여 인지첩부를 생략합니다.

정 가   28,000원